移动互联网导论

（第4版）

傅洛伊　王新兵　编著

清華大学出版社
北　京

内 容 简 介

本书全面、深入地介绍移动互联网的基础理论、新兴技术、应用开发等内容，在系统地讲解移动互联网发展历史与应用现状的同时，还介绍移动互联网未来的发展趋势。本书注重对网络领域前沿知识的涵盖和介绍，在讲解基础理论知识的同时，还引入比特币、区块链等新兴的移动互联网技术。

本书可作为高等学校计算机专业、通信工程专业、电子与信息专业以及其他相近专业本科生的教科书，也可作为移动互联网技术人员的参考书。

图书在版编目(CIP)数据

移动互联网导论/傅洛伊，王新兵编著. —4 版. —北京：清华大学出版社，2022.1(2024.12重印)
ISBN 978-7-302-59477-2

Ⅰ. ①移… Ⅱ. ①傅… ②王… Ⅲ. ①移动通信—互联网络 Ⅳ. ①TN929.5

中国版本图书馆 CIP 数据核字(2021)第 217328 号

责任编辑：白立军 杨 帆
封面设计：杨玉兰
责任校对：郝美丽
责任印制：沈 露

出版发行：清华大学出版社
网 址：https://www.tup.com.cn，https://www.wqxuetang.com
地 址：北京清华大学学研大厦 A 座 **邮 编**：100084
社 总 机：010-83470000 **邮 购**：010-62786544
投稿与读者服务：010-62776969，c-service@tup.tsinghua.edu.cn
质量反馈：010-62772015，zhiliang@tup.tsinghua.edu.cn
课件下载：https://www.tup.com.cn，010-83470236
印 装 者：三河市龙大印装有限公司
经 销：全国新华书店
开 本：185mm×260mm **印 张**：29.25 **字 数**：679 千字
版 次：2015 年 12 月第 1 版 2022 年 1 月第 4 版 **印 次**：2024 年12月第4 次印刷
定 价：79.90 元

产品编号：092212-01

序 preface

April 13, 2017

A note to professor Xinbing Wang as he creates an environment for young faculty in China to succeed.

John Hopcroft

A note to professor Xinbing Wang as he creates an environment for young faculty in China to succeed.

王新兵教授为中国年轻教师创造了一个通向成功的环境。

美国计算机科学家，图灵奖获得者，美国科学院院士，

美国工程院院士，

中国科学院外籍院士 John Hopcroft

2017.4.13

This should be read by all young SJTU students and other

Anders Lindquist

May 23, 2017

This should be read by all young SJTU students and other.

这本书值得所有上海交通大学年轻学生和其他相关人员阅读。

瑞典控制科学家，瑞典皇家科学院院士，

中国科学院外籍院士 Anders Lindquist

2017.5.23

To Luoyi Fu and Xinbing Wang June 2, 2019
who have built up an excellent
group and mentored students who
are succeeding all over the world
and in China! With best wishes for the future.
P. R. Kumar

To Luoyi Fu and Xinbing Wang who have built up an excellent group and mentored students who are succeeding all over the world and in China! With best wishes for the future.

傅洛伊和王新兵组建了卓越的团队，他们指导的学生在海内外都有所作为。

美国工程院院士 P. R. Kumar

2019.6.2

前言 Foreword

时光荏苒，本书于2015年12月发行第1版至今已六年有余。自发行以来，作者得到了来自全国众多高校授课教师、通信类专业学生的支持与认可。同时，本书已成功推广至全国100余所高校，其中包括清华大学、北京大学、国防科技大学、北京航空航天大学、西安电子科技大学、北京邮电大学、电子科技大学等全部C9、985重点高校。

本次再版，作者结合各位专家、老师与使用本书的学生们的反馈意见，对书中移动互联网基础理论与前沿技术部分都进行了全面更新与补充。删除了部分陈旧内容，增加了一些移动互联网下的新应用，如移动群智感知技术，以及移动互联网理论框架下的更多几何学理论介绍。同时，也对实验部分进行了修改，以适应当下最新的编程环境。

本书分为上下两篇。上篇(第1～23章)介绍了移动互联网的基础理论，下篇(第24～30章)介绍了移动互联网的相关实验。

第1～8章介绍了移动通信基础知识，包括无线通信网络的理论基础、蜂窝系统的发展、无线局域网标准与安全以及Ad hoc网络等。相较于第3版，该部分主要补充了5G技术的最新进展及相关安全问题与安全技术的发展。在“无线局域网与IEEE 802.11标准”章节，更新了IEEE 802.11ax协议的技术细节，并补充了对IEEE 802.11ay的简要介绍。

第9～15章介绍了移动互联网中的新兴技术，包括传感器网络、物联网、软件定义网络、比特币与区块链、智能机器人网络、移动群智感知和网络几何理论。通过这些新兴技术，读者可以对移动互联网有更深一步的理解，更好地把握网络技术对于人类生产、生活产生的巨大影响力。相较于第3版，该部分添加了“移动群智感知”和“网络几何理论”两章。其中，前者系统地介绍了移动群智感知技术的发展历程与多种应用场景；后者则对移动互联网下的网络度量与分析提供了许多理论工具。

第16～23章介绍了移动互联网的应用开发,包括网络经济学,图形码,移动互联网智能化和算法、工业设计、游戏与其未来发展趋势,以及Android和iOS操作系统开发。相较于第3版,该部分对大数据支持下的知识图谱和移动搜索技术,以及对移动互联网游戏领域的发展都进行了补充,并新增了新冠肺炎疫情对于移动互联网带来的机遇与挑战的展望与思考。

第24～30章介绍了几个具有代表性的移动互联网实验,主要涉及Android平台和iOS平台的编程与开发。

本书涉及了移动互联网体系下的多个专业方向,作者在准备和写作的过程中认真阅读了大量书籍与参考文献,请教了很多业界专家学者。在本书的编写过程中得到了多位专家、老师和学生的支持与协助,在此向所有参与人员表示衷心的感谢!

作　者

2021.11

目录 Contents

上篇 基础理论

下篇 实 验

上　　篇

基础理论

篇　上

针 道 临 床

第1章 chapter 1

无线通信网络概述

无线通信的发展极大地丰富了人们的生活。无论是曾经风靡一时的无线电台，还是如今随处可见的移动电话，无线通信使人摆脱了空间上的束缚，做到在各个地方都能获得丰富的信息与高质量的互联通信。在过去十几年中，蜂窝网络经历了指数级的快速增长，从1G到如今的5G，通信更加快速与可靠，国际电信联盟（International Telecommunications Union，ITU）在日内瓦发布的年度报告《2018年衡量信息社会报告》显示，几乎全世界所有人都已生活在蜂窝移动网络信号的范围内，此外，大部分可以使用4G或者更高质量的移动网络来访问互联网，移动网络的发展速度比使用互联网的人口比例增长速度要更快。可以说，无线网络已经成为现在社会人们生活与工作中不可或缺的一部分。

进入21世纪以来，数字及射频电路的突破性进展及新一代大规模集成电路的出现，使得移动设备有着更小的体积（见图1-1）、更低的能耗、更高的可靠性及更低的价格，这极大地推动了无线通信的发展。另一个不容忽视的现象就是互联网的繁荣壮大，无论是搜索引擎的出现与完善，还是社交网络、电子商务的发展，都让互联网构成了一个庞大繁杂的信息世界，让人们有更多的渠道去交流、获取信息。

图1-1　硬件的发展使移动设备体积越来越小

尤其近些年来，随着硬件设备的爆发式升级以及互联网的飞速发展，人们通过很多高级无线终端设备，如智能手机、个人数字助理（Personal Digital Assistant，PDA）、笔记本计算机等，可以随时随地连接到互联网中，获取自己感兴趣的信息。正是这样，无线通信网络的发展也不仅仅局限于移动通信业务，而是更多地与因特网相结合起来。中国互联网络信息中心发布的《第47次中国互联网络发展状况统计报告》指出，截至2020年

12月,中国网民规模达9.89亿,较2020年3月增长8540万,网民中使用手机上网的人群占比提升至99.7%(见图1-2)。可见,手机已经成为第一大上网终端,无线网络的重要性可见一斑。在手机网民中,手机即时通信用户占99.2%,手机网络购物用户占79.2%,手机网络支付用户占86.5%,人们交流与传递信息的方式也逐渐从传统语音通信与短信向手机即时通信倾斜,移动支付也成为主流,因此,如何设计出更快更可靠的蜂窝数据传输方式仍然是当今无线网络发展的一个热点问题。

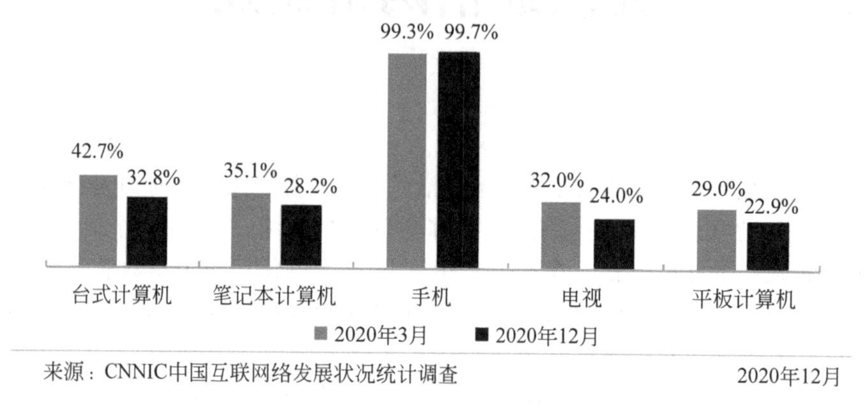

图1-2　互联网接入设备使用情况

正是无线通信的迅猛发展,使得无线传感器网络、智能系统、无人驾驶汽车等项目从研究设想转变到真正的工业实现。然而,想要设计出能支持这些技术的高效、可靠的无线网络,人们还面临着许多技术上的挑战。尤其是随着技术的发展,如今很多新兴的网络问题还需要进一步研究才能更好地运用于工业界中。例如,让能够被独立寻址的普通物理对象实现互联互通的物联网(Internet of Things,IoT),为了解决频谱资源匮乏动态分配频谱资源的软件定义网络(Software Defined Network,SDN),还有针对大数据信息时代提出的云计算(Cloud Computing)服务。正是这些挑战使得无线通信网络一直活跃在科研与工业界的最前端,相信在不久的将来,无线通信网络定有更好、更快的发展。

1.1　无线通信网络的历史与发展

人类历史上最早的无线通信当属于前工业化时期。在消息传递较慢的战争年代,人们通过烽火台上的烟火、旗语等在视距内的基本简单信号传递指挥信息,人们甚至利用基本信号的复杂组合来传递更为复杂的指令。为了增加信号的传递范围,人们建立了接力中转站,使信号通过“多跳”传递到指定的终点。在明朝抗击倭寇的战争中,对流动性极强的倭寇要掌握其动向,沿海烽火台在传递军事情报方面功不可没。

通信(Communication)作为电信(Telecommunication)存在是从19世纪30年代开始的。法拉第在1831年发现电磁感应,在此基础上,莫尔斯在1837年发明电报;麦克斯韦在1873年提出电磁场理论,在此基础上,贝尔在1876年发明电话,特斯拉在1894年成功进行短波无线通信试验,马可尼在1895年发明无线电,首次在英国怀特岛(Isle of

Wight)和 30km 之外的一条拖船之间成功进行了无线传输，自此开始了现代无线通信的新纪元。1906 年，范信达通过调幅(AM)技术首次成功透过无线电播送第一套远距离的音乐和口语的电台节目；1927 年，大西洋两岸同时进行了第一次电视广播；1946 年，第一个公共移动电话系统在美国的 5 个城市建立；1958 年，SCORE 通信卫星升空，成功揭开了无线通信新时代的序幕；1981 年，第一个模拟蜂窝系统——北欧移动电话(Nordic Mobile Telephone，NMT)建立；1988 年，第一个数字蜂窝系统在欧洲建立，并称为全球移动通信系统(Global System for Mobile communications，GSM)；1997 年，无线局域网的第一个版本发布。一个世纪以来，无线通信技术的发展使人们享受到无线电、电视、移动电话、通信卫星、无线网络等带来的便利。

我国政府一直十分重视无线通信的研究与发展，从中华人民共和国成立以来，中国无线通信的发展也有很多骄人的成果。1987 年 11 月 18 日，第一个全接入通信系统(Total Access Communication System，TACS)模拟蜂窝移动电话系统在广东省建成并投入商用；1994 年 12 月底，广东省首先开通了 GSM 数字移动电话网，1995 年 4 月，中国移动在全国 15 个省市也相继建网，GSM 数字移动电话网正式开通；2001 年 7 月 9 日，中国移动通信 GPRS(2.5G)系统投入试商用；2009 年 1 月 7 日，工业和信息化部正式发放 3G 牌照，中国移动获得 TD-SCDMA 牌照，中国联通和中国电信分别获得 WCDMA 和 CDMA2000 牌照；2013 年 12 月 4 日，工业和信息化部正式向三大运营商发布 4G 牌照，中国移动、中国电信和中国联通均获得 TD-LTE 牌照；2019 年 6 月 6 日，工业和信息化部向中国电信、中国移动、中国联通、中国广电四大运营商发放了 5G 商用牌照。除了通信产业化的空前繁荣，中国科研学者也在世界的舞台上大放异彩，无论是顶级期刊 *IEEE/ACM Transactions on Networking* (*ToN*)，*IEEE Transactions on Mobile Computing* (*TMC*)，*IEEE Transactions on Wireless Communications* (*TWC*)，*IEEE Journal on Selected Areas in Communications* (*JSAC*)，或是顶级会议如 Special Interest Group on Data Communication (SigComm)，the Annual International Conference on Mobile Computing and Networking (MobiCom)，International Conference on Computer Communications (InfoCom)，International Conference on Mobile Systems，Applications，and Services (MobiSys)等，都有很多中国科研学者的成果发表，中国在无线通信网络上的成果越来越多地被世界所关注，成为推动世界无线通信领域发展的中坚力量。

1.2 无线通信网络的主要特点

早期的无线通信使用模拟信号进行传输，马可尼的早期实验通过用模拟信号编码的字母数字符号来实现发送接收双方的通信。随着数字电路及计算机技术的发展，当今大多数无线通信系统传送由二进制比特组成的数字信号，这些比特或直接来自于数据信号，或者由模拟信号数字化所得。

无线通信传播有两个主要特点：一个是衰落现象(Fading)，指因传输媒介或传输路径的改变而引起的接收到的信号功率随时间变化的现象；另一个则是无线用户在空中进行通信时相互之间的干扰(Interference)。这两个问题的解决对无线通信网络的设计是至关重要的,本书主要从物理层的角度介绍相关技术,但是实际上,衰落和干扰会在多个层之间产生结果。

1.3 无线通信网络的基础技术

无线通信网络是一门复杂但又完善严谨的学科,从19世纪发展到现在,涉及通信和网络的方方面面。本书将一一介绍相关的基础技术,使读者对无线网络技术有全面的了解。

(1) 蜂窝系统。蜂窝系统技术是移动无线通信的基础,它利用信号功率随传播距离衰减的特点,在不同的空间上重复使用频率。蜂窝系统把一个空间区域划分成若干互不重叠的小区,每个小区被分配一个信道集,不同的小区可以重复使用相同的信道集,实现频率复用,也称信道复用。

(2) 移动管理。移动管理主要由两部分组成:一个是切换管理,指将连接由一个接入点转接到另一个接入点;另一个是位置管理,指当移动台从一个网络进入另一个网络时,保持与本地位置寄存器之间的联系。有效且高效的呼叫接入控制,切换和位置管理,可以支持用户的漫游。

(3) 移动IP。移动IP可以使从一个因特网连接点移至另一点时,计算机能维持网络连接,包含发现(Discovery)、注册(Registration)、隧道(Tunneling)3个基本功能。

(4) Wi-Fi。无线局域网最重要的规范由IEEE 802.11工作组开发,具有一系列用于不同情况的标准。其中经过验证的IEEE 802.11b产品使用的名称是Wi-Fi。

(5) WiMAX。WiMAX是以IEEE 802.16系列标准为基础的宽带无线城域网(Wireless Metropolitan Area Network,WMAN)接入技术。该技术在提供高速的数据、语音和视频等业务的同时,还兼具移动、宽带和IP化的特点,逐渐发展成为宽带无线接入领域的热点技术。

(6) 无线自组织网络。无线自组织网络(Wireless Ad hoc Network)是无须借助事先建立的基础设施即可自行构建一个网络的无线移动节点的集合。这些移动节点一般通过分布式控制算法来处理必要的控制和网络功能。无线自组织网络中的连接比有基础设施的无线网络更加复杂,其中,路由的动态重新配置和建立是最重要的两个特征。

(7) 无线网络安全。无线网络的开放性、移动性和不稳定性使得无线网络安全成为网络设计中一个至关重要的问题。本书将就不同的层与不同的无线网络介绍网络安全的解决办法。

(8) 无线个人局域网络。蓝牙(Bluetooth)和射频识别(Radio Frequency Identification,RFID)是无线个人局域网络中两个比较重要的部分。蓝牙技术把一块体积小且功耗低的无线电收发芯片嵌入电子设备中,可支持设备进行短距离通信。RFID又称电子标签技术,是一种无线自动识别技术,利用射频信号和空间耦合的传输特性,实现对物体的自动识别。

(9) 无线传感器网络。无线传感器网络起源于军事应用,它由大量在空间中分布的传感器组成,通过无线通信收集不同地理位置的信息,现在已更多地应用于民用工业领域。传感器网络也是近年来的一个研究热点，预计在未来会有很大的发展空间。

(10) 物联网。物联网目前尚没有一个精确且公认的定义。刘云浩教授在《物联网导论》一书中认为“物联网是一个基于互联网、传统电信网等信息承载体，让所有能够被独立寻址的普通物理对象实现互联互通的网络。它具有普通对象设备化、自治终端互联化和普适服务智能化3个重要特征”。

(11) 软件定义网络。软件定义网络是一种新型的网络设计思路，它将网络控制与数据转发分离，其中网络控制部分可编程。OpenFlow是最热门的一项软件定义网络技术。

1.4 无线通信网络的新兴技术

随着人工智能的快速发展，无线通信网络在智能系统中也起着至关重要的作用。只有有了高效可靠的通信，系统中的各部分才可以协同工作，发挥出最大的效应。本书主要研究移动智能机器人网络、移动群智感知和网络几何理论等。

1.5 移动互联网渗透

近年来，移动互联网的迅猛发展已经渗透到社会中的各方各面，包括经济、教育、科技、政治、体育、娱乐等。本教材将重点介绍一种网络中的新型虚拟货币：比特币以及大规模开放网络课程(Massive Open On-line Course，MOOC)。

(1) 比特币。比特币是近十几年兴起的一种新型虚拟货币，是一种通过开源算法产生的一套密码编码。通过使用遍布整个P2P网络节点的分布式数据，比特币可以实现管理货币发行、记录货币交易等功能。

(2) MOOC。比较知名的MOOC有Coursera等，随着无线终端设备的快速发展，更多的人选择在手机或者PDA上观看MOOC，做到“走到哪，学到哪”。

习　题

1. 世界上第一个模拟蜂窝系统和数字蜂窝系统分别是什么？
2. 无线通信传播的主要特点有哪些？
3. 蜂窝系统是如何实现信道复用的？
4. 无线自组织网络中最重要的两个特征是什么？
5. 物联网的3个重要特征分别是什么？

参考文献

[1] 国际电信联盟.2018年衡量信息社会报告[R].2018.
[2] Stallings W. 无线通信与网络[M].2版. 北京：清华大学出版社，2005.

[3] Goldsmith A. 无线通信[M]. 北京：人民邮电出版社，2007.
[4] Tse D，Viswanath P. 无线通信基础[M]. 北京：人民邮电出版社，2009.
[5] 刘云浩. 物联网导论[M]. 北京：科学出版社，2010.
[6] Mark J W，Zhuang W H. 无线通信与网络[M]. 李锵，郭继易，等译. 北京：电子工业出版社，2004.
[7] 中国互联网络信息中心. 第47次中国互联网络发展状况统计报告[R]. 2021.
[8] 网易科技. 中国正式进入3G时代[EB/OL]. [2020-12-01]. http://tech.163.com/special/000933IJ/3GLicense.html.
[9] 任伟. 无线网络安全问题初探[J]. 信息网络安全，2012(1)：10-13.
[10] 贾丽平. 比特币的理论、实践与影响[J]. 国际金融研究，2013(12)：14-25.

第2章 chapter 2

无线电的传播

无线电的传播是指无线电通过介质或在介质分界面的连续折射或反射，由发射点传播到接收点的过程。无线通信是利用电磁波在空间传送信息的通信方式。电磁波由发射天线向外辐射出去，天线就是波源。电磁波中的电磁场随着时间而变化，从而把辐射的能量传播至远方。无线电波在空间或介质中传播具有折射、反射、散射、衍射及吸收等特性。这些特性使无线电波随着传播距离的增加而逐渐衰减，如无线电波传播到越来越远的距离和空间区域，电波能量便越来越分散，造成扩散衰减；而在介质中传播，电波能量被介质消耗，造成吸收衰减和折射衰减等。

2.1 有线介质与无线介质

常用的通信介质主要有两类：有线介质和无线介质。

有线介质包括双绞线、同轴电缆和光缆。无线介质包括微波、卫星、激光和红外线等。有线传输介质是较为可靠的引导性连接，承载信息的电信号从一个固定终端传播到另一个固定终端。这种有线介质像滤波器，由于限带的频率响应特性，限制了信道的最大数据传输速率。有线介质向外辐射，在一定程度上可引起对附近的无线电传输或其他有线传输的干扰。

无线介质不需要架设或铺埋电缆或光纤，而是通过大气传输，目前有3种技术：微波、红外线和激光。无线传输介质是相对不稳定、低带宽、具备广播特性的非引导性连接。所有的无线传播共享同一介质——空气，而有线传播的不同信号各自有不同的导线。

在通信中，根据无线电波的频率，把无线电波划分为各种不同的频段。频段可分为授权频段与非授权频段。

授权频段：

运作在1GHz附近的蜂窝系统；

运作在2GHz附近的个人通信系统（Personal Communication System，PCS）和无线局域网（Wireless LAN，WLAN）；

运作在5GHz附近的WLAN；

运作在28～60GHz的本地多点分部服务（Local Multipoint Distribution Services，LMDS）；

用于光通信的红外线（Infrared Ray，IR）。

非授权频段:

工业、科学和医疗频段(Industria Scientific and Medical band,ISM);

未授权的国家信息基础设施(U-NII)频段于1997年发布,PCS非授权频段被发布于1994年。

对于电磁波,频率 f、波长 λ 与光速 c(在真空中)之间的关系满足 $\lambda f=c$。

电磁频谱如图2-1所示。

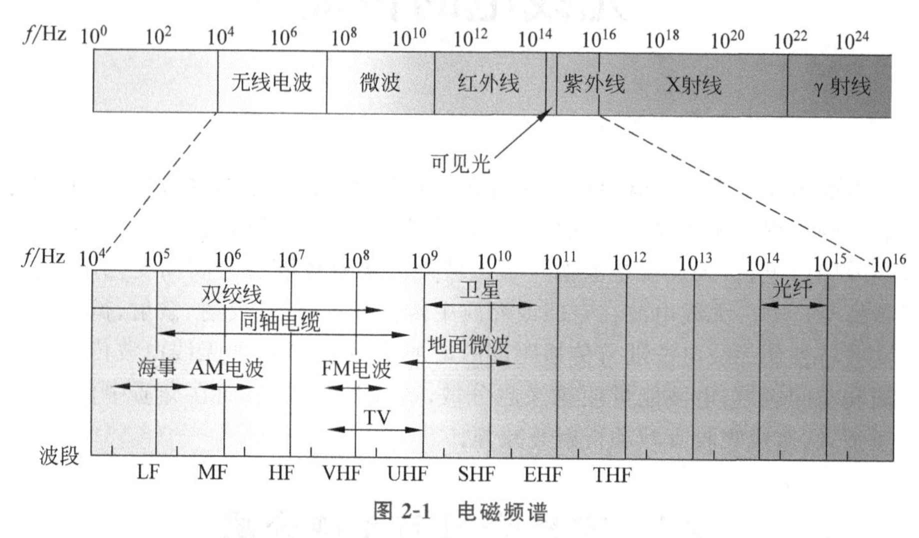

图2-1 电磁频谱

用于通信的电磁频谱如图2-2所示。

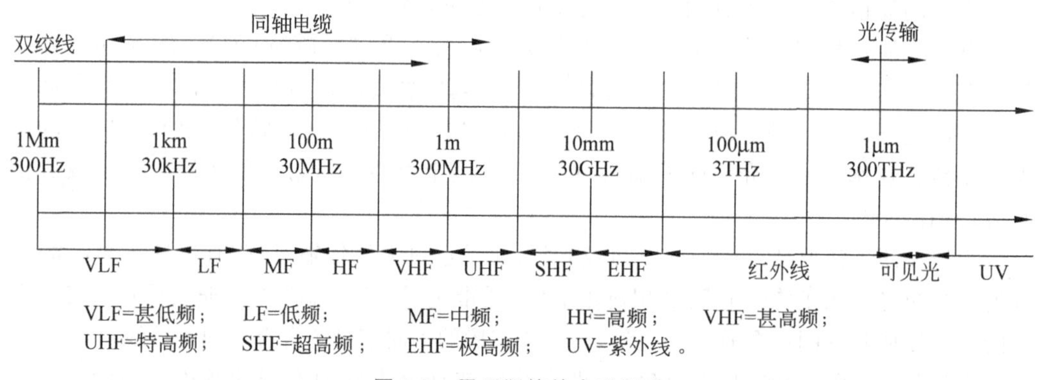

图2-2 用于通信的电磁频谱

其中,用于移动通信的频段如下。

(1) 用于移动无线电的甚高频/特高频(Very High Frequency/Ultrahigh Frequency,VHF/UHF)。

简单、体积小的车载天线,具有确定性的传播特性、可靠的连接等优点。

(2) 用于定向无线电链路、卫星通信的超高频(Super High Frequency,SHF)及更高频率。

小天线,聚焦,具有可用带宽广的优点。

(3) 用于无线局域网的 UHF-SHF 频谱。

一些计划至 UHF 的系统，由于水和氧气分子的吸收(共振频率)而受到限制，例如强降雨等天气造成的信号衰落等。

国际电信联盟无线电通信组(ITU-R)是 ITU 的一个重要的常设机构，其主要职责是研究无线电通信技术和业务问题，从无线电资源的最佳配置角度出发，规划和协调各会员国的无线电频率，并就这类问题形成技术标准和建议书。

ITU-R 对新的频率主持拍卖，管理世界范围内的频段。

无线电频段分配如表 2-1 所示。

表 2-1　无线电频段分配　(单位：Hz)

网络类型	欧　洲	美　国	日　本
蜂窝网	**GSM** 450～457，479～486， 460～467，489～496， 890～915，935～960 **UMTS** 1920～1980， 2110～2190， 1900～1920， 2020～2025	**AMPS、TDMA、CDMA** 824～849， 869～894， 1850～1910， 1930～1990	**PDC** 810～826， 904～956， 1429～1465， 1477～1513
无线局域网	**IEEE 802.11** 2400～2483 **HIPERLAN 2** 5150～5350， 5470～725	**IEEE 802.11** 2400～2483， 5150～5350， 5470～5725	**IEEE 802.11** 2400～2483， 5150～5350

无线电的传播方式是指电磁波在各种介质中传播的一些典型方式。在地球上，无线电的传播介质主要有地壳、海水、大气等。根据物理性质，可将地球介质由下而上地分为对流层、平流层、中间层、电离层，对应的无线电波传播方式分为 3 种：地波方式、空间波方式和天波方式。

1. 地波方式

沿地球表面传播的无线电波称为地波(或地表波)，这种传播方式比较稳定，受天气影响小。地波传播用于中频(中波)以下频段。

2. 空间波方式

空间波方式主要指直射波和反射波。电波在空间按直线传播，称为直射波。当电波在传播过程中遇到两种不同介质的光滑界面时，还会像光一样发生镜面反射，称为反射波。

3. 天波方式

射向天空经电离层折射后又折返回地面(还可经地面再反射回到天空)的无线电波称为天波，天波可以传播到数千米之外的地面，也可以在地球表面和电离层之间多次反射，即可以实现多跳传播。

无线电的传播方式如图 2-3 所示。

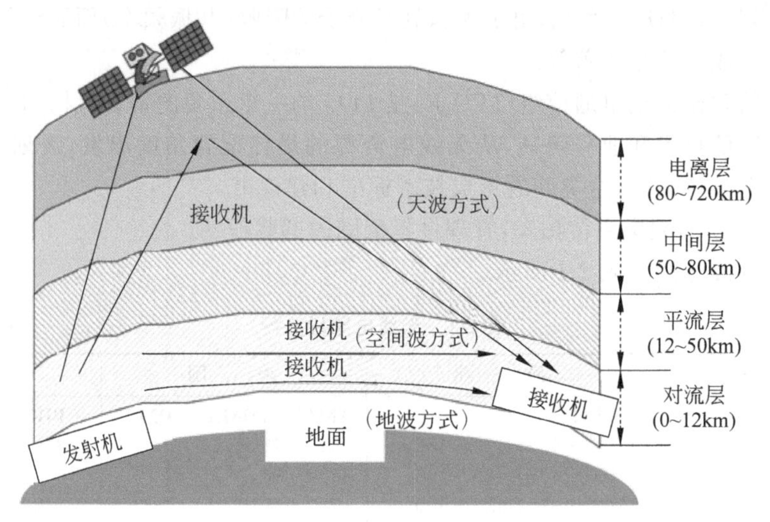

图 2-3　无线电的传播方式

无线电的传播具有很高的位点特异性,可以显著地受以下因素的影响:地形(室内与室外)、操作频率(低与高)、移动终端的速度、干扰源等。无线电的传播性能的属性包括信号覆盖范围、接收方案、干扰分析、安装基站天线的最佳位置等。

2.2　无线电的传播机制

无线电的传播机制分为 3 种。

(1) 反射(Reflection):当障碍物的尺寸大于电磁波的波长时,发生反射。反射发生在地球表面、建筑物和墙壁表面,在户外不是主要传播机制。

(2) 衍射(Diffraction):当发射机和接收机之间的传播路由被尖锐的边缘阻挡时,发生衍射。由阻挡表面产生的二次波散布于空间,甚至散布于阻挡体的背面。入射在建筑物、墙壁和其他大型物体边缘的光线可以看作是把边缘来充当次级线源,主要发生在阴影区,在户内相对于反射比较弱。

(3) 散射(Scattering):当物体的尺寸是电磁波的波长或更小的数量级,并且单位体积内这种障碍物的数目巨大时,发生散射。散射发生在粗糙表面、小物体或其他不规则物体表面,如树叶、街道标志和灯柱等。

无线电的传播机制如图 2-4 所示。

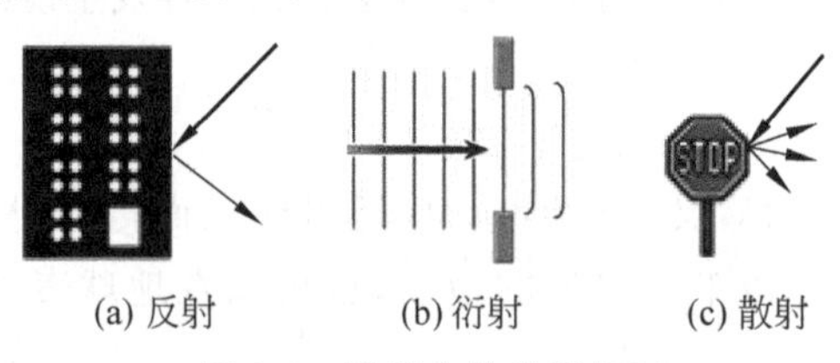

(a) 反射　(b) 衍射　(c) 散射

图 2-4　无线电的传播机制

无线电在自由空间的传播类似于光(直线)。接收功率正比于 $1/d$,此处 d 为发送者和接收者之间的距离,此外,接收功率还受与频率相关的衰减、阴影、大障碍物处的反射、与介质的密度相关的折射、小障碍物处的散射、边缘处的衍射等因素的影响。

户内的无线电的传播如图 2-5 所示。

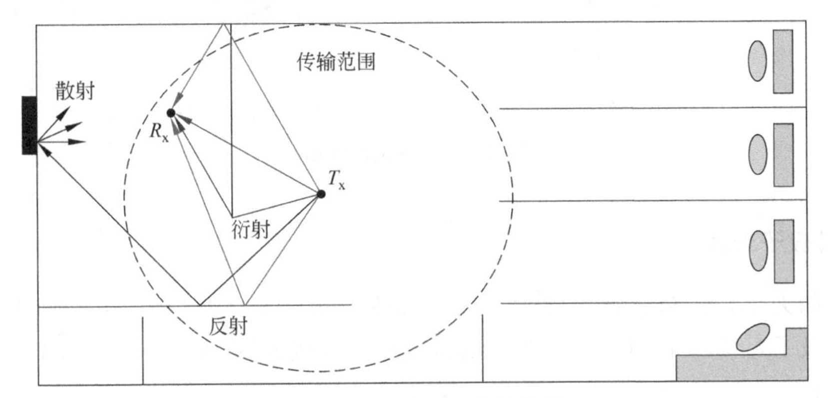

图 2-5　户内的无线电的传播

户外的无线电的传播如图 2-6 所示。

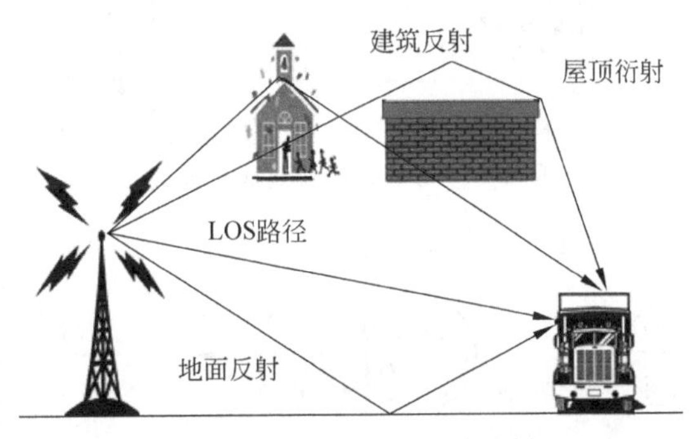

图 2-6　户外的无线电的传播

2.3　天线与天线增益

天线是一个电导体或者电导体系统,它把传输线上传播的导行波,变换成在无界媒介(通常是自由空间)中传播的电磁波,或者进行相反的变换。

天线按工作性质可分为发射天线与接收天线。发射天线将电磁能量辐射到空间,而接收天线则从空间中收集电磁能量。在双向通信中,同一天线既可以被用作发射天线,也可以被用作接收天线。

天线按方向性可分为全向天线、偶极子天线、定向天线与扇形天线等。偶极子天线包括半波偶极子天线、1/4 波长垂直天线(或马可尼天线)。

1. 全向天线

全向天线在所有方向(三维)上都均匀辐射(见图 2-7),这仅是一个理论上的参考天线。实际天线往往具有指示作用(垂直或水平)。辐射方向图是指围绕天线的辐射测量。

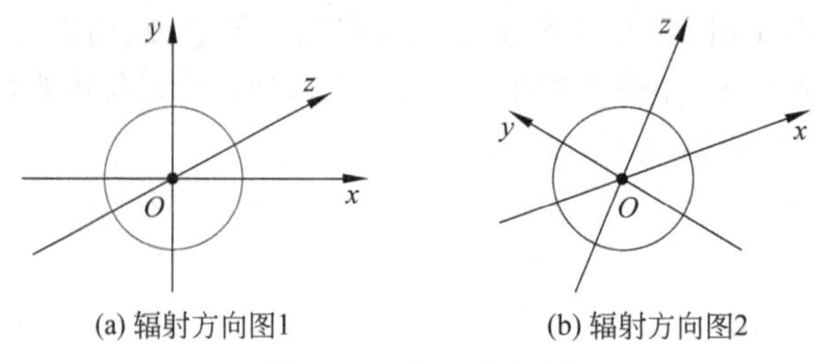

(a) 辐射方向图1　　(b) 辐射方向图2

图 2-7　理想全向辐射

2. 偶极子天线

真正的天线不是各向同性的全向天线，例如长度为 $\lambda/4$ 的赫兹偶极子天线、长度为 $\lambda/2$ 的赫兹偶极子天线，下面以一个简单的赫兹偶极子天线为例(见图 2-8)，其辐射方向图如图 2-9 所示。

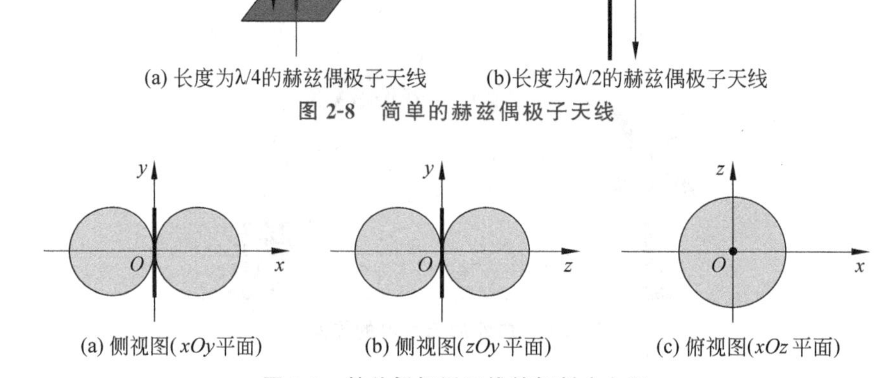

(a) 长度为λ/4的赫兹偶极子天线　　(b)长度为λ/2的赫兹偶极子天线

图 2-8　简单的赫兹偶极子天线

(a) 侧视图(xOy平面)　　(b) 侧视图(zOy平面)　　(c) 俯视图(xOz平面)

图 2-9　赫兹偶极子天线的辐射方向图

增益是指在输入功率相等的条件下，实际天线与理想的辐射单元在空间同一点处所产生的信号的功率密度之比。增益定量地描述一个天线把输入功率集中辐射的程度。增益与天线的辐射方向图相关，方向图主瓣越窄，副瓣越小，增益越高。

3. 定向天线与扇形天线

定向天线(见图 2-10)与扇形天线(见图 2-11)常用于微波连接或移动电话的基站，例如山谷的无线覆盖等。

将两个及两个以上的天线组合，就成了多单元天线阵列。天线分集(见图 2-12)技术分为两类：其一是选择分集，接收机选择拥有最大输出的天线；其二是分集合并，接收机合并输入功率产生增益，需要同相位以避免相消。

信号传播有以下 3 个范围。

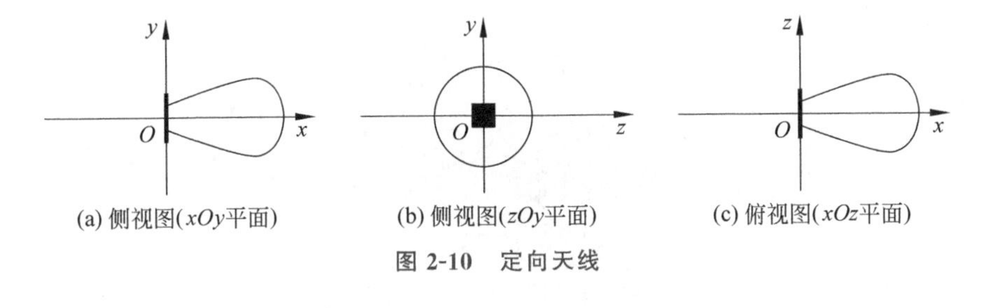

(a) 侧视图(xOy平面)　(b) 侧视图(zOy平面)　(c) 俯视图(xOz平面)

图 2-10　定向天线

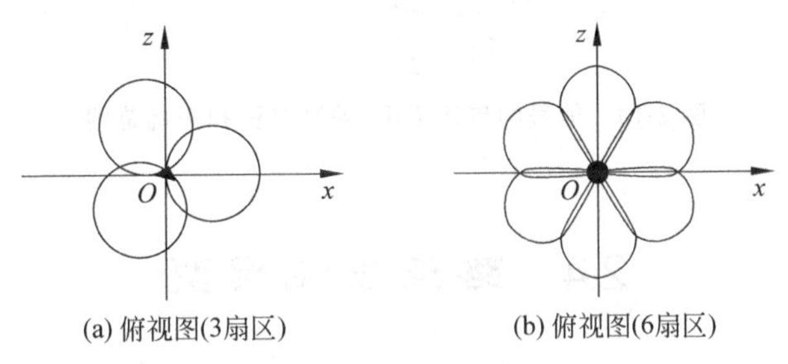

(a) 俯视图(3扇区)　(b) 俯视图(6扇区)

图 2-11　扇形天线

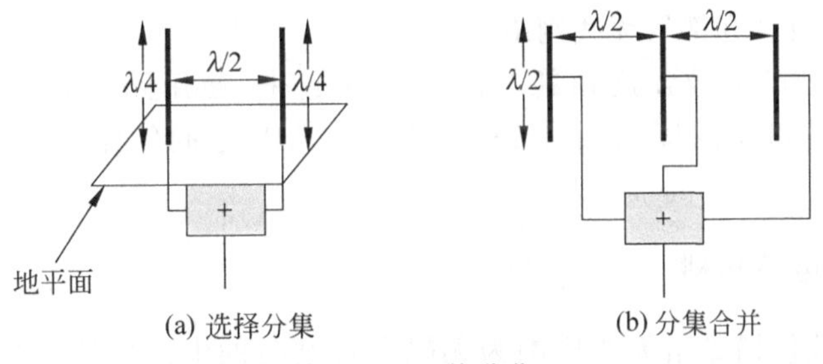

(a) 选择分集　(b) 分集合并

图 2-12　天线分集

(1) 传输范围：在此范围内，低误码率的通信成为可能。

(2) 检测范围：在此范围内，能够检测到信号，但不能有通信。

(3) 干扰范围：信号可能无法被检测到，并且增加了背景噪声。

信号的传输范围、检测范围和干扰范围如图 2-13 所示。

有效面积是表征接收天线接收空间电磁波能力的基本参数。天线有效面积 A_e 等于天线输出端的功率 W 与入射的平面波的射电流量密度 S 的比值，可表示为 $A_e=W/S$。它是所接收电磁波的方向和频率的函数，表示接收天线在这个频率上吸收来自任何特定方向的辐射，并把功率送到输出端的能力，与天线的物理尺寸和形状相关。

天线增益 G 与有效面积 A_e 之间的关系如下：

$$G=\frac{4\pi A_e}{\lambda^2}=\frac{4\pi f^2 A_e}{c^2}$$

其中，G 是天线增益，A_e 是有效面积，f 是载波频率，c 是光速($\approx 3\times 10^8$ m/s)，λ 是载波波长。

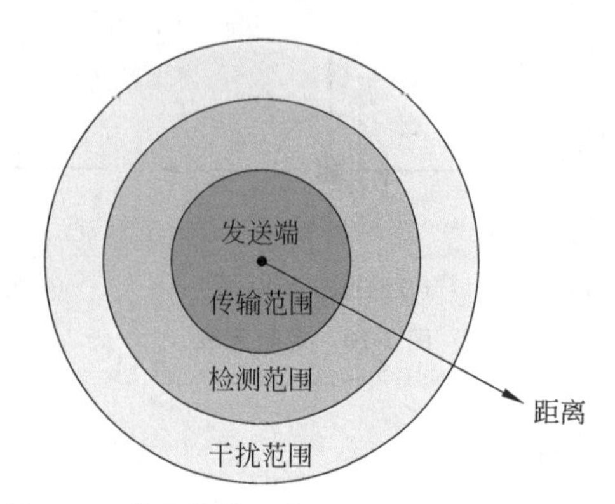

图 2-13 信号的传输范围、检测范围和干扰范围

2.4 路径损耗模型

路径损耗是在发射器和接收器之间由传播环境引入的损耗量，由发射功率的辐射扩散及信道的传输特性造成。在不同的发射器和接收器之间的环境中，根据频率和地形计算信号覆盖范围，设计和部署无线网络。

路径损耗模型将信号强度损耗与距离关联起来，使用路径损耗模型来计算基站(Base Station，BS)和无线接入点(Access Points，AP)之间的距离，以及在自组织(Ad hoc)网络中两个终端之间的最大距离。

1. 自由空间电波传播

自由空间电波传播是指天线周围为无限大真空时的电波传播，它是理想传播条件。只要地面上空的大气层是各向同性的均匀介质，其相对介电常数和相对磁导率都等于1，传播路径上没有障碍物阻挡，到达接收天线的地面反射信号场强也可以忽略不计，在这种情况下，电波可视为在自由空间传播。

无线电波在自由空间传播时，其单位面积中的能量因为扩散而减少。这种减少称为自由空间的传播损耗。

无线电信号强度随着距离的 α 次幂而下降，这一损耗模型被称为功率-距离梯度或路径损耗梯度。如果发射功率为 P_t，经以米为单位的距离 d 后，信号强度将正比于 $P_t d^{-\alpha}$。在自由空间中的简单情况下，$\alpha=2$。

当一个天线发射一个信号，该信号在各个方向传播。在半径为 d 范围的信号强度密度是总的辐射信号的强度按照球体面积 $4\pi d^2$ 的划分。G_t 和 G_r 是在发射机到接收机的方向上发射器和接收器分别的天线增益。

如果发射功率为 P_t，接收功率为 P_r，则有

$$\frac{P_r}{P_t}=G_t G_r\left(\frac{\lambda}{4\pi d}\right)^2$$

如果 $P_0=P_t G_t G_r(\lambda/4\pi)^2$ 是在1m处($d=1$m)的接收信号强度，可以将以上公式按分贝(dB)改写为

$$10\lg P_r = 10\lg P_0 - 20\lg d$$

$$P_r = \frac{P_0}{d^2}$$

传输延迟是距离的函数,以 $\tau = d/c \approx 3.3d$ ns 给出。

天线增益:对一个圆形反射器天线,它的增益为

$$G = \eta(\pi D/\lambda)^2$$

其中,η 为净效率,它依赖于在天线孔径的电场分布、损耗、通电加热,通常为 0.55;D 为直径。

因此,$G = \eta(\pi D f/c)^2$,其中,$c = \lambda f$(c 为光速)。

举例来说,一个直径为 2m 的天线,当频率为 6GHz,波长为 0.05m 时,增益 G 为 39.4dB;当频率为 14GHz,波长为 0.021m 时,增益 G 为 46.9dB。可见,对于相同尺寸的天线,频率越高,增益也越高。

接收信号的功率为

$$P_r = \frac{G_t G_r P_t}{L}$$

其中,G_r 是接收天线增益;L 是信道中的传播损耗,即 $L = L_P L_S L_F$,是路径损耗 L_P、慢衰落 L_S、快衰落 L_F 之积。

路径损耗 L_P 的定义为

$$L_P = \frac{P_t}{P_r}$$

在自由空间中,路径损耗可以按照以下公式计算:

$$L_P = 32.45 + 20\lg f_c + 20\lg d$$

其中,f_c 是载波频率。

由公式可知,载波频率 f_c 越大,损耗也就越大。

自由空间中的路径损耗与距离的关系如图 2-14 所示。

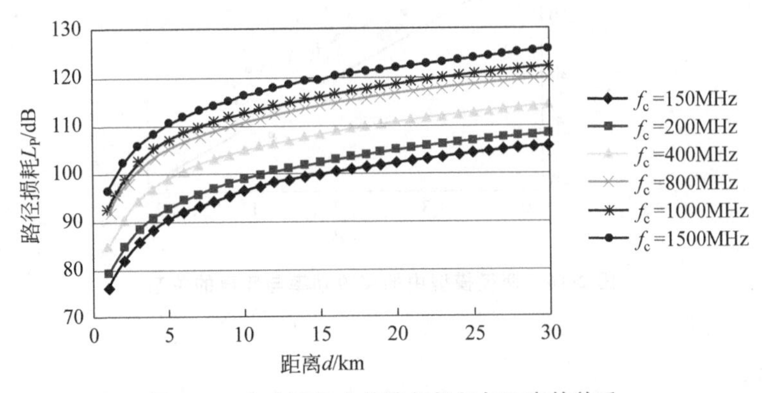

图 2-14 自由空间中的路径损耗与距离的关系

2. 两径模型

两径模型应用于移动通信环境。在现实环境中,信号通过若干不同路径到达接收

机。两径模型被广泛地应用于陆地无线电中，其示意图如图 2-15 所示。

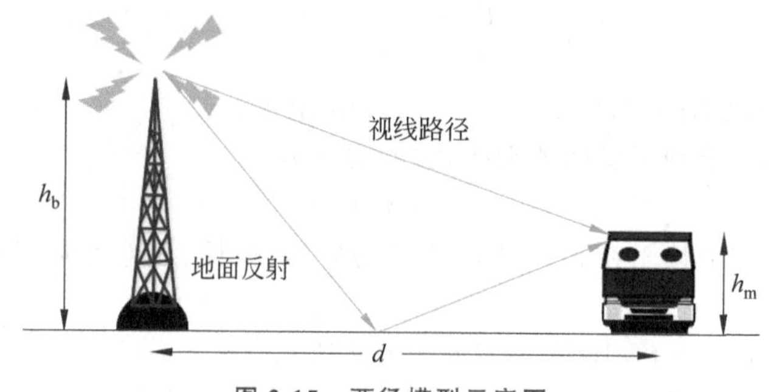

图 2-15 两径模型示意图

发射功率 P_t 与接收功率 P_r 之间的关系可以表示为

$$\frac{P_r}{P_t}=G_tG_r\frac{h_b^2h_m^2}{d^4}$$

由上式可知，信号强度以发射器和接收器之间距离的四次幂下降。所接收的信号强度可通过提高发射天线和接收天线的高度而增强。

距离-功率梯度是描述 P_t 和 P_r 关系的最简单方法，也就是

$$P_r=P_0d^{-\alpha} \quad \text{或者} \quad 10\lg P_r=10\lg P_0-10\alpha\lg d$$

其中，P_0 是在距发射器的一个基准距离（通常为 1m）处的接收功率。对于自由空间，$\alpha=2$；对于城市无线信道的简化两径模型，$\alpha=4$。

为了测量距离-功率梯度，接收器被固定在一个位置，发射器被放置在多个不同的发射器和接收器之间距离的位置，在对数标度上画出两径模型中的接收功率与距离的关系，如图 2-16 所示。

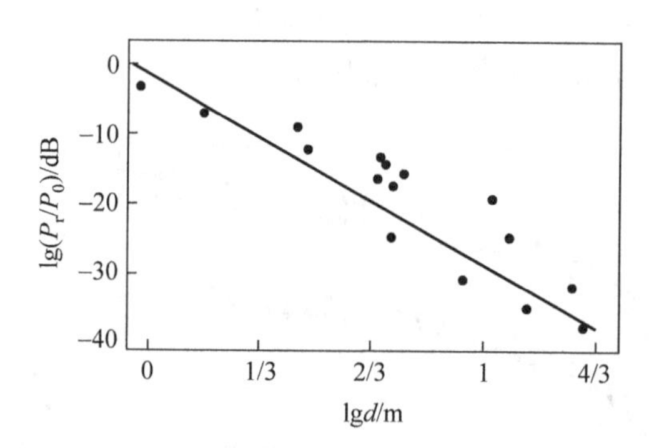

图 2-16 两径模型中的接收功率与距离的关系

3. 衰落

在移动通信传播环境中，从距发射机不同距离接收到的信号强度是不同的，将信号强度由于位置变化而产生的变化称为阴影衰落或慢衰落，这个衰落是由阴影造成的，体现了信号强度在平均水平的长期变化。通常，信号在平均值周围的波动是由于接收机处收到的信号被建筑物或墙壁等遮挡而引起的。与多径引起的快衰落现象相比，这种影响

随距离的变化很慢，因此称为慢衰落。

考虑到阴影衰落，路径损耗公式增加了随机分量，如下：

$$L_P = L_0 + 10\alpha \lg d + X$$

其中，X 是一个随机变量，它的分布取决于衰减元件。基于测量和模拟，这种变化可表示为对数正态分布的随机变量。

阴影衰落带来的问题是，所有的地点在一个给定的距离可能收不到足够的信号强度来检测正确的信息。

快衰落、慢衰落与路径损耗如图 2-17 所示。

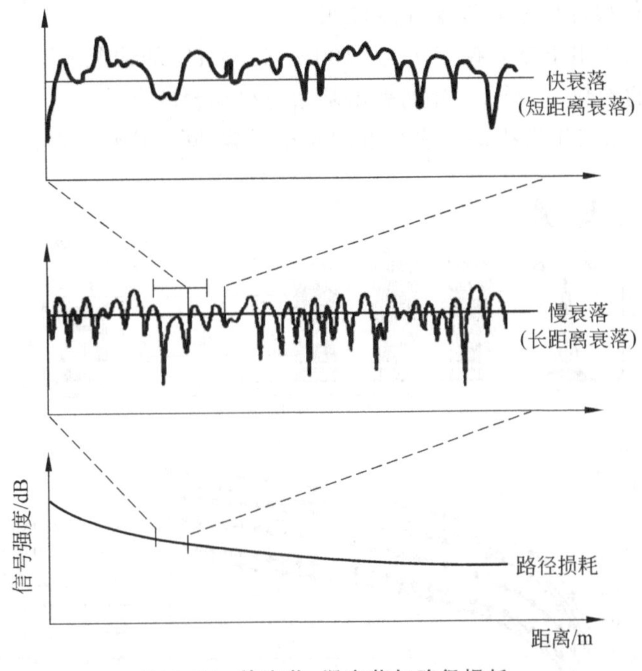

图 2-17 快衰落、慢衰落与路径损耗

4. 不同环境下的路径损耗

在不同的环境下，路径损耗也随之改变。在大型城市、中小型城市、近郊区、开放区域，路径损耗随之递减，如图 2-18～图 2-21 所示。

1) 宏蜂窝区的路径损耗模型

宏蜂窝区的路径损耗模型：宏蜂窝区跨越几千米到几十千米，Okumura-Hata 路径损耗模型中：

$$L_P(d) = \begin{cases} A + B\lg d & \text{城市环境} \\ A + B\lg d - C & \text{郊区环境} \\ A + B\lg d - D & \text{开阔环境} \end{cases}$$

其中，

$$A = 69.55 + 26.16\lg f_c - 13.82\lg h_b - a(h_m)$$

$$B = 44.9 - 6.55\lg h_b$$
$$C = 5.4 + 2[\lg(f_c/28)]^2$$
$$D = 40.94 + 4.78(\lg f_c)^2 - 18.33\lg f_c$$

对于中小型城市,

$$a(h_m) = (1.1\lg f_c - 0.7)h_m - (1.56\lg f_c - 0.8)$$

对于大型城市,

$$a(h_m) = \begin{cases} 8.29[\lg(1.54h_m)]^2 - 1.1 & f_c \leqslant 200\text{MHz} \\ 3.2[\lg(1.75h_m)]^2 - 4.97 & f_c > 200\text{MHz} \end{cases}$$

针对上述路径损耗模型有以下3点说明。

(1) 路径损耗适用于载波频率 f_c 为 100～1920MHz 的情况。

(2) 模型中的参数 h_b 和 h_m 分别表示基站与移动台的高度。

(3) $a(h_m)$是用来作为移动天线高度的修正系数,同样依赖于载波频率。

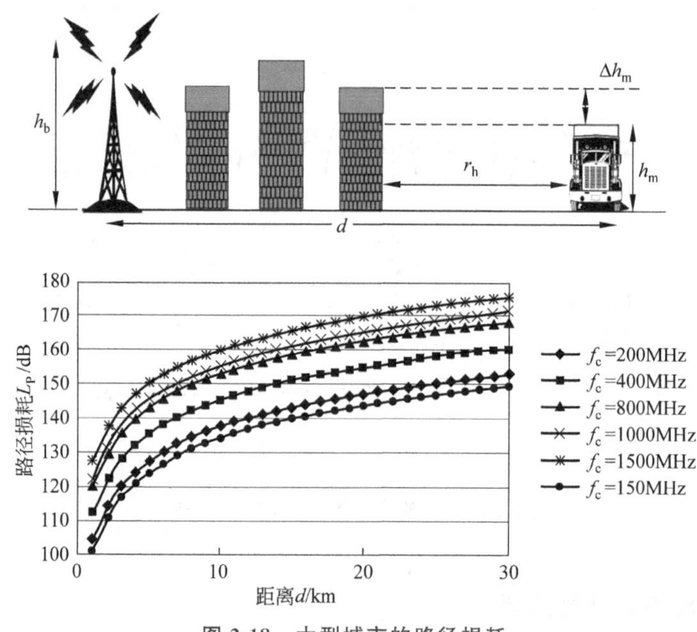

图 2-18　大型城市的路径损耗

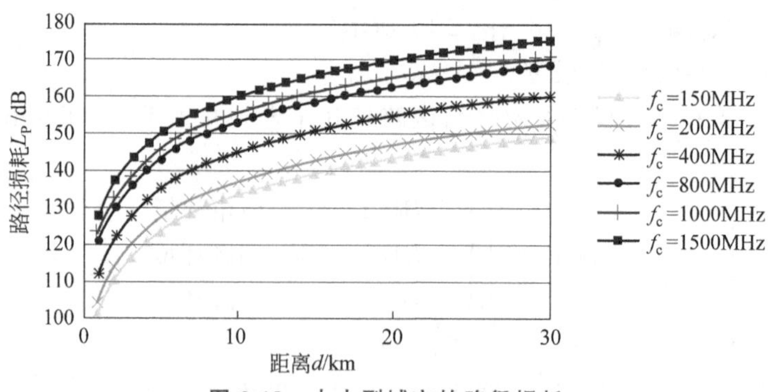

图 2-19　中小型城市的路径损耗

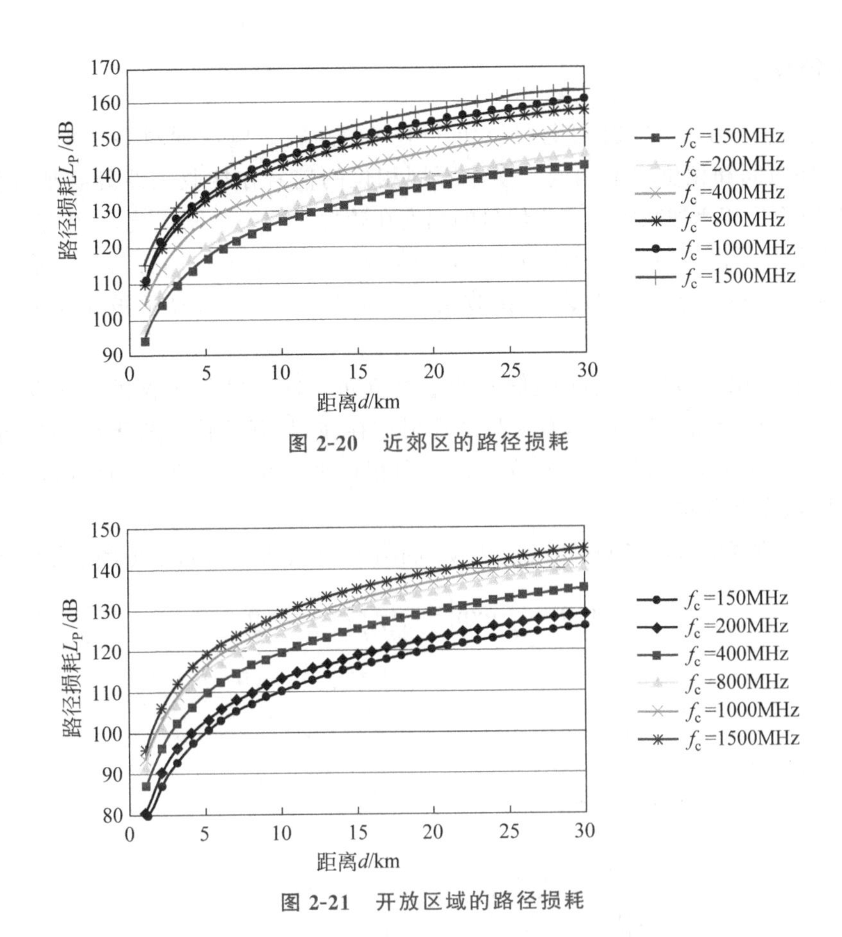

图 2-20 近郊区的路径损耗

图 2-21 开放区域的路径损耗

2）微蜂窝区的路径损耗模型

对于微蜂窝区的路径损耗模型：微蜂窝区跨越几百米到一千米左右，并且通常由安装在灯柱或电线杆等屋顶下方的基站天线支持。由于受到市区街道和建筑物的影响，通常它们的覆盖范围不再是圆形。

传播特性是非常复杂的，影响因素有移动终端和发射机之间以千米计的距离、基站和移动终端的高度、载波频率等。

2.5 多径效应与多普勒效应

小尺度衰落是指接收到的无线信号在短时间或短距离范围内的快速变化。

有两个效应导致了信号振幅的快速波动。

(1) 多径衰落：信号通过不同路径到达后的叠加。

(2) 多普勒频移：由朝向或远离基站的发射机终端的移动性引起。

小尺度衰落导致很高的误码率，它不可能简单地通过增加发射功率解决这个问题，通常利用差错控制编码、分集方案、定向天线等加以解决。

1. 多径衰落

在移动通信环境中,发射的电波经历了不同的路径。电波通过各个路径的距离不同,导致传播时间和相位均不相同。多个不同相位的信号在接收天线处叠加,时而同相叠加增强,时而反相叠加减弱。接收信号的幅度在较短时间内急剧变化,产生了衰落,因为这个相位差是信号沿着不同路径传播了不同的距离这一事实引起的,称其为多径衰落。

由于到达路径的相位急剧变化,接收信号的振幅快速波动,经常被建模为一个随机变量。

瑞利分布常用于多径衰落接收信号的包络分布。发射机和接收机之间没有直射波路径,没有一个信道占支配地位,有大量的反射波存在,且到达接收机天线的方向角是随机的,为 0～2π 均匀分布,各个反射波的幅度和相位都是统计独立的,此时,接收信号包络的变化服从瑞利分布。

瑞利分布的概率密度函数(Probability Density Function, PDF,见图 2-22)为

$$\rho(r)=\frac{r}{\sigma^2}\exp\left(-\frac{r^2}{2\sigma^2}\right),\quad r\geqslant 0$$

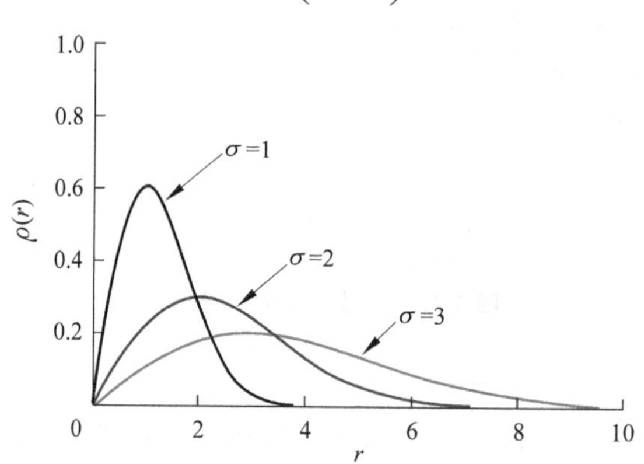

图 2-22 瑞利分布的概率密度函数曲线

假设所有的信号几乎遭受相同的衰减,但以不同的相位到达。

σ 是包络检波之前所接收电压信号的方均根值。用于确定哪部分区域能够接收到具有必要强度的信号。

采样范围内的包络信号的中间值 $R_m(R_m=1.777\sigma)$ 满足:

$$P(R\leqslant R_m)=0.5$$

2. 莱斯分布

当一个强大的视距内的信号分量也存在,即多径信道的 N 个路径中含有一个强入射波且它占有支配地位,传播时若每条路径的信号幅度均为高斯分布,相位在 0～2π 为均匀分布,此时,接收信号包络的衰落变化服从莱斯分布。概率密度函数(见图 2-23)由下式给出:

$$f_{\text{ric}}(r)=\frac{r}{\sigma^2}\exp\left(\frac{-(r^2+\alpha^2)}{2\sigma^2}\right)I_0\left(\frac{\alpha r}{\sigma^2}\right),\quad r\geqslant 0,\alpha\geqslant 0$$

其中,α 是一个决定了视线线路(Line Of Sight,LOS)分量相对于多径信号其余部分的强度的因子。如果 $\alpha=0$,那么它变成瑞利分布。$I_0(x)$是第一类零阶修正贝塞尔函数。

图 2-23 为莱斯分布的概率密度函数曲线。

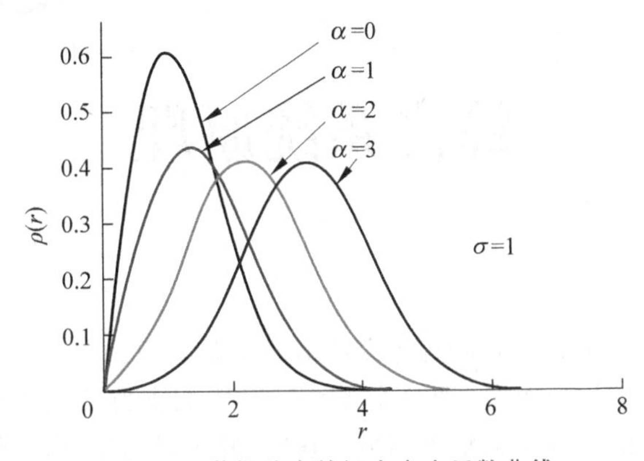

图 2-23 莱斯分布的概率密度函数曲线

3. 多普勒频移

物体辐射的波长因为波源和观测者的相对运动而产生变化,在运动的波源前面,波被压缩,波长变得较短,频率变得较高。基站发送一个单频率 f,在移动终端接收到的信号在时刻 t 具有 $f+v(t)$的频率。$v(t)$是多普勒频移,并且由下式给定:

$$v(t)=\frac{Vf}{c}\cos\theta(t)$$

多普勒频移与移动速度、方向、频率有关。

习　题

1. 在常用通信介质中,无线传输介质具有哪些特性?
2. 无线电的传播机制有哪些?
3. 按方向性分类,天线可以分为哪几类?
4. 信号的传播范围如何划分?
5. 简述自由空间电波传播过程中的传播损耗的定义。
6. 和快衰落相比,慢衰落(阴影衰落)产生的原理是什么?
7. 在移动通信环境中,发射的电波在传播过程中引起多径衰落的原因是什么?

参考文献

[1] Pahlavan K. Principles of wireless networks: a unified approach[M]. New York: John Wiley & Sons Inc,2011.

第3章 chapter 3

蜂窝系统原理

本章将关注蜂窝系统并主要讲解蜂窝通信的基础知识。在一个无线通信系统中，人们非常关注整个系统的用户容量（即整个无线网络所能支持的最大用户数量）。一种通信方案是使用大功率的天线覆盖整个网络，但是这并不是一个好的选择。本章介绍蜂窝网络使系统的容量增加的原理。

3.1 蜂窝系统

大多数商业广播电视系统的设计目标是尽可能多地扩大无线电覆盖面积。这些系统的设计者通常在国家有关部门所规定的最高位置架设天线并使用最大的功率去广播信号。因此，这一天线所用的频率在很大的距离范围内不能复用，否则两个天线发射的信号可能造成干扰并影响信息传输的质量。两个天线间间隔的面积可能远远大于它们所能覆盖的面积。

蜂窝系统采用的是一种截然不同的方法。它用小功率发射机在一个相对小的面积上高效地利用可供使用的频段。设计一个高效率蜂窝系统的关键是将每个可用频段的使用次数在一定区域内最大化。

蜂窝系统可以控制多组低功率的无线电覆盖整个服务区（见图 3-1）。每组无线电为附近的移动设备服务。被每组无线电服务的区域称为小区。每个小区有一定数量的低功率无线电用于小区内的通信。小区内无线电功率会足够大到满足小区内所有移动节点（包括在小区边缘节点）的通信。最初的系统只有较少的使用者，因此采用 28km 的小区半径。在之后的成熟系统中就采用了 2km 来使得频率复用率足够大。

随着系统流量的增加，系统加入了新的小区和信道。如有系统使用一种不合理的小区模式，这将使系统的频谱利用率变得很低，因为同信道之间的干扰会使得信道的复用变得艰难。另外，还会导致一种不经济的设备部署，需要一个小区接着另一个小区去重新部署。因此，每当系统进入建设阶段时，大量的工程量会被用在重新调整传输、切换和控制资源。利用规则的小区模式则可以消除这些困难。

在现实中，小区的覆盖面积是一个不规则的圆形。实际上的覆盖面积由地形及其他一些因素来控制。为设计的目的并做一次近似，我们认为覆盖的面积是一个正多边形。例如，一个常功率的全方向天线，它的覆盖面积将会是一个圆形。为了达到没有死角的

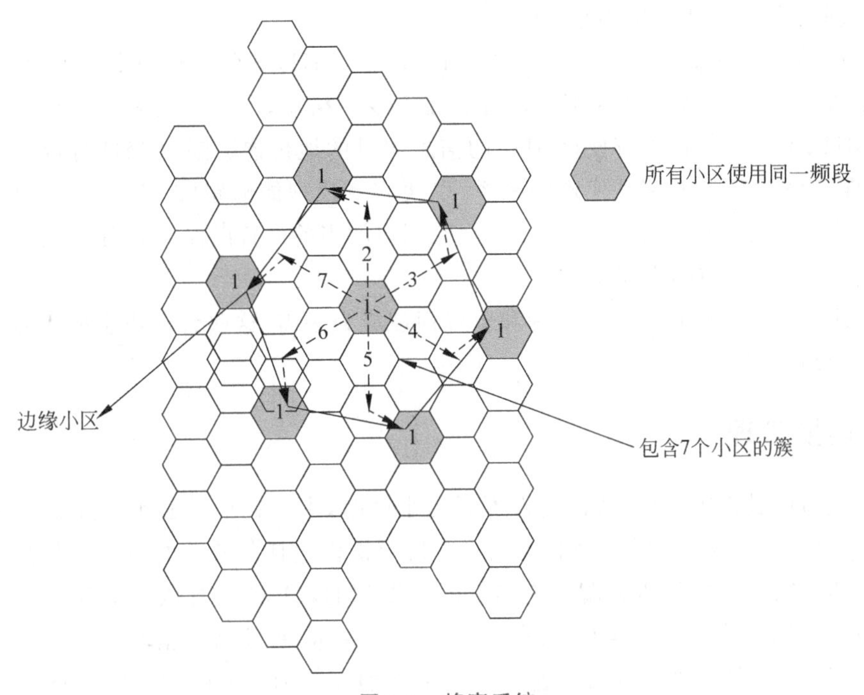

图 3-1 蜂窝系统

全覆盖,需要一系列的正多边形来组成小区。任何正多边形,如正三角形、正方形或是正六边形可以被用于小区设计。正六边形是一个常用的选择,这主要有两个原因: ①正六边形的布局需要更少的小区数,同时这也意味着需要更少的天线; ②正六边形的布局和其他形状比起来更经济实惠。在实际操作中,常常是在地图上画一系列的正多边形后,利用传输模型计算不同方向的信噪比(Signal-to-Noise Ratio,SNR)或是利用近似求解的计算机程序。在本章接下来的部分里,我们将假设正多边形是覆盖面积。

一个小区可以由单个基站提供服务,多个小区可组成区群。在蜂窝系统中,区群中各个基站都是以有线连接的方式连接至移动交换中心(Mobile Switching Center,MSC)。与基站相比,MSC 有更强的计算能力,具有更多的功能。因此,绝大多数通信操作都会由 MSC 处理完成。

3.2 移动性管理

虽然蜂窝的方法允许采用低功率发射机和频率复用来增大系统的容量,但是这些优点并不意味着是没有代价的。由于无线通信的显著特征是具有支持用户漫游的灵活性,而小的地理覆盖区域意味着移动用户需要常常从一个小区离开并进入另一个小区。为了保持正在进行的通话的连续性,当移动台从当前服务基站的小区进入另一个覆盖区域时,该链路连接必须从当前服务基站切换到新基站。因此,必须采用一种有效且高效的切换机制来支持业务连续性,并保持端到端的服务质量(Quality of Service,QoS)要求。

执行和管理切换的过程称为切换管理。

蜂窝通信的原理如下：移动主机(Mobile Host,MH)被分配到一个家乡网络,并由一个地址进行区别,该地址称为家乡地址。在家乡网络中,一个称为家乡代理的代理机制跟踪MH的当前位置,以方便该MH的信息向目的地传递。随着MH远离其家乡网络,必须保持该MH与其家乡代理的联系,以便家乡代理能够跟踪MH的当前位置,从而达到传递信息的目的。在蜂窝通信中,跟踪用户的当前位置以保持MH与其他家乡代理之间的联系过程称为位置管理。

由于用户的移动性使得切换管理和位置管理成为必需,这些管理功能被认为是移动管理的两个组成部分。

3.2.1 切换管理

在一次通话过程中,当移动台进入不同的小区时,本次通话就必须传递到一个属于新小区的新信道上,这一操作过程称为切换。切换操作包括新基站的识别以及在新基站支持数据和控制信号的信道分配。正如上面所提到的,MSC具有执行多种不同功能的计算能力,因此,切换操作通常由MSC负责完成。MSC跟踪器管辖所有小区的资源占用情况,当移动台在一次通话期间进入一个不同的小区时,MSC就会确定新小区中未被占用的可用信道,并做出是否转移链路的决策。如果新基站可以提供用于处理载有信号的信道与控制信号的信道,从而支持切换连接,就会发生切换,否则就不会发生切换。

3.2.2 位置管理

如前所述,MH总是与分配家乡网络所代理管理的家乡地址联系在一起。当MH离开其家乡网络时,就会进入一个称为外部网络的区域,此时,MH必须通过外部代理向其家乡代理进行注册,从而使家乡代理知道其当前位置,以方便消息传递。MH在开启时向其家乡代理进行注册,当它进入外部网络时,需要通过外部代理向其家乡代理进行注册,即家乡代理与外部代理之间是相互联系的,当家乡代理要向MH传递信息时,它会通过外部代理将该信息传给该MH。在注册过程中,家乡代理需要从外部代理所传递的身份鉴别信息中确认提交注册的移动主机确实属于其管辖范围。验证在注册过程中所提交的身份信息确实属于一个正确的MH的过程称为鉴权过程。

3.3 区群和频率复用

在相邻的同信道小区之间的间隔区域,可以设置不同频率段的其他小区,从而提供频率隔离。使用不同频率段的一组小区称为一个区群,设 N 为区群的大小,表示其所包含的小区数目。这样,区群中的各个小区就包含可用信道总数的 $1/N$。从这个意义上讲,N 也称为蜂窝系统的频率复用因子。

3.3.1 通过频率复用扩大系统容量

假定为每个小区分配 J 个信道($J \leqslant K$),如果 K 个信道在 N 个小区进行分配,分成唯一的互不相交的不同信道,则

$$K = JN \tag{3-1}$$

总之,一个区群中的 N 个小区包含了全部的可用频率。由于 K 为可用信道总数,所以由式(3-1)可以看出,随着分配给每个小区的信道数 J 的增大,区群尺寸 N 会减小。因此,通过减小区群尺寸,就可以提高各个小区的容量。

区群可进行多次复制,从而形成整个蜂窝通信系统。设 M 为区群复制的次数,C 为采用频率复用的整个蜂窝系统的信道总数,那么,C 就是系统容量,可以表示为

$$C = MJN \tag{3-2}$$

如果 N 减小,J 按比例增大以满足式(3-1),此时,为了覆盖相同的地理位置,就必须将更小的区群复制更多次数,这意味着 M 必须增大。由于 $JN(=K)$保持恒定并且 M 增大,式(3-2)表明系统容量 C 随之增大,即当 N 最小化时,得到 C 最大化。3.3.4 节会知道最小化 N 将增大同信道干扰。

3.3.2 频率复用下的小区规划

前面已经指出,本章的蜂窝通信讨论的是基于正六边形小区的二维排列链。此时,寻找离特定小区最近的同信道相邻小区的规划如下所述。

如下两个步骤可以用来确定最近的同信道小区的位置。

步骤 1:沿着任何一条六边形链移动 i 个小区。

步骤 2:逆时针旋转 60°后再移动 j 个小区。

当 $i=3$ 且 $j=2$ 时,采用上述规则确定蜂窝系统中同信道小区位置的方法如图 3-2 所示,图中同信道小区为带有阴影的小区。

蜂窝网络中利用区群实现频率复用的方法如图 3-3 所示,图中具有相同编号的小区使用相同的频率段,这些同信道小区必须隔开一定的距离,使得同信道干扰在指定的 QoS 门限值以下,参数 i 与 j 是同信道小区之间最近的相邻小区个数的度量。区群尺寸 N 与 i 和 j 的关系可以用如下方程表示:

$$N = i^2 + ij + j^2 \tag{3-3}$$

例如,在图 3-3(b)中,$i=1$ 且 $j=2$,因此,$N=7$。区群尺寸 $N=7$ 时,由于各小区都包含可用信道总数的 1/7,所以频率复用因子为 7。

蜂窝系统的优点如下。

(1) 可以采用低功率发射机。

(2) 允许进行频率复用。

频率复用要求对小区结构进行规划,从而使得同信道干扰保持在一个可接受的水平。随着同信道小区之间距离的增大,同信道干扰就会减少。如果小区尺寸一定,则信

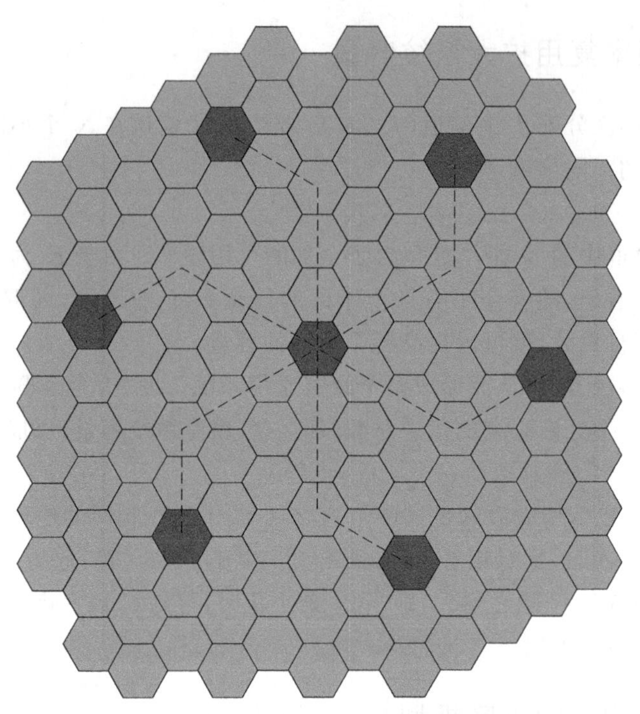

图 3-2 确定蜂窝系统中同信道小区位置的示意图

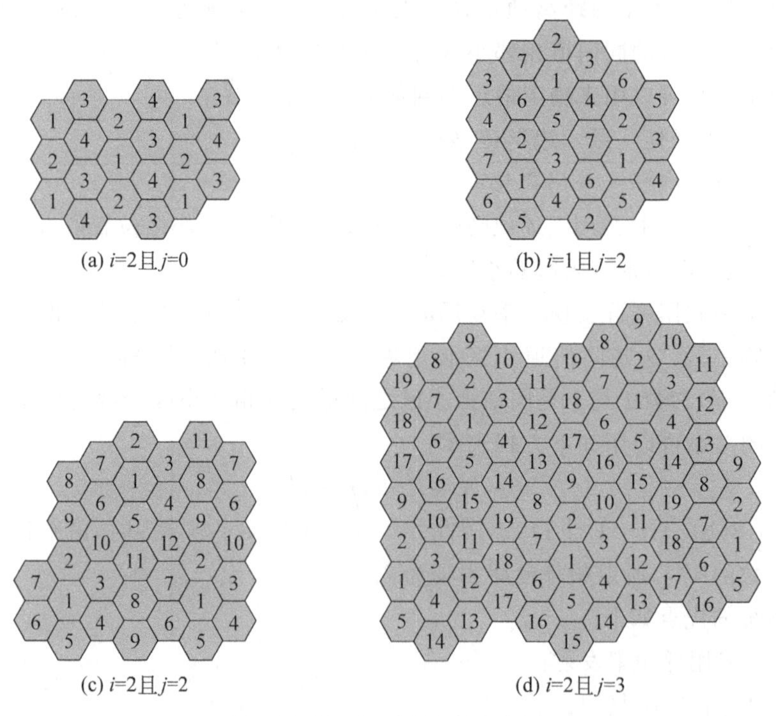

(a) i=2且j=0

(b) i=1且j=2

(c) i=2且j=2

(d) i=2且j=3

图 3-3 利用区群实现频率复用

号功率与同信道干扰功率之比的平均值将独立于各个小区的发射功率。任何同信道小区之间的距离均可采用六边形小区的几何尺寸进行测量。

3.3.3 六边形小区的几何结构

六边形小区的几何结构如图 3-4 所示，图中 R 为六边形小区的半径（从中心到顶点的距离）。一个六边形有 6 个等距离的相邻六边形。从图 3-4 可以看出，在蜂窝阵列中，连接任何小区中心及其各相邻小区中心的直线之间的夹角为 60°的整数倍。注意图 3-4 中 60°角是指垂直直线与 30°直线构成的夹角，这两条直线均为连接六边形小区中心的直线。

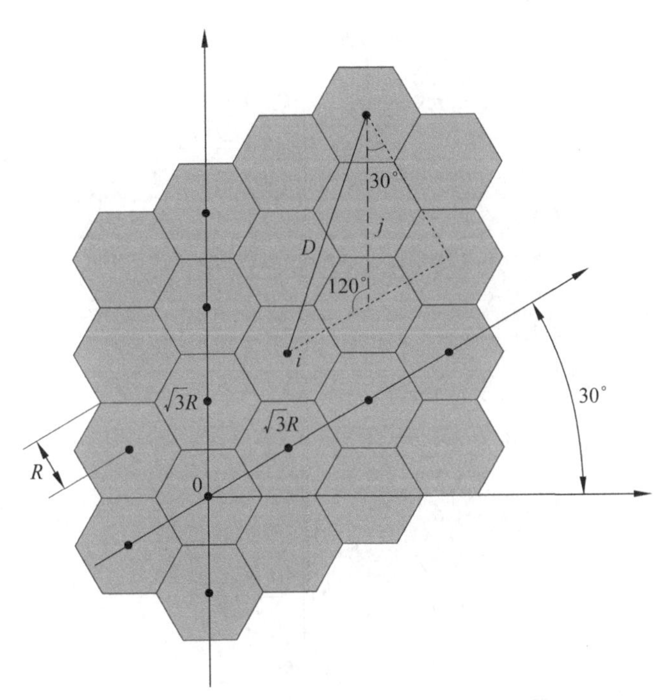

图 3-4 六边形小区的几何结构

在六边形区域中，最近的同信道小区之间的距离可以从图 3-4 所示的几何结构计算出来。为了表示方便，将所研究的小区称为候选小区。两个相邻六边形小区中心之间的距离为$\sqrt{3}R$。设 D_{norm} 为候选小区中心与最近的同信道小区之间的距离，它被两个相邻小区中心之间的距离$\sqrt{3}R$ 进行了归一化。注意，两个相邻小区之间的归一化距离（$i=1$ 且 $j=0$，或者 $i=0$ 且 $j=1$）为单位 1，设 D 为相邻同信道小区中心之间的实际距离，这样 D 就是 D_{norm} 与 R 的函数。

由图 3-4 所示的几何结构，易得

$$D_{\text{norm}}^2 = j^2\cos^2 30° + (i + j\sin 30°)^2 = i^2 + j^2 + ij \tag{3-4}$$

由式(3-3)和式(3-4)可得

$$D_{\text{norm}} = \sqrt{N}$$

由于两个相邻六边形小区中心之间的实际距离为$\sqrt{3}R$,因此,候选小区中心与最近的同信道小区中心之间的实际距离为

$$D = D_{\text{norm}} \times \sqrt{3}R = \sqrt{3N}R \tag{3-5}$$

对于六边形小区而言,每个小区都有6个最近的同信道小区,同信道小区分层排列。通常,候选小区被第k层的$6k$个小区包围,小区尺寸相同时,各层中的同信道小区都位于由该层同信道小区连接而成的六边形边界上。由于D是两个最近的同信道小区之间的半径,那么第k层的同信道小区连接而成的六边形的半径为kD。$i=2$且$j=1$时的频率复用方案中$N=7$,其前两层同信道干扰小区如图3-5所示,由该图容易观察到,第一层的半径为D,第二层的半径为$2D$。

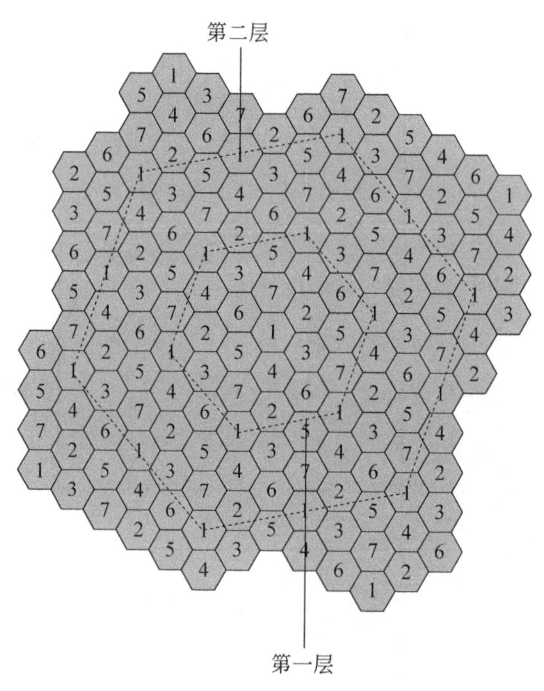

图3-5 $N=7$时的前两层同信道干扰小区

3.3.4 频率复用比

频率复用比q定义为

$$q = \frac{D}{R} \tag{3-6}$$

因为频率复用会导致同信道小区的出现,所以q也称同信道复用比。

将式(3-5)代入式(3-6)中,得到频率复用比q与区群尺寸(或频率复用因子)N之间的关系为

$$q = \sqrt{3N} \tag{3-7}$$

由于q随着N的增大而增大,并且小的N值影响蜂窝系统容量的增大,同时同信道干扰

也增大,因此,所选择的 q 或 N 应该使得信号与同信道干扰之比保持在可以接受的水平。几种频率复用方案及相应的区群尺寸和频率复用比列于表 3-1 中,以便参考使用。

表 3-1 区群尺寸与频率复用比

频率复用方案(i,j)	区群尺寸 N	频率复用比 q
(1,0)	1	3.00
(2,0)	4	3.46
(2,1)	7	4.58
(3,0)	9	5.20
(2,2)	12	6.00
(3,1)	13	6.24
(3,2)	19	7.55
(4,1)	21	7.94
(3,3)	27	9.00
(4,2)	28	9.17
(4,3)	37	10.54

3.4 同信道与邻信道干扰

在无线通信系统中,前向链路与反向链路所使用的信道在时间或在频率上进行分隔,从而允许双工通信。蜂窝系统能够提供的信道数量是有限的,蜂窝系统的容量就是由这一可利用的信道总数给予定义的。系统容量作为可用信道总数的函数取决于可用信道的分配方式,特别地,如果最近的小区之间的间隔足以使得任意给定频率它们之间的干扰被控制在一个可接受水平之下,那么两个或多个不同的小区就可以采用相同的一段频率或无线信道。采用相同频率段的小区称为同信道小区,同信道小区之间的干扰称为同信道干扰。频率或信道均代表无线资源。

本节讨论蜂窝阵列中候选小区的性能。任一给定的基站可以提供处理许多移动用户业务的能力。基站接收机接收到的来自目标用户的信号通常受同一小区中其他移动台发射信号、背景噪声及相邻小区中移动台发射信号干扰的影响。假定上行链路的传输与下行链路的传输在时域(即时分双工)或在频域(即频分双工)存在适当的间隔,此时,来自另一条链路的传输干扰就可以忽略不计。基站接收机收到的来自相同小区中其他移动台的干扰称为小区内干扰,而来自其他小区的干扰则称为小区间干扰。影响各移动主机接收性能的下行链路的小区间干扰所导致的问题要比基站接收机处上行链路干扰所导致的问题严重得多。其原因可归结为基站接收机比各移动用户接收机更为复杂这一事实。

如果整个蜂窝系统中不同的小区使用不同的频率段,那么小区间干扰就会控制在最小水平,但是这时的系统容量又会受到限制;为扩大系统容量,必须采用频率复用。另外,频率复用后将引入来自采用相同频率段小区的同信道干扰,因此,需对频率复用进行仔细规划,从而使得同信道干扰保持在可接受的水平。

3.4.1 同信道干扰

无线信道是干扰受限的。除同信道干扰外,其他邻近小区以不同于候选小区的频率运行,所以来自非同信道小区的干扰是最小的。于是,同信道干扰在小区间干扰中起主要作用,这样在评估系统性能时,需将来自同信道小区的干扰考虑进去。为了简化后续分析,我们仅考虑平均信道质量作为与距离有关的路径损耗的函数,而不考虑由传播阴影和多径衰落造成的信道统计特性的细节。

用符号 S 与 I 分别表示接收机解调器输出端的有用信号功率与同信道干扰功率,设 N_i 表示产生同信道干扰的小区数,I_i 表示由第 i 个同信道小区基站的发射信号产生的干扰功率。那么,在移动台接收机处信号功率与同信道干扰功率之比(S/I)为

$$\frac{S}{I}=\frac{S}{\sum_{i=1}^{N_i} I_i}$$

正如 2.4 节所讨论的,任一点处的平均接收信号强度按照发射机之间距离的幂指数规律衰减。

设 D_i 为第 i 个干扰源与移动台之间的距离,给定移动台接收到由第 i 个干扰小区产生的干扰与 D_i^{-k} 成正比,其中 k 为路径损耗指数。该路径损耗指数 k 通常由测量确定,在许多情况下,其取值范围是 $2\leqslant k\leqslant 5$。

除同信道干扰外,时刻存在背景噪声的影响。但是,在干扰起主要作用的环境中,可以忽略背景噪声。2.4 节已经指出,有用接收信号功率 S 正比于 r^{-k},其中,r 为移动台与其所属服务站之间的距离。如果所有基站的发射功率相同,并且在整个地理覆盖区域内路径损耗指数相同,则来自第 i 个同信道小区的同信号干扰 I_i,对所有 i 而言,仅取决于 D_i 与 k。典型移动台接收机处的 S/I 可以近似为

$$\frac{S}{I}=\frac{r^{-k}}{\sum_{i=1}^{N_i} D_i^{-k}} \tag{3-8}$$

同信道干扰的程度是移动台在其所属小区位置的函数。当移动台位于小区边界(即 $r=R$)时,由于有用信号功率最小,所以此时发生同信道干扰的最坏情况。由于蜂窝系统具有六边形的形状,因此在第一层总存在 6 个同信道干扰小区,如果忽略来自第二层以及更高层的同信道干扰,则 $N_i=6$,在 $r=R$ 的情况下,利用 $D_i\approx D$,$i=1,2,\cdots,N_i$,有

$$\frac{S}{I}=\frac{(D/R)^k}{N_i}=\frac{q^k}{N_i}=\frac{(\sqrt{3N})^k}{N_i} \tag{3-9}$$

于是,频率复用比可以表示为

$$q=\left(N_i\times\frac{S}{I}\right)^{1/k}=\left(6\times\frac{S}{I}\right)^{1/k} \tag{3-10}$$

当移动台位于小区边界($r=R$)时,会经历向前信道中同信道干扰的最坏情况,如图 3-6 所示。如果采用移动台与第一层干扰基站之间距离的某种更好的近似,则由式(3-8)可知,S/I 可以表示为

$$\frac{S}{I}=\frac{R^{-k}}{2(D-R)^{-k}+2D^{-k}+2(D+R)^{-k}} \tag{3-11}$$

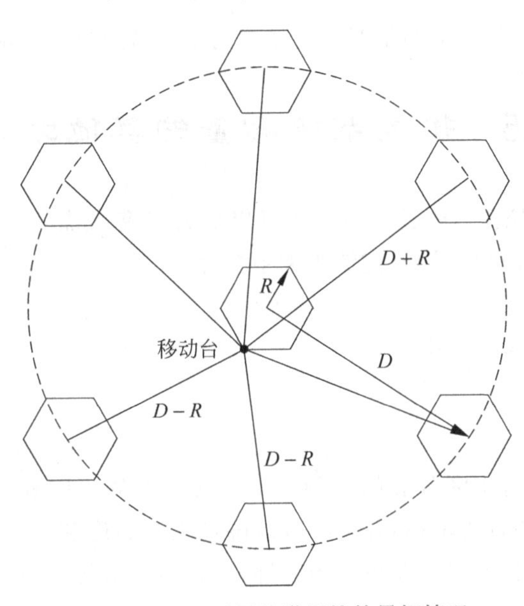

图 3-6 $N=7$ 时同信道干扰的最坏情况

由于 $D/R=q$,当路径损耗指数 $k=4$ 时,式(3-11)可以写为

$$\frac{S}{I}=\frac{1}{2(q-1)^{-4}+2q^{-4}+2(q+1)^{-4}}$$

虽然频率复用因子增大后(如从 7 增大到 9)可以获得可接受的 S/I,但 N 的增大却带来了系统容量的降低,因为 9 个小区复用时提供给各个小区的频率复用率为 1/9,而 7 个小区复用时提供给各个小区的频率复用率为 1/7。容量的下降可能是不允许的,从运营的角度讲,并不要求满足最坏情况,因为这种情况很少发生。最坏情况会以一个很小但不为零的概率发生,从而在通话的某一间隔内造成性能低于规定水平。认识到这一事件后,设计人员通常希望找到最优的折中方案。

3.4.2 邻信道干扰

邻信道干扰(Adjacent Channel Interference,ACI)是由频率相邻信道的功率落入接收邻信道接收机通带内造成的干扰。造成 ACI 的主要原因是接收机滤波器不理想而使邻近频率的功率泄漏。考虑两个使用邻信道的移动用户的上行链路传输,其中一个用户距离基站非常近,另一个用户距离小区边界非常近,如果没有适当的传输功率控制,则来自距离基站近的移动台的接收功率远大于来自远处的移动台的接收功率,这种远近效应会大大增强接收信号对弱接收信号的 ACI。为了降低 ACI,应该:

(1) 采用带外辐射低的调制方式(例如,MSK优于QPSK,GMSK优于MSK)。

(2) 仔细设计接收机前端的带通滤波器。

(3) 通过将邻信道分配给不同的小区,使用适当的信道交织。

(4) 如果区群尺寸足够大,就要避免在相邻小区中使用邻信道,从而进一步降低ACI。

(5) 通过TDD或FDD适当地对上行链路与下行链路进行分隔。

3.5 扩大系统容量的其他方法

正如3.3.1节所讨论的,通过频率复用可以扩大蜂窝系统的容量。采用如下两种方式进行小区规划和天线设计,同样能够扩大系统容量。

(1) 小区分裂。

(2) 定向天线(天线扇区化)。

3.5.1 小区分裂

如图3-7所示,进行小区分裂的一种方法是将拥塞的小区划分为更小的小区,划分后的各个小区都拥有各自的基站,并且相应地降低天线高度和发射功率。由于小区数目的增加,在相同覆盖面积内将存在更多的区群,这相当于对区群进行多次复制,即复制因子M增大了,也就是说信道被复用的次数增加了。因此,采用小区分裂会提高蜂窝系统的容量。在图3-7中,假定中心区域的话务量饱和(即该区域的呼叫阻塞概率超过了可接受范围),原先位于中央半径为R的大小区分裂为半径为$R/2$的中小区,并且位于中央的中小区又进一步分裂为半径为$R/4$的小小区。小区分裂后会降低该地区的呼叫阻塞

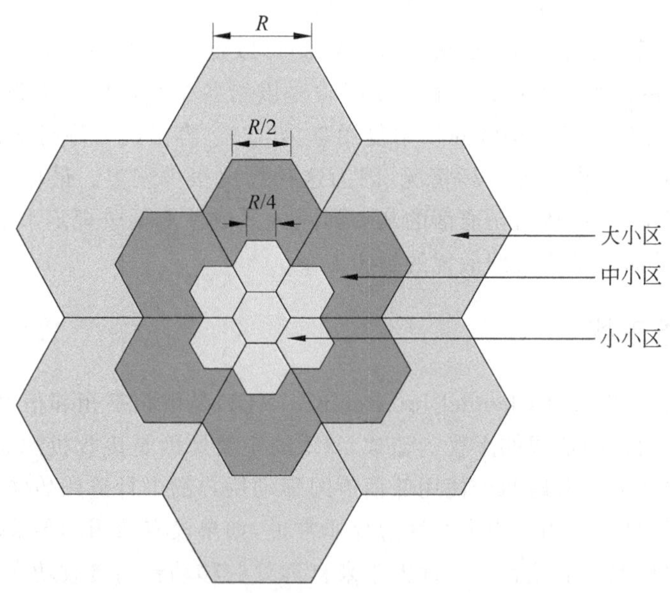

图3-7 小区分裂示意图(半径由R变为$R/2$以及$R/4$)

概率,同时也会增加移动台在小区之间切换的频度。

设 d 为发射机与接收机之间的距离,d_0 为发射机与近区参考点之间的距离,P_0 为在近区参考点处的接收功率。可知,平均接收功率 P_r 正比于 P_0,并且可以表示为

$$P_r = P_0\left(\frac{d}{d_0}\right)^{-k} \tag{3-12}$$

其中,$d \geqslant d_0$,k 为路径损耗指数。式(3-12)取对数得到

$$P_{r(dBW)} = P_{0(dBW)} - 10k\lg\frac{d}{d_0}, \quad d \geqslant d_0 \tag{3-13}$$

设 P_{t1} 与 P_{t2} 分别为大小区基站和中小区基站的发射功率,在大(旧)小区边界处的接收功率 P_r 与 $P_{t1}R^{-k}$ 成正比,中(新)小区边界处的接收功率 P_r 与 $P_{t2}(R/2)^{-k}$ 成正比。根据接收功率相等,有

$$P_{t1}R^{-k} = P_{t2}(R/2)^{-k} \tag{3-14}$$

或

$$P_{t1}/P_{t2} = 2^k \tag{3-15}$$

式(3-15)取对数可得

$$10\lg\frac{P_{t1}}{P_{t2}} = 10k\lg 2 \approx 3k(\text{dB})$$

当 $k=4$ 时,$P_{t1}/P_{t2}=12(\text{dB})$。因此,小区分裂后,新小区半径是旧小区半径的 1/2 时,发射功率可以降低 12dB。

3.5.2 定向天线(天线扇区化)

天线的基本形式是全向的。相对于全向天线而言,采用定向天线可以提高系统容量。由式(3-8)可知,最坏情况下的 S/I 为

$$\frac{S}{I} = \frac{R^{-k}}{\sum_{i=1}^{N_i} D_i^{-k}}$$

其中,N_i 的值取决于采用的天线形式。在采用全向天线的情况下,对于第一层同信道小区而言,$N_i=6$。设 $D_i \approx D$,$i=1,2,\cdots,N_i$,则

$$\left(\frac{S}{I}\right)_{\text{omni}} = \frac{1}{6}q^k$$

其中,$q=D/R$。为了说明扇区化所带来的容量提高,可以将全向天线的情况作为一个基准。

在图 3-8 所示的六边形小区中,可以采用 60°的整数倍进行扇区划分。假设为 7 小区复用,对于 3 扇区情况(每个扇区 120°),第一层的干扰源数目由 6 减少为 2。

当 $D_i \approx D$ 时,

$$\left(\frac{S}{I}\right)_{\text{omni}} = \frac{1}{6}q^k \quad \text{和} \quad \left(\frac{S}{I}\right)_{120^\circ} = \frac{1}{2}q^k$$

此时信号与干扰之比的增加倍数为

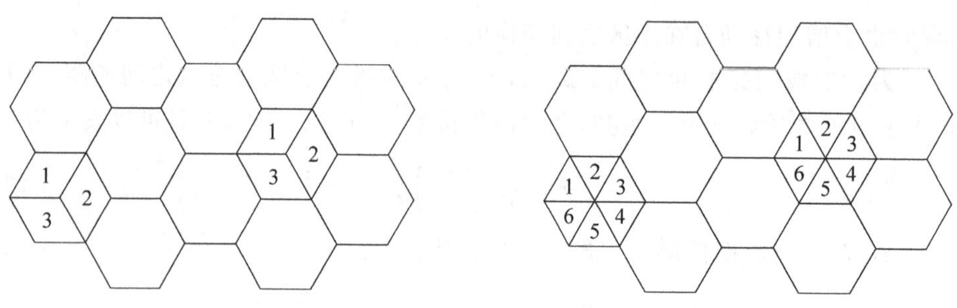

图 3-8　天线扇区化

$$\frac{(S/I)_{120°}}{(S/I)_{\text{omni}}}=3$$

这就是采用定向天线后，与全向天线情况相比，用各小区中扇区数目表示的容量提高的理论值。注意，在各小区内，移动台必须在不同扇区之间进行切换，然而，该切换过程很容易由基站来处理。如果各小区中的可用信道总数需要划分给各个扇区，那么各小区的中继效率在无扇区的基础上会有所下降。

采用 120°扇区化的最坏情况如图 3-9 所示，图中移动台位于小区拐角处，R 为小区半径，D 为相邻同信道小区之间的距离。在 3 扇区情况下，移动台所经历的干扰来自两个干扰小区各自的相应扇区。由图中的距离估计以及 $k=4$ 的路径损耗指数，可得

$$\left(\frac{S}{I}\right)_{120°}=\frac{R^{-4}}{D^{-4}+(D+0.7R)^{-4}}=\frac{1}{q^{-4}+(q+0.7)^{-4}} \tag{3-16}$$

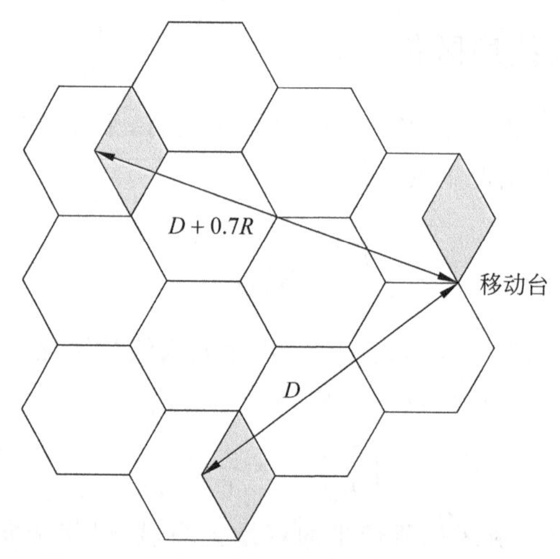

图 3-9　采用 120°扇区化的最坏情况示意图

3.6　信道分配策略

信道分配的两种基本方法是固定信道分配(Fixed Channel Allocation，FCA)和动态信道分配(Dynamic Channel Allocation，DCA)。

1. 固定信道分配

在 FCA 方案中,为各小区分配一组预先确定的话音信道,小区中的任何呼叫请求只能被该特定小区中的未占用信道提供服务。为了提高信道利用率,可以考虑选择信道借用。选择信道借用时,如果小区内的所有信道均已经被占用,并且相邻小区存在空闲信道,那么,就允许该小区从相邻小区借用信道,信道借用通常由 MSC 负责监管。

正如 3.2.1 节所提到的,由于 MSC 负责切换操作,所以 MSC 完全理解其所管辖的区群中容量的使用情况。因此,MSC 就是监督诸如信道借用等功能的自然子系统。

2. 动态信道分配

在 DCA 方案中,语音信道并不是永久分配给不同的小区,每当有呼叫请求时,提供服务的基站就会向 MSC 请求信道,MSC(动态地)确定可用信道并相应地执行分配过程,为了避免同信道干扰,如果一个频率(无线信道)在当前小区或在任何落入频率复用最小限制距离内的小区没有被使用,MSC 则将该频率(无线信道)分配给呼叫请求。

由于在 MSC 控制之下所有可用信道可以被所有小区使用,因此,动态信道分配降低了呼叫阻塞的可能性,提高了系统中继容量。动态信道分配策略要求 MSC 连续地搜集关于所有信道的信道占有、话务量分布以及无线信号质量的事实数据。在任何情况下,为了进行切换管理,MSC 需要进行这样的数据搜集。

习 题

1. 蜂窝系统是如何实现大规模无线电覆盖的?

2. 随着系统不断地加入新的小区和信道,不合理的设备部署可能会产生哪些不良后果?

3. 在小区间干扰中,哪种干扰的影响最大?其原因是什么?

4. 扩大蜂窝系统的容量有哪些方法?

5. 信道分配的两种基本方法中,动态信道分配的基本原理是什么?

参考文献

[1] Mark J W, Zhuang W H. Wireless communications and networking[M]. New Jersey: Prentice Hall,2003.

[2] 吴功宜,吴英.物联网工程导论[M].北京:机械工业出版社,2012.

[3] Schwartz M. Mobile wireless communications[M].New York: Cambridge University Press,2004.

第4章 chapter 4

3G、4G和5G

4.1 3G

3G即第三代移动通信技术，是将无线通信与国际互联网等多媒体通信结合起来的移动通信系统。3G服务能够同时传送声音和数据信息，速率一般在几百千比特每秒以上。目前3G存在3种标准：CDMA2000、WCDMA、TD-SCDMA。理论上3G下行速率峰值可达3.6Mb/s(也有说2.8Mb/s)，上行速率峰值也可达384kb/s。不可能像网上说的2Gb/s，当然，下载一部电影也不可能瞬间完成。

国际电信联盟(ITU)已经确定的3个无线接口标准分别是美国的CDMA2000、欧洲的WCDMA、中国的TD-SCDMA。中国国内同时支持ITU确定的这3个无线接口标准。由于全球移动通信系统(GSM)设备采用的是时分多址，而CDMA使用码分扩频技术，先进功率和话音激活至少可提供大于3倍GSM网络容量，因而业界将CDMA技术作为3G的主流技术。

4.1.1 技术起源

1940年，美国女演员海蒂·拉玛和她的作曲家丈夫乔治·安塞尔提出一个频谱(Spectrum)的技术概念。这个被称为展布频谱(也称码分扩频)的技术理论在此后给世界带来了不可思议的变化，人们使用的3G就由这个技术理论演变而来。

1938年3月，纳粹德国正式进入奥地利，随后，海蒂·拉玛逃到伦敦，以远离她失败的婚姻和众多的纳粹"朋友"。她顺便也把纳粹无线通信方面的"军事机密"带到了盟国。这些机密主要是基于无线电保密通信的"指令式制导"系统，用于自动控制武器，精确打击目标，但为了防止无线电指令被敌军窃取，需要开发一系列的无线电通信的保密技术——受过良好教育的她偷偷地吸收了许多极具价值的前瞻性概念。

这些技术当时并不被重视，但在1942年8月她还是得到了美国的专利，在美国的专利局，曾经尘封着这样一份专利：专利号为2292387的"保密通信系统"专利，美国国家专利局网站上的存档显示这个技术专利最初是用于军事用途的。

海蒂·拉玛最初研究这个技术是为帮助美国军方制造出能够对付纳粹德国的电波干扰或防窃听的军事通信系统，因此这个技术最初的作用是用于军事。第二次世界大战结束后因为暂时失去价值，美国军方封存了这项技术，但它的概念已使很多国家对此产生了兴趣，多国在20世纪60年代对此技术展开了研究，但进展不大。

直到1985年，在美国的圣迭戈成立了一个名为“高通”的小公司（现成为世界五百强），这个公司利用美国军方解禁的展布频谱技术开发出一个被命名为CDMA的新通信技术，就是这个CDMA技术直接导致了3G的诞生。世界3G的三大标准（美国的CDMA2000、欧洲的WCDMA、中国的TD-SCDMA）都是在CDMA技术的基础上开发出来的，CDMA就是3G的根本基础原理，而展布频谱技术就是CDMA的基础原理。

1995年问世的第一代模拟制式手机（1G）只能进行语音通话。1996—1997年出现的第二代GSM、CDMA等数字制式手机（2G）便增加了接收数据的功能，如接收电子邮件或网页。

2008年5月，ITU正式公布第三代移动通信标准，中国提交的TD-SCDMA正式成为国际标准，与欧洲的WCDMA、美国的CDMA2000成为3G时代最主流的三大技术之一。

作为一项新兴技术，CDMA、CDMA2000已经风靡全球并已占据20%的无线市场。截至2012年，全球CDMA2000用户已超过2.56亿，遍布70个国家的156家运营商已经商用3G CDMA业务。包含高通授权LICENSE的安可信通信技术有限公司在内全球有数十家OEM厂商推出EVDO移动智能终端。2002年，美国高通公司芯片销售创历史佳绩；如今，美国高通公司已成为世界最大的无线电通信技术研发、芯片研发厂商之一。

4.1.2 标准参数

ITU在2000年5月确定WCDMA、CDMA2000、TD-SCDMA三大主流无线接口标准，并写入3G指导性文件《2000年国际移动通信计划》（简称IMT-2000）；2007年，WiMAX也被接受为3G标准之一。

CDMA全称是Code Division Multiple Access，意为码分多址，是第三代移动通信系统的技术基础。第一代移动通信系统采用频分多址（Frequency Division Multiple Access，FDMA）的模拟调制方式，这种技术的主要缺点是频谱利用率低，信令干扰话音业务。第二代移动通信系统主要采用时分多址（Time Division Multiple Access，TDMA）的数字调制方式，提高了系统容量，并采用独立信道传送信令，使系统性能大大改善，但TDMA的系统容量仍然有限，越区切换性能仍不完善。CDMA系统以其频率规划简单、系统容量大、频率复用系数高、抗多径能力强、通信质量好、软容量、软切换等特点显示出巨大的发展潜力。下面分别介绍一下3G标准参数。

1. WCDMA

WCDMA全称为Wideband CDMA，也称CDMA Direct Spread，意为宽代码分多路访问，这是基于GSM网发展出来的3G规范，是欧洲提出的宽带CDMA技术，它与日本提出的宽带CDMA技术基本相同。WCDMA的支持者主要是以GSM为主的欧洲厂商，日本公司也或多或少参与其中，包括欧美的爱立信、阿尔卡特、朗讯、北电，以及日本的

NTT、富士通、夏普等厂商。该标准提出了GSM(2G)—GPRS—EDGE—WCDMA(3G)的演进策略。这套系统能够架设在现有的GSM网络上，对于系统提供商而言可以较轻易地过渡。

ARTT FDD

异步CDMA系统：无GPS。

带宽：5MHz。

码片速率：3.84Mc/s。

中国频段：1940～1955MHz(上行)、2130～2145MHz(下行)。

2. CDMA2000

CDMA2000是由窄带CDMA(CDMAIS95)技术发展而来的宽带CDMA技术，也称CDMA Multi-Carrier，它由美国高通北美公司为主导提出，摩托罗拉公司和后来加入的韩国三星公司都有参与，韩国成为该标准的主导者。这套系统是从窄带CDMAOne数字标准衍生出来的，可以从原有的CDMAOne结构直接升级到3G，建设成本低廉。但使用CDMA的地区只有日本、韩国和北美，所以CDMA2000的支持者不如WCDMA多。该标准提出了从CDMAIS95(2G)—CDMA20001x—CDMA20003x(3G)的演进策略。CDMA20001x被称为2.5代移动通信技术。CDMA20003x与CDMA20001x的主要区别在于应用了多路载波技术，通过采用三载波使带宽提高。

RTT FDD

同步CDMA系统：有GPS。

带宽：1.25MHz。

码片速率：1.2288Mc/s。

中国频段：1920～1935MHz(上行)、2110～2125MHz(下行)。

3. TD-SCDMA

TD-SCDMA全称为Time Division-Synchronous CDMA，意为时分同步码多分路访问，该标准是由中国独自制定的3G标准，1999年6月29日，中国原邮电部电信科学技术研究院(大唐电信)向ITU提出，但该技术发明始于西门子公司，TD-SCDMA具有辐射低的特点，被誉为绿色3G。该标准将智能无线、同步CDMA和软件定义的无线电等技术融于其中，在标准公布时对比其他标准具有诸多优势。另外，由于中国内地庞大的市场，该标准受到各大主要电信设备厂商的重视，全球一半以上的设备厂商都宣布可以支持TD-SCDMA标准。该标准提出不经过2.5代移动通信技术的中间环节，直接向3G过渡，非常适用于GSM向3G升级。军用通信网也是TD-SCDMA的核心任务。相对于另两个主要3G标准(CDMA2000和WCDMA)，它的起步较晚，技术不够成熟。

RTT TDD

同步CDMA系统：有GPS。

带宽：1.6MHz。

码片速率：1.28Mc/s。

中国频段：1880～1920MHz、2010～2025MHz、2300～2400MHz。

4. 功能对比

GSM是由欧洲主要电信运营者和制造厂家组成的标准化委员会设计出来的，它在蜂窝系统的基础上发展而成，包括GSM 900MHz、GSM 1800MHz及GSM 1900MHz等几个频段。GSM有几项重要特点：防盗拷能力佳，网络容量大，号码资源丰富，通话清晰，稳定性强不易受干扰，信息灵敏，通话死角少，手机耗电量低等。

CDMA是在数字技术的分支(扩频通信技术)上发展起来的一种崭新而成熟的无线通信技术。它能够满足市场对移动通信容量和品质的高要求，具有频谱利用率高、话音质量好、保密性强、掉话率低、电磁辐射小、容量大、覆盖广等特点，可以大量减少投资和降低运营成本。

3G与2G的主要区别是在传输声音和数据的速率上的提升，它能够在全球范围内更好地实现无线漫游，并处理图像、音乐、视频流等多种媒体形式，提供包括网页浏览、电话会议、电子商务等多种信息服务，同时也要考虑与已有第二代数字移动通信系统的良好兼容性。为了提供这种服务，无线网络必须能够支持不同的数据传输速率，也就是说在室内、室外和行车的环境中能够分别支持至少2Mb/s、384kb/s以及144kb/s的传输速率(此数值根据网络环境会发生变化)。

模拟移动通信具有很多不足之处，例如容量有限；制式太多，互不兼容，不能提供自动漫游；很难实现保密；通话质量一般；不能提供数据业务；等等。

第二代数字移动通信克服了模拟移动通信系统的弱点，话音质量、保密性得到很大提高，并可进行省内、省际自动漫游。但由于第二代数字移动通信系统带宽有限，限制了数据业务的应用，也无法实现移动的多媒体业务。同时，由于各国第二代数字移动通信系统标准不统一，因而无法进行全球漫游。例如，采用日本的PHS的手机用户，只能在日本使用，而中国GSM手机用户到美国旅行时，手机就无法使用了。而且2G的GSM信号覆盖的盲区较多，一般高楼、偏远地方都会信号较差，都是通过加装“蜂信通”(Signaltone)手机信号放大器来解决的。

第三代移动通信与第一代模拟移动通信和第二代数字移动通信相比，它是覆盖全球的多媒体移动通信。其主要特点之一是可实现全球漫游，使任意时间、任意地点、任意人之间的交流成为可能。也就是说，每个用户都有一个个人通信号码，带着手机，走到世界任何一个国家，人们都可以找到你。反过来，你走到世界任何一个地方，都可以很方便地与国内用户或他国用户通信，与在国内通信时毫无分别。能够实现高速数据传输和宽带多媒体服务是第三代移动通信的另一个主要特点。用3G手机除了可以进行普通的寻呼和通话外，还可以上网查信息、下载文件和图片；由于带宽的提高，第三代移动通信系统还可以传输图像，提供可视电话业务。

4.1.3 应用领域

1. 宽带上网

宽带上网是3G手机的一项很重要的功能，人们能在手机上收发语音邮件、写博客、聊天、搜索等。尽管GPRS的网络速度还不能让人非常满意，但3G时代让手机变成小计算机再也不是梦想。

2. 手机办公

随着带宽的增加，手机办公越来越受到青睐。手机办公使得办公人员可以随时随地与单位的信息系统保持联系，完成办公功能。这包括移动办公、移动执法、移动商务等。与传统OA系统相比，手机办公摆脱了传统OA系统局限于局域网的桎梏，办公人员可以随时随地访问政府和企业的数据库，进行实时办公和处理业务，极大地提高了办公的效率。

3. 视频通话

3G时代，传统的语音通话已经是基础功能了，视频通话和语音信箱等新业务才是主流，依靠3G网络的高速数据传输，3G手机用户也可以"面谈"了。当用3G手机拨打视频电话时，不再是把手机放在耳边，而是面对手机，你会在手机屏幕上看到对方的影像，你自己也会被录制下来并传送给对方。

4. 手机电视

从运营商层面来说，3G牌照的发放解决了一个很大的技术障碍，TD和CMMB等标准的建设也推动了整个行业的发展。

5. 无线搜索

对用户来说，这是比较实用的移动网络服务，也能让人快速接受。随时随地用手机搜索变成更多手机用户一种平常的生活习惯。

6. 手机音乐

在无线互联网发展成熟的日本，手机音乐是较为亮丽的一道风景线，通过手机上网下载音乐的数量是通过计算机上网下载音乐的50倍。3G时代，只要在手机上安装一款手机音乐软件，就能通过手机网络随时随地让手机变身音乐魔盒，轻松收纳无数首歌曲，下载速度更快。

7. 手机购物

不少人都有在网上购物的经历，手机商城对年轻人来说也已经不是什么新鲜事。事实上，移动电子商务是3G时代手机上网用户的最爱。高速3G可以让手机购物变得更实在，高质量的图片与视频会话能使商家与消费者的距离拉近，提高购物体验，让手机购物变为新潮流。

8. 手机游戏

与计算机的网游相比，手机网游的体验并不好，但方便携带，随时可以玩，这种利用零碎时间的网游是年轻人的新宠，也是3G时代的一个重要资本增长点。3G时代使游戏平台更加稳定和快速，兼容性更高，即"更好玩了"，像是升级的版本一样，让用户在游戏的视觉和效果方面感觉更有体验。

9. 手机终端

3G手机是基于移动互联网技术的终端设备，3G手机完全是通信业和计算机工业相融合的产物，和此前的手机相比差别很大，因此越来越多的人称这类新的移动通信产品为"个人通信终端"。

即使是对通信业最外行的人也可从外形上轻易地判断出一部手机是否是3G手机：3G手机都有一个超大的彩色显示屏，往往还是触摸式的。它除了能完成高质量的日常通信外，还能进行多媒体通信。用户可以在3G手机的触摸显示屏上直接写字、绘图，并将其传送给另一部手机，而所需时间可能不到1s。当然，也可以将这些信息传送给一台计算机，或从计算机中下载某些信息；用户可以用3G手机直接上网，查看电子邮件或浏览网页；有不少型号的3G手机自带摄像头，这使用户可以利用手机进行网络会议，甚至使数码照相机成为一种"多余"。

国务院常务会议研究同意启动3G牌照仅一周后，工业和信息化部就迅速向三大运营商发放了3G牌照。工业和信息化部宣布，批准中国移动增加基于TD-SCDMA技术制式的3G业务经营许可，中国电信增加基于CDMA2000技术制式的3G业务经营许可，中国联通增加基于WCDMA技术制式的3G业务经营许可。

对于运营商来说，3G牌照发放意味着新一轮市场角逐的开始；对于设备商来说，这意味着3年至少2800亿元的投资大蛋糕摆在了面前；而对于用户来说，3G意味着手机上网带宽飙升，资费越降越低。

3G是移动通信市场经历了第一代模拟技术的移动通信业务的引入，在第二代数字移动通信市场的蓬勃发展中被引入日程的。在当时因特网数据业务不断升温，固定接入速率不断提升，电信运营商、通信设备制造商和普通用户广泛关注的背景下，3G移动通信系统得到了迅猛发展。

4.2 4G

4G即第四代移动电话行动通信标准，泛指第四代移动通信技术。该技术包括TD-LTE和FDD-LTE两种制式(严格意义上来讲，4G只是3.5G，LTE尽管被宣传为4G无线标准，但它其实并未被3GPP认可为ITU所描述的下一代无线通信标准IMT-Advanced，因此，在严格意义上其还未达到4G的标准。只有升级版的LTE-Advanced才满足 ITU 对 4G 的要求)。4G 集 3G 与 WLAN 于一体,并能够快速传输数据、音频、视频和图像等。4G 能够以 100Mb/s 以上的速率下载,能够满足当时几乎所有用户对于无线服务的要求。此外,4G 可以在 DSL 和有线电视调制解调器没有覆盖的地方部署,然后再扩展到整个地区。很明显,4G 有着不可比拟的优越性。

4.2.1 技术层面

4G 通常被用来描述相对于 3G 的下一代通信网络,但很少有人明确 4G 的含义。实际上,4G 在开始阶段也是由众多自主技术提供商和电信运营商合力推出的,技术和效果也参差不齐。后来,ITU 重新定义了 4G 的标准——符合 100Mb/s 数据传输速率。达到这个标准的通信技术,理论上都可以被称为 4G。

不过,由于这个极限峰值的传输速率要建立在大于 20MHz 带宽系统上,几乎没有运营商可以做到,所以 ITU 将 LTE-TDD、LTE-FDD、WiMAX 和 HSPA+ 这 4 种技术定义于 4G 的范畴。但对于用户来说,由于现有的 HSPA+(中国联通使用)在速率上被归到 4G 中,在宣传上会有一定的误导,在使用体验,尤其是峰值速度上与另外三家还是有很大的区别。所以,4G 只是一种代名词,技术只是实现手段,最终达成的效果才具有实际意义。

4.2.2 4G 概念

4G 支持 100~150Mb/s 的下行网络带宽,也就是说,4G 意味着用户可以体验到 12.5~18.75MB/s 的下行速度。其中特别要注意的是,我们常看到一些媒体甚至通信公司宣传 4G 能带来 100MB/s 的疾速体验,显然这种说法是错误的——在传输过程中为了保证信息传输的正确性需要在传输的每字节之间增加校验码,而且要将 Mb/s 换算成人们常用的 MB/s 还需要除以 8,所以实际速度会小些。

支持 4G 的移动设备可以提供高性能的流媒体内容,并通过 ID 应用程序成为个人身份鉴定设备。它也可以接收高分辨率的电影和电视节目,从而成为合并广播和通信的新基础设施中的一个纽带。

4G 并没有脱离以前的通信技术,而是以传统通信技术为基础,并利用一些新的通信技术,来不断提高无线通信的网络效率和功能。如果说 3G 能为人们提供一个高速传输的无线通信环境,那么 4G 会是一种超高速无线网络,一种不需要电缆的信息超级高速公路,这种新网络可使电话用户以无线及三维空间虚拟实境连线。

与传统的通信技术相比,4G 最明显的优势在于通话质量及数据传输速率。然而,在通话品质方面,移动电话消费者还是能接受的。随着技术的发展与应用,现有移动电话网中手机的通话质量还在进一步提高。

数据传输速率的高速化的确是一个很大优点,它的最大数据传输速率达到 100MB/s。另外,由于技术的先进性确保了成本投资的大大减少,目前 4G 通信费用要比 2009 年通信费用低。

4G 是继 3G 以后的又一次无线通信技术演进,其开发更加具有明确的目标性:提高移动装置无线访问互联网的速度。在发达国家,3G服务的普及率超过60%,这时就需要有更新一代的系统来进一步提升服务质量。

为了充分利用4G通信给人们带来的先进服务,人们还必须借助各种各样的4G终端才能实现,例如,生产具有高速分组通信功能的小型终端、生产对应配备摄像机的可视电话,以及电影、电视的影像发送服务的终端,或者是生产与计算机相匹配的卡式数据通信专用终端。有了这些通信终端后,手机用户就可以随心所欲地漫游了,随时随地享受高质量的通信。

4.2.3 系统网络结构

第四代移动通信系统网络结构可分为三层:物理网络层、中间环境层、应用网络层。物理网络层提供接入和路由选择功能,由无线网和核心网的结合格式完成。中间环境层的功能有QoS映射、地址变换和完全性管理等。物理网络层与中间环境层及其应用环境之间的接口是开放的,它使发展和提供新的应用及服务变得更加容易,提供无缝高数据传输速率的无线服务,并运行于多个频段。这一服务能自适应多个无线标准及多模终端能力,跨越多个运营者和服务,提供大范围服务。第四代移动通信系统的关键技术包括信道传输,抗干扰性强的高速接入技术,调制和信息传输技术,高性能、小型化和低成本的自适应阵列智能天线,大容量、低成本的无线接口和光接口,系统管理资源,软件定义的无线电、网络结构协议,等等。第四代移动通信系统主要是以正交频分复用(Orthogonal Frequency Division Multiplexing,OFDM)为技术核心。

OFDM技术的特点是网络结构高度可扩展,具有良好的抗噪声性能和抗多信道干扰能力,可以提供无线数据技术质量更高(速率高、时延小)的服务和更好的性能价格比,能为4G无线网提供更好的方案。例如,无线本地环路(Wireless Local Loop,WLL)、数字音频广播(Digital Audio Broadcasting,DAB)等都采用OFDM技术。

4.2.4 关键技术

4G对加速增长的宽带无线连接的要求提供技术上的回应,对跨越公用的和专用的、室内和室外的多种无线系统和网络提供无缝的服务。

通过对最适合的可用网络提供用户所需求的最佳服务,能应付基于因特网通信所期望的增长,增添新的频段,使频谱资源大扩展,提供不同类型的通信接口,运用路由技术为主的网络架构,以傅里叶变换来发展硬件架构实现第四代网络架构。在当时看来,移动通信会向数据化、高速化、宽带化、频段更高化方向发展,移动数据、移动IP会成为下一阶段移动网的主流业务。而这一切也逐渐得到时间的验证。

4.2.5 4G国际标准

2012年1月18日下午5时,ITU在2012年无线电通信全会全体会议上,正式审议通过将LTE-Advanced和Wireless MAN-Advanced(IEEE 802.16m)技术规范确立为IMT-Advanced(俗称4G)国际标准,中国主导制定的TD-LTE-Advanced和FDD-LTE-

Advanced 同时并列成为4G国际标准。

4G国际标准工作历时三年。从2009年年初开始,ITU在全世界范围内征集IMT-Advanced候选技术。2009年10月,ITU共计征集到了6个候选技术,可以分为两大类:一类是基于3GPP的LTE技术和中国提交的TD-LTE-Advanced的TDD部分;另一类是基于IEEE 802.16m的技术。

ITU收到候选技术以后,组织世界各国和国际组织进行技术评估。2010年10月,在重庆,ITU-R下属的WP5D工作组最终确定了IMT-Advanced的两大关键技术,即LTE-Advanced和IEEE 802.16m。中国提交的候选技术作为LTE-Advanced的一个组成部分,也包含在其中。在确定了关键技术以后,WP5D工作组继续完成了ITU建议的编写工作,以及各个标准化组织的确认工作。此后WP5D工作组将文件提交上一级机构审核,SG5审核通过以后,再提交给无线电通信全会讨论通过。

在此次会议上,TD-LTE正式被确定为4G国际标准,也标志着中国在移动通信标准制定领域再次走到了世界前列,为TD-LTE产业的后续发展及国际化提供了重要基础。

日本的软银、沙特阿拉伯的STC和Mobily、巴西的Sky Brazil、波兰的Aero2等众多国际运营商已经商用TD-LTE网络。审议通过后,将有利于TD-LTE技术进一步在全球推广。同时,国际主流的电信设备制造商基本全部支持TD-LTE,而在芯片领域,TD-LTE吸引了数十家厂商加入,其中不乏高通等国际芯片市场的领导者。

1. LTE

LTE全称是Long Term Evolution,意为长期演进技术,LTE项目是3G的演进,它改进并增强了3G的空中接入技术,采用OFDM和MIMO[①]作为其无线网络演进的唯一标准。根据4G牌照发布的规定,国内三家运营商(中国移动、中国电信和中国联通)都拿到了TD-LTE制式的4G牌照。

LTE的主要特点是在20MHz频谱带宽下能够提供下行100Mb/s与上行50Mb/s的峰值速率,相对于3G网络大大地提高了小区的容量,同时将网络延迟大大降低:内部单向传输时延低于5ms,控制平面从睡眠状态到激活状态迁移时间低于50ms,从驻留状态到激活状态的迁移时间小于100ms。并且这一标准也是3GPP LTE项目,其演进的历史如下:GSM→GPRS→EDGE→WCDMA→HSDPA/HSUPA→HSDPA+/HSUPA+→FDD-LTE。长期演进:GSM,9kb/s→GPRS,42kb/s→EDGE,172kb/s→WCDMA,364kb/s→HSDPA/HSUPA,14.4Mb/s→HSDPA+/HSUPA+,42Mb/s→FDD-LTE,300Mb/s。

由于WCDMA网络的升级版HSPA和HSPA+均能够演化到FDD-LTE这一状态,所以这一4G标准获得了最大的支持,也是后来4G标准的主流。TD-LTE与TD-SCDMA实际上没有关系,不能直接向TD-LTE演进。该网络提供媲美固定宽带的网速和移动网络的切换速度,网络浏览速度大大提升。

① MIMO全称为Multiple-Input Multiple-Output,意为多输入多输出。

2. LTE-Advanced

从字面上看，LTE-Advanced 就是 LTE 技术的升级版，那么为何两种标准都能够成为 4G 标准呢？LTE-Advanced 的正式名称为 Further Advancements for E-UTRA，它满足 ITU-R 的 IMT-Advanced 技术征集的需求，是 3GPP 形成欧洲 IMT-Advanced 技术提案的一个重要来源。LTE-Advanced 是一个后向兼容的技术，完全兼容 LTE，是演进而不是革命，相当于 HSPA 和 WCDMA 这样的关系。LTE-Advanced 的相关特性如下。

带宽：100MHz。

峰值速率：下行 1Gb/s，上行 500Mb/s。

峰值频谱效率：下行 30b/s/Hz，上行 15b/s/Hz。

针对室内环境进行优化。

有效支持新频段和大带宽应用。

峰值速率大幅提高，频谱效率有限改进。

严格地讲，如果 LTE 作为 3.9G 标准，那么 LTE-Advanced 作为 4G 标准更加确切一些。LTE-Advanced 的入围，包含 TDD 和 FDD 两种制式，其中，TD-SCDMA 将能够进化到 TDD 制式，而 WCDMA 网络能够进化到 FDD 制式。中国移动主导的 TD-SCDMA 网络期望能够绕过 HSPA＋网络而直接进入 LTE。

3. WiMAX

WiMAX 即微波接入的世界范围互操作，WiMAX 的另一个名字是 IEEE 802.16。WiMAX 技术的起点较高，它能提供的最高接入速率是 70Mb/s，这个速率是 3G 所能提供的宽带速率的 30 倍。对无线网络来说，这的确是惊人的进步。

IEEE 802.16 工作的频段采用的是无须授权频段，范围为 2～66GHz。因此，IEEE 802.16 所使用的频谱可能比其他任何无线技术更丰富，WiMAX 具有以下优点。

(1) 对于已知的干扰，窄的信道带宽有利于避开干扰，并且有利于节省频谱资源。

(2) 灵活的带宽调整能力，有利于运营商或用户协调频谱资源。

(3) WiMAX 实现的 50km 的无线信号传输距离是无线局域网不能比拟的，网络覆盖面积是 3G 发射塔的 10 倍，只要少数基站建设就能实现全城覆盖，能够使无线网络的覆盖面积大大提升。

不过，WiMAX 网络在网络覆盖面积和网络的带宽上优势巨大，但是其移动性却有先天的缺陷，无法满足高速（≥50km/h）下网络的无缝连接。从这个意义上讲，WiMAX 还无法达到 3G 网络的水平，严格地说并不能算作移动通信技术，而仅仅是无线局域网技术。但是，WiMAX 的希望是 IEEE 802.11m 技术，该技术将能够有效地解决这些问题，也正是因为有中国移动、英特尔、Sprint 各大厂商的积极参与，WiMAX 成为呼声仅次于 LTE 的 4G 网络手机。关于 IEEE 802.16m 这一技术，我们将留在最后详细阐述。

4. Wireless MAN-Advanced

Wireless MAN-Advanced 事实上就是 WiMAX 的升级版，即 IEEE 802.16m 标准，

802.16系列标准在IEEE正式称为Wireless MAN,而Wireless MAN-Advanced即为IEEE 802.16m。其中,IEEE 802.16m最高可以提供1Gb/s的无线传输速率,还能很好地兼容4G无线网络。IEEE 802.16m可在“漫游”模式或高效率或强信号模式下提供1Gb/s的下行速率。该标准还支持高移动模式,能够提供1Gb/s的无线传输速率。其优势如下。

(1) 提高网络覆盖。

(2) 提高频谱效率。

(3) 提高数据和VoIP容量。

(4) 低时延和QoS增强。

(5) 功耗节省。

Wireless MAN-Advanced有5种网络数据规格,其中极低速率为16kb/s,低速率数据及低速多媒体为144kb/s,中速多媒体为2Mb/s,高速多媒体为30Mb/s,超高速多媒体则达到了30Mb/s～1Gb/s。

IEEE方面表示军方的介入将能够促使Wireless MAN-Advanced更快地成熟和完善,而且军用的今天就是民用的明天。2012年,Wireless MAN-Advanced成为4G标准之一。

4.2.6 性能

第四代移动通信系统可称为广带(Broadband)接入和分布网络,具有非对称的超过2Mb/s的数据传输能力,数据传输速率超过通用移动通信业务(Universal Mobile Telecommunications Service,UMTS),是支持高数据传输速率(2～20Mb/s)连接的理想模式,上网速率从2Mb/s提高到100Mb/s,具有不同速率间的自动切换能力。

第四代移动通信系统是多功能集成的宽带移动通信系统,在业务上、功能上、频段上都与第三代移动通信系统不同,能够在各种类型通信平台及跨越不同频段的网络运行中提供无线服务,比第三代移动通信更接近于个人通信。4G可把上网速度提高到超过3G的50倍,可实现三维图像高质量传输。

4G的信息传输级数要比3G的信息传输级数高一个等级。第四代移动通信系统对无线频率的使用效率比第二代和第三代移动通信系统都高得多,且抗信号衰落性能更好,其最大的传输速率是i-mode服务的10 000倍。除了高速信息传输技术外,它还包括高速移动无线信息存取系统、安全密码技术及终端间通信技术等,具有极高的安全性,4G终端还可用作诸如定位、告警等。

4G手机系统下行链路速率为100Mb/s,上行链路速率为30Mb/s。其基站天线可以发送更窄的无线电波波束,在用户移动时也可进行跟踪,可处理数量更多的通话。

4G手机不仅音质清晰,而且能进行高清晰度的图像传输,用途十分广泛。在容量方面,可在FDMA、TDMA、CDMA的基础上引入空分多址(Space-Division Multiple Access,SDMA),容量达到3G的5～10倍。另外,可以在任何地址宽带接入互联网,包含卫星通信,能提供信息通信之外的定位定时、数据采集、远程控制等综合功能。它包括广带无线固定接入、广带无线局域网、移动广带系统和互操作的广播网络(基于地面和卫星系统)。

其广带无线局域网(WLAN)能与B-ISDN和ATM兼容,实现广带多媒体通信,形成综合广带通信网(IBCN),通过IP进行通话。全速移动用户能提供150Mb/s的高质量的影像服务,实现三维图像的高质量传输,无线用户之间可以进行三维虚拟现实通信。

能自适应资源分配,处理变化的业务流、信道条件不同的环境,有很强的自组织性和灵活性。能根据网络的动态和自动变化的信道条件,使低码率与高码率的用户能够共存,综合固定移动广播网络或其他的一些规则,实现对这些功能体积分布的控制。

支持交互式多媒体业务,如视频会议、无线因特网等,提供更广泛的服务和应用。4G系统可以自动管理、动态改变自己的结构以满足系统变化和发展的要求。用户可能使用各种各样的移动设备接入4G系统中,各种不同的接入系统组合成一个公共的平台,它们互相补充、互相协作以满足不同业务的要求,移动网络服务趋于多样化,最终会演变为社会上多行业、多部门、多系统与人们沟通的桥梁。

4.3 5G

5G即第五代移动通信技术,是最新一代蜂窝移动通信技术,也是继4G(LTE-Advanced、WiMAX)、3G(UMTS)和2G(GSM)系统之后的延伸。5G的性能目标是高数据传输速率、减少延迟、节省能源、降低成本、提高系统容量和大规模设备连接,与人工智能、移动互联网、物联网紧密结合,促进各行各业智能化的巨大转型,成为全球关注的焦点和竞争对象。

4.3.1 5G概念

5G时代有别于1G到4G的仅面向人与人通信,5G将是移动通信技术的一次重要变革。它的设计同时考虑了人与物、物与物的互联,由个人应用走向行业应用,并在4G移动宽带的基础上增加了大规模机器通信和低时延高可靠的需求。此外,ITU定义5G时,在考虑传统的移动宽带关键技术指标(峰值速率、移动性、时延和频谱效率)的基础上,又新提出了4个关键指标,即用户体验速率、连接数密度、流量密度和能效。5G将满足20Gb/s的光纤般接入速率、毫秒级时延的业务体验、千亿设备的连接能力、超高流量密度和连接数密度及百倍网络能效提升等极致指标,一个系统如何同时满足多样业务需求,5G系统设计面临新的挑战。

4.3.2 5G系统与网络架构

无线接入网主要由基站组成,为用户提供无线接入功能。核心网则主要为用户提供互联网接入服务和相应的管理功能等。5G系统架构仍然分为两部分:无线接入网(NG-RAN)和核心网(5GC)。无线接入网与核心网之间通过NG接口进行连接。与LTE系统的核心网相比,5G核心网的控制平面和用户平面进一步分离。为了满足低时延、高流量的网络要求，5G核心网对用户平面的控制和转发功能进行了重构。重构后的核心网架构，控制平面功能进一步集中化，用户平面功能进一步分布化，运营商可以根据业务需求灵活地配置网络功能，满足差异化的场景对网络的不同需求。

3GPP在5G网络整体架构设计中通过引入网络切片技术满足灵活性。首先，3GPP向运营商提供面向客户的按需网络切片，满足垂直行业对专用电信网络服务的需求。其次，将以客户为中心的服务等级协定(Service Level Agreement，SLA)映射到面向资源的网络切片描述的需求变得明显。以往，运营商在有限数量的服务或切片类型(移动宽带、语音服务和短信服务)上以手动方式执行这种映射。随着此类客户请求数量以及相应切片的增加，移动网络管理和控制框架必须对网络切片实例的整个生命周期管理实现高度自动化。最后，利用多域数据源的数据分析算法，结合安全机制，实现在公共基础架构上部署具有不同虚拟化网络功能的定制网络服务。

4.3.4 5G关键技术

回顾移动通信的发展历程，每代移动通信系统都可以通过标志性能力指标和核心关键技术来定义，其中，1G采用FDMA，只能提供模拟语音业务；2G主要采用TDMA，可提供数字语音和低速数据业务；3G以CDMA为技术特征，用户峰值速率达到2至数十兆比特每秒，可以支持多媒体数据业务；4G以OFDM技术为核心，用户峰值速率可达100Mb/s～1Gb/s，能够支持各种移动宽带数据业务。

面对多样化场景的极端差异化性能需求，5G很难像以往一样以某种单一技术为基础形成针对所有场景的解决方案，5G的创新主要来源于无线技术和网络技术两方面。

在无线技术领域，大规模天线阵列、超密集组网、新型多址和全频谱接入等技术已成为业界关注的焦点；在网络技术领域，基于软件定义网络(SDN)和网络功能虚拟化(Network Functions Virtualization，NFV)的新型网络架构已取得广泛共识。

此外，基于滤波的正交频分复用(F-OFDM)、滤波器组多载波(FBMC)、全双工、灵活双工、终端直通(D2D)、多元低密度奇偶检验(Q-ary LDPC)码、网络编码、极化码等也被认为是5G重要的潜在无线关键技术。

4.3.5 5G应用场景

目前，5G的三大主流升级指标分别为增强型移动带宽(enhanced Mobile Broadband，eMBB)、低时延高可靠通信(Ultra-Reliable & Low-Latency Communication，URLLC)和大规模机器通信(massive Machine-Type Communications，mMTC)，主要围绕带宽、时延、速率、网络可靠性、接入数量等技术进行发展。根据《中国电信5G技术白皮书》，与4G时代相比，5G标准在速率、流量密度、连接数密度等方面性能更优：速率是4G的10～100倍、流量密度是4G的10～100倍、连接数密度是4G的10倍，峰值传输速率是4G的10～20倍，端到端时延缩短了1/10～1/5，网络综合能效提升了1000倍。因此，5G应用范围也较3G、4G(只有语音和数据传输)更广泛。3GPP定义了5G的三大技术场景。

(1) 增强型移动宽带场景指3D或超高清视频等大流量移动宽带业务。其中,使用在24GHz(毫米波)以上的高频段,用于距离短、人口密度高和频率高为主。例如,应用于视频直播、超高清视频等大流量移动宽带业务。

(2) 低时延高可靠通信场景,指低时延、高可靠连接的业务。其中,使用1~6GHz的中频段,用于大带宽和可发送大量数据为主。例如,应用于大规模物联网业务(如工厂、医用设备及智慧城市等)。

(3) 大规模机器通信场景,指大规模物联网业务。其中,使用1GHz以下的低频段,用于传播远、覆盖广和功耗低的物联网传感器为主。例如,应用于VR/AR、车联网、智能制造等业务。在频率上,高频网络(6GHz以上)适合于人与人的通信,而低频网络(6GHz以下)适合于人与物和物与物的通信。

根据华为公司发布的《5G时代十大应用场景白皮书》,最能体现5G能力的应用场景大概可分为10类,包括高阶VR/AR应用、车联网中的自动驾驶及远控驾驶、智能制造领域的机器人控制、智能能源领域的馈线自动化、无线医疗中的远程诊断、无线家庭娱乐中的超高清视频、联网无人机、社交网络领域的全景直播、AI领域的个人辅助、智慧城市中的视频监控。

4.3.6 5G标准制定

5G NR标准包括R15、R16和R17共3个版本,聚焦于eMBB、URLLC、mMTC三大典型场景。

R15是5G的第一个标准协议,主要聚焦eMBB场景,解决覆盖和大流量的问题,也是对4G特性的强化。2017年12月R15 NR phase1.1冻结,该阶段主要完成非独立组网(Non-Stand Alone,NSA)部分,2018年6月完成独立组网(Stand Alone,SA)部分,由于标准的制定需要各个工作组之间相互协调,保证网络、终端、芯片等之间的充分兼容,所以R15原计划在2018年12月冻结的Late Drop版本一直推迟到了2019年3月完成。R15曾经因为华为公司的Polar码被写入其中而备受关注。

R16标准主要关注eMBB的改进和增强、URLLC,并且更加关注垂直行业的应用,对大连接、高可靠和低时延能力进行补足。在增强移动宽带能力方面,R16在5G已有功能上进一步提升5G频谱和网络利用效率、网络覆盖能力、业务带宽提供能力和业务感知。2020年7月3GPP TSG第88次会议宣布了5G NR Release 16 (R16) 冻结,建设预计在2022年开始部署。R16主要涉及毫米波段的规范和频谱的资源,以满足对高传输速率数据的需求。

R17已于2019年6月开始使用。但由于受疫情影响,R17的各项工作被不定期推迟。R17除了eMBB增强外,将更加关注工业物联网、URLLC等方面。R17标准将进一步完善面向网络智能运维的数据采集与应用增强,面向垂直行业的无线网络切片增强、精准定位、工业互联网及非地面网络通信能力拓展、覆盖增强等特性。可以预见,未来的R17标准将会进一步延展5G能力、更全面地面向垂直行业,人工智能也将在其中“大显身手”。

习 题

1. 简述1G、2G、3G采用的技术及其各自的优缺点。
2. 3G与2G的主要区别是什么?
3. 3G的应用领域有哪些?
4. 简述4G网络结构及其功能。
5. 简述4G通信的优势和缺陷。
6. 简述4G的主要国际标准及中国的主要贡献。
7. 简述4G通信的主要性能。
8. 简述目前5G的发展现状。

参考文献

[1] 史妍,刘亚栋. 初探3G产业经济[J]. 时代经贸,2010(12): 54-54.
[2] 白丽霞. 通信新技术科普展示的研究与设计[D]. 北京: 北京邮电大学,2011.
[3] 施勇. 你应该知道的3G[J]. 中国科技产业,2009(8): 21-23.
[4] 王彦新. 大唐移动通信设备有限公司营销策略研究[D]. 北京: 北京邮电大学,2011.
[5] 贺文彬. 3G的技术标准[J]. 北京电子,2006(7): 47-48.
[6] 侯立朋,张孝林. 3G与WiMAX技术分析[J]. 电信网技术,2005(9): 60-61.
[7] 赵婧. WCDMA网络中的定位算法研究[D]. 北京: 北京邮电大学,2011.
[8] 孙延冰,黎元. 3G终端发展现状及未来趋势特征[J]. 黑龙江科技信息,2008(34): 110.
[9] 朱志坚,曹原,郑美芳. 3G时代的变革思考[J]. 信息化建设,2012(1): 20.
[10] 高育红. 3G手机都有些什么新功能[J]. 新农村,2009(11): 31-32.
[11] 杨光,陈金鹰. 4G技术综述[J]. 科技致富向导,2012(2): 67.
[12] 古丽萍. 面对第四代移动通信的思考[J]. 电子技术应用,2002,28(10): 6-8.
[13] 马骉. 4G通信技术及其应用前景分析[J]. 中国新通信,2014(8): 71.
[14] 梅康,陈金鹰,邓博. 3G方兴未艾,4G接踵而来:"四川省通信学会学术年会"论文集[C]. 中国学术期刊电子出版社,2010.
[15] 王庆扬,谢沛荣,熊尚坤,等. 5G关键技术与标准综述[J]. 电信科学,2017,33(11): 112-122.
[16] 杜滢,朱浩,杨红梅,等. 5G移动通信技术标准综述[J]. 电信科学,2018,34(8): 2-9.
[17] 崔明,王洪梅.5G系统网络架构分析[J].中国新通信,2019,21(17):70-71.
[18] 曹亘,李佳俊,李轶群,等.5G网络架构的标准研究进展[J].移动通信,2017,41(2):32-37.
[19] 新华网,5G标准从"能用"到"好用"[EB/OL].(2020-07-10)[2020-12-10]. http://www.xinhuanet.com/info/2020-07/10/c_139201881.htm.

第5章 chapter 5

移动 IP

5.1 移动 IP 概述

5.1.1 移动 IP 的出现背景

因特网的飞速发展和移动设备(笔记本计算机、PDA)的大量涌现,推动了人们对移动设备接入网络的研究,人们不再满足于单一的、固定的因特网接入方式,而是希望能够提供灵活的上网方式,移动设备用户希望能够和桌面固定用户一样接入同样的网络,共享网络资源和服务。无线互联网的发展,要求 IP 网络能够提供对移动性的良好支持。

根据 IP 地址结构和寻址模式的特点,每个 IP 地址都归属一个网络,当把一台台式计算机从一个网络移动到另一个网络时,首先要从原网络上断开,再连接到新的网络上,并且还要重新配置 IP 地址。这样的方式对于一个需要频繁移动的移动设备来说,显然不能适用。

在 IP 网络中,路由决策是由目标 IP 地址的网络前缀部分决定,这就意味着拥有同一条链路接口的所有网络节点的 IP 地址必须拥有相同的网络前缀。移动节点对于通信有这样一个要求,即它可以将自己的接入点从一条链路转向另一条链路,但同时必须保持已有通信不中断,并且在新的链路上使用与原来相同的 IP 地址。根据现有的 IP 技术,当一个节点改变链路时,其 IP 地址的网络前缀必然要发生改变,这就意味着基于网络前缀的路由算法无法将数据包传送到节点的当前位置。移动 IP 提供了一种机制,使得一个移动节点可以连接到任意链路,但同时可以不必改变其永久 IP 地址。

移动 IP 是因特网针对节点的移动特性在网络层提出的一种解决方案。事实上,可以将移动 IP 看作一种路由协议,它在特定节点建立路由表,以保证 IP 数据包可以被传送到那些未连接在家乡链路上的节点处。

5.1.2 移动 IP 设计目标及设计要求

移动 IP 作为节点移动性带来的若干问题的一种解决方案,其设计应当满足以下 5 点基本要求。

(1) 一个移动节点在改变其链路层的接入点之后应当仍然能够与其他节点进行通信,这意味着基于网络前缀的路由算法不能继续使用。

(2) 一个移动节点通信时,应当只需要使用其家乡(永久)IP 地址,无论其当前的接入点在哪里,都意味着那些需要改变 IP 地址的解决方案是不可行的。

(3) 一个移动节点应当能够与那些没有移动 IP 功能的固定设备进行通信,而不需要修改协议。

(4) 考虑到移动节点通常是使用无线方式接入,涉及无线信道带宽、误码率与电池供电等因素,应尽量简化协议,减少协议开销,提高协议效率。

(5) 移动节点不应比因特网上的其他节点面临新的或更多的安全威胁。

基于以上 5 点要求,移动 IP 的设计目标如下。

(1) 包括移动 IP 在内的所有协议都需要传送网络中各种节点的路由更新。因此,移动 IP 的一个设计目标就是使得这些更新的规模和频率尽量小。

(2) 移动设备的内存和处理器的处理能力通常都是有限的,因此,移动 IP 的设计应当尽量简洁,以保证这些设备上的相关软件的实现较为简易。

(3) 由于 IPv4 地址空间的有限性,移动 IP 的设计应当尽量避免出现一个节点同时拥有多个地址的情况。如果使用的是 IPv6 地址,则不需要考虑这一点,因为 IPv6 的地址空间要远大于 IPv4。

5.1.3 移动 IP 的发展历史

移动 IP 的研究始于 1992 年。1992 年,因特网工程任务组(Internet Engineering Task Force,IETF)成立移动 IP 工作组,并开始制定移动 IPv4 的标准草案。研究 IPv4 的主要文档包括 RFC 2002(定义了移动 IPv4),RFC 1701、RFC 2003 与 RFC 2004(定义了移动 IPv4 中的 3 种隧道技术),RFC 2005(定义了移动 IPv4 的应用)及 RFC 2006(定义了移动 IPv4 的 MIB[①])。1996 年 6 月,因特网工程指导组(Internet Engineering Steering Group,IESG)通过了移动 IP 标准草案,同年 11 月公布建议标准。

移动 IP 不是移动通信技术和因特网技术的简单叠加,也不是无线话音和无线数据的简单叠加,它是移动通信和 IP 的深层融合,也是对现有移动通信方式的深刻变革。它将真正实现话音和数据的业务融合,移动 IP 的目标是将无线话音和无线数据综合到一个技术平台上传输,这一平台就是 IP 协议。未来的移动网络将实现全包交换,包括话音和数据都由 IP 包来承载,话音和数据的隔阂将消失。在 IMT-2000 中已明确规定,第三代移动通信系统必须支持移动 IP 分组业务。而 IETF 也正在扩展因特网协议,开发一套用于移动 IP 的技术规范,目前已制定完成了 RFC2002(IP 移动性支持)、RFC2003(IP 内的 IP 封装)、RFC2004(IP 内的最小封装)、RFC2290(用于 PPP IPCP 的移动 IPv4 配置选项),其他协议正在制定中。移动通信的 IP 化进程将分为 3 个阶段:首先是移动业务的 IP 化;其次是移动网络的分组化演进;最后是在第三代移动通信系统中实现全 IP 化。

---

① MIB 全称为 Management Information Base,意为管理信息库。

5.2 移动IP算法

下面具体介绍移动IP及其算法,首先给出移动IP中的两点假设。

(1) 假设单播数据包(即只有一个接收者的那些数据包)的路由不需要使用其源IP地址。也就是说,移动IP假设所有的单播数据包的路由基于目标IP地址,而通常使用到的其实只是目标IP地址的网络前缀部分。

(2) 假设因特网一直存在,并且可以在任何时候、任何一对节点之间传播数据。

5.2.1 基本术语

以下是移动IP算法中常用的基本术语。

移动节点(Mobile Node,MN):位置经常发生变化,即经常从一个链路切换到另一个链路的节点(主机)。

家乡地址(Home Address):移动节点所拥有的永久IP地址。一般不会改变,除非其家乡网络的编址发生变化。对于和移动节点通信的主机来说,它会一直与移动节点的家乡地址进行通信。

家乡链路(Home Link):一个移动节点的家乡子网掩码所定义的链路。标准的IP路由机制会将目标地址为某一节点的IP地址的数据包发送到其家乡链路。

家乡代理(Home Agent,HA):移动节点家乡链路上的一台路由器,主要用于保持移动节点的位置信息,当移动节点外出时,负责把发给移动节点的数据包转发给移动节点。

关照地址(Care-of Address,CoA):连接到外部链路的移动节点暂时使用的IP地址。它在移动IPv4中是外部代理的IPv4地址,在移动IPv6中则是移动主机在外部链路上的IPv6地址。

通信节点(Correspondent Node,CN):一个移动节点的通信对象。

外部代理(Foreign Agent,FA):移动节点所在外部链路上的一台路由器,当移动节点的关照地址由它提供时,用于向移动节点的家乡代理通报关照地址,作为移动节点的默认路由器,对家乡代理转发来的隧道包进行解封装,并交付给通信节点。

隧道(Tunnel):一种数据包封装技术,广义上讲,就是把一个数据包封装在另一个数据包的数据净荷中进行传输。在移动IP中,当家乡代理截获发给移动节点的数据时,就要把原始数据封装在隧道包内,隧道包目的地址是关照地址。当外部代理(或移动节点)收到这个隧道包后,解封装该包,把里面的净荷提交给移动节点(或上层)。

5.2.2 移动IP的基本操作原理

每个移动节点都拥有两个IP地址:一个唯一的家乡地址和一个用于路由的关照地址。关照地址可以是静态分配的,也可以是动态分配的。

移动IP采用了代理的概念。家乡代理截取给移动节点的数据包,将其打包并转交给移动节点所注册的关照地址。外部代理是与移动节点建立连接的路由器,因此移动节点通过外部代理与家乡代理通信,更新自己的位置信息。

5.2.3 移动 IP 的工作过程

移动 IP 有 3 个基本的工作过程：代理发现、注册,以及隧道封装与分组路由。移动 IP 的基本操作流程如图 5-1 所示。

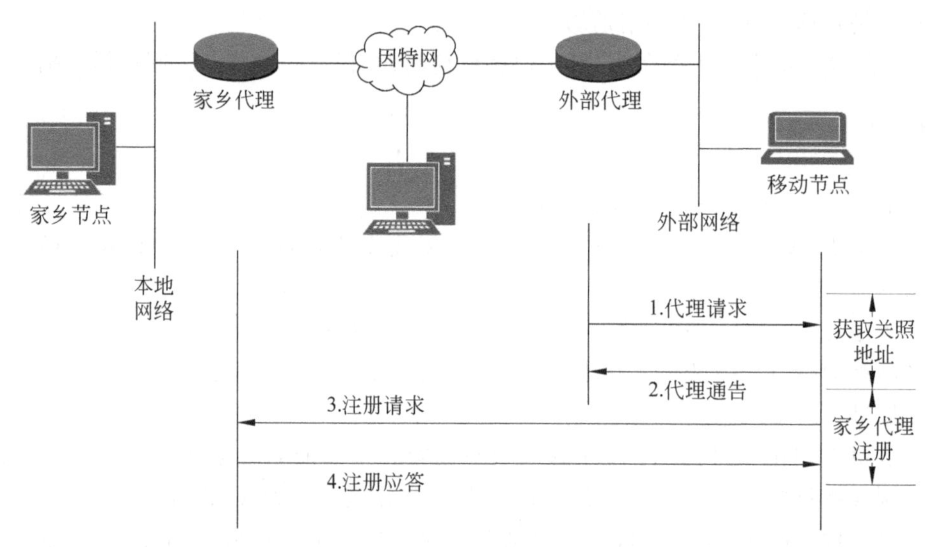

图 5-1 移动 IP 的基本操作流程

1. 代理发现

代理发现指的是一个移动节点通过代理通告(Agent Advertisement)发现新的接入点及获得关照地址的过程。在这个过程中,移动节点确定了自己应该连接哪条链路,以及自己是否改变了网络的接入点。如果节点成功接入外部链路中,那么其会获得关照地址,并且会被允许向代理发送代理请求(Agent Solicitation)。代理发现是通过互联网控制报文协议(Internet Control Message Protocol,ICMP)数据包实现的。代理发现的过程如图 5-2 所示。

代理发现过程定义了代理通告和代理请求两个消息。

在所连接的网络上,家乡代理和外部代理定期广播代理通告消息,以宣告自己的存在。代理通告消息是 ICMP 路由器布告消息的扩展,它包含路由器 IP 地址和代理通告扩展信息。移动节点时刻监听代理通告消息,以判断自己是否漫游出家乡网络。若移动节点从自己的家乡代理接收到一条代理通告消息,它就能推断已返回家乡,并直接向家乡代理注册,否则移动节点将选择是保留当前的注册,还是向新的外部代理进行注册。代理通告的信息格式如图 5-3 所示。

外部代理周期性地发送代理通告消息,若移动节点需要获得代理信息,它可发送一条 ICMP 代理请求消息。任何代理收到代理请求消息后,应立即发送回信。代理请求与

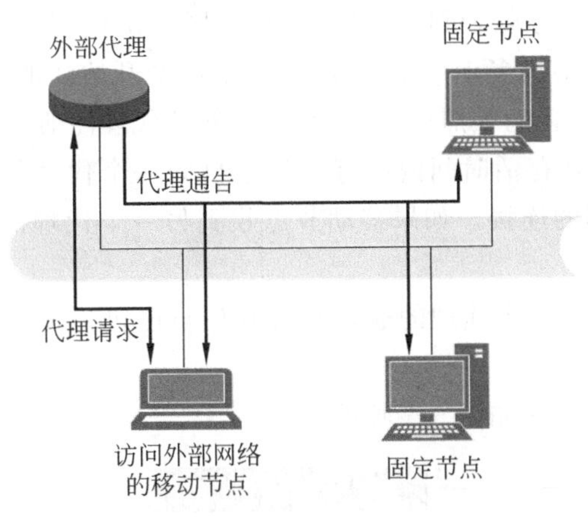

图 5-2 代理发现的过程示意图

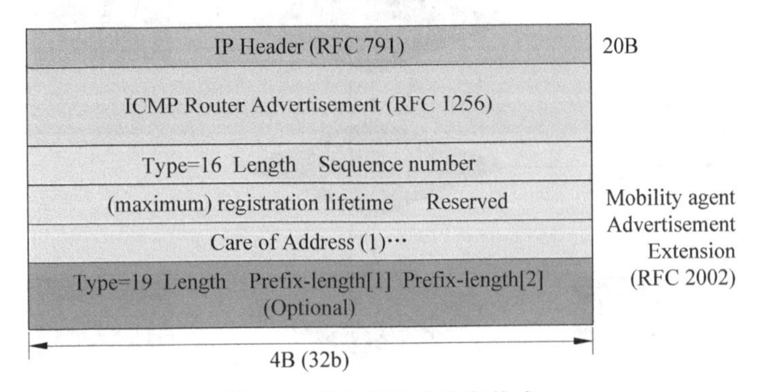

图 5-3 代理通告的信息格式

ICMP 路由器请求消息格式相同，只是它要求将 IP 的存活时间（Time To Live，TTL）域置为 1。代理请求的信息格式如图 5-4 所示。

Version=4 Type of service Total length
Identification Flags Fragment Offset
Time to Live=1 Protocol=ICMP header Checksum
Source Address=Mobile node's home address
Destination Address=255.255.255.255(broadcast) or 224.0.0.2(multicast)
Type=10 Code=10 Checksum
Reserved

4B (32b)

图 5-4 代理请求的信息格式

为了配合代理发现机制，移动节点应当满足以下 4 个条件。

(1) 在没有收到代理通告以及没有通过其他方式获得关照地址时，移动节点应当能够发送代理请求信息，并且节点必须能够限制发送代理请求信息的速度（按照二进制指数后退算法）。

(2) 移动节点应当能够处理到达的代理通告,区分出代理通告消息和ICMP路由器的通告消息。如果通告消息多于一个,则取第一个地址开始注册。移动节点收到代理通告后,即使已经获得可配置的关照地址,也必须向外部代理注册。

(3) 如果移动节点在存活时间内没有收到来自同一个代理的代理通告,则可假设自己已经失去和这个代理的连接。如果移动节点收到另一个代理的通告,则应当立即尝试与该代理进行连接。

(4) 当移动节点收到家乡代理的通告时可确信自己已返回家乡,应当向家乡代理进行注销。

代理发现过程的流程图如图5-5所示。

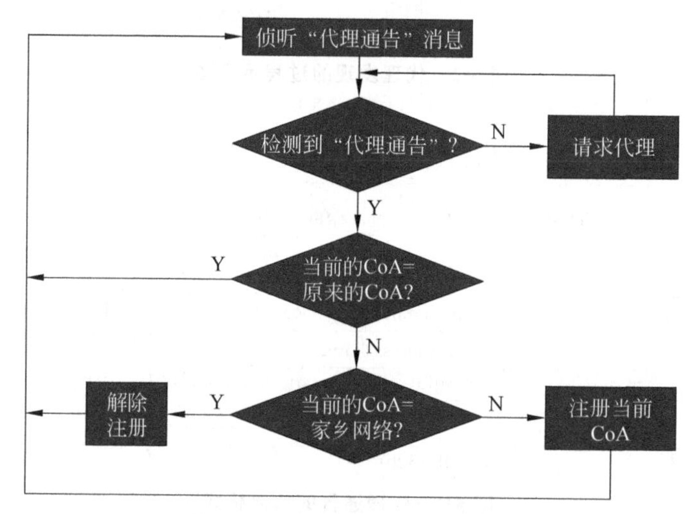

图5-5 代理发现过程的流程图

2. 注册

注册过程示意图如图5-6所示。移动节点发现自己的网络接入点从一条链路切换到另一链路时,就要进行注册。另外,由于注册信息有一定的存活时间,所以移动节点在没有发生移动时也要注册。移动IP的注册功能:移动节点可得到外部链路上外部代理的路由服务;可将其关照地址通知家乡代理;可使要过期的注册重新生效。另外,移动节点在回到家乡链路时,需要进行注销。

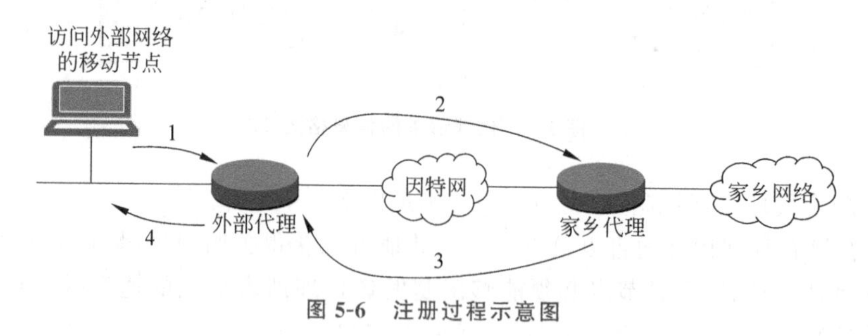

图5-6 注册过程示意图

注册的其他功能：可同时注册多个关照地址，此时归属代理通过隧道技术，将发往移动节点归属地址的数据包发往移动节点的每个关照地址；可在注销一个关照地址的同时保留其他关照地址；在不知道归属外部代理的情况下，移动节点可通过注册，动态获得外部代理地址。

移动IP的注册过程一般在代理发现机制完成之后进行。当移动节点发现已返回家乡链路时，就向家乡代理注册，并开始像固定节点或路由器那样通信，当移动节点位于外部链路时，能得到一个关照地址，并通过外部代理向归属代理注册这个地址。

移动IP的注册操作使用用户数据报协议（User Datagram Protocol，UDP），包括注册请求和注册应答两种消息。移动节点通过这两种注册消息，向家乡网络注册新的转发地址。

注册过程中，外部代理为移动节点生成关照地址并通知其家乡代理，其工作原理如图5-7所示。

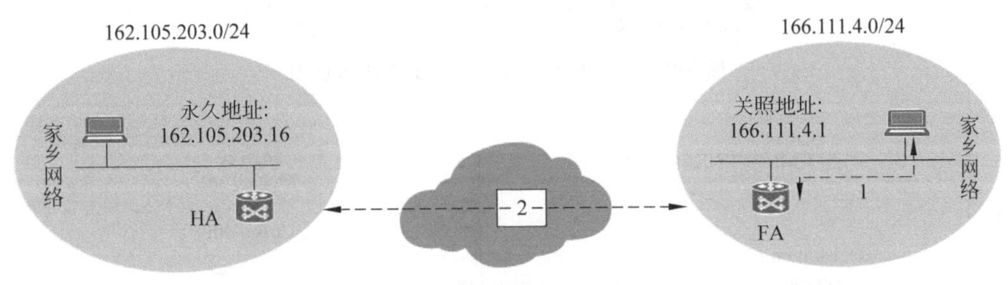

图5-7 外部代理的工作原理

注册请求过程：如果移动节点不知道家乡代理地址，它就向家乡网络广播注册（直接广播）。之后每个有效的家乡代理给予响应，移动节点采用某个有效家乡代理的地址进行注册请求。一次有效的注册完成之后，家乡代理会为移动节点创建一个条目，其中包含移动节点的关照地址、表示字段和此次注册的生存期。每个外部代理会维护一个访问列表，其中包含移动节点的链路层地址、移动节点的家乡地址、UDP注册源端口，家乡代理的IP地址、标识字段、注册生存期、当前或未处理注册的剩余生存期。注册过程中信息传递的流程如图5-8所示。

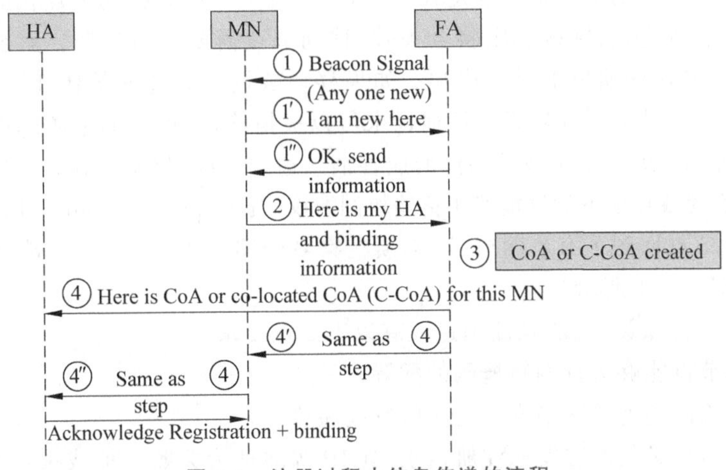

图5-8 注册过程中信息传递的流程

移动节点可以通过两种方式向家乡代理发送注册请求,即通过外部代理发送注册请求和直接发送注册请求。两种方式的过程分别如图 5-9 和图 5-10 所示。

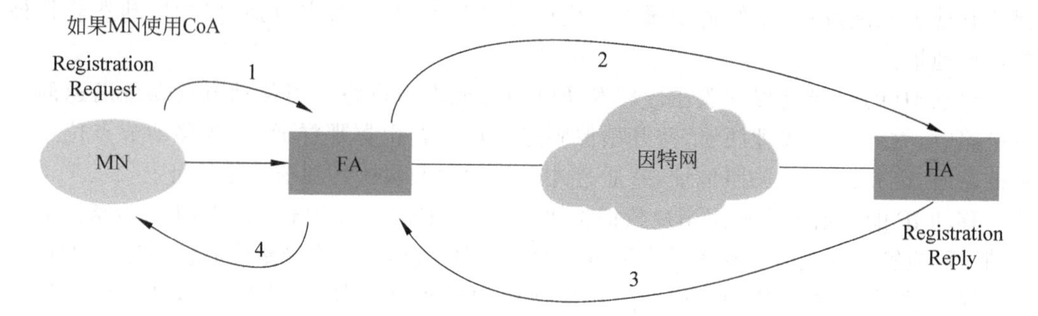

图 5-9 通过外部代理发送注册请求示意图

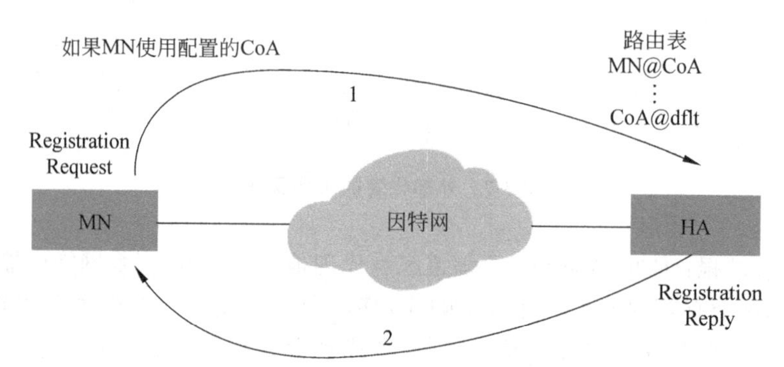

图 5-10 直接发送注册请求示意图

发送注册请求成功之后,家乡代理会为移动节点创建一个移动绑定,同时将移动节点的家乡地址与当前的关照地址绑定在一起,并设置生存期。移动节点在此绑定信息超时之前必须延长绑定,否则该绑定将会失效,移动节点需要重新注册。家乡代理会发送注册回复信息,指出注册请求是否成功。如果移动节点是通过外部代理注册的,那么注册应答消息应当由外部代理转发。注册请求可以被拒绝,而拒绝的来源既可以是家乡代理,也可以是外部代理。注册请求和注册应答消息通过 UDP 报文传输,这是因为 UDP 的开销小,并且在无线环境下的性能优于传输控制协议(Transmission Control Protocol,TCP)。

如果移动节点回到了家乡网络,则必须在家乡链路上进行注册(注销其移动绑定信息),其过程如图 5-11 所示。

对于移动节点来说,注册及注销过程有以下 5 点要求。

(1) 移动节点能够进行网络掩码的配置。

(2) 只要检测到连接网络发生变化就发起注册。

(3) 移动节点必须能够发送注册请求,其 IP 源地址为关照地址或家乡地址,IP 目的

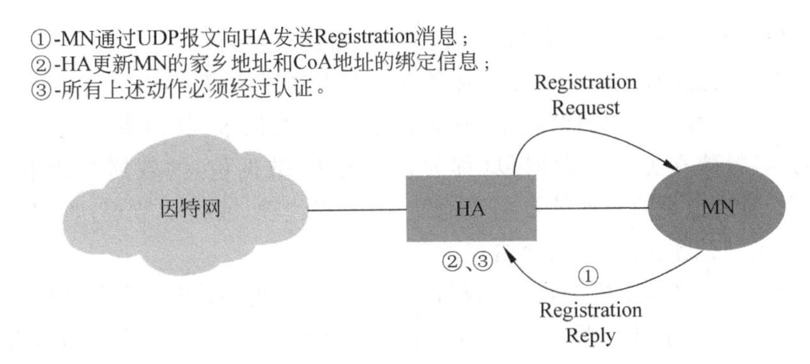

图 5-11 注销过程示意图

地址为外部代理的地址或家乡代理地址。

(4) 移动节点必须能够处理注册回复，判断自己发出的注册是否成功。

(5) 注册请求发送失败时移动节点必须进行重传。

外部代理位于移动节点和家乡代理之间，是注册请求的中继，如果其为移动节点提供关照地址，则还有为移动节点拆封数据分组的任务。外部代理中有配置表和注册表，为移动节点保存相关信息。另外，外部代理还需要处理注册请求，包括对消息的有效性检查和将请求转发到家乡代理。在接收注册回复时，外部代理需要检查信息的格式是否正确，并将应答转发到相应的移动节点。

在注册过程中，家乡代理从移动节点接收注册请求，更新自己关于该节点的绑定记录，并为每个请求启动一个应答作为响应。

注册过程中的分组格式如图 5-12 所示。

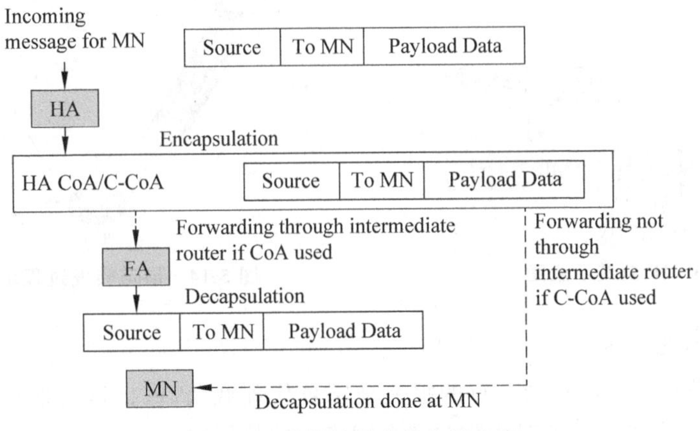

图 5-12 注册过程中的分组格式

3. 隧道封装与分组路由

隧道实际上是路由器把一种网络层协议封装到另一个协议中以跨过网络传送到另一个路由器的处理过程。发送路由器将被传送的协议包进行封装，经过网络传送，接收路由器解开收到的包，取出原始协议；在传输过程中的中间路由器并不在意封装的协议是什么。这里的封装协议,称为传输协议,是跨过网络传输被封装协议的一种协议。隧道技术是一种点对点的连接,必须在连接的两端配置隧道协议。

隧道技术是一种数据包封装技术,它是将原始 IP 数据包(其包头中包含原始发送者和最终目的地)封装在另一个数据包(称为封装的 IP 数据包)的数据净荷中进行传输。在移动 IP 中,隧道包目的地址就是关照地址,当外部代理(或移动节点)收到这个隧道包后,解封装该包,把里面的净荷提交给移动节点。

在家乡网络中,移动主机的操作与标准的固定主机相同;当移动主机移动到外部网络,且完成移动 IP 的注册过程后,可以在外部网络上继续通信。在外部网络上的通信需要采用隧道技术。封装是隧道技术的核心,是指把一个完整的 IP 分组当作数据,放在另一个 IP 分组内,原 IP 分组的 IP 地址称为内部地址,新的 IP 分组的 IP 地址称为外部地址。IP 封装如图 5-13 所示。

隧道技术就是在隧道的起点将 IP 分组封装,并将外部地址设置为隧道终点的 IP 地址。封装的 IP 分组经标准的 IP 路由算法传递到隧道的终点。在隧道的终点,将封装的 IP 分组进行拆分。

当移动节点在外区网上时,家乡代理需要将原始 IP 数据包转发给已登记的外部代理。这时,家乡代理使用 IP 隧道技术,将原始 IP 数据包封装在转发的 IP 数据包中,从而使原始 IP 数据包原封不动地转发到处于隧道终点的关照地址处。在关照地址处解除隧道,取出原始 IP 数据包,并将原始数据 IP 包发送到移动节点。隧道转发过程如图 5-14 和图 5-15 所示。

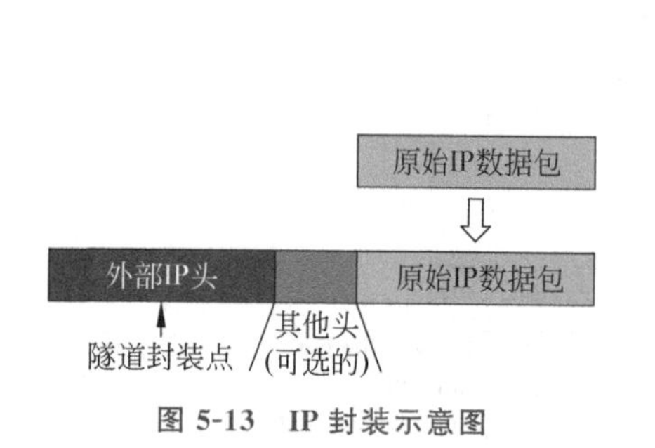

图 5-13　IP 封装示意图

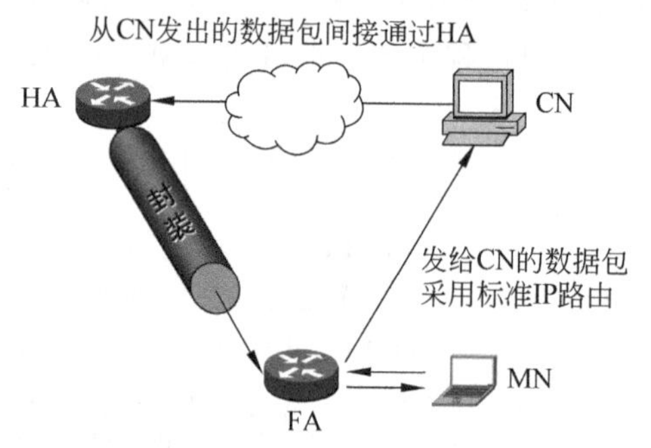

图 5-14　隧道转发过程示意图(一)

隧道转发过程如下。

(1) 通信节点发送给移动节点的报文被家乡代理截获,包括目的地是移动节点的报文被家乡代理截获和家乡代理截获在家乡网络上的数据包。

(2) 家乡代理对数据包进行封装并通过隧道传输给移动节点的关照地址。

(3) 在隧道的终点(外部代理或移动节点本身),数据包被拆封,然后递交给移动节点。

(4) 对于移动节点发送的数据包采用的是标准的 IP 路由。

移动 IPv4 主要有 3 种隧道技术,分别是 IP in IP、最小封装以及通用路由封装。家乡代理和外部代理必须能够使用 IP in IP 封装来支持分组的隧道传输。最小封装和通用路由封装是移动 IP 提供的另外两种可选的封装方式。

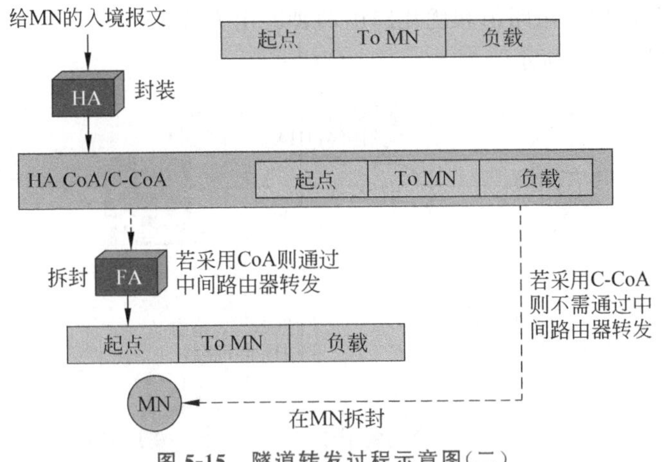

图 5-15 隧道转发过程示意图(二)

IP in IP 封装由 RFC 2003 定义。在 IP in IP 技术中,整个 IP 数据包被直接封装,成为新的 IP 数据包的净荷。其中内部 IP 头信息不变,除了存活时间值减 1,而外部 IP 头则是完整的 IP 头信息。IP in IP 封装如图 5-16 所示。

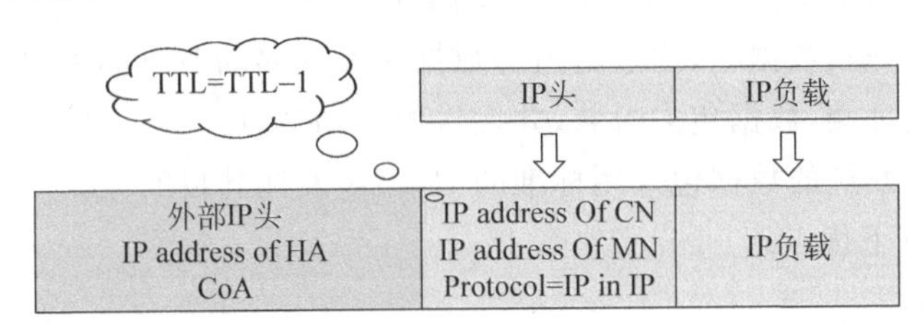

图 5-16 IP in IP 封装

最小封装由 RFC 2004 定义。在最小封装技术中,新的 IP 头被插入原始 IP 头和原始 IP 负载之间。最小封装通过去掉 IP 的 IP 封装中内层 IP 头和外层 IP 头的冗余部分,减少实现隧道所需的额外字节数。与 IP in IP 封装相比,它可节省字节(一般为 8B)。但当原始 IP 数据包已经分片时,最小封装就无能为力了。在隧道内的每台路由器上,由于原始 IP 数据包的存活时间值都会减小,以使家乡代理在采用最小封装时,移动节点不可到达的概率增大。最小封装如图 5-17 所示。

通用路由封装(Generic Routing Encapsulation,GRE)由 RFC 1701 定义,它是一种在移动 IP 之前就已经开发出来的协议。通用路由封装定义了在任意一种网络层协议上封装任意一个其他网络层协议的协议,运行一个协议的数据分组封装在另一种协议的数据分组的有效负载中。通用路由封装如图 5-18 所示。

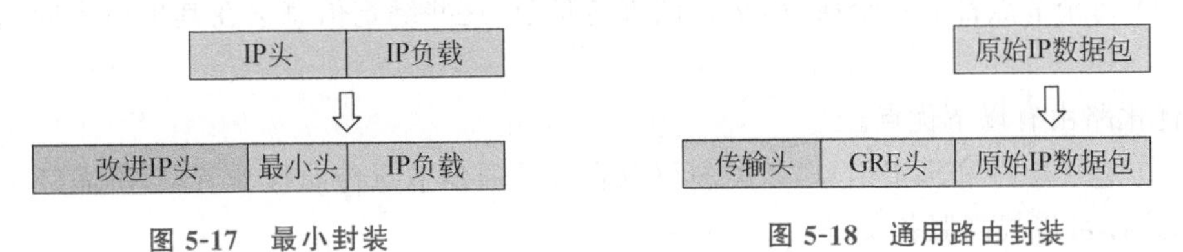

图 5-17 最小封装

图 5-18 通用路由封装

移动 IP 通常使用三角路由和优化路由两种路由方式。

三角路由如图 5-19 所示。

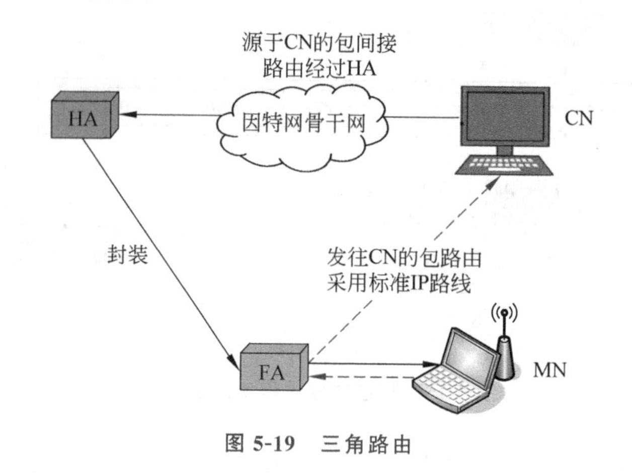

图 5-19 三角路由

其过程如下。

(1) 数据包从通信节点利用 IP 发往移动节点。

(2) 家乡代理截获数据包,通过隧道将数据包发往移动节点的关照地址。

(3) 在外部代理端,数据包去封装,并发送给移动节点。

(4) 移动节点发送的数据包采用标准的 IP 路由发往其目的地。

三角路由有以下优点。

(1) 控制简单。

(2) 交换的控制报文有限。

(3) 不需要额外的地址绑定信息,对于特定主机的绑定信息存放在同一个地方。

三角路由也有如下缺点。

(1) 家乡代理是每个报文的固定重定向点,即源和目的之间存在更短的路径。路径的增长可能会增加端到端的延迟。

(2) 家乡代理会成为通信的瓶颈,因为其很容易出现过载情况。

(3) 当移动节点移动到越来越远的地方时,注册的开销可能会越来越大。

另一种常用的分组路由方式是优化路由,其原理如图 5-20 所示。

优化路由的过程如下。

(1) 移动节点告知通信节点自己当前的关照地址。

(2) 通信节点直接将数据包通过隧道传送给移动节点。

(3) 每个节点都有一个缓存,来存储绑定信息,这些绑定信息会在其生命周期到达后失效。

优化路由有以下优点。

(1) 有了缓存和绑定信息,数据包可以直接从通信节点传向移动节点,不需经过家乡代理,这样可以提高服务质量。

(2) 对于频繁移动的用户,先前的外部代理可以将数据包传送到移动节点新的关照

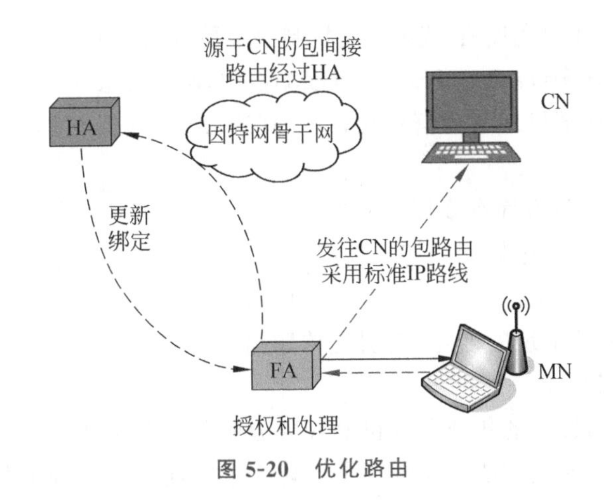

图 5-20　优化路由

地址。

优化路由也存在如下缺点。

(1) 结构非常复杂。

(2) 缓存查询和绑定等处理信息的开销可能会非常大。

(3) 在优化路由中,通信节点必须授权给每个与移动节点相连接的外部代理,这可能会产生安全问题。

在移动 IP 中,外部代理的平滑切换是一个很重要的问题,因为这涉及移动节点是否能够畅通无阻地进行通信。当移动节点移动到一个新的外部网络中,需要向新的外部代理进行注册。在基本的移动 IP 中,当节点移动到新的外部网络时并不通知旧的外部网络时,就可能导致通过隧道传输到旧的外部网络中的数据包丢失。如果这种情况发生,只能由更高层的协议进行重传。旧的外部代理(Old FA)会在绑定的生存期过后删除对应的条目。

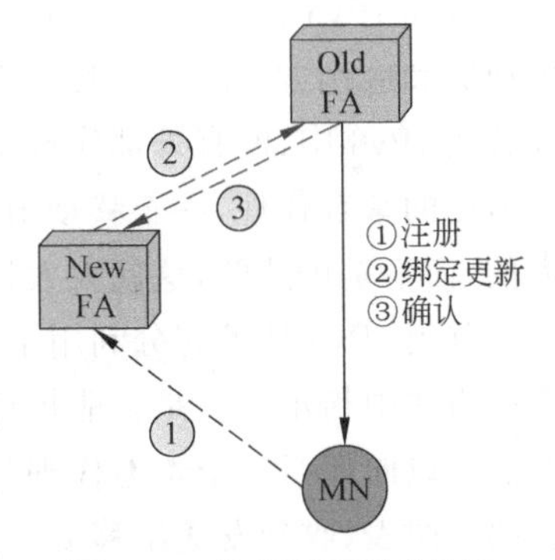

图 5-21　外部代理切换改进

对于代理切换的一种改进如图 5-21 所示。移动节点向新的外部代理(New FA)注册时请求新的外部代理通知旧的外部代理自己当前的位置,之后新的外部代理发送绑定更新消息给旧的外部代理并请求对方确认。在接收到绑定更新后,旧的外部代理会删除访问表中的相应条目并创建新的绑定缓存。在这之后,旧的外部代理的作用就只相当于一个转发节点。

5.2.4　移动 IP 存在的问题

尽管对于移动 IP 已经有了大量的研究,但是目前移动 IP 还存在许多需要进一步解决的问题,这里只讨论移动 IP 的安全问题和服务质量问题。

移动 IP 存在以下 3 方面的安全问题。

(1) 从物理层与数据链路层角度看,无线链路容易遭受窃听、重放或其他攻击。

(2) 从网络层移动IP角度看,代理发现机制很容易遭到一个恶意节点的攻击,移动注册机制很容易受到拒绝服务(Denial of Service,DoS)攻击与假冒攻击(Impersonation Attack)。

(3) 家乡代理、外部代理与通信对端,以及代理发现、注册与隧道机制都可能成为攻击的目标。

移动IP在服务质量方面存在以下问题。

(1) 移动节点在相邻区域间的切换引起分组传输路径的变化,对通信服务质量会造成重要的影响。

(2) 移动节点关照地址的变化,会引起传输路径上的某些节点不能满足数据分组传输所需要的服务质量要求。

(3) 目前IP网络提出的集成服务机制和区分服务机制不能适应于移动环境。

(4) 移动IP服务质量解决方案需要考虑切换期间通信连接的中断时间,有效确定切换过程中原有路径中的重建,切换完成后要能够及时释放原有路径上的服务质量状态和已分配资源等因素。

(5) 目前研究较多的解决方案都基于资源预留协议(Resource Reservation Protocol,RSVP)。

(6) 移动网络服务质量保证机制中服务质量的协商机制是至关重要的。

5.3 移动IPv6

移动IPv6技术充分利用了IPv6带来的便利与优势,实现了移动IP,它是IPv6重要的研究和应用方向之一。移动IPv6基于IPv6技术,用到IP路由头、认证头及路由优化。在移动IPv6中,没有外部代理的概念,移动节点从外部链路获得关照地址,并将其报告给自己的家乡代理,一个移动节点可以有多个关照地址。在移动IPv6中,安全选项是必需的,而不是可选的,这就大大提高了协议的安全性。

移动IPv6技术充分利用了IPv6协议对移动性的内在支持。首先,路由器在路由器广播报文中指示了它是否能担任本地代理。同一个子网内允许多个本地代理存在,移动节点可以向任意一个本地代理注册。本地代理中保存有移动节点的家乡地址和关照地址的对照表,收到发送给移动节点的报文后,根据对照表把报文转发给移动节点。其次,每当移动节点收到其他主机发来的报文后,在响应报文中以关照地址作为源地址,并要附带上移动节点的家乡地址。其他主机的后续报文以移动节点的关照地址为目的地址,但是要附带源路由选择头,报头内容为移动节点的家乡地址。使用这种机制的目的是保证移动节点在移动过程中也不会丢失报文。最后,IPv6中定义了重定向过程。当移动节点在小区间切换时,移动节点重新登记成功后,基站应该向原来的基站发重定向报文,使切换过程中路由有偏差的报文重新找到移动节点。

5.3.1 移动IPv6操作

移动IPv6的具体操作过程如下。

(1) 移动节点采用 IPv6 版的路由器搜索确定它的关照地址。当移动节点连接在它的家乡链路上时与任何固定的主机和路由器一样工作。当移动节点连接在它的外部链路上时,它采用 IPv6 定义的地址自动配置方法得到外部链路上的关照地址。由于移动 IPv6 没有外部代理,因此移动 IPv6 中唯一的一种关照地址是配置关照地址,移动节点用接收的路由器广播报文中的 M 位来决定采用哪种方法。如果 M 位为 0,那么移动节点采用被动地址自动配置,否则移动节点采用主动地址自动配置。之后,移动节点将它的转交地址通知给家乡代理。步骤(1)如图 5-22 所示。

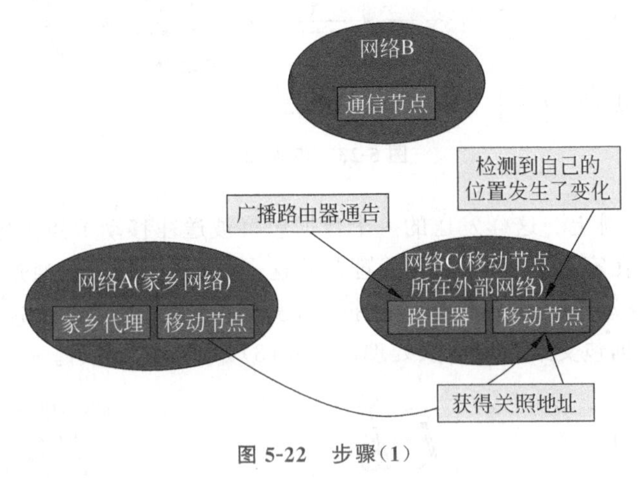

图 5-22 步骤(1)

(2) 如果可以保证操作时的安全性,移动节点也将它的关照地址通知几个通信节点。移动 IPv6 采用布告过程通知移动节点家乡代理或其他节点其当前的关照地址。移动 IPv6 中的布告和移动 IPv4 中的注册有很大不同。在移动 IPv4 中,移动节点通过 UDP/IP 数据包中携带的注册信息将它的关照地址告诉家乡代理,相反,移动 IPv6 中的移动节点用目的地址可选项来通知其他节点它的关照地址。为移动 IPv6 布告所定义的三条消息为绑定更新、绑定应答和绑定请求。这些消息都被放在目的地可选报头中,这表明这些消息都只被最终目的节点检查。移动 IPv6 布告过程包括在移动节点和家乡代理或通信节点间交换绑定更新和绑定应答。绑定应答很可能是在移动节点收到一个绑定请求后发出的。有时,通信节点通过向移动节点发送一个绑定请求启动布告过程,移动节点则通过发送绑定更新启动布告过程。在这两种情况中,移动节点都向家乡代理或通信节点告知其当前的关照地址。移动节点可以通过绑定更新中的应答位来要求接收者是否通过向移动节点发送绑定应答来响应,绑定应答首先通知移动节点绑定更新已收到,其次还告诉移动节点绑定更新是否被接受。步骤(2)如图 5-23 所示。

(3) 移动 IPv6 中同时采用隧道和源路由技术向连接在外部链路上的移动节点传送数据包。知道移动节点的关照地址的通信节点可以利用 IPv6 选路报头直接将数据包发送给移动节点,这些包不需要经过移动节点的家乡代理,它们将经过从始发点到移动节点的一条优化路由。如果通信节点不知道移动节点的关照地址,那么它就像向其他任何固定节点发送数据包那样向移动节点发送数据包。这时,通信节点只是将移动节点的家乡地址放入目的 IPv6 地址域中,并将它自己的地址放在源 IPv6 地址域中,然后将数据包

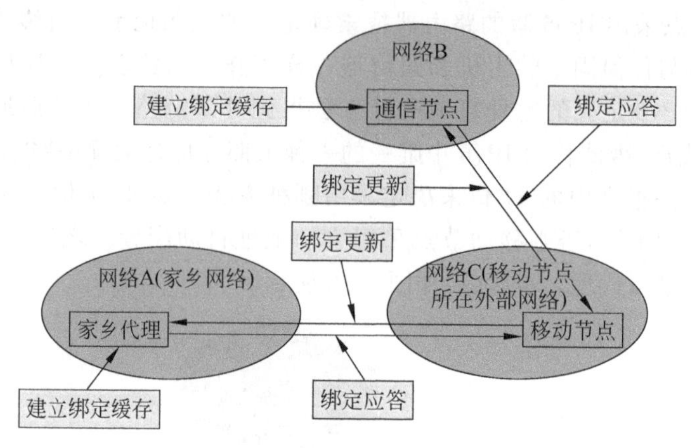

图 5-23　步骤(2)

转发到合适的下一跳上。这样发送的一个数据包将被送往移动节点的家乡链路,就像移动 IPv4 中那样。在家乡链路上,家乡代理截获这个数据包,并将它通过隧道送往移动节点的关照地址。移动节点将送过来的包拆封,发现内层数据包的目的地是它的家乡地址,于是将内层数据包交给高层协议处理。步骤(3)如图 5-24 所示。

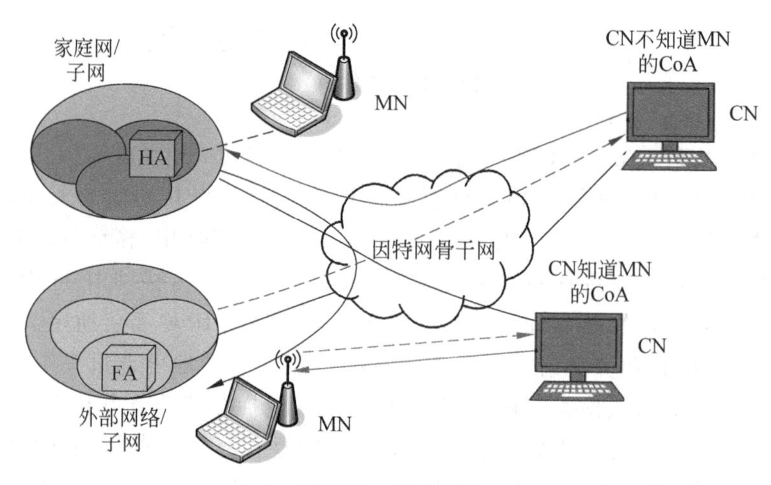

图 5-24　步骤(3)

(4) 在相反方向,移动节点送出的数据包采用特殊的机制被直接路由到它们的目的地。然而,当存在入口方向的过滤时,移动节点可以将数据包通过隧道送给家乡代理,隧道的源地址为移动节点的关照地址。

5.3.2　移动 IPv6 与移动 IPv4 的区别

移动 IPv6 与移动 IPv4 的不同之处有以下 6 点。

(1) 移动 IPv6 中没有"外部代理"的概念,只定义了一种"关照地址"。

(2) 移动 IPv6 允许通信对端发出的数据分组可以不经过家乡代理,而直接路由到移动节点。

(3) 移动 IPv6 中的移动检测可以实现对移动节点和默认路由器之间的双向通信的认证。

(4) 移动 IPv6 家乡代理截取发往离开家乡网络的移动节点的数据包时,使用的是"邻居发现协议"。

(5) 移动 IPv6 使用 ICMPv6 协议,而不需要使用 ICMPv4 的"隧道软状态"。

(6) 移动 IPv4 使用分组广播机制,每个家乡代理都需要向移动节点返回一个应答,而移动 IPv6 有动态家乡代理发现机制。

移动 IPv6 与移动 IPv4 的区别如表 5-1 所示。

表 5-1 移动 IPv6 与移动 IPv4 的区别

移动 IPv4	移动 IPv6
移动节点、家乡代理、家乡链路、外部链路	同移动 IPv4 的概念
移动节点的家乡地址	全球可路由的家乡地址和链路局部地址
外部代理、外地关照地址	外部链路上的一个"纯"IPv6 路由器,没有外部代理,只有配置关照地址
配置关照地址,通过代理搜索、DHCP 或手工得到关照地址	通过主动地址自动配置、DHCP 或手工得到关照地址
代理搜索	路由器搜索
向家乡代理的经过认证的注册	向家乡代理和其他通信节点的带认证的通知
到移动节点的数据传送采用隧道	到移动节点的数据传送可采用隧道和源路由
由其他协议完成路由优化	集成了路由优化

注:DHCP 全称为 Dynamic Host Configuration Protocol,意为动态主机配置协议。

习 题

1. 什么是移动 IP? 为什么需要移动 IP?
2. 画出 IPv4 中移动节点和通信对端的操作。
3. 移动节点如何配合代理发现机制?
4. 移动 IP 的注册发生在代理发现完成之前还是之后? 为什么? 说明其合理性。
5. 简述隧道技术的用途及其如何在家乡代理和外部代理间的数据传输过程中起作用。
6. 简述三角路由的优点,并举例说明为何有这些优点。
7. 列举至少 4 个移动 IP 存在的问题。
8. 移动 IPv6 对比移动 IPv4 有何优势? 前者在未来是否会完全取代后者?

参考文献

[1] 陈章. 移动 IP 研究与实现[D]. 上海: 上海交通大学,2010.
[2] 吴功宜. 计算机网络高级教程[M]. 北京: 清华大学出版社,2007.

[3] 周晓燕. 移动IP协议的研究与实现[D]. 成都：电子科技大学,2001.
[4] 秦冀,姜雪松. 移动IP技术与NS-2模拟[M]. 北京：机械工业出版社,2006.
[5] 百度百科. 移动IP技术[EB/OL]. http://baike.baidu.com/view/609808.htm.
[6] 李晓辉. 移动IP技术与网络移动性[M]. 北京：国防工业出版社,2009.
[7] 张宏科,苏伟. 移动互联网技术[M]. 北京：人民邮电出版社,2010.
[8] 孙磊. 移动IP切换技术的研究[D]. 北京：北京邮电大学,2010.
[9] Theodore S, R. Wireless communications principles and practice [M]. New Jersey: Pearson Education,2002.
[10] Stallings W. Wireless communications and networks[M]. New Jersey: Pearson Education,2005.

人物介绍——互联网之父 Vinton G. Cerf

Vinton G.Cerf 是公认的“互联网之父”，因与 Robert Elliot Kahn 共同设计 TCP/IP 而获得了 2004 年的图灵奖。

Vinton G. Cerf 在斯坦福大学获得了数学学士学位，然后加入 IBM 公司。但两年后他重新回到学校，获得了加州大学洛杉矶分校（UCLA）计算机学博士学位。在华盛顿召开的国际计算通信大会上，他做了公开演示，使公众第一次看到包交换技术和远距离计算机交互技术。这一年，他离开 UCLA，加入斯坦福大学，担任该校的计算机和电气工程教授。1973 年春天，他去旧金山大饭店参加会议。在休息室过道里，等候下一轮会谈。突然灵感骤至，连忙拿起一个旧信封在背面胡乱画起来。正是在这张普普通通的纸上，他提出了能够连接不同网络系统的网关（Gateway）的概念，为 TCP/IP 的形成起了决定性的作用。

第6章 chapter 6

无线局域网与IEEE 802.11标准

无线局域网(Wireless Local Area Network,WLAN)是不使用任何导线或传输电缆连接的局域网,而使用无线电波作为数据传送的媒介,传送距离一般只有几十米。无线局域网用户通过一个或多个无线接入点接入无线局域网,而无线局域网的主干网路通常使用有线电缆。无线局域网现在已经广泛地应用在商务区、大学、机场及其他公共区域。

无线局域网从有线局域网发展而来。虽然有线局域网应用非常广泛,并且传输速率高,构建成本低,但有一些固有的缺点。例如,铺设电缆或检查电缆是否短路相当耗时;再者,由于应用环境的不断更新与发展,原有局域网络可能需要重新布局,重新安装网络线路的工程费用很高;更关键的是,有线局域网中的设备使用位置是固定的,不允许使用移动设备。这些缺点导致在很多场合下使用有线局域网非常不方便。因此,无线局域网逐步取代了双绞线所构成的局域网,让数据传输变得相当方便,使得实现"信息随身化,便利走天下"的理想境界成为可能。

无线局域网的发展始于20世纪80年代后期。在1985年,美国联邦通信委员会(Federal Communications Commission,FCC)为非授权用户开放了工业、科学和医疗频段骤(ISM),成为无线局域网的雏形。然而,无线局域网发展的重要里程碑是1997年发布的IEEE 802.11标准。现在,IEEE定义的802.11系列标准已经成为无线局域网最通用的标准。

6.1 无线局域网的构成

无线局域网由无线网卡、无线接入点(AP)、计算机和有关设备组成。其中,AP类似于有线局域网中的集线器,是一种特殊的无线工作站,作用是接收无线信号和发送信号到有线网。通常一个AP能够在几十米至上百米内连接多个用户。在同时具有有线网络和无线网络的情况下,AP可以通过标准的以太网(Ethernet)电缆与传统的有线网络相连,作为无线网络和有线网络的连接点。

无论是固定设备,还是经常改变使用场所,在使用时其固定位置固定的半移动设备,还是在移动中访问网络的移动设备。在IEEE 802.11标准中,这些无线网络设备都统称为站点(Station,STA),也可以分别称为固定站点、半移动站点和移动站点。由一组相互直接通信的站点构成一个基本服务集(Basic Service Set,BSS)。由一个基本服务集覆盖的无线传输区域称为基本服务区(Basic Service Area,BSA),多个基本服务区可以是部分重叠、完全重叠或是物理上分隔的,其覆盖范围取决于无线传输的环境和收发设备的特性。基本服务区使基本服务集中的站点保持充分连接,一个站点可以在基本服务区内自由移动,如果它离开了基本服务区就不能直接与其他站点建立连接。将一组基本服务集连在一起的系统称为分发系统(Distribution System,DS)。DS可以是传统以太网或ATM等网络,各个站点通过AP来访问DS。

无线局域网通过无线信道连接,而无线介质没有确定的边界,即无法保证符合物理层(PHY)收发器规定的无线站STA在边界不能收到网络中传播的信号(这一点对网络安全性具有很大的影响)。此外,无线介质中传播的信号很容易被窃听和干扰,信号的可靠性不高。通过无线介质,无法保证每个STA都能接收到其他STA的信号。

6.2 无线局域网的拓扑结构

鉴于无线局域网和有线局域网在网络结构上的不同,IEEE 802.11定义了两种拓扑结构:独立基本服务集(Independent Basic Service Set,IBSS)和扩展服务集(Extended Service Set,ESS),这两种结构都建立在BSS的基础上。BSS提供一个覆盖区域,使BSS中的站点保持充分连接。一个BSS至少包括两个站点,站点可以在BSS内自由移动,但当它离开了某个BSS区域,就不能和该BSS内的其他站点建立连接了。

IBSS就是一个独立的BSS,没有中枢链路基础结构,只要需要,这类网络可以在没有任何预先规划的情况下快速组建,该网络也称无线自组织网络(Ad hoc WLAN)。Ad hoc WLAN不能和外界交换数据(但一个STA可以分别和Ad hoc WLAN及外界有不同的连接,在两者之间进行第三层转发),STA互相之间通信不需要中继。

符合IEEE 802.11标准的无线局域网有两种类型:基础设施网络(Infrastructure Networks)和自组织网络(Ad hoc Networks)。一个基础设施网络包含STA和AP,而自组织网络仅包含STA。基础设施网络的拓扑结构就是ESS,而自组织网络的拓扑结构就是IBSS。

在基础结构模式的无线局域网中,所有STA与AP通信,AP往往还充当网桥的作用,将数据转发到相应的有线网络或无线网络中,即STA通过AP实现与STA间的通信,或实现STA与有线网络间的通信。每个AP作为STA进行网络通信的服务点,每个STA在每一时刻只能有一个连接,通过唯一的AP进行网络通信,该连接称为关联(Association)。一个STA通过和AP交换数据包实现与其他STA通信,AP可以将数据包路由到合适的目的地。因此,在基础无线网络中,AP中继所有的通信,任何STA都不能和其他STA直接通信。一个基础无线网络也允许通过入口(portal)和外界网络通信。在这里,一个AP及若干STA组成的通信区域构成一个基本服务集(BSS)。

对于无线自组织网络,其拓扑结构为IBSS,适用于未建有线网络的少量主机组建临时性网络。在这种架构中,主机彼此之间直接通信,主要是少数无线工作站之间以对等的方式相互直接连接,组成一个所谓Ad hoc的临时特定网络。这时的Ad hoc网络相对独立,并不需要与外部骨干网相连。一般无线局域网的覆盖范围为数十米至数百米。

Ad hoc 网络是一种特殊的无线移动网络。网络中所有节点的地位平等,无须设置任何中心控制节点。网络中的节点不仅具有普通移动终端所需的功能,而且具有报文转发能力。与普通的移动网络和固定网络相比,主要的特点是无中心、自组织、多跳路由和动态拓扑等。

6.3 IEEE 802.11 标准家族

6.3.1 IEEE 802.11

1997 年 6 月,IEEE 推出了第一代无线局域网标准——IEEE 802.11—1997,随后在 1999 年推出了新的 IEEE 802.11—1999。该标准定义了物理层和介质访问控制(Medium Access Control,MAC)层的技术规范,允许 WLAN 及无线设备制造商在一定范围内建立互操作网络设备。任何网络应用、网络操作系统或协议(包括 TCP/IP 和 Novell Netware)在遵守 IEEE 802.11 标准的无线局域网上运行时,就像它们运行在以太网上一样容易。

IEEE 802.11 在物理层定义了数据传输的信号特征和调制方法,以及两种无线电射频(Radio Frequency,RF)传输方式和一种红外线传输方式。其中,RF 传输标准包括直接序列扩频(Direct Sequence Spread Spectrum,DSSS)技术和跳频扩频(Frequency Hopping Spread Spectrum,FHSS)技术。DSSS 采用一个长度为 11 位的 Barker 序列来对以无线方式发送的数据进行编码。每个 Barker 序列表示一个二进制数据位(1 或 0),并被转换成可以通过无线方式发送的波形信号。这些波形信号如果使用二进制相移键控(Binary Phase-Shift Keying,BPSK)调制技术,可以以 1Mb/s 的速率进行发射;如果使用正交相移键控(Quadrature Phase-shift Keying,QPSK)调制技术,发射速率可以达到 2Mb/s。FHSS 利用高斯频移键控(Gaussian Frequency-Shift Keying,GFSK)二进制或四进制调制方式可以达到 2Mb/s 的发射速率。

由于在无线网络中碰撞检测较困难,IEEE 802.11 规定 MAC 子层采用碰撞回避(Collision Avoidance,CA)协议,而不是碰撞检测(Collision Detection,CD)协议。为了尽量减少数据的传输碰撞和重试发送,防止各站点无序争用信道,WLAN 采用与以太网带冲突检测的载波监听多路访问(Carrier Sense Multiple Access with Collision Detection,CSMA/CD)相类似的带冲突避免的载波感应多路访问(Carrier Sense Mutiple Access with Collision Avoidance,CSMA/CA)协议。CSMA/CA 通信方式将时间域的划分与帧格式紧密联系起来,保证某一时刻只有一个站点发送数据,实现了网络系统的集中控制。因传输媒介不同,CSMA/CD 与 CSMA/CA 的检测方式也不同。CSMA/CD 通过电缆中电压的变化来检测,当数据发生碰撞时,电缆中的电压会随之发生变化;CSMA/CA 采用能量检测(Energy Detection,ED)、载波检测(Carrier Detection,CS)和能量载波混合检测 3 种方法检测信道空闲。

6.3.2 IEEE 802.11b

由于现行的以太网技术可以实现10Mb/s、100Mb/s乃至1000Mb/s等不同速率以太网之间的兼容，为了支持更高的数据传输速率，IEEE于1999年9月批准了IEEE 802.11b标准。IEEE 802.11b标准对IEEE 802.11标准进行了修改和补充，其中最重要的改进就是在IEEE 802.11的基础上增加了两种更高的传输速率——5.5Mb/s和11Mb/s。因此，有了IEEE 802.11b标准之后，移动用户将可以得到以太网级的网络性能、速率和可用性，管理者也可以无缝地将多种局域网技术集成起来，形成一种能够最大限度地满足用户需求的网络。IEEE 802.11b的基本结构、特性和服务仍然由最初的IEEE 802.11标准定义。IEEE 802.11b技术规范只影响IEEE 802.11标准的物理层，它提供了更高的数据传输速率和更牢固的连接。

IEEE 802.11b可以支持5.5Mb/s和11Mb/s两种速率。要做到这一点，就需要选择DSSS作为该标准的唯一物理层技术，因为，目前在不违反FCC规定的前提下，采用FHSS技术无法支持更高的速率。这意味着IEEE 802.11b系统可以与速率为1Mb/s和2Mb/s的IEEE 802.11 DSSS系统兼容，但无法与速率为1Mb/s和2Mb/s的IEEE 802.11 FHSS系统兼容。

为了提高数据传输速率，IEEE 802.11b标准不是使用11位长的Barker序列，而是采用了补码键控(Complementary Code Keying，CCK)技术，CCK技术由64个8位长的码字组成。作为一个整体，这些码字具有自己独特的数据特性，即使在出现严重噪声和多径衰落的情况下，接收方也能够正确地予以区别。IEEE 802.11b规定，当速率为5.5Mb/s时，对每个载波进行4位编码；当速率为11Mb/s时，对每个载波进行8位编码。这两种速率都是用QPSK作为调制技术。

6.3.3 IEEE 802.11a

IEEE 802.11a标准是已在办公室、家庭、宾馆和机场等众多场合得到广泛应用的IEEE 802.11b标准的后续标准。IEEE 802.11a工作在5GHz U-NII频段，物理层速率可达54Mb/s，传输层可达25Mb/s。IEEE 802.11a选择具有能有效降低多径衰落影响与有效使用频率的正交频分复用(OFDM)作为调制技术，可提供25Mb/s的无线ATM接口和10Mb/s的以太网无线帧结构接口，以及TDD/TDMA的空中接口；支持语音、数据和图像业务；一个扇区可接入多个用户，每个用户可带多个用户终端。

尽管IEEE 802.11a的MAC层和IEEE 802.11b的MAC层很相似，但是这两个标准的物理层却有很大差别。IEEE 802.11b协议使用DSSS技术进行调制，而IEEE 802.11a协议则采用OFDM技术进行调制。OFDM技术将20MHz的高数据传输速率信道分解成52个平行传输的低速率子信道，用其中的48个子信道来传输数据，其余的4个保留信道用于进行差错控制。由于这些子载波相互之间是彼此独立的，同时这些子载波之间又处于正交方式，因此，它们可以比标准的频分复用更加紧密地放在一起，可以更有效地节省频段，提高频段利用率，这些优势都应该归功于OFDM频谱利用效率比较高。OFDM技术可以提高数据传输速率并改进信号的质量,还可克服干扰。它的基本原理是把高速的数据流分成许多速率较低的数据流,然后它们将同时在多个负载波频率上进行传输。由于低速的平行负载波频率会增加波形的持续时间,所以多路延迟传播对时间扩散的影响将会减小。通过在每个OFDM波形上引入一个警戒时间几乎可以完全消除波形间的干扰。在警戒时间内,OFDM波形会通过循环扩展来避免载波干扰问题。IEEE 802.11b中的扩频技术必须以DSSS技术发送信号,而OFDM技术则不同,这种技术可以对无线信道进行重新规划,将其分成以低数据传输速率并行传输的分频率,然后OFDM技术可以把这些频率一起放回到接收端。这一方法可大大提升无线局域网的速度和整体信号的质量。

IEEE 802.11a标准的数据传输速率与高速以太网的相比,能够达到54Mb/s,而IEEE 802.11b只能达到11Mb/s。宽带对于频段的消耗也降低了,IEEE 802.11a协议试图通过使用更有效的数据编码方案和增强措施将信号发送到一个更高的频段上,通过这个方法来解决数据传输距离问题。

6.3.4 IEEE 802.11g

IEEE 802.11a与IEEE 802.11b两个标准都存在各自的优缺点,IEEE 802.11b的优势在于价格低廉,但是基于该标准的无线局域网数据传输速率比较低。IEEE 802.11a标准与IEEE 802.11b完全相反,其优势在于数据传输速率快,受到的干扰少,但是价格昂贵。在2.4GHz的频段范围内,IEEE 802.11b标准的数据传输速率比IEEE 802.11标准的无线局域网数据传输速率要高,已安装2.4GHz的无线局域网基础设施和市场对高数据传输速率的需求促成了2000年3月成立的高速IEEE 802.11b工作组,该工作组的工作又导致了同年9月IEEE 802.11g学习组的组建。IEEE 802.11g学习组的任务是创建适合2.4GHz 22Mb/s数据传输速率的标准。在没有更多带宽或不同频率的情形下,可以通过使用更多成熟的调制技术来达到这一点。IEEE 802.11g标准有两个有利因素:一是随着无线用户的快速增加,无线用户需要使用价格比较低廉同时数据传输速率较高的无线产品,而IEEE 802.11g同时满足这两个要求;二是IEEE 802.11g标准能满足无线网络用户升级的要求。因为IEEE 802.11g不但使用了OFDM调制,同时仍然保留了IEEE 802.11b中的调制方式,而且它运行在2.4GHz频段。所以,IEEE 802.11g可向下兼容IEEE 802.11b。它的优势包括运行速度快、传输距离远、兼容性好、多传输速率选择等。然而它与IEEE 802.11b相似,仍存在信道干扰和信道受限等缺点。

6.3.5 IEEE 802.11n

IEEE 802.11n的PHY数据传输速率相对于IEEE 802.11a和IEEE 802.11g有显著的提高,这主要归功于使用MIMO进行空间复用及40MHz运行。为了利用这些技术所提供的高得多的数据传输速率,对MAC的效率也通过帧聚合和增强块确认协议进行了提升。这些特性叠加在一起,提供了IEEE 802.11n相对于IEEE 802.11a和IEEE 802.11g所能达到的吞吐量提升的绝大部分。

多个天线的使用提供了更大的空间分集，从而在根本上改善了强健性。作为PHY可选项的空时块编码(Space Time Block Code,STBC)进一步提高了强健性。同样做出贡献的还有快速链路适应，一种用于快速跟踪信道情况改变的机制。IEEE 802.11n采用了形式为低密度奇偶校验(Low Density Parity Check,LDPC)码的更为强健的信道码。标准修订还引入了传输波束成型，该技术对PHY和MAC层都做出了增强以进一步改善强健性。

其他一系列的增强提供了很多好处。在PHY中，这些增强包括可以在某些特定信道状况下使用的更短保护区间。PHY还包含了比强制的混合格式前导码更短的绿野(Greenfield)前导码。然而，与混合模式不同的是，绿野前导码不能在没有MAC保护的情况下与现有的IEEE 802.11a和IEEE 802.11g设备后向兼容。在MAC中，逆向协议为一些特定的通信模式提供了性能上的改善。这是通过允许站点把分配给它但没有被用上的传输机会转让给其远端的对应站点，从而减少整体信道接入的系统开销。在发送突发帧时使用简化帧间间隔(Reduced Interframe Space,RIFS)，与现有的短的帧间间隔(Short Interframe Space,SIFS)相比可以减少系统开销。

图6-1综述了IEEE 802.11n PHY的强制特征和可选特征，其中，空间流指的是天线所发送的一个或多个独立数据流GI(Guard Interval)为保护间隔，TxBF(Transmit Beam Forming)为发射波束赋形。图6-2给出了IEEE 802.11n中MAC所增加的特性。除了已经提到的吞吐量和强健性的增强特性，MAC功能也在许多其他方面进行了扩展。

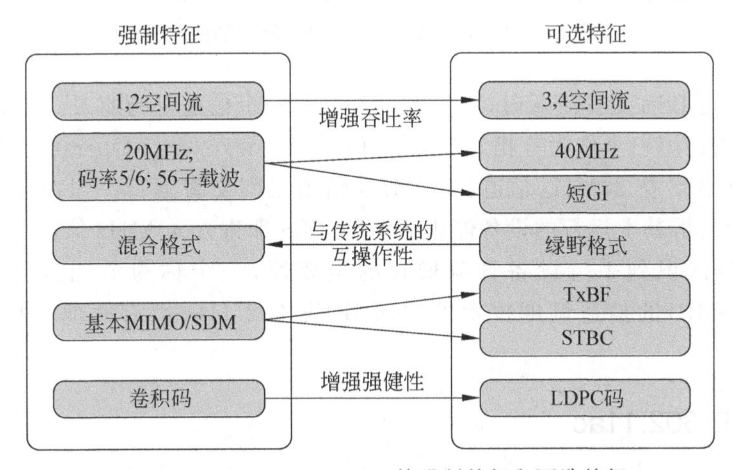

图6-1 IEEE 802.11n PHY的强制特征和可选特征

IEEE 802.11n中众多的可选功能意味着它需要使用许多设备能力信令以确保共存性和互操作性。举例来说，一个设备是否支持特定的PHY特性(例如，绿野前导码)或MAC层特性(如参与逆向协议交换)。

40MHz操作的存在也带来很多共存性问题。AP需要管理40MHz BSS以使40MHz和20MHz(包括传统与高吞吐量)的设备能够与BSS相关联并且运行。因为40MHz运行使用两个20MHz信道，需要一些机制缓减对附近独立使用这些20MHz信道的BSS的影响。共存性主要是靠仔细的信道选择来实现，也就是说，选择一对很少有

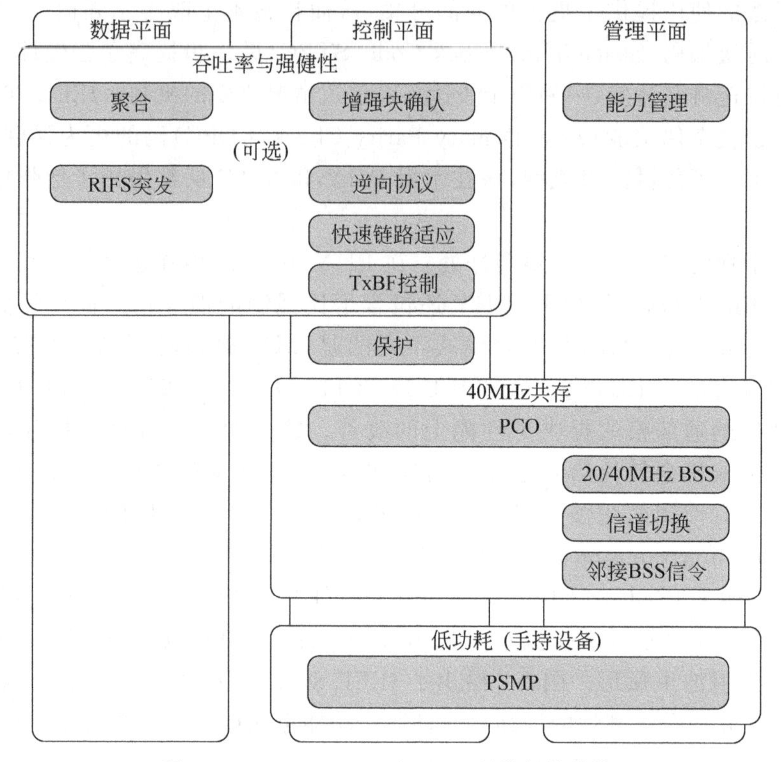

图 6-2 IEEE 802.11n 中 MAC 所增加的特性

或者是没有邻近 BSS 变得活跃时,将 BSS 迁移到另一个信道对的能力。如果不能避免邻近 BSS,则可以使用一个称为分相共存运行(Phased Coexistence Operation,PCO)的应变技术。这允许 BSS 在 20MHz 信道和 40MHz 信道之间交替运行。当在两个 20MHz 信道上的帧交换告诉其上运行的设备停止活动后,BSS 即进入 40MHz 信道上。

最后因为认识到手持设备日益增长的重要性,一个称为节能多轮(Power-Save Multi-Poll,PSMP)的信道调度技术被加入 IEEE 802.11n,以有效地支持数量众多的站点。

6.3.6 IEEE 802.11ac

IEEE 802.11n 技术可以使 WLAN 达到 300Mb/s 的吞吐量。IEEE 802.11 工作组为了实现 1Gb/s 的高吞吐量,在研究了获得千兆网速的几种方案后,最终制定了实现无线千兆网速的两个标准:IEEE 802.11ac 和 IEEE 802.11ad。

IEEE 802.11ac 在 2013 年发布至今,已成为主流的 Wi-Fi 无线标准,在高清视频时代广泛运用。IEEE 802.11ac 标准构筑在 IEEE 802.11n 协议之上,但无线传输速率可以达到千兆比特每秒,几乎是 IEEE 802.11n 协议的 3 倍。它的主要特征如下。

(1) 更大的信道带宽。在原有 20MHz 和 40MHz 信道基础上,支持 80MHz 和 160MHz 信道。

(2) 更高的数据传输能力。在 80MHz 信道下,最高传输速率接近 3.5Gb/s;若采用

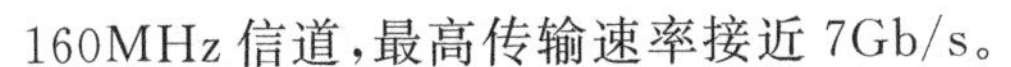

160MHz 信道，最高传输速率接近 7Gb/s。

(3) 采用 MIMO-OFDM 作为主要传输技术，支持最大 8×8 的天线配置，支持 1～8 个空间流，支持空间复用、STBC、下行 MU-MIMO 和发射波束赋形，支持信道探测技术，支持采用循环移位分集。

(4) 采用增强的调制编码方案(Modulation and Coding Scheme，MCS)，可选支持 256-QAM。

IEEE 802.11ac 预示着家庭视频产品的到来，从而让大家能像观看电视那样轻松地享受 Web 视频流。IEEE 802.11ac 最广泛的用途是在家中通过无线传输高清视频，其中一种场景是利用 IEEE 802.11ac 技术来给多台电视机播放高清视频，另外一种场景是利用 IEEE 802. 11ac 把高清视频流从一个移动终端发送到一台电视机上。

6.3.7 IEEE 802.11ad

IEEE 802.11ad 的出现针对的是多路高清视频和无损音频超过 1Gb/s 的速率要求，它用于实现家庭内部无线高清音视频信号的传输，为家庭多媒体应用带来更完备的高清视频解决方案。IEEE 802.11ad 抛弃了拥挤的 2.4GHz 和 5GHz 频段，而是使用高频载波的 60GHz 频谱。由于 60GHz 频谱在大多数国家有大段的频率可供使用，因此，IEEE 802.11ad 可以在 MIMO 技术的支持下实现多信道的同时传输，而每个信道的传输带宽都将超过 1Gb/s。虽然说 IEEE 802.11ad 无线传输速率能达到 7Gb/s，但是，IEEE 802.11ad 也面临技术上的限制。例如，60GHz 载波的穿透力很差，而且在空气中信号衰减很厉害，其传输距离、信号覆盖范围都受到影响，这使得它的有效连接只能局限在一个很小的范围内。在理想的状态下，IEEE 802.11ad 最适合被用来作为房间内各个设备之间高速无线传输的通道。3 种 IEEE 802.11 协议的对比如表 6-1 所示。

表 6-1 3 种 IEEE 802.11 协议的对比

参数及应用	IEEE 802.11n	IEEE 802.11ac	IEEE 802.11ad
最大吞吐量	600Mb/s	3.2Gb/s	7Gb/s
覆盖范围/m	室内，70	室内，30	室内，<5
频段/GHz	2.4	5	2.4/5/60
最大支持天线数	4×4MIMO	8×8MIMO	>10×10MIMO
应用	数据、影视	影视	非压缩影视

安全问题是无线局域网中一个很重要的问题。早期版本的 IEEE 802.11 无线局域网标准有一个特定的安全架构，称为有线等效保密(Wired Equivalent Privacy，WEP)。顾名思义，WEP 的目标是无线局域网至少要和有线局域网的安全性相当。例如，如果一个攻击者希望连接一个有线以太网，需要物理上接入集线器，然而集线器通常锁在房间里，所以很难办到。但是对无线局域网而言攻击者就很容易了，因为此时接入网络不需要从物理上接入任何设备。WEP 的目的是希望增加攻击无线局域网的难度，使其难度与攻

击有线局域网的难度相当。不幸的是,WEP没有达到这一目的。为了应对这种局面,IEEE后来提出了无线局域网的一种新的安全架构,称为IEEE 802.11i,同时,中国提出了首个国际安全标准WAPI(Wireless LAN Authentication and Privacy Infrastructure)。

6.3.8 IEEE 802.11aa

IEEE 802.11aa为音频和视频传输流的可靠流协议。该协议增强了用于大的音频和视频流传输的IEEE 802.11(MAC),同时保持与其他类型的业务共存。IEEE 802.11aa为IEEE信息技术标准,具体控制本地和无线城域网系统之间的电信和信息交换。对以下两部分做出具体的要求:①无线局域网MAC层和PHY规范修订;②大的音频和视频流的MAC增强。

随着IEEE 802.11的出现、网络不断扩大,以及具有较高计算能力和显示功能的移动设备用户数量的增多,用户对视频应用的依赖性逐渐增强,如流媒体和视频会议等。视频应用正在迅速成为互联网流量的主要来源。这对于传统的IEEE 802.11无线网络的性能产生了巨大的压力和挑战。第一代IEEE 802.11无线局域网标准无法处理高效的视频传输,因为带宽对于视频应用的需求来说太小,并且只能支持尽可能多的服务,这对于视频传输的QoS约束是不可接受的。IEEE 802.11n的改进带来了足够的带宽,以适应视频传输所需的流量。然而,为了最终向用户提供令人满意的可靠的和高性能的体验,还有一些困难需要克服。传统IEEE 802.11提供的多播机制是不可靠的,并且不能提供用于传输视频流的必要QoS。此外,较新标准的增强型分布式通道访问(Enhanced Distributed Channel Access,EDCA)功能需要改进以支持在视频流之间的差异化。IEEE 802.11标准需要与IEEE网络中音频流和视频流的IEEE 802.1AVB标准兼容。

IEEE 802.11aa任务组对IEEE 802.11 MAC子层进行了修改,该子层指定了一组对该标准的增强。这些修改使得音频流和视频流能够以强健性和可靠性传输成为可能,同时允许其他类型的流量和平共存。修正案中提供的主要服务如下。

(1) 改善IEEE 802.11的组播/广播机制,以提供更好的链路可靠性和低抖动特性。

(2) 提供一种减轻重叠BSS环境影响的方法,以提供更强的强健性且无须集中管理。

(3) 具有在属于同一EDCA类别的不同视频传输流之间确定优先级的能力。

(4) 当通道容量不足时,在不需要深度的数据包检查的情况下实现数据包丢弃,使得视频流以较好的方式降级。

(5) 与IEEE 802.1AVB(IEEE 802.1Qat、IEEE 802.1Qav、IEEE 802.1AS)为多媒体流传输定义的相关机制的兼容性。

IEEE 802.11aa修订提供了如下4种解决方案。

1. 集团传输业务

为了提供可靠的组播,IEEE 802.11aa修改规定了STA要求更大的组接收传输服务可靠性的群组寻址流。除了传统的No-Ack / No-Retry组播之外,该服务还提供3种机制。特定流的利用策略可以稍后动态更改。当使用AP设置流到多播组时,站可以请求使用3种策略中的任意一种策略。

2. 流分类服务

流分类服务旨在涵盖IEEE 802.11aa修订范围内的两个目标：需要区分相同访问类别中的独立流，并且需要在带宽短缺的情况下允许流合理、恰当退化。

3. 重叠的基本服务集

由IEEE 802.11aa任务组选择的管理重叠BSS情况的方法是为相邻AP提供分散机制，以交换每个BSS中QoS依赖流量负载的信息。该信息可以用于更有效的信道选择，并且如果BSS需要共享一个信道，则它允许AP进行合作并作为一个较大的QoS感知网络工作，公平地分享无线介质。修改定义了新的QLoad信息元素，可以由AP使用它来向其相邻的AP通知其QoS流量负载。这包括关于AP重叠的BSS的数量，AP的自身BSS中的QoS业务负载及重叠BSS的总QoS流量负载的信息。AP监控其自己的BSS中的接纳流量，并使用其流量用于计算自身QoS流量负载的值的规范。它还计算其知道的所有相邻网络的QoS流量负载的总和。此信息有助于避免邻域捕获问题。IEEE 802.11aa修正案还定义了一组控制帧，可以由AP使用混合式协调功能控制信道访问机制(Hybrid Coordination Function Controlled Channel Access，HCCA)功能来通知其相邻AP的传输机会(Transmission Opportunity，TXOP)分配时间表。其他AP可以使用此信息安排自己的TXOP，以避免已经安排的消息，并确保在接收新的业务流时可用的时间。

4. 与IEEE 802.1AVB互通

IEEE 802.1音频/视频桥接任务组制定了一套标准，这些标准将通过异构的IEEE 802.11网络为时间敏感的流量提供高质量和低时延的流传输。特别地，IEEE 802.1Qat修正指定了流预留协议(Stream Reservation Protocol，SRP)，其用于在终端站之间的整个网络路径上预留网络资源，以保证跨网络的数据流的传输和接收所要求的QoS。SRP定义了一组信号机制，可以由流源(称为Talker)使用它来通告其可用的流，并定义要求的资源，或者目的地(称为监听器)请求一个它想要接收的特定流。中间节点检查所需资源的可用性，并将正或负请求传播到下一个节点。当一个Talker和一个监听器对同一个流的一个积极的请求已被中间节点接收，它分配所需的资源，并且流传输开始。IEEE 802.11aa任务组与IEEE 802.11AVB任务组紧密合作，以使IEEE 802.11网络与SRP兼容。

IEEE 802.11aa修订为通过IEEE 802.11无线局域网的视频流传输提供了基础。它提供了一组机制，如多个多播策略、流分类服务和QLoad信息元素，但它们的使用对实现是开放性的。根据情况和其参数的设定，选择适当的机制是今后研究的重大课题。

6.3.9 IEEE 802.11af

IEEE 802.11af标准又称超级Wi-Fi、White-Fi标准，它采用认知无线电的原理，应用于工作在电视频谱白色空间的无线局域网。IEEE 802.11af 标准于 2014 年 2 月通过,它的工作频段是 54～790MHz。相比于传统的 Wi-Fi 技术,超级 Wi-Fi 采用的这段频谱资源在 1GHz 以下,可以大大提高它的覆盖范围,更好地向人烟稀少的地区提供高速无线互联网服务。

在保证数字电视、模拟电视等信道主用户不受干扰的前提下,IEEE 802.11af 标准在信道宽度为 8MHz 时,可提供的最大传输速率为 36.5Mb/s；在信道宽度为 6MHz 和 7MHz 时,可提供的最大传输速率为 26.7Mb/s。同时,IEEE 802.11af 采用了多种 IEEE 802.11 标准中的增强技术,包括 MIMO、OFDM、信道绑定(Channel Bonding)等。利用信道绑定技术,它可以将最多 4 个 6～8MHz 的宽频信道绑定起来。在 6MHz 和 7MHz 的信道中,最大传输速率可以达到 426.7Mb/s；在 8MHz 信道中,最大传输速率可以达到 568.9Mb/s。

IEEE 802.11af 标准采取了一些技术来避免对于主用户的干扰,在此介绍两种：认知无线电技术和地理遥感技术。

认知无线电技术可以检测频谱环境并进行自我设定,以此检测信道有无正在进行传输的主用户并决定是否转换信道。在 IEEE 802.11af 系统中,其认知功能是通过信道功率管理器和动态站点启动机制来实现的,其中,动态站点启动机制管理着在启动站控制下的信道依赖站。IEEE 802.11af 包括 3 种站点类型：固定站点、启动站点和依赖性站点。固定站点和启动站点都是注册站点,用来广播注册位置。启动站点可用来启动依赖性站点的操作。启动站点从电视空白频谱段得到可用信道信息,然后发送联系确认信息。联系确认信息用来启动在启动站点范围内的依赖性站点,同时检查可用信道列表。动态站点管理机制可以使依赖性站点在启动站点管理下,使用依赖性信道。同时信道功率管理器也可以在基本信息集中更新可用信道列表,更改信道频率、信道传输功率或信道宽度。

另外一个被广泛使用的技术是地理遥感技术,通过地理数据库系统可以提前知晓信道分布,从而避免与主用户干扰,这一技术也是 IEEE 802.11af 与其他 IEEE 802.11 标准最大的不同之处。地理信息数据库存储着设备地理位置、可用频段,以及白色空间设备为满足管理要求所需的操作参数。由于地理信息数据库是被当地的管理机构(如美国的 FCC)批准和管理,因此,它的操作必须要符合当地的安全和管理标准。

IEEE 802.11 主要被布置在两种场景中。

(1) 室内(小于 100m),与现存的 IEEE 802.11 标准中其他的 WLAN 一样。

(2) 室外(小于 5km),距离短于 IEEE 802.22 标准,大于 IEEE 802.15.4g/4e 标准。

6.3.10 IEEE 802.11ax

IEEE 802.11ax 是在 IEEE 802.11ac 以后,无线局域网协议本身的进一步扩展,可以当作是 IEEE 802.11ac 之后的一个拓展版本。IEEE 802.11ax 也被称为 HEW(High Efficiency WLANs),由 High Efficiency (HE) Wireless LAN Task Group 主导。2013 年 5 月,High Efficiency WLAN Study Group 开始研究提高频谱效率的方法,特别是在高密度 AP 和 STA 情况下的系统吞吐量。基于民意的调查,通过了项目授权申请文档和

标准规范发展文档，并于2014年5月正式启动了IEEE 802.11ax项目。

IEEE 802.11ax关注密集用户环境下局域网的性能，旨在将用户的平均吞吐量提高至少4倍，超越IEEE 802.11ac的原始链路速度，该标准实现了多种机制，可以在拥挤的无线环境中为更多的用户提供一致和可靠的数据吞吐量。一个常见的密集用户环境（见图6-3）为体育场举办赛事，用户通过移动设备上网，此时需要部署多个AP以覆盖整个体育场，即高密度AP和高密度STA。

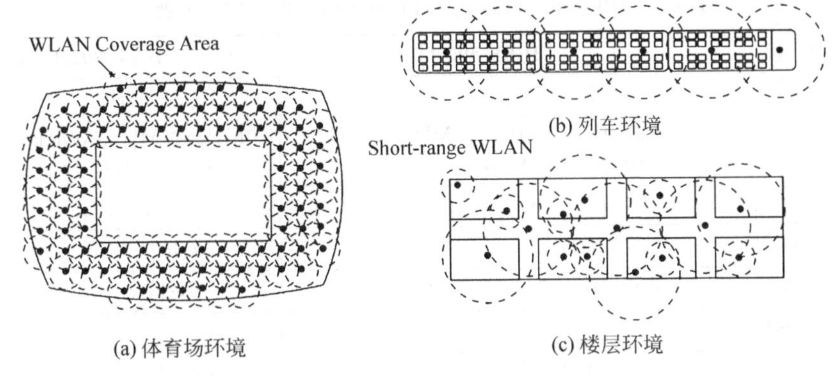

图6-3　密集用户环境举例

总的来说，IEEE 802.11ax实现了以下主要功能。

(1) 向下兼容IEEE 802.11a/b/g/n/ac协议。

(2) 密集用户环境下，平均吞吐量提高4倍。

(3) 与IEEE 802.11ac类似的数据传输速率和通道宽度，具有1024-QAM的新的调制和编码集。

(4) MU-MIMO和正交频分多址(OFDMA)技术指定用于下行链路和上行链路多用户操作。

(5) 较大的OFDM FFT大小(4倍大)，较窄的子载波间隔(4X近距离)等，以改善多径衰落环境和室外的强健性和性能。

(6) 良好的电源管理，降低能量消耗。

(7) 与其他授权频段(如LTE等)共存。

(8) 适应室内/室外混合环境。

提高密集用户环境下的吞吐量仍然存在很多挑战。正如人们所熟知，当前MAC层协议为CSMA/CA，为了避免通信的干扰，STA首先会感测信道，只有感知到信道处于空闲状态才会发送信息以避免冲突。当STA监听到另外一个STA发送信息，则会随机选择时间停止发送，并再次监听。整个CSMA/CA过程是通过RTS/CTS的协调完成的，虽然实现了冲突规避的目的，但是当用户密度较大，STA数量较多时，因为避免所引起的传输效率降低会非常严重。此外，AP之间存在重叠区域，重叠区域内的STA会受到邻近区域的传输影响，如IEEE 802.11ac因为信道数量较少，用户在使用信道的同时会受到邻近小区的干扰，从而进一步推迟时间传输信息，降低吞吐量。同时，与已有频段的共存也会造成新的干扰，进一步降低用户的传输吞吐量。然而随着移动互联网的普及，用户对网络数数据传输速率的要求越来越高,这一点从当前用户请求的内容从文字信息转换到多媒体音视频内容可以看出,此外高保真度的音视频内容进一步提高对吞吐量的需求。

为了提高密集用户环境下的系统吞吐量,同时向下兼容已有的 IEEE 802.11 协议,IEEE 802.11ax 首先提出了高效的物理层机制,与 IEEE 802.11ac 对比,IEEE 802.11ax 在物理层的改进如表 6-2 所示。

表 6-2 IEEE 802.11ax 比 IEEE 802.11ac 在物理层的改进

指　标	IEEE 802.11ac	IEEE 802.11ax
频段	5GHz	2.4GHz 和 5GHz
带宽	20MHz,40MHz,80MHz,80MHz+80MHz/160MHz	20MHz,40MHz,80MHz,80MHz+80MHz/160MHz
傅里叶变换大小	64,128,256,512	256,512,1024,2048
子载波间距	312.5kHz	78.125kHz
保护间隔时间	0.4/0.8μs	0.8/1.6/3.2μs
OFDM 符号时间	3.2μs	12.8μs
最高调至	256-QAM	1024-QAM
数据传输速率	433Mb/s(80MHz,1SS) 6933Mb/s(160MHz,8SS)	600.4Mb/s(80MHz,1SS) 9607.8Mb/s(160MHz,8SS)

值得注意的是,IEEE 802.11ax 标准将在 2.4GHz 和 5GHz 两个频段内工作,OFDM 符号持续时间和循环前缀也增加了 4 倍,保持原始链路数据传输速率与 IEEE 802.11ac 相同,但提高了室内/室外和混合环境下的效率和强健性。除此之外,IEEE 802.11ax 将会考虑更多新的特性,从而达到提高平均吞吐量的目的,下面会一一介绍。

IEEE 802.11ax 考虑了空间的重利用,在密集用户环境中,CSMA/CA、保守的信道空闲评估、高传输耗能等都需要在有限的空间下对空间重利用。为提高空间的利用效率,STA 可以从重叠的基本业务集中识别信号,并根据此信息做出关于信道争用和干扰管理的抉择;其中 BSS 的识别是因为 MAC 帧中含有 BSS 的颜色,STA 如果接收到不同的 MAC 帧颜色,则可认为是来自邻近重叠 BSS 的 MAC 帧,这样来自邻近 BSS 的传输将不会产生不必要的信道访问争用。IEEE 802.11ax 会动态调整节能目标唤醒时间,AP 与 STA 协商使用目标唤醒时间来定义个别 STA 访问截止的特定时间或一组时间。波束成形技术利用空数据包发起信道探测,测量信道后并用包含压缩反馈矩阵的波束形成反馈帧进行响应,这样波束形成器可以使用该信道矩阵来将 RF 能量聚焦到每个用户,避免全向天线会向各个方向散播能量。IEEE 802.11ax 也会考虑提高时间效率,包括控制包的减少、数据重传机制的改进、CSMA/CA 机制的增强等。

IEEE 802.11ax 会提高频谱共享技术,主要涉及 OFDMA 的使用。IEEE 802.11ax 标准借鉴 4G 蜂窝技术的改进,以实现在相同的信道带宽中共存多个用户的目的,即 OFDMA。基于 IEEE 802.11ac 已经使用的 OFDM 数字调制方案,IEEE 802.11ax 标准进一步向各个用户分配特定的子载波集合。也就是说,它将现有的 IEEE 802.11 信道划分成具有预定数量子载波的较小子信道。IEEE 802.11ax 标准调用最小子信道资源单元

(Resource Unit,RU),最小大小为26个子载波。基于多用户流量需求,AP决定如何分配信道,总是在下行链路上分配所有可用的RU。它可以像IEEE 802.11ac协议一样将一个用户分配给另一个用户,或者通过分区的方式为多个用户提供服务,如图6-4所示。

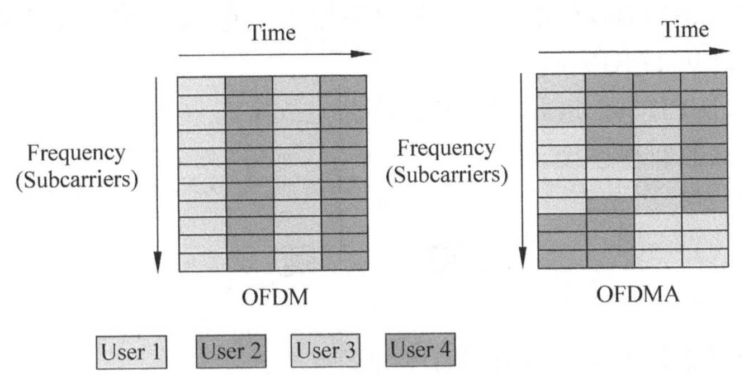

图6-4 OFDM与OFDMA的信道分配

在密集的用户环境中,许多用户通常无效率地使用该频道,该OFDMA机制可以与较小但专用的子信道同时服务,从而提高每个用户的平均吞吐量。

IEEE 802.11ax应用多天线技术,增强多用户MIMO技术的使用。IEEE 802.11ax标准有两种操作模式:单用户模式与多用户模式。单用户模式,STA在安全访问介质后一次发送和接收数据;多用户模式,允许同时操作多个AP和STA,并进一步细分为下行链路和上行链路多用户,前者是指AP同时服务于多个相关的STA的数据,该功能已经在IEEE 802.11ac中实现,上行多用户涉及从多个STA到AP的数据同时传输,这是IEEE 802.11ax标准新增加的功能。同时多用户模式还规定了多用户MIMO和OFDMA中复用多个用户的两种不同方式。借助IEEE 802.11ac实现,IEEE 802.11ax设备将使用波束成形技术将数据包同时引导到空间多样的用户,IEEE 802.11ax支持一次最多发送8个多用户MIMO传输,从IEEE 802.11ac的4个传输。此外,每个MU-MIMO传输可以具有其自己的MCS和不同数量的空间流。通过类推,当使用MU-MIMO空间复用时,可将AP与以太网交换机进行比较,从而将冲突域从大型计算机网络减少到单个端口。由于多用户下行链路在IEEE 802.11ac中已有规定,这里将着重说明多用户上行链路。为了协调上行MU-MIMO或上行OFDMA传输,AP向所有用户发送触发帧。该帧指示每个用户的空间流数量或OFDMA分配(频率和RU大小)。它还包含功率控制信息,使得各个用户可以增加或减少其发射功率,以努力平衡AP从所有上行链路用户接收的功率,并改善从更远的节点接收帧。AP还指示所有用户何时启动和停止传输。

总体来讲,IEEE 802.11ax实现了PHY和MAC层的增强和高效,其中MU-MIMO和OFDMA是IEEE 802.11ax成功的关键。

6.3.11 IEEE 802.11ay

IEEE 802.11ay是对当前Wi-Fi技术标准的进一步提升。这是IEEE 802.11ad的后续产品,将带宽提高了3倍,并增加了MIMO多达8个流,将是第二个WiGig标准。它的频率为60 GHz,传输速率为20～40 Gb/s,传输距离为300～500m。

IEEE 802.11ad最大使用2.16 GHz带宽,而IEEE 802.11ay将其中4个信道绑定在一起,最大带宽为8.64 GHz。MIMO还最多添加4个流,每个流的连接速率为44Gb/s,4个流的连接速率高达176Gb/s。

在应用方面,IEEE 802.11ay可以替换办公室或家庭中的以太网和其他电缆,并为服务提供商提供外部的回程连接。

习　题

1. 无线局域网相较于有线局域网有哪些优点?
2. 无线局域网可能存在的不足是什么?如安全、速率等,请解释具体原因。
3. 请画出无线局域网的拓扑结构示意图。
4. 总结IEEE 802.11协议家族中各种标准的优缺点。
5. 试构想无线自组织网络可能的应用场景。
6. MIMO技术被广泛应用于IEEE 802.11的各种协议标准中,请课下了解该技术并解释它为何有助于提高速率。

参考文献

[1] 金纯,陈林星. IEEE 802.11无线局域网[M]. 北京:电子工业出版社,2004.

[2] Rackley S. 无线网络技术原理与应用[M]. 吴怡,朱晓荣,宋铁成,等译.北京:电子工业出版社,2012.

[3] Eldad P,Robert S.下一代无线局域网IEEE 802.11n的吞吐率、强健性和可靠性[M]. 北京:人民邮电出版社,2010.

[4] 吴湛击. 无线通信新协议与新算法[M]. 北京:电子工业出版社,2013.

[5] Maraslis K,Chatzimisios P,Boucouvalas A. IEEE 802.11aa: Improvements on video transmission over Wireless LANs[C]. IEEE ICC. 2012: 10-15.

[6] Deng D,Chen K,Cheng R. IEEE 802.11ax: Next Generation wireless local area networks[C]. IEEE QSHINE. 2014: 77-82.

[7] Bellalta B. IEEE 802.11ax: High-efficiency WLANs [J]. IEEE Wireless Communications. 2016(1): 38-46.

[8] National Instruments. Introduction to 802.11ax High-Efficiency Wireless[EB/OL]. http://www.ni.com/white-paper/53150/en/.

[9] IEEE P802.11-TASK GROUP AX. Status of Project IEEE 802.11ax[EB/OL]. http://www.ieee802.org/11/Reports/tgax_update.htm.

[10] IEEE 802.11af-2013-IEEE Standard for Information technology-Telecommunications and information exchange between systems-Local and metropolitan area networks-Specific requirements-Part 11: Wireless LAN Medium Access Control (MAC) and Physical Layer (PHY) Specifications Amendment

5: Television White Spaces (TVWS) Operation [EB/OL]. http://standards.ieee.org/findstds/standard/802.11af-2013.html.

[11] Flores A, Guerra R, Knightly E, et al. IEEE 802.11 af: A standard for TV white space spectrum sharing[J]. IEEE Communications Magazine, 2013(10): 92-100.

[12] Lekomtcev D, Maršálek R. Comparison of 802.11 af and 802.22 standards-physical layer and cognitive functionality[J]. Elektrorevue Journal, 2012(2): 12-18.

第7章 chapter 7

无线移动互联网安全

7.1 概　　述

无线网络和安全性看起来似乎相互矛盾，一旦可以非常容易访问诸如无线电广播等通信媒体时，很难相信安全性的存在。多年来工业界和学术界的研究团队一直在扩展有线安全机制或开发新的安全机制和安全协议，以维持无线移动网络与安全之间的有效结合。移动通信市场的快速增长，使无线和移动通信安全在部署各式各样的网络服务中变得至关重要。

无线网络和移动网络在当今通信市场上取得了巨大成功。为了让网络互联终端用户可以随时随地获取通信服务，有线到无线和移动技术的发展使终端微型化成为可能，提高了用户工作效率和访问灵活性。一方面，小型或大型覆盖范围的无线网络越来越受欢迎，在为用户提供移动性的同时，也实现了语音和数据服务的有效融合。作为无线网络的第一个主要成就，Wi-Fi(IEEE 802.11)使本地网络得以快速和轻松部署。鉴于用户在移动性和访问灵活性方面的高度需求，其他无线技术(如蓝牙、WiMAX 和 WiMobile)具有良好的应用前景。另一方面，随着移动通信和计算机技术的迅猛发展与广泛应用，移动智能终端不再是单纯的语音通话工具，它将电信服务和网络服务融合在一个设备中，具有强大的处理能力和更多的存储空间。

自网络时代开始以来，安全一直是网络架构和协议设计的一部分，即使这可能意味着通信系统速度减慢。网络安全以保证资源和网络的完整性、机密性和可用性为目标，经历着机器/网络访问控制、授权、机密性等独立或分布式操作系统安全的不断发展。为保证网络安全通信，已经开发了多种(如认证、加密和访问控制等)安全机制。由于出现在网络技术的早期阶段(如无线网络、传感器网络)，一些安全机制往往需要根据网络环境进行相关改进，即使已经广泛应用于市场产品中。由于用户在移动性、灵活性和服务等方面的需求日益增长，无线和移动网络的部署已经相对成熟。与此同时，业界和学术研究人员也在继续设计改进移动和无线技术，以保证更多的资源和安全性，提供更智能高效的网络终端。

7.2 无线局域网的安全威胁和安全机制

7.2.1 安全威胁

由于无线局域网(WLAN)通过无线电波传递信息,所以在数据发射机覆盖区域内的几乎任何 WLAN 用户都能接触到这些数据。WLAN 所面临的基本安全威胁主要有信息泄露、破坏完整性、拒绝服务和非法使用。主要的可实现的具体安全威胁包括无授权访问、窃听、伪装、篡改信息、否认、重放攻击、重路由攻击、错误路由攻击、删除消息、网络泛洪等,具体含义如表 7-1 所示。

表 7-1 无线局域网主要的可实现的具体安全威胁

安全威胁	含　义
无授权访问	入侵者能够访问未授权的资源或收集有关信息。对资源的非授权访问可能有两种方式:一种是入侵者突破安全防线来访问资源;另一种是入侵者盗用合法用户授权,而以合法人的身份进行非法访问。入侵者可以查看、删除或修改机密信息,造成信息泄露、破坏完整性和非法使用
窃听	入侵者能够通过通信信道来获取信息。无线网络的电磁波辐射难以精确地控制在某个范围内,所以在数据发射机覆盖区域内的几乎任何一个无线网络用户都能够获取这些数据
伪装	入侵者能够伪装成其他实体或授权用户,对机密信息进行访问;或者伪装成基站,以接收合法用户的信息
篡改信息	当非授权用户访问系统资源时,会篡改信息,从而破坏信息的完整性
否认	接收信息或服务的一方事后否认曾经发送过请求,或接收过信息或服务。这种安全威胁主要来自于系统内其他合法用户,而不是未知的攻击者
重放攻击、重路由攻击、错误路由攻击、删除消息	重放攻击是攻击者复制有效的消息后,重新发送或重用这些消息以访问某种资源;重路由攻击(主要是在 Ad hoc 模式中)是指攻击者改变消息路由以便捕获有关信息;错误路由攻击能够将消息路由到错误的目的地;删除消息是攻击者在消息到达目的地前将消息删除掉,使得接收者无法收到消息
网络泛洪	当入侵者发送大量假的或无关的消息时,会发送网络泛洪,从而使得系统忙于处理这些伪造的消息而耗尽其资源,进而无法对合法用户提供服务

7.2.2 WEP 加密机制

在 IEEE 802.11—1999 协议中,规定了有线等效保密(WEP)安全机制。WEP 提供 3 方面的安全保护:数据机密性、访问控制和数据完整性。其核心是 RC4 序列密码算法,用密钥作为种子通过伪随机数生成器(Pseudo Random Number Generator,PRNG)产生伪随机密钥序列(Pseudo Random Key Sequence,PRKS)和明文相异或后得到密文序列。WEP 协议加密流程如图 7-1 所示。

由于在序列算法中,同一伪随机密钥序列不能使用两次,因此 WEP 中将 RC4 的输

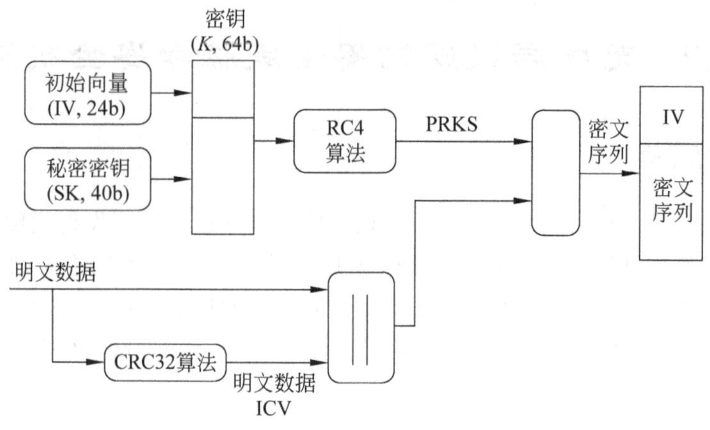

图 7-1 WEP 协议加密流程

入密钥 K 分为两部分：24b 的初始向量(Initialization Vector,IV)和 40b 的秘密密钥(Secret Key,SK),IV||SK=K,每加密一次 IV 需改变一次,IV 以明文的形式随着密文数据帧一起发往接收方。SK 为基本服务集(BSS)中各站点(STA)所共享的秘密信息,通常由管理员手工配置和分发。为了保证数据的完整性,WEP 协议中采用 CRC32 算法作为消息认证算法,并将数据的消息认证码 ICV 作为明文的一部分一同加密。接收端在解密密文之后,重新计算消息认证码 ICV′,并和收到的 ICV 比较,若不符合则抛弃接收的数据。协议的设计者希望该协议能够提供给用户与有线网络相等价的安全性。然而,研究分析表明,WEP 机制存在如下较大的安全漏洞。

(1) WEP 加密是可选功能,在大多数的实际产品中默认为关闭,因此用户数据完全暴露在攻击者面前。

(2) WEP 对 RC4 的使用方式不正确,易受 IV Weakness 攻击而被完全恢复 SK。RC4 中存在弱 RC4 密钥。一个弱密钥是一个种子,并且 RC4 利用此种子产生的输出看起来并不随机。也就是说,当使用一个弱密钥作为种子输入 RC4 时,产生的前面几位可以推断出种子的其他位。由于此原因,安全专家建议抛弃 RC4 输出的前 256 位。

(3) IEEE 802.11 协议没有规定 WEP 中 SK 如何产生和分发。在绝大多数产品中,密钥有两种方法产生：一种是直接由用户写入 40b 或 108b 的 SK;另一种是由于用户愿意采用方便的第二种方法,但由于生成器设计的失误造成 40b 的 SK 实际上只有 21b 的安全性,从而使穷举攻击成为可能。普通用户还喜欢用生日、电话号码等作为密钥词组,这使得字典攻击也是一种有效的方法。

(4) SK 可以由用户手工输入,也可以自动生成,无论怎样都容易遭受穷举攻击。而且 SK 为用户分享,很少变动,因而容易泄露。

(5) IV 空间太小。流加密算法的一个重要缺陷是如果使用相同的 IV||SK 加密两个消息时,攻击者可以获得。

$$C_1 \oplus C_2 = \{P_1 \oplus \mathrm{RC4}(\mathrm{IV} \| \mathrm{SK})\} \oplus \{P_2 \oplus \mathrm{RC4}(\mathrm{IV} \| \mathrm{SK})\} = P_1 \oplus P_2$$

如果其中的一个消息明文已知,另一个消息的明文立即就可以获得。为了防止这种攻击,WEP 采用 IV-SK 作为密钥,其中 SK 不变,IV 每传输一次获得不同的密钥流,IV

以明文的方式传送。但是 WEP 协议中的 IV 空间只有 24b，在实际的产品中 IV 一般用计数器实现，24b 的空间使得在繁忙的 WLAN 中每过几小时 IV 就会循环重复出现一次(IV 只有 24b，这意味着只有大约 17 000 000 种可能的 IV 值。一个 WLAN 设备每秒可以传送大约 500 个完整帧，因此，完整 IV 空间被用尽仅需要几小时。一旦所有 IV 都被使用，就要开始重复使用，而重复使用 IV 意味着重复使用伪随机密钥序列进行加密)。在很多网络中，每个设备在潜在不同的 IV 下仅使用一个密钥，因此，IV 空间将被消耗得更快。在 SK 不变时，同一 IV 意味着产生同一 PRKS，而这在序列加密算法中是不允许的。

(6) WEP 中的 CRC32 算法原本是通信中用于检查随机误码的，是一个线性的校验，并不具有抗恶意攻击所需要的消息认证功能。首先，CRC32 算法是一个线性函数，因此攻击者可以任意修改密文而不被发现。其次，由于 CRC32 算法是一个不需要密钥的函数，任何人如果知道消息都可以自行计算消息的校验和。如果攻击者获得一个传输帧对应的明文，它就可以在无线网络中传输任意的数据。加密消息可以写为 $M||\mathrm{CRC}(M)\oplus K$，其中 M 为消息，K 是一个伪随机密钥序列，RC4 算法由 IV 和密钥得来。CRC(·) 表示 CRC 函数，|| 表示连接。CRC 关于异或运算是现行的，这意味着 $\mathrm{CRC}(X\oplus Y)=\mathrm{CRC}(X)\oplus\mathrm{CRC}(Y)$。于是在没有得到消息内容的情况下，攻击者可以通过调换某些比特而操纵消息。下面描述消息变化 ΔM 的情况。攻击者希望从窃取的原始保护消息$(M||\mathrm{CRC}(M))\oplus K$ 中得到$((M\oplus\Delta M)||\mathrm{CRC}(M\oplus\Delta M))\oplus K$。完成此目的，首先计算 $\mathrm{CRC}(\Delta M)$，然后将 $\Delta M||\mathrm{CRC}(\Delta M)$与原始保护的消息异或。下面的推导说明这样做为什么可行：

$$
\begin{aligned}
&((M \,||\, \mathrm{CRC}(M)) \oplus K) \oplus (\Delta M \,||\, \mathrm{CRC}(\Delta M)) \\
&=((M \oplus \Delta M) \,||\, (\mathrm{CRC}(M) \oplus \mathrm{CRC}(\Delta M))) \oplus K \\
&=((M \oplus \Delta M) \,||\, \mathrm{CRC}(M \oplus \Delta M)) \oplus K
\end{aligned}
$$

在最后一步中，使用了 CRC 函数的线性特征。因为 $\mathrm{CRC}(\Delta M)$可以在没有密钥的情况下计算出来，尽管有加密和 ICV 机制，攻击者也可以成功。同时，WEP 没有使用任何重放监测机制，因此，攻击者可以重放任何前面记录的消息，并且可以被 AP 接收。

7.2.3 WEP 认证机制

无线网络协议 IEEE 802.11 指定的认证技术可用于独立基本服务集(IBSS)中 STA 之间的认证，也可用于 BSS 中的 STA 和无线局域网的接入点(AP)之间的认证。

IEEE 802.11 共指定两种认证方式：开放系统认证和共享密钥认证。开放系统认证这种方式实际上没有认证，是一种最简单的情况，也是默认方式，其认证过程如图 7-2 所示。

共享密钥认证方式采用 WEP 加密算法，其过程如图 7-3 所示。

(1) 请求工作站发送认证帧。

(2) AP 收到后，返回一个验证帧，其帧体包括认证算法标识＝“共享密钥”、认证处理序列号＝2、认证状态码＝“成功”、认证算法依赖信息＝“质询文本”，如果认证状态码是其他状态，则表明认证失败(如根据 MAC 地址访问控制列表认为用户介质访问控制(MAC)地址非法)，而质询文本也将不会发送，这样整个认证过程就此结束。

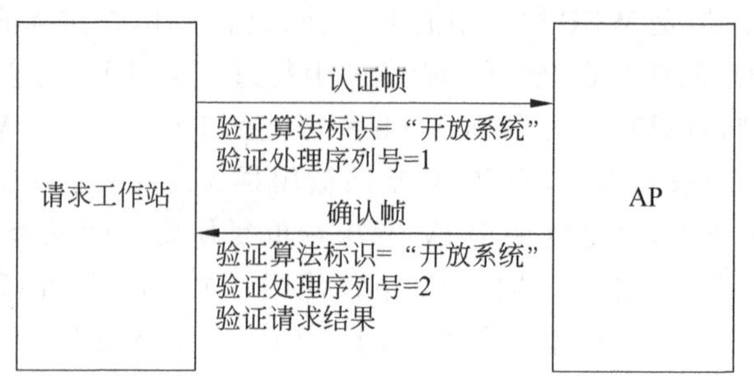

图 7-2　开放系统认证

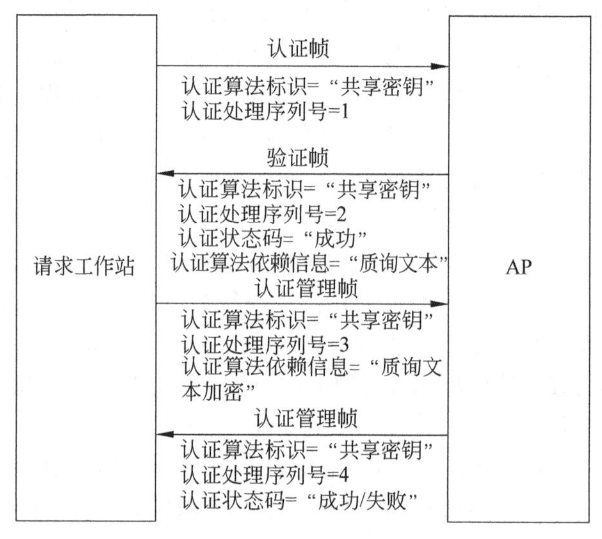

图 7-3　共享密钥认证

(3) 如果第(2)步中的认证状态码＝"成功",则请求工作站将从该帧中获得质询文本并用共享密钥 WEP 算法将其加密,然后发送一个认证管理帧。其帧体包括认证算法标识＝"共享密钥"、认证处理序列号＝3、认证算法依赖信息＝"质询文本加密"。

(4) AP 在接收到第 3 个帧后,使用共享密钥对质询文本解密,若和自己发送的相同,则认证成功,否则认证失败。同时相应工作站发送一个认证管理帧,其帧体包括认证算法标识＝"共享密钥"、认证处理序列号＝4、认证状态码＝"成功/失败"。

WEP 认证机制存在如下两个问题。

(1) 身份认证是单向的,即 AP 对申请接入的移动客户端进行身份认证,而移动客户端并不能对 AP 的身份进行认证。因此,这种单向的认证方式导致可能存在假冒的 AP。

(2) 从 WEP 协议身份认证过程可以发现,由于 AP 会以明文的形式把 128b 的随机序列流发给移动客户端,所以如果能够监听一个成功的移动客户端与 AP 之间身份验证的全过程,截获它们之间双方互相发送的数据包,就可以得到加密密钥流。而拥有了该加密密钥流,任何人都可以向 AP 提出访问请求(即监听到的相同的序列)。因而,WEP 协议身份认证方式对于监听攻击失效。

7.2.4 IEEE 802.1X 认证机制

由于 IEEE 802.11 WEP 协议的认证机制存在安全隐患，为了解决无线局域网用户的接入认证问题，IEEE 工作组于 2001 年 6 月公布了 IEEE 802.1X 协议。IEEE 802.1X 协议称为基于端口的访问控制协议(Port-based Network Access Control Protocol)，它不但可以提供访问控制功能，而且可以提供用户认证和计费的功能。IEEE 802.1X 其实可应用于无线网络和有线网络，其核心是可扩展认证协议(Extensible Authentication Protocol，EAP)。

1. IEEE 802.1X 协议的体系结构

IEEE 802.1X 协议是针对以太网而提出的基于端口进行网络访问控制的安全性标准。基于端口的网络访问控制指的是利用物理层特性对连接到局域网端口的设备进行身份认证。如果认证成功，则允许该设备访问局域网资源，否则禁止该设备访问局域网资源。IEEE 802.1X 标准最初是为有线以太网设计的，后来发现它也适用于符合 IEEE 802.11 标准的无线局域网，于是被视为是无线局域网的一种增强网络安全的解决方案。IEEE 802.1X 协议的体系结构如图 7-4 所示。

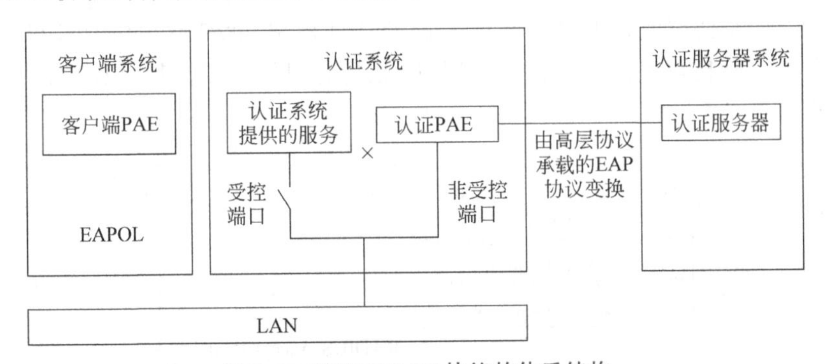

图 7-4　IEEE 802.1X 协议的体系结构

IEEE 802.1X 协议的体系结构包括 3 个实体：客户端系统(Supplicant System)、认证系统(Authentication System)和认证服务器系统(Authentication Server System)。

(1) 客户端系统(称为请求者)。一般为一个用户终端系统，该系统通常要安装一个客户端软件，用户通过启动这个客户端软件发起 IEEE 802.1X 协议的认证过程。为了支持基于端口的接入控制，客户端系统必须支持基于局域网的扩展认证协议(Extensible Authentication Protocol over LAN，EAPoL)。

(2) 认证系统(称为认证者)。在无线局域网中就是无线接入点(AP)，为了支持 IEEE 802.1X 协议的网络设备。在认证过程中只起到“转发”的功能，所有的实质性认证工作在请求者和认证服务器上完成。

(3) 认证服务器系统。为认证者提供认证服务的实体，经常采用远程身份认证拨号用户服务(Remote Authentication Dial-In User Service，RADIUS)。认证服务器对请求方进行鉴权，然后通知认证者这个请求者是否为授权用户。

基于双端口的 IEEE 802.1X 认证协议是一种对用户进行认证的方法和策略,可以是物理端口(如以太网交换机的以太网口),也可以是逻辑端口(如根据用户端 MAC 地址的接入逻辑)。通常将网络访问端口分为两个虚拟端口:非受控端口和受控端口。非受控端口允许认证者和局域网上其他计算机之间交换数据,而无须考虑计算机的身份验证状态如何;始终处于双向连通状态(开放状态),主要用来传递 EAPoL 协议帧(即把 EAP 包封装在局域网上),可保证客户端始终可以发出或接受认证。受控端口允许经验证的局域网用户和认证者之间交换数据;平时处于关闭状态,只有在客户端认证通过后才打开,为用户传递数据和提供服务。根据不同需要,受控端口可以配置为双向受控和单向受控。如果用户未通过认证,则受控端口处于未认证(即关闭)状态,用户无法访问认证系统提供的服务。

在认证时用户通过非受控端口和 AP 交互数据,请求者和认证者之间传 EAPoL 协议帧,认证者和认证服务器同样运行 EAP,认证者将 EAP 封装到其他高层协议中,如 RADIUS,以便 EAP 穿越复杂的网络到达认证服务器,称为 EAPoR(EAP over RADIUS)。若用户通过认证,则 AP 为用户打开一个受控端口,用户可通过受控端口传输各种类型的数据帧(如 HTTP、POP)。EAP 只是一种封装协议,在具体应用中可以选择 EAP/TLS、EAP-SIM、Kerberos 等任意一种认证协议。

2. IEEE 802.1X 协议的认证过程

IEEE 802.1X 协议实际上是一个可扩展的认证框架,并没有规定具体的认证协议,具体采用什么认证协议可由用户自行配置,因此具有很好的灵活性。IEEE 802.1X 协议的认证过程如图 7-5 所示。

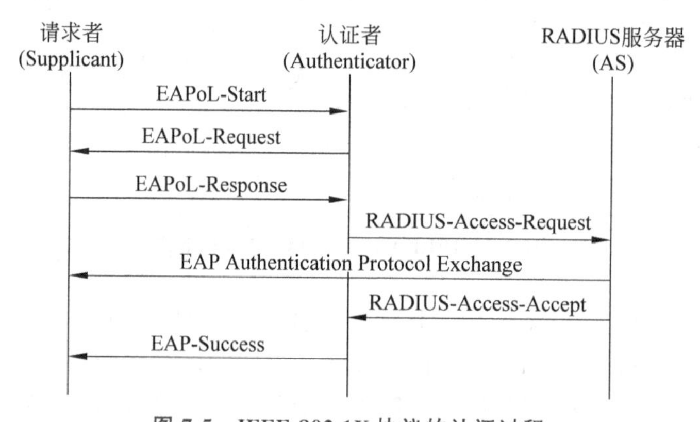

图 7-5 IEEE 802.1X 协议的认证过程

(1) 请求者向认证者发送 EAPoL-Start 帧,启动认证流程。

(2) 认证者发出请求,要求请求者提供相关身份信息。

(3) 请求者回应认证者的请求,将自己的相关身份信息发送给认证者。

(4) 认证者将请求者的身份信息封装至 RADIUS-Access-Request 帧中,发送至 AS。

(5) AS 验证请求者身份的合法性,在此期间可能需要多次通过认证者与用户进行信息交互。

(6) AS 告知认证者认证结果。

(7) 认证者向请求者发送认证结果,如果认证通过,那么认证者将为请求者打开一个受控端口,允许请求者访问认证者所提供的服务。反之,则拒绝请求者的访问。

3. IEEE 802.1X 协议的特点

IEEE 802.1X 协议能很好地适应现代网络用户数量急剧增加和业务多样性的要求,与传统的 PPPoE(Point-to-Point Protocol over Ethernet)和 Web/Protal 认证方式相比,具有以下优点。

(1) 协议实现简单。IEEE 802.1X 协议为二层协议,对设备的整体性能要求不高,可以有效降低建网成本。

(2) 业务灵活。IEEE 802.1X 的认证体系结构中采用了"控制端口"和"非控制端口"的逻辑功能,从而可以实现业务与认证的分离。用户通过认证后,业务流和认证流实现分离,对后续的数据包处理没有特殊要求,业务可以很灵活,尤其在开展宽带组播等方面的业务有很大的优势,所有业务都不受认证限制。

(3) 成本低。IEEE 802.1X 协议解决了传统 PPPoE 和 Web/Protal 认证方式带来的问题,消除了网络瓶颈,减轻了网络的封装开销,降低了建网成本。

(4) 安全可靠。具体表现在如下 6 方面。

① 用户身份识别取决于用户名,而不是 MAC 地址,从而可以实现基于用户的认证、授权和计费。

② 支持可扩展的认证、无口令认证,如公钥证书和智能卡、互联网密钥交换(Internet Key Exchange,IKE)协议、生物测定学、信用卡等,同时也支持口令认证,如一次性口令认证、通用安全服务应用程序接口(Generic Security Service-Application Program Interface,GSS-API)方法(包括 Kerberos 协议)。

③ 动态密钥生成保证每次会话密钥各不相同,并且不必存储于 NIC 和 AP 中。

④ 全局密钥(Global Key)可以在会话密钥的加密下安全地从接入点传给用户。

⑤ 相互认证有效防止了中间人攻击和假冒接入点,还可以防范地址欺骗攻击、目标识别和拒绝服务攻击等,并支持针对每个数据包的认证和完整性保护。

⑥ 可以在不改变网络接口卡的情况下,插入新认证和密钥管理方法。

7.2.5 WAPI 协议

针对 IEEE 802.11 WEP 安全机制的不足,2003 年我国首次提出无线局域网安全标准 WAPI(Wireless LAN Authentication and Privacy Infrastructure)。在 WAPI 中,一个重要的部分就是认证基础结构 WAI(Wireless Authentication Infrastructure),用来实现用户的身份认证。WAI 认证结构其实类似于 IEEE 802.1X 结构,也是基于端口的认证模型。整个系统由移动终端(STA)、接入点(AP)和认证服务单元(Authentication Service Unit,ASU)组成,其中 ASU 是可信第三方,用于管理参与交换所需要的证书。AP 提供 STA 连接到 ASU 的端口(即非受控端口),确保只有通过认证的 STA 才能使用 AP 提供的数据端口(即受控端口)访问网络。

当 STA 关联 AP 时,AP 和 STA 必须进行双向认证。只有认证成功后,AP 才允许 STA 接入,同时 STA 也才允许通过该 AP 收发数据。整个认证过程由证书认证、单播密钥协商和组播密钥通告 3 部分组成,如图 7-6 所示。

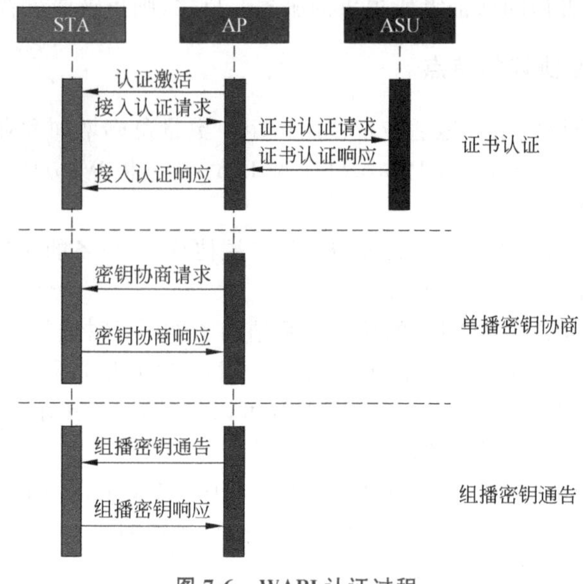

图 7-6 WAPI 认证过程

1. 证书认证过程

(1) 认证激活。当 STA 关联或重新关联至 AP 时,由 AP 向 STA 发送认证激活以启动整个认证过程。

(2) 接入认证请求。STA 向 AP 发出接入认证请求,将 STA 证书与当前接入认证请求一同发送给 AP。

(3) 证书认证请求。AP 收到 STA 接入认证请求后,首先记录认证请求时间,然后向 ASU 发出证书认证请求,即将 STA 证书、接入认证请求、AP 证书及 AP 的私钥对它们的签名构成证书认证请求发送给 ASU。

(4) 证书认证响应。ASU 收到 AP 的证书认证请求后,验证 AP 的签名和 AP 证书有效性,若不正确,则认证失败;否则进一步验证 STA 证书,验证完毕,ASU 将 STA 证书认证结果信息(包括 STA 证书和认证结果)、AP 证书认证结果信息(包括 AP 证书、认证结果及接入认证请求时间)和 ASU 对它们的签名构成证书认证响应发回给 AP。

(5) 接入认证响应。AP 对 ASU 返回的证书认证响应进行签名验证,得到 STA 证书的认证结果,根据此结果对 STA 进行接入控制,从而完成了对 STA 的认证。AP 将收到的证书认证响应回送至 STA。STA 验证 ASU 的签名后,得到 AP 证书的认证结果,根据该认证结果决定是否接入该 AP,从而完成对 AP 的认证。

至此,STA 与 AP 之间完成了证书认证过程。值得注意的是,认证是双向的。证书认证成功后,AP 向 STA 发送密钥协商请求分组开始与 STA 协商单播密钥。

2. 单播密钥协商过程

(1) 密钥协商请求。AP 采用伪随机数生成算法生成伪随机数 R_1,利用 STA 的公钥将其加密。AP 将密钥协商标识、单播密钥索引、加密信息和安全参数索引等用私钥生成签名发送给 STA。

（2）密钥协商响应。STA 首先检查当前状态、安全参数索引和 AP 签名的有效性。然后查看分组是证书认证成功后的首次密钥协商还是密钥更新协商请求，并且对密钥协商标识字段值进行比较。最后使用私钥解密得到 R_1，STA 产生 R_2，将 $R_1 \oplus R_2$ 的结果进行扩展得到单播会话密钥。AP 将单播密钥索引、下次密钥协商标识、消息鉴别码、用 AP 公钥加密的 R_2 等发送给 AP。

AP 收到密钥协商响应消息后，使用私钥解密得到 R_2，扩展 $R_1 \oplus R_2$ 得到单播会话密钥和消息鉴别密钥，计算消息鉴别码，将其和响应分组中的消息鉴别码字段进行比较。最后比较会话算法标识，判断下次密钥协商标识是否单调递增，保存下次密钥协商标识作为下次单播密钥更新时的密钥协商标识。在单播密钥协商成功后，开始组播密钥协商过程。AP 首先向 STA 发送组播密钥通告分组通告组播密钥。

3. 组播密钥通告

（1）组播密钥通告。AP 将组播密钥索引、单播密钥索引、组播密钥通告标识、用 STA 公钥加密的组播密钥通告数据、消息鉴别码等发送给 STA。

（2）组播密钥响应。STA 首先检查当前状态，用单播密钥索引中标识的消息鉴别密钥计算消息鉴别码，并与分组中的鉴别码进行比较，以确定分组的有效性。若该分组不是证书鉴别成功后的首次组播密钥通告，则比较组播密钥通告标识 STA 保存的上次组播密钥通告中的组播密钥通告标识字段值。相同则重传上次的组播密钥响应分组，若该分组是证书鉴别成功后的首次组播密钥通告或者组播密钥通告标识字段严格单调递增，则利用私钥解密得到组播主密钥，并且将其扩展得到组播会话密钥。STA 将组播密钥索引、单播密钥索引、组播密钥通告标识、消息鉴别码等发送给 AP。

AP 通过单播密钥索引中标识的消息鉴别密钥计算消息鉴别码，并与分组中的消息鉴别码值进行比较，然后比较响应分组与通告分组中的组播密钥通告标识、组播密钥索引字段，如果相同则表示组播密钥通告成功。

另外一个特别值得注意的是，WAPI 中使用的加密算法是我国自己制定的分组加密算法 SMS4。2006 年，我国国家密码管理局公布了 WAPI 中使用的 SMS4 密码算法，该算法是我国拥有自主知识产权的加密算法，作为 WAPI 的一部分发布。这是我国第一次公布自己的商用密码算法，其意义重大，标志着我国商用密码管理更加科学化且与国际接轨。

7.2.6 IEEE 802.11i TKIP 和 CCMP

在我国提出 WAPI 标准的同时，针对 IEEE 802.11 WEP 安全机制所暴露出的安全隐患，IEEE 802.11 工作组于 2004 年年初发布了新一代安全标准 IEEE 802.11i。该协议将 IEEE 802.1X 协议引入 WLAN 安全机制中，增强了 WLAN 中身份认证和接入控制的能力；增加了密钥管理机制，可以实现密钥的导出及密钥的动态协商和更新等，大大地增强了网络的安全性。为解决 WEP 存在的严重安全隐患，IEEE 802.11i 提出了两种加密机制：时限密钥完整性协议（Temporal Key Integrity Protocol，TKIP）和计数模式/CBC MAC 协议（Counter Mode/CBC MAC Protocol，CCMP）。其中，TKIP 是一种临时过渡性的可选方案，兼容 WEP 设备，可在不更新硬件设备的情况下升级至 IEEE 802.11i；而

CCMP 机制则完全废除了 WEP,采用高级加密标准(Advanced Encryption Standard, AES)来保障数据的安全传输,但是 AES 对硬件要求较高,CCMP 无法在现有设备的基础上通过直接升级来实现(需要更换硬件设备),它是 IEEE 802.11i 机制中必须实现的安全机制。下面对 IEEE 802.11i 加密机制进行分析,认证协议主要采用 IEEE 802.1X。

1. TKIP 加密机制

TKIP 是 IEEE 802.11i 标准采用的过渡安全解决方案,它是包裹在 WEP 协议外的一套算法,用于改进 WEP 算法的安全性。它可以在不更新硬件设备的情况下,通过软件升级的方法实现系统安全性的提升。TKIP 与 WEP 一样都是基于 RC4 加密算法,但是为了增强安全性,将初始化矢量 IV 的长度由 24 位增加到 48 位,WEP 密钥长度由 40 位增加到了 128 位,同时对现有的 WEP 协议进行了改进,新引入了 4 个算法来提升安全性。

(1) 防止出现弱密钥的单包密钥(Per Packet Key)生成算法。

(2) 防止数据遭非法篡改的消息完整性校验码(Message Integrity Code,MIC)。

(3) 可防止重放攻击的具有序列功能的 IV。

(4) 可以生成新鲜的加密和完整性密钥,防止 IV 重用的更换密钥(Rekeying)机制。

TKIP 的加密过程如图 7-7 所示,主要包括如下 3 个步骤。

(1) MAC 协议数据单元(MAC Protocol Data Unit,MPDU)的生成:首先发送方根据源地址(SA)、目的地址(DA)、优先级(Priority)和明文 MAC 服务数据单元(MAC Service Data Unit,MSDU),利用 MIC 密钥(MIC Key)通过 Michael 加密算法计算出 MIC,并将 MIC 添加到明文 MSDU 后面,一起作为 WEP 算法的加密对象,如果明文 MSDU 加上 MIC 的长度超出 MAC 帧的最大长度,可以对 MPDU 进行分片。

(2) WEP 种子的生成:TKIP 将时限密钥(Temporal Key)、发送方地址(TA)及 TKIP 序列计数器(TSC)经过两级密钥混合(Key Mixing)函数后,得到用于 WEP 加密的 WEP 种子(Seeds)。对于每个 MPDU,TKIP 都将计算出相应的 WEP 种子。

(3) WEP 封装(Encapsulation):TKIP 计算得出的 WEP 种子分解成 WEP IV 和 RC4 密钥的形式,然后把它和对应的 MPDU 一起送入 WEP 加密器进行加密,得到密文 MPDU 并按规定格式封装后发送。

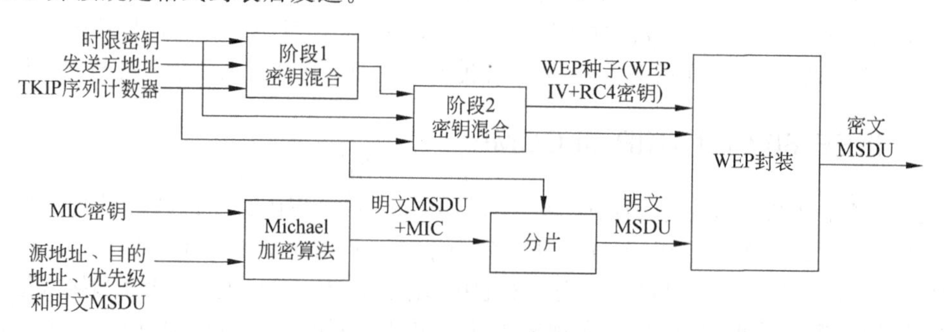

图 7-7 TKIP 加密过程

2. CCMP 加密机制

在 IEEE 802.11 环境下,采用流密码的 RC4 算法并不合适,应当采用分组密码算法。

AES 是美国国家标准与技术研究院(National Institute of Standards and Technology, NIST)指定的用于取代 DES 的分组加密算法,CCMP 是基于 AES 的 CCM 模式,它完全废除了 WEP,能够解决目前 WEP 所表现出来的所有不足,可以为 WLAN 提供更好的加密、认证、完整性和抗重放攻击的能力,是 IEEE 802.11i 中必须实现的加密方式,同时也是 IEEE 针对 WLAN 安全的长远解决方案。

CCMP 加密过程如图 7-8 所示,主要包括如下 5 个步骤。

(1) 为保证每个 MPDU 都可以使用新的包号码(Packet Number,PN),增加 PN 值,使每个 MPDU 对应一个新的 PN,这样即使对于同样的临时密钥,也不会出现相同的 PN。

(2) 用明文 MPDU 帧头的各字段为 CCM 生成附加鉴别数据(Additional Authentication Data,AAD),CCM 为 AAD 的字段提供完整性保护。

(3) 用 PN、A2 和明文 MPDU 的优先级字段计算出 CCM 的使用一次的随机数(Nonce)。其中,A2 表示地址 2,优先级字段作为保留值置为 0。

(4) 用 PN 和 Key Id 生成 8 字节的 CCMP 头。

(5) 由 TK、AAD、Nonce 和明文 MPDU 数据生成密文,并计算 MIC 值。最终的消息由 MAC 头、CCMP 头、加密数据及 MIC 连接构成。

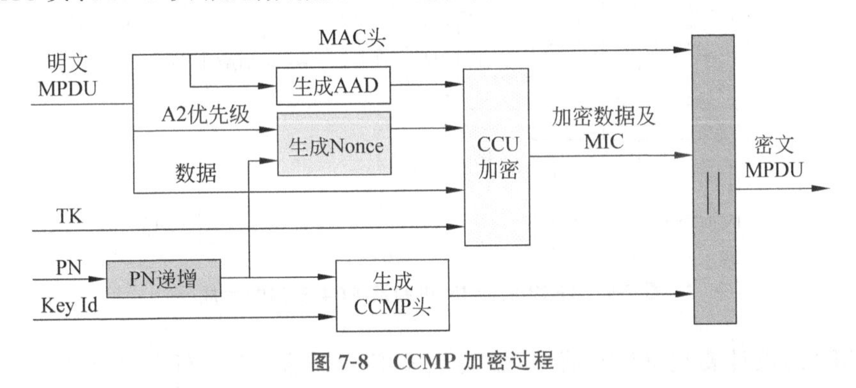

图 7-8 CCMP 加密过程

3. TKIP 和 CCMP 的比较

TKIP 与 CCMP 都是用数据加密和数据完整性密钥保护 STA 及 AP 之间传输数据包的完整性和保密性。然而,它们使用的是不同的密码学算法。TKIP 与 WEP 一样,使用 RC4,但是与 WEP 不同的是,提供了更多的安全性。TKIP 的优势为经过一些固件升级后,可以在 WEP 硬件上运行。CCMP 需要支持 AES 算法的新硬件,但是其与 TKIP 相比,提供了一个更清晰、更高雅、更强健的解决方案。

TKIP 修复 WEP 中的缺陷包括如下两种。

(1) 完整性。TKIP 引进了一种新的完整性保护机制,称为 Michael。Michael 运行在 MSDU 层,可在设备驱动程序中实现。

为了能检测重放攻击,TKIP 使用 IV 作为一个序列号。因此,IV 用一些初始值进行初始化,然后每发送一个消息后自增。接收者记录最近接收消息的 IV。如果最新接收到消息的 IV 值小于存储的最小 IV 值,则接收者扔掉此消息;如果 IV 值大于储存的最大 IV 值,则保留此消息,并且更新其存储的 IV 值;如果 IV 值介于最大值和最小值之间,则接收者检查 IV 是否已经存储,如果有记录则扔掉此消息,否则保留此消息,并且存储新的 IV。

(2) 保密性。WEP 加密的主要问题为 IV 空间太小,并且 RC4 存在弱密钥并没有考虑。为了克服第一个问题,在 TKIP 中,IV 从 24b 增加到 48b。这似乎是一个很简单的解决方案,但困难的是,WEP 硬件仍然期望一个 128b 的 RC4 种子。因此,48b IV 与 104b RC4 密钥必须用某种方式压缩为 128b。对弱密钥的问题,在 TKIP 中,各消息加密密钥都不相同。因此,攻击者不能观察到具有使用相同的密钥的足够数量的消息。RC4 密钥由 PTK(Pairwise Transient Key)的数据加密密钥产生。

TKIP 的新 IV 机制及 RC4 密钥的生成如图 7-9 所示。48b IV 分为上 32b 和下 16b。首先,IV 的上部分与 PTK 的 128b 数据加密密钥和 STA 的 MAC 地址相联合(Key-mix Phase 1)。然后,将此计算结果与 IV 下部分相联合(Key-mix Phase 2),得到 104b RC4 密钥。TKIP 的 RC4 种子由消息密钥、IV 的下部分(分成两字节)及一个虚假填充字节(Dummy Byte,防止出现 RC4 弱密钥)拼接而来。

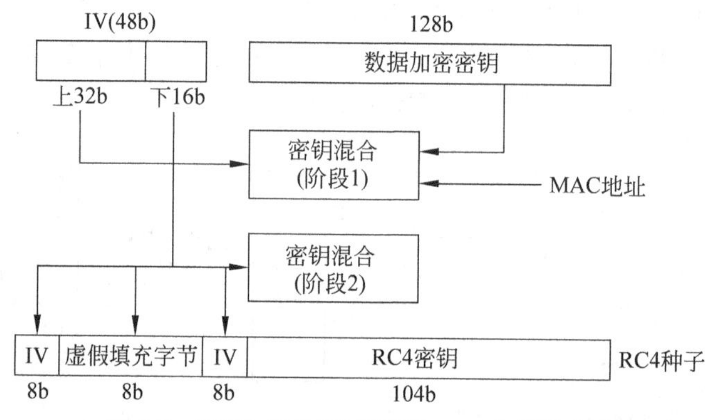

图 7-9 TKIP 的新 IV 机制及 RC4 密钥的生成

CCMP 的设计要比 TKIP 简单,因为它不必为兼容 WEP 硬件所束缚。因此,它取代了 RC4,使用基于 AES 的分组加密。并为 AES 定义了一个新的工作模式,称为 CCM,它由两种工作模式结合而来:计数(CTR)模式和加密块链接-消息认证码(CBC-MAC)模式。在 CCM 模式中,消息发送方计算出消息的 CBC-MAC 值,并将其附加到消息上面,然后将其用 CTR 模式加密。CBC-MAC 的计算也只设计消息头,然而加密只应用到消息本身。CCM 模式确保了保密性和完整性。重放攻击检测由消息的序列号得以保证,通过将序列号加入 CBC-MAC 计算的初始块中来完成。

7.3 移动网络的安全问题与安全技术

7.3.1 移动网络的安全问题

移动通信系统的发展主要经历了 5 个阶段。

1. 第一代移动通信系统

政府所有公司垄断了电路交换电信网络创建。为保证履行公共服务职责,网络运营商在全国范围内开始建立电信网。基于运营商声誉的跨国互联协议主要承载语音业务，几乎没有采取任何安全措施，终端将其电子序列号和网络分配的移动台识别号以明文方式传送至网络，若和网络中保持信息一致即可实现用户接入。第一代移动通信系统(1G)是在20世纪80年代末提出的，完成于20世纪90年代初，很大程度上遵循这样的原则。

2. 第二代移动通信系统

自20世纪90年代以来，以数字技术为主体的第二代移动通信系统(2G)得到了极大发展，其代表技术主要有基于时分多址(TDMA)的GSM和基于码分多址(CDMA)的CDMAOne、IS-95 CDMA系统。这两类系统安全机制的实现区别很大，但都是基于私钥密码体制，采用共享私钥的安全协议，实现对接入用户的认证和数据信息的保密。但2G的安全性是有限的，在身份认证和加密算法等方面存在许多安全缺陷。这里以GSM为例，重点介绍其使用的安全防护技术。

1982年，移动专家组(Group Special Mobile)由欧洲邮电管理大会(CEPT)创建，其目标是为2G创建数字标准。该标准由欧洲电信标准组织(European Telecommunications Standards Institute，ETSI)在900MHz和1800MHz频段开发。GSM网络面向电路交换，专门用于语音通信。GSM网络架构主要包括移动基站(Base Station，BS)、基站子系统(Base Station Subsystem，BSS)、网络交换子系统(Network Switching Subsystem，NSS)、运行维护中心(Operation and Maintenance Center，OMC)4部分，其中GSM提供的大多数安全保护都位于BSS，且仅限于访问控制和无线电加密。GSM安全机制由3类保护组成。

(1) 用户身份保护。对于隐私问题，必须避免在无线电链路上传输用户标识。在确保数据和信令机密性的同时，也可以防止特定移动网络的本地化和跟踪。

(2) 通过用户识别模块(又称SIM卡)进行网络访问控制。SIM卡的主要功能是安全保存和管理机密信息，以允许GSM网络识别用户身份。当一个新的用户被添加到网络中时，密钥也会与国际移动用户标志(International Mobile Subscriber Identity，IMSI)一起被添加，以便检查其身份。

(3) 移动网络与基站台接收站之间的无线电通信加密。窃听无线电通信比固定电话通信要容易得多，因此保护无线电链路至关重要。无线电通信加密是GSM网络的一个特殊功能，可以明确区分其与1G网络和综合业务数字网(Integrated Service Digital Network，ISDN)。在信道编码和交织之后调制之前对物理层传输执行加密，通过对加密消息添加冗余来减少密码分析。

3. 第三代移动通信系统

第三代移动通信系统(3G)在2G基础上提高了移动通信系统的带宽，在支持高速数据传输的同时，可以提供高质量的宽带多媒体综合业务。目前主要存在3种标准：CDMA2000、WCDMA、TD-SCDMA。与之前的移动通信技术相比，3G网络由于采取了诸多安全策略和措施，具有更强健的安全特性。

作为一个完整的3G移动通信技术体系，通用移动通信业务(UMTS)并不仅限于定义空中接口。除 WCDMA 作为首选空中接口技术获得不断完善外,UMTS 还相继引入 TD-SCDMA 和 HSDPA 技术。该技术基于更大的频段,可以同时服务更多的呼叫,其数据通信的吞吐量也显著增加。3G 电话的新颖性主要来自电信运营商的异质性。我们不仅面临新蜂窝电话运营商的互联,还面临 Wi-Fi 网络、公司网络、PSTN 等新型通信运营商与各类竞争运营商之间的互联互通。这种配置需要在 UMTS 核心网络的信令和数据方面进行健壮的安全管理,一方面用包含全球用户识别模块(USIM)的更强大的芯片取代了 GSM SIM 卡;另一方面增加了许多新的安全规定,例如,检测恶意基站、严密控制传输密钥的上下文、网络评估与识别、更长的加密密钥、数据完整性和用户身份保护。

3G 在为用户提供多种信息服务的同时,也带来了新的安全问题。

(1) 3G 网络的空中开放性对信息安全构成了潜在威胁。

(2) 3G 核心网络的 IP 化给安全带来巨大挑战。

(3) 3G 网络在安全体制机制上存在不足。

(4) 业务种类的丰富导致泄密渠道增加。

(5) 定位服务容易造成一些敏感涉密的位置信息泄露。

(6) 手机终端强大的功能带来了新的安全漏洞。

(7) 手机智能化大大增加了被攻击的可能性。

4. 第四代移动通信系统

考虑到 3G 技术传输速率不够高,无法提供动态范围多速率业务,不能真正实现无缝漫游等局限,3GPP 专门制定了 3GPP 长期演进(LTE)计划,旨在基于全 IP 架构实现更高带宽与频谱效率、更广覆盖范围、更高水平与其他访问/后端系统交互。第四代移动通信系统(4G)主要包括 TD-LTE 和 FDD-LTE 两种制式。4G 集 3G 与 WLAN 于一体,为用户提供高速率、高质量的数据传输服务。4G 带宽达到 100Mb/s 以上,能够满足几乎所有用户对于无线服务的要求。随着 4G 飞速发展的同时,安全问题也随之而来,如尚未达成统一安全标准化,技术水平难以达到相关要求,安全容量受限制,难以实现设备更新等问题。这里以 LTE 为例,介绍其安全架构存在一些漏洞。

(1) LTE 体系结构的安全问题。LTE 支持与异构无线接入网络的全面互通,其网络特性为安全机制的设计带来一些新的挑战。首先,与 GSM 和 UMTS 相比,LTE 网络基于全 IP 的平坦结构导致易受注入、修改、窃听等攻击和隐私风险。其次,LTE 系统中的基站存在潜在的缺陷。全 IP 网络和演进型基站(eNB)管理为恶意攻击者提供了更直接的入侵基站的路径。一旦攻击者侵入某个基站,便可利用 LTE 的全 IP 性质危害整个网络。此外,LTE 在切换认证过程中可能会产生新的问题。由于基站的引入,当用户从一个 eNB 移动到另一个新的 eNB 时会出现不同于之前的新的移交情形,而不同情形下往往需要不同的交接认证过程。

(2) LTE 访问机制的安全问题。为抵抗一些诸如重定向攻击、流氓基站攻击和中间人攻击等恶意攻击,EPS AKA 在 UMTS 基础上做了许多改进,但仍存在一些安全隐患。首先,EPS AKA 缺乏隐私保护,经常导致 IMSI 信息泄露情况发生,这样攻击者就可以获得用户信息、位置信息,甚至会话信息,通过伪装真实的用户发起其他攻击。其次,EPS

AKA方案无法抵抗DoS攻击。考虑用户只能在接收到RES后被认证，移动管理组件可以在用户未被及时认证的情况下将用户请求转发到HSS/AuC。因此，攻击者可以向HSS/AuC和移动管理组件发起DoS攻击。与UMTS AKA类似，当用户长时间停留在支撑集使认证集耗尽后，EPS AKA中的支撑集必须重新转向家庭网络来寻求认证集，扩大了支撑集和家庭网络之间的带宽消耗和身份认证开销，以及服务网络中的存储消耗。

(3) LTE切换过程中的安全问题。为减轻恶意基站造成的安全威胁，LTE安全机制提供了一种新的交换密钥管理方案来更新用户设备(User Equipment，UE)和基站之间的密钥信息。然而，在LTE移动性切换管理过程和切换机制中仍存在许多安全问题。首先缺乏后向安全。LTE密钥管理机制采用关键链结构，当前eNB可以利用当前密钥与eNB特定参数来获得多目标eNB的新密钥。其次易失去同步攻击。假设攻击者通过所获得的合法基站操纵移交请求报文破坏不断更新的NCC[①]值，使目标eNB与NCC值无法同步，会话密钥也易于获取。最后易受重放攻击。为破坏UE与目标eNB之间建立的安全联系，攻击者拦截两者间的加密移交请求报文。当UE想移动进入目标eNB时，攻击者发送之前收集的报文给目标eNB。然后目标eNB把所接收消息中的密钥作为联系密钥，并将NCC值发回给UE。由于所接收的NCC不等于存储值，无法建立UE和目标eNB之间的安全连接，UE必须重新发布一个新的切换处理程序。

(4) IP多媒体子系统(Ip Multimedia Subsystem，IMS)安全机制中的安全问题。LTE/LTE-Advanced网络正在向全IP和完全PS网络发展。IMS由3GPP引入，采用开放、存取独立的架构以及共同的IP传输网路。作为覆盖架构，为LTE/LTE-Advanced网络提供多媒体业务，如IP电话(Voice over IP，VoIP)、视频会议等。由于IMS直接与网络相连，容易受到多种类型的攻击。尽管3GPP已经利用IMS AKA方案来确保IMS安全，但仍存在一些漏洞。

① IMS的认证程序增加了用户设备的能量损耗与系统复杂性。LTE访问认证协议EPS AKA以及IMS认证协议IMS AKA的执行给能量有限的用户设备带来巨大的能量损耗，缩短了电池寿命。

② 与EAP AKA类似，IMS AKA机制也存在诸如易受中间人攻击、缺乏序列号同步及需要额外的带宽消耗等缺点。

③ IMS安全机制易受DoS攻击。例如，当收到用户注册请求后，PCSCF/MME发送该请求到核心网来实现接入认证。在该过程中，攻击者可能发送含有无效IMSI/IMPI数据包来吞噬核心网。

5. 第五代移动通信系统

第五代移动通信系统(5G)是数字蜂窝网络，运营商将其覆盖的服务区域称为蜂窝区域，类似于马赛克式的小地理区域。代表声音和图像的模拟信号在电话中被数字化，由模拟转换器转换成数字信号并以比特流形式传输。ITU-R已经为5G定义了3种主要的应用场景，分别是增强型移动宽带(eMBB)、低时延高可靠通信(URLLC)和大规模机器

---

① NCC即网络色码，用于让移动台区别相邻的、属于不同GSMPLMN的基站。

通信(mMTC)。eMBB将5G作为4G LTE移动宽带的一个升级服务,具有更快的连接、更高的吞吐量和更大的容量。虽然5G移动通信技术提高了数据传输的效率,但是同时也使网络安全和用户数据面临了前所未有的挑战,庞大的5G应用设备数量和复杂的5G网络体系可能导致以下问题的发生。

(1) 移动带宽增强。与4G或者3G业务相比较,5G能够支持更加广泛的应用体系,包含了物联网和移动互联网两大应用模式,主要依托于其移动带宽的增强。有效解决了5G网络在数据容量和传输速度方面的问题,由于物联网应用的不断推广,导致5G网络应用环境能够具备更多的基础热点站,且站点的配置和维护更加便利。站点的密集程度不断增加导致了其组网能力和组网节点安全隐患问题的发生。

(2) 基础设施脆弱。5G技术、SDN技术的创新和飞速发展,使得互联网与各行各业的联系更加紧密。5G网络架构主要由数据接入云、数据转发云和业务控制云3部分组成,更加开放、多元的网络环境导致各个层次和网络单元面临更加严重的网络安全威胁。5G技术的核心网络在运行过程中需要大量的基础设施保驾护航,包括物理机、网络设备、虚拟存储设备、网络控制器和管理平台等。5G应用维度的扩展也使大量的物联网设备终端、网络传感器、服务接口、应用接口和网络节点也融入网络体系中。但是由于协议和设备的多元化导致尚未形成统一的安全防护措施,使得5G网络遭受恶意攻击的可能性增加,如数据被窃取、网络终端被恶意操纵。

(3) 信息泄露问题。随着公众存于互联网应用的频率不断增加,越来越多的个人信息在互联网中传播。各类钓鱼程序、非法收集用户信息网站不断增加,使普通用户的个人信息安全遭受到了威胁。特别是不断爆出黑客和社交网站收集个人信息的事件频有发生之后,5G移动通信技术在信息泄露方面的问题也亟须解决。

6. 移动网络安全技术

为了解决移动网络所面临的各种威胁，产业界和学术界都进行了大量的移动网络安全防护方面的研究。鉴于网络安全的复杂多变性,在对其进行处理时不能只用单一机械的手段应对所有问题,只有针对问题的复杂程度,灵活运用各种方法来有效解决,才能较好地保障网络安全。

(1) 3GPP安全机制。3GPP制定的3G安全功能可分为5个安全特征组：①网络接入安全性,实现了移动网络与3G网络之间的相互认证进而提供安全接入3G业务；②网络域安全,使服务提供者节点能够安全交换信令；③用户域安全性,确保移动平台接入安全；④应用域安全性,使在用户域和提供者域中的应用能够安全交换数据；⑤安全的可视性和可配置性,保证了用户对各种安全措施的可见性及特定网络服务对特定安全措施的依赖性。3G完整安全架构重点保护空中接口的安全性,防止空中窃听。网络接入机制包括3种：使用临时身份鉴别(TMSI/P-TMSI)、使用永久身份鉴别(IMSI)、认证和密钥协商(AKA),其中AKA是3G网络安全机制的核心协议,主要用于实现用户和网络的相互认证。3G网络的安全机制还包括本地认证和数据完整性,其中本地认证机制采用加密密钥和完整性密钥进行数据加密,数据完整性机制采用F9算法对数据的完整性、时效性进行认证。

(2) 4G 网络安全机制。4G 网络的安全结构可分为 4 个安全特征组。①网络接入安全性,保护用户安全接入 4G 网络;②网络域安全性,保护运营网络安全交互数据;③用户域安全性,为访问移动 USIM 提供安全保护;④应用安全性,为用户和运营应用提供数据安全交换保障。与 3G 网络最大的不同在于,网络接入安全中增加了移动设备与服务网络之间的安全,网络域安全中增加了接入网络与服务网络之间的安全。

(3) 5G 网络安全机制。5G 网络安全架构能够实现用户身份的统一验证、数据的安全访问控制、业务认证等功能,同时能够实现服务标准化管理。整体而言,5G 网络安全架构包括以下 6 个基本安全域。

① 网络接入域安全:为用户的终端 UE 提供了安全接入机制,能够对外界无线接口传输而来的干扰信息进行识别和地域。另外,还能够将服务网向用户设备推送的信息进行安全认证,保证了双向数据接入的安全。

② 网络域安全:能够对通信节点间的信令安全传输和数据传输提供可靠的安全保证。

③ 用户域安全:有效保障接入网络的用户终端设备的数据安全,提供包括 MAC 地址、设备编码等方式的验证服务。

④ 应用域安全:能够保证服务提供者的应用与用户终端应用间可靠的数据传输,保障应用过程中的数据安全。

⑤ SBA 域安全:提供了多种不同的 SBA(Service Based Architecture)安全特性,以及网络发现、网络注册、网络认证等服务,同时能够对服务化接口进行有效保护。

⑥ 安全的可视化和可配置:提供了多种可配置的安全配置方法和可配置属性,支持安全事务的个性化定制。

针对 5G 移动网络的多制式的接入方式,采用了统一的认证框架,其中 SEAF 为安全锚点,与 4G 移动网络中的 MME 的认证功能相似,新增的认证服务器功能(Authentication Server Function,AUSF)主要用于支持基于 EAP 框架的认证。同时核心网络隔离同一个用户的不同信令连接,以防止其中一个连接上的信息泄露威胁到其他连接上的数据。

7.3.2 移动终端和移动应用的安全问题

1. 移动终端的安全问题

2012 年 4 月,工业和信息化部电信研究院发布的《移动终端白皮书》指出:移动智能终端作为移动业务的综合承载平台,传递着各类内容资讯,存储着大量用户个人信息。移动智能终端必须与移动网络相互配合,打造安全可靠的通道与承载平台,保证移动业务的安全和用户个人信息的机密和完整。国际上移动智能终端安全问题虽然已经凸显,在我国,移动终端的安全问题得到政府部门高度重视,在云、管、端 3 个层面都展开了大量部署,并将逐步在标准化、入网管理办法和行业管理的各项工作中继续深化,移动智能终端的安全保障将对企业的产品开发和市场运营都起到积极作用。

目前,移动智能终端的安全问题主要聚焦在以下 4 方面:①非法内容传播;②恶意吸费；③用户隐私窃取；④移动终端病毒以及非法刷机导致的黑屏、系统崩溃等问题。出现信息安全问题的原因，除了企业及个人的自律问题外，更多的是由于在产业发展初期，智能终端以与其相关联的应用商店/第三方服务器在信息安全技术及信息安全检测评估技术等方面发展相对滞后所导致的，但每类问题皆有具体涉及的因素。非法内容传播类安全问题主要体现在3方面：①应用商店内容安全问题，如应用商店提供了涉及违法违规的第三方应用软件和文字、音视频、新闻广播等数字内容；②第三方应用服务器与终端上应用软件的配合问题，应用服务器通过终端软件提供了涉及违法违规的文字、音视频、新闻广播、互联网服务等内容；③终端预置应用软件提供涉及违法违规的文字、音视频、新闻广播、互联网链接等内容。用户信息安全问题主要包括两方面：①恶意软件/病毒可通过应用商店上第三方应用软件下载、终端预置，造成恶意吸费、用户隐私窃取甚至终端设备破坏；②终端操作系统应用程序接口(Application Programming Interface，API)保护机制欠缺，被恶意软件/病毒利用，造成用户隐私安全和终端设备安全问题。此外，部分终端操作系统存在漏洞，导致病毒、木马、蠕虫、僵尸等在终端上大量传播。

在移动设备实施中，控制和管理移动设备连接的基础设施通常存在于企业内部网络中，而非军事区(Demilitarized Zone，DMZ)。这种提供移动设备数据访问的网络策略与单层有线内联网(Intranet)具有相同的安全风险。供应商广告控制中的缺陷可能会在安全性实施方面引起意想不到的风险。与计算机相比，移动设备通常包含更强大的客户端控制功能，可将安全问题从基础架构锁定转移至设备锁定。攻击者很容易绕过错误的、不充分的或执行不力的控制，从而利用内部网络对设备的信任。例如，BlackBerry Enterprise Server支持的BlackBerry设备可充当便携式计算机调制解调器来访问Intranet。这往往会绕过一些设备限制，并允许恶意用户从个人计算机(Personal Computer，PC)功能更强大的平台攻击内部网络。此外，物理访问控制是移动设备的一个基本问题。通过设计，移动设备随业主转移，往往在办公区外更有用。这给安全管理员带来一些问题，因为移动设备更可能丢失或被盗，随后被恶意攻击者使用。

2. 移动应用的安全问题

快速增长的移动设备市场及其开放式编程平台提供了许多与客户和顾客进行相互交流的机会。这些设备丰富的功能支持通过传统PC应用无法实现的创新技术。然而，尺寸和计算能力的限制迫使企业重新设计其在互联网中的存在形式，为移动设备用户提供与PC相媲美的浏览体验。在开发人员重新设计网站并创建移动应用程序的过程中，需要考虑潜在的安全风险，提高减少风险的能力。

(1) 基于Web的移动应用程序。重新设计网站以适应移动设备的屏幕尺寸看起来很简单，只需缩小现有网站即可。但是这种方法没有考虑移动设备的浏览器要求，它支持JavaScript和嵌入式Flash对象、移动网络的速度、加密的计算开销及来自触摸屏键盘的用户输入。考虑到这些限制，开发人员可能倾向于在必须进行折中时选择安全功能。例如，Ernst和Young已经测试了许多移动Web应用程序，其中密码复杂度要求或账户锁定功能已被完全减少或删除。对JavaScript或持久会话数据的限制也导致开发人员将敏感信息和会话信息放置在服务器请求的统一资源定位符(Uniform Resource Locator，

URL)中。此外,网络带宽限制可能会鼓励开发人员创建移动设备格式网站来缓存来自网页的其他信息,如果设备受到威胁,可能会暴露此信息。在应用程序开发过程中,开发人员应该记住,虽然屏幕较小,敏感信息可能无法在设备上轻松访问,但这些网站仍然托管在互联网上,并可能被传统计算机访问。

(2) 基于客户端的移动应用。Apple、Microsoft、Google 等公司的播放器支持不同操作系统且便于用户创建应用程序的软件开发工具包。这些平台都具有一个独立的安全模型。当然每种语言都有自己的陷阱和风险,需要在程序开发时给予足够的重视。例如,iPhone 编程语言基于 Objective-C,传统模块仍然易受缓冲溢出的攻击。对于 Android 应用程序开发,Google 提供了个人指导,包括讨论开发者和用户期望安全的注意事项,但并不针对一个应用程序审查流程。虽然 Apple 公司有一个完整的、致力于发布应用程序审查流程的网站,但 Google 公司并未明确说明它是否在发布之前会在其网站上审核应用程序。要求开发人员确保其应用程序不是恶意的;然而,这是通过单击一个按钮来完成的,之后应用程序可以通过开发者控制台发布。应用程序商店缺乏监督、互联网上其他网站的 Android 应用程序普遍存在,增加了用户终端随机安装恶意软件的可能。

3. 信息安全评测体系

为引导移动互联网和智能终端产业的健康发展,中国正在依据现有的安全问题根源,从智能终端安全、移动应用安全两方面入手,建立完善的信息安全评测体系。一方面通过技术手段,评测智能终端的硬件安全、系统安全、预置应用安全、接口安全;另一方面评测移动应用相关的移动应用软件安全、移动应用软件商店安全、移动应用第三方业务系统安全,从而从终端侧、应用服务侧共同解决非法信息传播、恶意吸费、用户隐私窃取、终端设备破坏等安全问题及部分位置的潜在安全威胁,并在此基础上,指导和敦促相关企业整改,保证信息安全。

具体地,移动智能终端的安全评测主要包括两大部分。

(1) 移动智能终端自身的安全评测。移动智能终端自身的安全评测主要包括硬件安全评测、操作系统安全评测、接口安全评测及预置应用软件安全评测。其中,硬件安全评测主要对移动智能终端芯片、接口、贴膜卡等内容进行安全评测。操作系统安全评测主要对操作系统 API 的保护能力、操作系统的漏洞进行安全评测。预置应用软件安全评测主要对预置应用软件内容进行扫描,对行为进行分析。接口安全评测主要评测接口是否有注入缺陷、访问控制是否失效、安全配置是否配置错误、组件是否有漏洞。

(2) 移动应用软件的安全评测。移动应用软件的安全评测主要包括应用商店/第三方应用服务器安全评测和第三方应用软件安全评测。其中,应用商店/第三方应用服务器安全评测包括应用商店服务器等级保护评测和第三方应用服务器等级保护评测。第三方应用软件安全评测包括第三方应用软件评测和第三方应用软件代码级安全评测。

移动设备应用程序安全评测是将传统的源代码评论与前端测试技术相结合,检查应用程序代码库中的关键功能区域和常见不良编码实践的症状。代码中的每个"热点"都应链接到应用程序的实时实例,以验证是否存在安全漏洞。该评估方法旨在对代码的高风险区域进行分级、最大限度地覆盖代码、确定识别漏洞的根源。具体包括以下 3 个阶段。

(1) 威胁建模。测试团队首先通过收集信息、进行侦察和应用程序映射、定义系统和信任边界、将威胁映射到功能等方法识别出对应用程序有最大潜在影响的威胁,以用于以后优先处理特定的应用程序组件或代码区域。

(2) 漏洞识别。基于上一阶段确定的热点源代码,对应用程序进行重点检查。在通过源代码审查发现应用程序漏洞的同时,还应执行安全评测来识别网络或主机层漏洞。这里采用自动扫描测试以补充应用程序组件密集的人工检查。

(3) 漏洞利用。首先,分析漏洞扫描的结果验证已识别的问题;其次,访问源代码和实时应用程序,利用漏洞发挥其最大潜力,并将漏洞利用链接到源代码以便快速了解问题、评估修补漏洞所需的工作量;再次,分析风险、评估被利用的漏洞;最后,针对应用程序的体系结构和代码库提供技术建议。

习　　题

1. 无线局域网可实现的具体威胁有哪几类?哪一类会使得系统因伪造信息而耗尽资源?
2. 简述 WEP 协议的工作流程。
3. IEEE 802.1X 协议的认证机制是如何工作的?
4. 简述 IEEE 802.1X 协议的特点。
5. SMS4 算法对我国密码领域的影响如何?
6. 试比较 WEP 协议、WAPI 协议与 IEEE 802.11i 协议的异同。

参考文献

[1] 马健峰,朱建明. 无线局域网安全[M]. 北京:机械工业出版社,2005.
[2] Rackley S. 无线网络技术原理与应用[M]. 吴怡,朱晓荣,宋铁成,等译. 北京:电子工业出版社,2012.
[3] 王顺满. 无线局域网络技术与安全[M]. 北京:机械工业出版社,2005.
[4] 任伟. 无线网络安全[M]. 北京:电子工业出版社,2011.
[5] 吴湛击. 无线通信新协议与新算法[M]. 北京:电子工业出版社,2013.
[6] 陈思. 3G 移动通信面临的安全威胁[C]. 北京:北京通信学会信息通信网技术业务发展研讨会,2012.
[7] 林东岱,田有亮,田呈亮. 移动安全技术研究综述[J]. 保密科学技术,2014(3):4-25.
[8] 胡爱群,李涛,薛明富. 移动网络安全防护技术[J]. 中兴通讯技术,2011,17(1):21-26.
[9] 工业和信息化部电信研究院. 移动终端白皮书[R]. 2012.
[10] 易辉. 5G 技术应用浅谈[J]. 信息通信,2017(5):204-205.
[11] 康玉文. 试论 5G 技术及其发展趋势[J]. 滁州学院学报,2017,19(2):19-22.
[12] 舒新才. 浅谈 5G 技术对工业互联网应用的影响[J]. 科学技术创新,2017(33):88-89.
[13] 黄显强. 物联网形势下的 5G 技术研究[J].网络安全技术与应用,2017(4):128-128.

第 8 章 chapter 8

Ad hoc 网络

8.1 Ad hoc 网络概述

8.1.1 Ad hoc 网络产生背景

无线网络按照组网控制方式可以分为两类。其中一类是具有预先部署的网络基础设施的移动网络(见图 8-1)。例如,蜂窝移动网络、无线局域网等。

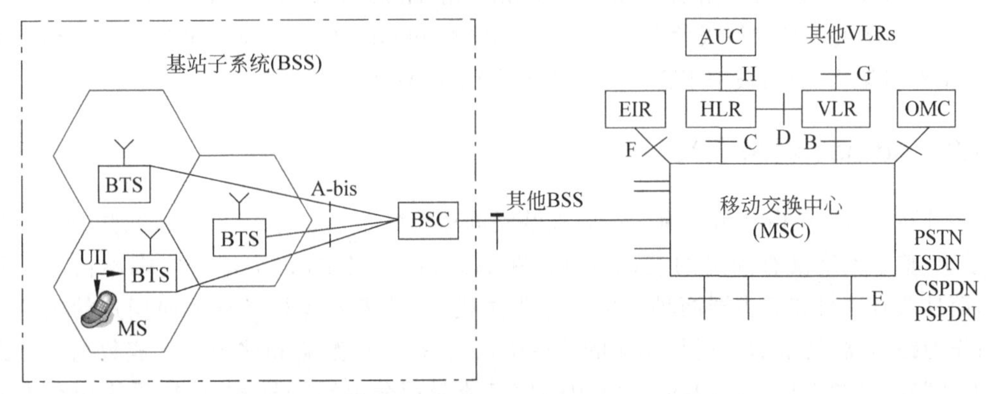

图 8-1　具有预先部署的网络基础设施的移动网络

然而,这种形式的网络并不适用于任何场合。想象一下这些情形:你正在参加野外科学考察,你想和其他队员之间进行网络通信。这时,似乎不能期待有架好基础设施的网络等着我们。再如战场上协同作战的部队相互进行通信,地震之后的营救工作,都不能期望拥有搭建好的网络架构。在这些情况下,我们需要一种能够临时快速自动组网的移动通信技术。于是,Ad hoc 网络应运而生。

Ad hoc 一词起源于拉丁语,意思是“专用的,特定的”。Ad hoc 网络也常常称为无固定设施网、自组织网、多跳网络、移动自组织网络(Mobile Ad hoc Network,MANET)。迄今为止,Ad hoc 网络已经受到学术界和工业界的广泛关注,如图 8-2 所示。

8.1.2 Ad hoc 网络发展历史

1968 年,世界上最早的无线电计算机通信网 ALOHA 在美国夏威夷大学诞生。ALOHA

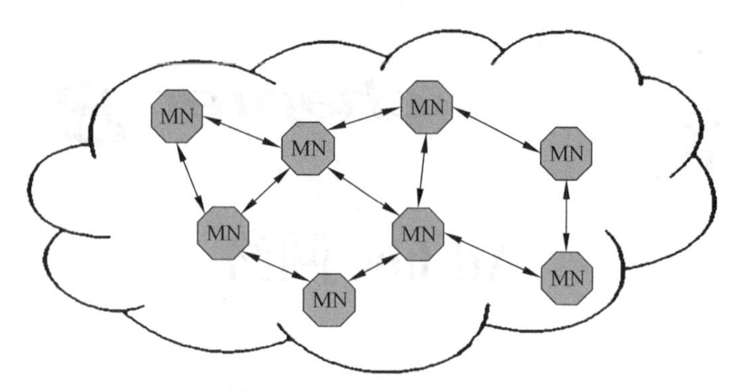

图 8-2 Ad hoc 网络示意图

本是夏威夷大学的一项研究计划的名字,ALOHA 是夏威夷人表示致意的问候语。这项研究计划的目的是要解决夏威夷群岛之间的通信问题。

Ad hoc 网络最初应用于军事领域。1972 年,美国国防部高级研究计划局(DARPA)资助研究分组无线网络(Packet Radio Network,PRNet)。其后,又由 DARPA 资助,在 1993 年和 1994 年进行了高残存性自适应网络(Survivable Adaptive Networks,SURAN)和全球移动信息系统(Global Mobile information system,GloMo)。

其实,Ad hoc 是网络吸收了 PRNet、SURAN 和 GloMo 3 个项目的组网思想而产生的新型网络架构,随后被 IEEE 802.11 委员会称为 Ad hoc 网络。

8.1.3 Ad hoc 网络定义

Ad hoc 网络是由一组带有无线收发装置的移动终端组成的一个多跳的、临时性的自治系统,整个网络没有固定的基础设施。在 Ad hoc 网络中,每个用户终端不仅能够移动,而且兼有主机和路由器两种功能。作为主机,终端需要运行各种面向用户的应用程序;作为路由器,终端需要运行相应的路由协议,根据路由策略和路由表完成数据的分组转发和路由维护工作。Ad hoc 网络中的信息流采用分组数据格式,传输采用包交换机制。基于 TCP/IP。因此,Ad hoc 网络是一种移动通信和计算机网络相结合的网络,是移动计算机通信网络的模型。

8.1.4 Ad hoc 网络特点

1. 动态变化的网络拓扑结构

在 Ad hoc 网络中,由于用户终端的随机移动,节点随时开机、关机,无线发射装置发送功率的变化,无线信道间的相互干扰,以及地形等综合因素的影响,移动终端间通过无线信道形成的网络拓扑结构随时变化,而且变化的方式和速度都是不可预测的,如图 8-3 所示。

2. 无中心网络的自组性

Ad hoc 网络没有严格的控制中心,所有节点地位平等,是一个对等式网络。节点随

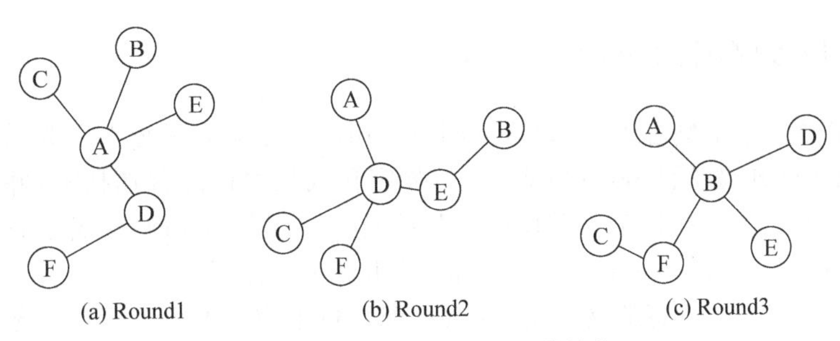

图 8-3 动态变化的网络拓扑结构

时都可以加入或离开网络，任何节点的故障都不会影响整个网络。正因为如此，网络很难损毁，抗损毁能力很强。

3. 多跳组网方式

当网络中的节点要与其覆盖范围之外的节点通信时，需要通过中间节点的多跳转发。与固定的多跳路由不同，Ad hoc 网络的多条路由是由普通的网络节点完成，而不是专用路由设备(路由器)。

4. 有限的传输带宽

由于 Ad hoc 网络采用无线传输技术作为底层通信手段，而无线信道本身的物理特性决定了它所能提供的网络带宽要比有线信道低得多，再加上竞争共享无线信道产生的碰撞、信号衰减、信道间干扰等多种因素，移动终端可得到的实际带宽远远小于理论上的最大带宽值。

5. 移动终端的自主性和局限性

自主性来源于所承担的角色。在 Ad hoc 网络中，终端需要承担主机和路由器两种功能，这意味着参与 Ad hoc 网络的移动终端之间存在某种协同工作的关系，这种关系使得每个终端都承担为其他终端进行分组转发的义务。

6. 安全性差，扩展性不强

由于采用无线信道、有限电源、分布式控制等因素，Ad hoc 网络更容易被窃听、入侵、拒绝服务等。自身节点充当路由器，不存在命名服务器和目录服务器等网络设施，也不存在网络边界概念，使得 Ad hoc 网络中的安全问题非常复杂，信道加密、抗干扰、用户认证、密钥管理、访问控制等安全措施都需要特别考虑。

7. 存在单向的无线信道

在 Ad hoc 网络环境中，由于各个无线终端发射功率的不同及地形环境的影响，可能产生单向的信道。如图 8-4 所示，由于环境差异，A 节点的传输范围比 B 节点大，因此产生单向的无线信道。

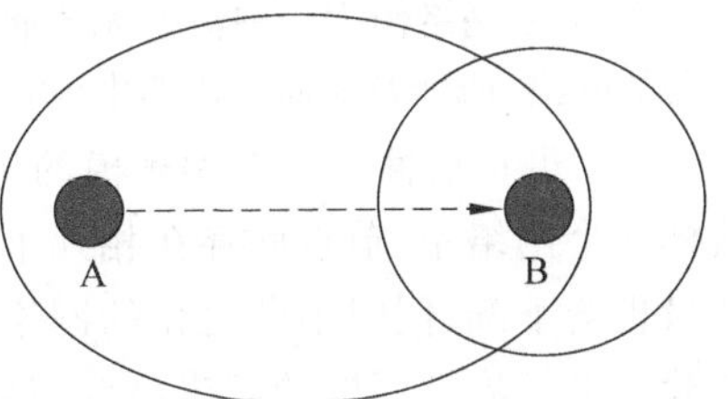

图 8-4 单向的无线信道

8.1.5 Ad hoc 网络的应用

(1) 军事通信。军事应用是 Ad hoc 网络应用的一个重要领域。因为其特有的无架构设施、可快速展开、抗毁性强等特点，它是数字化战场通信的首选技术，并已经成为战术互联网的核心技术。在通信基础设施如基站受到破坏而瘫痪时，装备了移动通信装置的军事人员可以通过 Ad hoc 网络进行通信，顺利完成作战任务。

(2) 传感器网络。传感器网络是 Ad hoc 网络技术应用的另一大应用领域。对很多应用场合来说，传感器网络只能使用无线通信技术，并且考虑到体积和节能等因素，传感器的发射功率不可能很大。分散在各处的传感器组成一个 Ad hoc 网络，可以实现传感器之间和控制中心之间的通信。在战场上，指挥员往往需要及时准确地了解部队、武器装备和军用物资供给的情况，铺设的传感器将采集相应的信息，并通过汇聚节点融合成完备的战区态势图。在生物和化学战中，利用传感器网络及时、准确地探测爆炸中心将会提供宝贵的反应时间，从而最大可能地减小伤亡，传感器网络也可避免核反应部队直接暴露在核辐射的环境中。传感器网络还可以为火控和制导系统提供准确的目标定位信息及生态环境监测等。

(3) 移动会议。现在，笔记本计算机等便携式设备越来越普及。在室外临时环境中，工作团体的所有成员可以通过 Ad hoc 方式组成一个临时网络来协同工作。借助 Ad hoc 网络，还可以实现分布式会议。

(4) 紧急服务。在遭遇自然灾害或其他各种灾难后，固定的通信网络设施都可能无法正常工作，快速地恢复通信尤为重要。此时，Ad hoc 网络能够在这些恶劣和特殊的环境下提供临时通信，从而为营救赢得时间，对抢险和救灾工作具有重要意义。

(5) 个人区域网。个人区域网(Personal Area Network，PAN)的概念是由 IEEE 802.15 提出的，该网络只包含与某个人密切相关的装置，如 PDA、手机等，这些装置可能不与广域网相连，但它们在进行某项活动时又确实需要通信。目前，蓝牙技术只能实现室内近距离通信，Ad hoc 网络为建立室外更大范围的 PAN 与 PAN 之间的多跳互连提供了技术可能性。

(6) 其他应用。Ad hoc 网络的应用领域还有很多，如 Ad hoc 网络与蜂窝移动网络相结合，利用 Ad hoc 网络的多跳转发能力，扩大蜂窝移动网络的覆盖范围、均衡相邻小区的业务等，作为移动网络的一个重要补充，为用户提供更加完善的通信服务。

8.1.6 Ad hoc 网络面临的问题

Ad hoc 网络作为一种新型无线通信网络，已经引起了人们广泛关注。但同时它又是一个复杂的网络，所涉及的研究内容非常广泛。Ad hoc 网络的实用化还有许多要解决的问题。

(1) 可扩展性。一个大规模的 Ad hoc 网络可能包含成百上千甚至更多的节点。在这样一个网络中，节点间存在相互干扰，这样网络容量就会下降，而且网络中各节点的吞吐量也会下降；同时不断变化的网络拓扑也会对现有的 Ad hoc 网络路由协议提出严峻考验。可扩展性问题的解决最终需要智能天线和多用户检测技术的支持。

(2) 跨层设计。Ad hoc 网络的跨层设计是相对于开放系统互连(Open System

Interconnection，OSI)的分层思想而言的(8.2.3 节会进行讲解)。严格的分层方法的好处是层与层间相对独立，协议设计简单。它通过增加“水平方向”的通信量，降低“垂直方向”的处理开销。但对于 Ad hoc 网络环境，频率资源非常宝贵，最大限度地降低通信开销是一个首要问题。通过跨层设计可以降低协议栈的信息冗余度，同时层与层之间的协作更加紧密，缩短响应时间。这样就能节约有限的无线带宽资源，达到优化系统的目的。Ad hoc 网络跨层优化的目标是使网络的整体性能得到优化，因此，需要把传统的分层优化的各个要求转化到跨层优化中。同时，跨层优化还面临复杂的建模和仿真，这些都需要进一步研究和解决。

(3) 与现有网络的融合。随着 Ad hoc 网络组网技术的不断发展，Ad hoc 网络与现有网络的融合已经成为网络互联的重要内容。Ad hoc 网络与现有网络融合的主要目的是完成异构网络的无缝互联，Ad hoc 网络可以看成现有网络在特定场合的一种扩展。Ad hoc 网络通常以一个末端网络的方式进入现有网络，这样就要考虑 Ad hoc 网络与现有网络的兼容性问题，其他网络是否可以通过 Ad hoc 网络技术将最后一跳扩展为多跳无线连接。将传统的有基础设施的无线网络中的移动 IP 加以改进，与 Ad hoc 网络技术有机结合起来，是解决融合问题的一个重要方向。

Ad hoc 网络自身的独特性，使得它在军事领域的应用中保持重要地位，在民用领域中的作用也逐步扩大。然而，它作为一种新型网络，还存在很多问题，新的应用也对它的研究和发展不断提出新的挑战。随着研究的深入，Ad hoc 网络将在无线通信领域中有着更加广阔的前景。

8.2 Ad hoc 网络的体系结构

8.2.1 Ad hoc 网络的节点结构

Ad hoc 网络的节点通常包括主机、路由器和电台 3 部分。

从物理结构上，节点可以分为以下 4 类：单主机单电台、多主机单电台、单主机多电台、多主机多电台，如图 8-5 所示。

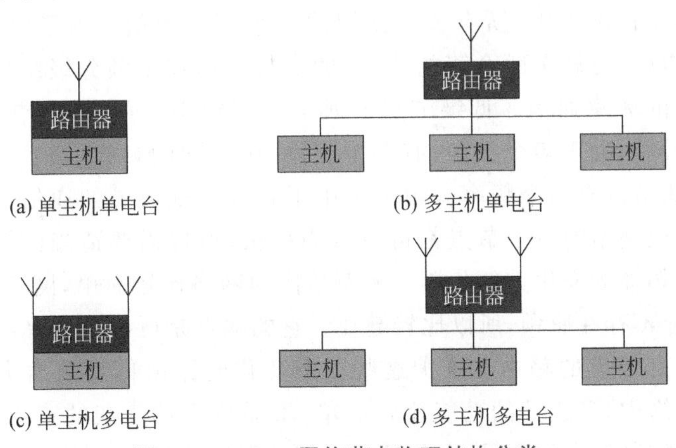

图 8-5 Ad hoc 网络节点物理结构分类

8.2.2 Ad hoc网络的拓扑结构

Ad hoc网络一般有两种结构,即平面结构和分级结构。

(1) 平面结构。在平面结构中,所有节点地位平等,所以又称对等式结构,如图8-6所示。

(2) 分级结构。分级结构的Ad hoc网络可以分为单频分级结构网络和多频分级结构网络。单频分级结构网络如图8-7所示,多频分级结构网络如图8-8所示。

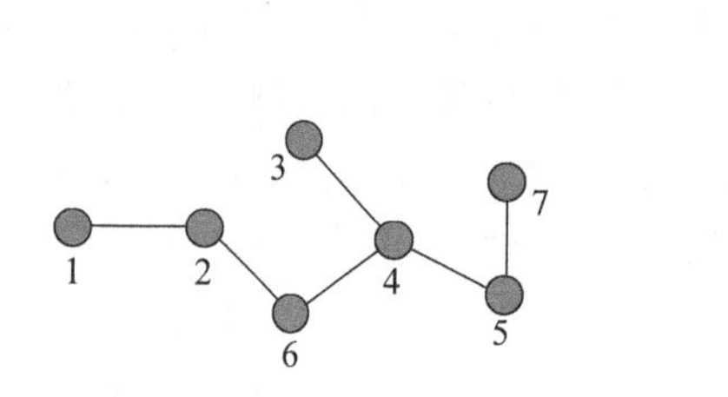

图8-6 平面结构的Ad hoc网络

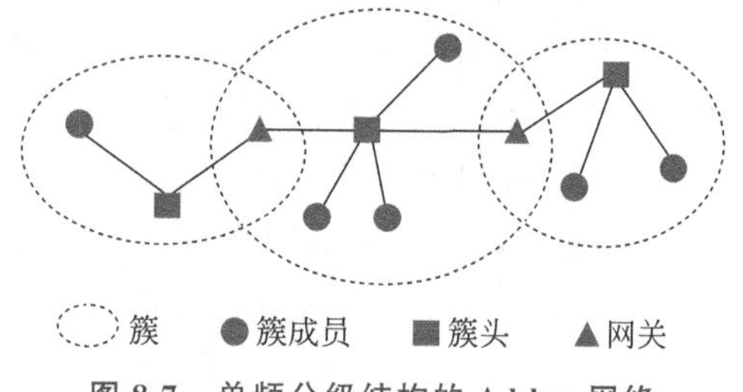

图8-7 单频分级结构的Ad hoc网络

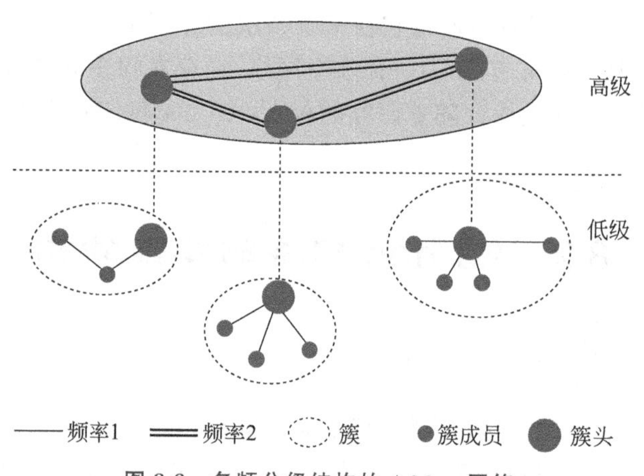

图8-8 多频分级结构的Ad hoc网络

在单频分级结构网络中,所有节点使用同一个频率通信。为了实现簇头之间的通信,要有网关节点(同时属于两个簇的节点)的支持。而在多频分级结构网络中,不同级的节点采用不同的频率通信。低级节点的通信范围较小,而高级节点要覆盖较大的范围。高级的节点同时处于多个级中,有多个频率,用不同的频率实现不同级的通信。在两级网络中,簇头节点有两个频率。频率1用于簇头与簇成员的通信,频率2用于簇头之间的通信。分级网络的每个节点都可以成为簇头,所以需要适当的簇头选举算法,算法要能根据网络拓扑的变化重新分簇。平面结构的网络比较简单,网络中所有节点是完全对等的,原则上不存在瓶颈,所以比较健壮。它的缺点是可扩充性差:每个节点都需要知道到达其他所有节点的路由。维护这些动态变化的路由信息需要大量的控制消息。在分级结构的网络中,簇成员的功能比较简单,不需要维护复杂的路由信息。这大大减少了网络中路由控制信息的数量,因此具有很好的可扩充性。由于簇头节点可以随时选举产生，分级结构也具有很强的抗毁性。分级结构的缺点是，维护分级结构需要节点执行簇头选举算法，簇头节点可能会成为网络的瓶颈。因此，当网络的规模较小时，可以采用简单的平面结构；而当网络的规模增大时，应用分级结构。

8.2.3 Ad hoc网络协议栈简介

在介绍 Ad hoc 网络协议栈之前，先简要介绍一下经典的 OSI 参考模型，如图 8-9 所示。

OSI 参考模型共分为 7 层：物理层(Physical)定义了网络硬件的技术规范；数据链路层(Data Link)定义了数据的帧化和如何在网上传输帧；网络层(Network)定义了地址的分配方法及如何把包从网络的一端传输到另一端；传输层(Transport)定义了可靠传输的细节问题；会话层(Session)定义了如何与远程系统建立通信会话；表示层(Presentation)定义了如何表示数据，不同品牌的计算机对字符和数字的表示不一致，表示层把它们统一起来；应用层(Application)定义了网络应用程序如何使用网络实现特定功能。

传统因特网协议栈设计强调相邻路由器对等实体之间的水平通信，以尽量节省路由器资源，减少路由器内协议栈各层间的垂直通信。然而，Ad hoc 网络中链路带宽和主机能量非常稀少，并且能量主要消耗在发送和接收分组上，而主机处理能力和存储空间相对较高。为了节省带宽和能量，在 Ad hoc 网络中应该尽量减少节点间水平方向的通信。

Ad hoc 网络的协议栈划分为 5 层，如图 8-10 所示。

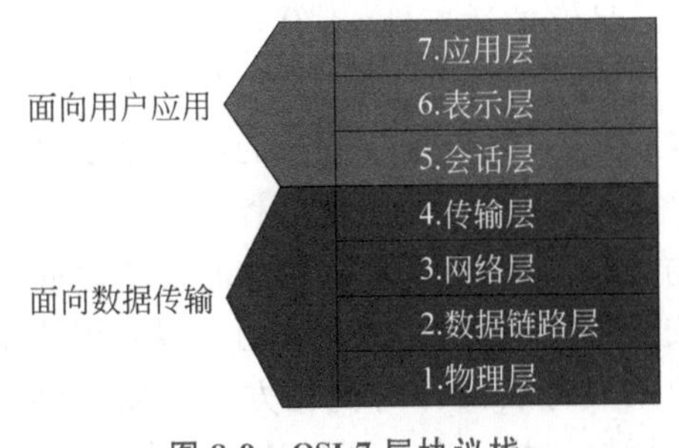

图 8-9 OSI 7 层协议栈

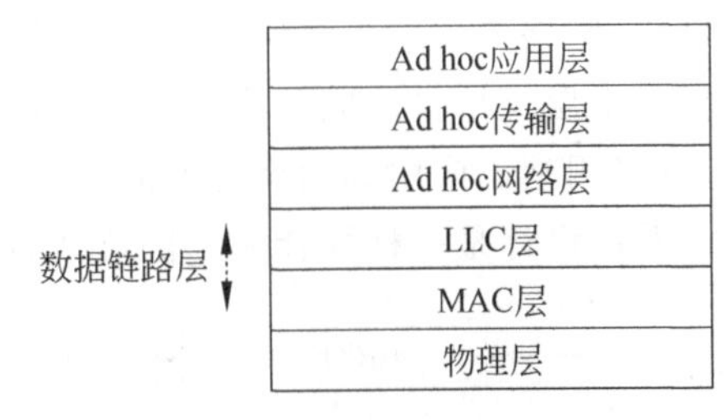

图 8-10 Ad hoc 网络协议栈

(1) 物理层。在实际的应用中，Ad hoc 物理层的设计要根据实际需要而定。首先，是通信信号的传送介质，由于是无线通信，因而就面临通信频段的选择。目前人们采用的是基于 2.4GHz 的 ISM 频段，因为这个频段是免费的。其次，物理层必须就各种无线通信机制做出选择，从而完成性能优良的收发信功能。物理层的设备可使用多频段、多模式无线传输方式。

(2) 数据链路层。数据链路层解决的主要问题包括介质访问控制，数据的传送、同步、纠错以及流量控制。基于此，Ad hoc 数据链路层又分为 MAC 层和 LLC 层。MAC 层决定了链路层的绝大部分功能。LLC 层负责向网络提供统一的服务，屏蔽底层不同的 MAC 方法。

在多跳无线网络中，对传输介质的访问是基于共享型的，隐藏终端和暴露终端是多跳无线网络的固有问题，因此，需要在 MAC 层解决这两个问题。通常采用 CSMA/CA

协议和 RTS/CTS 协议来规范无线终端对介质的访问机制。

(3) Ad hoc 网络层。Ad hoc 网络层的主要功能包括邻居发现、分组路由、拥塞控制和网络互联等。一个好的 Ad hoc 网络层的路由协议应当满足以下要求：分布式运行方式；提供无环路路由；按需进行协议操作；具有可靠的安全性；提供设备休眠操作和对单向链路的支持。对一个 Ad hoc 网络层的路由协议进行定量衡量比较的指标包括端到端平均延时、分组的平均递交率、路由协议开销及路由请求时间等。

(4) Ad hoc 传输层。Ad hoc 传输层的主要功能是向应用层提供可靠的端到端服务，使上层与通信子网相隔离，并根据网络层的特性来高效地利用网络资源，包括寻址、复用、流控、按序交付、重传控制、拥塞控制等。传统的 TCP 会使无线 Ad hoc 网络分组丢失很严重，这是因为无线差错和节点移动性，而 TCP 将所有的分组丢失都归因于拥塞而启动拥塞控制和避免算法。所以，如在 Ad hoc 网络中直接采用传统的 TCP，就可能导致端到端的吞吐量降低。因此，必须对传统的 TCP 进行改造。

(5) Ad hoc 应用层。Ad hoc 应用层的主要功能是提供面向用户的各种应用服务，包括具有严格时延和丢失率限制的实时应用(紧急控制信息)、基于 RTP①/RTCP② 的自适应应用(音频和视频)和没有任何服务质量保障的数据包业务。Ad hoc 网络自身的特性使其在承载相同的业务类型时，需要比其他网络考虑更多的问题，克服更多的困难。

8.2.4 Ad hoc 网络的跨层设计

采用严格分层的体系结构使得协议的设计缺乏足够的适应性，不符合动态变化的网络特点，网络的性能无法保障。为了满足 Ad hoc 网络的特殊要求，需要一种能够在协议栈的多个层支持自适应和优化性能的跨层协议体系结构，并根据所支持的应用来设计系统，即采用基于应用和网络特征的跨层体系结构。

跨层设计是一种综合考虑协议栈各层设计与优化并允许任意层和功能模块之间自由交互信息的方法，在原有的分层协议栈基础上集成跨层设计与优化方法可以得到一种跨层协议栈。在分层设计方式中，很多时候多个层需要做重复的计算和无谓的交互来得到一些其他层很容易得到的信息，并常常耗费较长的时间。跨层设计与优化的优势在于通过使用层间交互，不同的层可以及时共享本地信息，减少处理和通信开销，优化了系统整体性能。

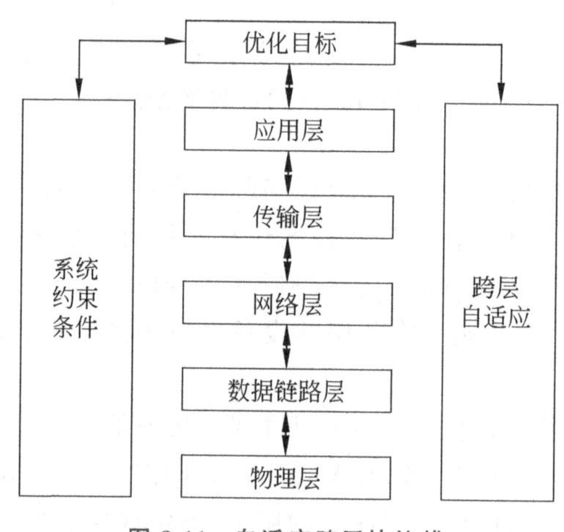

图 8-11 自适应跨层协议栈

在传统分层协议栈中集成跨层设计和优化思想得到的自适应跨层协议栈(见图 8-11)中，所有层之间可以方便及时地交

① RIP 全称为 Real-time Transport Protocol，意为实时传输协议。

② RTCP 全称为 Real-time Transport Control Protocol，意为实时传输控制协议。

互和共享信息，能够以全局的方式适应应用的需求和网络状况的变化，并且根据系统约束条件和网络特征(如能量约束和节点的移动模式)来进行综合优化。

跨层的自适应机制：协议栈每层的自适应机制应基于所在层发生变化的时间粒度来适应该层的动态变化。如果本地化的自适应机制不能解决问题，则需要同其他层交互信息来共同适应这种变化。

跨层的设计原则：跨层协议栈的设计策略是综合地对每层进行设计，利用它们之间的相关性，力图将各层协议集成到一个综合的分级框架中。这些相关性涉及各层的自适应性、通用的系统约束(移动性、带宽和能量)及应用的需求。

8.3 Ad hoc网络的关键性技术

由于自组织网络的特性，Ad hoc 网络面临下面问题。

1. 自适应技术

如何充分利用有限的带宽、能量资源和满足服务质量的要求，最大化网络的吞吐量是自适应技术要解决的问题。解决的方法主要有自适应编码、自适应调制、自适应功率控制、自适应资源分配等。

2. 信道接入技术

Ad hoc 的无线信道虽然是共享的广播信道，但不是一跳共享的，而是多跳共享广播信道。多跳共享广播信道带来的直接影响就是报文冲突与节点所处的位置有关。在 Ad hoc 网络中，冲突是局部事件，发送节点和接收节点感知到的信道状况不一定相同，由此将带来隐藏终端和暴露终端等一系列特殊问题。基于这种情况，需要为 Ad hoc 设计专用的信道接入协议。

3. 路由协议

Ad hoc 网络中的所有设备都在移动。由于常规路由协议需要花费较长时间才能达到算法收敛，而此时网络拓扑可能已经发生了变化，使得主机在花费很大代价后得到的是陈旧的路由信息，使路由信息始终处于不收敛状态。所以，在 Ad hoc 网络中的路由算法应具有快速收敛的特性，减少路由查找的开销，快速发现路由，提高路由发现的性能和效率。同时，应能够跟踪和感知节点移动造成的链路状态变化，以进行动态路由维护。

4. 传输层技术

与有线信道相比，Ad hoc 网络带宽窄，信道质量差，对协议的设计提出新的要求。为了节约有限的带宽，就要尽量减少节点间相互交互的信息量，减少控制信息带来的附加开销。此外，由于无线信道的衰落、节点移动等因素会造成报文丢失和冲突，将会严重影响 TCP 的性能，所以要对传输层进行改造，以满足数据传输的需要。

5. 节能问题

Ad hoc 终端一般采用电池供电。为了电池的使用寿命,在网络协议的设计中,要考虑尽量节约电池能量。

6. 网络管理

Ad hoc 的自组织网络方式对网络管理提出新的要求,不仅要对网络设备和用户进行管理,还要有相应的机制解决移动性管理、服务管理、节点定位和地址配置等特殊问题。

7. 服务质量保证

Ad hoc 网络出现初期主要用于传输少量的数据信息。随着应用的不断扩展,需要在 Ad hoc 网络中传输多媒体信息。多媒体信息对带宽、时延、时延抖动等都提出很高的要求。这就需要提供一定的服务质量保证。

8. 安全性

无线 Ad hoc 网络不依赖任何固定设施,而是通过移动节点间的相互协作保持网络互联。传统网络的安全策略(如加密、认证、访问、控制、权限管理和防火墙)等都是建立在网络的现有资源(如专门的路由器、专门的密钥管理中心和分发公用密钥的目录服务机构)等基础上,而这些都是 Ad hoc 网络所不具备的。

9. 网络互联技术

如图 8-12 所示,Ad hoc 网络中的网络节点要访问互联网或和另一个 Ad hoc 网络中的节点通信,这样就产生了网络互联问题。Ad hoc 网络通常以一个末端网络的方式通过网关连接到互联网,网关通常是无线移动路由器。

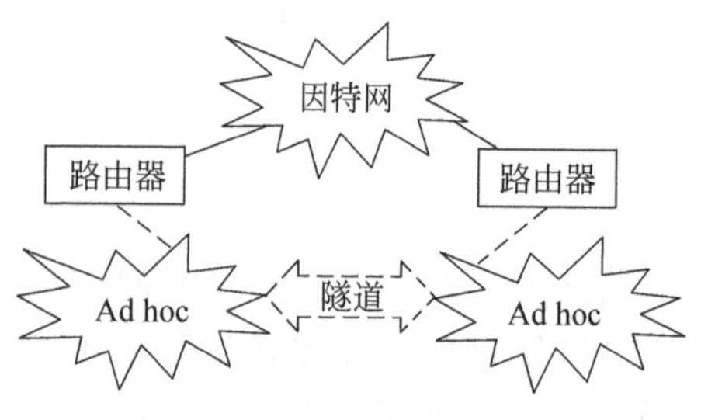

图 8-12 无线移动路由传播示意图

无线移动路由器通过隧道机制,将互联网的网络基础设施作为信息传输系统,在隧道进入端按照传统网络的格式封装 Ad hoc 网络的分组,在隧道的出口端进行分组解封,然后按照 Ad hoc 路由协议继续转发。

针对上述面临的问题,目前解决的关键技术包括路由协议、服务质量、MAC 协议、分簇算法、功率控制、安全问题、网络互联和网络资源管理等。

8.3.1 隐藏终端和暴露终端

1. 隐藏终端

隐藏终端(见图 8-13)是指在接收节点的覆盖范围内而在发送节点的覆盖范围外的

节点。隐藏终端由于听不到发送节点的发送而可能向相同的接收节点发送分组，导致分组在接收节点处冲突。冲突后发送节点要重传冲突的分组，这降低了信道的利用率。

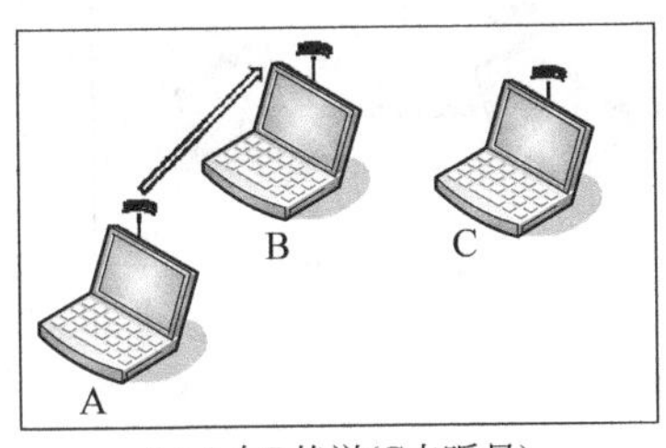

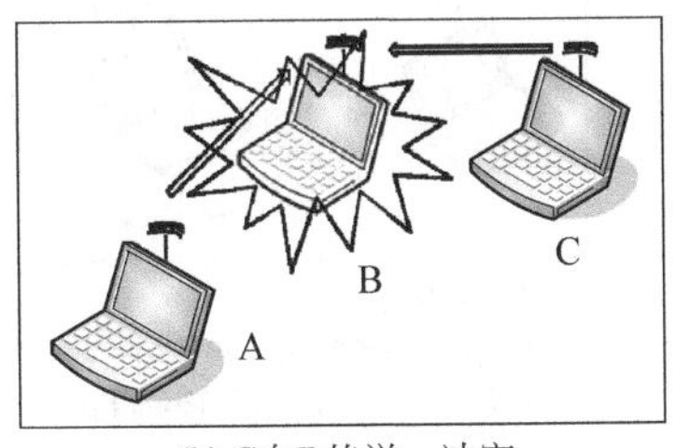

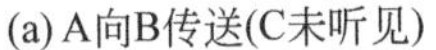

(a) A向B传送(C未听见)　　(b) C向B传送，冲突

图 8-13　隐藏终端

隐藏终端又可以分为隐藏发送终端和隐藏接收终端两种。在单信道条件下，隐藏发送终端可以通过发送数据报文前的控制报文握手来解决。但是隐藏接收终端问题在单信道条件下无法解决。

如图 8-14 所示，当 A 要向 B 发送数据时，先发送一个控制报文 RTS[①]；B 接收到 RTS 后，以 CTS[②] 控制报文回应；A 收到 CTS 后才开始向 B 发送报文，如果 A 没有收到 CTS，A 认为发生了冲突，重发 RTS，这样隐藏发送终端 C 能够听到 B 发送的 CTS，知道 A 要向 B 发送报文，C 延迟发送，解决了隐藏发送终端问题。

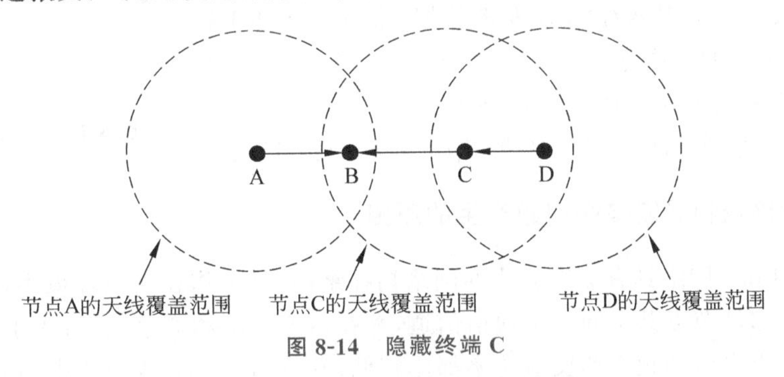

图 8-14　隐藏终端 C

对于隐藏接收终端，当 C 听到 B 发送的 CTS 控制报文而延迟发送时，若 D 向 C 发送 RTS 控制报文请求发送数据，因 C 不能发送任何信息，所以 D 无法判断是 RTS 控制报文发生冲突，还是 C 没有开机，还是 C 是隐藏终端，D 只能认为 RTS 报文冲突，就重新向 C 发送 RTS。因此，当系统只有一个信道时，因 C 不能发送任何信息，隐藏接收终端问题在单信道条件下无法解决。

2. 暴露终端

暴露终端（见图 8-15）是指在发送节点的覆盖范围内而在接收节点的覆盖范围外的节点。暴露终端因听到发送节点的发送而可能延迟发送。但是，它其实是在接收节点的

① RTS 全称为 Request to Send，意为请求发送。

② CTS 全称为 Clear to Send，意为允许发送。

通信范围之外,它的发送不会造成冲突。这就引入了不必要的时延。

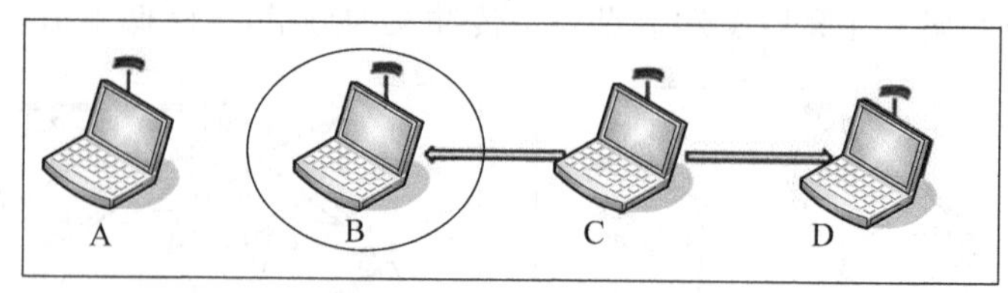

- C向D传送
- B监听到此行动,被阻止
- B欲向A传送,但正被C阻止
- 浪费带宽

图 8-15　暴露终端

暴露终端又可以分为暴露发送终端和暴露接收终端两种。在单信道条件下,暴露接收终端问题是不能解决的,因为所有发送给暴露接收终端的报文都会产生冲突;暴露发送终端问题也无法解决,因为暴露发送终端无法与目的节点成功握手。

如图 8-16 所示,当 B 向 A 发送数据时,C 只听到控制报文 RTS,知道自己是暴露终端,认为自己可以向 D 发送数据。C 向 D 发送控制报文 RTS。如果是单信道,来自 D 的 CTS 会与 B 发送的数据报文冲突,C 无法和 D 成功握手,它不能向 D 发送报文。在单信道下,如果 D 要向暴露终端 C 发送数据,来自 D 的 RTS 报文会与 B 发送的数据报文在 C 处冲突,C 收不到来自 D 的 RTS,D 也就收不到 C 回应的 CTS 报文。

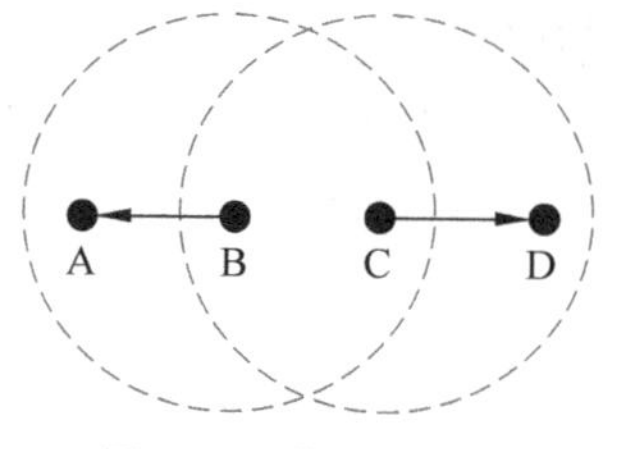

图 8-16　暴露终端 C

因此,在单信道条件下,暴露终端问题根本无法得到解决。

3. 隐藏终端和暴露终端问题产生的原因

由于 Ad hoc 网络具有动态变化的网络拓扑结构,且工作在无线环境中,采用异步通信技术,各个移动节点共享同一个通信信道,存在信道分配和竞争问题;为了提高信道利用率,移动节点电台的频率和发射功率都比较低;并且信号受无线信道中的噪声、信道衰落和障碍物的影响。因此,移动节点的通信距离受到限制,一个节点发出的信号,网络中的其他节点不一定都能收到,从而会出现隐藏终端和暴露终端问题。

4. 隐藏终端和暴露终端问题对 Ad hoc 网络的影响

隐藏终端和暴露终端问题的存在,会造成 Ad hoc 网络时隙资源的无序争用和浪费,增加数据碰撞的概率,严重影响网络的吞吐量、容量和数据传输时延。在 Ad hoc 网络中,当终端在某一时隙内传送信息时,若其隐藏终端在此时隙发生的同时传送信息,就会产生时隙争用冲突。受隐藏终端的影响,接收端将因为数据碰撞而不能正确接收信息,造成发送端的有效信息丢失和大量时间的浪费(数据帧较长时尤为严重),从而降低了系统的吞吐量和容量。当某个终端成为暴露终端后,它侦听到另外的终端对某一时隙的占用信息,从而放弃预约该时隙进行信息传送。其实,因为源终端节点和目的终端节点都不一样,暴露终端是可以占用这个时隙来传送信息的。这样,就造成了时隙资源的浪费。

5. 隐藏终端和暴露终端问题的解决方法

解决隐藏终端问题的思路是使接收节点周围的邻居节点都能了解到它正在进行接收，目前实现的方法有两种：一种是接收节点在接收的同时发送忙音来通知邻居节点，即BTMA系列；另一种方法是发送节点在数据发送前与接收节点进行一次短控制消息握手交换，以短消息的方式通知邻居节点它即将进行接收，即RTS/CTS方式。这种方式是目前解决这个问题的主要趋势，如已经提出来的CSMA/CA、MACA、MACAW等。还有将两种方法结合起来使用的多址协议，如DBTMA。

对于隐藏发送终端问题，可以使用控制分组进行握手的方法加以解决。一个终端发送数据之前，首先要发送请求分组，只有听到对应该请求分组的应答信号后才能发送数据，而只收到此应答信号的其他终端必须延迟发送。

在单信道条件下使用控制分组的方法只能解决隐藏发送终端，无法解决隐藏接收终端和暴露终端问题。为此，必须采用双信道的方法，即利用数据信道收发数据，利用控制信道收发控制信号。

6. RTS/CTS 握手机制

RTS/CTS机制是对CSMA的一种改进，它可以在一定程度上避免隐藏终端和暴露终端问题。采用基于RTS/CTS的多址协议的基本思想是在数据传输之前，先通过RTS/CTS握手的方式与接收节点达成对数据传输的认可，同时又可以通知发送节点和接收节点的邻居节点即将开始传输。邻居节点收到RTS/CTS后，在以后的一段时间内抑制自己的传输，从而避免对即将进行的数据传输造成碰撞。这种解决问题的方式是以增加附加控制消息为代价的。

从帧的传输流程来看，基于RTS/CTS的多址方式有几种形式，从复杂性和传输可靠性角度考虑，可采用RTS-CTS-Data-ACK的方式。具体做法：当发送节点有分组要传时，检测信道是否空闲，如果空闲，则发送RTS帧；接收节点收到RTS后，发CTS帧应答，发送节点收到CTS后，开始发送数据，接收节点在接收完数据帧后，发ACK确认，一次传输成功完成，如图8-17所示。如果发出RTS后，在一定的时限内没有收到CTS应

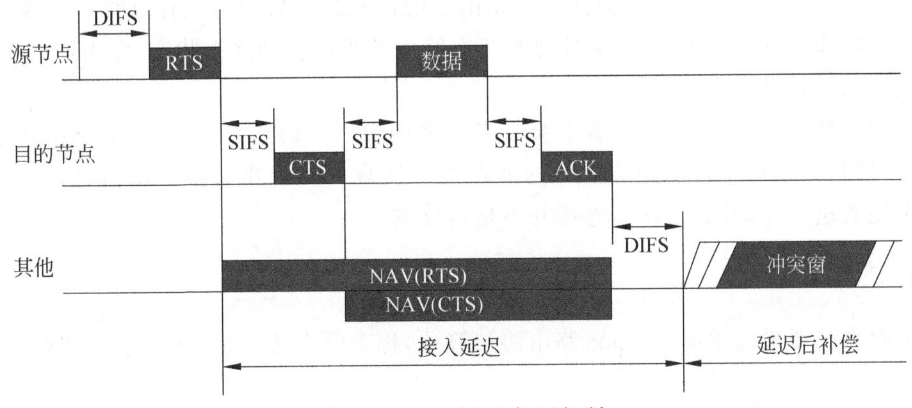

图 8-17 RTS/CTS 握手机制

答,发送节点执行退避算法重发RTS。RTS/CTS交互完成后,发送和接收节点的邻居收到RTS/CTS后,在以后的一段时间内抑制自己的传输。延时时间取决于将要进行传输的数据帧的长度,所以由隐藏终端造成的碰撞就大大减少了。采用链路级的应答(ACK)机制就可以在发生其他碰撞或干扰时,提供快速和可靠的恢复。

8.3.2 Ad hoc网络路由协议

由于移动性的存在,造成连接失败的原因比基础网络种类更多。而且,随着节点移动速度的增加,连接失败的概率也会相应增加。因此,Ad hoc网络需要应用一种和移动方式无关的协议。

人们把Ad hoc路由协议分为以下4类(见图8-18)。

(1) 先验式路由协议(Proactive Routing Protocol):路由与交通模式无关,包括普通的路由和距离向量路由。

(2) 反应式路由协议(Reactive Routing Protocol):只有在需要时保持路由状态。

(3) 分级路由协议(Hierarchical Routing Protocol):在平面网络引入层次概念。

(4) 地理位置协助路由协议(Geographic Position Assisted Routing Protocol)。

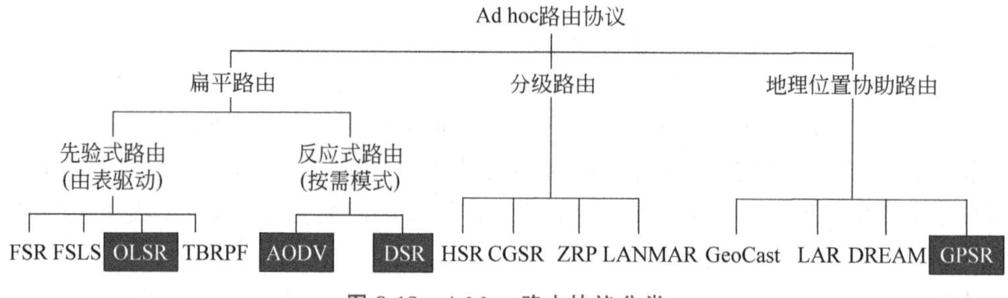

图8-18 Ad hoc路由协议分类

在介绍Ad hoc路由协议之前,先来介绍传统的路由算法,看看它们应用在Ad hoc网络中会出现什么问题。

距离向量(Distance Vector):距离向量路由协议使用度量来记录路由器与所有知道的目的地之间的距离。这个距离信息使路由器能识别某个目的地最有效的下一跳。

链路状态(Link State):周期性通知所有路由器当前物理连接状态,路由器需要知道整个网络的连接情况。

在移动情况下,传统的路由算法会带来很多局限性。例如,周期性地更新路由表,需要大量时间,而且对于目前并不活动的节点很难实现。由于要交换路由信息,本来有限的带宽还要进一步缩减。另外,连接并不是对称的。

1. 泛洪法

下面将介绍最简单的Ad hoc路由协议算法,称为泛洪法(Flooding)。泛洪法的执行步骤如下。

(1) 信息发出者S将它要发送的数据包P发给所有与它相邻的节点。

(2) 每个收到数据包 P 的节点 M 再次把 P 发送给与 M 相邻的节点。

(3) 每个节点对相同的数据包只发送一次。

(4) 因此,只要发出者 S 到接收者 D 存在一条路径,数据包 P 总能够被 D 收到。

(5) D 不再发送数据包 P。

下面以图 8-19 为例,介绍一下 Flooding 算法的详细过程。○表示已经收到数据包 P 的节点,——表示两个节点之间连接,┈→表示数据包的传输。在图 8-19(a)中,节点 S 想把数据包 P 传给节点 D。它检测到自己与 B、C、E 相邻,于是它把 P 传给 B、C 和 E。接下来 B、C 和 E 依此类推,把数据包传给相邻的节点。注意这里 B 和 C 同时要传给 H,有碰撞的危险(见图 8-19(c))。节点 C 会收到 H 与 G 传来的数据包,但不会继续往下传,因为节点 C 已经发送过数据包 P 了。在图 8-19(e)中,D 会收到来自 J 和 K 发送的数据包。J 和 K 相互没有联系,因此它们发送的数据也有可能发生碰撞。一旦这种情况发生,数据包 P 可能根本没办法传到节点 D,尽管我们用了 Flooding 算法。鉴于 D 是要收到数据包的节点,D 不再向其他节点发送 P。

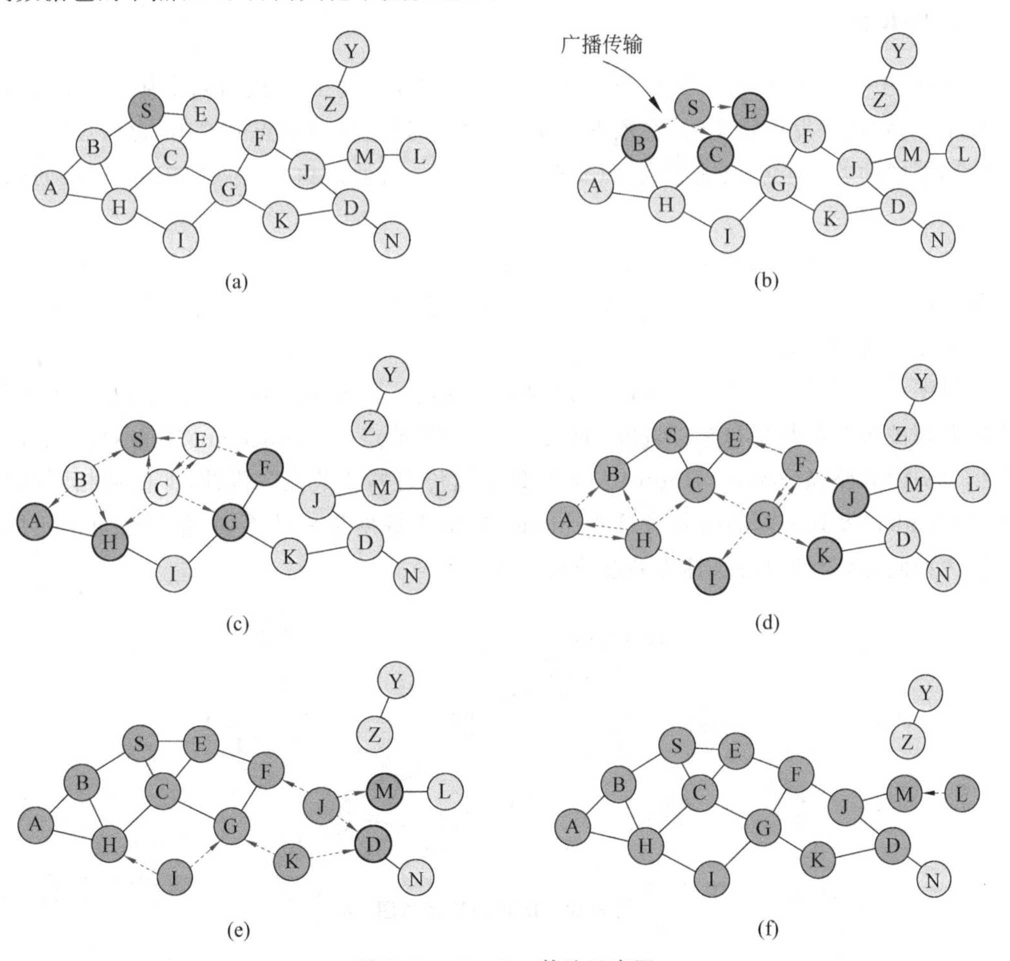

图 8-19 Flooding 算法示意图

在上面的例子可以看出,Flooding 算法会把数据发送给很多节点,最坏的情况是为了成功传输数据,所有节点都收到了这个数据包。这会造成大量的浪费。而且,假定我们希望把数据从 S 传到 Z、S 和 Z 之间根本没有连接路径,但是用 Flooding 算法,需要把节点 A~N 全部发送完毕才发现根本没有到 Z 的路径。

这是一个非常简单的算法,而且由于从发送者到接收者的路径可以有很多条,传输成功的概率是很高的。另外,当信息传播速率较低时,Flooding 算法可能比其他协议更高效。

Flooding 算法也有很多缺点和局限性。Flooding 算法会把数据包传输给很多并不需要收到数据的节点。采用广播的方法进行泛洪,如果不大幅度增加开销,很难进行有效的传输。我们还需要考虑碰撞造成的丢包问题。

现在很多协议在 Flooding 算法中传输的是控制包,而不是数据包。控制包是用来发现路由的,已经被发现的路由链路则被用来传输数据包。

2. DSR 协议

DSR (Dynamic Source Routing)是一种基于源路由方式的按需路由协议。在 DSR 协议中,当发送者发送报文时,在数据报文头部携带到达目的节点的路由信息,该路由信息由网络中的若干节点地址组成,源节点的数据报文就通过这些节点的中继转发到达目的节点。

与基于表驱动方式的路由协议不同的是,在 DSR 协议中,节点不需要实时维护网络的拓扑信息,因此在节点需要发送数据时,如何能够知道到达目的节点的路由是 DSR 协议是需要解决的核心问题。

以图 8-20 为例,介绍一下 DSR 协议的工作方式。当 S 要向 D 发送数据包时,整个路由链路都被包含在数据包头(Packet Header)。中间节点(Intermediate Nodes)用包含在数据包头的源路径(Source Route)去决定数据包传向哪个节点。因此,即使从相同的发送者(Sender)发到相同的接收者(Destination),由于数据包头的不同,路径也可能不同。正因为如此,这个路由协议称为动态源路由协议。

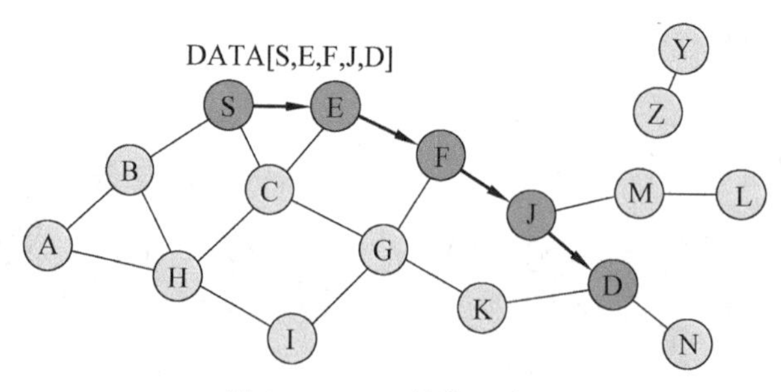

图 8-20 DSR 协议示意图

DSR 协议中假设:①所有的节点都愿意向网络中的其他节点发送数据;②一个 Ad hoc 网络的直径不能太大(网络直径是指网络中任意两个节点间距离的最大值);③节点

的移动速度适中。

DSR 执行方式如下。

(1) 当 S 想要向 D 发送数据包,但不知道到 D 的路由链路,节点 S 就初始化一个路由发现(Route Discovery)。

(2) S 用泛洪法发出路由请求(Route Request,RREQ)。

(3) 每个节点继续发送 RREQ 时,加上自己的标识(Identifier)。

(4) 节点 S 接收到路由应答(Route Reply,RREP)后,把路径存到缓存中。

(5) 当 S 向 D 发送数据包时,整个路径就被包含在数据包头中了。

(6) 中间节点利用包头中的源路径去决定该向谁发送数据。

1) 路由发现

每个 RREQ 包含以下内容: ＜目标地址(Target Address),发出者地址(Initiator Address),路径记录(Route Record),请求标识符(Request ID)＞。每个节点都有一个＜Initiator Addfree,Request ID＞的列表。当节点 Y 收到 RREQ 时,如果 ＜Initiator Address,Request ID＞ 在列表中,则丢弃这个 Request Packet。如果 Y 是目的节点或 Y 是在通向目的节点的一个节点返回包含从发送者到目的节点的路径的路由应答,把这个节点自身的地址加入 RREQ 的路径记录中,并重新广播 RREQ。

2) 路由应答

路由应答如图 8-21 所示。

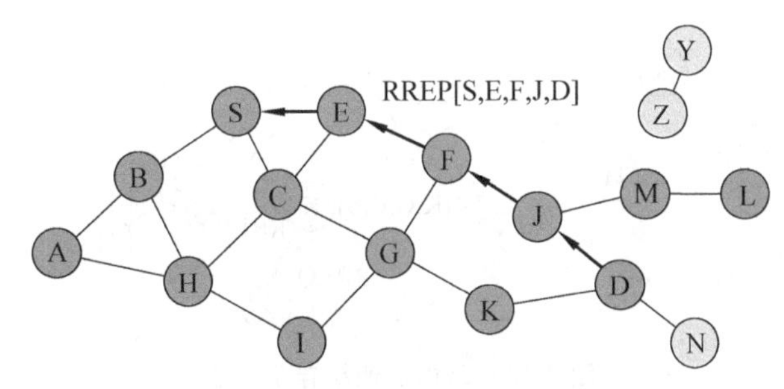

图 8-21 路由应答(←表示 RREP 控制信息)

目的节点 D 收到第一个 RREQ 后,发出一个 RREP。RREP 包括从 S 到 D 的路径,当链路连接能够保证双向时,RREP 能够按照 RREQ 中记下来的路径的相反方向把 RREP 返回给 S。如果只允许单向传输,RREP 需要发现一条从 D 到 S 的路径。

3) 路由维护

在 Ad hoc 网络中,并不能总是保证得到的路径信息都是最新的。例如,图 8-22 中,从节点 S 向 D 发送数据,本来路由表中记录的路径是 S—E—F—J—D,但是 J—D 原本相连的路径断开,如图 8-22 所示。当 J 发现 J—D 路线断开时,J 沿着路线 J—F—E—S 向 S 发送一个路由错误(Route Error,RERR)。接收到 RERR 的节点则更新内部的路由缓存,把所有与 J—D 这条路径有关的无效路径全部清除。

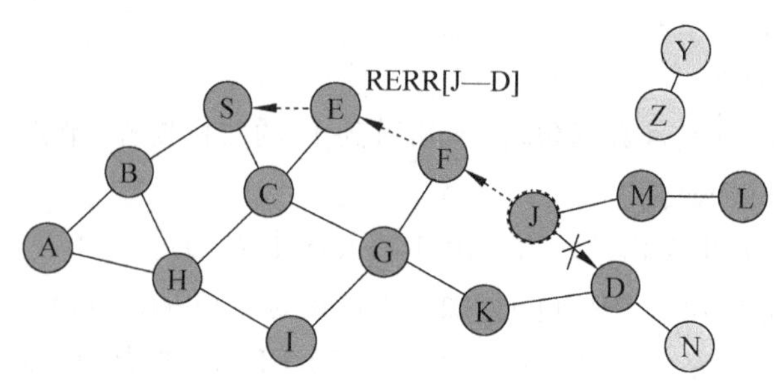

图 8-22 路由维护

4）路由高速缓存

我们知道，在计算机中缓存可以用来加速进程。同样，在 Ad hoc 网络中，采用缓存可以加速路由路径的发现过程，每个节点缓存通过任何方式获得新路由。在图 8-23 中，当节点 S 发现路径[S,E,F,J,D]到达节点 D 之后，节点 S 也学会了到达节点 F 的路径[S,E,F]。当节点 K 收到到达节点 D 的路由请求[S,C,G]时，节点 F 就学到了到达节点 D 的路径[F,J,D]。当节点 E 继续沿着路径传输数据[S,E,F,J,D]时，它就知道了到达节点 D 的路径[E,F,J,D]。甚至一个节点偷听到数据时，也能更新自己的路由信息。当然，相应的问题就是未及时更新的路由缓存可能产生更大的开销。

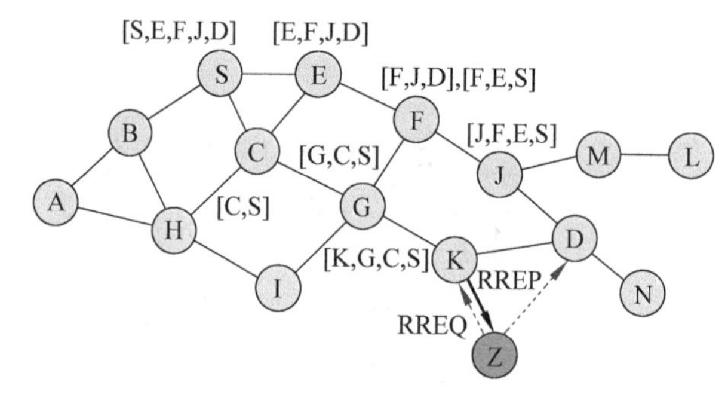

图 8-23 路由高速缓存示意图

5）DSR 的优点和缺点

不难发现，与泛洪法相比，DSR 只在需要进行通信的节点直接传送数据，而不必影响其他节点。这也减少了维持路由的开销。而且，路由高速缓存的存在，进一步减少了路由发现的开销。

另外，由于中间节点可以从本地缓存得到路径信息，发现一条路由路径可能意味着发现多条路由路径，可以从不同的渠道将信息传达给目的节点。

在每个数据包头前面都要加上中间节点的相关信息，随着路径长度的增加，数据包的长度也会相应增加，这样传输效率会明显降低。在发送 RREQ 时要采用泛洪法，其实也可能把这个请求发到整个网络的所有节点。

另外，同泛洪法一样，DSR 也可能发生因碰撞导致的丢包现象。解决方法是在传播

RREQ之前加入随机时延。如果过多的路由应答想要用某个节点的本地缓存，则会引起竞争。未及时更新的缓存也会增加开销。这些都是采用DSR的弊端。

3. AODV协议

AODV(Ad hoc On-Demand Distance Vector Routing)是一种源驱动路由协议，属于网络层协议。每次寻找路由时都要触发应用层协议，增加了实现的复杂度。DSR协议中，在数据包头包含了相应的路径信息，那么当数据包本身包含的数据很少时，如果路径信息很多，会极大地降低效率。为了改善这一措施，AODV协议通过让每个节点记录路由表，从而不必让数据包头包含相应路径信息。AODV协议保持了DSR协议中路径信息只在需要通信的节点中传播的特点。

1) AODV的执行方式

(1) 路由请求的传播方式和DSR类似。

(2) AODV假定通信链路是双向的。

(3) 当一个节点以广播的方式传播路由请求时，它会建立一条通向源节点的路径。

(4) 当要接收数据的目的节点收到RREQ后，会发送一个RREP。

(5) 路由应答沿着那条向源节点的路径传播。

(6) 路由表有两个功能：一个是负责在一段时间之后清除返回源节点的路径；另一个是在一段时间之后清除前进路径。

(7) 当RREQ向前传播时，中间节点的路由表会更新。当RREP从接收数据的目的节点往回传播时，中间节点的路由表也会更新。

2) AODV中的路由请求

在转发过程中的RREQ，中间节点从收到的以广播方式发出的数据包的第一个副本(Copy)记录下它的相邻节点的地址。如果之后又收到了相同的RREQ，这些RREQ会被丢弃。RREP数据包被传回相邻的节点，因此路由表也相应地进行更新。AODV中的路由请求如图8-24所示。

3) AODV中反向路径的建立

AODV中反向路径的建立如图8-25所示。

在图8-25(a)中，节点C收到了来自G和H的RREQ，但是节点C已经传播了RREQ，它不再传播收到的RREQ。在图8-25(c)中，由于节点D是RREQ的目的节点，节点D也不再传播RREQ。

4) AODV中的路由应答

一个中间节点(非目的节点)只要知道了一条比到发送者S更近的路线，它也可以发送一个RREP，如图8-26所示。目的节点的序列号可以被用于决定到中间节点的路径是不是最新的。在AODV算法中，一个中间节点发送RREP的可能性没有DSR算法中高。

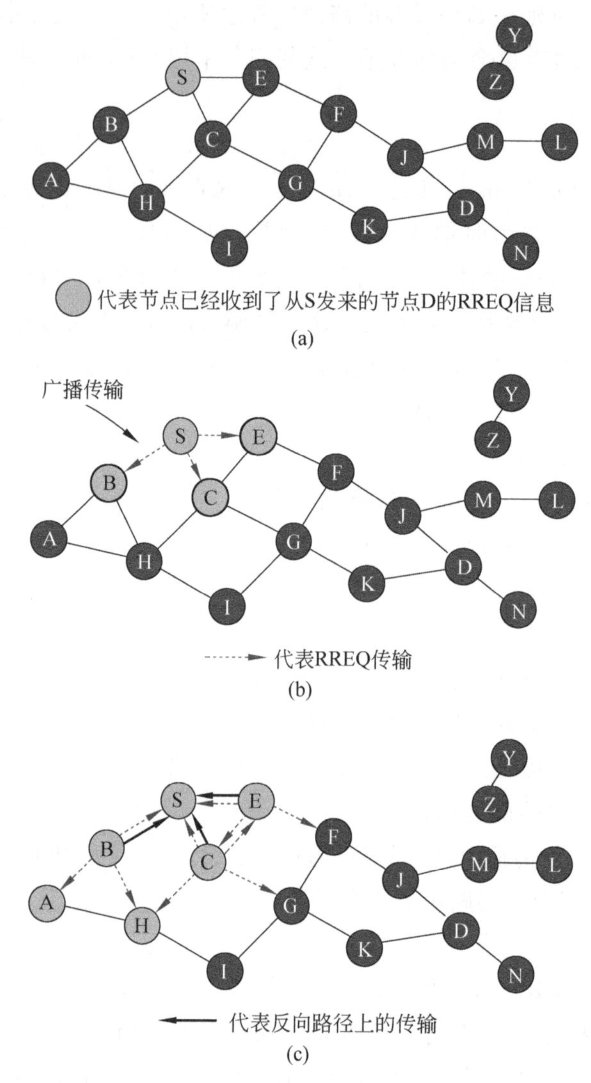

图 8-24 AODV 中的路由请求

5）超时和错误

维护一个反向路径的路由表条目在经过一个超时(Timeout)时间间隔后会被删除。超时时间间隔必须足够长,以确保 RREP 可以返回。一个前向路径的路由表如果在 Active_Route_Timeout 时间内没有被使用就会被清除。如果没有使用一个特定的路由表条目发送数据,该条目将被从路由表中删除(即使路线实际上可能仍然有效)。

对于节点 X 的一个相邻的节点,如果这个节点在 Active_Route_Out 时间内发送了一个数据包,这个节点就可以被称为活跃的(Active)。当在路由表项目中第二跳的连接被破坏时,所有活跃的相邻节点都会被通知到。这样一来,连接失败的信息就会通过路由错误信息(Route Error Messages)传播,同时也更新目的节点的序号。

当节点 X 不能沿路径(X,Y)传播要从 S 发送到 D 的数据包时,它会产生一个 RERR

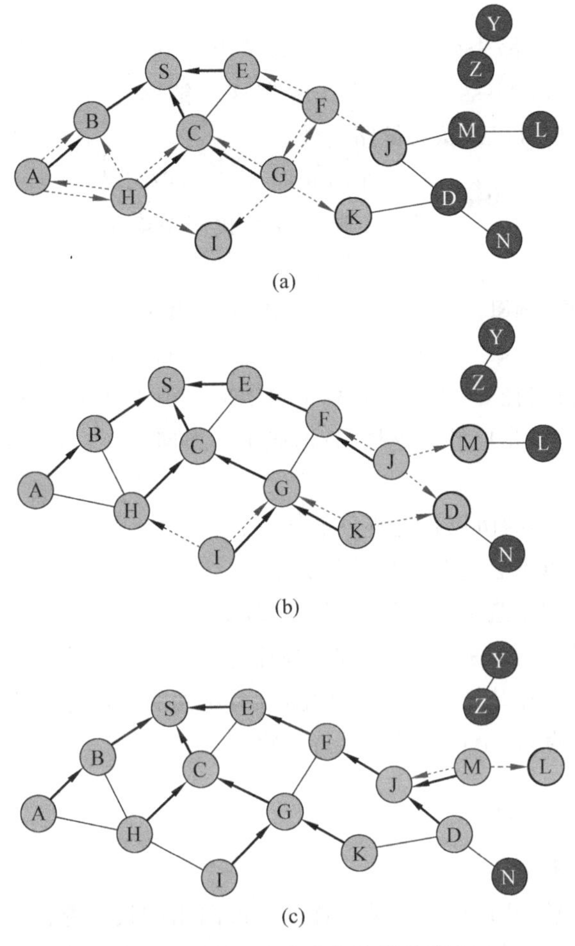

(a)

(b)

(c)

图 8-25 AODV 中反向路径的建立

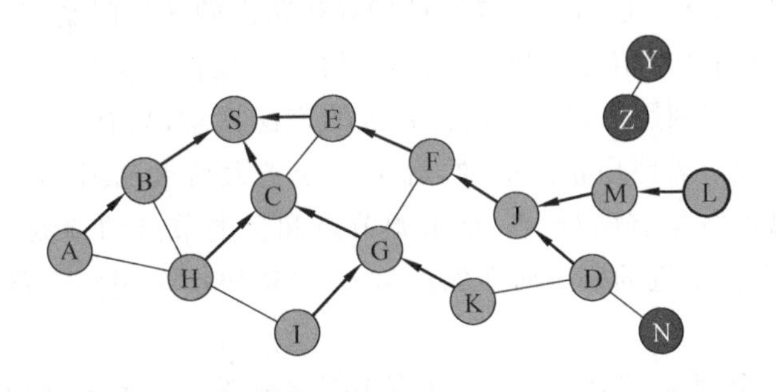

图 8-26 AODV 中的路由应答

信息。节点 X 会增加它缓存中关于 D 的序列号。RERR 中包含已经被增加的序列号 N。当节点 S 收到这个 RERR 时，它就用至少为 N 的序列号重新进行到目的节点 D 的路由发现。节点 D 收到目标序列号 N 之后，D 就把自己的序列号置为 N，除非它当前的

序列号已经比 N 大。

AODV 还有检测链路失效的机制。相邻节点之间相互定期交换 Hello Messages。如果缺少了某个 Hello Message，就可以认为这条链路已经失效。类似地，没有收到 MAC 层的应答信号也可以被认为链路失效。

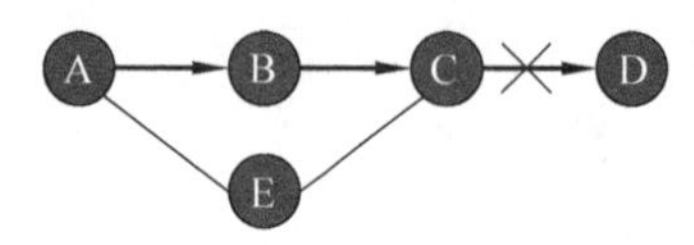

图 8-27 Ad hoc 网络简图

在前面提到 AODV 中的序列号。为什么要用序列号这个概念呢？我们考虑下面的例子，来更清楚地解释这个问题。

图 8-27 中，假设由于从 C 发出的 RERR 丢失，A 不知道 C 到 D 的路径已经坏掉。现在 C 要进行到 D 的路径查找。节点 A 通过路径 C—E—A 收到了 RREQ。由于 A 知道经过 B 到达 D 的路径，A 将会对这个 RREQ 做出应答。这样，就形成了一条回路(C—E—A—B—C)。

6) AODV 总结

AODV 协议和前面的协议相比有以下特点。

(1) 路径信息可以不必包含在数据包头中。

(2) 节点序列号用于避免过时的或者已经坏掉的链路。

(3) 节点序列号可以用来防止路径形成回路。

(4) 即使网络的拓扑结构没有发生变化，没有用到的路径也会被清除。

(5) 对于每个节点，每个目标最多维持一跳。

4. LAR

1) LAR 协议概述

LAR(Location-Aided Routing)是一种基于源路由的按需路由协议。它的思路是利用移动节点的位置信息来控制路由查询范围，从而限制路由请求过程中被影响的节点数目，提高路由请求的效率。它利用位置信息将寻找路由的区域限制在一个较小的请求区域内，由此减少了路由请求信息的数量。LAR 协议在操作上类似于 DSR 协议。在路由发现过程中，LAR 协议利用位置信息进行有限的广泛搜索，只有在请求区域内的节点才会转发路由请求分组。若路由请求失败，源节点会扩大请求范围，重新进行搜索。LAR 协议确定请求区域的方案有两种：一是由源节点和目的节点的预测区域确定的矩形区域；二是距离目的节点更近的节点所在的区域。LAR 协议采用按需路由机制，但它离不开 GPS 的支持。

LAR 协议可采用两种控制路由查找的策略：区域策略和距离策略。LAR 协议中节点通过 GPS 获得自己的当前位置(x,y)。源节点在发送的路由请求中携带自己的当前位置和时间，目的节点也在路由应答中携带自己的当前位置和时间，沿途转发请求或应答分组的节点可以得到源节点或目的节点的位置信息，通过这种方法节点可以获得其他节点的位置信息。

2) LAR 区域策略

通过计算目的节点期望区(Expected Zone，EZ)和路由请求区(Request Zone，RZ)来限制路由请求的传播范围，只有在RZ中的节点才参与路由查找。

如图8-28所示，假设t_1时刻节点S要查找到节点D的路由，S知道在t_0时刻D的位置为(X_d,Y_d)，其平均移动速度为v，则在t_1时刻，S认为D应该在以(X_d,Y_d)为圆心，以$r=v(t_1-t_0)$为半径的圆EZ内。RZ是包含源节点S和EZ的最小直角形区域。S将RZ的边界坐标写入请求分组并广播。收到请求的节点，设为I，若I在分组标记的RZ内且请求分组不重复，I转发该分组，否则删除。若I为目的节点，将发送路由应答给S。

3）距离策略

通过计算节点和目的节点之间的距离来决定节点是否可以转发路由请求。在图8-29中，假设t_1时刻节点S要查找到节点D的路由，S知道在t_0时刻D的位置为(X_d,Y_d)。S计算它到(X_d,Y_d)的距离为$DIST_s$，并将$DIST_s$和(X_d,Y_d)写入路由请求分组。当节点I从S那里接收到路由请求，I计算它到(X_d,Y_d)的距离$DIST_i$。若$a(DIST_s)+b \geqslant DIST_i$，$a$、$b$为待定参数，I对请求分组进行处理，用$DIST_i$代替$DIST_s$，并转发。随后的节点使用相同的比较方法，将自己到目的节点的距离和分组中的距离$DIST_s$加上b进行比较，以确定是否转发。因此，初始时，请求区(X_d,Y_d)在以D为圆心，以$DIST_s$为半径的圆RZ_s内，I更新后请求区在以$DIST_i$为半径的圆RZ_i内。若$DIST_s+b<DIST_i$，则I删除该分组。若I为目的节点，将发送路由应答给S。

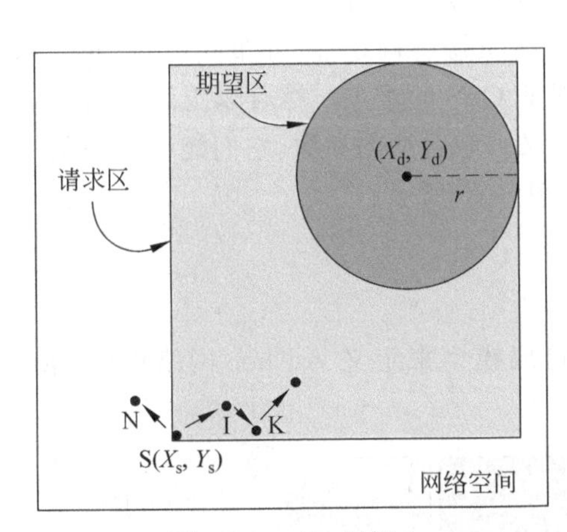

图8-28 LAR图解1

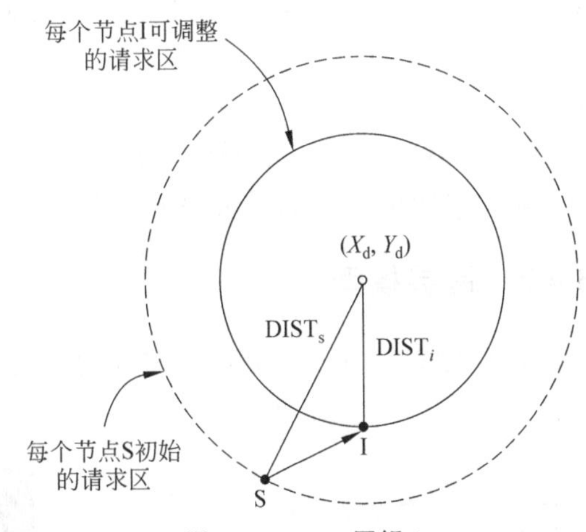

图8-29 LAR图解2

4）LAR协议评价

LAR协议将路由表查找限制在RZ内，在RZ之外的节点不受路由请求的干扰，因此路由查找速度快，开销小，网络的扩展性能好，需要额外设备GPS的支持。若初始时节点确定的查找区域不准确，例如，目的节点的移动速度高于源节点记录的速度，目的节点并不在EZ中，会造成源节点增加查找范围，重新进行查找，这会增加延迟和网络开销。当源节点没有目的节点的位置信息时，其查找范围为整个网络，等同于泛洪法。

8.4 Ad hoc的服务质量和安全问题

8.1节介绍了Ad hoc网络的基本概念,8.3.3节介绍了Ad hoc网络相应的路由协议。但是对于一个网络,保证良好的服务质量(QoS)和安全性是网络稳定运行的关键。在本节中,将会讨论Ad hoc网络的服务质量和安全问题。

8.4.1 服务质量的概念

服务质量指一个网络能够利用各种基础技术,为指定的网络通信提供更好的服务能力,它是网络的一种安全机制,是用来解决网络延迟和阻塞等问题的一种技术。在正常情况下,如果网络只用于特定的无时间限制的应用系统,并不需要QoS,例如Web应用、E-mail设置等。但是对关键应用和多媒体应用就十分必要。当网络过载或拥塞时,QoS能确保重要业务量不会延迟或不被丢弃,同时保证网络的高效运行。

QoS是系统的非功能化特征,通常是指用户对通信系统提供服务的满意程度。

在计算机网络中,QoS主要是指网络为用户提供的一组可以测量的预定义的服务参数,包括时延、时延抖动、带宽和分组丢失率等,也可以看成是用户和网络达成的需要双方遵守的协定。网络所提供的QoS能力是依赖于网络自身及其采用的网络协议特性的。运行在网络各层的QoS控制算法也会直接影响网络的QoS支持能力。

在Ad hoc网络中,链路质量不确定性、链路带宽资源不确定性、分布式控制(缺少基础设施)为QoS保证带来困难,网络动态性也是保证QoS的难点。综合以上因素,在Ad hoc网络中,QoS必须进行重新定义。人们需要定义一组合适的参数,它们能够反映网络拓扑结构的变化,适合这种低容量时变的网络,如图8-30所示。

8.4.2 跨层模型

为了克服8.4.1节提到的这些问题,需要用跨层模型来定义Ad hoc网络中的QoS(见图8-31)。

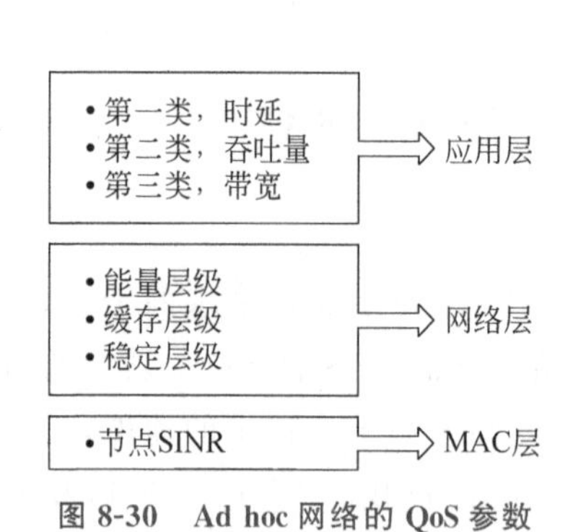

图8-30 Ad hoc网络的QoS参数

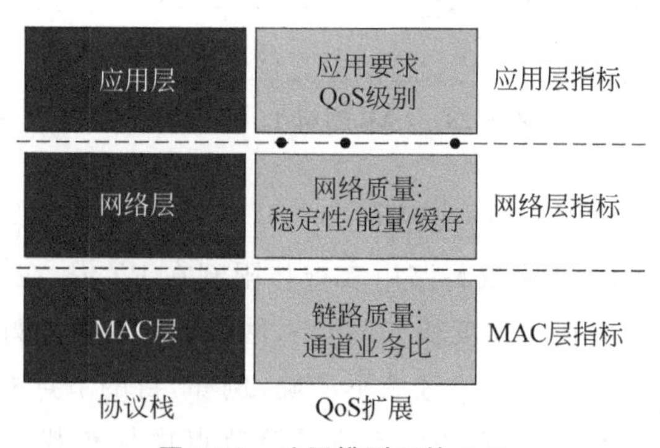

图8-31 跨层模型下的QoS

应用层指标:ALMs(Application Layer Metrics)。

网络层指标：NLMs(Network Layer Metrics)。

MAC 层指标：MLMs(MAC Layer Metrics)。

MLMs 和 NLMs 决定了链路的质量。ALMs 用来选择最能满足应用需求的链路。

8.4.3 Ad hoc 网络中的安全问题

传统网络中的加密和认证应该包括一个产生和分配密钥的密钥管理中心(Key Management Center,KMC)、一个确认密钥的认证机构以及分发这些经过认证的公用密钥的目录服务。Ad hoc 网络显然缺乏这类基础设施支持,节点的计算能力很低,这些都使得 Ad hoc 网络中难以实现传统的加密和认证机制,节点之间难以建立起信任关系。

传统网络中的防火墙技术用来保护网络内部与外界通信时的安全。防火墙技术的前提是假设网络内部在物理上是安全的。但是,Ad hoc 网络拓扑结构动态变化,没有中心节点,进出该网络的数据可由任意中间节点转发,这些中间节点的情况是未知且难以控制的。同时,Ad hoc 网络内的节点难以得到足够的保护,很容易实施网络内部的攻击。因此,防火墙技术不再适用于 Ad hoc 网络,并且难以实现端到端的安全机制。

在 Ad hoc 网络中,由于节点的移动性和无线信道的时变特性,基于静态配置的安全方案不适用于 Ad hoc 网络。

综上所述,理想的 Ad hoc 安全体系结构至少应包括路由安全问题、密钥管理、入侵检测、响应方案与身份认证方案。事实上,Ad hoc 网络的很多特性使得在设计安全体系结构时仍然面临诸多挑战。下面在每个层中具体分析一下 Ad hoc 网络中的安全问题。

1. 物理层的网络安全

Ad hoc 网络中物理层的网络安全非常重要,因为许多攻击和入侵都来自于这一层。Ad hoc 网络中物理层必须快速适应网络连接特点的变化。这一层中最常见的攻击和入侵有网络窃听、干扰、拒绝服务攻击和网络拥塞。Ad hoc 网络中一般的无线电信号非常容易堵塞和被拦截,而且攻击者能够窃听和干扰无线网络的服务。攻击者有足够的传输能力,掌握了物理和链接控制层机制就能很容易地进入无线网络中。

(1) 窃听。窃听是指非法阅读信息和会话。Ad hoc 网络中的节点共享传输介质和使用 RF 频谱及广播通信的性质,很容易被窃听,只要攻击者调整到适当的频率,可以导致传输的信息能够被窃听。

(2) 信号干扰。对无线电信号的干扰和拥塞导致信息的丢失和损坏。一个强大的信号发射器能够产生足够大的信号来覆盖和损坏目标信号,使得通信失败。脉冲和随机噪声是最常见的信号干扰。

2. 数据链路层的网络安全

Ad hoc 网络是一个开放的多点对点的网络架构,数据链路层协议始终保持相邻节点的跳连接。许多攻击都是针对这一层的协议而发起的。无线介质访问控制(MAC)协议必须协调传输节点的通信和传输介质。基于两个不同的协调算法,在 IEEE 802.11 MAC 协议中采用了分布式争议解决机制。一种是分布式协调功能(Distributed Coordination

Function,DCF),这是完全分布式访问协议;另一种是一个中心网络控制方式,称为点协调功能(Point Coordination Function,PCF)。多个无线主机解决争议的方法,在 DCF 中使用 CSMA/CA 机制。

1) IEEE 802.11 MAC 协议的安全问题

IEEE 802.11 MAC 容易受到 DoS 攻击。攻击者可能利用二进制指数退避机制发起 DoS 攻击。例如,攻击者在传输中加入一些位或者是忽略正在进行的传输就能够很容易地破坏整个协议框架。在相互竞争的节点中,二进制指数主张谁导致了捕获效应谁就赢得竞争。捕获效应就是与解调有关的一种效应,尤其对于强度调制信号,当两个信号出现在无线电接收机的输入端的通带内时,只有较强输入信号的调制信号出现在输出端。那么恶意节点就可以利用捕获效应这一脆弱性。此外,它可引起连锁反应并在上层协议使用退避计划,如 TCP Window Management。

在 IEEE 802.11 MAC 协议中通过网络分配矢量(Network Allocation Vector,NAV)领域进行的 RTS/CTS 帧也容易受到 DoS 攻击。在 RTS/CTS 握手中,发信人发出一个 RTS 帧,包括完成 CTS 所需要的时间、数据和 ACK 帧。所有相邻节点(不管是发送者还是接收者)都可以根据它们偷听到传输时间来更新它们的 NAV 领域。攻击者就可以利用这一点。

2) IEEE 802.11 WEP 协议的安全问题

IEEE 802.11 标准第一个安全规则就是有线等效保密(WEP)协议。它的目的是保障无线局域网的安全。但是,在 WEP 协议中,使用 RC4 加密算法有许多设计上的缺陷和一些弱点。众所周知,WEP 协议容易在信息保密性和信息完整性受到攻击,尤其是受到概率加密密钥恢复攻击。目前,在 IEEE 802.11i 中 WEP 取代了高级加密标准(AES)。但 WEP 协议有如下一些缺点。

WEP 协议中没有指定密钥管理。缺乏密钥管理是一种潜在的风险,因为大多数攻击都是利用许多人手动发送秘钥这一种方式。在 WEP 中初始化向量(IV)明确地发送一个 24 位字段,而且部分 RC4 算法导致概率加密密钥恢复攻击(通常称为分析攻击)。WEP 使用 RC32 算法作为其数据完整性的校验算法,该算法的非加密性会导致 WEP 受到信息保密性和信息完整性的攻击。

3. 网络层中的网络安全

在 Ad hoc 网络中,节点也充当路由器使用,发现和保持路由到网络的其他节点。在相互连接的节点建立一个最佳的和有效的路径是 Ad hoc 路由协议首先关注的问题。攻击路由可能会破坏整体的信息传输,可导致整个网络瘫痪。因此,网络层的安全在整个网络中发挥着重要作用。网络层所受到的攻击比所有其他层都要多。一个良好的安全路由算法可以防止某一种攻击和入侵。没有任何独特的算法,可以防止所有的弱点。

4. 传输层的网络安全

传输层的网络安全问题有身份验证,确保点到点的通信,数据加密通信,处理延迟,防止包丢失等。Ad hoc 的传输层协议提供并保证点到点的连接,提供可靠的数据包、流量控制、拥塞控制和清除点到点连接。就像互联网中的 TCP 模式,在 Ad hoc 网络中节点也易受会话劫持攻击。

1) SYN Flooding 攻击

SYN Flooding 攻击是 DoS 攻击的一种,SYN Flooding 攻击是指利用 TCP/IP 三次握手协议的不完善而恶意发送大量仅仅包含 SYN 握手序列数据包的攻击方式。这种攻击方式可能导致被攻击计算机为了保持潜在连接,在一定时间内大量占用系统资源而无法释放,产生拒绝服务甚至崩溃。

2) 会话劫持

所谓会话,就是两台主机之间的一次通信。例如,用户远程登录(Telnet)到某台主机,这就是一次 Telnet 会话;浏览某个网站,这就是一次 HTTP 会话。会话劫持(Session Hijack)就是结合了嗅探以及欺骗技术在内的攻击手段。例如,在一次正常的会话过程中,攻击者作为第三方参与到其中,他可以在正常数据包中插入恶意数据,也可以在双方的会话当中进行监听,甚至可以是代替某一方主机接管会话。可以把会话劫持攻击分为两种类型:中间人(Man-In-The-Middle,MITM)攻击和注射式(Injection)攻击;还可以把会话劫持攻击分为被动劫持和主动劫持。

被动劫持实际上就是在后台监视双方会话的数据流,从中获得敏感数据;而主动劫持则是将会话当中的某一台主机下线,然后由攻击者取代并接管会话,这种攻击方法危害非常大。

3) TCP ACK 风暴

TCP ACK 风暴比较简单。ACK 风暴(ACK Storm)是指当传输控制协议(TCP)承认(ACK)分组产生的情形,通常是因为一个企图会话劫持发起的。当攻击者发出如图 8-32 所示的信息给节点 A,并且节点 A 承认收到一个 ACK 数据包到节点 B,节点 B 会被迷惑并接到一个意外的序列号的包。它会向节点 A 发送一个包含预定序列号的 ACK 数据包来保持 TCP 同步会话。这个步骤会重复一次又一次,结果就导致了 TCP ACK 风暴。

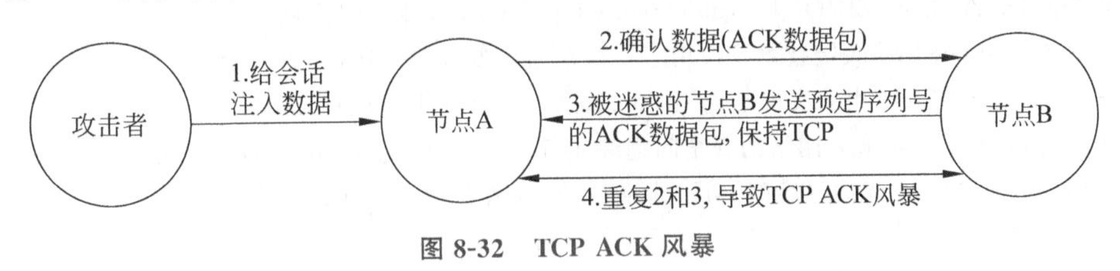

图 8-32 TCP ACK 风暴

5. 应用层的网络安全

应用层需要设计成能够处理频繁断线、重新恢复连接时的延时,以及数据包丢失。与其他层一样,应用层也容易受到黑客的攻击和入侵。因为这层包含用户数据,支持多种协议,如 SMTP、HTTP、Telnet 和 FTP,其中有许多漏洞和接入点可以用来被攻击。在应用层的攻击主要是恶意代码攻击和抵赖攻击。

(1) 恶意代码攻击。各种恶意代码,如病毒、蠕虫、间谍软件、特洛伊木马攻击用户的操作系统和应用程序,导致计算机系统和网络运行缓慢甚至崩溃。在 Ad hoc 网络中,攻击者可以产生这种攻击并且获得他们需要的信息。

(2) 抵赖攻击。恶意程序通过否认自己发送信息的行为和信息的内容来破坏网络的正常运行。计算机系统可以通过数字证书机制进行数字签名和时间戳验证,以证实某个特定用户发送了消息并且该消息未被修改。

习　题

1. 除了本书列举的例子外,给出 3 个更具体的 Ad hoc 网络在实际应用中的场景,并分析为何此场景下 Ad hoc 网络具有更优的表现力。

2. 分析针对 Ad hoc 的网络协议与其余网络协议在设计时要考虑的问题有哪些区别,另外,假定让你针对 Ad hoc 网络设计一个 MAC 协议,你会从哪些角度考虑设计,以提升 MAC 层的传输效率。

3. Ad hoc 无中心网络与有中心网络相比,存在哪些优势? 存在哪些劣势? (可以从分布式网络和集中式网络的角度分析)

4. 通过阅读本书知识点,分析隐藏终端和暴露终端产生的原因。

5. 针对隐藏终端和暴露终端的问题,可以通过何种机制解决?

6. 简述 Ad hoc 网络中路由协议的分类,同时分析 Ad hoc 网络路由协议中泛洪法的弊端。

7. 对比 AODV 和 DSR 协议,分析其主要区别。

8. 画图说明 AODV 发现的基本过程。

参考文献

[1] Wikipedia. Ad hoc [EB/OL]. https://en.wikipedia.org/wiki/Ad_hoc.

[2] 汪科夫. Ad hoc 网络关键技术及应用[J]. 广东通信技术,2006(3): 76.

[3] 张国清. QoS 在 IOS 中的实现与应用[M]. 北京: 电子工业出版社,2010.

[4] 王海涛,刘晓明. Ad hoc 网络的安全问题综述[J]. 计算机安全,2004(7): 26-30.

[5] 金纯. IEEE 802.11 无线局域网[M]. 北京: 电子工业出版社,2004.

人物介绍——无线网络专家 Dina Katabi 教授

Dina Katabi，麻省理工学院电气工程和计算机科学系教授。主要研究方向为无线网络、网络安全、交通工程、拥塞控制和路由。

1995 年在大马士革大学获得学士学位，在 2003 年于美国麻省理工学院获得计算机科学博士学位。她目前是麻省理工学院电气工程和计算机科学系教授，麻省理工学院无线网络和移动计算中心的副主任，计算机科学和人工智能实验室的首席研究员。

Wi-Vi 是美国麻省理工学院研发出的一个监测系统，这个系统可以利用 Wi-Fi 信号监测墙壁背后移动的物体。合作开发这一技术的是麻省理工学院教授 Dina Katabi 和研究生 Fadel Adib。该技术在军用和救援领域可以发挥重要作用，但同时也引发人们对个人隐私保护的担忧。

第9章 chapter 9

传感器网络

9.1 传感器网络概述

无线传感器网络(Wireless Sensor Network,WSN)被认为是21世纪最重要的技术之一。无线传感器网络的应用前景非常广阔,能够广泛应用于环境监测和预报、建筑物状态监控,以及军事、健康护理、智能家居、城市交通、大型车间、仓库管理、机场、大型工业园区的安全监测等领域。随着"感知中国""智慧地球"等国家战略性课题的提出,传感器网络技术的发展对整个国家的社会与经济,甚至人类未来的生活方式都具有重大意义。

近20年,以互联网为代表的计算机网络技术给世界带来了深刻变化,然而,网络功能再强大,网络世界再丰富,终究是虚拟的,与现实世界还是相隔的。互联网必须与传感器网络相结合,才能与现实世界相联系。集成了传感器、微机电系统和网络技术的新型传感器网络(又称物联网)是一种全新的信息获取和处理技术,其目的是让物品与网络连接,使之能被感知、方便识别和管理。物联网用途广泛,遍及智能交通、环境保护、政府工作、公共安全、平安家居、智能消防、工业监测、老人护理、个人健康等多个领域。物联网被称为继计算机、互联网之后,世界信息产业的第三次浪潮。业内专家认为,物联网一方面可以提高经济效益,大大节约成本;另一方面可以为全球经济的复苏提供技术动力。目前,美国、欧盟成员国、中国等都投入巨资深入探索研究物联网。

随着美国"智慧地球"计划的提出,物联网已成为各国综合国力较量的重要因素。美国将新兴传感器网络技术列为"在经济繁荣和国防安全两方面至关重要的技术"。加拿大、英国、德国、芬兰、意大利、日本和韩国等都加入传感器网络的研究,欧盟成员国将传感器网络技术作为优先发展的重点领域之一。据Forrester等权威机构预测,下一个万亿级的通信业务将是传感器网络产业。

如图9-1所示,无线传感器网络由数据采集网络和数据分发网络组成,并由统一的管理中心控制。无线传感器网络是新型的传感器网络,同时也是一个多学科交叉的领域,与当今主流无线网络技术一样,均使用IEEE 802.15.4的标准,由具有感知能力、计算能力和通信能力的大量微型传感器节点组成,通过无线通信方式形成的一个多跳的自配置的网络系统,其目的是协作地感知、采集和处理网络覆盖区域中感知对象的信息,并发给观察者。强大的数据获取和处理能力使得其应用范围十分广泛,可以被应用于军事、防爆、救灾、环境、医疗、家居、工业等领域,无线传感器网络已得到越来越多的关注。由此可

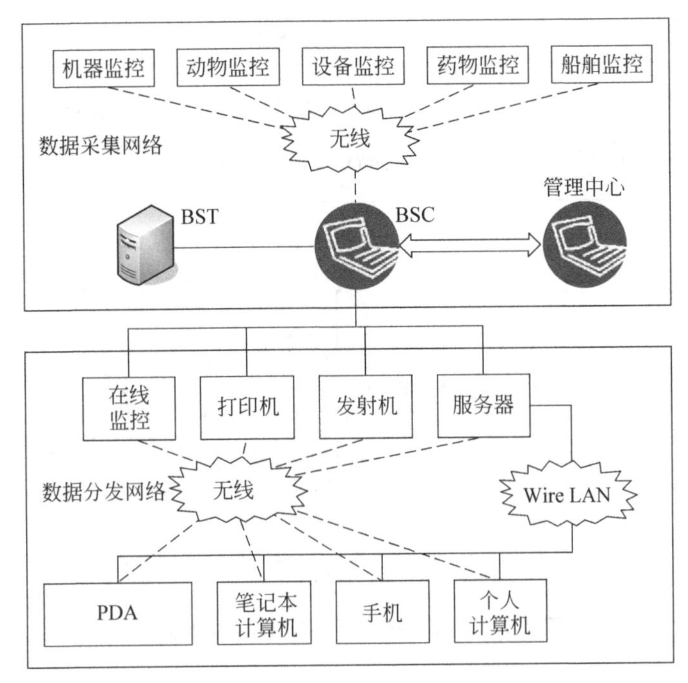

图 9-1 无线传感器网络示意图

见，无线传感器网络的出现将会给人类社会带来巨大的变革。

9.2 无线传感器网络

9.2.1 IEEE 1451 与智能传感器

理想的传感器节点应该包括以下特点和功能：安装简易，自我识别，自我诊断；可靠性，节点间时间同步，软件功能及数字信号处理，标准通信协议与网络接口。

如图 9-2 和图 9-3 所示，为了解决传感器与各种网络相连的问题，以 Kang Lee 为首的一些有识之士在 1993 年就开始构造一种通用智能化传感器的标准接口。1993 年 9 月，IEEE 第九届技术委员会（即传感器测量和仪器仪表技术协会）决定制定一种智能传感器通信接口的协议。1994 年 3 月，NIST 和 IEEE 共同组织了一次关于制定智能传感器接口和智能传感器网络通用标准的研讨会。经过几年的努力，IEEE 会员分别在 1997 年和 1999 年投票通过了其中的 IEEE 1451.2 和 IEEE 1451.1 两个标准，同时成立了两个新的工作组对 IEEE 1451.2 标准进行进一步的扩展，即 IEEE 1451.3 和 IEEE 1451.4。IEEE、NIST 和波音、惠普等一些大公司积极支持 IEEE 1451，并在传感器国际会议上进行了基于 IEEE 1451 标准的传感器系统演示。2007 年，IEEE 1451.5 颁布。

IEEE 1451.2 标准规定了一个连接传感器到微处理器的数字接口，描述了传感器电子数据表（Transducer Electronic Data Sheet，TEDS）的数据格式，提供了一个连接 STIM 和 NCAP 的 10 线的标准接口 TII，使制造商可以把一个传感器应用到多种网络中，使传

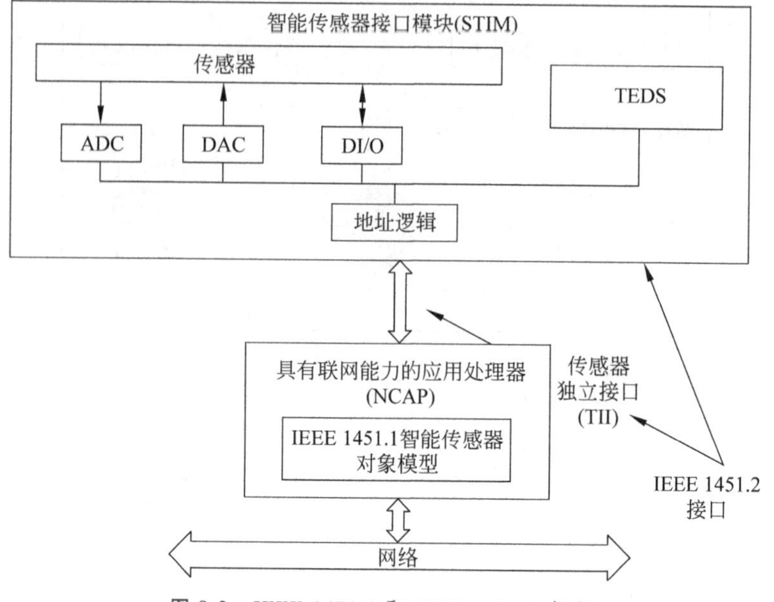

图 9-2　IEEE 1451.1 和 IEEE 1451.2 框架

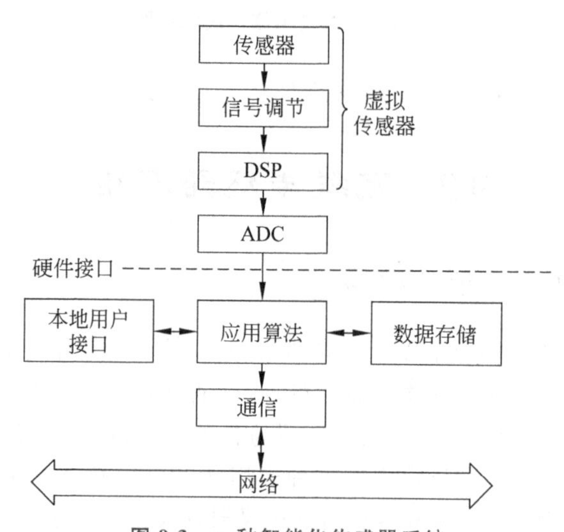

图 9-3　一种智能化传感器系统

感器具有即插即用(Plug and Play)兼容性。这个标准没有指定信号调理、信号转换或TEDS如何应用,由各传感器制造商自主实现,以保持各自在性能、质量、特性与价格等方面的竞争力。

IEEE 1451.1定义了网络独立的信息模型,使传感器接口与NCAP相连,它使用面向对象的模型定义提供给智能传感器及其组件。该模型由一组对象类组成,这些对象类具有特定的属性、动作和行为,它们为传感器提供一个清楚、完整的描述。同时,该模型也为传感器的接口提供了一个与硬件无关的抽象描述。该标准通过采用一个标准的应用程序接口(API)来实现从模型到网络协议的映射。同时,这个标准以可选的方式支持所有的接口模型的通信方式,如STIM、TBIM(Transducer Bus Interface Module)和混合模式传感器。

IEEE 1451.3提议定义了一个标准的物理接口指标,以多点设置的方式连接多个物理上分散的传感器。这是非常必要的,例如,在某些情况下,由于恶劣的环境,不可能在物理上把TEDS嵌入在传感器中。IEEE 1451.3标准提议以一种小总线(Mini-Bus)方式实现变送器总线接口模型,这种小总线因足够小且便宜可以轻易地嵌入传感器中,从而允许通过一个简单的控制逻辑接口进行最大量的数据转换。

作为IEEE 1451标准成员之一,IEEE 1451.4定义了一个混合模式变送器接口标准,如为控制和自我描述的目的,模拟量变送器将具有数字输出能力。它将建立一个标准,允许模拟输出的混合模式的变送器与IEEE 1451兼容的对象进行数字通信。每个IEEE 1451.4兼容的混合模式变送器由一个变送器电子数据表和一个混合模式的接口MMI(Multi-Media Interface)组成。变送器的TEDS很小但定义了足够的信息,可允许一个高级的IEEE 1451对象来进行补充。

IEEE 1451.5标准的颁布解决了物联网中的异构无线传感器节点的接入问题,形成一种新的物联网体系结构。通过IEEE 1451.5标准为无线传感器节点提供一个通信接口,并且运用IEEE 1451.0进行数据和命令的格式统一,从而解决物联网中多种不同无线通信协议的转换问题。IEEE1451.5标准协议能够辅助搭建即插即用功能的无线智能传感器网络,实现传感器节点的无线接入和智能化识别。

网络化智能传感器接口标准IEEE 1451的提出有助于解决市场上多种制造商网络并存的问题。随着IEEE 1451.3、IEEE 1451.4和IEEE 1451.5标准的陆续制定、颁布和执行,基于IEEE 1451的网络化智能传感器技术已经不再停留在论证阶段或实验室阶段,越来越多成本低廉具备网络化功能的智能传感器涌向市场,并且将更广泛地影响人类生活。网络化智能传感器对工业测控、智能建筑、远程医疗、环境、农业信息化、航空航天及国防军事等领域带来革命性影响,其广阔的应用前景和巨大的社会效益、经济效益和环境效益不久将展现于世。

9.2.2 无线传感器网络体系结构

典型的无线传感器网络体系结构如图9-4所示,传感器节点经多跳转发,再把传感信息送给用户使用,系统构架包括分布式无线传感器节点群、汇集节点、传输介质和网络用户端。传感器网络是核心,在感知区域中,大量的节点以无线自组织网络方式进行通信,每个节点都可充当路由器的角色,并且每个节点都具备动态搜索、定位和恢复连接的能力,传感器节点将所探测到的有用信息通过初步的数据处理和信息融合之后传送给用户,数据传送的过程是通过相邻节点接力传送的方式传送回基站,然后通过基站以卫星信道或者有线网络连接的方式传送给最终用户。

无线传感器网络作为一种新型的网络,其主要特点如下。

(1) 电源能力局限性。节点通常由电池供电,每个节点的能源是有限的,一旦电池能量耗尽,节点就会停止正常工作。

(2) 节点数量多。为了获取精确信息,在监测区域通常部署大量传感器节点,通过分

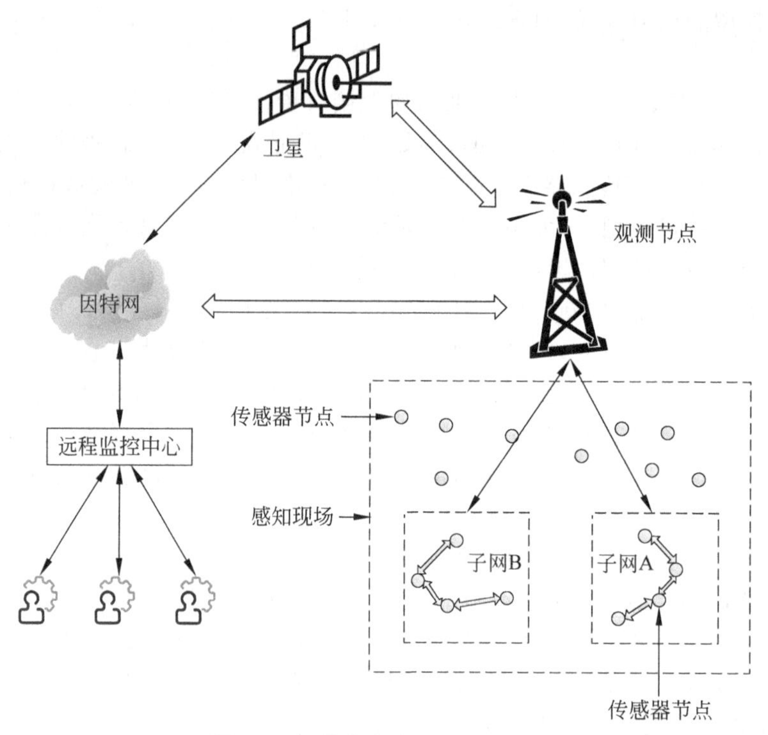

图 9-4　无线传感器网络体系结构

布式处理大量采集的信息能够提高监测的精确度,降低对单个节点传感器的精度要求。大量冗余节点的存在,使得系统具有很强的容错性能,大量节点能够增大覆盖的监测区域,减少盲区。

(3) 动态拓扑。无线传感器网络是一个动态的网络,节点可以随处移动,某个节点可能会因为电池能量耗尽或其他故障,退出网络运行,也可能由于工作的需要而被添加到网络中。

(4) 自组织网络。在无线传感器网络应用中,通常情况下传感器节点的位置不能预先精确设定。节点之间的相互邻居关系也不能预先知道,如通过飞机撒播大量传感器节点到面积广阔的原始森林中,或随意放置到人不可到达的或危险的区域。这样就要求传感器节点具有自组织能力,能够自动进行配置和管理。无线传感器网络的自组织性还要求能够适应网络拓扑结构的动态变化。

(5) 多跳路由。网络中节点通信距离一般在几十到几百米内,节点只能与它的邻居直接通信。如果希望与其射频覆盖范围之外的节点进行通信,需要通过中间节点进行路由。无线传感器网络中的多跳路由是由普通网络节点完成的,没有专门的路由设备。这样每个节点既可以是信息的发起者,也可以是信息的转发者。

(6) 以数据为中心。传感器网络中的节点采用编号标识,节点编号不需要全网唯一。由于传感器节点随机部署,节点编号与节点位置之间的关系是完全动态的,没有必然联系。用户查询事件时,直接将所关心的事件通告给网络,而不是通告给某个确定编号的节点。网络在获得指定事件的信息后汇报给用户。这是一种以数据本身作为查询或者传输线索的思想。所以，传感器网络是一个以数据为中心的网络。

9.3 无线传感器网络的应用

由于无线传感器网络可以在任何时间、任何地点和任何环境条件下获取大量翔实而可靠的信息，因此，无线传感器网络作为一种新型的信息获取系统，具有极其广阔的应用前景，可被广泛应用于军事、医疗卫生、环境及农业、智能家居、交通管理、制造业、反恐抗灾等领域。

9.3.1 军事应用

早在20世纪90年代，美国就开始了无线传感器网络的军事应用研究工作。无线传感器网络非常适合应用于恶劣的战场环境中，能够实现监测敌军区域内的兵力和装备，实时监测战场状况、定位目标物、监测核攻击或者生物化学攻击等。下面列举一些目前西方国家在无线传感器网络军事应用方面的主要研究。

1. 智能微尘

智能微尘(Smart Dust)是一个具有计算机功能的超微型传感器，它由微处理器、无线电收发装置和使它们能够组成一个无线网络的软件共同组成。将一些微尘散放在一定范围内，它们就能够相互定位，收集数据并向基站传递信息。由于芯片技术和生产工艺的突飞猛进，集成有传感器、计算电路、双向无线通信模块和供电模块的微尘器件的体积已经缩小到了沙粒般大小，但它却包含了从信息收集、信息处理到信息发送所必需的全部部件。未来的智能微尘甚至可以悬浮在空中几小时，搜集、处理、发射信息，它能够仅依靠微型电池工作多年。智能微尘的远程传感器芯片能够跟踪敌人的军事行动，可以把大量智能微尘装在宣传品、子弹或炮弹中，在目标地点撒落下去，形成严密的监视网络，对方的军事力量和人员、物资的流动自然一清二楚。

2. 沙地直线

2003年8月，俄亥俄州开发"沙地直线"(A Line in the Sand)，这是一种无线传感器网络系统。在国防高级研究计划局的资助下，该系统开发成功，实现了在整个战场范围内侦测正在运行的金属物体的目标。这种能力意味着一个特殊的军事用途，例如，侦察和定位敌军坦克和其他车辆。这项技术有着广泛的应用可能，正如所提及的这些现象，它不仅可以感觉到运动的或静止的金属，而且可以感觉到声音、光线、温度、化学物品，以及动植物的生理特征。

3. C^4ISRT 系统

无线传感器网络的研究直接推动了以网络技术为核心的新军事革命，诞生了网络中心战的思想和体系。传感器网络将会成为 C^4ISRT(Command,Control,Communication,Computing,Intelligence,Surveillance,Reconnaissance and Targeting)系统不可或缺的一部分。C^4ISRT 系统的目标是利用先进的高科技技术,为未来的现代化战争设计一个集命令、控制、通信、计算、智能、监视、侦察和定位于一体的战场指挥系统,受到了军事发达国家的普遍重视。因为传感器网络是由密集型、低成本、随机分布的节点组成,自组织性和容错能力使其不会因为某些节点在恶意攻击中的损坏而导致整个系统的崩溃,这一点是传统的传感器技术所无法比拟的,也正是这一点,使传感器网络非常适合应用于恶劣的战场环境中,包括监控我军兵力、装备和物资,监视冲突区,侦察敌方地形和布防,定位攻击目标,评估损失,侦察和探测核、生物和化学攻击。在战场上,指挥员往往需要及时准确地了解部队、武器装备和军用物资供给的情况,部署的传感器将采集相应的信息,并通过汇聚节点将数据送至指挥所,再转发到指挥部,最后融合来自各战场的数据形成我军完备的战区态势图。在战争中,对冲突区和军事要地的监视也是至关重要的,当然,也可以直接将传感器节点撒向敌方阵地,在敌方还未来得及反应时迅速收集利于作战的信息。传感器网络也可以为火控和制导系统提供准确的目标定位信息。在生物和化学战中,利用传感器网络及时、准确地探测爆炸中心将会为我军提供宝贵的反应时间,从而最大可能地减小伤亡。

9.3.2 医疗卫生应用

随着技术的进步、成熟和新产品的出现,传感器网络在医疗业的应用会越来越广泛,越来越成为医疗保健中不可或缺的技术。在此给出两种具有代表性的医疗业的无线传感器网络的应用以及相应的体系结构。

1. 远程健康监测

远程健康监测无线传感器网络系统体系结构如图 9-5 所示。患者家中(也可以包括一定区域的户外)部署传感器网络,对患者的活动区域实现覆盖。患者根据病情、健康状况等佩戴可以提供必要生理指标监测的无线传感器节点,这些节点可以对患者的重要生理指标进行实时监测,如血压、心率、呼吸等。传感器节点获取的数据可以在本地进行简

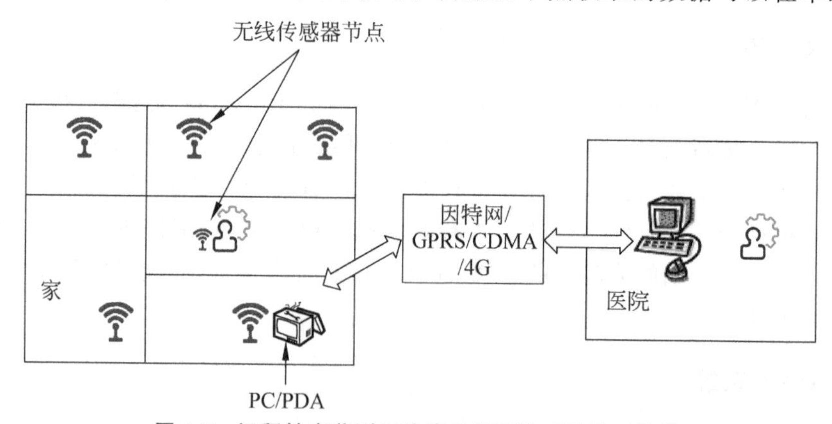

图 9-5　远程健康监测无线传感器网络系统体系结构

单处理，然后进行聚集并通过基站（PC或PDA）、互联网或移动通信网传送到提供远程健康监测服务的医院，医院的远程健康监测服务器和监测系统对每位被监测患者的生理指标进行实时分析，通过诊断专家系统判断患者的健康状况。如果发现患者出现异常或危险则报警并快速做出救护措施。同时，本系统还可以提供其他辅助功能，如患者的定位跟踪。

2. 基于传感器网络的住院患者管理

无线传感器网络应用于医疗业的另一个典型的场景是住院患者的管理。住院患者管理系统如图9-6所示。在病房部署传感器网络实现对整个病房的覆盖，患者根据病情可以携带具有检测能力的无线传感器节点（如血压、呼吸、心率等）或仅仅是射频识别（RFID）标签。通过传感器网络在对患者必要的生理指标进行实时监测的同时，还允许患者在一定范围内自由活动，这不仅对于患者的身体机能恢复有益，还有助于让患者保持良好的情绪，对于患者的病情康复很有帮助。由于每个病床都部署相应的传感器，所以医生还可以全面掌握患者的休息情况。当患者在病房或在病房外活动（要求病房外也要部署传感器网络）时，医生仍然可以对其进行定位、跟踪，并及时获取其生理指标参数。

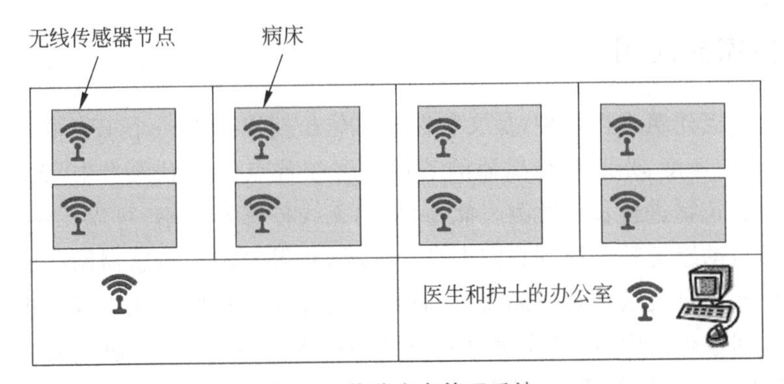

图9-6 住院患者管理系统

美国罗切斯特大学的科学家们使用无线传感器网络创建了一个智能医疗房间，使用微尘来测量居住者的血压、脉搏、呼吸、睡觉姿势及每天的活动状况。英特尔公司也推出了无线传感器网络的家庭护理技术，通过在鞋、家具以及家用电器等嵌入半导体传感器，帮助老年人、阿尔茨海默病患者及残障人士的家庭生活，利用无线通信将各传感器联网可高效传递必要的信息从而方便他们接受护理，而且还可以减轻护理人员的负担。

9.3.3 环境及农业应用

由于现代农业的发展必须走规模化生产经营之路，这使农业种植的区域更加集中，规模更大，品种更多，部分野生农作物的培育还必须在野外。这给农业技术人员的种植培育增加了难度，提高了管理成本。为了使农作物获得增产丰收，必须使农作物长久生长在适宜的环境里，这就要利用监测系统随时采集农作物生长期内的环境参数，与其正常生长所需的环境参数做对比，及时调整环境条件。传统的监测系统造价昂贵，体积庞大，通常在监测区域布线，在电源供给困难的区域不易部署，同时在一些人员不能到达的区域也很难进行监测。而且部署一旦完毕，很难再根据新的监测需求灵活改变布局。无线传感器网络凭借其轻便、易部署等特点在环境监测及农业方面得到广泛的应用。

近年来无线传感器网络在环境及农业领域已经有了典型的成功应用。

1. 大鸭岛生物环境监测系统

大鸭岛位于美国缅因州以北 15km 处，是一个动植物自然保护区。美国加州大学伯克利分校的研究人员通过无线传感器网络对大鸭岛上海燕的栖息情况进行监测，从而对海鸟活动与海岛微环境进行研究。

2. 自动洒水系统

自动洒水系统由 Digital Sun 公司设计，是一套自动化无线传感器网络系统，该系统在没有工作人员管理与控制的情形下，有效且全自动地管理家庭花园内洒水的工作。该系统很好地解决了人工洒水不适合的洒水问题。

9.3.4 智能家居应用

对珍贵的古老建筑进行保护，是文物保护单位长期以来的一个工作重点。将具有温度、湿度、压力、加速度、光照等传感器的节点部署在重点保护对象当中，无须拉线钻孔，便可有效地对建筑物进行长期监测。此外，采用无线传感器网络，可以让楼宇、桥梁和其他建筑物能够自动感觉并监测到它们本身的状况，使得安装了传感器网络的智能建筑自动将它们的状态信息发送到管理部门，从而可以使管理部门按照优先级来进行一系列的修复工作。在居家生活中，可以在家电和家具中嵌入传感器节点，通过无线网络与因特网连接，将会为人们提供舒适、方便和更具人性化的智能家居环境。通过布置于房间内的温度、湿度、光照、空气成分等无线传感器，感知居室不同部位的微观状况，从而对空调、门窗及其他家电进行自动控制，提供给人们智能、舒适的居住环境。一个典型的智能家居监测系统结构图如图 9-7 所示。

9.3.5 其他应用

无线传感器网络还可用于交通控制和一些危险的工业环境，如矿井、核电厂等。工作人员可以通过使用特殊的传感器，特别是生物化学传感器监测有害物、危险物等信息，最大限度地减少其对人民群众生命安全造成的伤害。此外，还可以用于工业自动化生产线等诸多领域，英特尔公司正在对工厂中的一个无线网络进行测试，该网络由 40 台机器上的 210 个传感器组成，这种监控系统将大大改善工厂的运作条件，可以大幅降低检查设备的成本，同时由于可以提前发现问题，能够缩短停机时间，提高效率，并延长设备的使用时间。

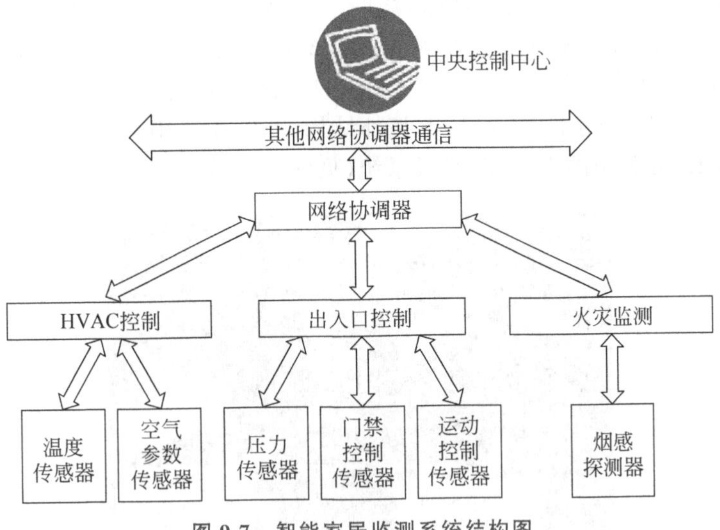

图 9-7 智能家居监测系统结构图

9.4 无线传感器网络系统

商业化的无线传感器产品中最常见的就是智能节点。美国加州大学伯克利分校是无线传感器研究开展较早的美国高校。基于该高校研发成果的无线传感器元件称为Mote,这也是目前最为通用的一种无线传感器网络产品,是由 Crossbow 公司生产的,如图 9-8 所示。最基本的 Mote 组件是 MICA 系列处理器无线模块,完全符合 IEEE 802.15.4 标准。最新型的 MICA2 可以工作在 868/916MHz、433MHz 和 315MHz 3 个频段,数据传输速率为 40kb/s。其配备了 128KB 的编程用闪存和 512KB 的测量用闪存,4KB 的电擦除可编程只读存储器(Electrically-Erasable Programmable Read-Only Memory,EEPROM),串行通信接口为通用异步收发传输器(Universal Asynchronous Receiver/Transmitter,UART)模式。

图 9-8 Crossbow 公司的 Mote 系统演示图

Crossbow 的 MEP 系列是无线传感器网络典型系统之一。这是一种小型的终端用户网络，主要用来进行环境参数的监测。该系统包括两个 MEP410 环境传感器节点、4 个 MEP510 温度/湿度传感器节点、一个 MBR410 串行网关、一个 MoteView 显示和一个分析软件。整个系统采用了 TrueMesh 拓扑结构，非常便于用户安装和使用。类似的产品还有 Microstrain 公司的 X-Link 测量系统(见图 9-9)等。

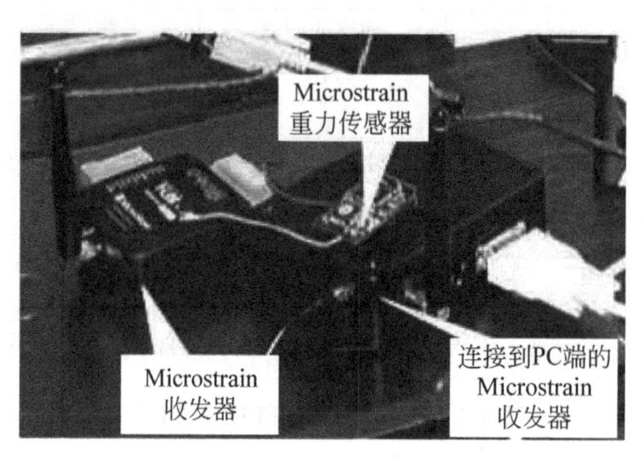

图 9-9 Microstrain 公司的 X-Link 测量系统演示图

习题

1. 结合自己的实际体验，说明传感器网络的重要性。
2. 简述 IEEE 1451 标准定义的主要内容。
3. 无线传感器网络的特点是什么?
4. 无线传感器网络有哪些具体的应用? 举出 5 个例子。

参考文献

[1] 杨卓静，孙宏志，任晨虹. 无线传感器网络应用技术综述[J]. 中国科技信息，2010(13)：127-129.

[2] Lewis F L. Wireless sensor networks [J]. Smart Environments: Technologies, Protocols, and Applications, 2004(1): 11-46.

[3] 童利标，徐科军，梅涛. IEEE 1451 标准的发展及应用探讨[J]. 传感器世界，2002(6)：25-32.

[4] Lee K. IEEE 1451: A standard in support of smart transducer networking [C]. Proceedings of the 17th IEEE IMTC, 2000: 525-528.

[5] 杜晓明，陈岩. 无线传感器网络研究现状与应用[J]. 北京工商大学学报(自然科学版)，2008(1)：16-20.

[6] 杨宏武. 无线传感器网络的军事应用研究[J]. 舰船电子工程，2007(5)：41-43.

[7] 马碧春. 无线传感器网络在医疗行业的应用展望[J]. 中国医院管理，2006(10)：73-74.

[8] 杨诚. 无线传感器网络在环境监测中的应用[D]. 镇江：江苏大学，2007.

[9] 刘广. 物联网技术及其应用[J]. 江西信息应用职业技术学院院报，2014(1)：1024-1028.

[10] 司海飞，杨忠，王珺. 无线传感器网络研究现状与应用[J]. 机电工程，2011(1)：16-20.

人物介绍——图灵奖得主 Edmund M. Clarke 教授

Edmund M. Clarke，卡耐基-梅隆大学教授，美国科学院院士，形式逻辑研究方面模型检测的开创者之一。开发模型检测技术，并使之成为一个广泛应用在硬件和软件工业中非常有效的算法验证技术，由于其所做的奠基性贡献，成为 2007 年度图灵奖获得者之一。

1967 年 Clarke 从美国南部的弗吉尼亚大学获得数学学士学位。1968 年从杜克大学获得数学硕士学位。1976 年，在康奈尔大学计算机系获得博士学位。然后，在杜克大学任教两年。1978 年，加入了哈佛大学并担任助理教授一职。1982 年，离开哈佛大学加入了卡内基-梅隆大学计算机系，并在 1989 年被评为全职终身教授。在研究方面，他首先着手于实数的非线性问题。1981 年，与自己的博士生首次提出模型检测的想法，并用在自动机并发系统的验证研究上，使用 SAT 验证完成模型检测，主要针对有界模型。然而从理论推导到实际工程应用是有距离的，因为实际系统大多都是混合系统，尤其是数值方法直接使用会出现许多错误。为此，他的团队针对他的思想开发出了 dReal 实用工具，该工具主要利用 DPLL、间隔算法、限制性算法等思想研究实际问题。实际中，信息物理系统是一个庞大的系统，对于系统安全性问题的研究至关重要。针对这一研究目标，他的团队验证了卡普勒猜想、无人驾驶汽车、心脏模拟仿真等问题。

第10章 chapter 10

物 联 网

10.1 物联网综述

新一代信息技术的重要组成部分——物联网，即 Internet of Things，就是物物相连的互联网。这一定义有两层意思：其一，物联网的基础与核心还是互联网，只是在现有互联网基础上的扩展和延伸的网络；其二，其用户端扩展和延伸到了任何物体间，可以进行信息的通信和交换。由此得出物联网的定义：通过射频识别（RFID）、激光扫描器、红外感应器、定位系统等传感设备，把任何物体与互联网相连接，按约定的协议，进行信息交换和通信，以实现对物体的智能化管理、定位、识别、监控、跟踪的一种新型网络。

10.1.1 物联网的历史

1999 年，在美国召开的移动计算和网络国际会议上提出物联网的概念，当时的翻译还称为传感器网络，认为它将是 21 世纪人类社会产业发展又一个潜在的增长点。2003 年，美国《技术评论》提出物联网相关技术将是未来改变人们生活的十大技术之首。2005 年 11 月 17 日，在突尼斯举行的信息社会世界峰会（World Summit on the Information Society，WSIS）上，国际电信联盟（ITU）发布了《ITU 互联网报告 2005：物联网》，正式确定了物联网的概念。

2009 年 1 月 28 日，奥巴马就任美国总统后，对于物联网的发展给予极大的关注，在其与美国工商业领袖的圆桌会议上，时任 IBM 首席执行官彭明盛首次提出物联网相关的"智慧地球"这一概念，提出将物联网信息化技术应用到人们日常的社区基础设施建设当中，建议新政府投资新一代的智慧型社区类应用基础设施。此概念得到美国政府和企业的高度关注和认同，此后，美国即开启了一系列物联网建设的投资，以智能电网、数字城市为代表，并将该理念逐渐扩展到全球。

2010 年开始，随着 4G 和电子化、自动化的成熟，各大巨头企业、商业组织和国家开始对物联网进行实质性的人力、物力、财力投资，物联网行业加速发展。

2014 年 1 月，CES 2014 召开，物联网成为最大主题。一个月之后，世界最大互联网公司之一谷歌完成了对智能家居公司 Nest 的收购，是传统巨头把物联网高调推向家庭、个人用户市场的代表事件。

2019年开始，随着5G技术的推广与发展，物联网能够容纳更多物体，更快地传输更多数据，进而实现万物互联的目标。

10.1.2 物联网的发展近况

美国是物联网技术的倡导者和先行者之一，在较早时期就开展了物联网及相关技术的研究。2009年1月7日，IBM公司和美国智库机构信息技术与创新基金会(Information Technology and Innovation Foundation，ITIF)一起向奥巴马政府提交了名为*The Digital Road to Recover：A Stimulus Plan to Create Jobs，Boost Productivity and Revitalize America*的报告，旨在建议美国政府新增300亿美元投资于智能电网、智能医疗、宽带网络3个领域。2009年，奥巴马把IBM公司提出的“智慧地球”(传感器网+互联网)确定为国家战略，主要从电力、医疗、城市、交通、供应链、银行六大领域切入。重点在智能电网和智慧医疗两方面开展工作。奥巴马把“宽带网络等新兴技术”定位为振兴经济、确立美国全球竞争优势的关键战略，并在随后出台的总额7870亿美元《复苏和再投资法案》中对上述战略建议加以落实。《复苏和再投资法案》希望从环保能源、医疗卫生、教育科技等方面着手，通过政府投资、减税等相关措施来改善经济，增加就业，并且带动美国长期持续发展，其中鼓励发展物联网政策主要体现在推动宽带、能源与医疗三大领域开展物联网技术的应用。

2007年，欧盟出台了《RFID在欧洲——迈向政策框架的步骤》，称RFID是信息社会发展进入新阶段的新入口，是经济增长和就业的动力。2009年6月，欧盟委员会向欧洲议会、理事会、欧洲经济和社会委员会及地区委员会递交了《欧盟物联网行动计划》，以确保欧洲在构建物联网的过程中起主导作用。2009年9月，欧盟发布《欧盟物联网战略研究线路图》，提出到2010年、2015年、2020年3个阶段物联网研发路线图，并提出物联网在航空航天、汽车、医药、能源等18个领域的应用。2009年10月，欧盟委员会以政策形式对外发布了物联网战略。欧洲物联网市场较为成熟，特别是西欧市场，已经完成了工业流程自动化、公共交通系统、机械服务、汽车信息通信终端、车队管理、自动售货机、安全监测、城市信息化等领域的应用。与西欧物联网市场相对比，东欧物联网市场虽用GPRS及GSM方式的产品带来了一些利润，但总体仍处于发展阶段。在车辆信息通信领域，欧盟制定并推行了eCall计划，旨在降低车辆事故数目和加快事故反应速度。

20世纪90年代中期以来，日本政府先后出台了e-Japan、u-Japan、i-Japan等多项国家信息技术发展战略，从大规模开展信息基础设施建设入手，稳步推进，不断拓展和深化信息技术的应用，以此带动本国经济社会发展。其中，日本的u-Japan、i-Japan战略与物联网概念有许多相似之处。2008年，日本总务省提出u-Japan xICT政策，其中x代表不同领域乘以ICT的含义，一共涉及3个领域——“地区xICT”“产业xICT”“生活(人)xICT”。将u-Japan政策的重心从之前的单纯关注居民生活品质提升拓展到带动产业及地区发展，即通过各行业、地区与ICT的深化融合，进而实现经济增长的目的。2009年7月，日本总务省又颁布了信息化战略——i-Japan战略，该战略提出：将政策目标聚焦在三大公共事业(政府电子化治理、人才教育培养、健康医疗信息服务)；到2015年，实现“新的行政改革”的目标，使行政流程透明化、简化、标准化、效率化，同时推动远程教育、远程医疗等应用领域的发展。

我国的物联网产业亦有不俗表现。2010年,全国物联网产值达到1933亿元,国内相关物联网企业有约1700家,主要从事传感器生产,且各相关产业的专利优势及核心竞争力也较强。M2M市场已经是全世界最大的,拥有终端数量已经达到1000万。我国在芯片技术、通信技术、网络技术、协同技术、云计算技术等相关方面已经取得了一定成果,RFID、新兴传感器等核心技术也已经有自己的专利发明。2010年世界上第一颗二维码解码芯片就是我国发布的。近几年,我国积极制定物联网产业相关标准,并成为WG7成员国之一,可以主导传感器网络国际化标准的制定及引导工作。我国物联网产业与3个产业各个领域都有结合,如食品安全追溯系统。

国内物联网产业已经初步形成环渤海、长三角、珠三角,以及中西部地区四大区域集聚发展的总体产业空间格局。其中,长三角地区产业规模位列四大区域的首位。环渤海地区是国内物联网产业重要的研发、设计、设备制造及系统集成基地。该地区关键支撑技术研发实力强劲、感知节点产业化应用与普及程度较高、网络传输方式多样化、综合化平台建设迅速、物联网应用广泛,并已基本形成较为完善的物联网产业发展体系架构。主要集中在北京、天津、河北等地区,如天津重点发展智能感知设备产业链。长三角地区是我国物联网技术和应用的起源地,在发展物联网产业领域拥有得天独厚的先发优势。凭借该地区在电子信息产业深厚的产业基础,长三角地区物联网产业发展主要定位于产业链高端环节,从物联网软硬件核心产品和技术两个核心环节入手,实施标准与专利战略,成为全国物联网产业核心与龙头企业的集聚地。例如,上海以世博园物联网应用示范为基础,在嘉定、浦东地区建立物联网产业基地。珠三角地区是国内电子整机的重要生产基地。在物联网产业发展上,珠三角地区围绕物联网设备制造、软件和系统集成、网络运营服务,以及应用示范领域,重点进行核心关键技术突破与创新能力建设,着眼于物联网基础设施建设、城市管理信息化水平提升,以及农村信息技术应用等方面。中西部地区物联网产业发展迅速,各重点省市纷纷结合自身优势,布局物联网产业,抢占市场先机。湖北、四川、陕西、重庆、云南等中西部重点省市依托其在科研和人力资源方面的优势,以及RFID、芯片设计、传感传动、自动控制、网络通信与处理、软件及信息服务领域较好的产业基础,构建物联网完整产业链和产业体系,重点培育物联网龙头企业,大力推广物联网应用示范工程。

2018年12月的中央经济工作会议上确定了:"要发挥投资关键作用,加大制造业技术和设备更新,加快5G商用步伐,加强人工智能、工业互联网、物联网等新型基础设施建设……"从建设的5方面来看,以物联网为代表的新型基础设施建设排在城际交通、物流、市政基础设施等传统基建类项目之前,物联网首次被定义为新基建,表明我国未来基建投资的侧重点将更加倾斜科技产业领域。

10.1.3 物联网的应用

物联网产业的发展都是以应用需求为导向的,物联网应用集中于各个垂直产业链,主要是现有物联网技术所推动的一系列产业领域的应用,包括农业、石油化工、矿产行业、智能制造业、电力电网、智能建筑、智能环保、智能交通、绿色通信、智能家居、智能教育等。具体分析如下。

1. 农业

物联网在农业上的应用主要体现在水利灌溉、农机具管理、温室大棚管理、粮食仓储和农产品溯源等方面。其中,作为农业高产重要手段的温室大棚管理发展最为成熟。在温室大棚生产、管理过程中,通过电磁感应传感器、光谱传感器、CNSS传感器、红外传感器、霍尔传感器对土壤重金属含量、环境空气湿度、土壤PK等含量信息进行采集,然后通过传输网络传输到相应的数据库系统,再到数据分析系统,从而实现农作物高效、优质、低耗的工业化生产方式。

2. 石油化工

石油化工是重要的基础产业,它为国民经济的运行提供能源和基础原料,同时石油制品还可以生产多元化产品。物联网技术应用于石油化工行业,可以减少野外作业,提高巡检效率,实现实时监控,减少事故及能耗,实现透明化管理,提高准确性与时效性,从而提高生产效率,促进石油化工行业的发展。智能化石油化工主要有油井远程监控及建设数字化油田、运输线监控、井下工具管理系统、安全监测系统等方面。典型案例有大庆油田的企业网基础平台、胜利油田的八大系统。

3. 矿产行业

矿产行业是我国的基础性产业之一,物联网技术跟矿产行业结合可以大大减少矿产事故的发生及提高矿产产业发展的效率。主要应用需求为井下环境安全监控、井下人员管理、自动化控制管理等。例如,井下环境监测可以通过部署在掘进面和矿工随时携带的传感器,系统可以实现瓦斯浓度、温度、湿度、粉尘浓度等物理量的监测;矿工管理系统包括矿工定位系统与矿工体征监控系统,矿工定位可以通过无线传感器网络或RFID等多种技术手段实现,矿工体征监控系统可以通过矿工身上的传感器,实现对矿工生命特征的监测,在发生生产事故时,系统可以判断遇险矿工的生存状况,同时为救援提供关键的信息;矿山自动化管理系统主要包括井下自动化通风系统、变压器自动化控制系统、自动化供电系统、自动化填充系统。典型案例有陕西神东煤矿智能化管理系统、宁夏的矿产信息化。

4. 智能制造业

制造业是指对原材料进行加工或者再加工,以及对零部件装备工业的总称。制造业体现了一个国家的生产力发展水平,是区别发达国家与发展中国家的重要因素。物联网技术在我国制造业的应用需求主要在车间管理、供应链管理、安全管理3方面,所以就形成对应的车间管理系统、供应链管理系统、物流仓储管理系统。车间管理系统主要是借助RFID技术,实现对产品的全程控制和追溯,改善传统的工作模式。一个完整的智能的生产全过程控制系统,就是把RFID技术运用于订单、计划、任务、备料、冷加工、热加工、精加工、检验、包装、仓管、运输等整个生产过程,从而实现企业闭环生产。典型案例有BMW公司装备线RFID系统精确定位车辆和工具。例如,BMW德国雷根斯堡集装厂采用一套RFID实时定位系统(RTLS),将被集装的汽车与正确的工具相匹配,根据车辆的识别码(VIN)自动化实现每辆车的定位化装备。由Ubisense公司提供的这套RTLS系统使汽车制造商可以将每辆车的位置精确定位到15cm内。

5. 电力电网

采用信息通信技术加强对电网的监控管理,可以大大减少传输中损耗的电能。物联网技术应用于电力电网可以体现在3个环节上:第一在发电环节上,可以提高常规机组状态监测水平,结合电网运行情况,实现快速调节和深度调峰,提高机组灵活和稳定的控制水平;第二在输电环节上,能够提高输电可靠性、设备检修模式及设备状态自动诊断技术的水平,保障输电线路运行安全;第三在变电环节上,可以提高设备状态检修,资产全寿命管理,变电站综合自动化建设的智能化水平。例如,在5G新技术规模化应用中,智能电网将基于5G的新型网络架构,构建5G端到端网络切片,搭建资源调度系统,探索出与5G技术结合的智能电网整体解决方案。

6. 智能建筑

建筑业是全球仅次于工业的第二大能源消耗产业。在建筑物中,可以采用更为智能的技术来监控照明、供暖和通风系统。仅就美国而言,此举可以将商用建筑行业每年的能源费用降低近30%。而在全球,智能建筑每年可减少16.8亿吨碳排放。智能楼宇应用项目,就是通过物联网智能网关将通信与传感器网络融合起来,可以把楼宇类能耗、自来水排放、污水排放等各类数据采集起来,传输到综合应用平台上做统计和分析,进行节能减排的分析判断,从而提出优化能耗的建议,使得楼宇的能耗能够显著降低,有关研究表明最多的情况下能降低20%。

7. 智能环保

智能环保主要体现在环境监测上,环境监测(Environmental Monitoring)指通过对影响环境质量因素的代表值的测定,确定环境质量(或污染程度)及其变化趋势。其实就是通过卫星或者其他传感设备对水体、空气、土壤等进行检测、信息的采集,形成相关的实时实地的数据监控、传递到控制中心,这样人们可以预防噪声污染、水体污染等。智能环保系统的应用,可以使人们实时实地、连续完整地监测到环境相关信息,对各种环境问题起到预防的效果。现在我国的智能环保发展较为广泛,有污染监控、环境在线控制、环境卫星遥感等多方面。

8. 智能交通

物联网技术在智能交通的诸多方面都有广泛的应用前景,包括交通数据采集、交通信息发布、电子收费、非接触检测技术、智能交通信号控制、交通安全、停车管理、客货车枢纽交通管理、综合信息服务平台、智能公交与轨道交通、车载导航系统、交通诱导系统、安全与自动驾驶、综合信息平台技术和多功能集成的ITS混合系统控制技术。基于物联网技术的智能交通可以大大减少CO_2的排放,同时也可以减少能源的消耗,其他各种相关的废物排放也会减少,这样人们的生活质量会大大提高。目前物联网在智能交通上通过导航系统可以为客户提供最科学的路线,这样就减少了很多资源的浪费,同时对交通的畅通也起到推动作用。

9. 绿色通信

通信业的发展面临很多问题,21世纪是信息时代也是环保时代,随着全球温室效应的加剧及人们对环保需求的加强,怎样将物联网技术用于通信业也将是很好的产业。运用传感器技术对机房内温、湿度、压力、烟雾等情况进行实时监测,自动控制实现智能化通风、换热,可实现有效节能。

10. 智能家居

智能家居的定义:以住宅为平台,兼备建筑、网络通信、信息家电、设备自动化,集系统、结构、服务、管理为一体的高效、舒适、安全、便利、环保的生活环境。一般智能家居系统都具有安全监控、娱乐功能、远程控制家电、家居办公、远程办公、信息服务、社会服务等功能。通过计算机、电视、手机等,实现在线视频点播、交互式电子游戏等娱乐功能。还有就是通过物联网实现网上购物、网络订票等电子商务功能,以及网上商务联系、视频会议等家居办公。

社会服务:通过与智能社区及社会服务机构的合作,实现包括账户查询/缴费、远程医疗、远程教育、金融服务、社区服务等各种社会服务功能。

11. 智能教育

物联网在教育方面的应用目前主要体现在智能校园卡系统和信息化校园上。智能校园卡系统:通过将电信手机终端与校园一卡通在终端上集成,利用随身携带的手机UIM/SIM卡作为身份识别和刷卡消费的电子钱包,提高使用的便捷性。学校的学生或者老师,可以使用该卡来考勤、支付水电费用、支付食堂餐费。目前主要功能包括近距离刷卡服务、身份识别服务;可随身携带的电子钱包;多种充值方式(银行转账、POS机充值);等等。还有体现在课堂教学上:在教室里安装有感知光线功能的传感器,通过监控光线亮度,随时控制教室照明灯的明亮,还可以根据光线强度自动调节学生所使用的计算机屏幕亮度;学生可以在教室内利用计算设备读取本地或调用异地嵌入了传感器的物体的数据用于学习。这样可以实现节能、高效的智能教育。

10.2 超宽带无线通信技术

随着无线通信技术的发展和商业化的加深,无线通信系统日新月异,各个公司提供的服务非常多,导致可利用的频谱资源日趋饱和。同时,客户对无线通信系统的要求仍在不断提高,希望其提供更高的数据传输速率和更好的稳定性,具有更低的运营和检修成本,并减小其单位时间功耗,以获得更好的服务体验和商业基础。在这样的背景下,超宽带(Ultra-WideBand,UWB)无线通信技术受到人们的青睐。超宽带无线通信技术是一种利用纳秒至微秒级的非正弦波窄脉冲传输数据的无载波通信技术。现在,超宽带无线通信技术因为耗电小、成本低及传输速率快等优势,已得到人们的广泛关注和应用。

10.2.1 超宽带无线通信技术的历史

超宽带无线通信技术的基本思想可以追溯到20世纪40年代。当时,人们对Maxwell方程通解的研究不断加深,1942年,DeRosa提交的关于随机脉冲系统的专利正是超宽带无线通信技术的基础之一。到了20世纪60年代,科学界的研究已经深入受时域脉冲响应控制的微波网络的瞬态动作。20世纪70年代,Harmuth、Ross和Robbins等在雷达系统应用方面的研究使得超宽带无线通信技术获得重要的发展。当时,超宽带无线通信技术主要利用占用频段极宽的超短基带脉冲进行通信,所以又称基带、无载波或脉冲系统,而到20世纪80年代后期,该技术开始被称为"无载波"无线电,或脉冲无线电,美国国防部在1989年首次使用了"超带宽"这一术语。1993年,美国南加州大学通信科学研究所的R. A. Scholtz在国际军事通信会议(MILCOM'93)发表论文,介绍了采用冲激脉冲进行跳时调制的多址技术,从而开辟了将冲激脉冲作为无线电通信信息载体的新途径。2006年,IEEE 802.15.3a工作组解散。主导MB-OFDM UWB方案的WiMedia联盟在2007年3月将基于该方案的标准提交到国际标准化组织(International Standards Organization,ISO),并得到认证,成为超宽带无线通信技术的第一个国际标准。在制定IEEE 802.15.3a技术标准的同时,IEEE 802.15.4a标准也开始被制定,其主要面向的是低速、低功耗无线个人局域网应用领域,相对于IEEE 802.15.3a技术之争,IEEE 802.15.4a标准进展比较顺利,2004年3月,IEEE 802.15.4a工作组正式成立,2005年3月工作组制定出技术方案,该方案采用两种可选择的物理层,由超宽带脉冲无线电(Impulse Radio UWB, IR-UWB)和Chirp扩频(Chirp Spread Spectrum, CSS)组成,最终在2007年3月,IEEE 802.15.4a被IEEE标准协会(IEEE-SA)标准委员会批准为IEEE 802.15.4—2006,在2011年和2015年该标准又得到补充修订,分别命名为IEEE 802.15.4—2011和IEEE 802.15.4—2015。

随着超宽带无线通信技术的发展,其他国家和公司也纷纷开展研究计划。例如,Wisair、Philips等六家公司成立了Ultrawaves组织,进行UWB在设备高速传输的可行性研究。位于以色列的Wisair公司多次发表所开发的UWB芯片组。STMicro、Thales集团等10家公司和团体则成立了UCAN组织,利用UWB达成PWAN技术,包括实体层、MAC层、路由与硬件技术等。PULSERS由位于瑞士的IBM研究公司、英国的Philips研究组织等45家以上的研究团体组成,研究UWB的近距离无线界面技术和位置测量技术。日本在2003年元月成立了UWB研究开发协会,有40家以上的大学参加,并在同年3月构筑UWB通信试验设备。中国在2001年9月初发布的"十五"国家"863"计划通信技术主题研究项目中,首次将"超宽带无线通信关键技术及其共存与兼容技术"作为无线通信共性技术与创新技术的研究内容,鼓励国内学者加强这方面的研究工作。

IC设计公司 Xtreme Spectrum 在2003年夏天被摩托罗拉公司并购，该公司在2002年7月推出芯片组 Trinity 及其参考用电路板，芯片组由 MAC、LNA、RF、Baseband 组成，耗电量为200mW，使用3.1～7.5GHz 频段，速率为100Mb/s。为了争夺未来的家庭无线网络市场，许多厂商都已推出自己的网络产品，如 Intel 公司的 Digital Media Adapter，Sony 公司的 RoomLink（这两种适配器应用的是 IEEE 802.11），Xtreme Spectrum 公司则推出了基于 UWB 无线通信技术的 TRINITY 芯片组和一些消费电子产品，Microsoft 公司推出了 Windows XP Media Center Edition 以确保 PC 成为智能网络的枢纽。

10.2.2 超宽带无线通信技术的特点

超宽带无线通信技术具有安全性好、处理增益高、多径分辨能力强、传输速率高、系统容量大、抗干扰性能强、功耗低、定位精确、成本低等诸多优势，主要应用于室内通信、高速无线 LAN、家庭网络、无绳电话、安全检测、位置测定、雷达等领域。

(1) 安全性好。通信系统的物理层技术先天具有良好的安全性。无线电波空间传播的"公开性"是无线通信较之有线通信的固有不足，因此，无线通信的安全性一直是备受关注的问题。由于超宽带无线电的射频带宽可达1GHz以上，且所需平均功率很小，因此其信号被隐蔽在环境噪声和其他信号中，难以被他人检测。对于一般通信系统，UWB 信号相当于白噪声信号，并且大多数情况下，UWB 信号的功率谱密度低于自然界的电子噪声，从电子噪声中将脉冲信号检测出来是一件非常困难的事。采用编码对脉冲参数进行伪随机化后，脉冲的检测将更加困难。

(2) 处理增益高。超宽带无线电处理增益主要取决于脉冲的占空比和发送每比特所用脉冲数，可以做到比目前实际扩谱系统高得多的处理增益。

(3) 多径分辨能力强。由于常规无线通信的射频信号大多为连续信号或其持续时间远大于多径传播时间，多径传播效应限制了通信质量和数据传输速率。由于超宽带无线电发射的是持续时间极短的单周期脉冲且占空比极低，多径信号在时间上是可分离的。假如，多径脉冲要在时间上发生交叠，其多径传输路径长度应小于脉冲宽度与传播速度的乘积。由于脉冲多径信号在时间上不重叠，很容易分离出多径分量以充分利用发射信号的能量。大量的实验表明，对常规无线电信号多径衰落深达10～30dB的多径环境，对超宽带无线电信号的衰落最多不到5dB。

(4) 传输速率高。数字化、综合化、宽带化、智能化和个人化是通信发展的主要趋势。长期以来，科研单位将大量的人力和财力花费在研究提高信道容量上，但常规无线电的数据传输速率仍不能令人满意。从信号传播的角度考虑，超宽带无线电由于多径影响的消除而使之得以传输高速率数据。民用商品中，一般要求 UWB 信号的传输范围在10m以内，再根据经过修改的信道容量公式，其传输速率可达500Mb/s，是实现个人通信和无线局域网的一种理想调制技术。UWB 以非常宽的频率带宽来换取高速的数据传输，并且不单独占用已经拥挤不堪的频率资源，而是共享其他无线技术使用的频段。在军事应用中，可以利用巨大的扩频增益来实现远距离、低截获率、低检测率、高安全性和高速的数据传输。具体来说，UWB 调制采用脉冲宽度在纳秒级的快速上升和下降脉冲，脉冲覆盖的频谱从直流至千兆级交流，不需常规窄带调制所需的射频(RF)频率变换，脉冲可直接送至天线发射。脉冲峰时间间隔在10～100ps。频谱形状可通过甚窄持续单脉冲形状和天线负载特征来调整。UWB信号在时间轴上是稀疏分布的,其功率谱密度相当低,RF可同时发射多个UWB信号。UWB信号类似于基带信号,可采用OOK,对应脉冲键控、脉冲振幅调制或脉位调制。UWB不同于把基带信号变换为无线RF的常规无线系统,可视为在RF上基带传播方案,在建筑物内能以极低频谱密度达到100Mb/s的数据传输速率。为进一步提高数据传输速率,UWB应用超短基带丰富的吉赫兹级频谱,采用安全信令方法(Intriguing Signaling Method)。基于UWB的宽广频谱,FCC在2002年宣布UWB可用于精确测距、金属探测、WLAN和无线通信。为保护GPS、导航和军事通信频段,UWB限制在3.1～10.6GHz和低于41dB发射功率。

(5) 系统容量大。超宽带无线电发送占空比极低的脉冲,采用跳时地址码调制,便于组成类似于DS-CDMA系统的移动网络。由于超宽带无线电系统具有很高的处理增益,并且具有很强的多径分辨能力,因此,超宽带无线电系统用户数量大大高于3G系统。

(6) 抗干扰性能强。实验证明,超宽带无线电具有很强的穿透树叶和障碍物的能力,有希望填补常规超短波信号在丛林中不能有效传播的空白。实验表明,适用于窄带系统的丛林通信模型同样可适用于超宽带系统。此外,UWB采用跳时扩频信号,系统具有较大的处理增益,在发射时将微弱的无线电脉冲信号分散在宽阔的频段中,输出功率甚至低于普通设备产生的噪声。接收时将信号能量还原出来,在解扩过程中产生扩频增益。因此,与IEEE 802.11a、IEEE 802.11b和蓝牙相比,在同等码速条件下,UWB具有更强的抗干扰性,传输速率高。2019年发布的带有超宽带收发器的iPhone 11,其超宽带芯片是个独立的芯片U1,使得沉寂多年的超宽带无线通信技术受到广泛关注。

(7) 功耗低。UWB系统使用间歇的脉冲来发送数据,脉冲持续时间很短,一般在0.2～1.5ns,有很低的占空因数,系统耗电可以做到很低,在高速通信时系统的耗电量仅为几百微瓦～几十毫瓦。民用的UWB设备功率一般是传统移动电话所需功率的1/100左右,是蓝牙设备所需功率的1/20左右。军用的UWB电台耗电也很低。因此,UWB设备在电池寿命和电磁辐射上,相对于传统无线设备有很大的优越性。

(8) 定位精确。冲激脉冲具有很高的定位精度,采用超宽带无线电通信,很容易将定位与通信合一,而常规无线电难以做到这一点。超宽带无线电具有极强的穿透能力,可在室内和地下进行精确定位,而GPS只能工作在GPS定位卫星的可视范围之内;与GPS提供绝对地理位置不同,超短脉冲定位器可以给出相对位置,其定位精度可达厘米级。

(9) 成本低。在工程实现上,超宽带无线通信技术比其他无线技术要简单得多,可全数字化实现。它只需要以一种数学方式产生脉冲,并对脉冲产生调制,这些电路都可以被集成到一个芯片上,设备的成本很低。

10.2.3 超宽带无线通信技术的应用

由于超宽带无线通信技术具有强大的数据传输速率优势,同时受发射功率的限制,在短距离范围内提供高速无线数据传输将是其重要应用领域,如当前WLAN和WPAN的各种应用。总之,超宽带无线通信技术的应用主要分为军用和民用两方面。在军用方面，主要应用于UWB雷达、UWBLPI/D无线内通系统（预警机、舰船等）、战术手持和网络的PLI/D电台、警戒雷达、UAV/UGV数据链、探测地雷、检测地下埋藏的军事目标或以叶簇伪装的物体。在民用方面，主要应用包括以下3方面：地质勘探和可穿透障碍物的传感器；汽车防冲撞传感器；家电设备及便携设备之间的无线数据通信。

1997年10月，时域公司在美国海军陆战队基地进行了“秘密行动链路”（Stealthlink）超宽带无线电的现场演示。6部电台同时开通了3条链路，包括移动式点对点操作和距离超过900m的全双工传输，并与其他配对链路以32kb/s的速率交换数字图像。

美国国防部特种技术办公室提供资金，由多频谱公司开发非视距超宽带话音与数据分组电台。1997年12月，多频谱公司对一种工作在VHF低端的电台进行了试验，专门开发的抗干扰电路可确保在电磁密集的频段上可靠地工作。1998年6月，特种计划办公室根据“天龙星座”计划，与多频谱公司签订了一项212万美元的后续合同，开发在多信道保密网上的低截获/检测概率语音、数据通信和图像通信。该公司还根据第二期合同开发出样机，验证了利用超宽带通信系统传送高分辨率视频，对来自SINCGARS战斗网无线电的信息进行转信，向无人驾驶飞行器发送指令的可行性。

超宽带无线通信技术具有定位精度高、电磁兼容性好、设备能耗低、发展前景好等优势，因此在室内定位中具有明显优势。通常来讲，超宽带无线通信技术定位采用的是基于距离的定位算法。主要的算法包括TOF测距、TDOA测距、AOA测距3种。例如，可以通过超宽带无线通信技术实现人员定位，例如到达时间、在职情况、工作效率。超宽带无线通信技术可以判断人员在工作岗位上的时间，以确定工作效率是否达到一定水平，因此超宽带无线通信技术可用于提高工作效率。进入工厂危险区域也有严格要求，如变电站、化学品、易燃易爆品等。超宽带无线通信技术的电子围栏功能非常适合，特别是在核电厂，电子围栏分为时间粒度和空间粒度，设置不同的报警阈值，并使用其他考勤和登录功能作为辅助手段。

超宽带无线通信技术第二个重要应用领域是家庭数字娱乐中心。在过去几年里，家庭电子消费产品层出不穷。PC、数字照相机、数码摄像机、HDTV、PDA、数字机顶盒、MD、MP3、智能家电等出现在普通家庭里。家庭数字娱乐中心的概念：住宅中的PC、娱乐设备、智能家电和因特网都连接在一起，人们可以在任何地方使用它们。举例来说，存储的视频数据可以在PC、TV、PDA等设备上共享观看，可以自由地同因特网交互信息，你可以遥控PC，让它控制你的信息家电，让它们有条不紊地工作，也可以通过因特网联机，用无线手柄结合音像设备营造出逼真的虚拟游戏空间。

10.3 软件定义的无线电

在模拟通信体系逐渐让位于数字通信体系的过程中，出现了许多中频数字化接收机。例如，英国的PVS 3800接收机，工作频率为0.5MHz～1GHz，可以在电子战环境中进行搜索、监听和分析识别。但这些接收机只能工作在单一的频段和模式，功能单一且发展潜力有限。在“沙漠风暴”行动中，这些问题暴露无遗，美军不得不借助于许多额外的无线电台才保证了通信联络。而在民用体系中，各国往往采用不同的通信体系，给用户和代理商都带来很多不便。为了解决这些互通问题,软件定义的无线电(Software Defined Radio,SDR)应运而生。由于它基于软件定义的无线通信协议而非通过硬连线实现,具有高度的灵活性和开放性。

10.3.1 软件定义的无线电的历史

从20世纪90年代初开始,通信界有多种数字无线通信标准共存,如GSM、CDMA-IS95等。由于每种制式对其手机都有不同的要求,不同制式间的手机无法互连互通。在军用领域,不同设备间的互通问题也备受关注,各国军方进行了经济的探索,力使不同的设备既能满足互通的要求,也要满足抗干扰和保密性好的要求。一种设想是研制多频段多功能的电台,用一个系列的电台代替其他所有电台。但是考虑到更新换代问题,这种经济方法显然是不经济的。

1992年5月,Jeseph Mitola在美国通信系统会议上首次提出"软件无线电"(Software Radio,SR)的概念,也就是构造一个具有开放性、标准化、模块化的通用硬件平台。软件无线电将各种功能(如工作频段、调制解调、数据格式加密、通信协议等)用软件来完成,并使宽带A/D与D/A转换尽可能靠近天线,以研发具有高度灵活性和开放性的新一代无线通信系统。这一系统将最大限度地利用现有的通信系统,并极具升级潜力。同年,IEEE《通信杂志》出版了软件无线电专集。当时,涉及软件无线电的计划有军用的SPEAKEASY(易通话),以及为第三代移动通信(3G)开发基于软件的空中接口计划,即灵活可互操作无线电系统与技术(FIRST)。1996年3月发起"模块化多功能信息传输系统"(MMITS)论坛,1999年6月改名为"软件定义的无线电"(SDR)论坛。1996—1998年,ITU制定第三代移动通信标准的研究组对软件无线电技术进行过讨论,SDR也将成为3G系统实现的技术基础。从1999年开始,由理想的SWR转向与当前技术发展相适应的软件无线电,即软件定义的无线电。1999年4月,*IEEE JSAC*杂志出版了一期关于SDR的选集。同年,无线电科学家国际联合会在日本举行SDR会议。同年还成立了亚洲SDR论坛。1999年以后,研究机构集中关注使SDR的3G成为可能的问题。2001年,GNU Radio由麻省理工学院的一个PSpectra框架演变而来,GNU Radio由Eric Blossom创立,Sun Microsystems的员工John Gilmore资助。GNU Radio是PC环境开发SDR应用的开源框架。截至2012年,其已拥有5000多个用户,是目前最流行的SDR开发工具。齐全的波形支持,如P25、IEEE 802.11、ZigBee、蓝牙、RFID、DECT、GSM,甚至是LTE(仍在进行中)都可以从存储库下载并运行在任何的x86系统上。2004年,Vanu公司的Anywave基站成功地通过了FCC认证。Anywave是一个能够同时运行GSM和CDMA两个运营商的双模基站,所有协议层在x86 CPU上运行。Vanu公司是由Vanu Bose创立,MIT Pspectra框架的主要贡献者。2006年,Texas Instruments和Xilinx与Nutaq(后来的Lyrtech)一起合作,创建了第一个完全集成独立的SDR开发平台。它配备了一个ARM、一个DSP、一个FPGA和一个可调的前端,频率为200MHz～1GHz。该平台比鞋盒小,而且可以由电池供电,这为SDR走出实验室的应用和实验开辟了新的可能性。2009年,Lime Microsystems公司推出了射频集成电路(Radio Frequency Integrated Circuits ,RFIC)LMS6002,这是第一款商用单芯片射频前端。随后又推出了LMS6002D,已集成了数据转换器。RFIC在400MHz和4GHz之间任意可调,支持高达28 MHz带宽,并提供一个可选的16位基带滤波器组。此后,其他芯片厂商也开始提供RFIC解决方案。

以美国和西欧为主导的发达国家都在积极地致力于SDR技术的研究和系统的开发利用。美国在其国防技术领域计划中,将SDR视为战场无缝通信的基石和首要的技术挑战,认为其是用来解决多网络、多兵种合成部队和商业环境中通信设备互操作性问题的有效手段。其最终目标:在此基础上发展利用商业标准和协议,达到战术系统之间以及战术系统与全球通信系统之间的自动化无缝接口,实现数据/语音一体化传输和数字战场通信,确保战区内分散在各处的阵地,直到最低梯队步兵和每艘舰艇、每架飞机之间能够进行可靠、透明、安全的通信。

在美国国防部计划的推动下,其他一些国防电子公司也展开了多频段多模式电台的研制工作。美国哈里斯公司研制的AN/VRC-94(E)的多频段车载收发信机,可与其他电台(如AN/PRC-117A和AN/VRC-94A)互通。美国马格纳斯克公司也研制出AN/GRC-206(V)多频段多模式电台,该系列产品是为美国三军实施前方地域控制、空中交通管制和空中补给支持行动而设计的,它是一种HF/VHF/UHF综合通信系统。

在中国,SDR技术受到相当重视,在"九五"和"十五"预研项目及"863"计划中都将SDR技术列为重点研究项目。"九五"期间立项的"多频段多功能电台技术"突破了SDR的部分关键技术,开发出4信道多波形样机。我国提出的第三代移动通信系统方案TD-SCDMA,就是利用SDR技术完成设计。

众所周知,由于各种各样的原因,IMT2000(或称3G标准)并未如初始所设想的那样,形成一个全球统一的标准,而是形成了欧洲的WCDMA、北美的CDMA2000和中国的TD-SCDMA为代表的系列标准。多种不同标准带来的一个问题就是手机在不同制式标准之间的漫游和兼容问题。此外,考虑到3G标准从2G标准平滑过渡的问题,3G的手机最好还同时支持GSM和CDMA-IS95协议。如果采用SDR技术,使用通用的软件平台,通过手动配置/自动查找的方式,依次工作在可能的工作频段和制式模式下,对接收到的数字信号采用针对性的软件处理方案处理,从中选出并跳转到最适合的工作频段和制式下进行通信,就可实现对各种模式的全兼容,其优势将是不言而喻的。

当然,要实现SDR的目标,人们还需要面对巨大的挑战,包括体系结构、宽带可编程、可配置的射频和中频技术等。在用SDR方案实现不同的无线通信制式时,TD-SCDMA标准由于其特性,更容易与SDR方案相结合。因为TD-SCDMA是唯一明确将智能天线和高速数字调制技术设计在标准中,明确用SDR技术来实施的标准。同时,TD-SCDMA技术用SDR来实现相对也比较方便。

首先,TD-SCDMA标准中每个频段的带宽较窄,信号处理量不是很大,易于使用软件平台实现,而不必采用处理速度要求非常高的硬件平台,因此,移植到基于SDR方案非常容易,不必再考虑如何由硬件平台转换到软件平台。

其次,TD-SCDMA标准中上、下行信号都采用同步传输方式,因此,在解调时可以采用实现方案相对简单的相干解调方案,而不必使用复杂的非相干解调,也使得软件编程处理量下降,便于实现。

10.3.2 软件定义的无线电的特点

软件定义的无线电的主要特点如下。

1. 很强的灵活性

软件定义的无线电可以通过增加软件模块的方式增加新的功能;可以与其他任何电台进行通信,也可以作为其他电台的射频中继;可以通过无线加载改变软件模块或更新软件。设备的这种可以重配置的方便性给公共服务业带来了巨大的益处。例如,为准备应对诸如洪水、火山喷发、火车失事以及飓风,政府储备了额外的无线电设备。通常充完电置于仓库中。这就会出现问题,因为充完电的电池会慢慢地放电。当紧急情况出现时,设备被分发到新参加救援的人手中,实际上就不知道设备是否还能够工作,或还能工作多久。SDR 为此问题提供了一种解决方法,允许救援组织机构,如国家运输安全委员会(NTSB)采用现场机构使用的频率和协议迅速升级其无线电设备。而不必使用那些可能已经没有电的专用设备,救援机构可以通过采用适当的安全手段和加密密钥,使用它们的设备帮助管理紧急事件。

2. 较强的开放性

由于采用了标准化和模块化的结构,软件定义的无线电的硬件部分可以随着技术的发展而更新扩展,软件业可以不断更新升级;软件定义的无线电可以同时与新体系下与旧体系下的电台通信,延长了旧体系电台的使用寿命,也增加了自身的生命周期。举例来说,SDR 可以进行重新配置以处理多种通信协议,即所谓“灵巧”无线电的概念。一个灵活的 SDR 可以处理 IEEE 802.11a、IEEE 802.11b 和 CDMA 协议,所有这些均来自一个单一的设计。这就意味着一个无线电终端设备可以作为手机工作,还可以切换为无绳电话工作。又可以作为无线互联网设备下载 E-mail,接收 GPS 信号,当用户回家时甚至可以当作开启车库门的钥匙。

3. 很强的经济性

由于模块化和软件定义的无线电的结构,SDR 可以为制造商和用户提供高效、低成本的解决方案。

10.3.3 软件定义的无线电的应用

一言概之,软件定义的无线电就是把空中所有可能存在的无线通信信号全部收下来进行数字化处理,从而与任何一种无线通信标准的基站进行通信。从理论上说,使用 SDR 技术的手机与任何一种无线通信制式都兼容。虽然在理论上 SDR 技术有良好的应用前景,但在实际应用时,它需要极高速的软硬件处理能力。由于硬件工艺水平的限制,纯粹的软件定义的无线电概念并没有在实际产品中得到广泛应用。但一种基于软件无线电概念基础上的 SDR 技术却越来越受到人们的重视。

现在，许多公司已有运行不同 SDR 无线电通信协议和标准的商用产品。有许多公司在 SDR 领域中工作，其中包括 Intel、Morphics Technology、Chameleon、Vanu 以及 Raytheon 等公司。在 SDR 领域还在进行着重要的学术研究。研究者在开发新的高效能算法，基于专用集成电路（Application Specific Integrated Circuit，ASIC）的可重构结构，用于 SDR 的数字信号处理，以及在 SDR 芯片中应用 FPGA（现场可编程门阵列）。

在民用方面，SDR 也取得了很大的发展，如高速通信系统、遥测系统、高速导航系统、图像传输系统、移动数据终端产品等，又如大家熟知的 3G/4G。利用 SDR 技术，不但降低了成本，还提高了系统的灵活性。

10.3.4 软件定义的无线电的发展前景

软件定义的无线电是一项快速发展的技术，可以解决当今以硬件为基础的无线电和不兼容通信协议面临的许多问题。采用可编程硅片和灵活的软件体系结构，SDR 成为通信和计算的合理的发展方向。应用 SDR，进行另一次互联网下载就可以简单地完成升级，很像在计算机上运行一个新应用或进行一次版本的更新。

SDR 技术是由于在 CMOS、RF 技术和其他领域的进展才能得以实现商用化。SDR 产品最可能出现在某些特殊领域，如军事和公共安全应用。当某些工具和架构被开发出来，规模经济效应起作用后，普通消费者使用的 SDR 设备才会随之出现。

开始 SDR 提供的功能是让用户能够再配置和升级单一的设备以支持多功能和多协议。这就可以让人们从一种无线电环境转移到另一种无线电环境时能够以不同的方式使用同一种无线电设备。将来，SDR 将允许无线电完成智能网络通信和其他先进功能。便携式 SDR 设备不仅可以在不同的无线电设备间建立通信连接，还可以在不存在无线电连接的地方建立起通信架构。SDR 甚至可以作为基站补充现有架构的不足。随着 SDR 电技术的逐渐发展，许多基于 SDR 技术的应用也逐渐被广泛应用。SDR 的新技术在电子战中也有广阔的应用前景。电子战的频段宽、信号种类多。SDR 作为解决这一问题的最佳途径，可以有助于研究工作频段宽，可扩展性好，波形适应能力强，既能适应雷达信号，又能适应通信信号，还能适应导航信号的综合电子战系统是现代信息战的必然要求。此外，不同卫星的频段不同，因此每个卫星都需要一套专用设备对卫星进行管理和应用。基于 SDR 的多功能模块化的卫星终端，可以利用 SDR 的可重构性，进而实现在一套设备上对多种不同体制的卫星进行管理和应用，包括气象云图接收功能、数传功能以及常规测控功能。

由于技术和规则还有待于完善，SDR 技术还处于初期阶段。还有广阔的天地等待着对 SDR 感兴趣的开发者去开辟，以便推动这种灵活、低成本技术的未来发展。

10.4 射频识别

射频识别（Radio Frequency Identification，RFID）是一种无线通信技术，可以通过无线电信号识别特定目标并读写相关数据，而无须识别系统与特定目标之间建立机械或光学接触。无线电信号是通过调成无线电频率的电磁场,把数据从附着在物品的标签上传送出去,以自动辨识与追踪该物品。

10.4.1 射频识别的历史

RFID技术的起源要追溯到第二次世界大战时期,被美军用于战争中识别自家和盟军的飞机。在20世纪60—70年代,RFID通信系统在实验室实验研究中快速发展,并有了一些应用尝试,例如Sensormatic、Checkpoint和Knogo公司将其用于电子防窃系统。

到了20世纪80年代,RFID技术产品进入商业应用阶段,各种规模的应用开始出现。在美国,RFID技术被用于交通运输(高速公路通行)和身份识别(智能身份证)。在欧洲,RFID技术则聚焦于短程动物跟踪和工商业系统。使用RFID技术建成的世界第一个商业通行应用程序于1987年在挪威投入使用。

20世纪90年代之后,RFID技术标准化问题日趋得到重视,RFID产品得到广泛应用,RFID产品逐渐成为人们生活中的一部分。随着IBM工程师开发出一种超高频射频识别(UHF RFID)系统,世界上第一个高速公路电子收费系统1991年在俄克拉何马州建成。1999年,EAN、宝洁和吉列公司联手在麻省理工学院建立了自动识别中心(Auto-ID Center),致力于研究使用低价的微芯片和天线来制造RFID标签。

自2001年起,标准化问题日趋为人们所重视,RFID产品种类更加丰富,有源电子标签、无源电子标签及半无源电子标签均得到发展,电子标签成本不断降低,规模应用行业扩大,RFID技术的理论知识得到进一步丰富和完善。单芯片电子标签、多个电子标签无冲突可读可写、无源电子标签的远距离识别、适应高速移动物体的RFID定位监控逐步成为现实。RFID技术的一个重要的里程碑出现在2003年6月,在芝加哥举办的"零售系统会议"上,Wal-Mart公司授权其供应商关于RFID标签计划。近两年,射频识别技术应用在越来越多的场景。射频识别技术通过与云管理相结合,实现了智慧图书馆借书、还书的自动化,减少了纸质书籍的丢失。基于RFID技术设计的管理系统,科学规范、直观易操作,提高了医疗设备管理的工作效率,保障了医疗设备的使用安全和有效。

目前,RFID技术在全球已经相当成熟,美国、日本、南非等都已经有比较先进的RFID产品。美国一直在RFID技术应用方面处于领先地位,其软硬件技术和应用方面一直处于世界前列,RFID标准的建立在其带领下日趋成熟。日本电子方面的发展也推动了其RFID技术的发展,并且已有自己的RFID标准(UID标准)。RFID产业主要集中在RFID技术应用比较成熟的欧美市场。飞利浦、西门子、ST、TI等半导体厂商基本垄断了RFID芯片市场;IBM、HP、微软、SAP、Sybase、Sun等国际巨头抢占了RFID中间件、系统集成研究的有利位置;Alien、Symbol、Matrics、Impinj等公司则提供RFID标签、天线、读写器等产品及设备。2004年,国家金卡工程将RFID电子标签应用试点列入工作重点,启动了一大批示范工程。在紧接着的2005年,信息产业部(现工业和信息化部)批准成立了RFID标准工作组,进一步推动国内RFID产业化的发展。目前,国内已经形成从RFID标签、设备制造到软件开发集成等一个较为完整的RFID产业链。智能时代下传统行业变革加快,RFID需求量提升。人工智能、云计算、大数据、量子计算等新一代智能技术的出现意味着第四次工业革命的序幕悄然拉开,技术社会发展的引擎正由互联网逐步转向智能技术。人类社会迎来智能时代，智能技术应用开始赋能各行各业，行业智能化加快，导致RFID需求量得以提升。未来随着中国RFID高频技术的持续突破，为响应“一带一路”倡议，越来越多的RFID企业将陆续出海，与海外的巨头厂商角逐、抢夺市场份额。而在超高频RFID领域，中国目前在整体市场的占有率较低，但随着超高频RFID在鞋服新零售、无人便利店、图书管理、医疗健康、航空、物流、交通等诸多领域不断普及、发展，未来，超高频RFID将成为行业发展的重点突破口。

10.4.2 射频识别的特点

射频识别技术的主要特点如下。

1. 快速扫描

RFID辨识器可同时辨识读取数个RFID标签，具有速度快、非接触、无方向性要求、多目标识别、运动识别等特征。

2. 体积小型化、形状多样化

RFID在读取上并不受尺寸大小与形状限制，不需为了读取精确度而配合纸张的固定尺寸和印刷品质。此外，RFID标签可往小型化与多样形态发展，以应用于不同产品。

3. 抗污染能力和耐久性

传统条形码的载体是纸张，因此容易受到污染，但RFID对水、油和化学药品等物质具有很强的抵抗性。此外，由于条形码是附于塑料袋或外包装纸箱上，所以特别容易折损；RFID卷标是将数据存在芯片中，因此可以免受污损。

4. 可重复使用

现今的条形码印刷后就无法更改，RFID标签则可以重复地新增、修改、删除RFID卷标内储存的数据，方便信息的更新。

5. 穿透性和无屏障阅读

在被覆盖的情况下，RFID能够穿透纸张、木材和塑料等非金属或非透明的材质，并能够进行穿透性通信。条形码扫描机必须在近距离且没有物体阻挡的情况下，才可以辨读条形码。

6. 数据的记忆容量大

一维条形码的容量是50B，二维条形码最大的容量可储存2～3000个字符，RFID最大的容量则有数MB。随着记忆载体的发展，数据容量也有不断扩大的趋势。未来物品所需携带的资料量会越来越大，对卷标所能扩充容量的需求也相应增加。

7. 安全性

由于RFID承载的是电子信息,其数据内容可由密码保护,使其内容不易被伪造及改造。

10.4.3 射频识别的应用

以下给出射频识别技术的一些应用实例。

1. 门禁系统应用射频识别技术

这项技术可以实现持有效电子标签的车不停车,方便通行又节约时间,提高路口的通行效率,更重要的是可以对小区或停车场的车辆出入进行实时监控,准确验证出入车辆和车主身份,维护区域治安,使小区或停车场的安防管理更加人性化、信息化、智能化、高效化。

2. 溯源技术

这项技术有3种:①无线RFID技术,在产品包装上加贴一个带芯片的标识,产品进出仓库和运输就可以自动采集和读取相关的信息,产品的流向都可以记录在芯片上;②二维码,消费者只需要通过带摄像头的手机拍摄二维码,就能查询到产品的相关信息,查询的记录都会保留在系统内,一旦产品需要召回就可以直接发送短信给消费者,实现精准召回;③条码加上产品批次信息(如生产日期、生产时间、批号等),采用这种方式生产企业基本不增加生产成本。

3. 食品溯源

电子溯源系统可以实现所有批次产品从原料到成品、从成品到原料100%的双向追溯功能。这个系统最大的特色功能就是数据的安全性,每个人工输入的环节均被软件实时备份。食品溯源主要解决食品来路的跟踪问题,如果发现了有问题的产品,可以简单地追溯,直到找到问题的根源。

4. 产品防伪

RFID技术经过几十年的发展应用,技术本身已经非常成熟,在人们日常生活中随处可见,应用于防伪实际就是在普通的商品上加一个RFID电子标签,标签本身相当于一个商品的身份证,伴随商品生产、流通、使用各个环节,在各个环节记录商品的各项信息。标签本身具有以下特点:唯一性、高安全性、易验证性、保存周期长。为了考虑信息的安全性,RFID在防伪上的应用一般采用13.56MHz频段标签,RFID标签配合一个统一的分布式平台,这就构成了一套全过程的商品防伪体系。RFID防伪虽然优点很多,但是也存在明显的劣势,其中最重要的是成本问题。

10.5 低功耗蓝牙无线技术

低功耗蓝牙(Bluetooth Low Energy,BLE)无线技术又称小蓝牙,是一种能够方便快捷地接入手机和一些诸如翻页控件、PDA、无线计算机外围设备、娱乐设备和医疗设备等便携式设备的一种低能耗无线局域网互动接入技术。

10.5.1 低功耗蓝牙无线技术的历史

蓝牙是一种短距离无线通信技术,由爱立信公司于1994年开发,用于代替传统电缆形式的串口通信RS-232,实现串行接口设备之间的无线传输。蓝牙技术工作在无须申请执照的ISM2.4GHz频段,频谱范围为2400～2483.5MHz,采用高斯频移键控调制方式。为了避免与其他无线通信协议的干扰(如ZigBee),射频收发机采用跳频技术,在很大程度上降低了噪声的干扰和射频信号的衰减。蓝牙将该频段划分为79个通信信道,信道带宽为1MHz。传输数据以数据包的形式在其中的一条信道上进行传输,第一条信道起始于2402MHz,最后一条信道为2480MHz。通过自适应跳频技术进行信道的切换,信道切换频次为1600次/秒。

蓝牙是一种基于主从模式框架的数据包传输协议。网络结构的拓扑结构有两种形式:微微网(Piconet)和分散网络(Scatternet)。在网络拓扑架构中,蓝牙设备的主从模式可以通过协商机制进行切换。主设备通过时间片循环的方式对每个从设备进行访问,与此同时,从设备需要对每个接收信道进行监听,以便启动唤醒工作模式。在微微网中,一个主设备可以同时与7个蓝牙从设备进行数据交换,其他从设备与主设备共用同一时钟。在单通道数据交换过程中,蓝牙主设备通过偶数信道发送数据给从设备,并通过奇数信道接收数据。与此相反,蓝牙从设备通过奇数信道发送数据给主设备,通过偶数信道接收数据。通常情况下,数据包的长度可占用1个、3个或5个信道。

在研究人员视超低功耗蓝牙无线技术(ULP蓝牙)为新的希望之前,想把无线连接加到设计中的设计工程师面对着扑朔迷离的各种选择,如WiMAX(IEEE 802.16d)、蓝牙(IEEE 802.11.15.1)和ZigBee(IEEE 802.15.4)。不同的技术似乎覆盖了整个无线通信领域,包括从远距离、高带宽一直到短距离、低功耗(适合电池供电的便携式装置使用)。但是,许多工程师意识到迫切需要另外一种无线RFID技术,其能够在小型个人便携式产品之间协作,而且耗电量极小,电池的寿命能够达到数月至一年。由于缺乏这样一个开放的标准,在消费类应用系统领域留下了一个利润丰厚的市场,它需要专门的解决方案来填补超低功耗(在发射或接收时低于15mA且平均电流在微安的范围)短距离(数十米)无线连接的空白。专有解决方案都具备高带宽、抗干扰、价格好、电池寿命令人羡慕的特点。例如,Nordic Semiconductor公司的nRF24系列,2.4GHz收发器在全球数以百万计的无线鼠标、键盘和运动手表中应用得非常成功。nRF24101收发器在发射或接收功率为0dBm、速率为2Mb/s时,消耗电流约为12mA;把nRF2601无线数据报协议(Wireless Datagram Protocol,WDP)用在无线鼠标中时,在正常使用情况下两节AA电池的寿命约为一年。

专有解决方案产品的缺点是彼此之间不能协作。点到点连接的终端产品制造商主要通过专有解决方案的优异性价比获利,而几乎都不关心这个问题。但一些想以无线方式和其他公司产品连接起来,或想使用其他的收发器的制造商,就不能采用专有解决方案。由此,低功耗蓝牙无线通信应运而生。芬兰手机制造商 Nokia 于 2006 年 10 月率先提出 Wibree 技术,该协议在与经典蓝牙协议(BDR/BR)相互兼容的基础上,将能耗技术指标引入其中,目的是降低移动终端短距离通信的能量损耗,从而延长了独立电源的使用年限。2010 年 10 月,蓝牙技术联盟(Bluetooth Special Interest Group)正式将低功耗蓝牙协议并入 Bluetooth V4.0 协议规范。当 Wibree 技术协议被蓝牙技术联盟接纳后,开发商将它集成到现有的蓝牙规格中,并将其名称改为 ULP 蓝牙,现在又被称为低功耗蓝牙。

与经典蓝牙协议相比,低功耗蓝牙无线技术协议在继承经典蓝牙射频识别技术的基础之上,对经典蓝牙协议栈进行进一步简化,将蓝牙数据传输速率和功耗作为主要技术指标。在芯片设计方面,采用两种实现方式,即单模式(Single-Mode)和双模式(Dual-Mode)。双模式的蓝牙芯片把低功耗蓝牙协议标准集成到经典蓝牙控制器中,实现了两种协议共用。而单模式的蓝牙芯片采用独立的蓝牙协议栈,它是对经典蓝牙协议栈的简化,进而降低了功耗,提高了传输速率。

10.5.2 低功耗蓝牙无线技术的特点

低功耗蓝牙无线技术的主要特点如下。

(1) 超低峰值。

(2) 低功耗。在支持低功耗蓝牙无线技术协议的蓝牙设备厂商的努力下,其推出的蓝牙芯片的功耗得到了很大程度的降低,一节纽扣电池即可供低功耗蓝牙智能设备正常工作数月甚至数年之久。

(3) 可靠性高。低功耗蓝牙的设计非常可靠。它采用了跳频技术,每隔一段时间就从一个频率跳到另一个频率,不断搜寻干扰较小的信道。因此,从根本上保证了数据传输的可靠性。

(4) 低成本。低功耗蓝牙设备可采用现有的互补金属氧化物半导体(Complementary Metal-Oxide-Semiconductor,CMOS)工艺技术制造。由于其时序要求不像标准蓝牙那样严格,加之其协议栈被设计得非常简练,因此,它的研发和生产成本相对较低。低功耗蓝牙设备工作在 2.4GHz 频段,无须缴纳版权或专利费用,也降低了它的成本。

(5) 传输速率高。低功耗蓝牙的传输速率最高可达 2Mb/s。

(6) 安全性高。低功耗蓝牙无线技术提供了数据完整性检查和鉴权功能,采用 128 位 AES 对数据进行加密,使网络安全能够得到有效的保障。

(7) 支持不同厂商设备间的互操作。

10.5.3 低功耗蓝牙无线技术的应用

最初使用低功耗蓝牙无线技术的有娱乐、医疗保健和办公电子设备。一个人在训练时可以利用配备了蓝牙双模式芯片的智能手机作为个人域网(PAN)的中心,而组成这个PAN的设备有安装了低功耗蓝牙的跑鞋、心率腕带和运动手表。也有可能把这个数据传送到配备适当的GPS装置,它能够根据当前的进展速度预测使用者会到什么地方去。另外,运动手表能够与健身房中步行机上的低功耗蓝牙芯片进行通信,把数据传送到智能电话上。低功耗蓝牙也可以用来监测心率和血压,并定期发送消息给医院的医生;或在跑步时记录心率、距离和速度,发送至其他手机上。在娱乐方面,甚至可以通过低功耗蓝牙无线技术用移动电话驾驶玩具赛车避开障碍物。由于手机上的双模式蓝牙芯片能够与其他配备蓝牙的装置和配备低功耗蓝牙的独立产品进行通信,涌现许多新的商机。独立式芯片也能够与其他的独立式芯片直接沟通。

低功耗蓝牙无线技术的核心在于芯片研发技术。这一技术现在被国外知名的半导体厂商垄断,如英国的CSR公司,美国的TI公司、NORDI公司,德国的Infineon Technologies公司等。这些公司推出的蓝牙处理芯片被各大电子产品开发商应用到各自的产品研发中,如苹果手机、三星手机、MacBook Pro Laptops、Garmin GPS Hiking Watch、Nike运动跑鞋、卡西欧电子表、MotoActv等智能电子产品均支持低功耗蓝牙无线技术。

10.6 人体域网

人体域网(Body Area Network,BAN)技术简称体域网,是使用信息化技术,将人体作为媒介转换成可以高速传输数据的宽带网络的技术。人体域网由一套小巧可动、具有通信功能的传感器和一个身体主站(或称BAN协调器)组成,以人体为中心,由和人体相关的网络元素(包括个人终端,分布在人身体上、衣物上、人体周围一定距离范围,如3m内甚至人身体内部的传感器、组网设备等)组成的通信网络。通过BAN,人可以和其身上携带的个人电子设备(如PDA、手机等)进行通信,还可以进行数据采集、同步和处理等。通过BAN和其他数据通信网络,如其他用户的BAN,无线或者有线接入网络,移动网络等成为整个通信网络的一部分,和网络上的任何终端(如PC、手机、电话机、媒体播放设备、数字照相机、游戏机等)进行通信。BAN把人体变成通信网络的一部分,从而真正实现网络的泛在化。

10.6.1 人体域网的历史

目前,BAN的研究在世界上处于起步阶段:欧洲微电子研究中心(Interuniversity MicroElectronics Centre,IMEC)已启动BAN相关的计划,拟突破感知、通信、材料、工艺等BAN技术瓶颈;美国TI公司提出了BAN标准化框架,建议了部分通信技术指标,但技术规范与标准细节仍待进一步研究;我国政府的资助计划尚未启动BAN的研究。

IEEE 802.15工作组于1998年3月正式成立,致力于WPAN的物理层(PHY)和介质访问控制(MAC)层的标准化工作。IEEE 802.15工作组下设十几个任务组,这些任务组不断变化,有的早期任务组因完成或终止而处于关闭或休眠状态,目前活跃的主要是

IEEE 802.15.4 工作组。BAN 越来越多地用于解决远程医疗诊断、移动临床、健康评估与咨询、社区保健等医疗卫生领域信息化难题。IEEE 802.15.6 协议面世以后,BAN 技术得到了迅速的发展。

在无线通信系统中,周围环境对传输有着重要的影响,在过去的几十年中,Rappaport、Bultitude 等人已经对传统的无线传输信道进行了大量的实验研究,传统无线传输机制主要有直射以及由于周围环境所引起的反射、衍射、散射。然而随着无线技术的发展,越来越多的领域正在将无线技术融入其中,无线通信呈现出短距、高速、时变、个人化的发现趋势,对于这样的无线通信系统,一般来说电磁环境比较复杂。一个比较典型的应用环境是人体域网,首先由于无线人体域网应用于人体,为了保证电磁波对人体的影响,发射功率非常低,显然和其他的短距无线通信技术相比,BAN 需要的短距通信技术在相同的功率下,数据传输速率更高;或者在相同的数据传输速率下,需要的功率更低。因此,周围环境的电磁干扰影响大,很多时候信号可能会淹没在噪声之中。再者,人体域网的拓扑结构是准静态的,人体的运动会改变无线传输信道。再加上人体组织对于电磁信号的吸引与反射各异,电磁环境非常复杂,BAN 信道测量与建模是 BAN 研究中的热点话题。根据现有无线人体域网信道建模的研究结果,根据传输方法不同,BAN 的传输信道分为体内与体外两条信道。如今我们可以使用多种无线连接标准来实施 BAN 技术,例如蓝牙、ZigBee、Wi-Fi、ANT 或者低功耗蓝牙等。然而,这些无线连接标准制定之初并非为 BAN 技术应用而开发。我们还可以使用各厂商提供的专有解决方案来实施 BAN 系统。这类系统通常都使用不同的工作频率(取决于各个国家),且不可通用。另外,相比公共无线标准,专有解决方案允许 BAN 专为满足一些特定需求而定制,因而拥有更好的特性,例如低功耗等。未来,医疗保健应用仍然会是 BAN 技术发展的重要推动因素。不过,随着该技术的不断发展,还会出现其他一些诸如工业和农业监测等新兴应用。

10.6.2 人体域网的应用

人体域网的应用主要包括以下 5 类。

(1) 医疗保健。智能诊断、治疗以及自动送药系统,病患监护与老龄人看护。BAN 可实现自然状态下获取、处理、组网传输心电、血压、血糖、心音、血氧饱和度(SaO_2)、体温、呼吸等评价个人生命体征的生理信号,可实现生命体征的连续、实时、远程监护。

(2) 无线接入/识别系统。人体体表器件之间的无线信息传输与识别。

(3) 导航定位服务。旅游、安全、残障人士辅助系统和智能运输系统。

(4) 个人多媒体娱乐。使用可穿戴型计算机收看视频。

(5) 军事及太空应用。智能服装、战场人员管理和用于太空员监控的传感器。

10.7 认知无线电

认知无线电(Cognitive Radio,CR)是一种可通过与其运行环境交互而改变其发射机参数的无线电。它具有侦测、适应、学习、机器推理、最优化、多任务以及并发处理/应用的性能。

10.7.1 认知无线电的历史

随着无线通信技术的飞速发展，特别是无线局域网(WLAN)、无线个人区域网(Wireless Personal Area Network，WPAN)的发展，越来越多的应用通过无线的方式接入互联网，使得原本就拥挤的通信信道变得更加堵塞，稀缺的频谱资源显得更捉襟见肘。频谱资源短缺已成为制约无线通信发展的严重瓶颈！为解决日益增长的频谱需求与频谱资源匮乏之间的矛盾，人们长期致力于研究更有效、合理的频谱管理和利用方式。一方面，通过频分多址(FDMA)、时分多址(TDMA)和码分多址(CDMA)等多址技术实现在有限可用频段内支持更多的通信用户；另一方面，在给定频率、带宽及发射功率等约束条件下，通过调制、编码及多天线等技术最大化频谱使用效率。遗憾的是，受限于香农极限定律，上述方案均不能为通信系统增加额外的可用容量，频谱资源短缺问题并未从根本上得到解决。

幸运的是，频谱短缺仅是一种假象。调查研究表明，实际已分配的大部分授权频谱，在时间和空间上的利用率极低。美国联邦通信委员会(FCC)在报告中指出，根据时间和空间的差异，已分配授权频谱的利用率在15%～85%波动。另外一份来自美国国家无线电网络研究实验床(National Radio Network Research Testbed，NRNRT)项目的测量报告更是确认了这一授权频谱利用率低的事实。该项目对美国6个不同地区的30Hz～3GHz不同频段利用率的统计结果显示，6个测试地区的平均频谱利用率仅为5.2%，其中最大频谱利用率为13.1%，最小频谱利用率仅为1%。可见，频谱短缺的假象是由目前的固定频谱分配体制造成的。为充分利用已分配授权频谱的空闲，FCC建议在全球范围内开展并使用认知无线电技术，实现开放频谱体系，提高频谱资源的利用率。

1999年，J. Mitola提出认知无线电的概念，建议应将认知无线电建立在软件定义的无线电的基础上，并工作在应用层。为实现认知无线电实用化，美国开始放宽相关的频谱使用限制。FCC于2003年12月针对FCC第15部分规则公布了修正案，修正案中提到"只要具备认知无线电功能，即使是其用途未获许可的无线终端，也能使用需要无线许可的现有无线频段"。另外，FCC在其工作报告中考虑在TV频段实现开放频谱体系。2003年，从事高尖端军事设备开发的美国雷声公司从美国国防部高级研究计划局(DARPA)手中接下有关研发下一代(XG)无线通信计划的合同，进行下一代无线技术研究和开发。XG无线通信计划将研制系统方法和关键技术，包括认知无线电技术，以实现通信和传感器系统中的动态频谱应用。国际标准化组织IEEE 802.22工作组于2004年10月正式成立，被称为Wireless Regional Area Network，其目的是使用认知无线电技术，将分配给电视广播的VHF用HF频段用作宽带访问线路。IEEE 802.22将要制定的是无线通信的物理层与MAC层规格，设想的数据传输速率为数兆比特每秒至数十兆比特每秒。2004年Network Centric Cognitive Radio Platform成立，由美国Rutgers大学的WINLAB小组、Lucent Bell Labs和Georgia Institute of Technology组成，目的是实现一个高性能的认知无线电实验平台，用来测试各种动态无线网络协议。(美国)国家科学基金会(National Science Foundation，NSF)于2004—2005年连续两年在未来网络研究计划(NeTs)中资助认知无线电网络的研究。NSF无线移动计划工作组(WMPG)在2005年8月的研究报告中将认知无线电列为下一代无线互联网的重要支撑技术之一。欧盟开展动态利用频谱资源的E2R(End to End Reconfigurability)项目。我国于2005年启动关于认知无线电的"863"预研课题,由西安电子科技大学李建东教授主持负责。随着人工智能技术的发展,国内外科学家将机器学习算法也引入了认知无线电中,相对于传统算法,机器学习算法具备学习能力,能够对所处环境进行学习,以实现根据实际情况自动调整参数的优点。在认知无线电中可以将两种优势互补的机器学习算法结合起来,或者研究新的机器学习算法以解决算法在当前应用场景下的缺陷。

10.7.2 认知无线电的特点

认知无线电的主要特点如下。

1. 认知能力

认知能力使认知无线电能够从其工作的无线环境中捕获或者感知信息,从而可以标识特定时间和空间内未使用的频谱资源(频谱空穴),并选择最适当的频谱和工作参数。根据瑞典皇家理工学院(KTH)使用的认知循环,这一任务主要包括频谱感知、频谱分析和频谱判定3个步骤。频谱感知的主要功能是监测可用频段、检测频谱空穴;频谱分析估计频谱感知获取的频谱空穴特性;频谱判定根据频谱空穴的特性和用户需求选择合适的频段传输数据。技术上主要涉及物理层、MAC层等相关的频谱感知技术。

2. 重构能力

重构能力使得认知无线电设备可以根据无线环境动态编程,从而允许认知无线电设备采用不同的无线传输技术收发数据。在不对频谱授权用户产生有害干扰的前提下,利用授权系统的空闲频谱提供可靠的通信服务,这是重构的核心思想。当该频段被授权用户使用时,认知无线电有两种应对方式:一是切换到其他空闲频段进行通信;二是继续使用该频段,但改变发射功率或者调制方案,以避免对授权用户造成有害干扰。技术上主要涉及频谱分配和认知服务质量两部分。

10.7.3 认知无线电的应用

在民用领域,认知无线电的应用如下。

1. 在WRAN中的应用

IEEE已于2004年10月正式成立IEEE 802.22工作组——无线区域网(Wireless Regional Area Network,WRAN)工作组,2007年下半年完成了标准化工作。IEEE 802.22的核心技术就是CR技术。依据IEEE 802.22功能需求标准,WRAN空中接口面临的主要挑战是灵活性和自适应性。此外,相比别的IEEE标准,IEEE 802.22空中接口的共存问题也很关键,如侦听门限、响应时间等多种机制还需要进行大量的研究。

2. 在 Ad hoc 网络中的应用

当 CR 技术应用于低功耗、多跳自组织网络时，需要新的 MAC 协议和路由协议支持分布式频率共享系统的实现。一般的多跳 Ad hoc 网络在发送数据包时需要预先确定通信路由，采用 CR 技术后，因来自周围无线系统的干扰波动较大，需要不断地更改路由。因此，用于 Ad hoc 网络中的传统路由技术已不再适用。针对这种情况，有研究者提出采用空时块编码(STBC)分布式自动重传请求(Automatic Repeat reQuest，ARQ)技术，利用包的重传来代替路由技术。该方法可根据周围的环境，避开干扰区域自适应选择路由。此外，由于网络路由协议的最优选择很大程度上依赖于物理层环境(如移动性、传播路径等)的变化和应用的需求(如 QoS 等)，而在 Ad hoc 认知无线电网络中，多种业务的 QoS 需求变化比网络拓扑的变化还要快，因此，有必要研究次优化路由协议，以保证长期的网络性能优化。

3. 在 UWB 中的应用

最初将 CR 技术应用于 UWB 系统中，即认知 UWB 无线电技术的提出是为了实现直接序列超宽带(Direct Sequence-UWB，DS-UWB)和多频段正交频分复用(Multiband-Orthogonal Frequency Division Multiplexing，MB-OFDM)两种 UWB 标准的互通，以及解决 IEEE 802.15.3a 物理层 DS-UWB 和 MB-OFDM 两种可选技术标准竞争陷入僵局的问题。由于 UWB 系统与传统窄带系统之间存在不可避免的干扰，将 CR 技术与 UWB 技术相结合以解决干扰问题已受到越来越多的关注。一个有效的方法是将 CR 机制嵌入 UWB 系统中，如以跳时-脉冲位置调制(Time Hopping-Pulse Position Modulation，TH-PPM)为例，通过预先检测到的干扰频率，并相应选择合适的跳时序列，可将 UWB 系统与传统窄带系统间的干扰减至最小。

4. 在 WLAN 中的应用

具有认知功能的无线局域网可通过接入点对频谱不间断扫描，从而识别出可能的干扰信号，并结合对其他信道通信环境和质量的认知，自适应地选择最佳的通信信道。另外，具有认知功能的接入点在不间断进行正常通信业务的同时，通过认知模块对其工作的频段以及更宽的频段进行扫描分析，从而尽快地发现非法恶意攻击终端。这种技术应用在其他类型的宽带无线通信网络中也会进一步提高系统的性能和安全性。

5. 在网状网络中的应用

认知网状(Mesh)网络具有无线多跳的网络拓扑结构，通过中继的方式有效地扩展网络覆盖范围。由于微波频段受限于视距传输，基于 CR 技术的网状网络有利于在微波频段实现频谱的开放接入。

6. 在 MIMO 系统中的应用

在无线通信许多新的研究热点中，都有可应用认知无线电的场合。认知 MIMO 技术可显著提高无线通信系统的频谱效率，这是 CR 技术的主要目标，故将 CR 技术与 MIMO 技术结合，能提供载波频率和复用增益的双重灵活性。

7. 在公共安全和应急系统中的应用

近些年来，公共安全和应急系统急切地需要增加频谱分配量来减轻频谱拥塞状况，提高协同工作能力，利用 CR 技术可以提高公共安全和应急系统的保障水平。SDR 论坛的公共安全特别兴趣工作小组，分析了 CR 技术在公共安全方面的应用开发，提出在灾难性情况下当一般的基础设施无法正常运行时，CR 技术和网络的灵活特性将起到关键作用。

8. 在军事领域认知无线电的应用

(1) 战场频谱管理。战场频谱管理是一个非常重要的课题，各国军方都非常重视这一问题的研究。然而，目前基本都采用固定频率分配的形式进行战场频谱分配。从实战情况来看，这种方案是不完全成功的。一方面，这种分配方案不但导致频谱资源利用率较低，而且容易导致系统内部或者友军之间互相产生电磁干扰；另一方面，这种分配方案需要在战斗开始前花费大量的时间进行频谱规划；此外，通信频率一旦确定，在战斗状态下，无论发生什么情况都无法更改。因此，在战场形势瞬息万变的现代战争中，固定频谱分配方案容易贻误战机。由于 CR 技术能够对所处区域的战场电磁环境进行感知，对所需带宽和频谱的有效性进行自动检测，因此，借助 CR 技术可以快速完成频谱资源的分配，在通信过程中还可以自动调整通信频率。这样，不仅提高了组网的速度，而且提高了整个通信系统的电磁兼容能力。有了 CR 技术，军方将不再局限于一个动态的频率规划，而是可以从根本上适应需求的变化。FCC 把 CR 技术看成是可能对频谱冲突产生重大影响的少数几种技术之一，而美国军方则因为在频谱规范方面面临着巨大的难题，所以也对 CR 技术十分感兴趣。由于静态的、集中的频谱分配策略已不能满足灵活多变的现代战争的要求，因此，未来通信的频谱管理应该是动态的、集中与分布式相结合的，每部电台都将具有无线电信号感知功能(侦察功能)。军用 CR 如能将通信与侦察集成到一部电台里，那么组成的通信网络就具有很多感知节点和通信节点。军用 CR 电台还可以使军方根据频谱管理中心分配的频率资源与感知的频率环境来确定通信策略，而频谱管理中心还可以从军用 CR 电台获取各地区的频谱利用及受扰信息，这样就形成了集中与分布式相结合的动态频谱管理模式，使得部署更加方便。

(2) 高抗干扰通信。在未来的战场环境中，抗干扰将是军事通信的一个重要课题。电子对抗的传统做法是首先通过战场无线电检测，侦察战场的电磁环境，然后将侦察到的情况通过战役通信网传达给电子对抗部队，由担任电子对抗任务的部队实施干扰。这种方式不仅需要大量的人力、物力，而且还需要电磁环境侦察部队和电子对抗部队的密切配合。因此，从侦察到实施干扰的周期较长，容易贻误战机。CR 技术通过感知战场电磁频谱特性，能够快速、准确地进行敌我识别，可以一边进行电磁频谱侦察，一边快速实施或躲避干扰，实现传统无线电所不具备的电子对抗能力。可以根据频谱感知、干扰信号特征以及通信业务的需求选取合适的抗干扰通信策略。例如，进行短报文通信时，可以采用在安静频率上进行突发通信的方式;当敌方采用跟踪式干扰时,可采用变速调频等干扰策略。

(3) 提高通信系统容量。无线频谱资源短缺的问题,不仅在民用领域比较突出,在军用领域也是如此。尤其是在现代战争条件下,多种电子设备在有限的地域内密集部署,使得频谱资源异常紧张。而且,随着民用无线电设备的更新换代和用户数量的急剧增加,对频谱的需求也越来越多。一些国家的一些组织已经申请将部分军用频谱划归民用,这一动向无疑进一步加剧了军用无线电频谱资源短缺的问题。而 CR 技术能够动态利用频谱资源,理论上可使频谱利用率提高数十倍。因此,即使是部分采用 CR 技术,也能较大幅度提高整个通信系统的容量。

习 题

1. 物联网中有哪些关键技术?除了书中列出的物联网应用外,再思考 3 种物联网的应用。

2. 超宽带无线通信技术的特点有哪些?

3. 列举 5G 中软件定义的无线电的应用。

4. RFID 的优势是什么?劣势是什么?

5. 低功耗蓝牙无线技术与蓝牙技术的区别是什么?

6. 人体域网的特点是什么?它有利于哪些领域的发展?

7. 简单介绍认知无线电的工作过程。

8. 利用本章所介绍的物联网技术,简单设计一种家庭智能防盗系统,并描述出实现方案。

参考文献

[1] 盛惠兴,霍冠英,王海滨. 认知无线电:智能的无线通信技术[J]. 计算机测量与控制,2007(11):1419-4598.

[2] 赵勇. 认知无线电的发展与应用[J]. 电讯技术,2009,49(6):20-24.

[3] 李红岩. 认知无线电的若干关键技术研究[D]. 北京:北京邮电大学,2009.

[4] 朱平. 认知无线电关键技术研究[D]. 合肥:中国科学技术大学,2010.

[5] 李庆. 认知无线电系统若干关键技术研究[D]. 南京:解放军信息工程大学,2013.

[6] 杨磊,认知无线电系统中若干关键技术的研究[D]. 大连:大连理工大学,2012.

[7] 徐加伟. 基于低功耗蓝牙无线通信技术的交通数据检测方法研究[D]. 哈尔滨:哈尔滨工业大学,2013.

[8] Bonnerud T E. 蓝牙低功耗无线技术的价值[J]. 电子设计技术 EDN CHINA,2008(8):128-130.

[9] 罗玮. 一种新兴的蓝牙技术:超低功耗蓝牙技术[J]. 现代电子科技,2010(10):31-34,38.

[10] 岳光荣. 超宽带无线电综述[J]. 解放军理工大学学报(自然科学版),2002(5):14-19.

[11] 张靖,黎海涛,张平. 超宽带无线通信技术及发展[J]. 电信科学,2001(11):3-7.

[12] 张在琛,毕光国. 超宽带无线通信技术及其应用[J]. 移动通信,2004(1): 110-114.
[13] 祝林芳. 基于测量的人体局域网 RLMN 信道模型的研究与应用[D]. 昆明: 云南大学,2013.
[14] 洪涛. 体域网结构及信道特性研究[D]. 重庆: 重庆大学,2012.
[15] 李丽. 体域网中关键技术及实现[D]. 西安: 西安电子科技大学,2013.
[16] 盛楠. 无线体域网信道模型及同步技术研究[D]. 上海: 上海交通大学,2009.
[17] 范建华,王晓波,李云洲. 基于软件通信体系结构的软件定义无线电系统[J].清华大学学报,2011(8): 1031-1037.
[18] 杨小牛. 软件无线电原理与应用[M]. 北京: 电子工业出版社,2001.
[19] 周惇. 基于射频识别的室内定位系统研究[D]. 西安: 电子科技大学,2013.
[20] 史伟光. 基于射频识别技术的室内定位算法研究[D]. 天津: 天津大学,2012.
[21] 黄玉兰. 射频识别(RFID)核心技术详解[M]. 北京: 人民邮电出版社,2010.
[22] 徐济仁. 射频识别技术及应用发展[J]. 数据通信,2009(10): 73-74.
[23] 韩益锋. 射频识别阅读器的研究与设计[D]. 上海: 复旦大学,2005.
[24] 程钰杰. 我国物联网产业发展研究[D]. 合肥: 安徽大学,2012.
[25] 郑欣. 物联网商业模式发展研究[D]. 北京: 北京邮电大学,2011.
[26] 李奕. 物联网信道模型及相关技术研究[D]. 天津: 天津大学,2011.
[27] 华光学. 软件无线电的系统仿真[D]. 西安: 西北工业大学,2005.

人物介绍——ACM/IEEE Fellow 刘云浩教授

刘云浩，清华大学教授、全球创新学院院长，自动化系教授、博士生导师，ACM Fellow、IEEE Fellow，于清华大学自动化系获得工学学士学位，北京外国语大学高级翻译学院获得文学硕士学位，美国密西根州立大学计算机系获得工学硕士和博士学位。他曾历任香港科技大学计算机系助理教授、副教授、系研究生部主任；美国密西根州立大学讲席教授、计算机系主任；清华大学计算机科学与技术系 EMC 讲席教授，清华大学软件学院长江学者特聘教授、院长。目前是 *ACM Transactions on Sensor Network* 和 *CCCF* 主编。

刘云浩教授 2010 年获教育部自然科学一等奖；2011 年获国家自然科学二等奖；2013 年获 ACM 主席奖，是该奖 1985 年设立以来唯一获奖的中国人；2014 年获 ACM MobiCom 最佳论文奖；2021 年作为通信作者带领清华大学博士生获得 ACM SIGCOMM Best Student Paper Award，这也是亚洲高校首次获得此奖。

刘云浩教授长期从事物联网领域的研究，是无线传感网络的开拓者之一。他提出物联网节点可定位性理论，建立群智感知计算框架，是无源感知理念的先行者，提出了包括 Sensorless Sensing 等创新思想。所搭建的绿野千传(GreenOrbs)系统是国际上最大规模的野外物联网系统，产生了广泛的社会影响。发表论文 200 多篇，他引 3 万多次，6 次获得国际著名学术会议最佳论文奖。

刘云浩教授撰写的《物联网导论》是国内第一部物联网方面的权威教材，目前已被 600 多所高校使用，销量超过 10 万册。该教材影响了整个中国物联网的基础教育，培育了大量中国物联网方面的人才。

第11章 chapter 11

软件定义网络

随着物联网及云计算等新兴技术的发展以及智能终端的普及，互联网与人类的生活息息相关。人类的工作、生活、学习、生产都离不开网络，从科技发展、企业管理、电子商务到社交网络，互联网上承载的业务类型日益丰富，但是这种数据量爆炸式的增长也带来许多弊端。TCP/IP 架构体系不能满足快速响应以及大量的数据传输业务，网络安全问题也急需解决。尽管许多新的协议被用来弥补这种弊端，但是这种补丁式的措施使得网络系统越来越臃肿。当云计算被提出后，由美国斯坦福大学 Clean Slate 研究组提出的一种新型网络架构——软件定义网络(Software Defined Network，SDN)，它为未来的网络发展提供了新方向。

11.1 网络发展概述

11.1.1 计算机网络发展现状

1969 年 11 月，美国国防部高级研究计划署开发了世界上第一个包交换网络 ARPANET，成为全球互联网的鼻祖。该系统实现了以通信子网为中心的主机互连，将分散在洛杉矶的加利福尼亚大学洛杉矶分校、加利福尼亚大学圣巴巴拉分校、斯坦福大学、犹他大学的 4 台大型计算机通过通信设备与线路互连起来，使得单机故障不会导致这个网络系统瘫痪。

1983 年 1 月，为满足共享资源以及更大范围的网络需求，ARPANET 完全转换为 TCP/IP，由网络层的 IP 和传输层的 TCP 组成，是因特网最基本的协议，同时也是国际互联网的基础，于 1984 年被美国国防部定位为所有计算机网络的标准。自此之后，因特网进入商业化发展阶段，标志网络时代的正式到来。其中，IPv4 作为第 4 版的互联网协议，以及第一个被广泛使用的协议，成为如今物联网技术的基础。IPv6 作为互联网协议第 6 版，采用 128 位 IP 地址，获得较小的路由表，提高网络安全性，缓解了 IPv4 仅有 32 位 IP 地址所造成的网络地址消耗殆尽的问题。

TCP/IP 作为广泛使用的协议共包括四层体系结构：应用层、传输层、网络层、网络接口层。目前，计算机网络采用了以 IP 为核心的网络协议体系结构，如图 11-1 所示。在该体系中 IP 是整个系统的核心。IP 仅保持路由功能，利用高层网络层实现冲突检测、可靠传输，从而保证网络核心的高效。可是从另一方面来讲，计算机网络的小核心大边缘的网络架构虽然易于新业务的接入，却大大增加了边缘管理的复杂度。

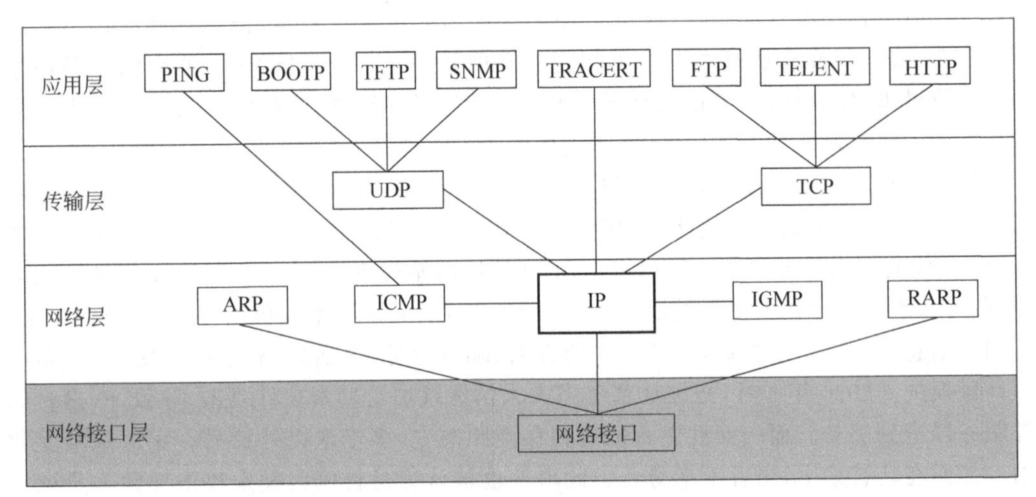

图 11-1 以 IP 为核心的网络协议体系结构

随着网络的大范围推广和智能终端的广泛使用，同时业务的数据量也成倍地增长，为实时地对网络进行监控与管理，需要实现智能化网络系统，所以目前网络采用的是混合式管理模式，将部分管理功能固化在网络设备中，网络管理人员仅需输入命令行配置相应网络节点的协议与参数，网络节点就可以自行动态地根据协议更新状态、接入网络、转发数据等，并用分布式路由协议对网络节点进行控制，同时实现控制与转发的功能。

物联网与人们的生活息息相关，从基础通信、社交网络、商务应用、科学研究到新闻娱乐，几乎所有的信息都与互联网不可分割。社会人际关系逐步与网络融合，但是网络给人类生活带来便利的同时也是一把双刃剑，随之而来的是如何保障信息安全和个人隐私以及如何获得一个更稳定和可靠的网络环境。

11.1.2 计算机网络发展面临的问题

据中国互联网络信息中心(CNNIC)统计，截至 2021 年 6 月，中国网民规模达 10.11 亿，随着业务的增多和客户数目的增加，网络的规模变得庞大且复杂。为了满足各类业务，在不同的网络层面上存在大量的网络协议，仅与交换机、路由器相关的协议已经超过 6000 多个。同时随着网络业务数目的大量增加，导致业务的突发事件可能性增加，网络的稳定性与可靠性降低，一些突发事件就可能造成网络瘫痪。2015 年 5 月，支付宝出现大规模的故障。据多个地区的网络用户反映，支付宝账号不能正常登录，也无法进行转付账；余额宝不能显示余额，显示网络无法连接。随后，支付宝在新浪微博回应称：由于杭州市萧山区某地光纤被挖断，造成少部分用户无法使用支付宝，运营商以及工程师正在维修。

基于分布式的网络结构中，大量网络节点分在网络中，在不同的节点之间需要通信来交换网络状态信息，路由表信息交换与更新，虽然实现了智能管理，但是却耗费了大量节点的计算资源与带宽,30%以上的中央处理器(Center Processing Unit,CPU)处理周期被用来检测周边网络情况,30%～50%的网络带宽被用于与业务无关的应用。针对日益扩大的互联网中存在的问题,网络工程师们提出大量解决方案,但是这些协议只是缓解了部分问题,却没有从根本上解决问题。发展到今日,基于TCP/IP架构的互联网暴露出可靠性低、安全性低、可拓展性低、兼容性低等诸多问题,网络数据层日益增大的需求远远超过了控制层的发展速度,极大地限制了网络业务的发展。

网络安全问题最近也越来越引起人们的重视,TCP/IP设计的初衷主要是以牺牲网络带宽为代价,来提高抗干扰能力,作为主要用于科学研究与政府管理的非商业应用网络,IP并没有考虑安全问题。2011年CSDN社区网站被攻击,人人网等社交网站也相应遭到攻击,大量客户私人信息被泄露。2013年12月,美国大型零售商Target遭到攻击,信用卡信息及个人信息被盗,涉及客户的姓名、邮寄地址、电话号码、E-mail等信息,造成了巨额损失。2020年9月,德国杜塞尔多夫大学医院遭受勒索软件攻击,导致30多台内部服务器遭到感染。而一女性患者被迫转移至距离30多千米以外的另一家医院接受救治。然而在转移途中,患者不幸身亡。此事件也被认为是首例因勒索攻击导致人员死亡案例,德国警方也将案件性质调升为谋杀案。随着互联网进一步深入人们的日常生活,网络安全防御也愈加困难,因安全问题造成的经济损失也越来越严重,并且很难在短时间之内改善或解决网络安全问题,尽管可以通过杀毒软件、防火墙等措施预防,但是目前并没有形成正规的、有规模的防御手段。

另外,由于目前网络安全、分组检测、网络过滤等功能并没有放到网络设备上,需要通过特定的网络设备来实现,如BARS、CDN、QoE检测器、防火墙等,这使得网络中硬件设备的数量高居不下,可拓展性不强,网络功能上线周期长等诸多问题。同时硬件设备过多也导致电量消耗大。如何构建绿色网络,响应全球节能减排的号召也成为计算机网络领域的一个重要问题。

随着云计算技术的迅速发展,对已有的网络结构又提出新的要求。云计算在服务与数据中心之间进行超大规模的数据访问,建立一个虚拟的资源池,使得所有网络节点都可以进行资源共享。它要求网络可以实时地改变带宽,在虚拟机、服务器及数据中心间实现低时延、高吞吐量的网络连接。高灵活性、高可靠性的要求使得现有网络的更新成为当务之急。

11.1.3 云计算网络

云计算是分布式计算技术的一种,通过利用大量的分布式计算机对数据进行计算,而非本地计算机或远程服务器中,从而将计算处理程序转化为多个较小的子程序,再由多台分布式服务器所组成的系统计算分析之后将结果传回本地。分布式计算就是在多个应用之间共享信息,这些应用不仅可以在同一台计算机上运行,还可以在多个分布式计算机上进行计算。这种通过分布式计算及服务器虚拟化技术,将分散的信息通信技术池化,将分散的资源集中起来形成资源池,再动态地分配给不同的应用,极大程度地提高了信息化系统的资源利用率。

云计算网络主要分为虚拟机(Virtual Machine,VM)、服务器、因特网数据中心

(Internet Data Center,IDC)及用户 4 部分,与传统业务不同,云计算网络利用服务器虚拟化技术使得服务器和存储设备达到软硬件结合。在传统网络架构中,用户与 IDC 之间的数据交换量较大,但是云计算使得同一个应用所需的数据可以从多个服务器上获得,为了及时地整合信息,大大增加了服务器之间的数据流量,所以 IDC 与 IDC 之间的网络变化最大,才能满足云计算的虚拟化要求。

服务器虚拟化是指借助虚拟化应用实现在单台服务器上运行多个操作系统,虚拟化技术使得操作系统摆脱了束缚,单个系统间的隔离度高,单个虚拟机的死机不会影响其他虚拟机与所在服务器,而云计算中一个核心技术就是虚拟机动态迁移,由于整个 IDC 业务都是基于虚拟机,所以无论在公共云、私有云还是混合云中,虚拟机动态迁移都是一个重要的场景,它要求在不中断服务的前提下,可以将虚拟机动态地迁移到其他物理服务器上,同时还要保留原有的 IP 地址与迁移前应用运行的状态。作为云计算的关键技术,服务器虚拟化首先要解决两个问题:一是如何简化现有的网络;二是如何解决生成树无法大规模部署的问题,找到合适途径实现分布式网络部署。

针对云业务的快速发展与虚拟化的要求,目前虽然已有一些解决方案,但是没有形成统一的、标准化的、拓展性高的解决方案,目前已有的网络结构无法从根本解决矛盾,因此计算机网络的改革已迫在眉睫,而软件定义网络的出现给人们带来启发,迅速成为网络界的研究热点。

11.2 软件定义网络概述

11.2.1 软件定义网络的发展

2006 年斯坦福大学开启 Clean Slate 课题,其根本目的是重新定义网络结构,从根本上解决现有网络难以进化发展的问题。2007 年,斯坦福大学的学生 Martin Casado 在网络安全与管理的项目 Ethane 中实现了基于网络流的安全控制策略,利用集中式控制器将其应用于网络终端,从而实现对整个网络通信的安全控制。2008 年,Nick McKeown 教授等基于 Ethane 的基础提出 OpenFlow① 的概念。基于 OpenFlow 为网络带来可编程的特性,Nick McKeown 教授和他的团队进一步提出软件定义网络(SDN)的概念,自此之后,SDN 正式登上历史舞台。

2011 年,在 Nick 教授的推动下,为推动 SDN 架构、技术的规范和发展工作,Google、Facebook、NTT、Verizon、德国电信、微软、雅虎 7 家公司联合成立了开放网络基金会(Open Network Foundation,ONF),我国国内企业包含华为、腾讯、盛科等。

2012 年 4 月,在开放网络峰会(Open Network Summit,ONS)上 Google 公司宣布其主干网络 G-Scale 已全面在 OpenFlow 上运行,使广域线路的利用率从 30%提升到接近100%。作为首个 SDN 的商用案例,使得 OpenFlow 正式从学术界的研究模型,转化为可

---

① McKeown N, Anderson T, Balakrishnan H, et al. OpenFlow: enabling innovation in campus networks[J]. ACM SIGCOMM Computer Communication Review, 2008, 38(2): 69-74.

以实际使用的产品,因此,SDN也得到广泛的关注,并推动了它的发展。

2012年7月,SDN先驱者、开源政策网络虚拟化私人控股企业Nicira以12.6亿美元被VMware公司收购,实现了网络软件与硬件服务器的强隔离,同时这也是SDN走向市场的第一步。2012年7月30日,SDN厂商Xsigo Systems被Oracle公司收购,实现了Oracle VM的服务器虚拟化与Xsigo网络虚拟化的一整套的有效结合。作为网络设备中的领头者,思科公司也在2012年向Insieme公司注资1亿美元,来加强在SDN领域方面的产品技术。2012年年底,AT&T、英国电信(BT)、德国电信、Orange、意大利电信、西班牙电信和Verizon公司联合发起成立了网络功能虚拟化(Network Functions Virtualization,NFV)产业联盟,旨在将SDN的理念引入电信业。在过去的10年里,全球软件定义的网络市场飞速发展。根据Research and Markets的数据,2020年全球SDN市场达到1373万美元,预计2025年将增长到3273万美元,复合年增长率为19%。

在我国也有越来越多的企业与学者投入SDN的研究中。2012年,多所高校参与国家"863"项目,并且提出了未来网络体系结构创新环境(Future Internet iNnovation Environment,FINE)。2013年4月,中国SDN大会作为我国首个大型SDN会议在北京举行,将SDN引入我国现有网络中,并在2014年2月成功立项S-NICE标准,S-NICE是在智能管道中使用SDN技术的一种智能管道应用的特定形式。随着5G和物联网时代的到来以及云计算应用的逐渐增加,边缘计算与云计算势必彼此融合。SDN因其灵活开放可编程的网络架构被认为是解决当前云计算和边缘计算协同问题的有效方法。

11.2.2 软件定义网络的定义

2012年4月13日,ONF在白皮书Software Defined Network: The New Norm for Networks中发布了对SDN的定义,SDN是一种可编程的网络架构,如图11-2所示,不同于传统的网络架构,SDN实现了控制层与转发层的分离,它不再以IP为核心,而是通过标准化实现集中管理且可编程的网络,将传统网络设备紧耦合的网络架构分解成由上至下的应用层、控制层、硬件交换层,在最高层中用户可以自定义应用程序从而触发网络中的定义。

在SDN中控制面与转发面分离,控制层与应用层接口称为北向接口,为应用层提供集中管理与编程接口,可以利用软件来定义网络控制与网络服务,用户可以通过这个接口实现与控制器之间的通信。转发面与控制面的接口称为南向接口,由于OpenFlow协议仍在起步状态,并没有足够的标准来控制网络,目前大部分的研究热点都在南向接口。南向接口统一了网络所支持的协议,使得转发面的资源可以直接进行调度,接收指令直接进行数据转发。

在目前的网络架构中,每个数据交换中心都需要根据相应的转发规则进行判断,而在SDN架构中控制面与转发面分离,转发面仅需要转发功能,通过控制中心来判断转发策略,因此大大减少了整个网络体系中智能节点的数量。这种标准化的北向接口提供了很好的编程接口,使得网络对硬件的依赖性大大减少,同时可以实现图形界面,更加方便用户的使用。中央控制器作为一个软件实体,可以覆盖整个网络,同时在整个网络中可以有多个控制器。大大增强了控制面的可用性。另外,作为控制数据流的OpenFlow也

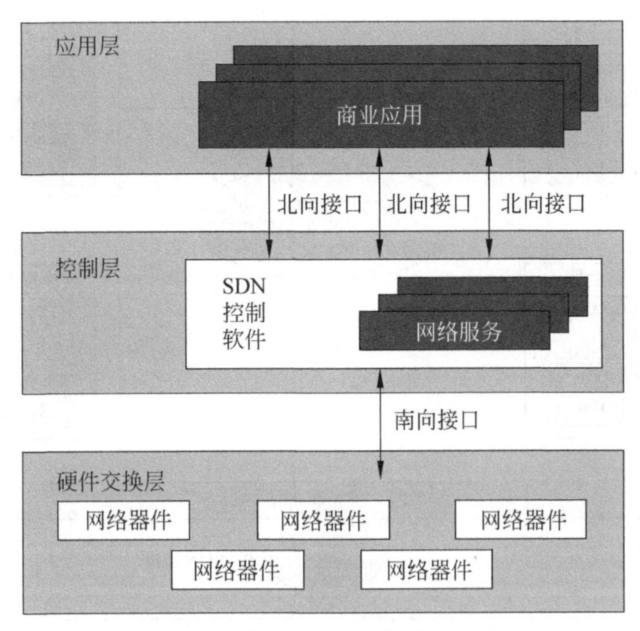

图 11-2 软件定义网络结构示意图

可以被编程，实现了物理网络拓扑与部署的分离，控制器可以与 OpenFlow 相连，将交换层彻底从应用层分离出来。

虽然通过软件定义网络使得各种网络功能软件化，可以更方便地实现网络协议与各种网络功能，大大减少网络设备的数量，但是它仍在刚起步进行测试阶段，为了可以利用真实环境中的物理设备搭建新的网络架构，需要在不影响整个网络系统的条件下用新的网络运行新的网络设备来测试算法，可是这些在现有的网络环境中是无法实现的，因此在现实中的网络研究仍需要改进。

现有网络与 SDN 架构对比如图 11-3 所示。

11.2.3 软件定义网络的优势

由于传统的网络设备的固件对硬件依赖性较大，所以在 SDN 中将网络控制与物理网络拓扑分离，从而摆脱硬件对网络架构的限制。当网络被软件化时就可以像升级、安装软件一样对其架构进行修改，直接利用应用程序接口（API）就可以改变其逻辑关系，从而满足企业对整个网站架构进行调整、扩容或升级。交换机、路由器等硬件资源并不需要改变，因此既节约了大量的成本，同时又大大缩短了网络架构的迭代周期，集中化的网络控制使得各类协议与控制策略能够更快地到达网络设备。SDN 这种开放的、基于通用操作的面向所有使用者的 API，使得整个网络更加灵活，并且可拓展度更高，毫无疑问，SDN 是当前热门的研究方向。

除了 SDN 给开发人员与企业带来的便利性，它也使得网络数据的控制与管理变得更加高效与稳定。在传统的网络架构中，为了实现实时的监控与控制，不同的网络节点之间需要根据协议传送大量的路由表与状态信息等诸多数据，这耗费了许多 CPU 资源

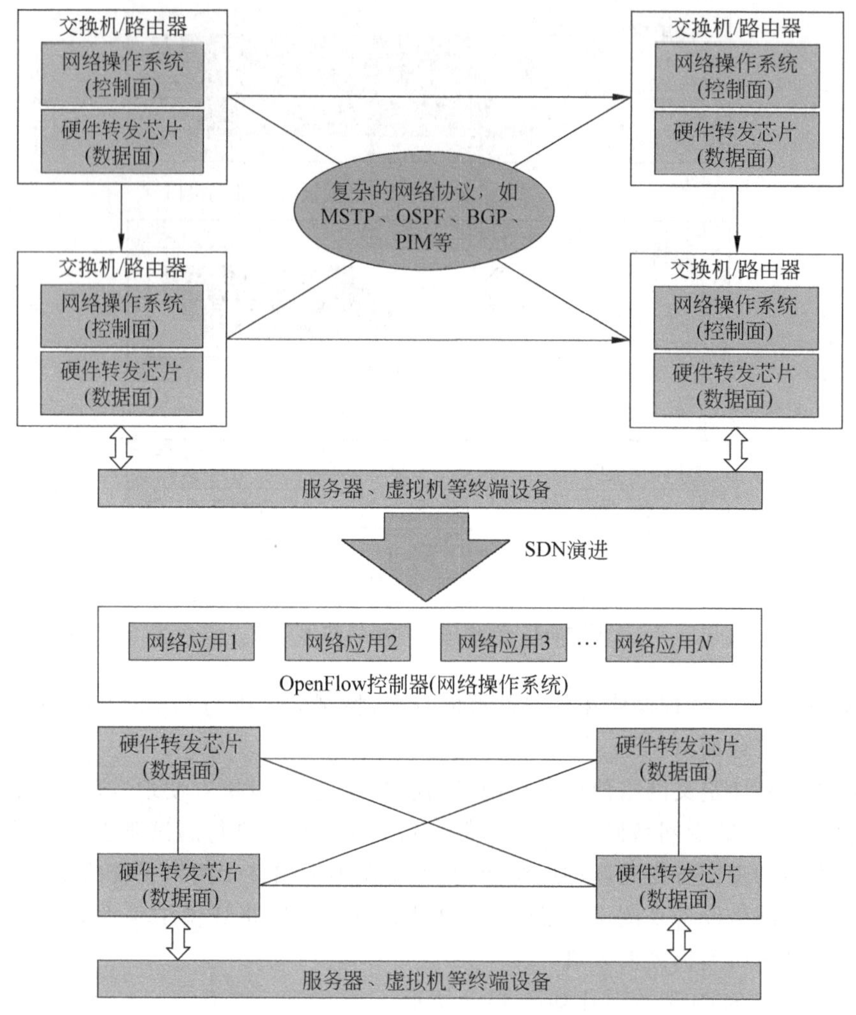

图 11-3 现有网络(上)与 SDN(下)架构对比

与网络带宽，尤其是近几年网络节点的大量增加使得这种问题日益突出。在软件定义网络中，由于所有网络节点都由中央控制器集中管理，各个网络节点之间只需要进行数据交换，因此，大大减少了交互信息带来的资源消耗。另外，由于南向接口收集了所有的网络信息，包括节点的状态信息及网络链路的状态信息，由于可以更好地构建出实时的、统一的网络监控图，可以更快捷地计算出最优路径，因此大大提高了各个链路的利用率。

11.3 软件定义网络关键技术

为了实现通过软件定义网络的功能并对上层应用进行编程，SDN 的关键技术主要有三大核心机制：一是基于流的数据转发机制；二是基于中心控制的路由机制；三是面向应用的编程机制。所有的核心技术都是围绕这三大核心机制而产生的，而 OpenFlow 作为实现 SDN 的主要技术，备受业内人士瞩目。

11.3.1 OpenFlow 概述

OpenFlow 作为软件定义网络中最核心的技术，其发展极大地推动了 SDN 的发展，如表 11-1 所示，自 2009 年 12 月 OpenFlow 1.0 标准发布以来，经过不断完善与改进，OpenFlow 已经经历了超过 10 个版本的更新，目前使用和支持最多的是 OpenFlow 1.0 和 OpenFlow 1.3。

表 11-1 OpenFlow 的发展历史

版　本	发布时间	实现内容	特　　点
OpenFlow 1.0	2009 年 12 月	Single table/Single controller IPv4	单数据流表设计简单，大规模部署时可拓展性强，但是很好地利用了旧有资源，仅需固件升级
OpenFlow 1.1	2011 年 2 月	Group table/Single controller MPLS/VLAN ECMP	利用多数据流表提升流转发性能，但是需要构建新的硬件设备搭建系统
OpenFlow 1.2	2011 年 12 月	IPv6 Group controller	引入多控制器，使得网络系统更加稳定
OpenFlow 1.3	2012 年 4 月	IPv6 扩展 PBB	增强了版本协商能力，提高系统兼容性，但是由于发展进程较快，并没有投入使用

OpenFlow 并不完全等同于 SDN，它是一种南向接口协议，是指两个网络节点之间的链路是通过运行在外部服务器上的软件来定义的，并且网络节点之间的数据传输都是通过中央控制器来定义的，所以，OpenFlow 是软件定义网络中一种发展较快的技术。OpenFlow 基本组成如图 11-4 所示。

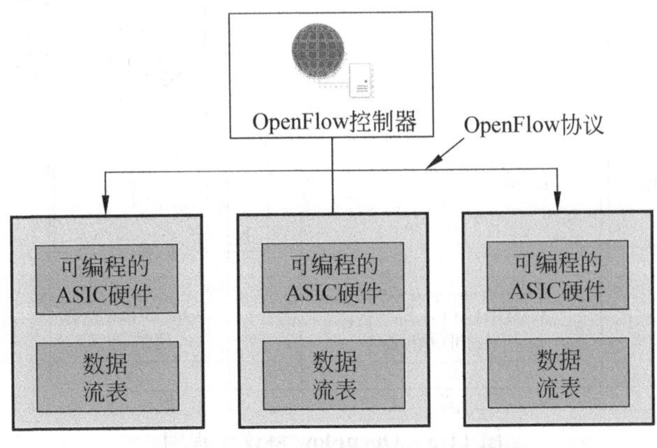

图 11-4 OpenFlow 基本组成示意图

控制器是整个系统的核心,它负责收集所有网络节点与链路的状态信息,维护全局统一资源视图,优化流表智能决策,并将决策发送给交换机。在规范中定义每个流信息的决策流程:更新流表信息,修改交换机中现有流表;配置交换机;转发所有未知数据包。与传统网络交换机不同,在OpenFlow中交换机不再有智能功能,它仅保留转发功能,依据控制器管理硬件的流表转发数据。OpenFlow的网络协议与其他网络协议一样,其最终目的都是实现对数据通路的程序指令,但是在实现数据通路指令时OpenFlow是所有协议的融合,它既包括客户端服务器技术又包含各种网络协议。

在图11-5所示的流程图中,数字代表步骤,步骤从1开始(步骤0是初始化阶段)。为了简化整个模型,我们先从简单情况入手,首先考虑纯OpenFlow模式下运行,OpenFlow交换机和OpenFlow控制器之间是单段链路。如果从步骤0开始,那么需要连通OpenFlow控制器和OpenFlow交换机。首先是在OpenFlow控制器与OpenFlow交换机之间建立连接。OpenFlow控制器与OpenFlow交换机之间的连接是独立的,每条连接都仅有一个控制器与一个交换机,并且控制层通过网络管理可以访问多个OpenFlow交换机,当然,客户端和服务器之间的连接仍需要TCP。

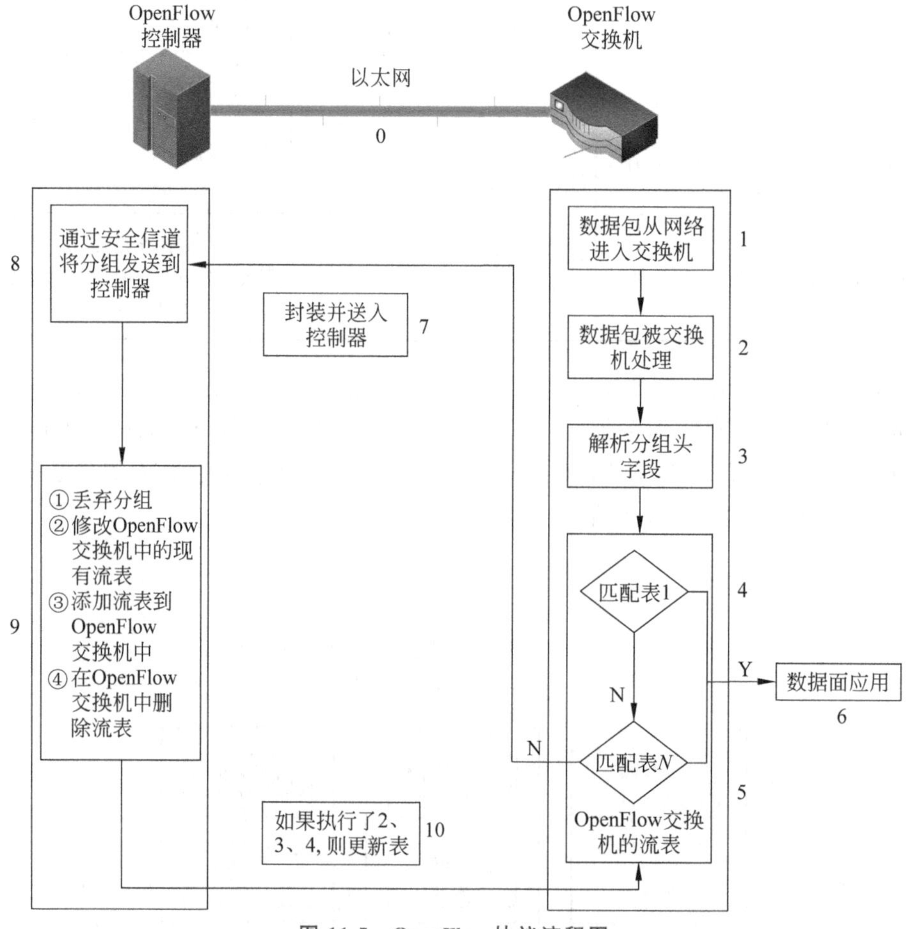

图11-5 OpenFlow协议流程图

在第1步中，数据包进入OpenFlow交换机后，将被交给交换机中运行的OpenFlow模块，这个数据包可以是控制报文也可以是数据报文。

在第2步中，交换机负责物理层(PHY)级的处理，主要对数据分组进行处理，然后数据包将交给在客户端交换机上运行的OpenFlow客户端。

在第3步中，数据包在交换机内进行处理，交换机内的OpenFlow协议将对数据包的数据头进行交换分析，从而判定数据包的类型。一般采用的方法是提取数据包的12个元组之一，从而根据后面步骤中安装的流表中对应元组进行匹配。

在第4步和第5步中，当交换机获取了可进行匹配的元组信息后，就开始从头至尾扫描流表。流表中的操作在扫描过后将被提取出来。在OpenFlow协议中，可以通过不同的实现方式来优化扫描，减少扫描量，提高流表的使用效率。

在第6步中，元组匹配完成后，所有与特定流相关联的操作全部结束。这些操作通常包括转发数据包、丢弃数据包，或者将数据包发送至控制器。如果执行的是从交换机中转发数据包的操作，那么数据包将被交换。如果没有针对流的操作，那么流会被后台丢弃，流里面所包含的数据包也将被丢弃。如果流中没有与数据包匹配的条目，数据包则将被发送至控制器(此数据包将会被封装在OpenFlow控制报文中)。

在第7步和第8步中，给出了从数据包中提取的元组与任何流表中的条目都不匹配的情况，当这种情况发生时，数据包则将被封装在数据包的数据头中，并发送到控制器进行进一步操作。按照协议，所有有关这个新的流的操作都将由控制器来做出决定。

在第9步中，控制器根据自身配置，决定如何处理数据包。其中处理方式主要分为丢弃分组，修改OpenFlow交换机中的现有流表，添加流表到OpenFlow交换机中，在OpenFlow交换机中删除流表等。

在第10步中，控制器通过发送OpenFlow消息来对交换机中的流表进行增添或修改。当流表安装结束后，下一个数据包将从步骤6开始处理。对于每个新的流，流程是一样的。可以根据OpenFlow交换机与OpenFlow控制器的具体实现对流进行删除操作。

11.3.2 VXLAN概述

软件定义网络的核心思想是将服务器虚拟化，使得大量硬件资源得以复用，从而满足对网络数据流量成倍增长的需求。但是随着服务器虚拟化的广泛应用暴露出以下一些问题。当前的虚拟局域网(Virtual Local Area Network，VLAN)中使用的是12位VLAN账号，随着虚拟化范围的扩展，需要找到一个合理的扩展方法。并且如何实现虚拟机的无缝转移也是目前的网络系统无法达到的。另外，由于不同的虚拟机可以在同一个物理地址实现，所以需要找到一个新的方式实现不同虚拟机的流量隔离，从而满足多租户环境的需求。针对上述问题，虚拟可扩展局域网(Virtual eXtensible LAN，VXLAN)应运而生。

VXLAN主要由三部分实现：管理控制台vShield、虚拟主机vSphere和网关。vShield负责整个虚拟网络的集中控制，并且在其边缘处实现动态主机配置协议(Dynamic Host Configuration Protocol，DHCP)、网络地址转换(Network Address Translation，NAT)、防火墙、负载均衡、域名服务(Domain Name Service，DNS)等网络服务，主机用来实现 VTEP(VXLAN Tunnel End Point)通道，网关并不是所有系统都需要的，它负责不同 VXLAN 之间的路由。

图 11-6 所示为 VXLAN 案例，用它来解释 VXLAN 的功能。数字代表步骤，步骤从 1 开始(步骤 0 是初始化阶段)。初始化阶段是指在两个虚拟机交互信息之前，需要先处理两个虚拟机之间的应答消息(ARP)。

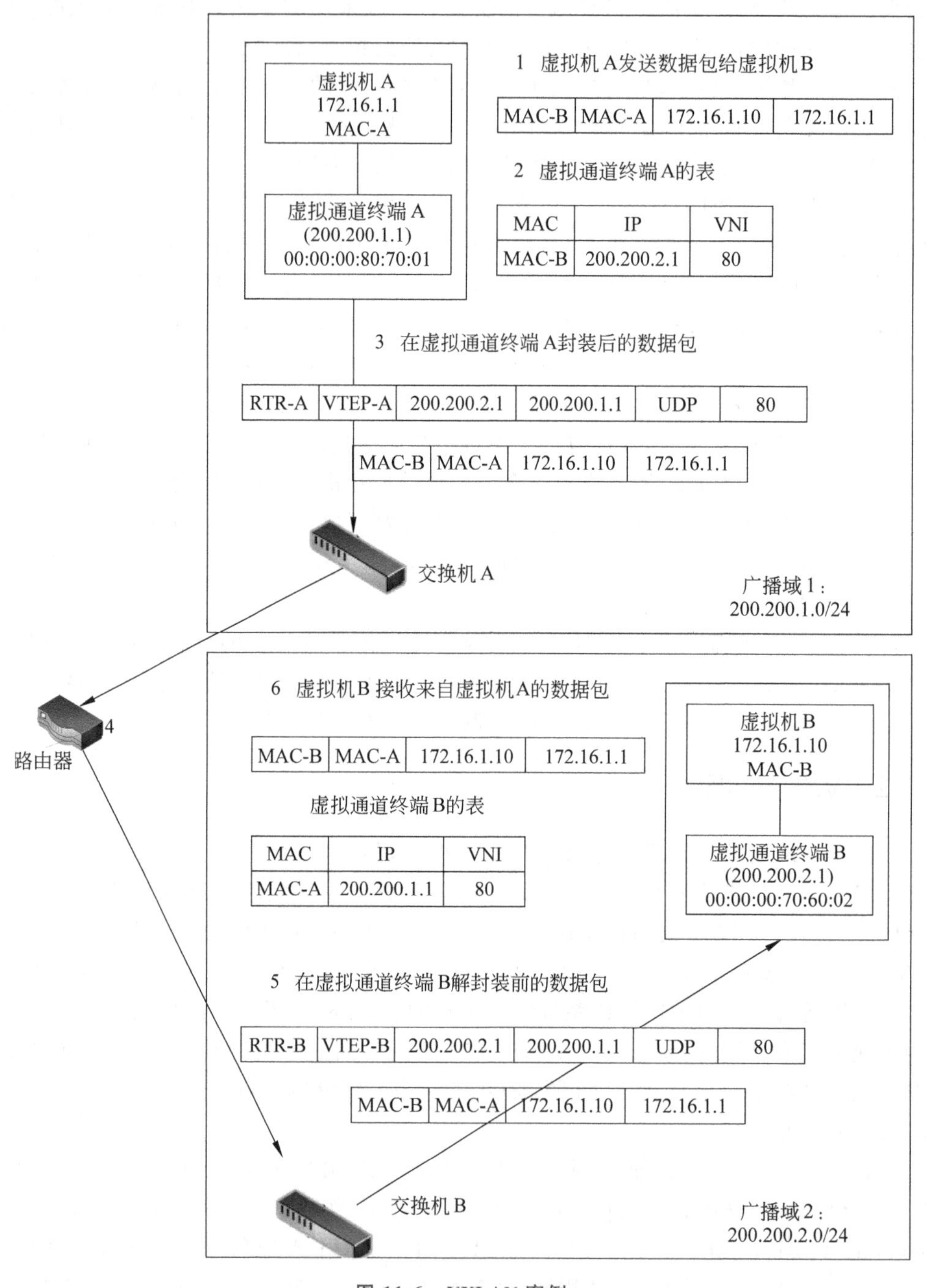

图 11-6 VXLAN 案例

在初始化过程中，首先假设这样一种情况：虚拟机 A 想要和一个在不同的主机上的虚拟机 B 进行交互。它需要发送一个消息到指定的虚拟机，但是它不知道指定虚拟机的 MAC 地址。首先，虚拟机 A 发送一个 ARP 数据包来获取虚拟机 B 的 MAC 地址。然后这个 ARP 通过物理服务器的虚拟通道终端 A 封装成一个多址传送的数据包，而且这个是多址传送到一个和虚拟网络标识符(Virtual Network Identifier，VNI)有关的组织。所有和 VNI 有关的虚拟通道终端都会接收那个数据包，并且把虚拟通道终端 A 或虚拟机 A 的 MAC 地址的映射加到它们的表格中。虚拟通道终端 B 也接收了这个多址传送的数据包，它解封装这个数据包，然后填满内部的数据包，即 ARP 需要主机 VNI 中某部分的所有端口。虚拟机 B 接收 ARP 的指令，然后建造一个 ARP 回复的数据包，并发送给和物理服务器的虚拟机 B 相关的虚拟通道终端 B。当虚拟机 B 在它的为虚拟机 A 准备的表格中建立一个映射，且这个映射指向虚拟通道终端 A 时，它将封装 ARP 成单一传播的数据包，并把它发送给虚拟通道终端 A。注意，目标 IP 将是虚拟通道终端 A 的 IP 地址。如果已经选择路径，或者，它同在二层网域，目标 MAC 会成为下一个路由器的 MAC 地址，目标 MAC 地址成为虚拟通道终端 A 的 MAC 地址。虚拟通道终端 A 接收这个数据包，并解封装，之后发送这个 ARP 反馈给虚拟机 A。虚拟通道终端 A 在它的表格中加上一个映射：虚拟通道终端 B 的 IP 地址与虚拟机 B 的 MAC 地址。至此，准备过程完成，虚拟机 A 与虚拟机 B 交换 MAC 地址，开始准备后续工作。

第 1 步，虚拟机 A 想要和虚拟机 B 交互，发送一个附上源 MAC(MAC-A)的数据包、目标 MAC(MAC-B)、源 IP 地址 172.16.1.1 和目标 IP 地址 172.16.1.10。

第 2 步，虚拟机 A 是未知 VXLAN 的，然而，虚拟机 A 归附的物理服务器是 VXLAN 80 的一部分。这个虚拟通道终端节点，在这个例子中是虚拟通道终端 A，检查表格来确认它是否有一个到达目标虚拟机 B 的 MAC 地址的入口。

第 3 步，虚拟通道终端 A 封装这个来自虚拟机 A 的数据包，加上一个 VXLAN 80 的 VXLAN 数据头，和有着特定目标 VXLAN 端口的 UDP 数据头，一个新的源 IP 作为虚拟通道终端 A 的 IP，新目标 IP 作为虚拟通道终端 B 的 IP，源 MAC 地址作为虚拟通道终端 A 的 MAC 地址，而且目标 MAC 作为链接开关 A 的路由器的接口的 MAC 地址。

第 4 步，当数据包到达路由器时，它将执行正常的路由和依据相应接口进行转发，然后调整外层数据头源 MAC 地址和目标 MAC 地址。

第 5 步，这个数据包到达虚拟通道终端 B，并且当数据包有一个带有 VXLAN 端口的用户数据包的数据头，虚拟通道终端 B 解封装这个数据包，然后发送内部的数据包给目标虚拟机。

第 6 步，内部的数据包被虚拟机 B 接收，整个通信过程结束。

VXLAN 实际上是建立在物理 IP 网络之上的虚拟网络，两个 VXLAN 可以具有相同的 MAC 地址，但一个段不能有重复的 MAC 地址。VXLAN 采用 24 位 VNI 来标识一个 VXLAN，因此最大支持 16 000 000 个逻辑网络，通过 VNI 可以建立管道，在第三层网络上覆盖第二层网络，帮助 VXLAN 跨越物理三层网络。同时，VXLAN 还采用了 VTEP，每两个终端之间都有一条通道，并可以通过 VNI 来识别，VTEP 将从虚拟机发出/接收的帧封装/解封装，而虚拟机并不区分 VNI 和 VTEP。

11.3.3 其他关键技术

1. 交换机关键技术

在数据层面的关键技术主要是OpenFlow交换机中关于流表的设计,交换机是整个网络的核心,实现了数据层的数据转发功能,转发功能主要是依据控制器发送的流表完成。流的本质是数据通路,是指具有相同属性数据数组的逻辑通道,关于每一个流的数据分组都作为一个表项存在流表中。在OpenFlow交换机中同时包括流表,还包括与控制器通信时所用到的安全通道。流表一般需要硬件实现,普遍的做法是采用三态内容寻址存储器(Ternary Content Addressable Memory,TCAM),在最新的标准中规定,流表项主要由匹配域、优先级、计数器、指令、超时、小型文本文件组成。安全通道则全部通过软件实现,控制器与交换机之间的通信消息和传输数据在安全通道里通过安全套接层(Secure Sockets Layer,SSL)协议实现。

匹配域中包含传统网络的L2～L4的众多参数,在最新版本的协议中匹配域多达40个,并且每个匹配字段都可以被统配。优先级则表明了流表项的匹配次序,每条流表项都包含一个优先级。计数器主要负责统计每个流匹配的比特数及数据分组数目等。指令值一共有4种取值,转发到特定端口、封装并转发到控制器、将数组分组交由控制器统一处理及丢弃数据。超时记录了匹配的最大长度或者流的最长有效时间,在匹配时如果超过了匹配最大长度,则删除该表项,而且当流表项被应用后,如果使用时间超过了最长有效时间,流表将会被强行失效,当然针对不同的情况,有关超时的设定都可以由用户自行设定或者根据网络自身状况以及流的自身特性而定。小型文本文件(也就是Cookie)都在控制器中应用,对流做一些更新或删除操作。

2. 控制器关键技术

作为整个OpenFlow中最核心的部分,中央控制器需要收集所有网络链路中的信息来维护全局统一资源视图,优化流表并发送给交换机,同时也是网络API,根据协议与用户的要求执行应用层对底层资源的决策指令。

在OpenFlow控制器中,一些研究人员提出了分布式控制的思想,如图11-7所示,在网络中存在多部控制器,每个控制器都可以直接控制与它相连的交换机,同时每个控制器之间也相互连接,互相交换网络信息,从而构成一个完整的网络视图。这与传统网络架构相比的优势在于,由于服务器硬件的高速发展,单台服务器的计算能力要远超过1000台交换机的计算能力,因此,利用服务器取代交换机实现控制层,就可以大大减少网络延迟,同时利用这种在交换机之上的控制层可以更好地分配数据流,更加合理地利用网络资源,避免网络拥挤与网络资源空闲状况。

当然,不论是集中式控制还是分布式控制都要依据网络自身的情况而定。集中式控制需要采用主从控制器,这就需要合理解决主从控制器的切换问题,以及面对故障时的应急措施,这种控制方式完全可以满足小规模网络。当面对大规模网络时,需要采用多控制器的分布式网络,但是当采用集群式的控制器时,同样要面临如何使各个服务器协

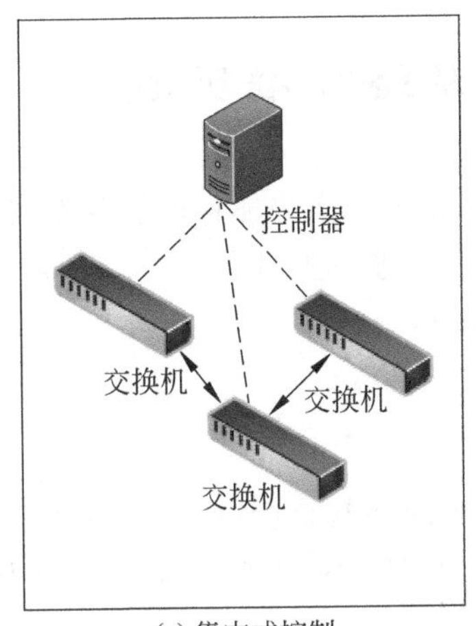

(a) 集中式控制

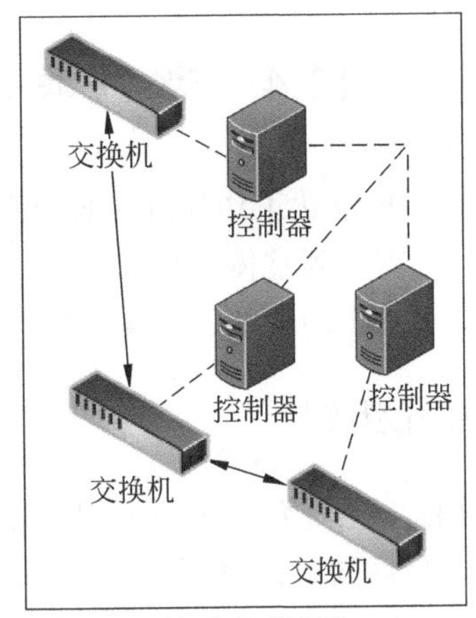

(b) 分布式控制

图 11-7 集中式控制与分布式控制

同工作与共享信息的问题。

在 OpenFlow 中控制器可以选择主动模式或者被动模式。在主动模式下，控制器需要自动更新流表信息，并发送到交换机处。交换机不能将失配的数据传回控制器，只能接收从控制器传来的流表，当然为了提高效率，控制器需要一次性将所有转发规则写入流表传给交换机。在被动模式中，控制器只有在收到交换机转发的失配数据分组时，才会更新流表，并发送到交换机处。

3. 控制器接口关键技术

控制器接口分为南向接口和北向接口。南向接口主要是定义消息格式，通过 OpenFlow 协议连接控制器与交换机，其中交换机既包括物理上的设备，也包括虚拟交换机，如 vSwitch 等。北向接口是一种向上层提供控制应用层的软件接口，为了在原有网络资源的基础上部署 SDN，北向接口向用户提供平滑演进 SDN 的开放 API 的方案也应运而生。该方案主要是在硬件设备上开放 API，使用户可以进行设备控制、更改应用，甚至深入修改设备底层的操作系统，比起传统的网络架构，用户将拥有更高的控制权限。

4. 应用层关键技术

软件定义网络应用层的主要挑战是如何将现有的成熟技术融入 SDN 架构中，SDN 的核心特征是动态智能地自主收集网络信息，而与现有的网络信息度量技术有机地结合可以更高效地实现应用层的优化。传统的协议都不支持 SDN 软件化的接口，因此，未来应用层最需要解决的问题是如何更改现有的协议使其可以通过中央控制器对底层的网络资源进行集中控制，获取网络信息。

需要指出的是，虽然 SDN 的高速发展都是由 OpenFlow 发展而来，但是在发展的过程中也存在许多非 OpenFlow 的解决方案，如思科的开放网络环境架构及其产品 onePK 开放 API 功能接口等。

11.4 软件定义网络标准现状

目前,SDN的标准化工作还处于探索阶段,部分具有先驱性的协议发展较为成熟,但是总体的从场景、需求到整体架构统一的标准还在进一步研究之中。下面从两个方面来介绍SDN标准化工作的现状:标准化组织和开源项目。

11.4.1 标准化组织

从事SDN标准化研究工作的组织包括开放网络基金会(ONF)、因特网工程任务组(IETF)、国际电信联盟(ITU)、欧洲电信标准组织(ETSI)和中国通信标准化协会(China Communication Standards Association,CCSA)。

2011年3月,德国电信、Google、微软、雅虎等公司联合成立了一家非营利性组织ONF。ONF的宗旨是通过对可编程SDN进行开发和标准化,实现对网络的改造和构建。2012年4月,ONF在白皮书*Software-defined Networking: The New Norm for Networks*中定义了SDN架构的三层体系结构,包括硬件交换层、控制层和应用层三层。SDN能够给企业或网络运营商带来诸多好处,包括混合运营商环境的集中控制、网络自动化运行和维护、增强网络的可靠性和安全性等。不过早在ONF成立之前,2009年10月,第一个可商用的OpenFlow 1.0版本发布,随后2011年2月发布了OpenFlow 1.1版本。OpenFlow协议主要描述了OpenFlow交换机的需求,涵盖了OpenFlow交换机的所有组件和功能。2011年ONF成立之后,OpenFlow协议的研究工作大大加快,ONF下属的开源SDN社区2015年年底成立了EAGLE项目,提供自动化工具,能够将统一建模语言(Unified Modeling Language,UML)的信息模型转化为程序代码。

IETF一直致力于研究互联网技术的演进发展。早在SDN的概念提出之前,IETF就已经朝着SDN的方向进行了前期的探索。其转发与控制分离(Forwarding and Control Element Separation,ForCES)工作组的研究目标就是定义一种架构,用于逻辑上分离控制面和转发面。其应用层流量优化(Application-layer Traffic Optimization,ALTO)工作组则制定一种提供应用层流量优化的机制,让应用层做出选择,实现流量的优化。2011年11月,IETF成立了SDN BoF工作组。该工作组提出了若干针对软件定义网络的基本架构和异构网络集成控制机制的标准草案。今天,IETF汇聚了大量的关注互联网体系结构发展和运行的网络设计者、运营商、供应商和研究人员,形成了一个大型的开放式国际技术社区。

ITU主要有两个研究工作组进行SDN的相关研究,分别是SG 11和SG 13。SG 13主要研究SDN的功能需求和网络架构及其标准化。SG 11则开展SDN信令需求和协议的标准化,包括软件定义的宽带接入网应用场景及信令需求、SDN的信令架构、基于宽带网关的灵活网络业务组合和信令需求、跨层优化的接口和信令需求等。

ETSI以及CCSA对SDN的应用及发展、架构及关键技术进行讨论和研究。

11.4.2 开源项目

目前，比较成熟的开源项目有OpenDaylight、POF和OCP。OpenDaylight于2013年4月成立，成员包括CISCO、Ericsson、IBM、Microsoft等涵盖通信、计算机、互联网领域的企业。OpenDaylight项目研发一系列技术，为网络设备提供SDN的控制器。协议无感知转发(Protocol Oblivious Forwarding，POF)是华为公司于2013年3月发布的首个SDN方面的协议，是一个转发面的创新技术。POF控制单元下发的通用指令使得转发设备支持任何现有的基于数据分组的协议，使得SDN的控制和转发彻底分离。开放计算项目(Open Compute Project，OCP)主要由Facebook公司推动，旨在为互联网提供高效节能的开源网络交换机，通过共享设计来促进专业服务器的有效性和需求。

习 题

1. 云计算网络与传统业务有哪些不同？
2. 软件定义网络最主要的特征是什么？
3. 软件定义网络的核心机制是什么？
4. OpenFlow是怎样的一种协议？
5. 简述OpenFlow协议的基本组成。
6. 虚拟局域网采用什么样的网络标识符？可以支持多少个逻辑网络？
7. 软件定义网络中，转发机制是依据什么实现的？
8. 在软件定义网络中，控制器的作用是什么？

第12章 chapter 12

比特币与区块链

12.1 比特币概述

比特币是以一系列从属于不同领域的技术作为基础构建的数字货币生态系统，具有去中心化、交易匿名、总量有限、交易便捷等特点。作为一种全新的无政府虚拟货币，比特币凭借其创新的理念和技术优势取得了“成功”。它的“成功”，刺激了相关生态和社区的出现与发展，以以太币和瑞波(Ripple)币为代表的许多类似数字货币大量涌现，为未来的货币发展提供了新方向。

12.1.1 比特币的诞生

回顾银行系统的历史，会发现比特币的诞生与伴随着银行系统的金融问题息息相关。

经过市场经济的发展，以信用货币为基础的金融体系已经成为人们经济活动的核心。银行从用户侧吸纳资金，同时又将这些资金用作金融投资和贷款。一旦银行由于危险投资而导致资金亏损，就有可能引发金融危机。2008年全球金融海啸就是由于银行的次贷危机产生的。美国政府为了挽救面临破产的金融机构，从而要求美联储加印美元以缓解状况，于是进一步导致了通货膨胀。由于政府加印货币的数量没有上限，导致人们手中的货币可能会一直面临贬值的危机。

2008年的金融危机暴露出银行金融系统的弊端，使人们不再相信银行是安全的金钱存储场所。在金融危机之后，新的具有更好安全性信任的金钱存储系统开始被广泛探索，并且该系统需要不被任何中央权威团体控制。在此背景下，比特币诞生了。

2008年，中本聪(Satoshi Nakamoto)在自己的一篇研究报告中首次提出比特币(Bitcoin,BTC)这个概念，图12-1为中本聪的这篇具有极大历史意义的文章。2009年年初，比特币开始由理论步入实践，比特币系统向全世界的交易者和开发者开放，比特币由此正式诞生，也因此成为第一种点对点的、去中心化的电子加密货币。

与传统的银行系统相比，比特币具有以下优势：第一，不存在中央权威机构控制，所以，不会产生次贷危机；第二，交易信息公开透明，比特币诞生以来的全部交易信息可以在任意时间被所有用户访问，但不可被更改；第三，发行总量一定，因此不存在通货膨胀的风险；第四，信用通过代码控制产生，故不需要用户提交个人信息，交易流程简单。

Bitcoin: A Peer-to-Peer Electronic Cash System

Satoshi Nakamoto
satoshin@gmx.com
www.bitcoin.org

Abstract. A purely peer-to-peer version of electronic cash would allow online payments to be sent directly from one party to another without going through a financial institution. Digital signatures provide part of the solution, but the main benefits are lost if a trusted third party is still required to prevent double-spending. We propose a solution to the double-spending problem using a peer-to-peer network. The network timestamps transactions by hashing them into an ongoing chain of hash-based proof-of-work, forming a record that cannot be changed without redoing the proof-of-work. The longest chain not only serves as proof of the sequence of events witnessed, but proof that it came from the largest pool of CPU power. As long as a majority of CPU power is controlled by nodes that are not cooperating to attack the network, they'll generate the longest chain and outpace attackers. The network itself requires minimal structure. Messages are broadcast on a best effort basis, and nodes can leave and rejoin the network at will, accepting the longest proof-of-work chain as proof of what happened while they were gone.

图 12-1 中本聪 2008 年研究报告

12.1.2 比特币的发展

比特币凭借其创新的理念、技术优势和广泛的应用前景，自诞生以来便快速发展。本节将从价格、交易范围、比特币与传统货币的交换及非法用途 4 方面展现比特币的发展。

第一，比特币自诞生起，其价格总体持续上涨，但波动较大。比特币的内在价值正在被广泛接受。图 12-2 是 2013 年 1 月—2020 年 11 月比特币价格变化的趋势。比特币的价格从 2013 年的不足 1000 美元，发展到了 2020 年年底的约 18 000 美元，期间甚至达到过近 2 万美元的历史高位。然而，在比特币的价格快速提升的同时，由于存在投机商人的炒作以及各国政府的管制等现象，比特币的价格还伴随着大幅度的波动。由此看来，比特币除了作为交易货币的属性存在，还可以作为一种投机的产物。

第二，比特币的交易范围不断扩大。2010 年 5 月 22 日，美国的 Laszlo Hanyecz 用 10 000 个比特币交易得到了当时价值 25 美元的比萨，由此开启了比特币和现实商品的交易。迄今为止，越来越多的商户也开始接受比特币支付，如 Atomic Mall、the Sacramento Kings、TigerDirect 等。在比特币商品交易网站上可以查询到很多支持比特币支付的商家。2011 年维基解密在遭到许多国家的金融封锁后依靠比特币捐助存活了下来。由于比特币的存储与交易不受第三方控制，同时比特币系统的匿名性也使得其交

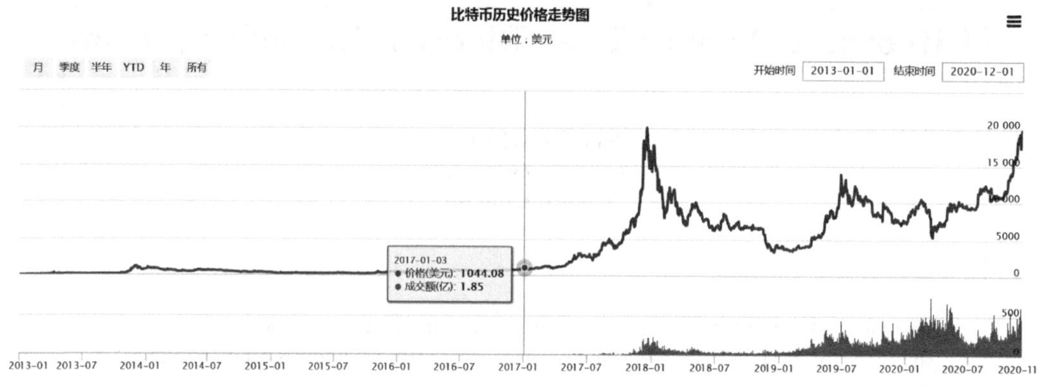

图 12-2　2013 年 1 月—2020 年 11 月比特币价格趋势图

易无法被追踪，故维基解密凭借比特币系统存活了下来。

第三，比特币与传统货币的兑换越来越方便。2013 年 10 月，世界上第一台比特币 ATM 机在加拿大的一家咖啡厅出现了，实现了比特币与加币的相互兑换。2014 年 3 月，中国香港地区出现了第一台比特币柜员机。这极大地简化了比特币的交易过程。然而，有许多第一次接触比特币的用户使用比特币 ATM 机，这说明比特币具有庞大的用户拓展空间。

第四，随着比特币的发展，非法用途及用户滋生。由于比特币交易的高度匿名性，故比特币系统为如洗钱、贩毒、贩枪等犯罪行为提供了安全的交易平台。截至 2012 年，4.5%～9%的比特币交易被用于 Silk Road 网站的毒品交易。2013 年 10 月美国联邦调查局关闭了该网站，并称此网站还涉及其他黑市交易，涉事金额约为 3 亿美元。由于比特币系统良好的匿名性，调查过程十分艰难。所以，以美国为代表的各国政府开始规范比特币的交易。2013 年，美国政府要求比特币交易必须遵守传统货币交易的规定，防止其被用于洗钱等犯罪行为以及从事其他恐怖活动。2014 年，俄罗斯联邦中央银行发表声明，不鼓励个人及企业在交易中使用比特币。2017 年，中国政府禁止了比特币等虚拟货币在中国的交易。

12.2 比特币的原理

与传统的银行不同，比特币是一个去中心化的系统，不存在中央机构来为交易提供保证。它的稳定运行是通过“全网监督”来实现的。例如，在两个用户的交易过程中，若有一方没有按规定“付费”或“发货”，那么在此交易的记录(即区块链上对应的区块)中便会出现违规用户的行为记录。由于区块链是完全公开透明的，当此用户与其他用户再次进行交易时，目标用户便可以查询到此用户的违规记录，那么就会产生不愿交易的倾向。比特币系统就是以此类“信誉约束”的监督方式来保证交易系统的稳定运行。

那么这样一种交易系统的原理是什么呢？比特币系统由用户、交易和挖矿 3 部分组成。本章将围绕这 3 部分来阐述用户是如何通过私钥来控制钱包的，比特币交易信息是如何传播到全网的，矿工是如何打包交易数据的。

12.2.1 比特币钱包

比特币钱包是私钥、公钥及对应比特币地址的载体。公钥和比特币地址都是由私钥不可逆地产生的。比特币钱包可以包含多个私钥，用户可以存储、交易其对应的比特币。比特币用户可以通过软件客户端保存私钥，也可以自主地记录私钥。这些方式都可以称为比特币钱包。

在比特币系统中，私钥可以产生公钥和地址是由其加密原理来实现的。图 12-3 展示了比特币密码学算法的基本流程。比特币使用了基于 secp256k1 椭圆曲线数学的公钥密码学算法，这是一种非对称加密算法。私钥是一个随机选出的数字，通过椭圆曲线运算（不可逆）产生一个公钥，公钥可通过不同的形式公开而私钥由用户自己保留。公钥再通过哈希函数和 Base58check 编码（不可逆）生成比特币地址。由此可见，比特币是通过密码学原理来保障加密的可靠性。

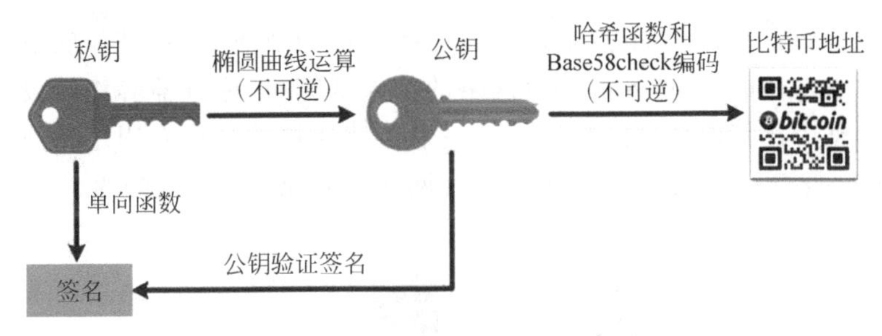

图 12-3 比特币密码学算法的基本流程

那么私钥和公钥如何使用呢？如图 12-3 所示，私钥用于用户对交易进行签名，将签名与原始数据发送给整个比特币网络，公钥则用于网络中的全部用户对交易的有效性进行验证。在申请比特币交易时，交易发起者使用私钥对交易申请签名，网络中的任何用户均可通过对应的公钥对这项交易的合法性进行验证。

12.2.2 比特币交易过程

比特币交易是比特币系统中最重要的部分。比特币系统中的任何其他部分都是为了确保比特币交易可以发生，能在比特币网络中传播和验证，并最终加入全球比特币交易总账簿（比特币区块链）中。比特币区块链是全球复式总账簿，每笔比特币交易都被记录在比特币区块链中。它记录了交易参与者价值转移的相关信息，并且可以被所有用户查询。图 12-4 展示了一笔比特币交易的具体过程。

比特币交易首先由用户发起。一次比特币交易的生命周期起始于它被创建的那一刻，也就是发起交易时。随后，比特币交易会被交易发起者签名加密，这些签名标志着对该交易指向的比特币资金的使用许可。

一旦比特币交易创建完成，就会被广播到比特币网络中。比特币网络是一个点对点

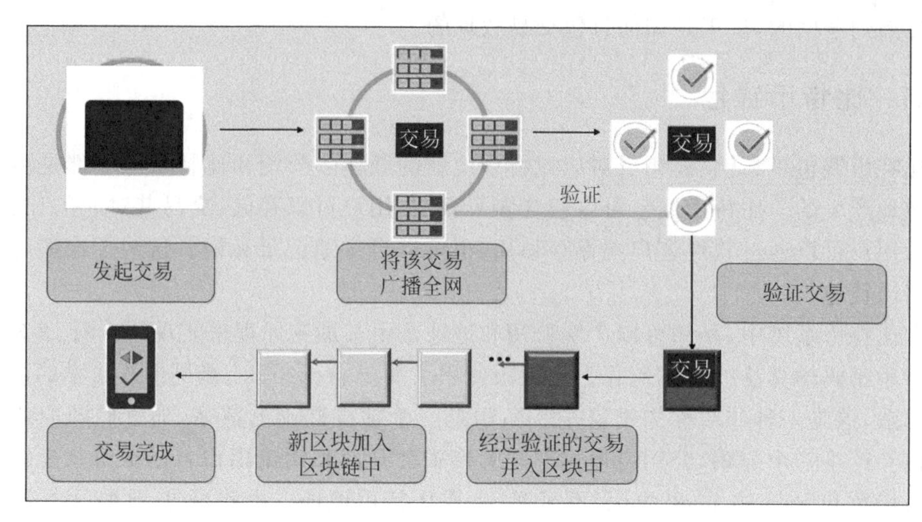

图 12-4　一笔比特币交易的具体过程

网络,这意味着网络中的每个节点都连接着一些其他的节点(这些其他的节点是在启动点对点协议时被发现的)。连入比特币网络的个人计算机、服务器等终端设备都可以称为网络节点。整个比特币交易网络形成了一个松散连接的且没有固定拓扑或任何结构的"蛛网",如图 12-5 所示,这使得所有节点在网络中的地位都是等同的。

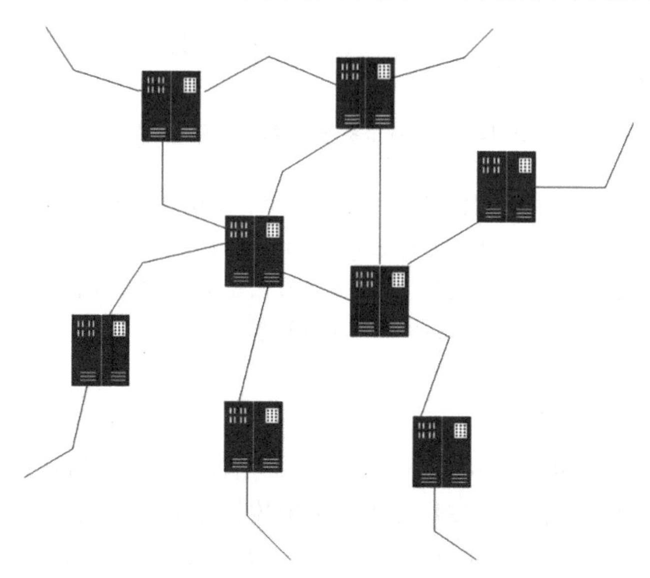

图 12-5　比特币交易网络

每当比特币网络中的节点接收到一笔比特币交易时,就会对其进行验证。如果该交易被验证有效,则此节点会将这笔交易传播给它的全部邻居节点。同时,交易发起者会收到一条交易有效并被接收的返回信息。如果这笔交易被验证为无效,这个节点会拒绝接受这笔交易且同时返回给交易发起者一条交易被拒绝的信息。在信息传播的过程中,交易双方可以通过提高交易的手续费的方法来加快交易的验证速度,从而吸引更多的计算资源。收取验证交易和传播信息及在12.2.3节中介绍的挖矿等过程的交易手续费都是比特币网络中除了交易双方外其他用户获取利润的一种途径。当交易手续费提高时，网络中选择优先为此交易进行上述工作的节点数目会增加，进而可以吸引更多的计算资源，加快交易及传播进程。

一次比特币交易信息(包括交易和区块)的传播是指每个已经接收到该信息的节点将信息传播到它们各自的邻居节点的过程。一笔刚通过验证且已经被传递到比特币网络中某些节点的交易会被这些节点发送到它们各自的相邻节点，而这些邻居节点也会将交易发送给它们的相邻节点。以此类推，在几秒之内一笔有效的交易就会以指数级扩散的形式在网络中传播，直到该交易在全网周知。

最终，此比特币交易和同时间段内其他交易的信息一起被一个网络中的矿工节点打包形成新区块，并连接到现有区块链上。一笔比特币交易一旦被记录到区块链上并被足够多的后续区块确认后，就会在区块链中变为稳定状态不会改变。

根据比特币代码的设定，这样的一个完整过程大约需要10min。然而这并非说明每次交易都需要10min的等待时间才能完成。实际上，当一笔交易发生时，需要经过多个随机选中的节点来验证交易的合法性，这个过程的持续时间通常非常短暂，用户所承担的风险也比较小。故对于小额交易，交易过程的完成就可以像信用卡支付一样迅速。

比特币的所有交易信息都是公开透明的，所有用户都可以查询到任何一笔交易中交易双方的公钥地址。由于无法将公钥地址与用户准确对应，所以，比特币具有高度的匿名性。

12.2.3 比特币挖矿过程

比特币的挖掘，指的是在某段时间内对所有比特币交易信息的整理打包过程，通常被比喻成“挖矿”，从事比特币挖掘工作的用户，通常被称为“矿工”。经过上述交易创建、交易验证过程后，一笔交易会在比特币网络中扩散，但只有经过挖矿过程，此交易信息才能最终被加入新区块中进而连接到区块链上。矿工可以通过协助生成新区块来获取一定量新增的比特币。

1. 挖矿过程的工作量证明

挖矿过程需要极大的计算量。大概每10min，全球的矿工便会展开一场数学游戏竞赛，求解一个极为困难的数学问题，此过程被称为工作量证明。比特币网络平均保持每10min产生一个新的区块。工作量证明算法指的是，用SHA256加密算法对区块头(区块内交易信息不一样，区块头不一样)和一个随机数进行哈希计算，直到出现一个符合预设的答案。网络中的矿工会自发地寻找此答案以获得一个新区块来打包交易从而获得比特币收益，此过程可以看作是矿工之间的竞争过程(对于同一交易信息而言)。在一次挖矿过程中，只有首先找到对应问题答案的矿工才可以挖掘到新区块，此矿工可以看作是在一次竞赛中的胜利者。在网络中，算力越强、计算量(工作量)越大的矿工挖掘到新区块的概率通常会比较大。胜利者会将正解公布到全网，同时将交易打包成挖掘到的新区块并将此区块加入区块链中。这个算法的求解难度会随着比特币网络的整体计算能力的提高而增加，以此来保证10min的时间要求。

2. 挖矿过程在比特币系统中的作用

挖矿过程在比特币系统中有两个作用。

(1) 通过挖矿创建信任。挖矿确保了只有在贡献足够的计算量后,交易才能被打包并上传到区块链中。如果要更改前区块中的交易信息,则需要重新进行在该区块后的所有区块的工作量证明算法,并且要在 10min 内完成,否则新的区块就会出现,这几乎是不可能做到的。这就保证了写入区块链的交易不可被更改。

(2) 通过挖矿发行比特币。通过挖矿可以产生新区块,而在每个新区块诞生时,比特币系统都会发行一定数量的比特币,如图 12-6 所示。在 2009 年时,每当有新区块出现,比特币系统就会发行 50BTC,从 2012 年起,每隔 4 年,发行的比特币数目减半。当比特币系统中的比特币总量达到 2100 万枚时,比特币系统就会停止发行比特币。在早期,这种方法刺激了比特币的发行。

(a) 比特币挖矿

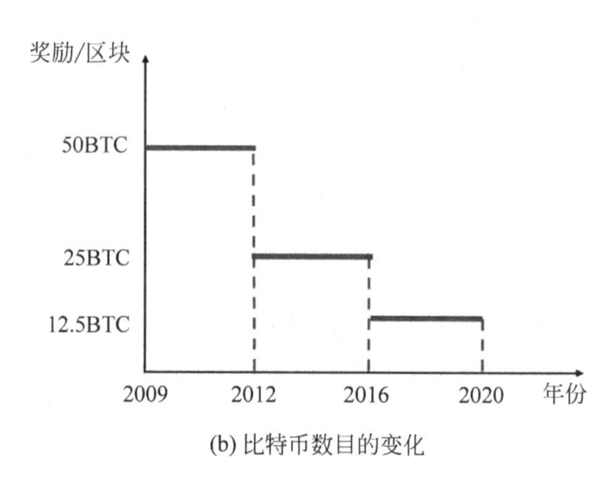

(b) 比特币数目的变化

图 12-6 比特币挖矿以及数目的变化

对于挖到矿的矿工,不仅系统会给予一定数量的比特币奖励,而且还可以向新区块中的交易对应的交易用户收取一定比例的比特币作为交易费。就目前的比特币系统发展状况来看,交易费远远少于通过挖矿获得的比特币奖励。

3. 区块链的分叉现象

在挖矿和区块链的更新过程中,由于区块链运行机制的特殊性,区块链会出现分叉现象。

当一个矿工挖掘到新区块后,他会将新区块的信息向周边节点扩散。如果有两个矿工几乎同时完成工作量算法,那么比特币网络中就有可能同时存在两个不同的新区块(打包的交易信息顺序等略有差异),它们会以并行顺序连接到现有的区块链上,从而导致区块链产生了分叉。比特币系统对出现分叉情况的区块链做了规定:在出现分叉的区块链上增加区块时,每个矿工都必须选择最长链作为主链。根据此规定,比特币的分叉现象会随着更多区块的诞生而消失。

如图 12-7(a)所示,节点 A、B 几乎同时发现了新区块,并向相邻节点扩散。黑色节点表示已经承认 A 所发现区块的用户，白色节点表示承认 B 所发现区块的用户，灰色节点表示还没有被通知到的用户，如图 12-7(b)所示，经过一段时间后，比特币网络中不再存在灰色节点。此时全网存在两个分叉链，网络中的节点也分为两个“阵营”，如图 12-7(c)所示，红色“阵营”中的浅灰色节点 C 率先发现下一个区块，并向全网扩散，于是白色“阵营”中的节点便会放弃之前的分叉链而承认并采用这个更长的链，黑色“阵营”的区块链由此被全网承认。

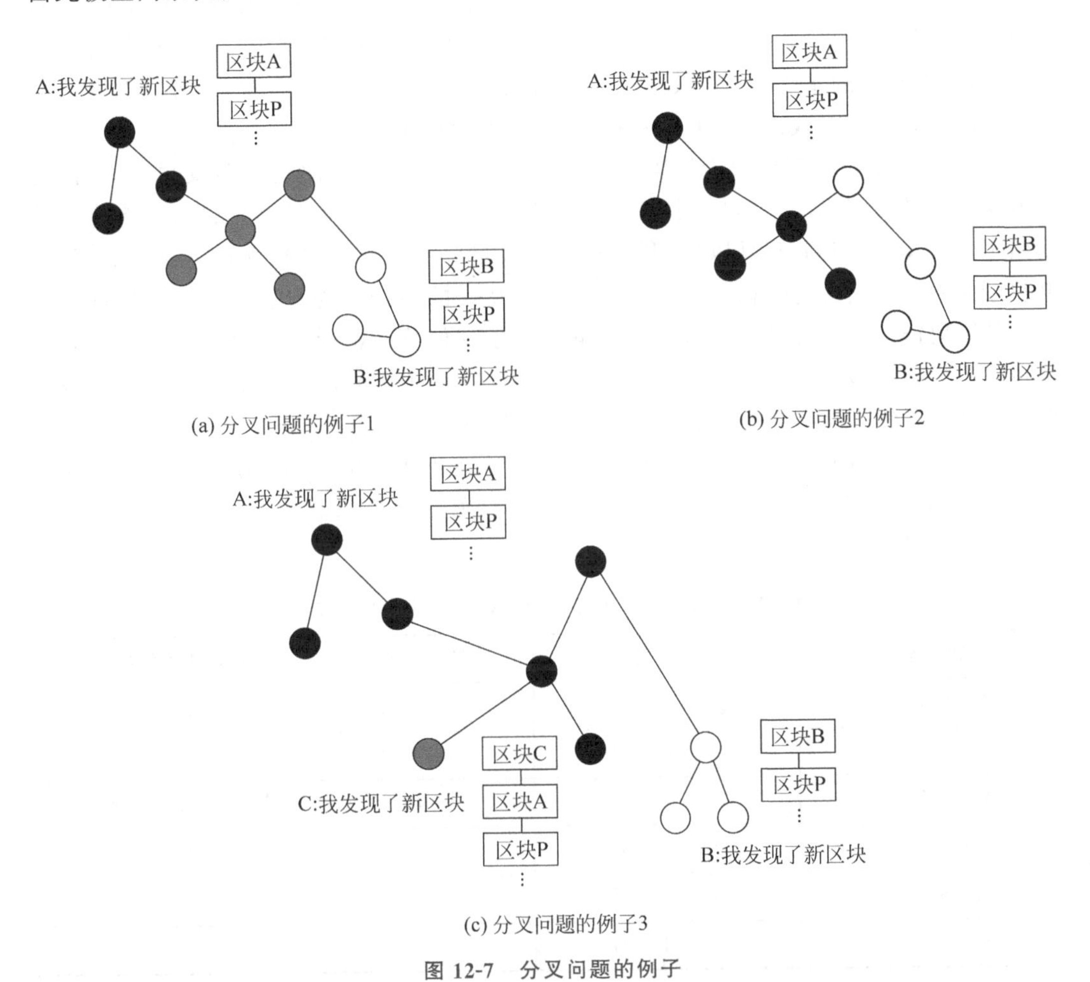

图 12-7 分叉问题的例子

分叉问题通常在单个区块内就会得到解决。在比特币系统中，单区块的分叉问题每周都会出现，多区块的分叉问题几乎不会出现。

由于比特币网络的整体计算能力不断提高，比特币的挖掘难度也在不断上升。2012 年 11 月，产生一个新比特币所需的计算量比产生在比特币网络中的第一个比特币所需的计算量整整高了 100 万倍。由于这个原因，用个人计算机挖矿变得不再经济，所以更多人选择加入矿池来得到稳定收益。

12.3 比特币的困难和挑战

比特币虽然具有许多优点,但作为一种新生的数字货币,它仍有许多不足之处。本节将从共识攻击和交易效率两方面来介绍比特币目前面临的困难和挑战。

一般来说,一笔交易(一个区块)经过6次验证基本就可以被认定为是不可更改的,但是也有例外情况,这就是51%(算力)攻击。当少数节点的计算能力领先全网的计算能力时(占全网算力的50%以上),这些节点就有能力重新生成分叉区块,也可以改变已完成验证的交易。51%攻击最多可以影响最近的10个区块。

双重支付攻击是51%攻击的典型应用之一。假设用户A向用户B支付1000比特币购买B的收藏品,B在等到一个区块被确认(所在链被当作最长链)以后,就将收藏品卖给了A。A在拿到收藏品以后,利用自己的大量算力重新计算包含这笔交易的区块,并将新块中这笔交易的信息改变(如将1000比特币的地址改为自己的另一个地址),这样就使区块链产生了分叉。当这个分叉链领先于其他分叉链时,就会成为主链,由此A便可以实现不花钱就拿到B的收藏品。只有钱包的拥有者才能发起双重支付攻击,因为此过程需要私钥为这笔交易签名。

随着全网算力的增长,个人发起共识攻击几乎是不可能的事情。由于矿池的规模逐渐增大,矿池管理员出于个人利益而发动攻击的风险则越来越大。表12-1是2018—2020年比特币矿池的算力分布情况。

表12-1 2018—2020年比特币矿池的算力分布情况

机 型	上线时间	能耗比/($W \cdot T^{-1}$)	矿机算力/($TH \cdot s^{-1}$)
A841	2018年4月	95	13.6
T2	2018年5月	80～95	25
M21/M215	2019年7月	60	28,54,56
E15	2019年9月	57	44
M31S	2020年4月	45	74,80
S19	2020年5月	34	95

此外,比特币交易效率低也是比特币面临的挑战之一。首先,比特币在较大延迟后才能产生,平均每10min全网络才会出现一个新区块。其次,比特币区块链每秒仅能处理7次交易,这远远不能满足一些高频次的金融交易系统。

12.4 区块链简介

在多国央行和货币基金组织热议数字货币的背景下,作为比特币核心技术之一的区块链也逐渐受到人们的关注。区块链是用分布式数据库识别、传播和记载信息的智能化对等网络，也称价值互联网。

12.4.1 区块链的核心——去中心化

公认最早关于区块链的描述性文献是中本聪所撰写的(见图12-1)，但该文献重点在于讨论比特币系统，并没有明确提出区块链的定义和概念。其中，区块链被描述为用于记录比特币交易历史的公共账本。

中本聪在该文献的摘要中写下这样一段话：纯粹的点对点电子现金改进版，必须支持一方直接发送给另一方的在线支付方式，而无须通过任何金融机构。数字签名提供了部分解决方案，但如果还是必须由一个受信任的第三方来防止双重支付，则丧失了其关键价值。我们提出的双重支付问题解决方案是使用“点对点”网络。此网络使用 Hash(哈希)将交易打上“时间戳”，以此将所有交易合并为一个不间断的基于散列的“工作量证明”链条，形成的记录不可更改，除非重建工作量证明。

这段话揭示了区块链技术的本质特征——去中心化。如果想了解区块链的这一核心特征，不妨首先思考这两个问题：中心化意味着什么？去中心化(分布式)又意味着什么？

可以设想在数千年以前，农夫和猎人想要交换各自的粮食和猎物，只需要双方直接交换物品，而不必知道相互的姓名、家庭住址等隐私信息，这就是简单的分布式交易方式。但随着社会的发展，人与人之间的交易频率越来越高，欺诈等恶意行为的大规模出现催生了第三方信用机构——银行——的产生。银行首先要记录交易双方的个人信息和信用评级，之后将他们各自的价值转化为银行的记账单位，最后才完成相互价值的交换。同样地，在移动支付快速发展的今天，支付宝、微信等平台也扮演着这种中心机构的角色。但显然易见，在某些特定的场合，分布式的交易方式更加便捷自主，而且能较好地保护交易双方的隐私信息。那么，是否存在这样一种分布式交易方式，既能保护用户的隐私信息，又能保证交易不被恶意破坏呢？

要构造这样一种分布式交易系统，必须具备两个基本条件。

(1) 交易数据去中心化。

(2) 记账权力去中心化。

第一个条件实现起来并不困难，只需要将交易数据向系统的所有节点开放即可。当结合第二个条件时，就会带来较大困难：系统的每个节点都处在不同的环境，这必然会导致每个节点交易数据的不一致性，如果赋予每个节点记账权力，那么节点之间就会无法形成共识，区块链账本上的数据就无法统一。即使所有节点通过某种方式达成了共识，但如果存在恶意节点，一致性仍然会受到破坏。

1. 拜占庭将军问题

要解决这个问题，就不得不提到经典的分布式共识问题——拜占庭将军问题。1982年，莱斯利·兰波特在其文章 *The Byzantine Generals Problem* 中描述了如下问题：

一组拜占庭将军分别率领一支军队共同围困一座城市。各支军队的行动策略分为进攻或撤离两种。如果出现部分军队进攻而部分军队撤离，就可能会造成灾难性后果，因此,各位将军必须通过投票来达成一致策略,即所有军队一起进攻或撤离。由于各位将军分处城市不同方向,他们只能通过信使互相联系。每位将军根据自己的投票和其他所有将军送来的信息就可以知道共同的投票结果从而决定行动策略。系统的问题在于,将军中可能出现叛徒,他们或向较为糟糕的策略投票,或选择性地发送投票信息,从而破坏军队行动的一致性。

在分布式系统中,缺少一个中心机构统一信息,信息传播的一致性很容易受到恶意破坏。中本聪设计了一个非常精巧的系统为这个看似不可能的任务提供了较好的解决方案。

2. 挖矿算法的基本要求

共识机制是区块链技术去中心化特征的核心,它使得区块链这样一个点对点、去中心化的大型网络账本得以运转。共识过程的形成在比特币中称为挖矿。挖矿的原理以及作用在12.2节详细地探讨过。矿工们通过解谜来获得奖励,所以谜题(挖矿算法)的设计对整个系统来说至关重要,总的来说,在设计挖矿算法时需要考虑以下3个因素。

首先,挖矿算法必须具有难度可调整性。随着比特币全网算力的提升,如果算法的难度不随之调整,那么必然会导致比特币价值的下降,对区块链攻击的代价就会变得十分低廉,整个系统很容易崩溃。其次,谜底必须容易验证。由于挖矿解谜的结果需要经过全部节点的验证,所以一个容易验证的谜底会提升网络的效率。

针对上述两个特征,基于SHA-256的挖矿算法几乎完美匹配了这两个特点。它可以通过调节目标来灵活调整难度,检查谜底也比较容易,只需要将计算结果与目标相比较即可。

最后,有一个细微但非常重要的特征——找到谜底的成功率与贡献的哈希算力成比例。中本聪在区块链中设置了一个目标,任何人只要找到小于这个目标的任何值,都是解出了谜题。类似于买彩票,买的数量越多,也只是中奖的概率越大,但即使是只买一张彩票的人也有机会中奖。如果算力强的玩家永远是赢家,那么其他玩家很容易失去参与的动力。

正是基于以上3方面考虑,在挖矿算法种类繁多的今天,尽管基于SHA-256的挖矿算法有一定的缺陷,但仍然是最简单、稳定的算法。

12.4.2 区块链的技术原理

本节以区块链1.0(比特币)为例,介绍区块链的原理。从金融会计的角度来看,区块链可以看作是开放式、去中心化、点对点的大型网络账本。账本是对外开放的,任何节点均可以查看创建以来的每笔交易信息,整个系统高度透明。账本是去中心化的,不需要权威机构来管理,每个节点都能自动安全地验证、交换交易信息,同时也避免了中心化机制产生的高额的交易费用。

比特币的核心客户端采用Google公司的LevelDB数据库存储区块链数据。每个区块按照时间顺序从后往前排列,同时前后区块形成链接。可以用栈这种数据结构来描述区块链。第一个区块,即创世区块处于栈底,接下来每诞生一个区块,就把区块放在其他区块之上,新诞生的区块和最顶部的区块形成链接。

每个区块由包含元数据的区块头和构成区块主体的一系列交易数据组成。区块头是 80B,平均每个交易 200～300B,并且平均每个区块包含至少 500 个交易,因此,交易主体远远大于区块头。

区块主体采用 Merkle 树的数据结构来归纳一个区块中的所有交易,同时生成整个交易集合的数字指纹。生成一棵完整的 Merkle 树需要递归地对哈希节点进行哈希运算,并将新生成的哈希节点插入 Merkle 树中。数据放在叶节点,除叶节点之外,每个节点包含两个指向其子节点的 Hash 指针。每个节点的 Hash 值存在其父节点中,任何数据如果被篡改,都会影响该节点到根节点路径上所有节点的 Hash 值,当然也包含根节点的 Hash 值。所以,存储根节点 Hash 值即可保证数据的不可篡改性。当 N 个数据元素经过加密后插入 Merkle 树时,至多计算 $2\log N$ 次就能检查出任意某元素是否存在于该树中。图 12-8 代表了 4 笔交易形成一棵 Merkle 树的过程。

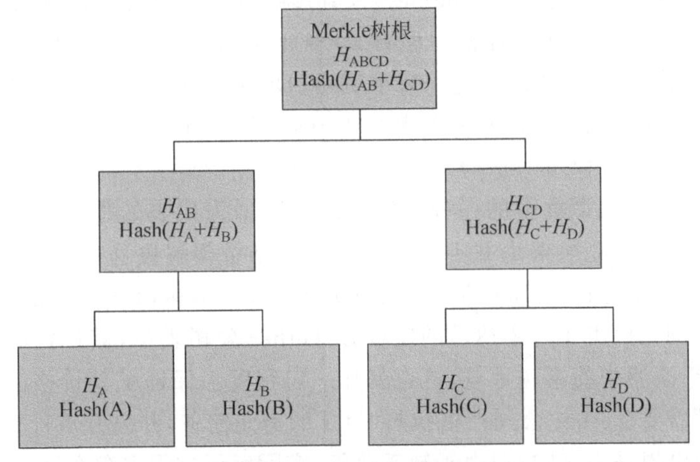

图 12-8 在 Merkle 树中计算节点

区块头由三组数据组成:第一,引用父区块哈希值的数据;第二,Merkle 树根,即本区块哈希值的数据;第三,包含本区块难度目标、时间戳、Nonce 的元数据。每个区块包含本区块的哈希值和父区块(前一个区块)的哈希值,如果把区块链上的哈希值都拿出来,形成的哈希值序列就可以代表整个区块链。区块头的结构如表 12-2 所示。

表 12-2 区块头的结构

字 段	描 述	大小/B
父区块哈希值	引用父区块的哈希值	32
Merkle 树根	本区块哈希值	32
难度目标	动态调整的解谜目标	4
时间戳	该区块近似产生的时间	4

续表

字　段	描　　述	大小/B
Nonce	用于工作量证明算法的计数器	4
版本	版本号,用于追踪协议更新	4

区块链是如何保证其安全性呢？如果父区块有任何改动,那么其哈希值也会发生变化。由于本区块头包含父区块的哈希值,一旦父区块的哈希值发生变化,本区块的哈希值也会随之改变。计算一个区块的哈希值通常需要耗费巨大的计算资源,因此,一旦一个区块上加入很多区块以后,这种叠加效应将保证区块不会被改变。对于比特币来说,超过6块以后,区块上的交易数据几乎不可能被改变了。

12.4.3 区块链技术与数字货币

20世纪90年代,电子货币(E-money)及其影响曾被广泛研究,不过后期电子货币及其应用的发展并没有如预期那样快。但自2008年中本聪提出比特币之后,人们对这些新型的电子货币产生了浓厚的兴趣。数字货币(Digital Currency,DC)是电子货币形式的替代货币,主要包括两类：私人数字货币(Private Digital Currency)和中央银行数字货币(Central Bank Digital Currency)。

比特币属于私人数字货币的一种。但是以比特币为代表的加密数字货币价格波动剧烈,且与法定货币的兑换渠道并不通畅。稳定币则希望解决这个问题。2014年,世界上首个稳定币——泰达币(USD Tether,USDT)发行。泰达币与美元的兑换比例稳定,按照1∶1的比例兑换美元。泰达币的发行方Tether公司表示,其挂钩的法定货币的储备量永远不少于流通中的泰达币量,这也就在一定程度上保证了其价格的相对稳定。不过,这种“稳定”需要Tether公司严格执行1∶1的美元储备,并公开审计接受监督。目前来看,稳定币的设想是美好的,但由于缺乏监管,实际运行过程中存在许多问题与风险。

此外,2019年,互联网巨头Facebook公司推出了加密货币项目Libra,相较于追求对美元的汇率稳定,Libra更追求实际购买力的稳定,且Libra的资产储备更为充足。Libra作为全球首个由互联网巨头发布的加密货币,受到了前所未有的关注,但同时也受到了多个国家的抵制,不过目前Facebook公司仍在不断推进该项目。

尽管私人数字货币的影响力在不断扩大,但是尚未有国家承认其货币属性。在中国,明确规定比特币不具备与货币相同的法律地位,不能且不应作为货币在市场流通使用。目前来看,针对私人数字货币的普遍共识是其资产属性大于货币属性。

中央银行数字货币目前尚未有统一的概念,加拿大中央银行(Bank of Canada)对于其定义是“以电子方式存储的货币价值,是中央银行的一种负债,可被用于支付”。国际清算银行(Bank for International Settlements)则从可获取性、匿名性、转移方式和计息等方面讨论了央行数字货币的特点。我国2014年就对数字货币启动了国家层面的研究,成立了中国人民银行数字货币研究所,组建了专门的研究团队研究数字货币。

近年来,我国的移动互联网与电子商务的发展如日中天,第三方支付也发展迅速,处于国际领先地位。在这样的环境下，数字人民币应运而生。数字人民币，即数字货币电子支付(Digital Currency/Electronic Payment，DC/EP)，由中国人民银行研发，目前已趋于成熟。央行数字人民币的本质是加密字符串，认证和密码体系将会贯穿央行数字人民币的发行流通的全过程，同时从国产替代和自主可控的角度，国产密码、安全认证领域将会受益。

DC/EP采用双层运营模式，不对商业银行的传统经营模式构成竞争；DC/EP定位为流通中的现金(M0)，但并非要完全取代现金人民币；DC/EP不从储蓄卡扣费，并且能实现收付双方的离线交易。表12-3为数字人民币与Libra、比特币的比较。

表12-3 数字人民币与Libra、比特币的比较

项　目	数字人民币	Libra	比　特　币
技术	不预设技术路线，双层运营体系	区块链	区块链
匿名性	可控的匿名	匿名	匿名
背书	国家信用	Libra储备	无
风险	主权信用风险	发行主体风险	风险较大
是否中心化	中心化	去中心化(愿景)	去中心化
稳定性	稳定	较稳定	不稳定
发行量	无限	无限	2100万
监管配合	支持	支持	不支持

12.4.4 区块链的应用与挑战

纽约社会研究新学院Melanie Swan在新书《区块链——新经济的蓝图》(*Blockchain: Blueprint for a New Economy*)中指出，区块链1.0指的是数字货币，即与转账、汇款和数字化支付相关的密码学货币应用。区块链2.0是合约，即经济、市场和金融的区块链应用的基石，例如股票、债券、期货、贷款、抵押、产权、智能财产和智能合约。区块链3.0是超越货币、金融和市场的区块链应用，特别是在政府、健康、科学、文化和艺术领域的应用。

区块链2.0使得区块链可以在去中心化系统中自发地产生信用，这对于依赖第三方机构完成交易的交易机制来说，是一种意义深远的创新。例如股权众筹、P2P网络借贷等智能合约方面的应用，传统方式是通过值得信任的第三方机构完成的，这样的方式不仅会产生额外费用，而且容易因第三方机构的信用缺失而产生资产风险。区块链技术利用代码构建双方都认同的交易机制，一旦条件符合预先的设定，合同就会得到自动处理，若没有满足条件，则会退还资金。智能合约一旦启动就自动运行，不需要其他干预，这能在很大程度上保证合约的公平性。

2016年1月英国政府发布题为《分布式账本技术：超越区块链》的报告，其中提到英国联邦政府和政府首席科学家 Mark Walport 将会投资区块链技术,从而分析区块链应用于传统金融业的潜力。同年1月,中国人民银行数字货币研讨会在北京召开,探讨区块链等技术带来的机遇和挑战。2015年12月美国纳斯达克推出基于区块链技术的证券交易所 Linq。2017年3月,纳斯达克和纽约互动广告交易所合作,为买卖双方提供透明的数字媒体交易过程。

接下来通过一个例子探究区块链2.0在货币体系之外的应用。

可以设想这样一个场景:未来房子的门锁将应用非对称加密机制。门锁存储了一份公开密钥,当遥控器请求开门时,需要将操作者的私钥发送给门锁,只有相匹配的私钥才能打开门锁。当房产在转移的时候,只需要在区块链上更改该房子的所有权,那么门锁内的公钥就变成了只有购买者的私钥才能打开的公钥。不难看出,这样的交易方式可以带来极大的便利性。如果出售者碰巧在外地出差,那么这笔交易仍然可以在区块链上完成而不通过第三方机构。当然,这样的交易存在一定的风险,即若出售者在区块链上完成了产权转移,但是购买者没有将资金转移给出售者,这样出售者就会蒙受巨大的损失。

解决这一问题,只要用于支付的货币和房产在同一条区块链上,交易双方就会产生一个不可分割的交易。具体来说,这笔交易有两个输入:货币和房产。只有交易双方都使用自己的私钥进行签名,这笔交易完成,如果只有一方签名,那么这笔交易将会无效。由此可以体会到区块链在类似场景中的巨大潜力。

去中心化是否有必要?区块链技术几乎完美地实现了去中心化,但技术往往解决的是很小一部分问题,现实生活中,这样一种完全的去中心化反而会带来诸多不便。结合上文的例子,如果发生私钥丢失、由房子质量问题带来的纠纷等问题,那么就不得不需要第三方机构的介入。完全的去中心化会带来身份的匿名化,这给执法机构的介入带来很多麻烦。

根据应用场景和需求,区块链技术已经演化出3种应用模式:公有链、联盟链和私有链。公有链是完全去中心化的,每个人都能阅读和发送交易信息,同时验证交易。比特币就是公有链的典型代表。私有链是完全中心化的区块链,写入权限完全由中央管理机构控制,读取过程被控制,只有部分预先选定的节点才能读取交易信息。这种区块链适合特殊机构,对内容进行控制。联盟链则是部分去中心化的区块链,事先选定一部分的节点作为共识点,每个区块的生成是由所有的预选节点共同决定的。同时,区块链又开放部分读取权限,任何人都可以阅读这部分的交易数据。图12-9是公有链和私有链的示意图。

区块链所行使的功能其实和政府相类似,都是让陌生交易者之间安心地展开交易。所以,如何在现有体制内充分运用区块链技术,是区块链未来的发展方向。图12-10为2021年 Gartnet 技术成熟度曲线,可见区块链正在快速发展并且趋向成熟。根据 Research Dive 的新研究,到2026年,全球区块链物联网市场价值将达到58亿美元。该研究预测从2018年起的复合年增长率(CAGR)为91.5%,当时市场价值为3200万美元。Research Dive 总结说,通过互联网进行通信的智能设备能够通过使用区块链和消除中介机构来提高供应链效率,这将使交易以更低的价格完成。预计增长最快的部分是智能城

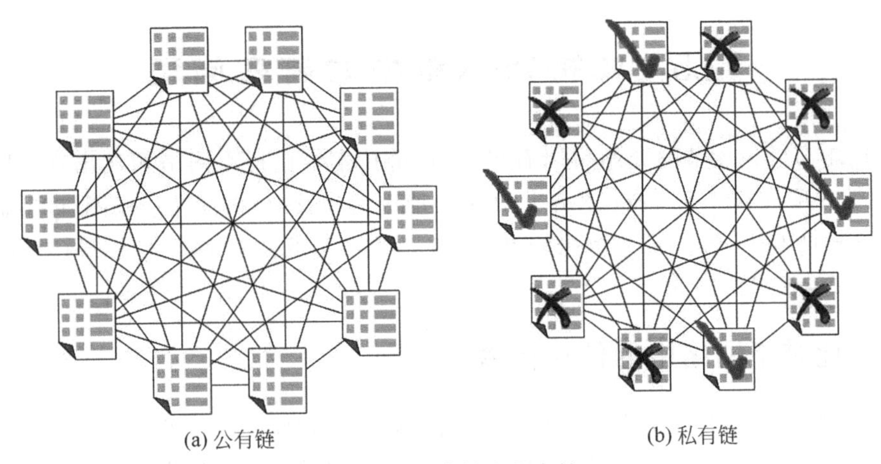

图 12-9 公有链和私有链

市，复合年增长率为93.9%，到2026年将达到6.394亿美元。根据该报告，整个期间增长最快的地区是亚太地区，复合年增长率为94.8%，到2026年市场价值将达到近14.6亿美元。预计北美区块链物联网市场的复合年增长率为90.1%，到2026年市场价值将达到近17.5亿美元。

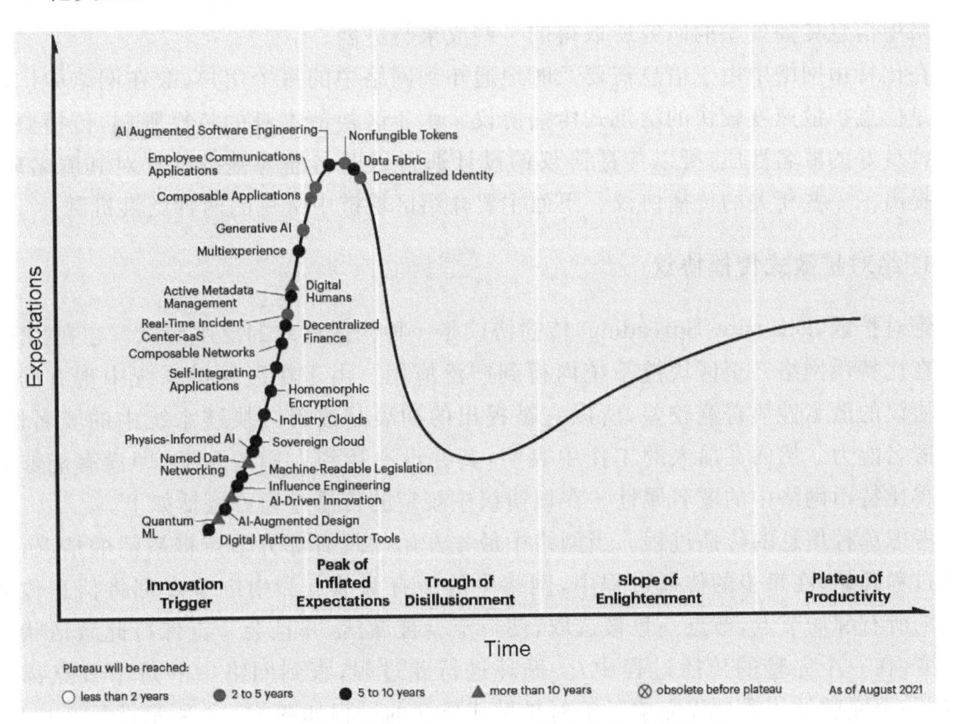

图 12-10 2021 年 Gartnet 技术成熟度曲线

12.5 比特币网络中的研究问题

从12.1节～12.4节的介绍可以看出，区块链技术与比特币网络相比出现的时间较晚，其中的各项技术细节与协议标准还在不断地改进和发展，仍存在一些困难和挑战，比特币网络中涌现出一系列需要解决的研究问题。本节选取其中比较热门的两个问题：信息传播与交易信息的回溯。

12.5.1 比特币网络中的信息传播

由于比特币网络是一个去中心化的对等网络，并且在此网络中的交易没有权威机构监督，所以现阶段其应用的安全性是人们考虑的主要目标。匿名性作为比特币网络中安全性衡量的一个重要标准近几年被人们广泛研究和讨论；交易信息的传播作为比特币网络中最为重要的部分之一，也逐渐被人们所重视。现阶段在比特币网络中主要研究的内容：在不同传播协议下对交易匿名性的分析以及交易回溯的研究；在考虑匿名性条件下对于网络中信息传播模型的设计与探究；在不同场景下对于信息传播问题的探究；对比特币网络本身的机制、协议、架构的优化、设计、分析等。本节主要介绍现阶段对于比特币网络中信息传播模型的研究所取得的一些成果与进展。

在比特币网络中由于信息需要及时地通知到网络中的每个用户，故在网络中广泛采用的是信息扩散速度较快的泛洪式传播协议。由于区块链本身的特性限制，传播协议需要保持良好的匿名性质，所以传播协议的设计通常以匿名性为基础。针对其匿名属性，前人提出了一些相关的传播协议。下面主要介绍区块链中常见的两种泛洪机制。

1. 绝对扩散式传播协议

绝对扩散(Diffusion Spreading)传播协议是一种快速有效的泛洪协议。它在2015年之后在比特币网络乃至区块链系统内得到广泛应用。由于在区块链系统中现有的信息传播协议的匿名性质普遍较差，所以它被提出的初衷是改善区块链系统中的匿名性质，提高匿名能力。然而在前人的工作中表明，其并没有达到人们的预期，即没有能够有效地改善比特币网络中的匿名属性。在该协议中规定的传播过程可概括如下。

考虑单种信息的传播过程。当网络中最先开始出现有部分节点被激活的情况，那么传播过程开始，在每步的传播过程中，网络中的所有源节点和中继节点都将信息传播给自己的所有邻居节点，节点一旦被选取，便一定会被激活，并且会一直保持此激活状态不会改变(在一个完整的传播过程中)。循环进行此过程，直到网络中的每个节点都被激活，则一个完整的传播过程完成。绝对扩散式传播的过程如图12-11所示，图12-11(a)和图12-11(b)分别代表在传播进行之前和之后的网络状态。

2. 滴流扩散式传播协议

滴流扩散(Trickle Spreading)传播协议是一种分布式泛洪协议。它在2015年之前

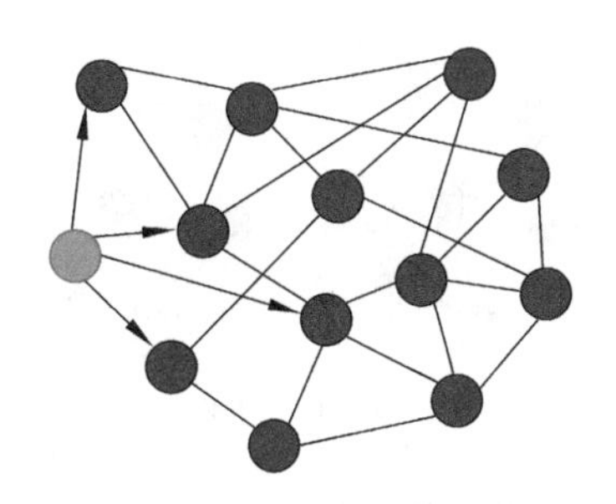
(a) 传播之前的网络状态

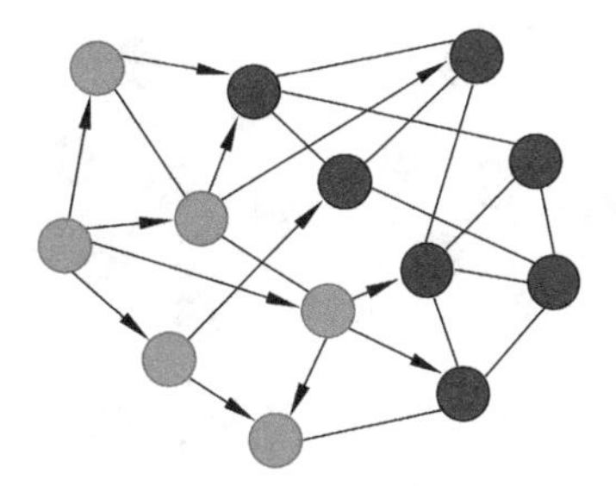
(b) 传播之后的网络状态

图 12-11 绝对扩散式传播的过程

被人们提出,并在比特币网络乃至区块链系统内得到足够重视并且被广泛应用。它与绝对扩散式传播协议相比,匿名能力略弱,扩散速度稍慢,虽然后者的提出时间较晚,应用也变得越来越广泛,但从本质上来说绝对扩散式传播协议与滴流扩散式传播协议相比,并没有较大的改变和性能的改善。滴流扩散式传播协议主要说明在离散时间系统下的传播过程。所谓离散时间系统,即传播过程由若干时间戳决定,时间戳从 0 开始。在每个时间戳内,网络在现有的传播状态下向前进行传播一步,达到新的网络状态,时间戳数加 1。在该协议中规定的传播过程可概括如下。

我们假定在网络中最开始有部分用户接收到信息,即节点被激活时为第一个时间戳的开始。在每个时间戳内,所有的信息源和信息中继分别在它们所有未被激活的邻居中随机选择一个作为其在本时间戳的传播目标,目标一旦被选中则不可更改,并且激活的过程是绝对的,不存在随机性。这也是在比特币网络与传统的社交网络中信息传播过程的最大区别。其分布式特征体现在每个用户选取其邻居的随机性,即所有被选取的邻居可以按顺序构成一个队列,而此队列是随机的,并且对于所有信息中继和信息源的每个邻居在此队列中出现在相同位置所对应的概率都是相等的。需要注意的是,在一则信息的一次完整传播过程中,一旦节点被激活那么它的状态便不会改变。所以对于同一个节点在两次连续的时间戳中的传播过程来讲,一旦在第一个时间戳中某一邻居被选中,则在下一个时间戳中的传播对象选择阶段则不会再将其考虑在内。在传统的社交网络的分布式传播过程中,每个被激活的节点在每个时间戳内都会随机在其所有邻居中选取一个目标进行传播,这也是两者的不同之处。当一个被激活的节点在一个新的时间戳内没有未被激活的邻居可供选择时,则此节点丧失传播能力。当一个网络中的所有节点均为丧失传播能力的节点时,那么一则信息的滴流扩散式传播过程完成,即网络中的所有用户都被通知到。一则信息的滴流扩散式传播过程如图 12-12 所示,图 12-12(a)代表网络的初始状态,图 12-12(b)～图 12-12(d)分别代表在第 1、2、3 个时间戳结束时的网络状态。

上述的信息传播协议是目前在比特币网络中应用比较广泛的两种,然而它们的匿名性依然不能满足人们的要求。在此基础上蒲公英(Dandelion)等新型传播协议被人们提出,它们被验证确实可以在一定程度上提高比特币系统的匿名性,但在实际场景下的应用性能还有待进一步验证。

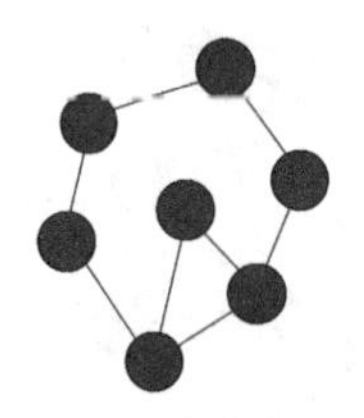
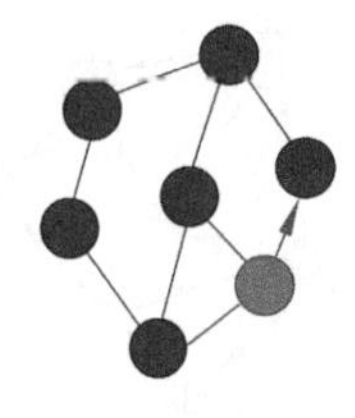
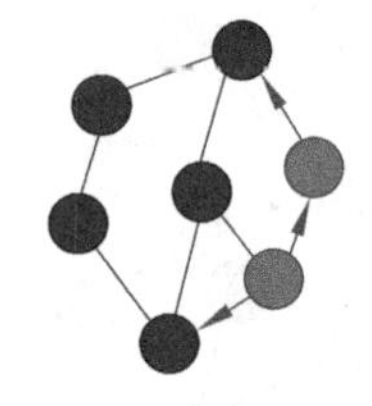
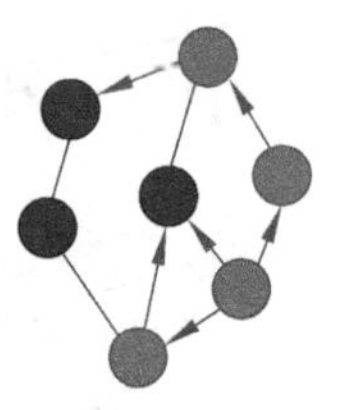

图 12-12 滴流扩散式传播的过程

3. 比特币网络中的其他信息传播问题

比特币特殊的网络结构为在其上的信息传播技术带来一些困难与挑战。现有比特币网络面临的一个困境是没有能够提供激励相容性和高带宽效率的便捷信息传播技术。

从集中式系统向分布式系统的过渡为信息传播技术带来一些不确定性。特别是对于比特币网络而言,信息传播应该与其他通信或计算成本较高的操作一样是激励相容的。由于比特币网络中的节点是由匿名用户或假名用户组成,而参与系统各个过程的每个用户都应该符合理性的行为,因此对需要沟通或计算成本的非自由操作应该通过激励来促进参与。激励的分配与选择便成为比特币网络信息传播过程中的一个重要问题。

另一个重要问题是信息通过类似于分布式协议的方式在网络中传输,会导致过度的带宽使用,即每则信息在网络中至少需要传播两次:首先宣传它的存在,最终宣布它是合法并且被验证的,即被成功打包成新区块并连接到区块链上。由于比特币网络中的用户需要参与到交易信息的验证和存储过程,因此,通过网络广播所有经过验证的交易信息是合理的且必要的。但在现有的比特币系统中,在验证之前会额外地广播交易信息,即宣传交易存在的过程。相同的信息会在比特币网络中被传播至少两次,并且在传播过程中一个网络节点可能接收到来自不同相邻节点的相同信息,这就造成了信息的泛滥和冗余。那么如何克服冗余的通信成本便成为一大难题。

12.5.2 比特币网络中交易信息的回溯

交易信息的回溯可以看作是信息传播的逆向问题,近几年许多溯源领域的学者也纷纷投身于比特币网络中回溯算法的研究。

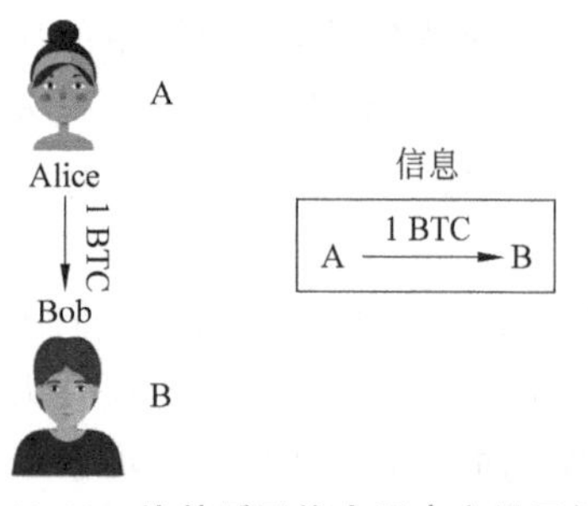

图 12-13 比特币网络中用户交易示例

研究比特币网络中的溯源问题:一方面可以更好地理解比特币网络的匿名性质,从而推动用户隐私保护性能的提高;另一方面,通过对非法交易源头的回溯可以将不法分子绳之以法,为比特币网络创建一个健康、可持续的交易环境。

首先给出问题陈述:假设比特币网络中有两名用户 Alice 与 Bob,如图 12-13 所示,前者要给后者转一比特币,根据点对点网络的特征,这条交易信息需要广播至全网，于是 Alice 在“纸条”上写下“A 转给 B 一比特币”，其中，A 是 Alice 的匿名，即密码学函数产生的公钥，B 是 Bob 的匿名，这条交易便从 Alice 节点迅速扩散，直至网络中所有用户都接收到。

交易信息回溯的目标是在给定的观测时刻，通过某种回溯算法，准确定位比特币网络中传播这笔交易的源节点，并通过一种身份重现方法，将发起者的匿名 A 与其真实身份 Alice 联系起来，即可实现交易信息的回溯。

传统社交网络中的源头回溯方法大多利用给定观测时刻的感染子图，这里称收到消息的节点为感染节点。对于比特币这种去中心网络，很难获知全局的感染情况，所能利用到的仅是区块链交易账本中的交易信息。此外，为保护用户隐私，每位用户的匿名往往不止一个，例如 Alice 可以在不同的交易中分别使用 $A_1, A_2, \cdots, A_k$ 等匿名，这就给溯源工作带来极大挑战。

在本研究中，比特币网络交易信息的回溯共分为两个阶段：①匿名用户身份重现；②Union Reporting Center 源头回溯算法。下面简要介绍这两个阶段。

1. 匿名用户身份重现

此阶段旨在将交易匿名与用户的真实身份联系起来。目前研究最多的方法是与大量已知的比特币商户或服务提供者主动交易。我们知道自己使用的公钥，即交易的一端是已知的，通过交易可以标记另一端属于服务提供者的公钥。例如，可以依靠自己的算力加入矿厂进行挖矿运算，通过与矿厂管理者间比特币结算的交易，可以标记属于这些矿厂的地址；比特币网络中，用户所持有的比特币一般存在钱包网站里。在许多钱包服务器中存入比特币，然后每个服务器进行多次的存取交易，即可标记钱包服务器的地址；此外，用比特币向第三方商家购买商品或者参与一些线上的游戏均可以暴露这些商家和服务器的匿名。

除了自主交易外，还可以通过其他渠道获取自发暴露的身份。例如，在比特币论坛上很容易获知一些已被标记好的地址。但应注意到，通过这些渠道获得的标记地址，可靠性较主动交易要低。

如果能将属于同一用户的不同公钥聚集(Cluster)在一起，那么一个公钥的暴露就使得整个聚集均被暴露，从而扩大匿名身份重现的范围。这里提出利用比特币交易记录的两个特性对公钥进行聚集。

(1) 将属于同一笔交易的输入中，不同的公钥聚集在一起。

由于比特币网络中没有余额的概念，余额是通过简单数字的加减最终获得，每位用户所拥有的资产是之前所有以自己为输出的有效交易记录，每个交易是以该交易前所有有效交易的输出作为输入。

下面通过图 12-14 给出详细的示例。

图 12-14 左侧是具体的交易信息，右侧是每位用户对应的公钥与私钥，显然，每位用户拥有多个匿名，如 David 拥有公钥 PK4 与 PK6，Bob 拥有公钥 PK2 与 PK7 等。观察 13 号交易，其实质是 David 给 Ellen 转 9 比特币，但其输入有两个，为 11 号和 12 号交易的零号输出，而这两笔输入的公钥显然都属于 David，因此，可以分别把 PK4 与 PK6 聚集在一起，表示它们属于同一用户。根据区块链交易记录中这一特性，可将同一交易多个

1	Inputs:∅ Outputs:25.0 →PK1	
2	Inputs:1[0] Outputs:17.0→PK2, 8.0→PK8	Sign(SK1, Tx2-Data)
3	Inputs:2[0] Outputs:8.0→PK3, 9.0→PK7	Sign(SK2, Tx3-Data)
...	...	...
11	Inputs:3[0] Outputs:6.0→PK4, 2.0→PK9	Sign(SK3, Tx11-Data)
12	Inputs:3[1] Outputs:6.0→PK6, 3.0→PK10	Sign(SK7, Tx12-Data)
13	Inputs:11[0], 12[0] Outputs:9.0→PK5, 3.0 →PK6	Sign(SK4, Tx13-Data) Sign(SK6, Tx13-Data)

Alice	(PK1, SK1)
Bob	(PK2, SK2)
Carol	(PK3, SK3)
David	(PK4, SK4)
Ellen	(PK5, SK5)
David	(PK6, SK6)
Bob	(PK7, SK7)
Alice	(PK8, SK8)
Carol	(PK9, SK9)
Bob	(PK10, SK10)

图 12-14 比特币区块链中交易信息记录示例

输入的不同公钥聚集在一起。

(2) 可将同一笔交易中的找零地址与输入地址聚集在一起。

如果一笔交易的输入总金额大于实际转出的金额,则输出还需对交易发起者找零。通常地,找零地址与输入也可能不同,如图 12-14 中的 3 号交易,其输入为 2 号交易的零号输出,可观察到输入公钥为 PK2,第二个输出 9.0→ PK7 即为找零,因此,PK2 与 PK7 必然属于同一用户,可将二者聚集在一起。

由此,在尽可能多地将交易匿名与用户真实身份联系在一起的同时,也实现了比特币交易网络到用户网络的转变,如图 12-15 所示。

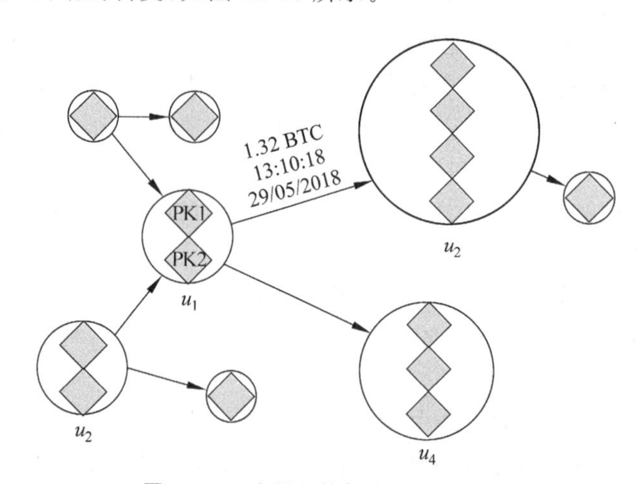

图 12-15 交易网络转变为用户网络

图中菱形表示不同的公钥或匿名,将属于同一用户的不同公钥聚集在一起,即用圆圈代表比特币网络中的用户。根据账本中的交易记录,如果两名用户之间存在交易则这两名用户的节点间有边相连,即实现了交易网络到用户网络的转变。

2. Union Reporting Center 源头回溯算法

为了获取比特币网络中节点的感染情况,文献[9]提出一种报告中心(Reporting

Center,RC)源头回溯算法,将网络建模为正则树模型,交易信息传播遵循 Diffusion 协议,即每个感染节点将消息传播给未被感染邻居节点的时延服从一种独立且指数为 λ 的指数分布。利用一个超级节点与全网所有节点均有一条边相连,如图 12-16 所示,只接收消息而不向外转发消息,并准确记录何时哪些节点向其"报告"了交易消息。由于消息向超级节点转发存在一定延时,所以在给定观测时刻 T,只能获知 $t \leqslant T$ 时间内向超级节点报告的感染节点,而不是 $t \leqslant T$ 时间内所有已经被感染的节点。

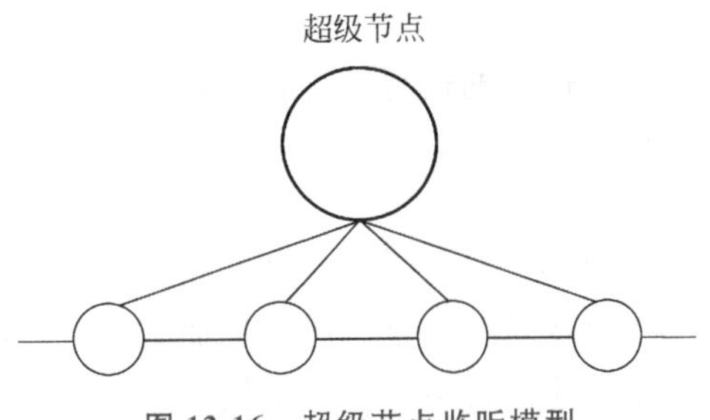

图 12-16 超级节点监听模型

采用多次独立观测的思想对 RC 算法进行改进,本研究提出联合报告中心(Union Reporting Center,URC)算法,即考虑一条交易信息从同一源点先后进行 k 次独立传播,在相同传播时刻对这 k 次感染情况进行观察,或者同一用户源节点同时传播 k 条独立的交易信息,在相同时刻分别对这 k 条信息的感染情况进行观察。

定义(联合报告中心):对于正则树 $G(V,E)$中的一个交易信息源 s,其邻居节点集记为 $N(s)$,给出 k 次独立观测结果 $G_{y_1}, G_{y_2}, \cdots, G_{y_k}$,每次观测中分别有 $y_1, y_2, \cdots, y_k$ 个向超级节点报告的总节点数,那么称节点 s 是一个联合报告中心,当且仅当对任意的节点 $m \in N(s)$,下式均成立:

$$\frac{Y_{m,G_{y_1}}^{s} \cdots Y_{m,G_{y_k}}^{s}}{(y_1 - Y_{m,G_{y_1}}^{s}) \cdots (y_k - Y_{m,G_{y_k}}^{s})} < 1$$

其中,$Y_{m,G_{y_k}}^{s}$ 表示第 k 次观测中,以 m 为根的邻接子树中的报告节点数,y_k 是第 k 次观测中总的报告节点数。

这里的联合报告中心即为估计的交易源节点。受篇幅限制,这里仅给出理论推导出 URC 算法估计交易源节点的概率下界表达式。考虑 d-正则树中一个速率为 $\lambda=1$ 的交易传播过程,对 $d \geqslant 3$,

$$\liminf_{t \to \infty} P_{\text{urc}} \geqslant P_k(d) := 1 - d\left(1 - \phi_k\left(\frac{1}{d-2}, 1 + \frac{1}{d-2}\right)\right)$$

其中,

$$\phi_k(a,b) = \underset{\prod_{j=1}^{k} \frac{x_j}{1-x_j} \leqslant 1}{\int \cdots \int} \frac{\Gamma(a+b)^k}{\Gamma(a)^k \Gamma(b)^k} \prod_{j=1}^{k} (x_j^{a-1} (1-x_j)^{b-1}) \mathrm{d}x_1 \cdots \mathrm{d}x_k$$

这里的 $t \to \infty$,即观测时刻趋于无穷,当独立观测次数 k 或正则树度数 d 趋于无穷时,$P_k(d) \to 1$。通过与文献[9]中 RC 算法的概率表达式相对比,URC 算法在交易信息源头回溯时性能表现更优越。

习　题

1. 与传统的银行系统相比,比特币系统具有哪些优势?

2. 与传统的银行系统相比,比特币系统最大的特点是什么?其运行的基本保障又是什么?

3. 比特币钱包的本质是什么?

4. 比特币系统是如何保障加密的可靠性的?

5. 简述比特币网络的结构。

6. 简述比特币的挖矿过程。

7. 挖矿过程在比特币系统中的作用是什么?

8. 比特币系统对在出现分叉情况时的区块链做了何种规定?

9. 基于区块链技术的网络账本有哪些特点?

10. 区块链是如何形成的?

11. 区块链中的区块由哪些部分组成?

12. 区块头由哪几部分组成?

13. 区块链是如何保证其安全性的?

参考文献

[1] Antonopoulos A M. Mastering Bitcoin: unlocking digital cryptocurrencies[M]. Sebastopol: O'Reilly Media,Inc.,2014.

[2] Nakamoto S. Bitcoin: A peer-to-peer electronic cash system[J]. Decentralized Business Review, 2008: 21260.

[3] Greenberg A. WikiLeaks asks for anonymous bitcoin donations[EB/OL].(2011-06-14)[2013-04-15]. http://www.forbes.com/sites/andygreenberg/2011/06/14/wikileaks-asks-for-anonymous-bitcoin-donations/.

[4] Ron D,Shamir A. Quantitative analysis of the full bitcoin transaction graph[C]//International Conference on Financial Cryptography and Data Security. Springer,2013: 6-24.

[5] Lamport L,Shostak R,Pease M. The byzantine generals problem[J]. ACM Transactions on Programming Languages and Systems (TOPLAS),1982,4(3): 382-401.

[6] Swan M. Blockchain: blueprint for a new economy[M]. New York: O'Reilly Media,Inc.,2015.

[7] 袁勇,王飞跃. 区块链技术发展现状与展望[J]. 自动化学报,2016,42(4): 481-494.

[8] 何蒲,于戈,张岩峰,等. 区块链技术与应用前瞻综述[J]. 计算机科学,2017(4): 1-7.

[9] Fanti G,Viswanath P. Anonymity properties of the bitcoin p2p network[J/OL]. arXiv preprint, arXiv:1703.08761,2017.

[10] Wang Z, Dong W, Zhang W, et al. Rumor source detection with multiple observations: fundamental limits and algorithms[C]. ACM SIGMETRICS,2014.

[11] 邱勋. 中国央行发行数字货币:路径,问题及其应对策略[J]. 西南金融,2017(3):14-20.

[12] Löber K,Houben A,伊英杰,等. 中央银行数字货币研究[J]. 国际金融,2018,443(5):71-78.

[13] 凤凰网财经. 央行的数字人民币,和支付宝有啥不一样?[EB/OL].(2020-11-25)[2021-03-22]. https://finance.ifeng.com/c/81fHYfWaOVG.

[14] 中国日报网. 开始内测!一图了解"数字人民币"[EB/OL].(2020-04-22)[2021-03-22]. http://www.cac.gov.cn/2020-04/22/c_1589103566581158.htm.

[15] 黄国平,孙会亭. 数字人民币向法定数字货币渐行渐近[J]. 银行家,2019(10):46-49.

第13章 chapter 13

智能机器人网络

随着互联网的飞速发展，各种高科技新型产业的出现，人形智能机器人逐渐进入人们的生活。起初的人形机器人仅仅能够执行人们对它输入的命令，并不具备智能化，人们希望机器人能够对外界的刺激做出反应，就跟人一样，从而“智能”这一概念应运而生，智能机器人的出现，是为了给人类提供更好的服务。但是随着人们需求的不断提高，仅仅一台机器人并不能满足人们的需要，可以使用多个机器人协作来更快、更好地完成更复杂的任务，这之中涉及各个机器人之间的通信协调。如果将一个智能机器人看成是一个网络节点，机器人和机器人之间的通信就可以看作是一个网络拓扑结构中节点与节点的通信，如何设计出更优的通信模式是一个很有价值的问题。本章中首先对智能人形机器人及网络模块的软硬件进行介绍，并对智能机器人网络所涉及的问题与技术做简单的分析。

13.1 智能机器人平台

智能机器人的行动能力与感知外界世界的能力依赖于各式各样的硬件设备，同时，仅仅依靠硬件不能够满足对机器人的控制，还需要软件上对其进行编程。本节对一些比较成熟的机器人平台的软硬件设备和应用做一些介绍。

13.1.1 NAO人形机器人

1. 硬件平台

NAO人形机器人如图13-1所示。

NAO是一个58cm高的仿人机器人，它由法国Aldebaran Robotics机器人公司建造，这款机器人的功能十分强大，由大量的传感器、电动机和软件构成，以下是该机器人所拥有的硬件设备。

(1) 25个电动机，可控制全身各个关节的移动。

(2) 2个摄像头，每秒最多可摄取30幅图像。

(3) 1个惯性导航仪，确定自己是否处于直立状态。

(4) 4个麦克风，探测、追踪并识别发声物体，完成语音识别。

图 13-1 NAO 人形机器人

(5) 声呐测距仪,能够感知周围的物体,测量范围为 0～70cm。

(6) 2 套红外线接收器。

(7) 触摸传感器和压力传感器。

(8) Wi-Fi 和以太网支持。

这款 NAO 人形机器人最突出的特点在于其运动控制模块非常精细,人形机器人的一个很大的难点在于如何能够让其平稳地行走,该公司对人形机器人硬件的设计在世界上处于领先地位。可以看出这款 NAO 人形机器人拥有完善的传感器系统以及一些高阶的传感器,如麦克风、惯性导航仪、触摸传感器、压力传感器,这使得它可以对多种外界的信号做出判断,所以在功能上要远远超过普通的人形机器人。

除此之外,NAO 人形机器人支持 Wi-Fi 和以太网,与 Wi-Fi IEEE 802.11g 标准兼容,可在 WEP 和 WPA 网络中使用,该功能实现了机器人与 PC、机器人与机器人之间的通信。

2. 软件开发环境

1) 操作系统

NAO 人形机器人使用的是 Intel Atom 1.6GHz 处理器(见图 13-2),该处理器位于其脑部,运行的是 Linux 内核,Linux 内核支持该机器人所使用的操作系统 NAOQi,这是一个全新的操作系统,由该公司开发,专门用于控制 NAO 人形机器人。

图 13-2 Intel Atom 1.6GHz 处理器

一些简单的智能小车等机器人多使用单片机和 ARM 开发板,这两种硬件计算能力有限,单片机的处理速率达不到图像级别所需的运算量,寄存器数量也不够多。ARM 开发板上可以移植 Linux 系统,处理图像,但是跟计算机相比,处理速度和运算能力还是差得很远。NAO 人形机器人所用的 Intel Atom 1.6GHz 处理器是一款适用于笔记本计算机的单核 CPU,该款 CPU 虽然跟计算机上的 CPU 相比仍然属于小型 CPU,但是对于机器人平台来说已经足以负担起该平台所需的处理速率。

操作系统 NAOQi 是一个建立在自然互动和情感基础上的操作系统,提供了一种方便实用的全新人机互动手段,借助该强大的操作系统,NAO 人形机器人可以向使用者提供最丰富、最全面的人机互动。更重要的是,该操作系统完全开源,无论是你想做一些上层的应用还是做一些底层的代码,都是允许的,所有使用该机器人的研究机构都可以参与机器人的开发。

2) 编程语言

Aldebaran Robotics 机器人公司向所有用户提供一套内容全面、简便易用的软件开发工具包(Software Development Kit,SDK)。通过这个工具包,无论编程水平如何,任何用户都可为机器人创建行为程序。此外,这个多平台工具包可以和多种语言和机器人平台兼容,编程语言包括 Java、JavaScript、C++、Python、MATLAB 等各种被广泛应用的语言,只要掌握其中一门,就可以参与其中的开发。其 SDK 包含 3 个重要的模块,用于辅助人们更好地进行开发。

(1) Choreraphe:该编程软件完全由公司自主研发,拥有直观的图形界面、丰富的标准动作库和先进的编程功能,如图 13-3 所示为该软件编程界面的截图。

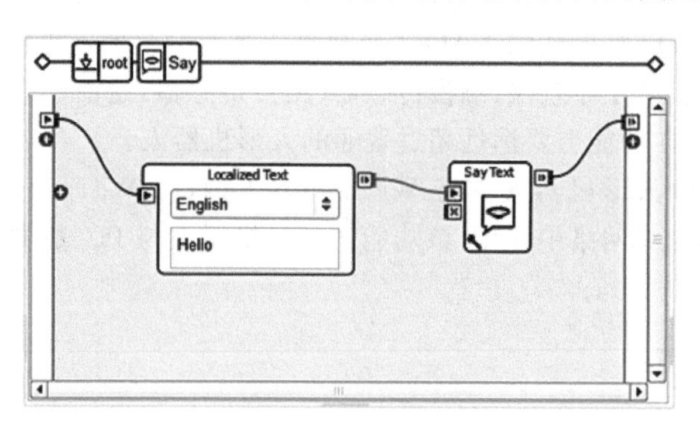

图 13-3 软件编程界面

(2) Webots:Webots for NAO 是一个理想的模拟工具,类似于人们所用的仿真器,可以在该软件中建立一个虚拟的环境来模拟程序的结果。可以通过该软件来测试我们的算法,避免了真实环境的构建,图 13-4 所示为软件界面展示。

(3) Monitor:Monitor 是一个应用程序,向用户提供 NAO 人形机器人看到及感知到的反馈信息,用户可以轻松得到机器人的传感器和电动机获取的精准数据,例如,通过 laser 模块可以观察当前 laser 模块对地形的扫描结果,如图 13-5 所示。其中黑颜色的点表示障碍物。

可以从网络上直接下载操作系统和 SDK 工具链,如图 13-6 所示,除此之外,NAO 人形机器人也提供了大量的例子供人们开发之前先进行学习,熟悉操作。

3. 应用

该人形机器人可以完成各种各样的功能,例如语音识别控制,人们可以通过语音直接控制其完成开关电视等诸多功能。也可以通过摄像头模块做一些图像处理，将处理结果上传到PC。本节主要涉及一个关于利用机器人的网络模块来完成的一个项目——机器人世界杯。

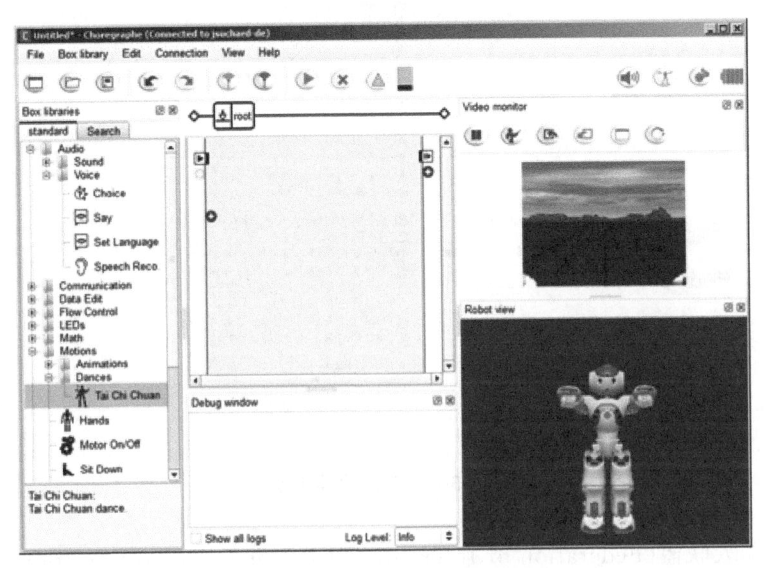

图 13-4　Webots 软件界面展示

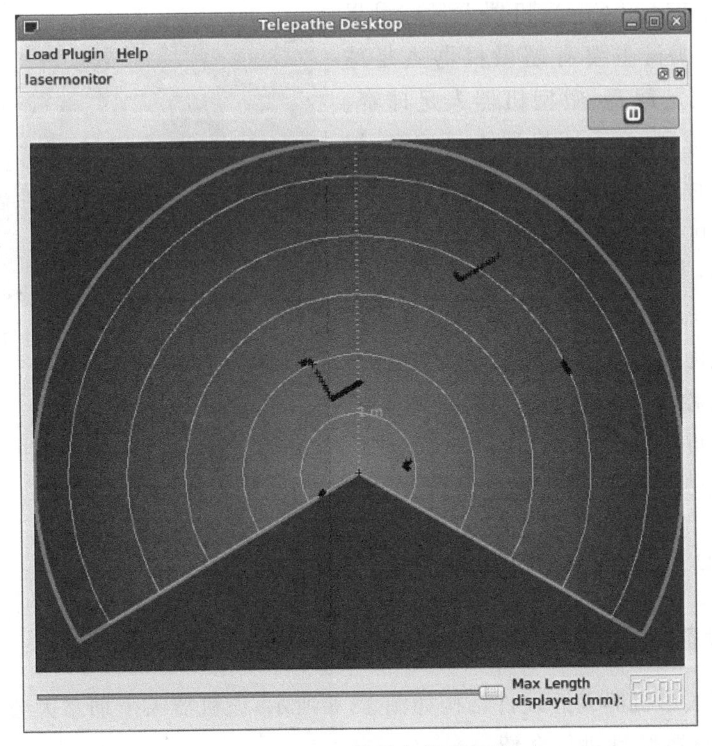

图 13-5　laser 模块扫描展示图

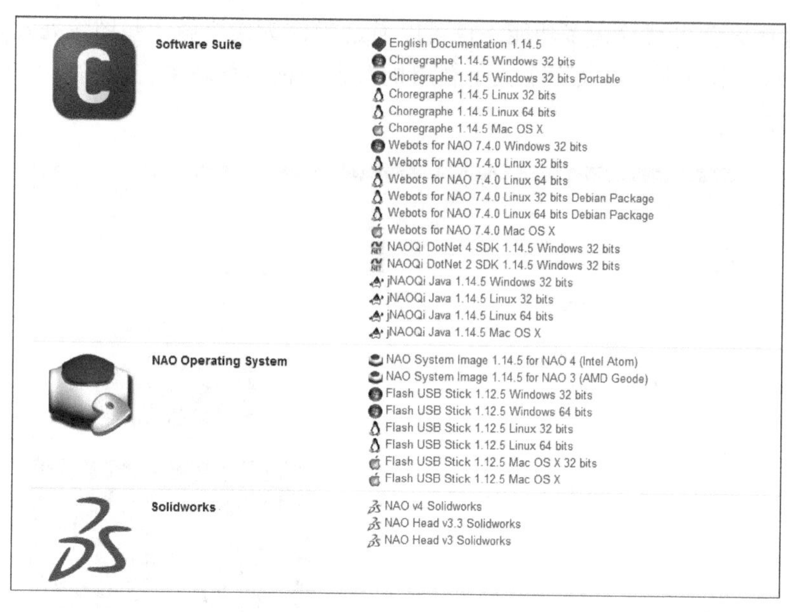

图 13-6　编程软件下载

国际机器人联盟(Federation of International Robot-Soccer Association,FIRA)是由韩国人创立的组织,从 1997 年开始,FIRA 每年都举行一次机器人足球世界杯决赛(Robot-Soccer World Cup),机器人足球世界杯决赛的比赛项目主要有超微机器人足球赛、单微机器人足球赛、微型机器人足球赛、小型机器人足球赛、自主式机器人足球赛、拟人式机器人足球赛。所用的机器人正是法国 Aldebaran Robotics 机器人公司建造的人形机器人 NAO,机器人比赛现场如图 13-7 所示。

图 13-7　机器人足球世界杯比赛

该比赛从硬件方面需要机器人、摄像头、计算机和通信模块,机器人通过其摄像头抓取图像送到中央 PC,通过 PC 上的图像处理,判断场上的局势,并给出机器人行进的策略,通过通信模块传回机器人控制其行动,如此循环,使得机器人在场上自动比赛。

13.1.2　H20 系列人形机器人

1. 硬件设备

H20 系列人形机器人的硬件结构如图 13-8 所示,该机器人由加拿大公司生产。以下对其硬件特性进行介绍。

(1) 前胸配置触摸平板计算机,可用于播放视频、音频。

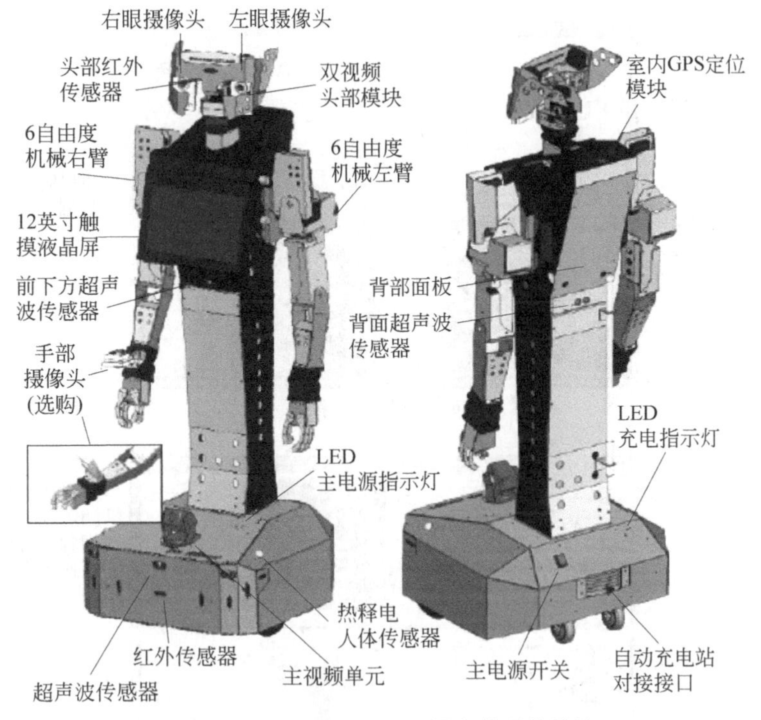

图 13-8 H20 系列人形机器人的硬件结构

(2) 尺寸：43cm(长)×38cm(宽)×140cm(高)。

(3) 导航和定位提供点到点的避障导航。

(4) 室内 GPS 和方向导航系统。

(5) IEEE 802.11g 无线网络。

(6) 超声波和红外模块。

(7) 高清晰度的摄像头。

2. 软件编程环境

使用 Microsoft Robotics Studio、VS 2008、VC++ 或 VB 即可进行开发，可以完成机器人控制，包含位置、速度、加速度控制，传感器信息获取，机器人状态监测等功能。

除此之外公司还提供了 PC 端的控制界面，分为多个子系统，如图 13-9 所示，可以直接对机器人的状态进行查看，对机器人进行运动控制。

3. 应用

该机器人主要应用于陈列室、展览馆的接待机器人。除一些公有的模块之外，该机器人带有室内 GPS，在室内定位方面比较杰出，可以自动避障到地图的指定位置处。

13.1.3 我国机器人现状

2008 年我国研究出了一款商用的服务机器人塔米，如图 13-10 所示。它是中国首个

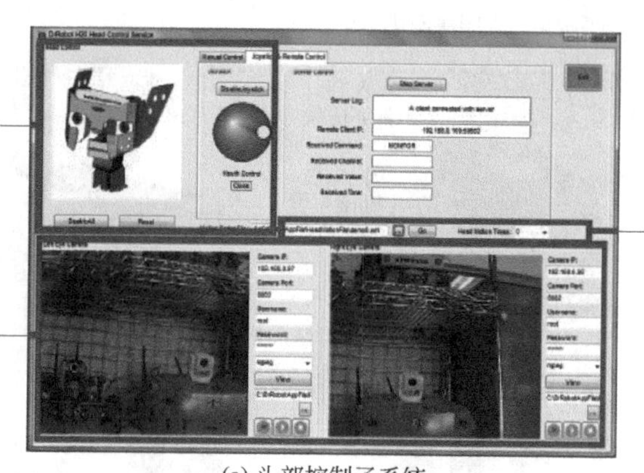

(a) 头部控制子系统

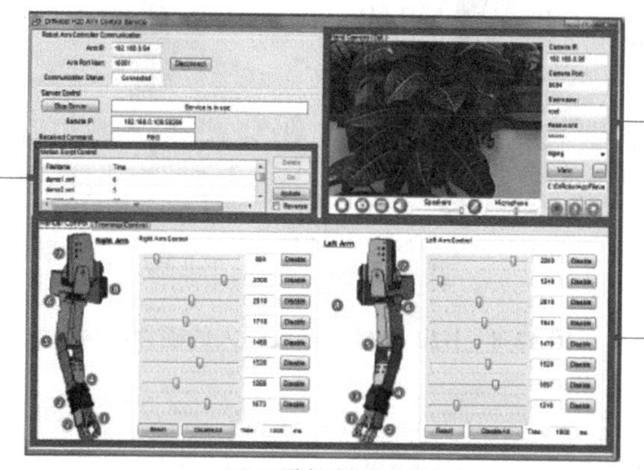

(b) 双臂控制子系统

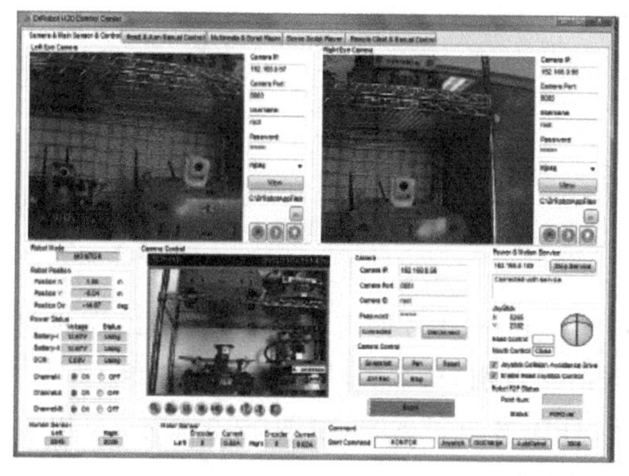

(c) 多路视频集成和机器人传感器组控制子系统

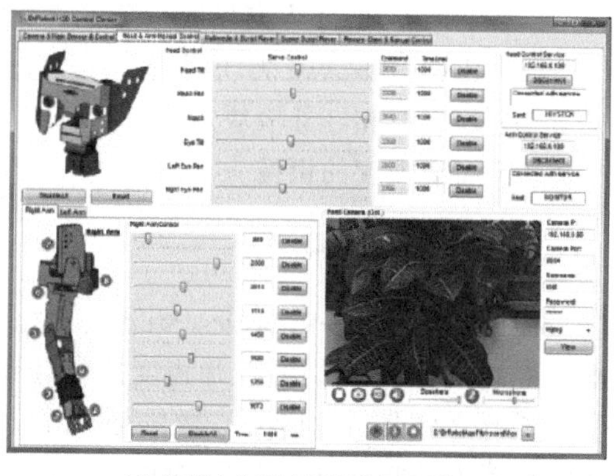

(d) 机器人实时交互控制子系统

图 13-9　各机器人子系统模块控制界面

实用化、商品化的服务机器人，能像人一样自由说话，能听懂200多个中文句子，通过“眼睛”可以识别主人和物体，能够自动绕开障碍物自由行走。2020年，我国机器人与智能制造整体解决方案的需求被加速激发。机器人与智能制造整体可以大幅降低用工风险，推动自动化、智能化生产模式是企业发展的必然趋势。

图 13-10　塔米机器人

13.2　网络模块

为了组建智能机器人网络，通信模块是必不可少的，目前主流的通信模块有 Wi-Fi、蓝牙、ZigBee 等，其中蓝牙通信只能支持点对点的传输，所以采用蓝牙这种通信方式来组建网络是十分不方便的。13.1 节介绍的机器人都是通过 Wi-Fi 来相互通信，模块内置于机器人之中，制作机器人的公司提供了大量网络传输相关的 API 可供调用，方便开发者对机器人进行编程，即使机器人内部并不带有通信模块，也可以利用其扩展接口来外接通信硬件。本节主要介绍两种通信方式：Wi-Fi 和 ZigBee，并对相关的硬件设备进行简单介绍。

13.2.1　Wi-Fi

1. Wi-Fi 传输模式简介

Wi-Fi 是指一种无线信号，很多人会把它和无线网络混为一谈。无线网络是能够将个人计算机、手持设备等终端以无线方式相互连接的技术，而 Wi-Fi 是无线通信技术的品牌，目的是改善基于 IEEE 802.11 标准的无线设备之间的互通性。目前机器人所用的 Wi-Fi 通信模块是遵从 IEEE 802.11 标准的，Wi-Fi 支持 AP 模式的基础网传输和 Ad hoc 网络传输方式。所有设备连接到 AP，如果设备与设备之间想要相互通信，那么设备首先发送数据到 AP，由 AP 发送至另一设备。AP 可以是网络中的一个机器人或者是一个公共的 AP，网络中的所有机器人连接到公共 AP 的环境下也可以进行相互通信。Ad hoc 模式是指不需要 AP，两台设备直接通过 Wi-Fi 进行通信，Ad hoc 网络中所有的节点地位平等，没有中心，如果设备请求与覆盖范围之外的其他设备进行通信，可以通过多跳传输。对于智能机器人网络，可以使用 AP 模式通过 PC 对机器人进行控制，也可以通过

Ad hoc 或者 AP 模式，实现机器人和机器人之间的通信。

2. TI SimpleLink CC3000

TI SimpleLink CC3000 模块是一款完备的无线网络处理器，此处理器简化了互联网连通性的实施(见图 13-11)。TI SimpleLink CC3000 模块的 Wi-Fi 解决方案大大降低了主机微控制器 (Micro Controller Unit，MCU) 的软件要求，并因此成为使用任一低成本和低功耗 MCU 的嵌入式应用的理想解决方案。该芯片可与智能机器人的控制板相连作为通信模块。芯片服从 IEEE 802.11b/g 标准，内部存有 TCP/IP 协议栈，传输速率为 11Mb/s。TI 公司提供了完整的 SDK、大量的 API，方便开发者对该开发板进行开发。

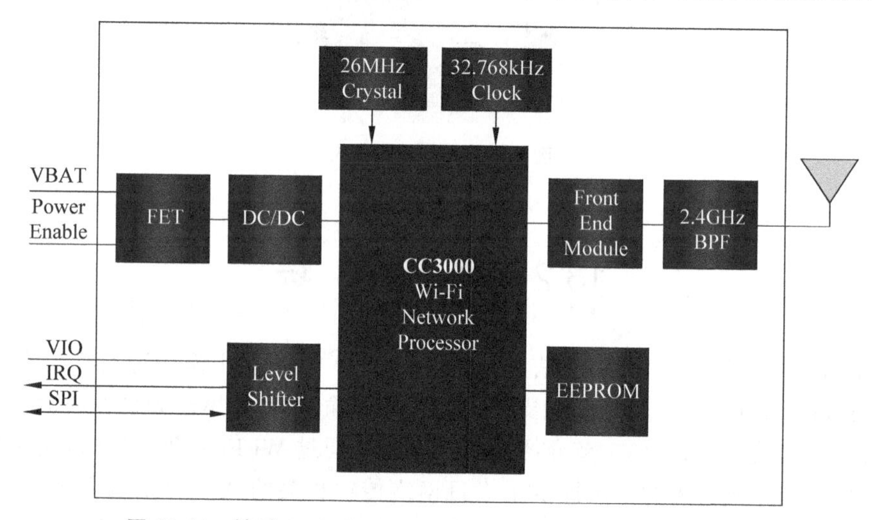

图 13-11　针对 TI SimpleLink CC3000 模块的 Wi-Fi 解决方案

该芯片与机器人控制板的连接示意图如图 13-12 所示，机器人控制板作为主设备(Master)，CC3000 作为从设备(Slave)。通过串行外部接口(Serial Peripheral Interface，SPI)互相连接，SPI 是一种高速的、全双工、同步传输的通信总线。图中 SPI_CLK 为控制时钟信号，SPI_CS 用作对从设备的片选，SPI_DOUT 和 SPI_DIN 分别为主设备向从设备发送数据通道和从设备向主设备发送数据通道。通过这种连接可以将机器人控制板处理的数据发送到 CC3000 模块，再发送至目的地。

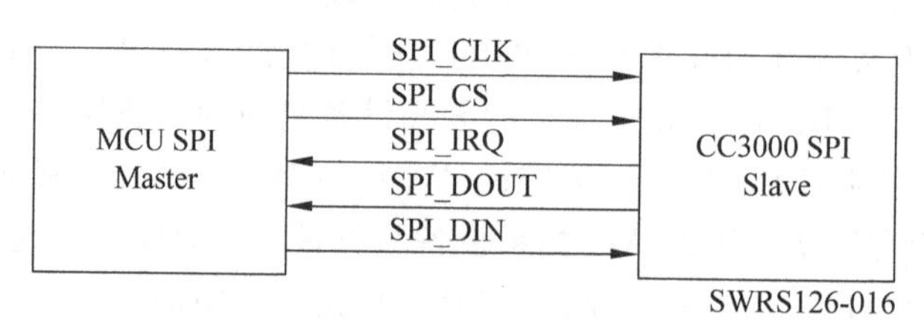

图 13-12　芯片与控制板的连接示意图

3. 串口 Wi-Fi 模块

串口 Wi-Fi 模块是基于 UART 接口的符合 Wi-Fi 无线网络标准的嵌入式模块，内置无线网络协议 IEEE 802.11 协议栈和 TCP/IP 协议栈，能够实现用户串口数据到无线网络之间的转换。串口 Wi-Fi 硬件实物如图 13-13 所示。通过串口 Wi-Fi，传统的串口设备也能轻松接入无线网络，实现互相通信。该模块可以通过跳线连接到控制板上相应的 UART 引脚，完成数据传输与发送。设备支持基础网络和自组织网络两种传输方式。控制板可以通过串口发送“AT＋控制指令集”对串口 Wi-Fi 进行控制。串口 Wi-Fi 的传输速率比较低，最高仅仅有 11kb/s，可以用于一些数据量较小、对数据传输实时性要求较低的网络。

图 13-13　串口 Wi-Fi 硬件实物

13.2.2　ZigBee

1. ZigBee 简介

ZigBee 是一种低速率、短距离的通信协议，工作在 868MHz、915MHz 和2.4GHz 3 个频段上，其中 2.4GHz 频段比较常用。最大数据传输速率为 250kb/s。ZigBee 主要应用于一些电量供给有限的应用中，由于机器人由电池供给能量，与 Wi-Fi 相比，ZigBee 耗能更少，对于传输一些小的数据，或者控制指令可以满足速率上的要求。所以，ZigBee 是一个比较适合于机器人网络平台的协议。

ZigBee 与 IEEE 802.15.4 并不是同一个概念，IEEE 802.15.4 规定了数据链路层和物理层的一些协议，而 ZigBee 囊括了 IEEE 802.15.4 的前两层协议准则，并加入自己定义的网络层和应用层的协议。图 13-14 中给出了 ZigBee 协议的分层结构并展示了 ZigBee 协议和 IEEE 802.15.4 协议的关系。从图中可以看出，ZigBee 协议是基于 OSI 模型，所以拥有传统因特网分层结构的优点，每层各司其职，将处理之后的数据包转发给下一层，如果其中一层出错，也不会导致非常大的损失。

ZigBee、Wi-Fi、Bluetooth 在能耗、复杂度方面的比较如图 13-15 所示，可以看出 ZigBee 的优点在于在不要求很高的传输速率的前提下，是能耗最小、复杂度最低的一个通信协议。

由于其能耗低的突出优点，ZigBee 模块被广泛应用于传感器网络，在传感器网络中

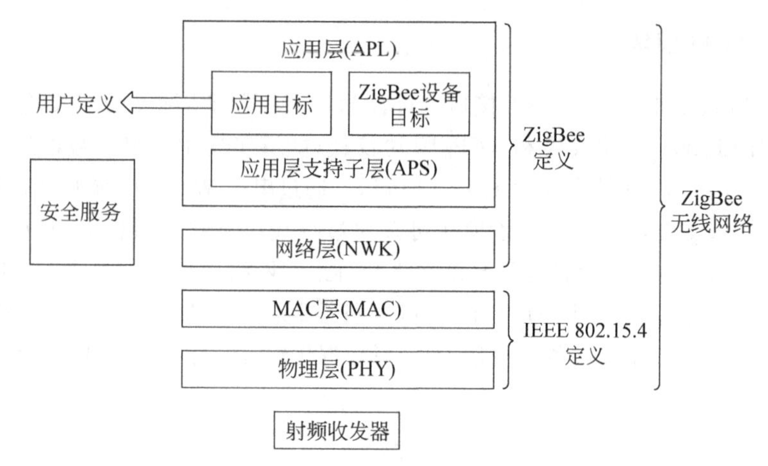

图 13-14 ZigBee 无线网络协议层

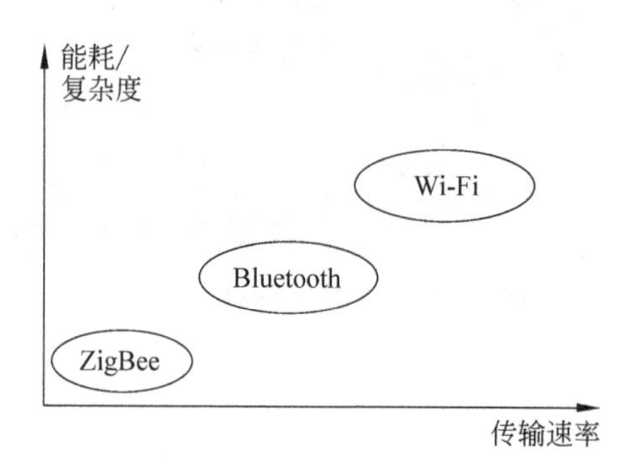

图 13-15 ZigBee、Wi-Fi、Bluetooth 的比较

的一个典型应用就是在家里监测病人的血压、血糖、心率等指标，病人通过带有一个 ZigBee 模块，同时能够测量各项指标的设备，通过 ZigBee 模块可以将采集来的数据发送到本地服务器，通过因特网发送到医院供医生查看，达到足不出户就可以检查身体的效果。为了解决多机器人协作的问题，机器人之间可以基于 ZigBee 网络进行通信。

在一个 ZigBee 网络下，设备分为两种主要类型：一种类型称为全功能设备(Full Function Device，FFD)，这种设备能够完成任何基于 IEEE 802.15.4 协议的任务并且可以在网络中充当任何角色；另一种类型称为半功能设备(Reduced Function Device，RFD)，此种设备功能受限。例如，一个全功能设备能够和一个 ZigBee 网络下的任何设备进行通信，但是半功能设备仅仅能够和全功能设备进行通信。半功能设备的内存和处理能力要弱于全功能设备。

如果将设备再进行详细分类，可以分成以下 3 类。

(1) 主协调器(PAN Coordinator)：负责传递信息的全功能设备，并且还是一个全局的控制器。

(2) 协调器(Coordinator)：负责传递信息的全功能设备。

(3) 设备(Device)：一般为半功能设备，不具有协调器功能，仅与协调器进行通信。

也就是说，一个 ZigBee 网络的路由功能是由主协调器完成的，如果一个设备要与其他设备进行通信,并且该设备在其通信范围之外,这时就需要经过协调器分配路由路线。同时,ZigBee 网络的设备加入网络、退出网络,也需要主协调器的控制。

ZigBee 网络的两种拓扑结构分别是星状拓扑结构和点对点拓扑结构,如图 13-16 所示。在星状拓扑结构中,每个网络中的设备仅仅能够和主协调器进行通信,主协调器负责集中控制,类似于 Wi-Fi 中基础网的架构。在点对点的拓扑结构中,每个设备能够直接和在其通信范围内的设备进行通信,如果通信目的地设备在其通信范围之外,则通过主协调器分配路由规则。

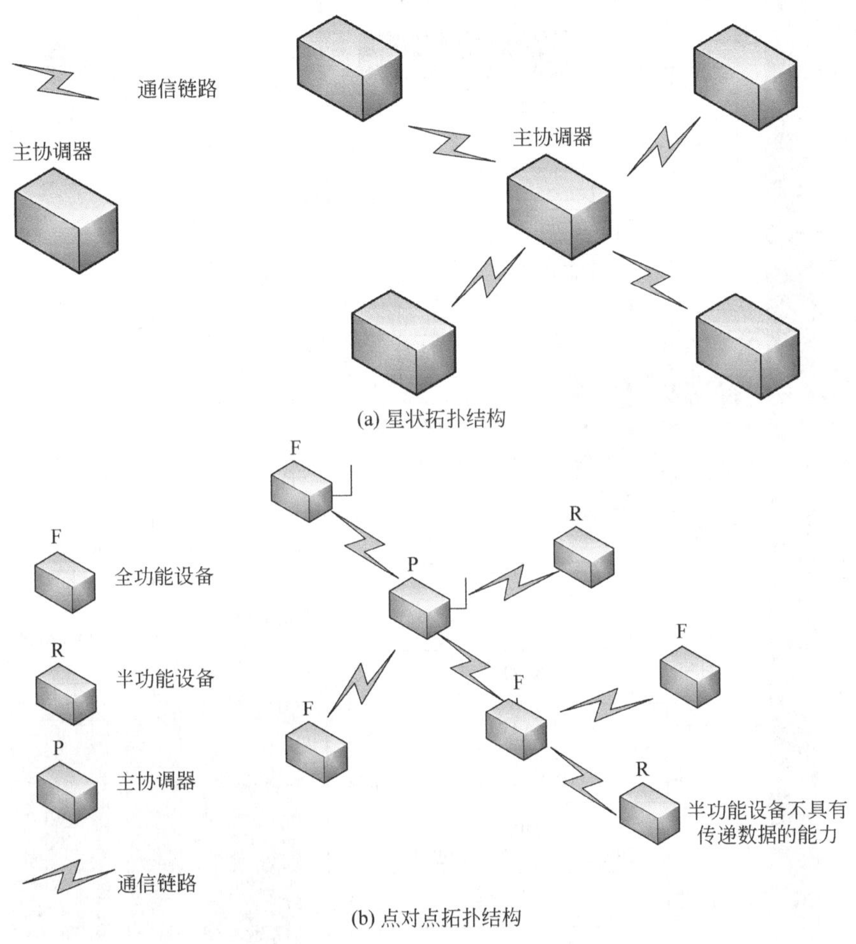

图 13-16 星状拓扑结构和点对点拓扑结构

2. TI 公司芯片 CC2530

TI 公司芯片 CC2530 是用于 2.4GHz IEEE 802.15.4、ZigBee 和 RF4CE 应用的一个真正的单片系统(System on Chip,SoC)解决方案,图 13-17 为 CC2530 的方框图,图中模块大致可以分为 3 类:CPU 和内存相关的模块,外部设备、时钟和电源管理相关的模块,以及无线电相关的模块。

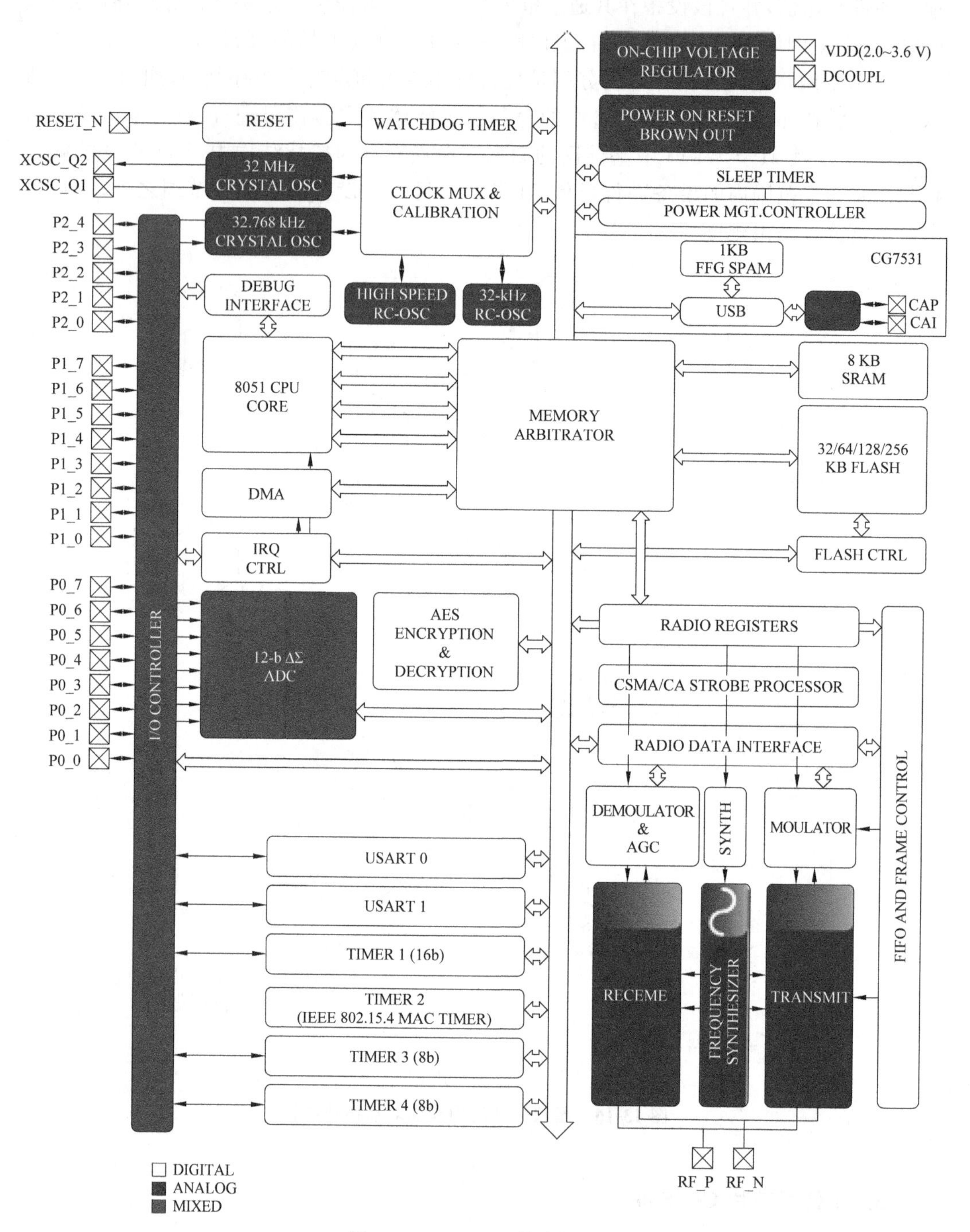

图 13-17 CC2530 的方框图

图 13-17 中所示的 USART 0 和 USART 1 可被配置为一个 SPI 主从或一个 UART。它们为 RX 和 TX 提供双缓冲，以及硬件流控制，因此，非常适合于高吞吐量的全双工应用。USART 0 和 USART 1 都有自己的高精度波特率发生器，因此，可以使普通定时器空闲出来用作其他用途。所以，可以通过智能机器人控制板的 SPI 与 CC2530 进行扩展连接，用作智能机器人的通信模块。

CC2530F256 芯片结合了德州仪器的业界领先的黄金单元 ZigBee 协议栈（Z-Stack），提供了一个强大和完整的 ZigBee 解决方案。Z-Stack 协议栈为半开源的协议栈，TI 公司提供了大量 API 供人们使用，一部分函数被封装为了库函数，不允许修改。

13.3 相关拓展

13.3.1 分布式系统与算法

一个机器人网络，里面包含多个“自治”的机器人，每个“自治”的机器人都可以称为主体，“自治”意味着每个主题可以独立行动，自己决策应该如何行动，并不受网络中的其他主体的控制。同时，主体之间又存在联系，主体与主体之间依靠通信设备可以互连，通过交换信息，可以决策出更优的行动策略。在一个完全“自治”的机器人网络系统中，并不像集中式网络，所有网络中的节点将信息传输到中心控制服务器，由控制中心决策网络中的每个节点该如何进行下一步的行动，而是一个“多主体”的分布式系统，人们需要分布式的算法来使得这个系统能够在不依赖于集中控制的条件下完成目标任务。分布式系统会面临新问题，这些问题在许多集中式系统中是不存在的，此处举一个例子——限制条件满足问题，来对分布式系统中面临的新问题进行入门性的介绍。

限制条件满足问题，即一个系统中每个个体中都有一个或多个需要人们去设置取值的量，每个变量都有对应的取值范围，变量与变量之间需要满足一定的约束条件。限制条件满足问题是为了找出满足所有限制条件的前提下的一组变量取值方案，或者得出结论并没有这样一种方案能满足所有的约束条件。分布式限制条件满足问题是指以分布式算法解决该问题，不依赖于集中控制。

为了更好地描述问题的意义，我们举一个机器人网络中体现该问题的例子。网络中有 3 个机器人，如图 13-18 所示，黑色的圆点代表网络中的机器人，每个机器人可以通过无线信号与其通信范围内的其他人进行通信，考虑到系统中障碍物的存在，导致每个机器人的通信范围是一个椭圆，从图中可以看出，机器人与机器人的通信范围存在重叠。同时，有 3 种不同频率的信号可供机器人通信使用，我们希望机器人在通信的同时不会产生互相干扰，所以任何两个通信范围存在交集的机器人不能使用相同频率的信号（假定并没有控制中心的存在）。

问题可以等价为图 13-19 所示的系统，X_1、X_2、X_3 为网络中的机器人，每个机器人都可以从 3 种频率中任选一种进行传输，这 3 种不同频率的信号我们用 3 种不同的颜色表示，分别为红色、蓝色和绿色。此时问题就变为图着色问题，如何给三角形的 3 个顶点填充一个颜色组合，使得任何两个顶点的颜色都不相同。

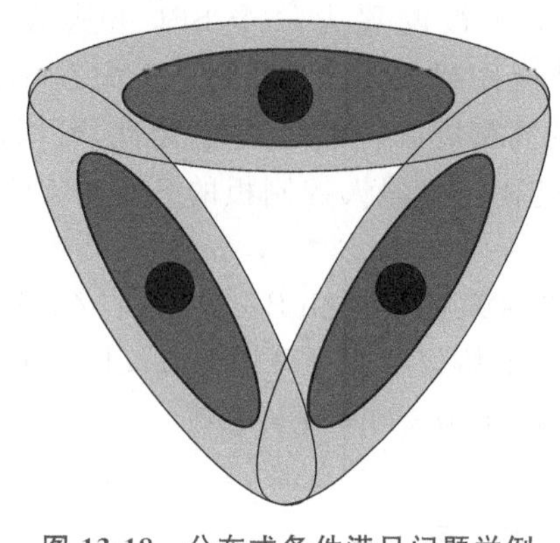

图 13-18　分布式条件满足问题举例

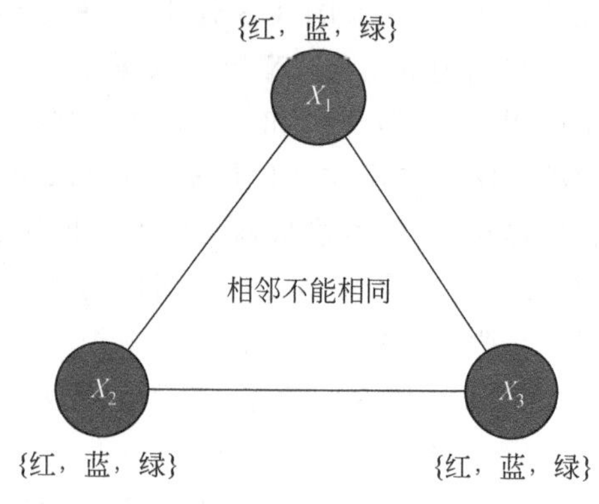

图 13-19　问题的等价表示

如果是集中式系统,可以通过控制中心分配好 3 个节点的颜色,将结果分别传输到 3 个节点,问题就可以解决。但是前提条件是并没有这样一个中心存在,机器人能够自己选择频率并将选择的频率信息发送给其余的机器人,并能够依据收到的其余机器人选择的频率信息选择自己的频率,但是并不能够给其余机器人发送控制信息控制其余机器人选择频率。

给出的例子中的限制条件可能并不具有实际意义,但是该例子展示出了这样一类问题的特点。解决此类问题的一个著名的方法是 ABT(Asynchronous Backtracking Algorithm)算法,这是一种启发式算法,并将网络中的所有主体按照优先级进行排序。在最开始所有节点先尝试选择一种方案,并将选择结果通知给优先级比其本身低的邻居节点,主体根据收到的信息来修改自己的方案,如果没有满足条件的方案,那么将不匹配信息回馈给优先级比其高的上一级邻居节点,上一级节点根据某些算法准则选择另外一种方案,再次将信息传递给相邻节点,如此往复,最终得出方案结果或无解,这里并不介绍算法的具体步骤,有兴趣的读者可以自行查阅。

构建一个分布式系统的优点在于各个主体的独立性很强,集中式系统中如果控制中心出现了问题,那么会导致整个系统瘫痪,然而分布式系统单个个体的故障并不影响整个系统的正常运作,分布式机器人系统配合下面两小节介绍的人工智能与机器学习,在机器人领域是很有前景的。

13.3.2　人工智能

随着科学技术的不断发展,人类运用机械学、计算机、生物学、电力学等技术研究出机器人,以便为人类提供更好的服务。现在的大部分机器人,虽然具备一定程度的人工智能,却仍然不能摆脱固定行为模式,以及无法根据获取的信息对自己的行为进行优化学习。未来研究的机器人将以更高程度的人工智能为核心,是具有感知、思维和行动的智能机器人,它可以获取、处理和识别多种信息,自主地完成较复杂的操作任务。

目前的计算机存在很大的局限性：智能低下,缺乏自学习、自适应、自优化能力,不能满足信息化社会的迫切要求。人工智能是研究使计算机来模拟人的某些思维过程和智能行为(如学习、推理、思考、规划等)的学科,主要包括计算机实现智能的原理、制造类似于人脑智能的计算机,使计算机能实现更高层次的应用,并能够模拟延伸,扩展人类智能的新兴概念。将具有人工智能的计算机搭载在机器人中,就可以使得机器人智能地对其行动进行控制,更好地去完成任务。将人工智能与机器人网络进行融合,能够提升机器人网络系统的健壮性。

1. 人工智能的研究途径和关键技术

人工智能的研究途径和方法主要包括两类:功能模拟和行为模拟。

1) 功能模拟

以人脑的心理模型为基础,将问题或知识表示成某种逻辑网络,采用符号推演,实现搜索、推理和学习的方法,主要特征包括以下5点。

(1) 立足于逻辑运算和符号操作,适合模拟人的逻辑思维过程。

(2) 知识用显示的符号表示,容易表达人的心理模型。

(3) 现有的数字计算机可以方便地实现高速的符号处理。

(4) 易于模块化。

(5) 以知识为基础。

2) 行为模拟(行为主义、进化主义、控制论学派)

行为模拟主要特征如下。

(1) 基于感知-行为模型的研究途径和方法。

(2) 模拟人在控制过程中的智能活动和行为特征:自寻优、自适应、自组织、自学习。

(3) 强调智能系统与环境的交互,认为智能取决于感知和行动。

(4) 智能只有放在环境中才叫真正的智能,智能的高低体现在对环境的适应上。

目前,比较成型的人工智能控制技术包括模糊控制技术、神经网络控制技术、专家控制技术、学习控制技术、分层递阶控制技术。

(1) 模糊控制技术:以模糊集合理论为理论基础,使控制系统像人一样基于定性的、模糊的知识进行控制决策成为可能。

(2) 神经网络控制技术:模仿人类神经网络,神经网络具有高速实时的控制特点,也具有很强的适应性和信息综合能力。同时神经网络也具有学习能力,能够解决数学模型或规则描述难以处理的问题。

(3) 专家控制技术:基于知识的系统,主要面向各种非结构化的问题,经过各种推理过程达到系统的目标。

(4) 学习控制技术:此部分与13.3.3节机器学习联系紧密,学习的意义主要是自动获取知识,积累经验,根据已经掌握的知识经验来进行更优的控制决策。

(5) 分层递阶控制技术:智能控制系统除了实现传统的控制功能以外,还要实现规划、决策、学习等智能功能。因此,智能控制往往需要将各个部分协调好,分层处理各项任务。

2. 人工智能的应用

人工智能被广泛应用于机器人控制领域,智能机器人已经在工业、空间海洋、军事、医疗等众多领域取得了应用,并取得巨大的效益。此外,在机器视觉、指纹识别、人脸识别、视网膜识别、虹膜识别、掌纹识别、专家系统、自动规划方面也有广泛的应用,其中机器视觉常常与智能机器人相结合,智能机器人视觉技术已经比较成熟,堪比人眼。也是目前人工智能技术中最贴近人类本身智能的一项技术。

美国的iRobot公司生产的Roomba是应用了人工智能的机器人产品,它的作用是定时清扫你的房间,Roomba吸尘机器人的外形如图13-20所示。

图 13-20 Roomba 吸尘机器人的外形

可以通过控制机器人上装有的自动清扫控制按钮来设置机器人的清扫时间。机器人不仅可以在你的控制之下进行清扫,通过定时设置清扫时间,当你外出时,也可以让它自动完成清扫工作。电池的电量足够机器人一次清扫3个房间。由于机器人外形适应于各种复杂的环境,所以在房间中一些人们难以触及的死角,机器人可以进入并清扫干净。它身上装有多个感应器,使其避免掉落楼梯。Roomba会自动侦测地板表面的情况,从地毯到硬地面,或从硬地面到地毯,它都会自动调整清扫模式。此种全自动的吸尘机器人涉及对采集到的传感数据进行分析和整理,并自动对机器人行进决策。

13.3.3 机器学习

1. 简介

学习这个词对人们并不陌生,贯穿着人的一生,人通过学习可以获得知识和技能,人们希望机器人可以具备像人一样的学习能力,然而在当前科技水平下,机器人即使依赖各种复杂的传感器,也做不到跟人类完全一样,能够完全凭借自身的认知、感觉能力来应付各种复杂的情况。人们可以通过编程等方式教给机器人一些学习规则,使得机器人在给定数据的情况下,能够具备从数据中获取知识的能力。

下面给出机器学习的定义:假设 W 是给定世界的有限或无限所有观测对象的集合,由于人们的观测能力有限,只能获得这个世界的一个子集 Q,称为样本集,机器学习就是根据这个样本集,推算世界的 W 模型,使得推算的世界模型尽可能地贴近真实情况。

机器学习的发展过程可以分为以下4个时段。

(1) 神经元模型研究(20世纪50年代中期到60年代中期)。也称机器学习最热烈的时期,最具代表性的工作是Frank Rosenblatt 1957年提出的感知器模型。

(2) 符号概念提取(20世纪60年代中期到70年代初期)。主要研究目标是模拟人类的概念学习过程。这一阶段神经元模型研究落入低谷，称为机器学习的冷静时期。

(3) 知识强化学习(20世纪70年代中期到80年代初期)。人们开始把机器学习和各种实际应用相结合，尤其是专家系统在知识获取方面的需求。也有人称这一阶段为机器学习的复兴时期。

(4) 连接学习和混合性学习(20世纪80年代中期至今)。把符号学习和连接学习结合起来的混合型学习系统研究已成为机器学习研究的新的热点。

2. 机器学习的主要算法

机器学习领域中有很多著名的算法，这些算法支撑着机器学习的概念和框架。本节对机器学习中比较著名的几个算法进行简要介绍。

1) 决策树模型

在机器学习中，决策树是一个预测模型，它代表的是对象属性与对象值之间的一种映射关系。树中每个节点表示某个对象，每个分叉路径代表某个可能的属性值，而每个叶节点则对应从根节点到该叶节点所经历的路径所表示的对象的值。决策树仅有单一输出，若欲有复数输出，可以建立独立的决策树以处理不同输出。从数据产生决策树的机器学习技术称为决策树学习，通俗地说就是决策树。

2) 最大期望算法

在统计计算中，最大期望(Expectation Maximization，EM)算法是在概率模型中寻找参数最大似然估计的算法，其中，概率模型依赖于无法观测的隐藏变量，是一种迭代算法。最大期望经常用在机器学习和计算机视觉的数据集聚(Data Clustering)领域。EM算法经过两个步骤交替进行计算：①计算期望(E)，也就是将隐藏变量像能够观测到的一样包含在内，从而计算最大似然的期望值；②最大化(M)，也就是最大化在第一步找到的最大似然的期望值，从而计算参数的最大似然估计，这一步找到的参数用于下一次期望计算步骤，这个过程不断交替进行。

3) k均值聚类算法

k均值聚类(k-means)算法把n个对象根据它们的属性分为k个分组，$k<n$。它与处理混合正态分布的EM算法很相似，因为它们都试图找到数据中自然聚类的中心。它假设对象属性来自于空间向量，并且目标是使各个群组内部的方均误差总和最小。假设有k个群组S_i，$i=1,2,\cdots,k$。μ_i是群组S_i内所有元素x_j的重心，或称为中心点。

k-means算法的一个缺点是，分组的数目k是一个输入参数，不合适的k可能返回较差的结果。另外，算法还假设方均误差是计算群组分散度的最佳参数。

3. 机器学习的应用

现今，机器学习已应用于多个领域，远超出大多数人的想象，下面就是假想的一天，其中很多场景都会碰到机器学习：假设你想起今天是某位朋友的生日，打算通过邮局给她邮寄一张生日贺卡。你打开浏览器搜索趣味卡片，搜索引擎显示了10个最相关的链接。你认为第二个链接最符合你的要求，单击这个链接，搜索引擎将记录这次单击，并从中学习以优化下次搜索结果。然后，检查电子邮件系统，此时垃圾邮件过滤器已经在后台自动过滤垃圾广告邮件,并将其放在垃圾箱内。接着你去商店购买这张生日卡片,并给你朋友的孩子挑选了一些尿布。结账时,收银员给了你一张1美元的优惠券,可以用于购买6罐装的啤酒。之所以你会得到这张优惠券,是因为款台收费软件基于以前的统计知识,认为买尿布的人往往也会买啤酒。然后你去邮局邮寄这张贺卡,手写识别软件识别出邮寄地址,并将贺卡发送给正确的邮车。当天你还去了贷款申请机构,查看自己是否能够申请贷款,办事员并不是直接给出结果,而是将你最近的金融活动信息输入计算机,由软件来判定你是否合格。最后,你还去了赌场,当你步入前门时,尾随你进来的一个人被突然出现的保安给拦了下来。“对不起,索普先生,我们不得不请您离开赌场,我们不欢迎老千。”

机器学习在日常生活中的应用如图13-21所示,左上角按顺时针顺序依次使用到的机器学习技术分别为人脸识别、手写数字识别、垃圾邮件过滤和亚马逊公司产品的推荐。

图13-21 机器学习的实例

机器学习非常重要,目前在各个领域都面临着对大量的数据进行分析,人们不想在大量的数据中迷失自己,机器学习有助于人们更好地分析数据,从中抽取有用的信息。

习　题

1. 列举人形机器人应具备哪些硬件设备。
2. NAO 人形机器人支持的通信方式有哪些?
3. NAO 人形机器人与 H20 系列人形机器人常见的应用有哪些?
4. 智能机器人网络中通过怎样的模式可以实现机器人与机器人间通信?

参考文献

[1] 华亨科技. CC2530 中文数据手册完全版[Z/OL]. [2021-06-21]. http://www.hhnet.com.tw.
[2] Farahani S. ZigBee wireless networks and transceivers [M]. NJ: Newnes,2011.
[3] Shoham Y, Leyton-Brown K. Multiagent systems: algorithmic, game-theoretic, and logical foundations [M]. Cambridge: Cambridge University Press,2009.
[4] TI. Chip datasheet [EB/OL]. [2021-06-21]. http://www.arrownac.com/manufacturers/texas-instruments.
[5] NAO. Choregraphe overview [EB/OL]. [2021-06-21]. http://doc.aldebaran.com/1-14/software/choregraphe/choregraphe_overview.html.
[6] 图灵社区. 机器学习基础[EB/OL]. [2021-06-21]. http://www.ituring.com.cn/article/2064.
[7] 掌宇集电科技. 掌宇机器人简介[Z/OL]. [2021-06-21]. http://www.drrobot.cn/index.php? m=default.product.

人物介绍——人工智能专家 Judea Pearl 教授

Judea Pearl，美国计算机科学家和哲学家，美国国家工程院院士，也是 AAAI 和 IEEE 的资深会员。2011 年，他因通过概率和因果推理的算法研发在人工智能领域取得的杰出贡献而获得图灵奖。

Judea Pearl 毕业于以色列理工学院，获得电气工程学科的学士学位。1965 年，获得罗格斯大学的物理学硕士学位，同年获得布鲁克林理工学院的电气工程学的博士学位。曾在 Electronic Memories 公司研究高级存储器。1970 年，RCA 研究实验室工作，负责超导存储设备的研究。之后加入加州大学洛杉矶分校(UCLA)计算机科学学院。曾被 ACM 和 AAAI 提名 2003 年的 Allen Newell 奖。2008 年，获得富兰克林研究所计算机与认知科学专业的富兰克林奖章。其著作 *Causality：Models，Reasoning，and Inference* 创立了因果推理演算法，为他赢得了 2011 年英国伦敦经济和政治科学学院的 Lakatos 奖，评语中说"他为科学哲学做出了重大的杰出贡献"。2012 年，Judea Pearl 还获得了以色列理工学院颁发的科学技术领域奖项 Harvey Prize。Judea Pearl 的工作改变了人工智能，他通过在不确定的条件下为信息处理创造了一个具有代表性的计算基础。他的工作超出了基于逻辑理论基础的人工智能以及基于规则的专家系统范畴。他指出智能系统所面临的不确定性是一个核心问题，并且提出概率论算法作为知识获取及表现的有效基础。

第14章 chapter 14

移动群智感知

14.1 移动群智感知概述

群智感知是物联网环境中一种新的计算模式，并被广泛认为是感知城市环境从而为公众提供智慧服务的崭新技术。由于感知智能终端的移动化，现有的群智感知场景多为移动群智感知。典型的群智感知网络体系架构如图14-1所示，群智感知网络主要由3部分组成：群智用户、群智平台和请求者，分别对应感知数据，处理数据和获取信息。群智用户与请求者可以是同一批人，根据在群智感知网络中扮演的角色而定。由于智能终端内置有丰富的传感器，如GPSS、陀螺仪、加速度计、照相机、压力传感器等，并配有无线网络接口，如Wi-Fi和蜂窝网络，群智用户能感知多种传感数据然后传输到群智平台。当智群用户想要知道感知信息时，可以作为请求者发送任务请求给群智平台，让其他群智用户来完成相应感知任务。

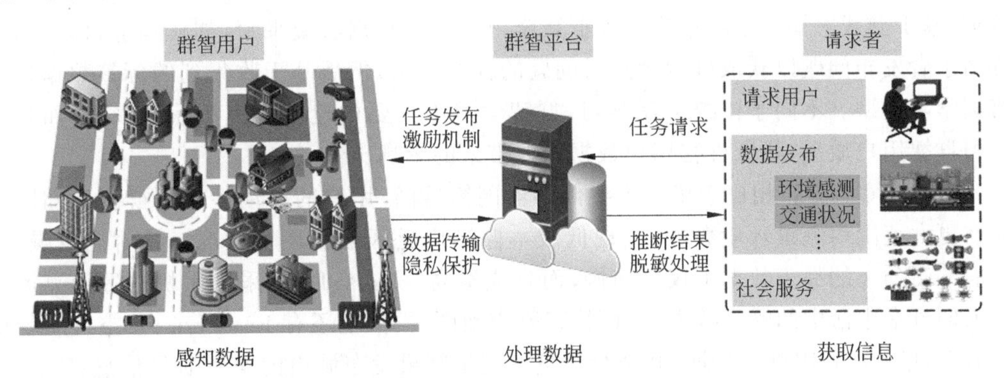

图14-1 典型的群智感知网络体系架构

群智感知网络的工作流程如下。

(1) 请求者基于自身需求向群智平台发送请求，请求内容包含愿意支付的报酬、任务要求、执行地点、执行时间等简短描述。

(2) 群智平台收到请求者的任务请求，如果有必要将任务分解成为多个子任务，那么就分配任务给群智用户执行。

(3) 群智用户基于自身能力和周围环境，执行分配的任务，并测量数据，最后将数据传输给群智平台，在任务的执行过程中，需要保护群智用户的隐私。

(4) 群智平台收集群智用户数据,计算支付给群智用户的报酬,然后处理数据,推断可靠信息。

(5) 群智平台将处理结果返回给请求者,或公布给大众,如有隐私泄露风险,群智平台对推断信息进行脱敏处理。

群智感知网络作为物联网的延伸,有效补充了传统无线传感器网络的功能。考虑到群智用户参与感知,人的智慧能帮助解决原本机器难以处理的问题。此外,群智用户既是消费者(请求者)也是生产者,因此群智感知网络是以人为中心的网络。这些特征使得群智感知网络具有以下特点。

(1) **网络部署成本和任务执行开销都更低**。智能移动终端已经普及,无须专门布设传感器节点,直接利用现有智能移动终端组成的网络就能感知数据,从而降低部署网络的成本。群智感知网络对人的技能没有特定要求,所有联网的群智用户都能参与群智感知,相较于专门的人员,群智用户完成任务的开销更低。

(2) **覆盖范围更广**。群智用户的移动性拓宽了群智网络的覆盖范围,无处不在的无线通信保证了群智用户在任何地点都能接入网络执行任务。

(3) **网络可扩展性更强,具有高增长性**。因为无须提前部署网络,每一手持智能终端的联网群智用户都能成为感知节点,因此群智感知网络能扩展至更多的群智用户,为获取海量数据奠定基础。

(4) **感知更加智能**。相较于机器能完成模糊指令,群智感知网络能有效融合每一群智用户的决策,从而完成以往机器解决不了的任务。

群智感知作为新兴的感知手段广泛应用于各个领域,具体来说有如下典型应用。

(1) 群智学习。群智感知的一个重要应用是为机器学习提供训练数据,特别是标签数据,基于群智感知的学习策略也称群智学习。群智数据收集平台,如亚马逊机器人,允许请求者发布问题以获取群智用户对问题的标签答案,然后基于收集到的标签数据训练机器学习模型。不同于传统机器学习,群智学习不仅要构建学习模型获取真值,而且要学习群智用户质量,降低群智用户数据错误带来的影响。

(2) 环境监测。相比于传统无线传感器网络,群智用户的移动性使得群智感知网络能在更大范围内测量环境数据,实现低成本监测广泛区域的环境状况。针对测量噪声,政府部门公布的噪声数据不仅更新慢,而且成本高。NoiseTube 采用手机内置麦克风获取人们日常生活中的噪声数据,从而构建噪声地图,类似地还有 Ear-Phone。空气质量检测方面,U-Air 利用群智数据,并结合测量站测量结果发布城市的空气质量信息;P-Sense 利用群智用户监控环境污染。

(3) 智能交通。群智感知网络能提供实时的交通信息,方便人们为出行做路线规划。通过大量群智用户的出行轨迹,辅助社交信息的分析,检测道路交通异常。实时罗马项目利用智能手机 GPS 获取的士轨迹数据,实时更新罗马的交通状况。B-Planner 采集群智用户的上下车地点和时间为公交车线路规划提供意见。Nericell 鼓励群智用户上报加速度和 GPS 数据,从而能检测道路状况,如是否有凹坑。SmartRoad 利用用户的 GPS 数据探测和识别交通监管、交通信号灯以及停止标识。国外的位智(Waze)应用也是基于群智感知的智能交通平台,群智用户能分享实时交通信息,并补全地图信息。

(4) 城市规划。利用城市居民提供的数据,为城市政策的制定和规划提供帮助。smartAdP采用车内手机记录的轨迹数据,能选择位置更佳的广告牌位置,达到更好的宣传效利用群智用户提供的停车信息,帮助其他群智用户找到最近可用停车点,从而降低汽油消耗,提高出行效率。FCCF收集群智用户的时序数据,预测群智用户移动,帮助制定城市交通规划与交通预测策略。

(5) 位置服务。群智感知网络一方面能帮助定位系统,另一方面基于位置提供服务。Zee利用群智用户的Wi-Fi接口收集室内Wi-Fi指纹数据,通过映射指纹与室内位置,构建了室内定位的指纹库。利用群智用户贡献基于地理位置的数据,从而满足他人的需求,如拍摄景点的图片,回答位置相关的请求。GeoLife通过比较群智用户的轨迹相似性,为群智用户提供个性化的位置推荐服务。

14.2 群智感知网络数据收集

群智平台收到请求者的任务请求后,将任务分配给群智用户来收集相关数据。群智用户完成任务不仅耗费时间而且消耗电能、存储、通信等资源,只有支付群智用户一定的报酬,才能保持群智用户驻留群智感知网络并执行任务。因此数据收集包含任务分配和激励机制两方面,其中激励机制通常在任务分配的基础上进一步设计报酬支付策略。

14.2.1 任务分配

1. 群智用户开销和任务价值

任务分配通过匹配感知任务与群智用户来降低群智用户开销或提高完成任务的价值。最直观的方式是当群智用户开销低于任务价值时,分配任务给群智用户,增加整体分配效用,这种匹配虽然高效但得不到全局最优解。设定预算,保证群智用户开销在预算之内,最大化任务价值,可实现开销可控和效用最大的折中。

2. 位置感知

群智感知网络着重测量物理环境数据,所以任务分配常常要考虑任务和群智用户在物理空间的位置。只有任务和群智用户在空间上邻近时,群智用户才有能力去完成任务,这一位置感知特征也致使群智用户只能完成特定感知范围内的任务,不同群智用户的感知范围不同但可交叠,因此任务分配需要进一步考虑空间限制。空间限制一方面增加了任务分配的计算复杂度,另一方面使得任务与群智用户匹配更加精确被称为位置感知。空间分布还会影响群智用户和任务的差异性,即位置多样性,多样性更高的群智用户能收集更丰富的样本数据,提供多元的服务。

3. 群智用户质量

群智用户能力的差异和完成任务是否尽力决定了感知数据的质量,并进一步影响后续的真值推断。为收集高质量的数据,基于群智用户能力匹配任务能保证收集数据的可靠度。建模群智用户可靠度是任务分配的基石,可以利用收集数据相对真值的误差来衡量群智用户质量,误差低代表群智用户质量高,任务分配的目标是指派任务给误差更低的群智用户,以提高收集数据的准确性。

4. 在线分配

动态任务分配也称在线分配,指群智用户或者任务动态到来,群智感知网络的状态随时间变化。一种在线分配方式是利用当前已知信息匹配群智用户以优化目标函数,如最小化任务的完成时间、最大化完成任务的价值,匹配过程根据需求也可进一步考虑群智用户、任务、地点三方匹配,或者结合任务可能被群智用户拒绝这一特征来匹配群智用户。另一种在线分配方式则首先预测未来信息,将预测结果融入当前分配以达到全局最优分配。基于预测的方式能提高系统的平均效用,但是预测算法也引入了新的计算开销,此外预测误差也会影响任务分配效用。

14.2.2 激励机制

群智用户完成任务会带来开销,如果没有合适的激励,理性群智用户是不愿意长时间驻留系统并参与感知活动的。激励机制是保证群智用户完成任务的必要条件,激励的形式可以分为3类:娱乐激励、服务激励及金钱激励。娱乐激励主要是设计游戏,让群智用户在完成游戏的过程中获得娱乐,并收集数据。群智用户既是数据生产者也是数据消费者,当群智用户贡献的数据越多,享受的服务也越多,这就是服务激励。金钱激励是最直观的激励方式,也被证明是最有效的激励方式。基于金钱的激励机制设计问题属于网络经济学范畴,研究者常常利用拍卖机制、博弈理论和契约理论来设计群智感知网络的激励机制。因为金钱激励是应用最广泛的激励机制,本节主要讨论金钱激励相关的工作。

1. 基于拍卖的激励机制

群智感知网络中平台将任务分配给群智用户,群智用户完成任务并提交数据给平台,最后平台支付群智用户报酬。平台与群智用户的交互过程可以建模为反向拍卖,平台作为买方,群智用户作为卖方,平台购买群智用户数据,因此群智用户会事先声明执行任务的竞标。基于反向拍卖的激励机制通常包括两个过程:胜出群智用户选择和激励报酬计算。前者根据群智用户竞标和任务需求选择完成任务的群智用户,即胜出群智用户;后者基于拍卖的规则计算每一胜出群智用户的报酬。

2. 基于博弈的激励机制

博弈论是网络经济学最常用的工具之一,基于博弈的激励机制设计也是群智感知网络的重要分支。博弈论将平台和群智用户都视为玩家,平台的目的是以较低报酬激励群智用户完成更多(或者价值更大)的任务,而群智用户的目的是降低执行任务的开销,获得较高收益。斯塔克尔伯格博弈是动态二阶博弈,即博弈的过程分为两步:首先领导者确定自己的策略,然后跟随者根据领导者的策略制定自己的策略。对于领导者和跟随者而言，策略的决定都是为了最大化自身用。

3. 基于契约的激励机制

群智感知网络中的契约理论可以做如下解释：平台设定好协议，如群智用户完成任务获得的报酬，群智用户按照协议选择合适的条款最大化自身效用，平台和群智用户的关系看作契约关系。

4. 同行预测的激励机制

基于拍卖、博弈和契约的激励机制常常认为群智用户开销是私人信息，激励机制需要保证群智用户上报真实的开销信息。然而群智用户可能通过谎报感知数据（而非开销）来提高个人效用，如何设计激励机制使群智用户上报真实的数据极为关键。应用最广泛的方法是同行预测，即对比用户之间的数据然后利用对比结果计算报酬，使得群智用户真实上报数据的报酬高于谎报的报酬。

14.3 感知采集压缩

随着5G技术的发展，物联网技术的应用进入了新的阶段。在人们的日常生活环境中，移动设备无处不在，并且其内部还有多个集成的传感器芯片。为了实现“万物互联”，研究者通过云端融合技术将上述传感器节点联合起来，从而产生了一个比传统无线传感器网络更高效、应用更广、成本更低的新型研究领域——移动群智感知。

在移动群智感知的发展早期，需要处理的传感数据内容较为单一，结构也不复杂（比如噪声、天气数据）。但随着物联网的飞速发展，传感器的种类变得多样化，传感数据也走向了多样化、异构化的趋势。尤其是在社会公共安全领域，视频数据已成为必不可少的感知数据。例如2018年因安全事故被推上焦点的滴滴出行，在新版客户端内加入了服务时段录音、录像功能。目前，滴滴出行在广州市的日均服务次数已超过30万次，乘客和司机的手机每天所收集的感知数据容量，已经达到太字节（TB）级别。武汉市的“雪亮工程”，于2019年中期在全市部署150万个公共安全视频监控。这样庞大的监控网络无论是在数据备份还是在实时数据分析上，都对现有的计算模型提出了巨大的挑战。

数据量的剧增与硬件相对缓慢的发展造成了信息采样、传输的巨大压力。这个过程其实也造成了巨大的浪费。因为数据能压缩的根本原因在于数据本身具有很大的冗余性。那么，既然上述过程在采集时就会出现大量的冗余数据，那么一开始就丢弃那些冗余的部分则不仅可以节省数据采集过程的成本，还能节省存储空间。为缓解传输高维海量数据对硬件的压力，可以利用压缩传输的方式，压缩感知（Compressive Sensing，CS）则由此而来。传统的压缩传输方式，是先利用奈奎斯特采样定理（Nyquist Sampling Theory，NST）以两倍的信号频率对原始信号进行采样，再利用某种编码方式对采样信号进行压缩，然后将压缩信号传输到终端，最后再在终端利用反编码将接收到的信号译回原始信号。在这个过程中，如果原始信号是类似于超宽带（UWB）信号这种频率很高的信号，利用NST采样这一过程仍然会对硬件造成巨大压力。但是，一直以来NST作为数字信号处理领域的金科玉律,很难被突破。直到压缩感知的诞生上述问题才得以解决。

压缩感知的技术最早由 David Donoho 正式提出,有别于传统的奈奎斯特采样技术,利用信号的稀疏特性来节省数据采集、传输和存储的成本,大幅提高了信号的传输效率,减少信号的冗余度,不仅被应用于信号采集、无线通信等领域,在非通信领域也有广泛的应用,例如图像处理、医学、地震成像等。

14.3.1 压缩感知基本原理

通过挖掘信号稀疏性来实现信号的压缩被诸多的压缩标准所采纳。常规压缩技术在进行采样和传输再到解压重建的过程如图 14-2 所示。首先,通过奈奎斯特采样实现模拟信号到数字信号的采样。然后,把这些采样数据变换到某一个稀疏域中来挖掘其稀疏特性。进而,开展量化编码实现压缩。在压缩后,再存储或传输到终端。终端在接收到压缩信息后进行解压缩。最后,通过稀疏信号的逆变换重建出模拟信号。

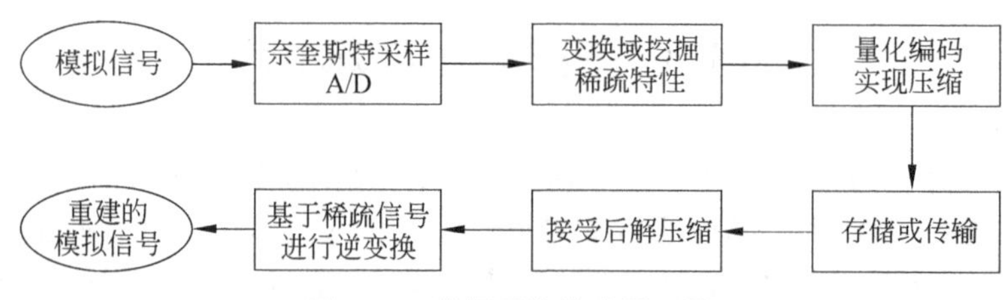

图 14-2 常规压缩技术原理图

压缩感知的原理图如图 14-3 所示。该技术指出,如果某个信号存在稀疏表示,即该信号本身具有可压缩性,则可以在一开始就通过远小于奈奎斯特采样数量的线性、非自适应的测量矩阵对信号进行采集,处理后得到的即降采样的线性测量值。然后在终端通过重构算法直接将信号重建出来。

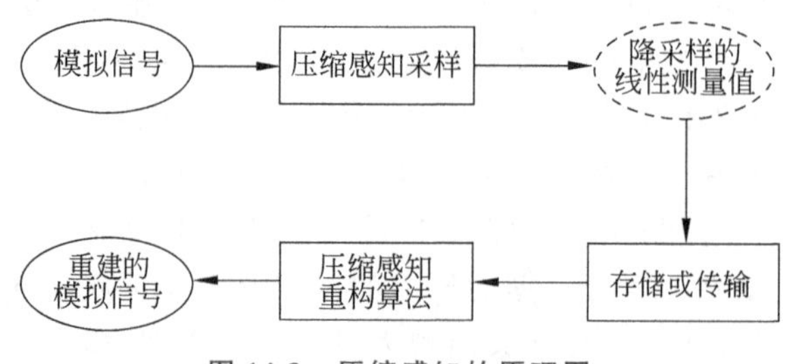

图 14-3 压缩感知的原理图

14.3.2 信号的稀疏表示

在数据压缩领域,变换域编码是一种较为流行的方法。它通过将原来的信号变换到另一个合适的变换域中,一次挖掘出信号在变换域中的稀疏性表达或可压缩的表达形式。稀疏性表达可以理解为,假设原始信号长度为 N,在变换域中该信号只有 K 个非零的元素，并且 $K \ll N$。可压缩的表达形式是指原始信号可以很好地通过这 K 个非零的元素来近似表达。信号的稀疏性代表着将连续时间信号投影在现有的基函数上，那么该信号可以使用小部分的投影域数据进行表达。更具体地说，假设模拟信号 $x(t)$ 具有有限的信息传输速率，那么可以由离散的、有限数量的加权连续基或字典表示。

信号中存在少量负值较大的系数，其个数可用系数度 K 表示。由于信号稀疏特性是 CS 理论的先决条件，稀疏度 K 决定压缩采样的效率，K 值越大，压缩效率越低。尽管每个字典元素具有高带宽，但是每个信号依来的自由度比信号本身长度小得多。理想情况下，希望在稀疏度水平的某个倍数处对信号进行采样，而不是采用香农/奈奎斯特采样定律所要求的带宽的两倍。常用的稀疏字典表示方式有离散余弦基、傅里叶级数表达基，高斯随机矩阵等。于是，利用这类稀疏变换消除原始信号各个元素之间的相关性。

14.3.3 测量矩阵

信号在满足稀疏性条件后，需要再经过一定的处理才能进行测量。首先要得到信号在某个稀疏域中的投影，称为在该稀疏域中的稀疏系数。接着，找一组与稀疏域的基不相关的低维观测基，将信号在稀疏域中的投影再投影到低维观测基上，实现对信号的压缩。投影的过程均为矩阵运算，第一个矩阵称为稀疏基矩阵，第二个矩阵称为测量矩阵。从本质上看，它是对稀疏信号的编码，由于这种编码是高度随机的，因此变换得到的信号测量值包含了测量前信号的所有信息。

压缩感知理论指出，通过线性观测后，将 N 维系数信号投影到与稀疏基 φ 不相关的一组测量基 μ 上，就可得到相应的 M 维测量值 Y。将其写成矩阵形式为

$$Y = \boldsymbol{\Phi} X$$

其中，$\boldsymbol{\Phi}$ 为 $M \times N$ 矩阵，是测量矩阵。测量矩阵必须可以保留原始信号的绝大部分重要信息，并且测量矩阵与稀疏基之间必须满足不相关性与限制等距性(Restricted Isometry Property，RIP)，才能使得原始信号的重构效果大大增加。

如果信号 X 不具有稀疏性，则必须先对其进行稀疏变换，使得 X 在某个域稀疏。对 X 进行稀疏变换如下：

$$Y = \boldsymbol{\Phi} X = \boldsymbol{\Phi \Psi S} = \boldsymbol{A}^{\mathrm{CS}} \boldsymbol{S}$$

其中，$\boldsymbol{A}^{\mathrm{CS}}$ 为一个 $M \times N$ 矩阵，是测量矩阵或压缩感知算子；$\boldsymbol{S}$ 为 $N \times 1$ 的列向量，是 X 在 $\boldsymbol{\Psi}$ 域上的投影向量；$\boldsymbol{\Psi}$ 是一组标准正交基。一个性能良好的测量矩阵至少需要满足以下两个条件：①测量矩阵中每列数据必须具有一定的随机性，该随机性要类似于高斯噪声的随机性；②测量矩阵中，任意个数的子列可组成一个矩阵，该矩阵的奇异值必须大于一个特定的常数。当一个测量矩阵同时满足这两点，才能保证该测量矩阵在整体上具有随机性，而且该测量矩阵的各个子列之间没有相关性。满足此条件的矩阵有高斯随机矩阵、二值随机矩阵、局部的傅里叶矩阵等。当一个 $M \times N$ 的高斯随机矩阵满足 $M \geqslant CK\log(N/K)$ 时(C 是一个很小的常数)，使得测量矩阵与稀疏基之间满足 RIP 的概率大大增加，能够将维度为 N 的稀疏信号从 M 维的测量值中以高概率重构出来。

14.3.4 重构算法

传统的压缩感知重构算法具有非常高的复杂度,在经过多次迭代后,才能重构出原始信号。通常,重构质量随着迭代次数的增加而提高。对图像重构来说,RIP 保证了图像精确重构的可行性,而重构算法的性能优劣直接影响到重构图像的精度和重构复杂度。目前压缩感知图像重构算法有两大类:凸优化算法和贪婪算法。凸优化算法是一个非凸问题转换为凸问题来求得信号的逼近。主流的凸优化算法有基追踪(Basis Pursuit,BP)算法、迭代阈值算法、迭代硬阈值算法等。贪婪算法主要思想是指一个问题只能按照目前的最优解来求解,即最优解只能局部确定。常见的贪婪算法主要有匹配追踪算法、正交匹配追踪算法。

14.3.5 小结

本节主要介绍了压缩感知理论涉及的稀疏性、压缩采样、重构 3 个环节。压缩感知主要利用了信号的稀疏性和不相关性,前者取决于信号本身的性质,后者取决于压缩采样中的测量矩阵。测量矩阵的随机不相关性是精确重构信号的保证,所以测量矩阵的构建是压缩感知的重点,这也是目前压缩感知理论研究中的一个热点,其中包括测量矩阵的设计、优化算法及硬件电路的实现等。

14.4 移动情境感知

在大数据时代,人们试图通过传感器网络、通信技术和云计算的支持,将计算设备变成生活中普适便捷的元素,围绕在用户的周围,主动感知用户情境变化,根据用户个性化需求提供信息及服务,使情境信息与用户任务充分结合,实现自然的交互方式。

移动设备在移动性、便携性等方面具有明显的优势,随着当下处理器能力的增强和集成传感器的增加,利用移动设备随时随地收集情境和任务信息的可能性越来越大。以智能手机、平板计算机等移动设备为载体的情境感知应用越来越多。这些移动设备可以利用来自各种传感器的数据,根据用户特征和周围环境为用户提供健康信息、位置信息、提醒、交通导航信息、商品推荐信息等各种服务。移动技术和情境感知的结合促进了移动情境感知研究的发展。为移动环境中获取情境信息的方法、软硬件开发、交互设计、界面设计等诸多方面带来了挑战。

移动情境感知研究主要包括系统结构、情境数据获取、情境数据处理、情境数据存储、推理、活动识别、系统自适应、多通道的输入输出方式和自然友好的用户界面等多方面。

14.4.1 情境感知系统

Schilit 等人在 1994 年第一次提出了情境感知的概念,之后情境感知研究的各方面都快速地发展起来。情境感知强调设备对情境信息变化的感知和系统的反馈。情境描述了设备或用户所处的一个情景和环境，通常由一个特定的名字来标志。对于每个情境来说，有一系列相关的功能，而每个相关功能的取值范围是由情境来隐式或显式地决定的。目前的研究中通常会采用Dey提出的定义：情境是描述一个实体情况特征的任何信息，这个实体是与用户和应用程序的交互过程，相关的人、地点或物体(包括用户和应用程序本身)。Schilit的定义只是提出了系统对情境因素的感知，Dey的定义中提到了移动设备，并涉及了用户的任务。移动情境感知系统的载体就是具有情境感知能力的移动设备。

14.4.2 情境信息的组成和分类

为了使情境感知系统感知并响应用户、任务和环境的信息，首先需要明确有哪些可以利用的情境信息。不同学者对于情境信息的类型有不同程度的认识。Dey认为必要的情境信息包括位置、基础设施或资源、用户、环境、实体、时间。Lieberman把情境信息总结为用户、环境和应用3方面。与用户相关的情境信息包括活动、位置、标志和描述；与环境相关的情境信息包括时间、亮度、温度、天气、资源等；与应用相关的情境信息包括功能、维护、能源等。Gellersen从人因学的角度将情境信息模型化表示为与人相关的情境信息和与物理环境相关的情境信息。与人相关的情境信息包括用户信息、社会环境、用户任务；与物理环境相关的信息包括位置、基础设施和物理条件。

根据这些研究中对情境信息的定义和分类可以看出，各个研究中对情境信息的分类和命名都不尽相同，多数的研究中涉及的情境信息与研究本身涉及的应用系统有关。从情境感知计算和以用户为中心的角度，利用人机系统交互过程中涉及的用户、环境和任务来划分情境信息，将情境信息划分为用户情境、环境情境和任务情境。每种情境可以根据其具体特征分别进行进一步的划分，将各种情境信息要素归纳到这个统一的情境信息分类框架中，表示为一个层次结构模型。

14.4.3 移动情境感知的应用研究

在移动情境感知的应用研究中，情境数据获取、数据表示、系统架构、数据处理、服务应用和系统评价是情境感知应用研究中6个关键的内容，构成了一个由下至上的层次结构。

关于数据获取的研究包括支持情境感知系统的网络、协议和收集低层环境信息的传感器等，所得到的数据在数据表示相关的研究中得到结构化和形式化的表示；系统架构相关的研究关注管理和存储情境信息，并根据不同的架构方案指导数据表示的结构和形式以及需要采集的数据；数据处理是指对情境感知数据进行智能推理，并根据服务应用的需要选择不同的架构方案；服务应用主要研究的是为用户提供合适的服务和自然和谐的人机界面；系统评价相关的研究关注的是系统性能、用户满意度、交互流程效率、服务质量和开发效率等。

数据获取的研究是指使用传感器等物理设备来获取情境信息，是移动情境感知计算的基础。最常见的情境信息是位置信息，最普遍的是使用GPS信号获取位置信息，应用在位置感知服务和大多数情境感知服务中。

数据表示的研究关注的是根据某种理论模型或方法把所得到的数据识别为有意义的线索,并进行结构化或形式化的表示。主要的情境信息表示已经可以归结为几种比较成熟的模型化表示方法,主要的模型有关键值模型、模式标志模型、面向对象模型、逻辑模型和本体模型5种。

系统结构方面的研究主要关注计算系统的体系结构和整体框架,包含系统的能力、用户界面的功能、数据流、系统管理等。

数据处理的相关研究主要集中在对情境感知数据进行智能推理。研究中一般会采用数据挖掘、人工智能和机器学习的算法提高情境感知系统性能和准确性,是实现情境感知应用和服务的关键环节。

服务应用是指根据特定的场景和特定的任务而开发的、针对特定用户的应用程序界面。很多应用研究都在关注解决特定环境中的实际问题,包含提出需求、分析实现技术、开发原型和系统实现。

对移动情境感知系统评价的研究包括对服务或应用的性能、效率、可用性和用户体验等各方面的测试和评估。

14.5 数据传输与信息传播

随着互联网技术的迅猛发展和快速普及,越来越多的智能设备都需要在互联网上进行数据交换或数据传输。目前使用较广泛的近距离无线通信技术是蓝牙、Wi-Fi,同时还有一些具有发展潜力的近距离无线技术标准,如ZigBee、超宽频、迈场通信(Near Field Communication,NFC)、GPS、DECT和专用无线系统等。它们都有其立足的特点:或基于传输速率、距离、耗电量的特殊要求,或着眼于功能的扩充性,或符合某些单一应用的特别要求,或建立竞争技术的差异化等。但是没有一种技术可以完美到足以满足所有的需求。随着因特网、计算机技术、多媒体、电子技术和无线通信技术的发展,以及人们对信息随时随地获取和交换的迫切需要,无线通信开始在人们的生活中扮演着越来越重要的角色,人们与信息网络已经密不可分。近十几年信息通信领域中发展最快、应用最广的就是无线通信技术。而无线通信技术又有着集成化、低功耗、易操作的发展趋势。目前一些由微控制器和集成RFID芯片构成的无线通信模块不断推出这种微功率、短距离无线数据传输技术在物联网领域得到广泛应用。无线RFID技术作为21世纪最有发展前景的信息技术之一已经得到业界的高度重视。该技术利用RFID方式进行非接触双向通信可以自动识别目标对象并获取相关数据,主要具有精度高、适应环境能力强、抗干扰强、操作快捷等诸多优点。

很多移动网络和通信技术可以被应用在群智感知当中,包括Ad hoc网络、机会网络(利用蓝牙,Wi-Fi或者ZigBee)以及基础设施网络(如3G、4G、蜂窝网络)。移动群智感知的应用应当向用户开放数据上传同时要能够容忍不可避免的网络中断。

群智感知的成功依赖于无所不在的和异构的通信能力,它能够提供的瞬态网络连接以便更好地进行移动感知数据收集。大多数群智感知程序或系统能够进行异构网络连接,目前的移动设备通常配备多个无线通信接口并且通过不同的无线技术来支持。例如,智能手机至少配有 GSM、Wi-Fi 和蓝牙接口。GSM 和 Wi-Fi 接口可以在比较大的区域中与预先存在的通信基础设施(例如,通过市区中的蜂窝基站或校园建筑物中的 Wi-Fi 接入点)进行网络连接,蓝牙或 Wi-Fi 也可以提供移动设备之间的短距离连接,并形成自组织的机会网络进行数据共享。移动设备以及持有设备的人的移动性为群智感知任务提供了很好的覆盖范围,但是也为通信带来了挑战。网络拓扑随着时间的推移而变化,这使得在移动设备之间很难找到稳定的路由,传统的路由协议均无法满足高度动态的拓扑结构。在一些群智感知应用中,每个移动设备的感知数据不需要实时传输或者确保完整性或准确性,这时可以利用容迟网络(Delay Tolerant Network,DTN)进行数据的传输,只依赖于间歇性的网络连接,而不需要很高的部署成本。由于在一些网络覆盖差的地区,通常是偏远地区及信号受干扰区,用户无法时时接入网络,或者用户因为电量或流量等能量限制无法传输数据,及出现其他的不能始终保持设备连接的情况。在上述情况中,感知数据通常保存在设备中等待传输的机会,这时可以充分利用设备组成机会网络采用“存储—携带—转发”工作模式传输感知数据。下面以机会网络为例讨论移动群智感知下的数据和信息传递。

机会网络的概念源于早期的容迟网络,可以看成是容迟网络的一个子类,节点之间的通信机会是间歇存在的,因此源节点和目的节点之间的端到端路径可能永远不存在。机会网络中的链路情况通常是高度变化甚至是极端的,在这样的情况下,传统的 TCP/IP 不能适应当前网络环境的变化,因为端到端的路径可能存在于短暂的且不可预知的时间段中,在这样的环境下进行数据的传输可能会经历比较长的传播过程,产生的延迟会比较大。而当前的 IP 是设立在快速返回确认的假设之上的,无法在上述的间歇性连接网络中使用。上述问题的解决方案就是充分利用节点的移动性和本地存储能力进行数据的传输。节点对数据进行存储和携带,在移动过程中寻找转发数据的机会,当两个节点进入彼此的通信范围时,建立起通信链路,当节点离开彼此的范围时,节点中断通信并等待其他的节点进入通信范围,数据经过多跳转发,直到转发至目的节点。在机会网络中,网络通常被分割成几个网络分区,传统的应用只能在预先存在的端到端的连接中进行,在非连通的网络分区之间,可以采用“存储—携带—转发”的工作模式对数据进行转发。为了实现上述数据转发方式,通过在应用层和传输层之间引入一个新的协议层达成此目的,这个新的协议层称为束层。

在机会网络中的节点都是束层的实体,束层则可以充当主机、路由器或者是网关。在同一网络分区中进行传输时,节点可以看作路由器,束层对束进行存储、携带及转发。当消息的传输发生在不同区域时,束层则作为网关进行束的转发。机会网络中的节点都具有存储、携带、转发数据的能力,将收到的数据存放在本地存储中,携带该消息移动并等待下一转发时刻的到来,数据经若干次的转发最终到达目的节点,数据的机会传输过程如图 14-4 所示。在 t_1 时刻,源节点 S 和目的节点 D 位于不同的网络分区中,无法直接进行数据的传输,源节点 D 将数据转发给中继节点 3,由该节点携带消息移动并等待下一次的传输机会;在 t_2 时刻,随着节点的移动,节点 1、节点 3 和节点 4 进入了彼此的通信范围,节点 3 选择将数据转发给节点 4;到了 t_3 时刻,节点 4 进入目的节点的通信范围内,将数据转发至目的节点,数据传输完成。

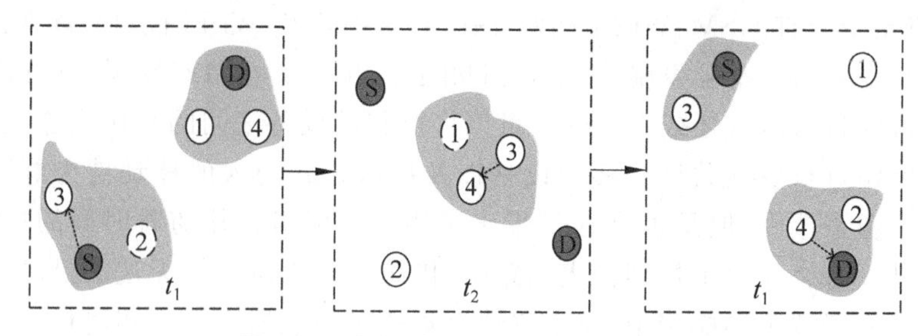

图 14-4 数据的机会传输过程示意图

机会网络除了具有容迟网络的一般特性外,也具有其自身的特性,可以归结为以下3点。

(1) 间歇连通性。在机会网络中,网络的拓扑结构是动态变化的,不断地有节点加入或者退出网络,以及网络中的节点具有自身的移动性等种种因素,导致网络中的连接也是时断时续,由于网络的这些特性使得节点之间无法始终存在端到端的传输路径,这时节点随着自身的移动等待与其他节点的相遇机会,在没有遇到合适的下一跳节点时,将数据存储在本地,携带此消息继续寻找合适的中继节点。节点之间完全以自组织的方式进行组网,每个节点地位平等,均能发送和接收消息。

(2) 高延迟。利用机会网络进行通信时,节点之间传输不需要时刻存在一条确定的通信链路,因此要进行数据的传输需要采用"存储—携带—转发"的工作模式,节点持有数据等待下一跳节点的到来期间可能会经历较长的时间,直到遇到合适的节点才能把数据转发出去,这就造成了数据传输过程中较大的延迟。

(3) 节点异构。机会网络中的节点构成种类较多,可以是具有短距离通信功能(如蓝牙、Wi-Fi 等)的智能手机、平板计算机、可穿戴设备等,这些移动设备之间相互合作,能够使更多的节点参与到机会组网的过程中,进而加速消息的传递。

14.6 安全与隐私保护

移动群智感知通过感知设备(如传感器)感知收集环境数据,在智能交通、基础设施和市政管理服务、环境监督预测、社会关系与公共安全等方面已有了广泛的应用。然而,这种全新的技术也带来了巨大的安全性挑战,主要包含用户隐私保护、数据和平台安全性、数据真实性和完整性等方面。

1. 用户隐私保护

在移动群智感知应用中,感知收集到的数据不可避免地包含大量的设备使用者的敏感和私人信息。例如,交通路口摄像头会拍摄捕捉车辆违法肇事案例,但也会捕捉到敏感信息,如车牌、人脸、位置信息等,对大量的、长时间的摄像数据集进行分析建模,可以提取出车辆所属司机的日常工作模式、常用交通路线等;生物特征传感器的数据包含用户的各种生物特征,如声音、图像、指纹等高度敏感的隐私信息;采集用户日常使用终端

App的数据，能够深度挖掘用户的使用习惯、兴趣爱好和行为特征等深层次隐私信息。这些敏感信息的获取是在群智感知中不可避免的，但对其后续的使用和保护需要严加防范，以有效地保护用户隐私。

现阶段可用于隐私保护的技术主要有以下5类。

(1) 匿名化处理。在获取到敏感数据后，对其中涉及用户身份项信息进行匿名处理，清除信息。但基于机器学习的方法依旧可以从其他项推断出有价值的内在信息，如对用户的使用习惯、兴趣爱好等的推理。

(2) 同态加密技术。通过对信息进行加密处理而保护信息不泄露，但该方法会带来巨大的算力消耗和计算延迟。

(3) 联邦学习框架。在该框架中，分布式节点依据自己收集到的敏感信息训练机器学习模型，而后只将模型参数上传至云端，由云端统一组合成中心式模型。在联邦学习的框架下，敏感信息只会应用在节点上，而不会传播和分享到网络的其他节点上；在模型学习完成之后，便可舍弃敏感数据。

(4) 安全多方计算。其主要思想是以某种方式安全地计算出一个函数，使得任何参与节点无法得到除其规定输出外的任何信息。已有工作将安全多方计算加入机器学习模型的学习过程中。

(5) 辅助学习框架。该框架将团体之间的互助加入模型学习过程中，而不泄露任何团体的算法、数据等。

2. 数据和平台安全性

在传感器端上传收集到的数据后，云端将存储大量的用户数据，而黑客攻击、机密数据泄露等问题风险急剧增加。因此对于云端的保护也变得极为重要。对于数据的安全性，可采取多种密码加密技术对敏感数据和敏感项进行加密处理；对于云端可采用多种用户授权和身份认证技术、访问控制技术等。当然对于云端的保障依赖于精确的密码密钥管理和分发机制，依赖复杂的加密解密计算，这样消耗巨大的算力资源。因此联邦学习框架采用分布式的系统和有限的中心协调措施，正逐步成为更有效的替代方法。

3. 数据真实性和完整性

在传感器端收集感知数据过程中，可能会有噪声干扰和扰动，恶意用户也可能提交虚假的感知数据；在数据上传过程中，可能会丢失部分数据。这些错误都会导致有效数据传输率的降低，使得最终的挖掘信息模型产生严重偏差。常用的保证数据真实性和完整性的方法包括数字签名、消息认证码等密码学技术。同时，部署冗余的感知设备、误差重传、备份等措施也是极为有效的措施。当数据不完整时，也可采用数据补全技术，及时地填补最大可能性的数据。

习　　题

1. 群智感知网络主要包含哪些部分？分别承担什么工作？

2. 哪些移动网络和通信技术被应用在群智感知中?

3. 简述移动情境感知的关键内容及其层次结构。

4. 压缩感知和图像压缩有哪些区别?

参考文献

[1] 刘云浩.群智感知计算[J].中国计算机学会通讯,2012,8(10):38-41.

[2] 赵东,马华东.群智感知网络的发展及挑战[J].信息通信技术,2014,8(05):66-70.

[3] Donoho D L. Compressed sensing[J]. IEEE Transactions on Information Theory,2006,52(4):1289-1306.

[4] Schilit B,Adams N,Want R. Context-aware computing applications[C]// Workshop on Mobile Computing Systems & Applications. 1994:85-90.

[5] Lieberman H. Out of context:A course on computer systems that adapt to,and learn from,context[J]. IBM Systems Journal,2001,39(3.4):617.

[6] Gellersen B H W. There is more to context than location[J]. Computers & Graphics,1999.

[7] Fall K. A delay-tolerant network architecture for challenged Internets[C]. SIGCOMM,2003:27-34.

[8] Fan X,Shan Z,Zhang B,et al. State-of-the-art of the architecture and techniques for delay-tolerant networks [J]. Acta Electronica Sinica,2008,36(1):161-170.

[9] Fall K,Farrell S. DTN:an architectural retrospective [J]. IEEE Journal on Selected Areas in Communications,2008,26(5):828-836.

[10] Zhang Z. Routing in intermittently connected mobile ad hoc networks and delay tolerant networks:overview and challenges [J]. IEEE Communications Surveys & Tutorials,2006,8(1):24-37.

[11] 王钲淇. 移动群智感知网络发展面临安全挑战[J]. 科技导报,2015,33(24):114-117.

[12] Yang Q,Liu Y,Chen T J,et al. Federated machine learning:concept and applications[J]. ACM Transactions on Intelligent Systems and Technol (TIST),2019,10(2):1-19.

[13] Yao C C. How to generate and exchange secrets[C]// Symposium on Foundations of Computer Science. IEEE,2008.

[14] Mohassel P,Zhang Y. SecureML:A system for scalable privacy-preserving machine learning [C]// Security & Privacy. IEEE,2017:19-38.

[15] Xian X,Wang X,Ding J,et al. Assisted learning:a framework for multi-organization learning [J]. Advances in Neural Information Processing Systems 33 (NeurIPS 2020),2020.

[16] Liu,Y,Yu R,Zheng S,et al. NAOMI:non-autoregressive multiresolution sequence imputation [J]. Advances in Neural Information Processing Systems 32(NeurIPS 2019),2019.

人物介绍——图灵奖得主 Les Valiant 教授

Les Valiant，英国科学家，哈佛大学计算机和应用数学系教授，Valiant-Vazirani theorem 提出者，是英国皇家学会会士、美国科学院院士。2010 年，他因在计算理论方面，特别是机器学习领域中的概率近似正确理论的开创性贡献而获得图灵奖。

1949 年 3 月 28 日出生。曾在英国剑桥大学国王学院、伦敦帝国学院和华威大学接受教育。1974 年获得英国华威大学计算机科学博士学位。1982 年，成为美国哈佛大学教授，任教于哈佛大学工程和应用科学学院。曾在卡内基-梅隆大学、利兹大学、爱丁堡大学任教。在计算理论方面最大的贡献是 Probably Approximately Correct Learning，此学习模型可解决信息分类的问题，对于机器学习、人工智能和其他计算领域（如自然语言处理、笔迹识别、机器视觉等）都产生了重要影响。除计算机复杂性理论之外，还为并行计算和分布式计算做出了重要的贡献。最大的贡献是 1984 年的论文 *A Theory of the Learnable*，使诞生于 20 世纪 50 年代的机器学习领域第一次有了坚实的数学基础，从而扫除了学科发展的障碍，这对人工智能诸多领域包括加强学习、机器视觉、自然语言处理和手写识别等都产生了巨大影响。可以说，没有他的贡献，IBM 公司也不可能造出 Watson 这样神奇的机器来。在计算复杂性理论方面也有重要贡献。1979 年提出的上下文无关分析算法，至今仍然是最快的算法之一。在并行与分布式计算领域，1990 年提出了著名的 BSP 并行模型，至今还是这一学科的必读论文。

第15章 chapter 15

网络几何理论

15.1 时空自由度

近几年，网络科学界对真实网络数据集几何特征的兴趣日益增长。实际上，这个概念已经有许多与互联网中的路由问题、数据挖掘和社区检测有关的应用。关于网络几何结构的辩论还包括对嵌入物理空间中的空间网络及其技术应用(包括无线网络)的有用度量的讨论。

网络几何学(Network Geometry)的特征包括时空自由度、复杂性自由度和智能自由度。

本节将讨论无线网络中时空自由度的内容。它有时也被拆分为时间自由度和空间自由度来分并讨论。

15.1.1 时空自由度的参数定义

常见网络参数如下。

(1) 度分布 $P(k)$：随机选择一个节点的度为 k 的概率。将 N 记为网络中的节点总数，N_k 记作度为 k 的节点的个数，则 $P(k) = N_k/N$。

(2) 路径：一系列节点，其中每个节点都链接到下一个节点。一对节点之间的距离定义为沿着连接这两个节点的最短路径的边数。

(3) 直径：图中任何一对节点之间的最大距离。

(4) 聚类系数(对于无向图)：$C_i \in [0,1]$。若节点 i 具有度数 k_i，则

$$C_i = \frac{2e_i}{k_i(k_i - 1)}$$

其中，e_i 是节点 i 的相邻节点之间的边数。

(5) 最大连通分支的大小：任意两个可被连接成一条路径的顶点的最大集合。

(6) 网络容量：信息流的空间关系。

(7) 网络延迟：信息流的时间关系。

(8) 移动网络中的容量/延迟权衡：信息流的时空关系。

(9) 无线网络的连通性：网络在空间和时间上的端到端关系。

(10) 无线网络的覆盖范围：网络在空间上的端到端关系。

15.1.2 时空自由度相关工作

图 15-1 为时空自由度代表性工作的金字塔发展结构，自 2000 年的开创性工作以来，下层的关于网络时空自由度各个参数的研究成果纷纷涌现。

图 15-2 为自 2000 年开创性工作以来整个网络容量领域发展的可视化展示，可以看出有大量的研究在无限网络的容量这一热点，同时对于其他研究点，也有一些大小不一的聚集点域。

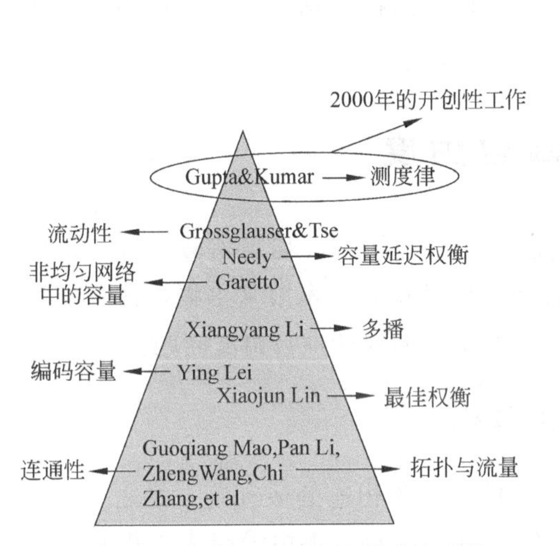

图 15-1 代表性工作的金字塔发展结构

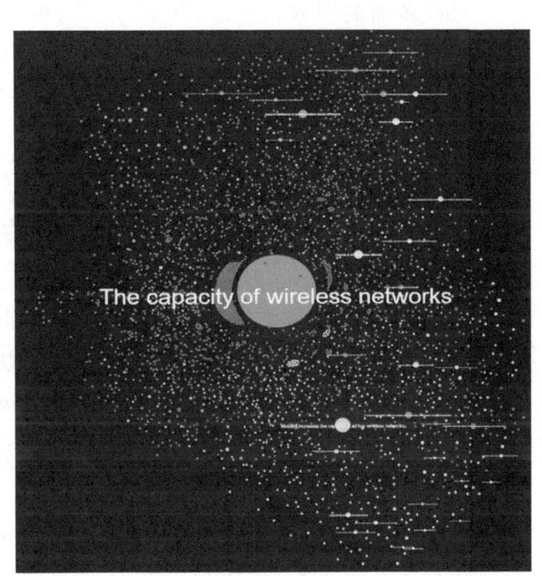

图 15-2 自 2000 年开创性工作以来整个网络容量领域发展的可视化

下面将介绍时空自由度的相关工作。

(1) 从 2000 年开创性的对于测度律的研究工作。

测度律(Scaling Laws)：核心思想是通过随机放置，将随机源与目的地配对。使用多跳和地理路由，最后得到结果是将每个节点可达到的最大速率缩放为原来的$\frac{1}{\sqrt{n}}$。

运用的数学工具：任意网络分格，干扰避免机制——着色理论，估算容量上下界——最大流最小割。

(2) 第一次将流动性引入网络移动。

流动性(Mobile)：核心思想是通过中继增加多用户多样性。

运用的数学工具：影响容量的主要因素——支配收敛定理，稳定情况下的概率分布逼近——稳定随机变量的理论。

(3) 第一个解决容量延迟权衡问题的工作。

容量延迟权衡(Capacity-Delay Tradeoff)：核心思想是用户 Relay 算法去耦合，便于理论分析。

运用的数学工具：数据包传送过程——M/M/1 队列，稳定情况下的概率分布逼近——泰勒级数展开。

(4) 第一个研究非均匀网络中的容量流动性的工作。

非均匀网络中的容量(Capacity in Heterogeneous Networks)：核心思想包括非均匀流动网络规模可调节性、统一和聚类模型、最佳的每个节点容量以及非均匀化的水平。

运用的数学工具：节点空间分布——莱布尼茨可测集；容量上下界估算——Chernoff Bound 及次可加性概率空间。

(5) 多播的引入。

多播(Multicast)：核心思想是建立多播生成树传送数据。

运用的数学工具：最小连通集分析——VC 定理；传输概率估算——切比雪卡不等式和二项分布。

15.2 复杂性自由度

复杂性自由度是衡量移动互联网网络算法的一个重要指标。通过对复杂性自由度进行衡量，可以知道移动互联网网络是否可以快速有效的构建。本节从多播生成树分析和网络计算中信息流的两个角度出发，介绍网络几何学中的复杂性自由度问题。

15.2.1 多播生成树分析: 从复杂性角度建树

在大规模多跳物联网中，多播生成树是将多个目标设备相连的最有效方式之一。多播生成树也称分发树，即多播源把数据固定传到一个路由器上，再由该路由器把数据发给其他路由，过程中所形成的路径。多播生成树构造的合理性极大程度影响着信息传输。树长过大，则能耗高、时延长；树长过小，网络连通性差。

为了实现最优的多播生成树，瑞士的数学家斯坦纳(Steiner)提出了斯坦纳树的雏形。使用斯坦纳树，可以构建一个网络，连接图中的所有点，并且使得每个点之间的距离和最短，如图 15-3 所示。

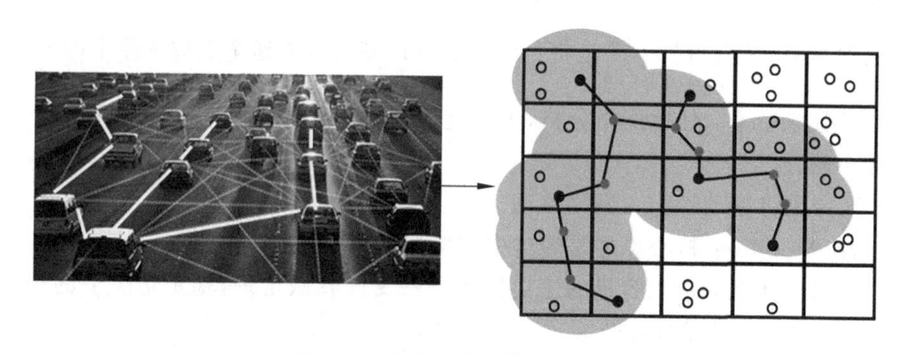

图 15-3 移动互联网的设备相连

最优斯坦纳树可以保证合理的树长和连通性，但是构建最优斯坦纳树的前提是需要已知全网的拓扑,这对于大规模物联网来说是不切实际的。而快速构建近似最优斯坦纳树也为 NP-hard 问题,可否高效构建尚无可行方案。

在构建多播生成树中,最重要的就是最小生成树算法。利用 Prim 算法可以如同构建最小生成树一样构建多播生成树。Steele 分析了具有幂加权边的欧氏最小生成树的增长率,Penrose 提出了最小生成树最长边的一个强定理。

TST(Toward Source Tree)是一个重要的近似最优斯坦纳树。无线传感器网络中组播树的构造要点包括分布式实现,树长的显示表达以及当复杂度为 $O(n/\log n)$时的多项式时间最优能耗。实际上,构建多项式时间的最优斯坦纳树也为 NP-hard 问题。近期较为优秀的方法是一种分布式 TST 算法,如图 15-4 所示,在该方法中,通过多信宿并行局部通信,以信源为导向反向建树,可以降低复杂度,并且减少冗余来逼近最优树长。

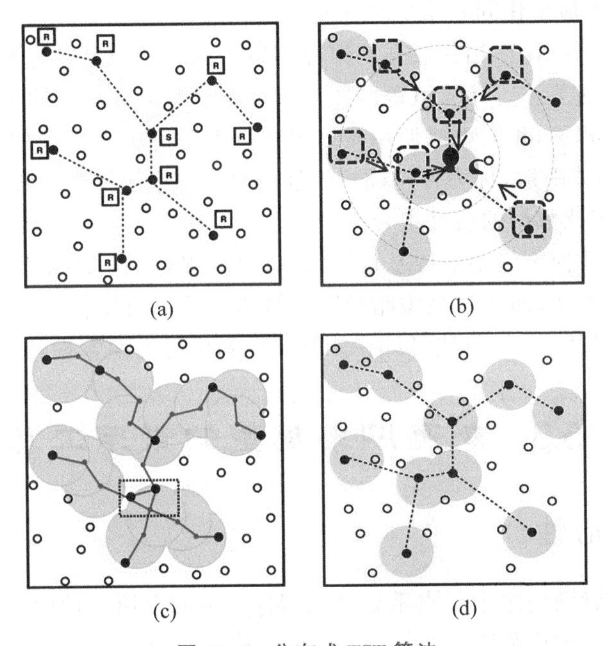

图 15-4 分布式 TST 算法

在该分布式 TST 算法中,只需要知道局部的拓扑信息就可以构建,所以便于实现。同时,所构建的树的长度也逼近最优斯坦纳树,是一种较为有效的算法。

15.2.2 在网络计算中:信息流的复杂性关系

无线传感器网络可能只对收集分布式数据的某些聚合功能感兴趣。例如,可能需要计算环境监测的平均温度或火灾报警系统中的最高温度。一个根本的挑战是如何利用感兴趣的数据的特定功能结构节省能量消耗和传输时间。

解决这个问题有不少的困难:①寻找一种零误差的优化策略来计算函数是困难的;②计算相关数据的函数也是复杂的;③在有噪信道、广播信道及异构网络中计算函数同样也很困难。

为了处理信息流的复杂性关系,必须压缩感知。压缩感知(CS)为以较低的采样率同时对稀疏信号进行采样和压缩提供了一种新的范式。CS理论认为,当$M=O(k\log(n/k))$时,k-稀疏信号x可以从M个随机投影中恢复出来,这个值远远小于n。假设信号x是可压缩的,它可以表示为变换基$\boldsymbol{\Psi}$下的k-稀疏信号Θ。在CS框架下,不直接对x采样,而是通过随机矩阵$\boldsymbol{\Phi}$,即$y=\boldsymbol{\Phi}x$,其中$\boldsymbol{\Phi}$为$M\times N$测量矩阵,得到x的压缩信号y,如图15-5所示。

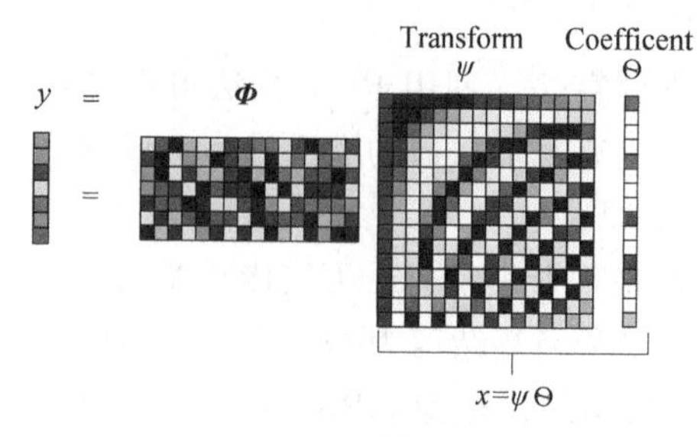

图 15-5　压缩感知

从y中恢复信号x可以看成是求解一个最小化问题。如果信号x含有噪声,可以通过求解松弛的L1范数最小化问题来实现恢复。

利用压缩感知可以计算相关数据的恒等函数。同一函数是其他函数的母函数,在分布式计算研究中备受关注。计算恒等函数对应于恢复网络节点上的所有数据。

如果传感数据相关,我们可以使用压缩感知技术来解决这个问题。目标函数可以表示为从x到y的函数映射,称为多轮随机线性函数。每个子函数可以看作是计算一个随机投影,它是所有传感数据的线性组合。

通过一种随机几何网络中的树基计算协议,可以很好地解决相关数据恒等函数的问题。与基本的基线方法,即通过最短路径路由策略将数据直接传输到网络节点来计算恒等函数对比,该协议基于CS方法可以在能量消耗和延迟方面实现较大的增益。

15.3 刻画网络模型的常用工具

15.3.1 网络中心性

网络中心性是判断网络中节点重要性的指标。下面介绍4种中心性指标。

(1) 度中心性:使用节点度数衡量中心性。这一指标背后的假设是,重要的节点是拥有很多连接的节点。

(2) 中介中心性:计算网络中任意两个节点的所有最短路径。对于某个节点来说,如果它处于很多最短路径中,那么它的中介中心性很高。这一指标背后的思想是,网络中两个非相邻节点的互相作用受到中间节点的影响,中间节点起到桥梁的作用。因此,如果某个节点作为许多节点的中介,则它相较其他节点而言更为重要。

(3) 紧密/接近中心性:如果节点到网络中其他节点的最短距离都很小,那么它的接近中心性就很高。紧密中心性与中介中心性类似,都利用到整个网络的特性,但相比于中介中心性,紧密中心性更接近几何上的中心位置。紧密中心性高的节点一般扮演传播者的身份,它们不一定是最重要的,但能快速在节点间传递信息。

(4) 特征向量中心性:一个节点的中心性是相邻节点中心性的函数。它背后的思想是,与越多重要节点相连的节点越重要。

在网络分析中,中心节点可能是社交网络中的名人、学术网络中的杰出论文、交通网络中的拥堵路段。一旦中心节点发生变化,将会极大地影响网络状态。因此,寻找网络中的中心节点是很有必要的。

15.3.2 网络形状

可以根据网络不同的几何性质对网络进行划分。下面介绍5种常见网络。

(1) 方格网络:该网络模型假定网络中的节点分布在一个单位长度的正方形网格中,一个比较常见的应用场景是移动传感器网络,以文献[10]为例,不同传感器有规律或无规律地分布在单位方格中并相互通信。在此基础上,也有人进行了模型的修改,如以$\sqrt{n}$为边长的正方形甚至长方形、圆形等其他形状来划分节点分布范围,从而利于进一步的理论分析。

(2) 克罗内克网络:通过递归某种基本网络结构生成的网络,整体与一个或多个部分具有相同的形状,如图15-6所示。

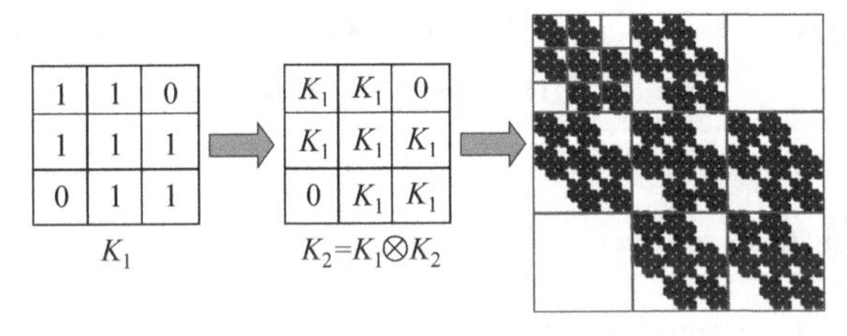

图15-6 克罗内克网络

(3) 规则网络:每个节点有相同数量的邻居节点的网络,如图15-7。

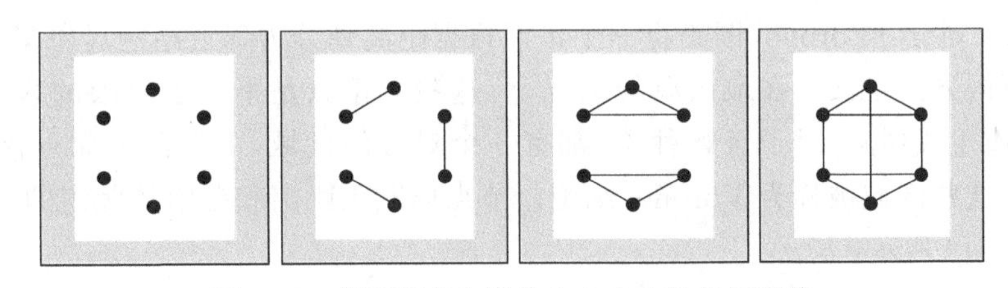

图15-7 邻居节点个数为0、1、2、3的规则网络

(4) 随机网络:由N个顶点构成的网络中随机连接M条边所构成的网络。另一种构建随机网络的方法是给定一个概率P,对于任意两个节点以概率P进行连边,这种方式构建的网络称为E-R随机网络,如图15-8所示。

(5) 小世界网络:对于规则网络,任意两个节点之间的最短路径长,聚集系数高;对于随机网络,任意两个节点之间的最短路径短,但聚集系数低。然而,真实世界中存在的网络往往符合任意两个节点之间最短路径短,但聚集系数高的特性,称这样的网络为小世界网络(见图15-9(b))。

具体而言,小世界网络中的节点并不会连接很多其他节点,但是一个节点抵达另一个节点的平均跳数却很低。定义节点间的平均距离L、网络总节点数N,则L与$\log N$成比例。反映到社交网络中则表示你的朋友能够认识你所不认识的更多人,即六度空间理论。

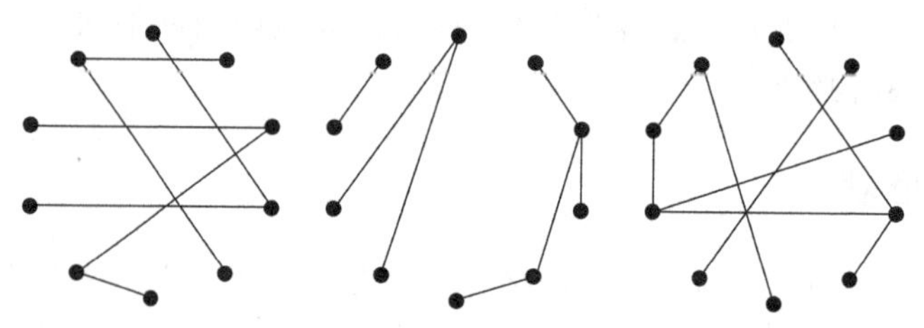

图 15-8 $N=10, P=1/6$ 生成的 *E-R* 随机网络

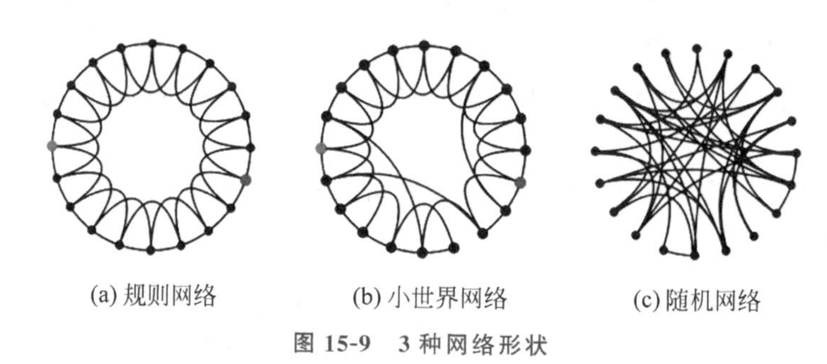

图 15-9 3 种网络形状

15.3.3 节点位置分布

节点位置通常满足一定的分布,因此可以根据位置对节点进行划分。

均匀分格划分:将网络均匀地分成 $n/\log n$ 个正方形,每个正方形边长为$\sqrt{\log n/n}$,网络中的节点分布也可以在每个方格中分别统计。

Voronoi 划分:Voronoi 图是将一个平面根据距离划分为邻近给定对象集的区域,距离可以由不同方法定义。在最简单的情况下,这些对象只是平面上有限的多个点(称为种子、站点或生成器)。对于每颗种子,都有一个对应的区域,由平面上靠近该种子的所有点组成。这些区域被称为 Voronoi 细胞。节点以欧氏距离和曼哈顿距离的 Voronoi 划分图如图 15-10 所示。

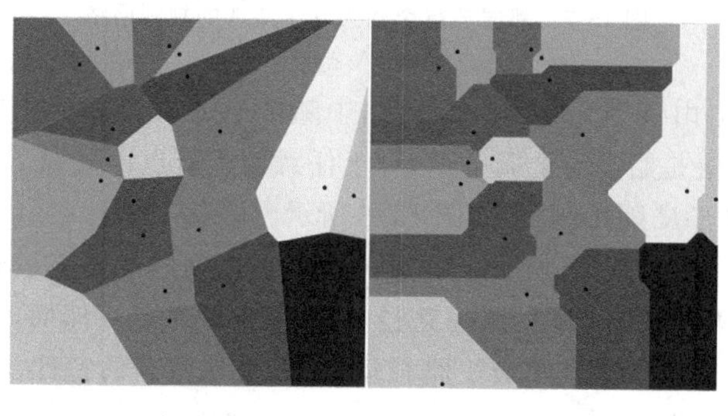

图 15-10 节点以欧氏距离和曼哈顿距离的 Voronoi 划分图

15.3.4 运动模型

通常在真实的网络中节点与节点会产生交互，例如交通网络中车辆将从某个地点前往另一个地点，或者游客访问浏览器从一个页面跳转到另一个页面。为了描述这种无规则运动的过程，研究者提出了许多运动模型来对其进行刻画。下面简单介绍 3 种基础的运动模型。

(1) 独立同分布运动：节点下一时刻以均等概率运动到任意一个节点，且节点之间的运动是互相独立的。

(2) 随机游走：节点下一时刻等概率地运动到相邻的节点。

(3) 布朗运动：被分子撞击的悬浮微粒做无规则运动的现象，后续研究通过概率论的方法刻画了这种连续时间随机过程。可以运用这种运动模型刻画节点的运动。

其中，根据研究的重点不同，随机游走模型可以进行不同的改进。例如，对于某个节点，它可以对相邻节点的运动倾向不同，即下一时刻不再是等概率运动。可以通过权重、与某些关键节点的最短路径等网络其他因素进行概率计算实现有偏的随机游走。节点也可以选择下一时刻不止运动一步，而依照某种随机性运动 N 步等。较为著名的随机游走模型有 Google 的 PageRank 算法，通过调查获得网民从一个网页跳转到另一个网页的平均次数，并以此计算节点下一时刻是进行独立同分布运动还是随机游走的概率。

15.3.5 传输结构刻画

网络中的节点可以持有某种信息，节点可以分发和接收信息。例如在路由器构成的组网中数据的分发、社交网络中广告的投放、人群网络中传染病的传播等。因此，研究者希望能够针对性地建立信息扩散模型以刻画这种信息传输的过程。信息扩散模型是基于时间的，通过在 T 时刻网络中信息的分布情况推导出 $T+1$ 时刻的传播情况。受到不同灵感的启发，研究者构建了不同的信息传播模型。例如，受到病毒传播的启发，研究者构建了传染病模型，将节点分为易感者、暴露者、康复者等身份，依概率决定下一时刻是否会传染相邻节点。传染病模型按照传染病类型分为 SI、SIR、SIRS、SEIR 模型等，按照传播机理又分为基于常微分方程、偏微分方程、网络动力学的不同类型。此外还有信息级联模型、线性阈值模型、能量模型、HISB 模型、Galam 模型等。

15.3.6 网络事件刻画

某些网络特征可以用某种分布刻画。现实中存在许多无标度网络，例如推荐系统的二分图网络与社交网络等。它们的特征是各节点连接的度或权重服从幂律分布，具有严重的不均匀分布性。一旦关键的中心(Hub)节点出现变化(受到攻击等)，将会对整个网络产生巨大影响。此外，在研究网络时，常常需要以符合直觉的方式指定某种事件符合某种分布，才能够进行进一步研究。例如在网络传播的影响力最大化研究中，用户节点接受折扣后是否会向相邻节点推荐商品的结果可以用伯努利分布刻画。一旦网络特征符合某种分布，就可以根据分布获得一些性质或做出预测。

15.4 分析计算的常用工具

本节介绍一些在网络几何学中较为常用的分析计算工具。

15.4.1 概率近似

泰勒公式展开：用若干(无限或者有限)项连加式(级数)来表示一个函数，这些相加的项由函数在某一点(或者加上在邻近的一个点的次导数)的导数求得。

$$f(x)=f(a)+\frac{f'(a)}{1!}(x-a)+\frac{f^{(2)}(a)}{2!}(x-a)^2+\cdots+\frac{f^{(n)}(a)}{n!}(x-a)^n+R_n(x)$$

推广：麦克劳林展开、泰勒中值定理、拉格朗日中值定理等。

其他一些常用近似公式：

$$(1\pm x)^n\approx 1\pm nx,\quad x\to 0$$

$$\left(1\pm\frac{1}{x}\right)^n=\mathrm{e}^{\pm 1},\quad x\to\infty$$

斯特林近似公式：

$$n!\approx\sqrt{2\pi n}\left(\frac{n}{\mathrm{e}}\right)^n$$

这些分析计算工具常用于简化大规模网络下，复杂的概率推导公式及展开项较多的公式。

15.4.2 上下界逼近

人们常用一些不等式来确定函数的上下限。

(1) 琴生(Jensen)不等式：以丹麦数学家约翰·琴生(Johan Jensen)命名。它给出积分的凸函数值和凸函数的积分值之间的关系。Jensen不等式有以下推论：过一个凸函数上任意两点所作割线一定在这两点间的函数图像的上方。

$$\lambda f(x_1)+(1-\lambda)f(x_2)\geqslant f(\lambda x_1+(1-\lambda)x_2),0\leqslant\lambda\leqslant 1$$

(2) 赫尔德(Hölder)不等式：取名自奥托·赫尔德(Otto Hölder)，揭示了 L_p 空间的相互关系，是数学分析的一条不等式。

设 S 为测度空间，$1\leqslant p,q\leqslant\infty$，$\frac{1}{p}+\frac{1}{q}=1$，设 f 在$L^p(S)$内，g 在$L^q(S)$内。则 fg 在$L^1(S)$内，且有 $\|fg\|_1\leqslant\|f\|_p\|g\|_q$。若 S 取作$\{1,2,\cdots,n\}$附计数测度，便得赫尔德不等式的特殊情形：对所有实数(或复数)$x_1,x_2,\cdots,x_n;y_1,y_2,\cdots,y_n$，有

$$\sum_{k=1}^{n}|x_k y_k|\leqslant\left(\sum_{k=1}^{n}|x_k|^p\right)^{1/p}\left(\sum_{k=1}^{n}|y_k|^q\right)^{1/q}$$

(3) 柯西(Cauchy)不等式：对于一个内积空间中的向量 $\boldsymbol{x}$ 和 $\boldsymbol{y}$，有

$$|\langle\boldsymbol{x},\boldsymbol{y}\rangle|^2\leqslant\langle\boldsymbol{x},\boldsymbol{x}\rangle\cdot\langle\boldsymbol{y},\boldsymbol{y}\rangle。$$

其中，$\langle \cdot , \cdot \rangle$表示内积，也称点积。等价地，将两边开方，等式右边即可以写为两向量范数乘积的形式，即

$$|\langle \boldsymbol{x}, \boldsymbol{y} \rangle| \leqslant \|\boldsymbol{x}\| \cdot \|\boldsymbol{y}\|$$

另外，当且仅当 $\boldsymbol{x}$ 和 $\boldsymbol{y}$ 线性相关时，等式成立(仅两个向量而言，线性相关等同于平行)。

若 $\boldsymbol{x}_1, \boldsymbol{x}_2, \cdots, \boldsymbol{x}_n \in \mathbb{C}$ 和 $\boldsymbol{y}_1, \boldsymbol{y}_2, \cdots, \boldsymbol{y}_n \in \mathbb{C}$ 有虚部，内积即为标准内积。这个不等式可以更明确地表述为

$$|\boldsymbol{x}_1 \bar{\boldsymbol{y}}_1 + \boldsymbol{x}_2 \bar{\boldsymbol{y}}_2 + \cdots + \boldsymbol{x}_n \bar{\boldsymbol{y}}_n|^2 \leqslant (|\boldsymbol{x}_1|^2 + |\boldsymbol{x}_2|^2 + \cdots + |\boldsymbol{x}_n|^2) \cdot (|\boldsymbol{y}_1|^2 \ |\boldsymbol{y}_2|^2 + \cdots \ |\boldsymbol{y}_n|^2)$$

(4) 切诺夫(Chernoff)界：随机变量 X 的一般 Chernoff 界通过将马尔可夫(Markov)不等式应用于 e^{tX} 来获得。对于每个 $t>0$，有

$$\Pr(X \geqslant a) = \Pr(e^{t \cdot X} \geqslant e^{t \cdot a}) \leqslant \frac{E[e^{t \cdot X}]}{e^{t \cdot a}}$$

当 X 是 n 个随机变量 $X_1, X_2, \cdots X_n$ 的和时，对于任意 $t>0$，有

$$\Pr(X \geqslant a) \leqslant e^{-ta} E\left[\prod_i e^{t \cdot X_i}\right]$$

特别是，对 t 进行优化并假设 X_i 是独立的，得

$$\Pr(X \geqslant a) \leqslant \min_{t>0} e^{-ta} \prod_i E[e^{tX_i}]$$

同理

$$\Pr(X \leqslant a) = \Pr(e^{-tX} \geqslant e^{-ta})$$

所以可以得出

$$\Pr(X \leqslant a) \leqslant \min_{t>0} e^{ta} \prod_i E[e^{-tX_i}]$$

计算某个基本变量X_i的特定实例$E[e^{-t \cdot X_i}]$，可以获得特定的 Chernoff 界。

(5) 切比雪夫(Chebyshev)不等式：设 X 为随机变量，期望值为 μ，标准差为 σ，对于任何实数 $k>0$，有

$$P(\mu - k\sigma < X < \mu + k\sigma) \geqslant 1 - \frac{1}{k^2}$$

(6) 大数定律：当试验次数足够多时，事件出现的频率无穷接近于该事件发生的概率。

(7) 牛顿(Newton)不等式：假设 $a_1, a_2, \cdots, a_n$ 是实数，令 σ_k 表示$a_1, a_2, \cdots, a_n$ 上的 k 阶基本对称多项式。那么基本对称均值

$$S_k = \frac{\sigma_k}{\binom{n}{k}}$$

满足不等式

$$S_{k-1} S_{k+1} \leqslant S_k^2$$

其中，当且仅当所有 a_i 相等时取等号。

15.4.3 数量阶

常用数量阶是指以下关系：

$$f(n)=o(g(n))\Leftrightarrow \lim_{n\to\infty}\frac{f(n)}{g(n)}=0$$

$$f(n)=\omega(g(n))\Leftrightarrow \lim_{n\to\infty}\frac{g(n)}{f(n)}=0$$

$$f(n)=O(g(n))\Leftrightarrow \lim_{n\to\infty}\sup\frac{f(n)}{g(n)}<\infty$$

$$f(n)=\Omega(g(n))\Leftrightarrow \lim_{n\to\infty}\inf\frac{f(n)}{g(n)}<\infty$$

$$f(n)=\Theta(g(n))\Leftrightarrow f(n)=O(g(n))\text{ 和 } g(n)=O(f(n))$$

此外,$\widetilde{\Theta}(\cdot)$有时被用于表示隐藏公式中的 log 项的同阶。

15.4.4 运算处理

(1) 二项展开公式为

$$(a+x)^n=a^n+na^{n-1}x+\frac{n(n-1)}{2}a^{n-2}x^2+\cdots+x^n$$

$$=\sum_{k=0}^{n}\frac{n!}{(n-k)!\,k!}a^{n-k}x^k$$

(2) 运算项互换。

可积函数互换条件——富比尼(Fubini)定理:若$\int_{A\times B}|f(x,y)|\mathrm{d}(x,y)<\infty$,其中$A$和$B$都是$\sigma$有限测度空间,$A\times B$是$A$和$B$的积可测空间,$f: A\times B\mapsto\mathbb{C}$是可测函数,那么

$$\int_A\left(\int_B f(x,y)\mathrm{d}y\right)\mathrm{d}x=\int_B\left(\int_A f(x,y)\mathrm{d}x\right)\mathrm{d}y=\int_{A\times B}f(x,y)\mathrm{d}(x,y)$$

前二者是在两个测度空间上的逐次积分,但积分次序不同;第三个是在乘积空间上关于乘积测度的积分。特别地,如果$f(x,y)=h(x)g(y)$,则

$$\int_A h(x)\mathrm{d}x\int_B g(y)\mathrm{d}y=\int_{A\times B}f(x,y)\mathrm{d}(x,y)$$

如果条件中绝对值积分值不是有限的,那么上述两个逐次积分的值可能不同。此外,满足一定条件的前提下,求和项也能互换。

(3) 常用求和公式为

$$1+2+3+\cdots+n=\frac{1}{2}n(n+1)$$

$$1^2+2^2+3^2+\cdots+n^2=\frac{1}{6}n(n+1)(2n+1)$$

$$1^3+2^3+3^3+\cdots+n^3=\frac{1}{4}n^2(n+1)^2$$

$$\sum_{j=1}^{n}j(j+1)\cdots(j+k)=\frac{1}{k+2}\frac{(n+k+1)!}{(n-1)!}$$

$$\sum_{j=1}^{n} j(j+1)^2 = \frac{1}{12}n(n+1)(n+2)(3n+5)$$

$$\sum_{j=2}^{n} \frac{1}{(j+1)(j-1)} = \sum_{j=2}^{n} \frac{1}{j^2-1} = \frac{3}{4} - \frac{1}{2n} - \frac{1}{2(n+1)}$$

(4) 等差数列求和公式。

通项公式为

$$a_n = a_1 + (n-1)d$$

前 n 项和为

$$S_n = \frac{(a_1 + a_n)n}{2} = na_1 + \frac{n(n-1)}{2}d$$

(5) 等比数列求和公式。

通项公式为

$$a_n = a_1 q^{n-1}$$

前 n 项和为

$$S_n = \frac{a_1(1-q^n)}{1-q} = \frac{a_1 - a_n q}{1-q}$$

(6) 其他常见求和公式为

$$\sum_{x=0}^{\infty} xT^x = \frac{T}{(1-T)^2}$$

$$1 + \frac{1}{2} + \frac{1}{3} + \cdots + \frac{1}{n} \approx \log n$$

15.4.5 其他常用定理

1. VC 理论(Vapnik-Chervonenkis Theorem)

如果 C 是一个有限 VC 维集合 VC$-d(C)$,$\{X_i \mid i=1,2,\cdots,N\}$是一系列独立同分布的随机变量,分布为 P,那么对于每个 $\varepsilon,\delta>0$:

$$\Pr\left(\sup_{A\in C}\left|\frac{\sum_{i=1}^{N} I(X_i \in A)}{N} - P(A)\right| \leqslant \varepsilon\right) > 1-\delta$$

只要满足

$$N > \max\left\{\frac{8\text{VC}-d(C)}{\varepsilon} \cdot \log\frac{13}{\varepsilon}, \frac{4}{\varepsilon}\log\frac{2}{\delta}\right\}$$

其中,如果 $X_i \in A$,$I(X_i \in A)$取值为 1,否则为 0。

C 的 VC 维定义为能被 C 破碎(Shattered)的集合 S 的最大基数(Cardinality)d。

2. 渗流理论(Percolation Theorem)

考察一个 d 维规则网络,其中的边以概率 p 存在,而以概率 $1-p$ 缺失。渗流理论研究能够从一端开始而终止于另一端的、可以渗透整个网络的通道。

对于小的 p 值,只可能存在少数边,所以只可能产生少数节点相连接的小集群。但是,在临界概率(渗流阈值 p_c)下,出现利用边互相连接的节点的渗流集群。这一集群也称无限集群,因为其规模随着网络增大而扩展。

与随机图中某一现象类似:随机图理论研究中的一个重要发现是存在出现巨大节点集群的临界概率,即网络具有临界概率 p_c,当不超过 p_c 时,网络由孤立的节点集群组成,但是当超过 p_c 时,巨大节点集群将扩展到整个网络。

3. 零一律(Zero-One Law)

零一律是概率论中的一条定理,由柯尔莫哥洛夫(Kolmogorov)发现。其内容如下:尾事件发生的概率只能是一(几乎肯定发生)或零(几乎肯定不发生)。

尾事件以随机变量的无穷序列定义。假设 $X_1, X_2, \cdots$ 是无穷多个的独立的随机变量(不一定有同样的分布)。记$\mathcal{F}$为 X_i 生成的σ代数,则一个尾事件 $F \in \mathcal{F}$就是与任意有限多个这些随机变量都独立的事件。(注意:F 属于$\mathcal{F}$,意味着事件 F 发生或不发生由X_i的值确定,但此条件不足以证明零一律)

例如,序列 X_i 收敛便是一个尾事件。此外,级数 $\sum_{k=1}^{\infty} X_k$ 收敛也是一个尾事件。级数收敛且大于 1 的事件并不是尾事件,因为它不是与 X_1 的值无关。假如扔无穷多次硬币,则连续 100 次数字面向上的事件出现无限多次是一个尾事件。

直观地看,若可以无视前任意多个X_i的值,而仍能判断某事件是否发生,则该事件为尾事件。许多时候,运用零一律很易证得某事件的概率必为 0 或 1,但却很难判断两者之中,何者为其真正的概率。无限猴子定理是零一律的一个例子。

4. 李雅普诺夫函数(Lyapunov Function)

李雅普诺夫函数是用来证明动力系统或自治微分方程稳定性的函数。李雅普诺夫函数在随机网络最优性证明方面具有广泛应用!

若一函数可能可以证明系统在某平衡点的稳定性,此函数称为李雅普诺夫候选函数(Lyapunov Candidate Function)。

李雅普诺夫候选函数的定义:令

$$V: \mathbb{R}^n \to \mathbb{R}$$

为标量函数。若要 V 为李雅普诺夫候选函数,函数 V 需为局部正定函数,即

$$V(\boldsymbol{0}) = 0 V(\boldsymbol{x}) > \boldsymbol{0}$$

$$\forall \boldsymbol{x} \in U \backslash \{\boldsymbol{0}\}$$

其中,U 是 $\boldsymbol{x} = \boldsymbol{0}$ 的邻域。

5. 欧几里得最小生成树(Minimal Spanning Tree,MST)

欧几里得最小生成树常用于随机网络多播生成树的路由设计分析。它是平面(或更一般的$\mathbb{R}^d$)中 n 个点的最小生成树,树中两点之间的边的权重是这两点的欧几里得距离。更简单地说,MST 用一些边连接一个点集,这些边的总长度最小,并且点集中的点可以通过边相互到达。

在二维平面中,一个给定点集的 MST 能在 $\Theta(n\log n)$时间复杂度以及 $O(n)$空间复杂度的代价下找出。

而在更高维($d\geqslant3$)的空间,是否存在一个最优算法仍然是未定的问题。

J. Michael Steele 确定了给定点集很大的情况下,MST 的预期大小。如果 f 是选取点的概率密度函数,则对于大的 n 和 $d\neq1$,EMST 大约为

$$c(d)n^{\frac{d-1}{d}}\int_{\mathbf{R}^d}f(x)^{\frac{d-1}{d}}\mathrm{d}x$$

其中,$c(d)$是常数,仅取决于维数 d。常数的确切值是未知的,但可以根据经验证据进行估算。

6. 最大流最小割定理(Maximum Flow Minimum Cut Theorem)

最大流最小割定理常用于随机网络中容量的分析。在一个网络流中,能够从源点到达汇点的最大流量等于如果从网络中移除就能够导致网络流中断的边的集合的最小容量和。

假设 $N=(V,E)$是一个有向图,其中节点 s 和 t 分别是 N 的源点和汇点。边(u,v)的容量 $c(u,v)$的定义:能够通过该边的最大流量。通过每条边的流 $f(u,v)$需要满足如下约束。

(1) $f(u,v)\leqslant c(u,v)$,即容量约束。

(2) 对于任意 v 不属于$\{s,t\}$,有 $\text{sum}\{f(u,v)\}=\text{sum}\{f(v,u)\}$,即流入某个中间节点的流量等于从这个节点流出的流量。

网络流定义 f 定义为$|f|=\text{sum}f(s,v)$,代表从源点流入汇点的流量。

最大流问题,是求得$|f|$的最大值。

$s-t$ 割定义为对 V 的一个二划分,其中 s 和 t 属于不同的两个集合 S 和 T。割集就是$\{(u,v)|u\in S,v\in T\}$。显然,如果割集中的所有边被移除,那么$|f|=0$。

割的容量定义为 $c(S,T)=\text{sum}c(u,v)$,其中 u 属于 S,v 属于 T。

最小割问题,是求得这样一个 $s-t$ 割 $c(S,T)$,使得 $s-t$ 割的容量最小。

结论:一个 $s-t$ 流的最大值,等于其 $s-t$ 割的最小容量。

7. 边着色定理(Edge Coloring Theorem)

边着色定理在随机网络中的干扰避免调度机制中有重要应用。

边着色定理,即将图中的边着色,保证图中任两条相邻边被赋予不同的颜色,等价于如下问题:给定一个图,是否可以用至多 k 种不同颜色或可能的最少不同颜色数着色。

Vizing 定理:任意(简单,无向)图 G 的边着色数等于 $\Delta(G)$或 $\Delta(G)+1$,其中 $\Delta(G)$指图 G 中最大的度。

8. 随机耦合理论(Random Coupling)

在概率论中,耦合是一种证明技巧。通过“强制”让两个不相关的变量相关,来比较这两个变量的关系。

定义:令 X_1 和 X_2为定义在概率空间(Ω_1,F_1,P_1)和(Ω_2,F_2,P_2)上的两个随机变量,那么 X_1 和 X_2 的一个耦合(Coupling)一个新的概率空间(Ω,F,P) 。在此概率空间中,有两个随机变量 Y_1 与 Y_2 分别与 X_1 和 X_2 有相同分布。

Copula 函数：多元概率分布，每个变量的边际概率分布是均匀的。

定义：考虑随机向量($X_1, X_2, \cdots, X_d$)，假设它的边缘是连续的，即，边缘分布函数 $F_i(x)=P[X_i \leqslant x]$是连续函数。通过对每个分量应用概率积分变换，使随机向量($U_1, U_2, \cdots, U_d$)=($F_1(X_1), F_2(X_2), \cdots, F_d(X_d)$)有均匀的边际分布。($X_1, X_2, \cdots, X_d$)的耦合即定义为 $C(u_1, u_2, \cdots, u_d)=P[U_1 \leqslant u_1, U_2 \leqslant u_2, \cdots, U_d \leqslant u_d]$.

15.5 数学证明常用思想及历史人物贡献

15.5.1 数学证明常用思想

1. 综合法和分析法

(1) 综合法：从命题的条件出发，经过逐步的逻辑推理，最后达到要证的结论的方法。从“已知”逐步推向“未知”，其逐步推理，实际是要寻找它的必要条件。

(2) 分析法：从要证明的结论出发，一步一步地搜索，最后达到命题的已知条件的方法。从“需知”逐步靠拢“已知”，其逐步推理，实际上是要寻找它的充分条件。

2. 反证法

反证法：通过证明论题的否定命题不真实，从而肯定论题真实性。

一般步骤是先假设命题的结论不成立，即结论的否定命题成立。从结论的否定命题出发，逐层进行推理，得出与公理或前述的定理、定义或题设条件等自相矛盾的结论，即证明结论的否定命题不成立。据排中律，最后肯定原命题成立。

反证法又分为归谬法与穷举法。

3. 数学归纳法

采用记号 $P(n)$表示一个与自然数 n 有关的命题，把它们都写出来，即 $P(1), P(2), P(3), \cdots$，如果满足：

(1) $P(1)$成立；

(2) 只要假设 $P(k)$成立(归纳假设)，由此就可得 $P(k+1)$也成立(k 是自然数)就能保证这一大串(无数多个)命题 $P(1), P(2), \cdots, P(k)$都成立。

我们称其为数学归纳法原理。

根据数学归纳法原理，在证明时可以相应的按照以下两步进行：

(1) 验证 $P(1)$是成立的；

(2) 假设 $P(k)$成立，证明 $P(k+1)$也成立。

这是归纳法的基本形式，也称第一数学归纳法。

15.5.2 历史上代表性数学人物及其贡献

在牛顿和莱布尼茨共同发明微积分的基本定理时，他们在定义积分与微分时，经常会用到无穷小量。除此之外，在计算级数求和时，无穷小也通常令人费解，如芝诺悖论。

即便微积分在应用上大获成功，但是却有人质疑它的成立基础——无穷，由此引发了第二次数学危机。当时有名的哲学家，同时也是大主教的贝克莱（见图15-11）研究微积分时发现，牛顿与莱布尼茨所定义的无穷小量，有时是正数，有时它又以0带入结果，他不明白这样的定义为什么会成立。

最终康托尔（见图15-12）与他的同事戴德金（见图15-13）、魏尔斯特拉斯为数学分析中的定义奠定了基础，解决了这一次数学危机。康托尔以其独特的思维，新颖的方法创建了集合论和超穷数理论，令整个数学界为之赞叹。其中，集合论是现代数学的基石之一。康托尔是以寻找将函数展开为三角级数的唯一性为起点，并开始从事有关无穷集合的理论研究。在证明关于函数傅里叶展开的唯一性中，他进行了如下操作。

(1) 取闭集合 $A=A(0)$。

(2) 取 $A(i)$的所有极限点 $A(i+1)$。

这样操作不断进行就会形成一个下降的序列，康托尔证明了这样的 $A(i)$的交设为 $A(w)$，那么有 $A(w)=A(w+1)=\cdots$不严格地说，由此可以找到 $w=w+1=w+2=\cdots$ 这就是第一个无穷大概念的来源。

谈及康托尔的工作，就不得不感谢第一个和他联系的人——戴德金。1874年，康托尔结婚蜜月之旅中，在德国北部的哈兹山上，康托尔偶遇了戴德金，他们对数学进行了细致的探讨，从此他们便通过通信进行联系。康托尔的"有理数列收敛于无理数""n 维平面与一维有相同多的点"是在他们通信时产生的一些想法。1882年，因为他们存在工作上的争执，便失去了通信。

图 15-11　贝克莱

图 15-12　康托尔

图 15-13　戴德金

康托尔定义了集合的幂以及集合的关系：只要两个集合有双射，那么就视为大小相同。图15-14是猎豹和绵羊的双射。

1877年，康托尔证明了 n 维平面与一维大小相同，他写下他有名的"Je le vois, mais je ne le crois pas!"（我证明了它，但我根本无法相信！）作为一个特例，可以看到 n 维正整数向量与一维有1-1对应关系。在图15-15中，可以将二维推广到 n 维。一个简单的推论是，有理数$\mathbb{Q}$ 的个数是和整数一样多。因此，在计算机科学中，这样一个函数（康托尔配对函数）可以用来将一个 $f: N^n \rightarrow N$ 的函数存储为一个 $g: N \rightarrow N$ 的函数。

康托尔集是点集拓扑中定义的集合，具体来说是康托尔举例说明存在一个完备且无处稠密的集合。集合的构造很简单，首先挖去单位区间中心1/3的开区间，再挖到两个部分分别的 1/3 开区间……这样下去就得到康托尔集,如图 15-16 所示。

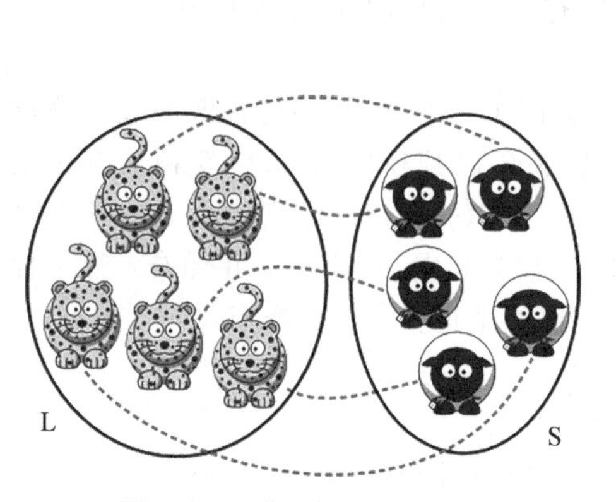

图 15-14 猎豹与绵羊的双射

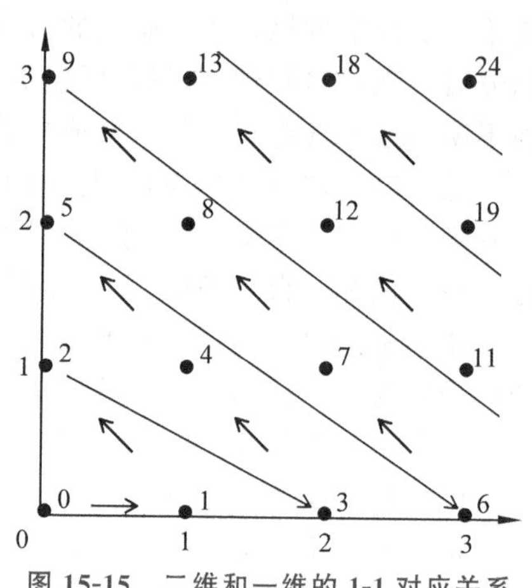

图 15-15 二维和一维的 1-1 对应关系

图 15-16 康托尔集

康托尔集有很多有趣的性质,这里仅列举一二。不过这些性质的发现远远超过康托尔当年的想象。在测度论中,康托尔集是有不可数基数但测度为 0 的集合。在分形论中,康托尔集是自相似分形,豪斯多夫维数为 ln3/ln2。在拓扑中,康托尔集自然同构于{0,1}的可数笛卡儿积所构成的空间。在动力系统中,康托尔集是映射 1→101,0→000 递归图(Recurrence Plot)。所以说康托尔集这样一个集合的发现是巧合,但同时也是自然之美的体现。康托尔最有名的工作在于他对代数数的研究——*Über eine Eigenschaft des Inbegriffes aller reellen algebraischen Zahlen*(关于所有代数数的一些性质)。他证明了所有超越数构成的集合是比可数更大的无穷。思路比较简单,因为在{0,1}中代数数是可数的(它们是 $n \times Q$ 的并集),故将其排成一排,取其展开,然后每位取不同的数字,就构造了一个不在这一列数中的数,即超越数,如图 15-17 所示。这个方法就是著名的康托尔对角线。值得注意的是,这个方法在可计算理论中的决定性问题也很重要,如停机问题的不可判定性,不过这都是后人对于康托尔成果的再利用。

E_0=m m m m m m m m m m m m …
E_1=w w w w w w w w w w w w …
E_2=m w m w m w m w m w m w …
E_3=w m w m w m w m w m m w …
E_4=w m m w w m m w m w m w …
E_5=m w m w w m w m w m w m …
E_6=m w m w w m w w m w m w …
E_7=w m m w m w m w m w m w …
E_8=m m w m w m w m w m w m …
E_9=w m w m m w w m w w m w …
E_{10}=w w m w m w m w m m w m …
E_{11}=m w m w w m w m m w m m …
⋮ ⋮ ⋮ ⋮ ⋮ ⋮ ⋮ ⋮ ⋮ ⋮ ⋮ ⋮ ⋮ ⋱

E_u≒w m w w m w m m m m m w …

图 15-17 康托尔对角线

其中常见的超越数包括 π,e,sin1。第一个被发现的超越数为刘维尔数(见图 15-18),是法国数学家刘维尔于 1844 年构造的。构造的过程如下。

(1) 整数位为 0。

(2) 第 $n!$ 个小数位为 1,其余的小数位为 0。

但是康托尔的工作遭到了很多数学家和哲学家的攻击,克罗内克作为当时德国数学

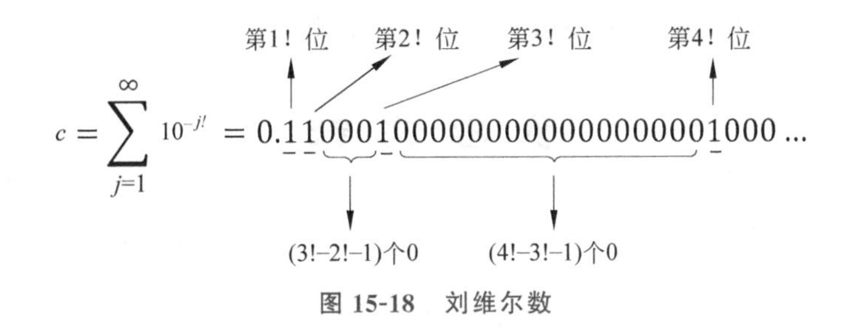

图 15-18　刘维尔数

界的实权人物对于康托尔的伤害也是最深的。克罗内克说:“我不知道康托尔理论中是什么——哲学还是神学,但我可以肯定的是,里面没有一点数学!”庞加莱说:“康托尔集合论几乎所有的观点都应该从数学中永远清除。”维特根斯坦说:“现在的数学一直纠缠于有害的集合论中,而这一理论完全是荒谬可笑的。”为什么康托尔受到这些攻击?原因在于无穷的概念难以理解。

如上的数学家与哲学家都是构造主义的支持者。构造主义指的是为了证明一个数学事实,首先要找到一个数学对象满足所有的限制条件。克罗内克强烈反对康托尔集合论,因为他假设集合满足某些性质,却不给出例子显示集合满足的性质。由于克罗内克当时是数学界最有影响力的人物之一,他甚至不允许康托尔发表文章以及参加会议。而康托尔自己也对克罗内克的攻击耿耿于怀:在他 1884 年写给莱夫勒的 52 封信中每封都提到了克罗内克。尽管康托尔最后有足够的名气与克罗内克对抗,但是这时的他已经备受打击,没有更多有趣的数学成果了。

有了实数集大于自然数集的结论,自然的问题是是否存在比自然数集大而比实数集小的集合?康托尔几乎耗尽了他所有晚年时间研究这个问题,但常年受到来自克罗内克的精神压力,无人交流宣泄自己情感,家中幼子的不幸罹难以及问题本身被低估的难度终于击垮了他。他患上了循环型躁郁症,令人惊奇是每次从精神病院出来后,他的头脑又变得异常清晰,做出了丰硕的研究成果。直至 1918 年,他在贫困与营养不良中去世。

这一个问题最终由歌德尔和科恩解决,他们证明了在策梅洛-弗伦克尔(Zermelo-Fraenkel)集合论体系下,连续假设既不能被证明也不能被证否,这也是歌德尔不完全性定理的最好印证,不过这个难度远远超出康托尔当年的想象之外。

作为一个数学家,康托尔既是幸运的也是不幸的。幸运在于,他有足够的洞察力,揭秘千百年来无数大数学家都忽略的、数学的基石——集合。不幸在于,他所受到当时人的反对与人身攻击在现在是不可想象的,自身内心的脆弱以及孤僻更导致了他的朋友离他而去,最终造成了精神崩溃的悲剧。回望他的一生所做出的贡献,他不愧于“数学奇才”这一名号。他的一生书写了对后世学者鼓舞与鞭策的传奇。

习　题

1. 网络中心性分析包含哪些常见的中心性?
2. 简述 NP-hard 问题的定义。

3. 简述多播生成树的生成过程并分析树长的影响。

参考文献

[1] Gupta P, Kumar P R. The capacity of wireless network[J]. IEEE Transactions on Information Theory, 2000, 46(2): 388-404.

[2] rossglauser M, Tse D. Mobility increases the capacity of ad hoc wireless networks{C]. IEEE INFOCOM, 2001(3): 1360-1369.

[3] Neely MJ , Modiano E. Capacity and delay tradeoffs for ad hoc mobile networks[J]. IEEE Transactions on Information Theory, 2005, 51(6): 1917-1937.

[4] Garetto M, Giaccone P, Leonardi E. Capacity scaling in delay tolerant networks with heterogeneous mobile nodes[C]. ACM MobiHoc, 2007: 41-50.

[5] Li X. Multicast capacity of large scale wireless ad hoc networks[J]. IEEE/ACM Transactions on Networking, 2008, 17(3): 950-961.

[6] Steele J M. Growth rates of euclidean minimal spanning trees with power weighted edges[J]. The Annals of Probability,1988, 16(4): 1767-1787.

[7] Penrose M D. A strong law for the longest edge of the minimal spanning tree[J]. The Annals of Probability, 1999, 27(1): 246-260.

[8] Gong H, Fu L, Fu X,et al. Distributed multicast tree construction in wireless sensor networks[J]. IEEE Transactions on Information Theory, 2017, 63(1): 280-296.

[9] Zheng H, Xiao S, Wang X, et al. Energy and latency analysis for in-network computation with compressive sensing in wireless sensor networks[C]. IEEE INFOCOM (mini-conference), 2012.

第16章 chapter 16

网络经济学

网络经济学主要涉及的是网络资源的调度与分配，通过经济学的手段和方法分析问题，如无线频谱的分配、无线网络流量的定价等。常见的网络经济学手段包括博弈论、拍卖机制、契约理论等。本章在考虑上述3个知识点的基础上，介绍一些市场理论和谈判理论的知识，从基础的层面阐述网络经济学的一些特性。

16.1 博弈论

在分析网络资源的调度、分配问题中，博弈论是最为有力的工具之一。一个博弈有3个基本要素：参与者(Player)、策略空间(Strategy Space)和支付(Payoff)。在一个策略式博弈(又称标准式博弈)中，用户同时进行决策，并且所有参与者策略的集合决定了每个参与者的支付。根据参与者对信息的获取，可以将博弈论分为完全信息博弈与不完全信息博弈，其中完全信息博弈描述的是所有参与者能够获得博弈的所有信息；反之，不完全信息博弈指的是至少有一个参与者不能获取所有的博弈信息。根据博弈的过程可以将博弈分为静态博弈和动态博弈：静态博弈假设参与者同时做出一次性的决策；在动态博弈中，参与者会多次不断地做出决策。本章根据信息的获取以及博弈的过程分别阐述博弈论的4个不同方面。

16.1.1 完全信息静态博弈

本节介绍最简单的一类博弈——静态博弈。静态博弈有两个特征：第一，所有参与者同时进行决策；第二，参与者获得的支付取决于所有参与者采取的策略。在静态博弈中，将讨论的范围进一步缩小为完全信息静态博弈。完全信息指所有参与者都知道其他参与者的支付函数。在本节中，首先，介绍博弈的基本概念，包括如何描述一个博弈以及如何解决一个博弈问题。我们将介绍对于完全信息静态博弈的分析方法，定义策略式博弈和严格劣势策略，并利用严格劣势策略来解决部分完全信息静态博弈。其次，介绍一个重要的概念——纳什(Nash)均衡。在介绍混合策略的基础上引入纳什均衡这一概念。最后，讨论混合策略博弈的纳什均衡。

1. 博弈的基本概念

通过经典的囚徒困境(Prisoner's Dilemma)详细解释策略式博弈。囚徒困境的情景是这样的：有两个嫌疑犯因为犯下罪行被逮捕了，但是警官缺乏足够的证据来证明他们的罪行。警官唯一的办法是让囚徒中一人承认罪行。于是警官把两个嫌疑犯关押在两个牢房中，并且将同样的一段话告诉两个人：如果他们两个人都否认犯罪，那么两个人都会被判入狱一年；如果两个人都承认犯罪，那么两个人都会被判入狱5年；如果一个人认罪，而另一个人否认罪行，认罪的人会被立即释放，而否认罪行的人则会被判入狱10年。

为了更方便地讨论问题，将囚徒困境以双变量矩阵的形式表示成如图16-1所示。在矩阵中，每个元素的第一个数表示嫌疑犯1的支付，第二个数表示嫌疑犯2的支付。如当嫌疑犯1承认罪行而嫌疑犯2否认罪行，那么(0，−10)表示嫌疑犯1将被判入狱0年，即无罪释放，嫌疑犯2将被判入狱10年。

		嫌疑犯2	
		否认	承认
嫌疑犯1	否认	−1, −1	−10, 0
	承认	0, −10	−5, −5

图16-1 囚徒困境的双变量矩阵

在囚徒困境这个博弈中，参与者是嫌疑犯1和嫌疑犯2，每个参与者的策略空间是{承认，否认}。下面，描述一个多参与者的博弈。假设有n个参与者，分别为$1,2,\cdots,n$。令S_i表示参与者i的策略的集合，称为策略空间，令s_i表示这个集合的任一元素，用$s_i \in S_i$来表示。令$(s_1,s_2,\cdots,s_n)$表示n个参与者的一种策略组合，对于每个参与者i，用$u_i(u_1,u_2,\cdots,u_n)$表示i的支付。由此我们可以得到一个策略式博弈的标准表达。

定义16-1 一个有n个参与者的策略式博弈的标准表达为n个参与者的策略空间$(S_1,S_2,\cdots,S_n)$和他们的支付函数$(u_1,u_2,\cdots,u_n)$。用$G=\{S_1,S_2,\cdots,S_n;u_1,u_2,\cdots,u_n\}$来表示这个博弈。

接下来介绍一种简单的方法来解决一个策略式博弈问题。仍然以图16-1中的囚徒困境为例。对于嫌疑犯1而言，若嫌疑犯2选择承认罪行，那么他选择承认罪行的支付是−5，大于他否认罪行的支付−10；若嫌疑犯2否认罪行，那么他认罪的支付0大于他否认罪行的支付−1。所以，无论嫌疑犯2如何做出决策，嫌疑犯1都应该选择承认罪行。换言之，对于嫌疑犯1，否认罪行严格劣于承认罪行。

定义16-2 在一个策略式博弈$G=\{S_1,S_2,\cdots,S_n;u_1,u_2,\cdots,u_n\}$中，$s_i'$和$s_i''$是参与者$i$的可选策略。无论除去$i$的其他玩家采取任何策略，$i$采取策略$s_i$的支付总是小于$i$采取策略$s_i''$的支付，则策略$s_i'$严格劣于策略$s_i''$，即$\forall(s_1,s_2,\cdots,s_{i-1},s_{i+1},\cdots,s_n)\in(S_1,S_2,\cdots,S_{i-1},S_{i+1},\cdots,S_n)$，$u_i(s_1,s_2,\cdots,s_{i-1},s_i',s_{i+1},\cdots,s_n)<u_i(s_1,s_2,\cdots,s_{i-1},s_i'',s_{i+1},\cdots,s_n)$。

在囚徒困境中,一个理性的参与者会选择承认罪行,所以(承认,承认)会是两个理性的参与者最后选择的策略组合。用这个方法来解决更复杂的博弈问题,如图 16-2 所示。

		参与者2		
		左	中	右
参与者1	上	2, −1	1, 1	3, 2
	下	0, 2	2, 0	−1, 1

图 16-2 初始博弈

对于参与者 2 而言,策略"中"严格劣于策略"右",因为 u_2(上,中)<u_2(上,右)且 u_2(下,中)<u_2(下,右)。因此,参与者 2 是不会选择策略"中"的。于是可以把图 16-2 所示的矩阵转变为图 16-3 所示的矩阵。

		参与者2	
		左	右
参与者1	上	2, −1	3, 2
	下	0, 2	−1, 1

图 16-3 第一次剔除严格劣势策略

此时,对于参与者 1 而言,策略"下"严格劣于策略"上",因为 u_1(下,左)<u_2(上,左)且 u_1(下,右)<u_2(上,右)。因此参与者 1 不会选择策略"下"。可以进一步把矩阵转变为图 16-4 所示的矩阵。

		参与者2	
		左	右
参与者1	上	2, −1	3, 2

图 16-4 第二次剔除严格劣势策略

对于参与者 2 而言,策略"左"严格劣于策略"右",所以他会选择策略"右"。最终得到策略组合(上,右)为参与者 1 和参与者 2 的最终策略。

人们将这个方法称为严格劣势策略逐次消去法。然而并不是所有博弈问题都能用这个方法来解决,例如图 16-5 所示的博弈,没有任何一个严格劣势策略。为了解决这个问题,下面引入纳什均衡的概念。

		参与者2		
		左	中	右
参与者1	上	0, 4	4, 0	5, 3
	中	4, 0	0, 4	5, 3
	下	3, 5	3, 5	6, 6

图 16-5 不能用重复剔除严格劣势策略来解决博弈的例子

2. 纳什均衡

考虑这样一个情景：在一个策略式博弈中，有一个策略组合使得对于任何参与者而言，当其他参与者按照这个策略组合进行决策时，他按照策略组合中的策略进行决策得到的支付不小于他采取其他策略得到的支付。人们将这样一个策略组合称为纳什均衡。

定义 16-3 在一个有 n 个参与者的策略式博弈 $G=\{S_1,S_2,\cdots,S_n;u_1,u_2,\cdots,u_n\}$ 中，有这样一个策略组合 $(s_1^*,s_2^*,\cdots,s_n^*)$ 满足：

$$u_i(s_1^*,s_2^*,\cdots,s_{i-1}^*,s_i^*,s_{i+1}^*,\cdots,s_n^*)\geqslant u_i(s_1^*,s_2^*,\cdots,s_{i-1}^*,s_i,s_{i+1}^*,\cdots,s_n^*),\quad \forall i,\forall s_i\in S_i\backslash s_i^*$$

则称 $(s_1^*,s_2^*,\cdots,s_n^*)$ 为纳什均衡。

用另一种方式来理解，即对于任一参与者 i 而言：

$$s_i^*=\arg\max_{s_i\in S_i} u_i(s_1^*,s_2^*,\cdots,s_{i-1}^*,s_i,s_{i+1}^*,\cdots,s_n^*)$$

下面进一步来探讨纳什均衡的意义。假设在一个策略式博弈 $G=\{S_1,S_2,\cdots,S_n;u_1,u_2,\cdots,u_n\}$ 中，有一个策略组合 $(s_1',s_2',\cdots,s_n')$，但是它不是这个博弈的纳什均衡。那么按照纳什均衡的定义：

$$u_i(s_1',s_2',\cdots,s_{i-1}',s_i'',s_{i+1}',\cdots,s_n')>u_i(s_1',s_2',\cdots,s_{i-1}',s_i',s_{i+1}',\cdots,s_n'),\quad \exists i,\exists s_i''$$

所以，如果按照这个策略组合进行决策，那么至少有一个参与者不会选择策略组合中的策略，因为他可以选择另一个策略来增加他的支付。所以，可以认为一个博弈的纳什均衡是一个稳定的状态，是一个所有参与者能达成的共识。用纳什均衡来解决之前不能用重复剔除严格劣势策略来解决的博弈。对于一个有两个参与者的博弈，找到纳什均衡的方法是对于每个参与者的每个策略，标记另一个参与者对这个策略的最佳应对策略。对于图 16-5 所示的博弈而言，在图 16-6 中用下画线标出最佳应对策略。对于参与者 1 而言，当参与者 2 采取策略"左"时，他采取策略"中"能得到最高的支付，所以我们在策略组合(左，中)对应的参与者 1 的支付 4 下进行标记。使用同样的方法，我们标记了 6 个这样的最佳应对策略对应的支付。

		参与者2		
		左	中	右
参与者1	上	0, <u>4</u>	<u>4</u>, 0	5, 3
	中	<u>4</u>, 0	0, <u>4</u>	5, 3
	下	3, 5	3, 5	<u>6</u>, <u>6</u>

图 16-6 用纳什均衡求解的例子

按照纳什均衡的定义，符合纳什均衡条件的策略组合中的每个策略都应该是对其他策略的最佳应对，那么在我们采用标记法得到的双变量矩阵中，如果有一个元素的两个支付都被标记了，那么它对应的策略组合就是纳什均衡。在这个例子中，(下，右)就是博弈的纳什均衡。从这个例子中，可以看到纳什均衡可以解决严格劣势策略逐次消去法无法解决的博弈问题。实际上，寻找纳什均衡是一个比严格劣势策略逐次消去法更强的方法，即纳什均衡一定可以通过严格劣势策略逐次消去法，而严格劣势策略逐次消去法得到的策略组合却不一定是纳什均衡。那么,一个博弈是否一定存在纳什均衡呢?纳什证明了在一个有限博弈(参与者数量和他们的策略空间是有限的)中,存在至少一个纳什均衡。

在下面这个例子中,将看到一个博弈中存在不止一个纳什均衡。这个经典的博弈被称为性别战博弈(Game of Battle of Sexes)。一对情侣前往电影院观看电影,男方希望两人一起看战争片,而女方希望一起看爱情片。我们将这个问题转化为博弈,这个博弈的双变量矩阵如图 16-7 所示。不难得出,(爱情片,爱情片)和(战争片,战争片)都是纳什均衡。

		女方	
		否认	承认
男方	爱情片	1, 2	0, 0
	战争片	0, 0	2, 1

图 16-7 性别战博弈

3. 混合策略博弈

之前举出的博弈问题的例子都有一个共同的特点:每个参与者在给定的信息下只能选择一种特定策略。例如在囚徒困境中,嫌疑犯只能选择承认或者否认。人们将这种策略称为纯策略。本节将介绍另一种类型的策略——混合策略。

如果在给定信息下以某种概率选择不同策略,这样的策略称为混合策略。从另外一个角度来说,纯策略是混合策略的一种特例,而混合策略是纯策略的一个概率分布。用 σ_i 来表示一个参与者 i 的策略空间 S_i 的一个混合策略,$\sum_i$ 表示参与者 i 的混合策略空间。与纯策略不同,混合策略的支付不能用一个定值来表示,只能用期望值来表示。对于一个策略式博弈 $G=\{S_1,S_2,\cdots,S_n;u_1,u_2,\cdots,u_n\}$,参与者采取了混合策略组合 $\sigma=\{\sigma_1,\sigma_2,\cdots,\sigma_n\}$,那么参与者 i 的支付为 $\sum_{s\in S}\left(\prod_{j=1}^{n}\sigma_j(s_j)\right)u_i(s)$。

以图 16-2 中的问题为例,假设 $\sigma_1=(0.5,0.5)$,$\sigma_2=(0.3,0.3,0.4)$。那么

$$\begin{aligned}u_1(\sigma_1,\sigma_2)&=0.5\times(0.3\times2+0.3\times1+0.4\times3)+0.5\times[0.3\times0+0.3\times2+\\&\quad 0.4\times(-1)]\\&=1.15\end{aligned}$$

$$\begin{aligned}u_2(\sigma_1,\sigma_2)&=0.3\times[0.5\times(-1)+0.5\times2]+0.3\times(0.5\times1+0.5\times0)+\\&\quad 0.4\times(0.5\times2+0.5\times1)\\&=0.9\end{aligned}$$

定义 16-4 在一个有 n 个参与者的策略式博弈 $G=\{S_1,S_2,\cdots,S_n;u_1,u_2,\cdots,u_n\}$ 中,有这样一个混合策略组合 $\sigma^*=(\sigma_1^*,\sigma_2^*,\cdots,\sigma_n^*)$ 满足:

$$u_i(\sigma_1^*,\sigma_2^*,\cdots,\sigma_{i-1}^*,\sigma_i^*,\sigma_{i+1}^*,\cdots,\sigma_n^*)\geqslant u_i(\sigma_1^*,\sigma_2^*,\cdots,\sigma_{i-1}^*,\sigma_i,\sigma_{i+1}^*,\cdots,\sigma_n^*),\quad \forall i,\forall\ \sigma_i\in\Sigma_i\setminus\sigma_i^*$$

则 σ^* 是博弈 G 的混合策略纳什均衡。

通过这个定义,可以发现"2. 纳什均衡"介绍的纯策略纳什均衡是混合策略纳什均衡的一种特例。接下来,通过一个例子来阐述计算混合策略纳什均衡的方法。采用

图 16-7 所示的性别战博弈。令 $\sigma_1=(p,1-p)$,$\sigma_2=(q,1-q)$,则 $u_1(\sigma_1,\sigma_2)=(3q-2)p+2-2q$,$u_2(\sigma_1,\sigma_2)=(3p-1)q+1-p$。对于男方来说,他要最大化地支付 u_1,也就是说

$$p=\max_p u_1(\sigma_1,\sigma_2)=\begin{cases}0, & q<\dfrac{2}{3}\\ (0,1), & q=\dfrac{2}{3}\\ 1, & q>\dfrac{2}{3}\end{cases}$$

同样地,有

$$q=\max_q u_2(\sigma_1,\sigma_2)=\begin{cases}0, & p<\dfrac{1}{3}\\ (0,1), & p=\dfrac{1}{3}\\ 1, & p>\dfrac{1}{3}\end{cases}$$

将 p 和 q 的这两个表达式称为 p 和 q 的最佳反应函数。然后,把这两个反应函数画在一张图中,如图 16-8 所示。两条曲线的交点为混合策略纳什均衡。

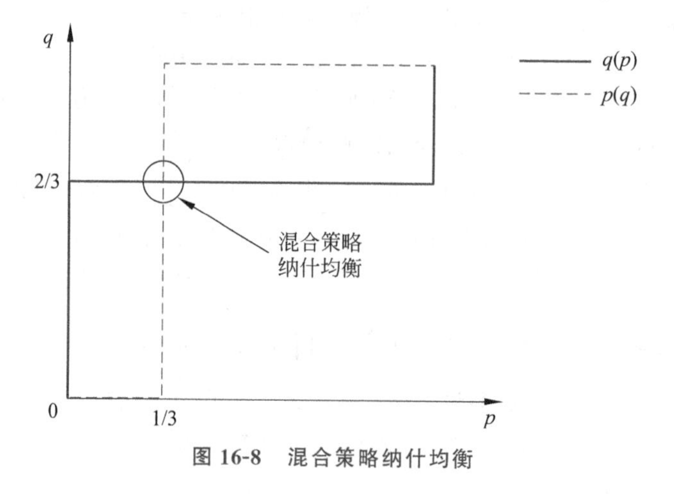

图 16-8 混合策略纳什均衡

16.1.2 完全信息动态博弈

很多博弈过程都是动态的,这就涉及多阶段博弈的概念。在多阶段博弈的阶段 k,每位参与者都知道其他参与者在阶段 k 之前的所有行动;每位参与者在某一阶段至多行动一次;阶段 k 的信息集不提供任何参与者在阶段 k 中决策的信息。

假设一共有 k 个阶段。在多阶段博弈的每个阶段,每个参与者 i 同时做出行动决策,$a^k\equiv(a_1^k,a_2^k,\cdots,a_i^k)$ 表示所有参与者在阶段 k 的行动组合。在每一阶段结束时,每位参与者都能观测到所有参与者在本阶段做出的行动,所有在阶段 $k+1$ 之前的行动都是所有参与者的共同知识,$h^{k+1}=(a^0,a^1,\cdots,a^k)$表示在阶段 $k+1$ 之前所有参与者行动

的历史信息。$A_i(h^{k+1})$表示历史信息为h^{k+1}时参与者i在阶段$k+1$所有可行的行动的集合。H^k表示在阶段k所有可能的历史信息h^k的集合。基于以上定义,参与者i的纯策略$A_i(H^k)=\bigcup_{h^k\in H^k}A_i(h^k)$就是一系列映射$\{s_i^k\}_{k=0}^K$的序列,其中,$s_i^k$将$H^k$映射到行动集$A_i(H^k)$上。

与之前类似,可以定义完全信息动态博弈的纳什均衡——在均衡点处,没有参与者可以通过改变自己的策略来增加获益,即$u_i(s_i,s_{-i})\geqslant u_i(s_i',s_{-i}),\forall i$。

考虑一个双头垄断市场的Stackelberg博弈。在Stackelberg模型中,企业1(领头企业,leader)首先选择产量q_1。紧接着,企业2(跟随企业,follower)观察到企业1的决策后决定自己的产量q_2。假设两家企业生产产品不计成本,市场上供求相等,价格函数为$p(q)=\mathrm{c}-q$,其中c为常数。所以企业i的支付函数为$u_i(q_1,q_2)=[\mathrm{c}-q_1-q_2]q_i$。因为企业2的决策依赖于企业1的产量,所以其策略$s_2$是企业1行动空间$A_1$到企业2行动空间$A_2$的映射,即$s_2:A_1\to A_2$。对于固定的企业1的产量$q_1$,企业2将做出使自己利益最大化的决策。由企业2支付函数的一阶条件可得企业2的反应函数:$r_2(q_1)=\frac{\mathrm{c}-q_1}{2}$。企业1可以预测企业2的决策方式,因此给定$s_2=r_2$时,企业1选择使其支付函数最大的产量$q_1$,即$s_1=\max\limits_{q_1}u_1(q_1,r_2(q_1))$。最后企业1和企业2的均衡策略为

$$(q_1^*,q_2^*)=\left(\frac{\mathrm{c}}{2},\frac{\mathrm{c}}{4}\right)$$

上述推导均衡策略的过程称为反向归纳(Back Induction)。其思想是先求解最后一个做出行动的参与者的反应函数,不论他面临什么样的情形;然后将他的策略代入前一个行动者的支付函数中,求解其反应函数,重复迭代,直到求出第一个做出行动的参与者的反应函数,得出其最优策略;最后将第一个做出行动的参与者的最优策略代入第二个做出行动的参与者的支付函数,得出其最优策略。以此类推,最后得到所有参与者的均衡策略组合。

16.1.3 不完全信息静态博弈

1. 不完全信息

当博弈的某些参与者不知道其他参与者的支付函数时,我们说这样的博弈具有不完全信息。事实上,很多博弈在一定程度上都是不完全信息博弈,而每个参与者完全了解所有参与者支付函数的假设只是一个简化的近似而已。参与者的类型包含与参与者决策相关的私有信息,其中可能包括参与者的支付函数,该参与者对其他参与者支付函数的知识,该参与者认为其他参与者对他的支付函数的了解程度,以此类推。

为了更清楚地说明不完全信息和参与者类型的概念,考虑表16-1所示的例子。同一行业有两家企业:企业1(参与者1)、企业2(参与者2)。参与者1决定是否建立一座工厂。与此同时,参与者2决定是否进入这一产业。虽然参与者1知道自己建立工厂的成本,但参与者2不确定参与者1是高成本还是低成本(分别对应数字3和0)。参与者2的支付依赖于参与者1是否建立工厂,但并不直接受参与者1的成本高低影响。进入这

一行业对参与者 2 有利可图当且仅当参与者 1 不建立工厂。注意到参与者 1 有占优策略：如果成本低，则建立工厂；否则，不建立工厂。

表 16-1　不完全信息和参与者

	进　入	不进入	进　入	不进入
建立	0,1	2,0	3,−1	5,0
不建立	2,1	3,0	2,1	3,0
	参与者 1 的支付(高成本)		参与者 1 的支付(低成本)	

令 p_1 表示参与者 2 认为参与者 1 为高成本的先验概率。当且仅当参与者 1 为低成本时，参与者 1 才会选择建立工厂，所以 $p_1>\frac{1}{2}$ 时参与者 2 选择进入，$p_1<\frac{1}{2}$ 时选择不进入。通过依次删除严格占优的策略，可以求解表 16-1 中所示的博弈。

2. 海萨尼转换

考虑表 16-2 所示的新博弈：低成本被量化为 1.5 而不是之前的 0。高成本时选择“不建立”依然是参与者 1 的占优策略。但在低成本的情况下参与者 1 的最优策略取决于他对参与者 2 进入产业概率 y 的预测。参与者 1 选择建立工厂，当且仅当

$$1.5y+3.5(1-y)>2y+3(1-y)\Rightarrow y<\frac{1}{2}$$

所以，参与者 1 必须预测参与者 2 的表现来选择自己的行动，而参与者 2 不能仅仅从他关于参与者 1 支付函数的知识推断参与者 1 的行动。

表 16-2　新博弈

	进　入	不进入	进　入	不进入
建立	0,1	2,0	1.5,−1	3.5,0
不建立	2,1	3,0	2,1	3,0
	参与者 1 的支付(高成本)		参与者 1 的支付(低成本)	

海萨尼(Harsanyi)提出一种方法来分析这样的情形——引入一个虚拟的参与者“自然”来决定参与者 1 的类型(在这个例子中，类型指高成本还是低成本)。通过 Harsanyi 转换，参与者 2 关于参与者 1 成本的不完全信息变为关于自然行动的不完美信息，因而转换后的博弈可以通过标准的方法分析。

不完全信息到不完美信息的转换如图 16-9 所示，转换后的动态博弈可以用博弈的扩展式表述来表示。博弈的扩展式表述是博弈论的一个基本概念。一般地，博弈的扩展式表述包括如下信息。

(1) 行动顺序。

(2) 参与者的支付函数。

(3) 参与者决策时可能的行动选择。

（4）参与者决策时掌握的信息。

（5）外部事件的概率分布。

图16-9中N表示自然，自然决定参与者1的类型，并且假设每个参与者对自然行动的概率分布有相同的先验知识。一旦采用这样的假设，就得到一个标准博弈，因而可以采用标准的方法予以分析。Harsanyi的贝叶斯（Bayesian）均衡正是不完美信息博弈的纳什均衡。

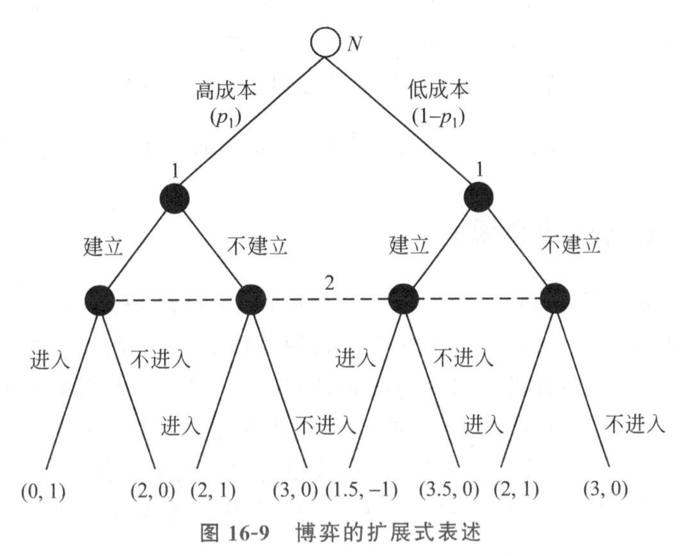

图16-9 博弈的扩展式表述

3. 贝叶斯均衡

一般地，假设参与者的类型$\{\theta_i\}_{i=1}^{I}$服从某种概率分布$p(\theta_1,\theta_2,\cdots,\theta_I)$，其中$\theta_i$属于空间$\Theta_i$。$p(\theta_{-i}|\theta_i)$表示参与者$i$给定其类型关于其他参与者类型$\theta_{-i}=(\theta_1,\theta_2,\cdots,\theta_{i-1},\theta_{i+1},\cdots,\theta_I)$的条件概率；边际概率$p_i(\theta_i)$恒为正。定义纯策略集$S_i$（元素为$s_i$）、参与者$i$支付函数$u_i(s_1,s_2,\cdots,s_I,\theta,\cdots,\theta)$。定义拓展博弈——对于每个参与者$i$其纯策略空间为$S_i^{\Theta_i}$，其中$S_i^{\Theta_i}$是$\Theta_i$到$S_i$映射的集合。

在拓展博弈中，给定每个参与者i的类型θ_i、先验概率分布p、纯策略空间S_i，贝叶斯均衡就是拓展博弈的不完全信息纳什均衡。给定策略$s(\cdot)$和$s'(\cdot)\in S_i^{\Theta_i}$，策略组合$(s_i'(\cdot),s_{-i}(\cdot))$表示参与者$i$采取策略$s_i'(\cdot)$同时其他人采取策略$s_i(\cdot)$。该策略组合在$\theta=(\theta_i,\theta_{-i})$处的值为

$$(s_i'(\theta_i),s_{-i}(\theta_{-i}))=(s_1(\theta_1),s_2(\theta_2),\cdots,s_{i-1}(\theta_{i-1}),s_i'(\theta_i),s_{i+1}(\theta_{i+1}),\cdots,s_I(\theta_I))$$

对于参与者i，当且仅当$s_i(\cdot)\in\underset{s'(\cdot)\in S_i^{\Theta_i}}{\arg\max}\sum_{\theta_i}\sum_{\theta_{-i}}p(\theta_i,\theta_{-i})u_i(s'_i(\theta_i),s_{-i}(\theta_{-i})(\theta_i,\theta_{-i}))$时，纯策略$s_i(\cdot)$是贝叶斯均衡。

令x表示低成本时参与者1建立工厂的概率，y表示参与者2进入产业的概率。如果$-1\cdot(1-p_1)x+1\cdot(1-p_1)(1-x)>0\Rightarrow x<\dfrac{1}{2(1-p_1)}$，参与者2的最优策略是选

择进入($y=1$);如果 $x>\frac{1}{2(1-p_1)}$,参与者 2 的最优策略是选择不进入($y=0$);如果 $x=\frac{1}{2(1-p_1)}$,$y\in[0,1]$。相似地,如果 $1.5y+3.5(1-y)>2y+3(1-y)\Rightarrow y<\frac{1}{2}$,参与者 1 的最优选择是建立($x=1$);如果 $y>\frac{1}{2}$,参与者 1 的最优选择是不建立($x=0$);$y=\frac{1}{2}$时,$x\in[0,1]$。搜索贝叶斯均衡的过程归结为找出点对(x,y),使得 x 是低成本情况下参与者 1 的最优策略并且 y 是给定 p_1 和参与者 1 策略的情况下参与者 2 的最优策略。例如,($x=0$,$y=14$)(参与者 1 不建立,参与者 2 进入)对任意的 p_1 都是均衡;当且仅当 $p_1\leqslant\frac{1}{2}$时,($x=1$,$y=0$)(低成本时参与者 1 建立,参与者 2 不进入)是均衡。

16.1.4 不完全信息动态博弈

不完全信息动态博弈(或动态贝叶斯博弈)的基本特征是参与者的行动是序贯的。在动态博弈中,行动有先后次序;在不完全信息的条件下,博弈的每个参与者知道其他参与者有哪几种类型以及各种类型出现的概率,即知道"自然"参与者的不同类型与相应选择之间的关系,但是参与者并不知道其他参与者具体属于哪种类型。由于行动有先后顺序,后行动者可以通过观察先行动者的行为,获得有关先行动者的信息,从而证实或者修正自己对先行动者的行动,选择自己的最优行动;先行动者理性预测到自己的行动将被后行动者所利用,就会设法选择传递对自己有利的信息,避免传递对自己不利的信息。因此,该博弈过程不仅指参与者选择行动的过程,而且是参与者不断修正信念的过程。

1. 先验概率与后验概率

在贝叶斯统计中,人们根据历史以及经验对某随机事件概率分布的先验信念称为先验概率。先验概率形成后,根据之后得到的信息对先验概率进行修正得到后验概率。贝叶斯公式是连接先验概率和后验概率的桥梁。

贝叶斯公式:设实验 E 的样本空间为 Ω。事件 $A_1,A_2,\cdots,A_n$ 构成样本空间为 Ω 的一个划分(或构成一个完备事件组),且 $P(A_i)>0(i=1,2,\cdots,n)$,则对任意一个事件 $B(P(B)>0)$有

$$P\left(\frac{A_j}{B}\right)=\frac{P(A_j)P\left(\frac{B}{A_j}\right)}{\sum_{i=1}^{n}P(A_i)P(B/A_i)},\quad j=1,2,\cdots,n$$

在不完全信息动态博弈中,博弈参与者在博弈开始前具备先验信念。当博弈开始后,后行动的博弈参与者观察到先行动的博弈参与者的部分信息。根据观察到的信息,后行动的博弈参与者会修正自己的先验概率,得到后验概率。先行动的博弈参与者知道自己透露的信息会影响后行动的博弈参与者的信念。因此,先行动的博弈参与者在透露信息时,也要经过深思熟虑、理性权衡,尽可能让自己透露的信息能诱导后行动的参与者形成有利于先行动的参与者的信念。

2. 不完全信息动态博弈的均衡

与不完全信息静态博弈类似，可以通过 Harsanyi 转换将一个不完全信息动态博弈写成博弈树的表达形式。把不确定条件下的选择转换为风险条件下的选择。在风险条件下，B 虽然不知道 A 的类型，但可以知道不同类型的分布概率，将不确定条件下的选择转换为风险条件下的选择。Harsanyi 转换是处理不完全信息博弈的标准方法。

不完全信息动态博弈的均衡应具备以下两个特点。

(1) 博弈参与者在每个博弈节点上都有一个主观信念；如果某个博弈参与者的信息集为单点信息集，那么可以认为该信息集上的博弈参与者赋予此博弈节点的主观概率为 1。

(2) 均衡必须满足序贯性，即在博弈的每个信息集上，博弈参与者的决策都是最优的。

3. 不完全信息动态博弈的要素

(1) 假设博弈有 n 个参与者。参与者用 i 表示，$i=1,2,\cdots,n$。

(2) 每个博弈参与者都有自己的策略空间。

(3) 博弈参与者可能是多种类型的一种。

(4) 参与者明确知道自己的类型，但其他博弈参与者不知道参与者 i 的类型，只知道参与者 i 的类型空间的概率分布。

(5) 博弈参与者对其他博弈参与者具有先验信念。在博弈过程中，博弈参与者会修正自己的先验信息，得到后验概率。

16.2 拍卖机制

拍卖行为是一种商品的交易方式，古老又新式，从最原始的竞拍交易到当前最先进的网购，这里面都存在拍卖的身影。拍卖理论的广泛性和实用性在实践与理论上都得到了有力的证明，作为经济学的重要分支，其在网络领域的应用非常深入。拍卖标志如图 16-10 所示。

拍卖的特点是多位购买者自由竞价，出价最高的买方赢得物品，常用于定向购买物品或者服务，例如承包工程竞拍，因此，可以对拍卖做如下定义。

图 16-10 拍卖标志

定义 16-5 拍卖是指以竞价的形式，将特定物品或财产权利转让给最高应价者的买卖方式。

从时间轴的角度，对拍卖理论的发展做一个简单的梳理。拍卖模型在物品的交易过程中已实际存在，从理论上系统地分析拍卖是1956年,劳伦斯·弗雷德曼(Lawrence Friedman)提出最早的拍卖模型,从投标者角度研究最优投标策略。在1961年,威廉·维克瑞(William Vickery)发表文章《反投机、拍卖与竞争性密封投标》,首次用博弈论处理拍卖问题并取得巨大进展,提出"等价收入定理",从而引导该理论的基本研究方向。1962年,威廉·维克瑞将单物品拍卖推广到多物品拍卖,并提出两种常用方式:序贯拍卖、同步拍卖。1981年,罗杰·迈尔森(Roger B.Myerson)和约翰·莱利(John Riley)对威廉·维克瑞的等价收入定理做了一般性推广。经济学家通过几十年的研究,形成了一套系统的经济理论,用来分析和理解拍卖与招标机制的优越性,也为实际操作提供了许多有用的建议。接下来,介绍拍卖的基本要素,并结合实际的问题做讲解,同时讨论本领域的一些研究方向和成果,主要以网络经济学为主。

16.2.1 拍卖的要素

一般来说,在一次拍卖活动中,基本要素的组成为拍卖人(Auctioneer)、竞拍人(Bidder)、拍卖物品(Item)、拍卖规则(Rule)。

(1) 拍卖人:指拍卖物品或者服务的拥有者,通俗来说就是卖方。

(2) 竞拍人:指参与竞拍、希望购买物品或者服务的用户,通俗来说就是买方。

(3) 拍卖物品:指被拍卖的对象,可以是实际物品,也可以是服务或者使用权,例如频谱,拍卖对象可以是可分的,也可以是不可分的。

(4) 拍卖规则:指竞价方式,如公开竞价或者密封竞价,选择胜出用户和支付的方式,如第一价格或第二价格等。

因此,拍卖是通过竞标的方式来买卖服务或者物品,其中卖方是为了最大化自己的效用,如最大化拍卖物品的拍卖价格,买方期望通过竞标的方式从中受益。特别要指出的是,拍卖物品可以是虚拟的。在网络经济学中,应用拍卖机制解决的问题中拍卖物品常常是服务或者使用权,如认知无线电网络中的频谱使用权,云计算中的计算资源使用等。拍卖规则是整个拍卖中最核心的部分,例如拍卖按照怎样的方式进行,是大家公开竞标还是密封竞标,拍卖怎样选择出胜出的竞拍人(即用户),这些胜出用户的最终价格是怎样计算的,等等,都依赖拍卖规则的制定。严谨完善的拍卖规则不仅可以保证竞拍人以自身真实的价格竞拍,还能尽量最大化拍卖人的效益;反之,不可靠的拍卖规则会让用户有机可乘,损害买卖双方的利益,扰乱市场秩序。

拍卖的应用场景经常是竞拍人对拍卖人的物品真实价值并没有好的估计,即买卖双方在物品的价值信息上存在不对称,同时竞拍人之间也互相不知道拍卖物品对各自的价值。那么就需要以拍卖的形式,结合拍卖的规则来引出竞拍人的真实价格,最终反映物品的真实价值。

物品价值已知:在拍卖的场景中,当拍卖物品价值已知时,即所有竞拍人知道竞拍物品对于其他竞拍人的价值。假设卖方试图出售价值为 x 的物品,假设该物品对潜在买方的价值中的最大值是 y,并且 $y>x$。那么该物品的盈余是 $y-x$。如果卖方知道买方对于该物品赋予的潜在价值,他可以简单地宣布,该物品是以一个略低于 y 的固定价格出售,并且不接受任何更低的价格。这样的话,价值为 y 的买方将购买物品,商品的盈余将会归卖方所有，卖方不需要拍卖，因为他在正确预测价值后，只需要合理地宣布物品价格即可。这里卖方有能力制定拍卖的规则，即宣布一个固定的价格，然后买方相信这个价格并购买商品。如果正好相反呢，买方声明自己可以支付的价格，这个价格可以刚刚高于 x，所有的买方都声称这个固定的价格，那么卖方仍会出售，因为他仍然可以获益，只是收益相对于以 y 左右的价格要低。也就是说，不同的拍卖规则，最终的结果是完全不同的，甚至能够让物品的盈余从卖方转移到买方。

物品价值未知：大多数情况下，物品对于竞拍人的价值是私有的，互相不知道。这是我们主要关注的问题，因为实际的情况就是如此。个人的兴趣爱好，使用习惯的不同，使得同一物品的价值因人而异。这种信息的不对称使得拍卖成为解决这类问题的有力工具。当然商品的价值也可能没有标准值，如定义频谱的价值很难，通过拍卖的形式可以确定其价格的出售，也就是根据竞标值来确定。

综上所述，在拍卖中，主要存在 4 个基本的要素：针对的是物品价值信息不对称，价格由竞争的方式来决定，不是由卖方说了算，也不是由买卖双方讨价还价来确定。竞争决定价格的优越性源于非对称信息。卖方不完全知道潜在买方愿意出的真实价格，这种信息通常只有买方自己知道。每一潜在买方也不知道其他买方可能的意愿出价。拍卖的竞价过程可以帮助卖方收集这些信息，从而把物品卖给愿意付最高价的买方。这不仅达到资源有效配置，而且为卖方取得最高收益。

16.2.2 拍卖的分类

从不同的角度，可以对拍卖进行不同的分类，这里主要介绍两种不同的分类方式：一是按照拍卖形式进行分类，二是按照拍卖规则分类。按拍卖的形式可以将拍卖分为正向拍卖和逆向拍卖、单向拍卖和双向拍卖、单物品拍卖和多物品拍卖。按照拍卖规则可以将拍卖分为增价拍卖（或英国式）、减价拍卖（或荷兰式）、第一价格拍卖和第二价格拍卖。增价拍卖和减价拍卖均为公开叫价方式，第一价格拍卖和第二价格拍卖则为密封式拍卖。需要说明的是，不同形式的拍卖存在联系的，有重合的部分，后面会相应地讲解到。

1. 按照拍卖形式分类

1）正向拍卖和逆向拍卖

正向拍卖（见图 16-11）是最为常见的拍卖形式，拍卖人（也就是卖方）提供需要拍卖的物品，N 个竞拍人（也就是买方）上报价格购买物品。常见的正向拍卖如拍卖行拍卖字画、古董等。正向拍卖的特点是卖方唯一，而买方数量多于卖方，卖方会选择胜出的买方，以尽量高的价格兜售物品。

逆向拍卖（见图 16-12）有别于传统的正向拍卖一卖方多买方的形式，指一种存有一位买方和许多潜在卖方的拍卖形式，卖方兜售商品给买方，买方根据自己的需求，期望以尽量低的价格采购这些商品，因此逆向拍卖也经常称为采购过程。

2）单向拍卖和双向拍卖

假设卖方的集合为 $S=\{s_1,s_2,\cdots,s_N\}$，买方的集合为 $B=\{b_1,b_2,\cdots,b_M\}$，如果 N 或者 M 的值有一个为 1，则是单向拍卖；如果都大于 1，则是双向拍卖（见图 16-13）。简

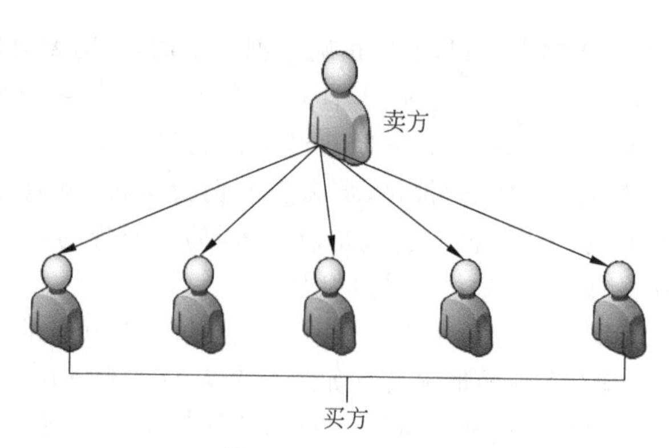

图 16-11 正向拍卖

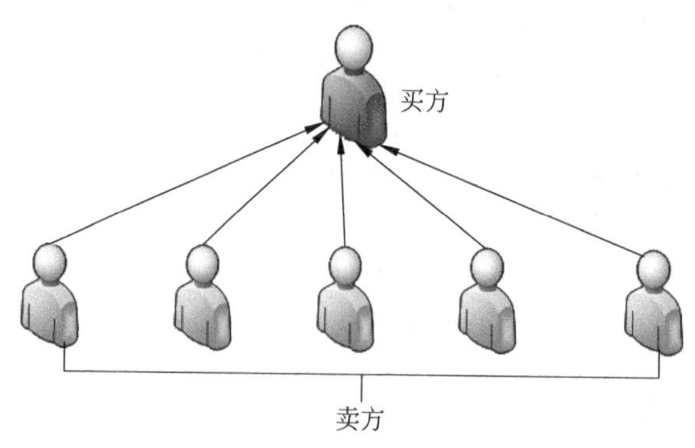

图 16-12 逆向拍卖

而言之,单向拍卖是1对多的过程,双向拍卖是多对多的过程。一般而言,双向拍卖的过程要比单向拍卖的过程复杂,因为需要同时从集合 S、B 中选择出胜出的用户子集 W_S、W_B,然后分配确定买方胜出用户的应该支付的价格,以及卖方胜出用户的应该得到的支付。需要说明的是,胜出用户子集的选择和价格的确定可以是第一价格准则,也可以是第二价格准则,具体的实施依实际需求决定。

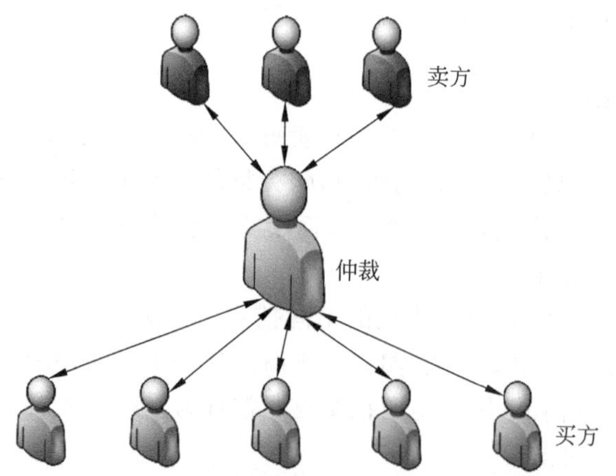

图 16-13 双向拍卖(其中买方或卖方有一个人数为1则是单向拍卖)

3）单物品拍卖和多物品拍卖

卖方需要兜售的物品为 $IT=\{it_1, it_2, \cdots, it_N\}$，当 N 为 1 时称为单物品拍卖，当 N 大于 1 时称为多物品拍卖（见图 16-14）。在多物品拍卖中，买方对物品的需求有不同的组合形式，不妨设物品 it_i 的价值为 v_i，对物品子集 S_{IT} 的价值为 $v(S_{IT})$，那么单个物品价值和组合价值之间可能存在以下 3 种关系。

（1）可加性。物品组合的价值等于该子集单个物品价值的和，即

$$v(S_{IT}) = \sum_{it_i \in S_{IT}} v_i$$

（2）次可加性。物品组合的价值小于或等于该子集中单个物品价值的和，即

$$v(S_{IT}) \leqslant \sum_{it_i \in S_{IT}} v_i$$

（3）超加性。物品组合的价值大于或等于该子集中单个物品价值的和，即

$$v(S_{IT}) \geqslant \sum_{it_i \in S_{IT}} v_i$$

不同的关系反映的是买方对物品组合的需求，举个例子，十二生肖相关的雕塑品，其组合价值一般大于单个商品价值的和，如果是不同的几幅画，其组合价值可能会小于单个物品价值的和。因此，对于不同的问题，分析是不同的，在多物品拍卖中，买方可以就物品的组合或者单个物品进行竞拍，其价格会随着物品组合的不同而不同，常常不是简单地相加，对于这类问题的分析会更加复杂。

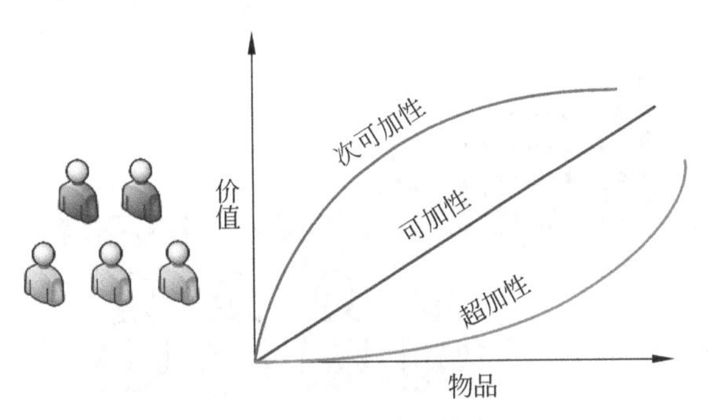

图 16-14 多物品拍卖

2. 按照拍卖规则分类

按照拍卖规则，可以将拍卖分为 4 种：增价拍卖（或英国式）、减价拍卖（或荷兰式）、第一价格拍卖和第二价格拍卖。这种分类方式也是认可度最为广泛的分类。这 4 种拍卖方式是按照拍卖的规则分类的，因此，可以应用到前面讲到的各种拍卖形式中，用来选取胜出用户和计算物品价格。

1）增价拍卖

增价拍卖（见图 16-15）是买方和卖方不断实时交互的过程，竞拍人可以口头竞标或者是通过个人计算机输入价格。卖方逐渐提高价格，如果当前价格高于买方可以承受的价格，该买方会退出竞标，直到最后只剩下一个买方，即最终的获胜者，并支付最后申报的价格。世界上最古老、最大的两家专业拍卖行——苏富比和佳士得——都起源于英国

伦敦,因此,这种增价拍卖方式常被称为英国式拍卖。

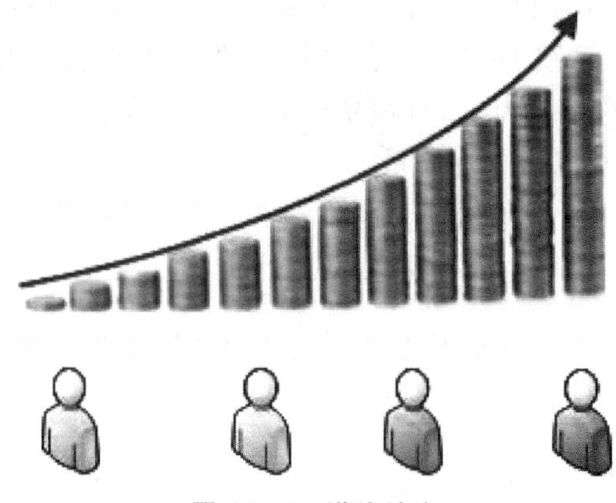

图 16-15　增价拍卖

2) 减价拍卖

与增价拍卖正好相反,减价拍卖(见图 16-16)也是一个实时交互的过程,但是拍卖人先从高价开始叫卖,如没有人愿买,拍卖人由此价格按事先规定的速度连续减价,直到有人愿意接受为止。在减价拍卖中,虽然价格一直在降低,但是仍然是价高者得。在荷兰,人们常用这种机制来拍卖鲜花,因此称为荷兰式拍卖。

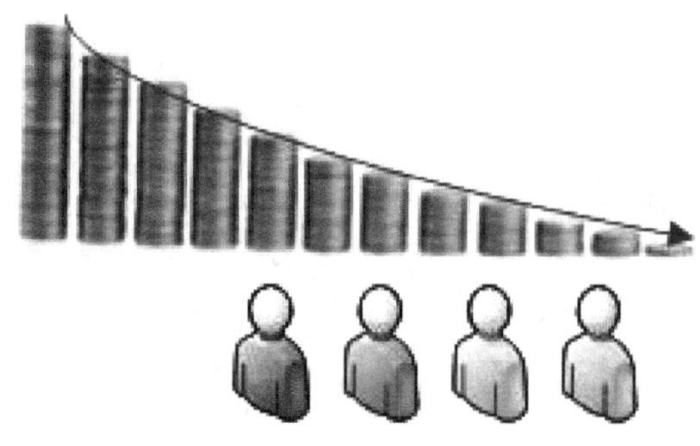

图 16-16　减价拍卖

3) 第一价格拍卖

在第一价格拍卖(见图 16-17)的体系中,买方同时申报自己的价格,看不到其他竞拍人的出价,可以看成是密封竞标,拍卖人最后宣布价格最高的人胜出,并支付其申报的价格。一般的工程投标可以建模成第一价格拍卖,早期的搜索竞价拍卖排名也是第一价格拍卖。

4) 第二价格拍卖

通常来说,在第一价格拍卖中,用户可以通过不真实的报价获胜,例如在图 16-17 中,竞标 200 元的用户可以谎称自己的真实价格,而只竞标 151 元,他仍然获胜,但只需要支付 151 元,这样的不真实竞标,容易扰乱市场秩序。百度最早的竞价排名系统是基于第一价格拍卖的,广告主通过一定的价格购买搜索的排名位,但是这些广告主发现可以适当降低价格,仍然能买到相应的排名位,这样他们会不断地压缩价格,从而百度的广告收益

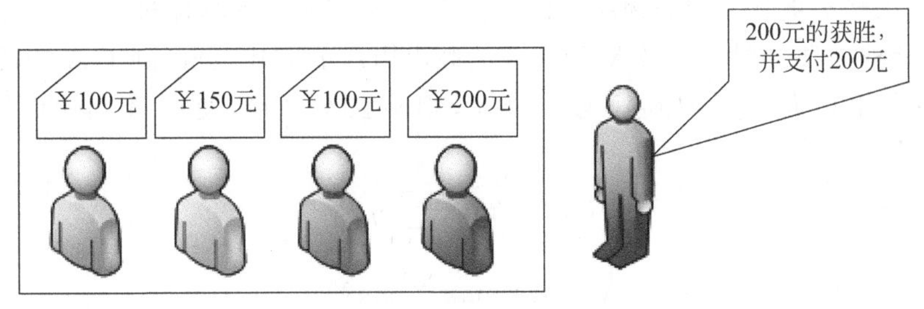

图 16-17 第一价格拍卖

也相应减少。第二价格拍卖不同于第一价格拍卖的地方是最后成交价的确定。与第一价格拍卖一样，第二价格拍卖也是价高者胜出，但是支付的是第二高的价格，这一机制最先由经济学家威廉·维克瑞在 1961 年提出，从此，许多经济学家开始对拍卖进行深入研究。

第二价格拍卖保证了真实的价格上报，以图 16-18 中的例子来解释，就是按竞标 200 元的人提高或者适当降低价格，他最后支付的是 151 元，与其本身的竞标无关，为了保证较高的竞争力，这个用户仍然会竞标 200 元，当然他可以进一步提高他的竞标价格，但是当其他的人竞标的是 201 元，而他物品本身对他的价值是 200 元，这样支付 201 元来获取价值 200 元的物品是不划算的，因此这个用户只会申报他真实的价格 200 元。另外一个例子，之前的百度竞价排名系统按照第一价格拍卖，发现广告主的竞价时常波动，后来他们推广"凤巢"竞价排名系统，按照点击率折现，以第二价格拍卖重新对搜索排名收费，取得了业绩上的突破，广告主也不会随意调整自己的竞标，系统更加稳定。

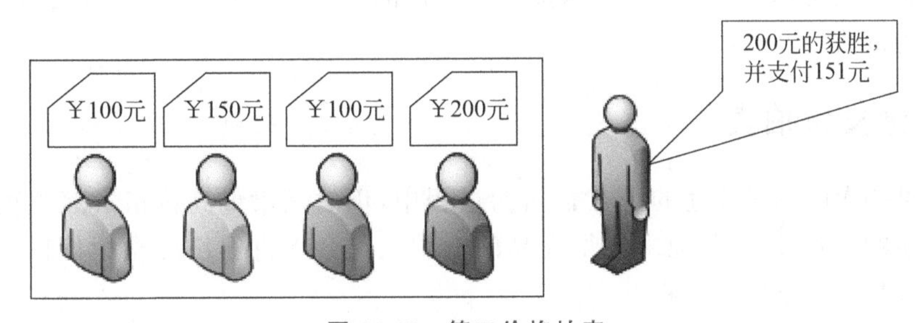

图 16-18 第二价格拍卖

16.2.3 VCG 拍卖

本节通过具体的拍卖过程——VCG 拍卖，结合理论研究，阐述网络经济学中拍卖的应用情况。VCG 是 Vickrey、Clarke 和 Groves 三位经济学家名字的缩写。与第二价格拍卖类似，VCG 拍卖可以保证竞拍人不会谎称自己的真实价格，保证了真实性，同时最大化社会收益。

VCG 拍卖描述的是这样一个过程：拍卖物品集合为 A，共有 N 个竞拍人，对于竞拍人 i 来说，A 中的某个物品 x 的价值为 $v_i(x)$，最后需要得到的是一种物品的分配策略 X 和分配之后的价格策略 P。X 表示的是 A 中的哪个物品应该分给哪个竞拍人，而 P 表示的是竞拍人购买被分配到的物品应该支付多少钱。VCG 的具体过程如下。

首先,获取一种分配的策略 X 和相应的胜出用户子集 W(分配到了 A 中的物品的用户,如果某个用户没有分配到任何的物品,则不在 W 中),使得 W 中的用户价值和最大:

$$V(W)=\max_{X\in A}\sum_{i\in W}v_i(X)$$

$$X=\arg\max_{\hat{X}\in A}\sum_{i\in W}v_i(\hat{X})$$

得到分配策略和胜出的用户子集后,需要计算胜出用户子集中每个人的支付价格,也就是得到报酬策略 P。对于 $i\in W$,为了计算其支付价格 p_i,需要排除其对接下来过程的影响,也就是所有的用户集合排除 i 后,重新计算分配策略 X_{-i},使得

$$V(W_{-i})=\max_{X_{-i}\in A}\sum_{i\in W}v_i(X_{-i})$$

$$X_{-i}=\arg\max_{\hat{X}_{-i}\in A}\sum_{i\in W_{-i}}v_i(\hat{X}_{-i})$$

其中,W_{-i} 是在 i 排除后重新选择的胜出用户集,使得所有的用户价值和最大。

那么,p_i 可以计算为

$$p_i=V(W_{-i})-\sum_{j\in W\setminus\{i\}}v_j(X)$$

右边的第二项是初始选择胜出用户子集除去用户 i 之外的价值和,这样,用户 i 买商品得到的效用为

$$u_i=v_i(X)-p_i=V(W)-V(W_{-i})$$

理论研究表明,VCG 拍卖可以保证用户竞标的真实性,即每个用户都会真实地反映商品对其的价值。

16.2.4 全支付拍卖

全支付拍卖的场景描述的是在拍卖的过程中,仍然是出最高价格者获得商品,但是不同于之前的拍卖过程,其他未赢得商品的竞拍人仍会支付他们的竞标价格,如游说一类的活动就是一个全拍卖过程。

假设存在一个函数 $s()$,将商品对于用户的价值 v_i 映射到相应的竞标值上,那么对于用户 i,其竞标为 $s(v_i)$。为了方便起见,假设 n 个用户的价值是在 0~1 均匀分布的,那么用户 i 期望的收益为

$$v_i^{n-1}(v_i-s(v_i))+(1-v_i^{n-1})(-s(v_i))$$

这里第一项是用户 i 获胜的收益,第二项是失败的收益。那么用户 i 在均衡点处的策略需要满足:

$$v_i^{n-1}(v_i-s(v_i))+(1-v_i^{n-1})(-s(v_i))\geqslant v^{n-1}(v-s(v))+(1-v^{n-1})(-s(v))$$

消除公共部分可以得到

$$v_i^n-s(v_i)\geqslant v^n-s(v)$$

令 $g(v_i)=v_i^n-s(v_i)$,当 $g'(v_i)=0$ 则有

$$s'(v_i)=(n-1)v_i^{n-1}$$

即 $s(v_i)=\left(\frac{n-1}{n}\right)v_i^n$ 是用户的均衡策略。

对于每个用户，拍卖人的收益为 $s(v)$，其期望值为

$$\int_0^1 s(v)\mathrm{d}v=\left(\frac{n-1}{n}\right)\int_0^1 v^n\mathrm{d}v=\left(\frac{n-1}{n}\right)\left(\frac{1}{n+1}\right)$$

总的来说，当有 n 个竞拍人时，拍卖人的收益为

$$n\left(\frac{n-1}{n}\right)\left(\frac{1}{n+1}\right)=\frac{n-1}{n+1}$$

16.3 契约理论

契约，俗称合同或合约，是指两人和多人之间为相互设定合法义务而达成的具有法律效力的协议。在现代经济学中，所有的市场交易（无论是长期还是短期，显性还是隐性）都可以看作一种契约关系，并以此作为经济分析的基本要素。

作为经济学领域的重要分支，契约理论（Contract Theory）用于研究在特定交易情形下，契约制定者与不同类型的签署人之间产生的经济学行为，例如在供应链模型中，研究各参与者的行为动机和激励问题。

16.3.1 契约要素

契约设计的最基本原因在于信息不对称，即缔约当事人一方知道某些信息而另一方不知道或无法通过有效的方式获知那些信息的情况。非对称信息一般可分为内生和外生两类：前者是指在契约签订后，其他人无法观察、验证且事后也无法推测的行为；后者则表征自然状态下所具有的一种性质、特征和分布情况等，这不是由缔约当事人造成的，而是由客观事物所决定的。

基于这种非对称信息，可将代理人划分为不同的类型，记作 θ_i。由于不知道每个具体代理人的类型，委托人不能正确地区分各个代理人，也就不能给每个代理人单独提供一份契约，因此委托人需要给所有代理人提供一份包含一系列条款的契约，用 I_i 表示与其类型为 θ_i 相对应的契约条款。以网络运营商设置数据流量套餐为例，契约条款的设计如图 16-19 所示。

如图 16-20 所示，契约的签订过程可以分为以下 3 个阶段：①契约订立，即委托人首先需要设计出一份最优契约，并把该契约提供给代理人；②契约签署，即代理人根据自己的类型选择适合自己的条款，缔约双方达成一致；③契约执行，即缔约双方均需执行该契约中所承诺的事项。

16.3.2 契约模型

契约理论常用的模型有两种：一种是逆向选择模型，主要研究发生在当事人签约前

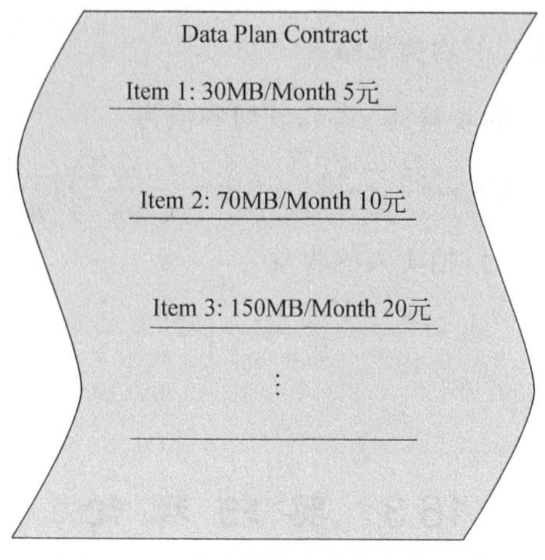

图 16-19 关于流量套餐的契约设计

图 16-20 契约的签订过程

的信息不对称情况;另一种是道德风险模型,主要研究发生在当事人签约后的信息不对称情况。

1. 逆向选择模型

在逆向选择模型中,委托人在签订契约前并不知道代理人的某些信息或类型,而代理人则知道这些信息或自己的类型,即他们之间存在信息不对称的情况,该情况往往会导致市场资源配置低效。解决逆向选择问题的一种方法是信号传递,即代理人为了向外界展示自己的类型,可以向委托人传递某种信号使委托人识别出自己的类型,从而消除信息不对称的情况,然后双方签订契约。如在求职过程中,应聘者可以通过各类证书来展示自身能力,从而让识别出其能力的公司进行选择。信息筛选模型是另一种解决逆向选择问题的有效方法。由于信息不对称,代理人知道自己的类型,而委托人不知道。因此,设计契约时,委托人会设计多种契约条款,每种契约条款对应一种类型的代理人,然后代理人根据自己的类型选择最优的契约条款。

2. 道德风险模型

道德风险模型可以分为两大类:一类是隐藏行动的道德风险模型,即在签约前,委托人和代理人之间信息是对称的,一旦签约完成,代理人可以选择自己的行动,而委托人观测不到代理人的具体行动,只能观测到该行动所带来的结果。在这种情况下,委托人必须设计一种激励机制来诱使代理人从委托人的利益出发，做出对委托人最有利的行动。另一类是隐藏信息(或知识)的道德风险模型，即代理人会向委托人隐瞒一些私人信息，因此他采取的行动对委托人来说可能不是最优的，但是委托人无法观测到代理人的行动。在这种情况下，委托人需要判断代理人可能做出的会影响自身利益的行为，并通过设计惩罚机制干涉或阻止代理人的这种行为。

16.3.3 契约可行性

在研究契约可行性之前，首先给出委托人的个人理性(Individual Rationality，IR)和激励相容(Incentive Compatibility，IC)两种约束条件的定义。

定义 16-6(IR) 一份契约满足委托人的 IR 约束条件当且仅当类型为θ_i 的委托人选择与其类型为θ_i 相对应的契约条款 I_i 时所获得的收益不为负，即

$$U(\theta_i, I_i) \geqslant 0$$

其中，$U(\cdot)$为委托人所得的收益。

定义 16-7(IC) 一份契约满足委托人的 IC 约束条件当且仅当类型为θ_i 的委托人选择与其类型为θ_i 相对应的契约条款I_i 时所获得的收益最大，即

$$U(\theta_i, I_i) \geqslant U(\theta_i, I_{i'}), \quad \forall i' \neq i$$

一份契约是可行的当且仅当其这份契约同时满足上述 IR 约束条件和 IC 约束条件。代理人的目标就是设计一份最优的可行契约来最大化其效益。当给定一份可行契约的时候，每个委托人都可以根据自己的类型选择一个合适的契约条款。

16.3.4 契约理论应用

本节以分布式认知无线网络下的静态频谱分配问题为例，介绍契约理论在无线网络研究中的应用。

假设系统中存在一个授权者(即主用户，PU)和 N 个异构认知无线电链路(即次级用户，SU)。在任意时刻，授权系统可能存在 M 个完全相同的信道(即空闲频段)供认知无线电系统共享。在该频谱交易过程中，PU 作为频谱卖家出租其空闲信道，并指定信道属性(包括质量和价格)，而 SU 作为频谱买家可以选择租用不同属性的信道。信道质量主要指在该信道上认知无线电链路允许传输的最大功率，记为 q。将 PU 指定的质量和价格集合分别记为 Ω 和 Π，其中 Ω 中的每个元素对应 Π 中的每个元素，设与 $q \in \Omega$ 对应的价格为 $\pi(q)$。

认知无线电用户租用信道往往会对授权系统造成利益损失，即信道成本，主要包括两部分：①固定成本C_0，如授权系统向频谱管理委员会购买信道的成本等；②质量相关的成本 $T(q)$，如认知无线电链路通信对授权用户的潜在干扰等。具体来说，质量为 q 的信道成本可表征为

$$C(q) = C_0 + T(q)$$

如果 PU 向 SU 出售一个质量为 q 的信道，则所获收益为

$$R(q)=\pi(q)-C(q)$$

根据 SU 在给定传输功率(即信道质量 q)下的所得的信道容量不同,将其划分为不同的类型,同一个类型的链路在相同传输功率下具有相同的信道容量。给定传输功率 q,链路 i 的信道容量为

$$\Phi(q)=\log\left(1+q\frac{|H_i|^2}{I_i+J_i+\sigma^2}\right)$$

其中 H_i 为链路 i 的收发用户之间的信道响应;I_i 为 PU 的发射功率对链路 i 的干扰;J_i 为 PU 服务的所有授权用户的发射功率对链路 i 的干扰;σ^2 为噪声功率。将 $\frac{|H_i|^2}{I_i+J_i+\sigma^2}$ 定义为链路 i 的类型 θ,即 $\theta=\frac{|H_i|^2}{I_i+J_i+\sigma^2}$。类型为 θ 的链路在质量为 q 的信道上可获得的信道容量为

$$\Phi(q)=\log(1+\theta q)$$

设系统中认知无线电链路类型的集合记为 Θ。

由于每条认知无线电链路均希望获得更大的信道容量,因此信道估价函数是关于信道容量的严格单调递增函数,为简便起见,将类型为 θ 的链路对质量为 q 的信道的估价函数定义为

$$V(\theta,q)=\omega\Phi(q)=\omega\log(1+\theta q)$$

其中,$\omega>0$ 是容量收益转换比,不妨设 $\omega=1$。对于类型为 θ 的认知无线电链路,租用质量为 q 的信道所获得的收益定义为信道的估价与价格的差值,即

$$U(\theta,q)=V(\theta,q)-\pi(q)$$

假设所有认知无线电链路均是自私且理性的,其策略是通过租用一个特定质量的信道来追求自身收益最大化,因此链路的最优策略可表示为

$$B(\theta)=\arg\max_{q\in\Omega}U(\theta,q)$$

将类型为 θ 的链路所选择的信道质量记为 $q(\theta)$,显然 $q(\theta)\in\Omega$。由于每个类型 θ 均对应 Ω 中的一个信道质量 $q(\theta)$,因此授权系统为每个链路类型 θ 指定一个信道质量 $q(\theta)$ 以及相应的价格 $\pi(q(\theta))$。由于 $q(\theta)$ 是单值函数,可以将 $\pi(q(\theta))$ 简写为 $\pi(\theta)$。PU 所提出的这样一组质量-价格组合即为契约,记作 $\{(q(\theta),\pi(\theta))\mid\forall\theta\in\Theta\}$,则总收益为

$$R=\sum_{\theta\in\Theta}N_\theta(\pi(\theta)-C(q(\theta)))$$

其中,N_θ 表示类型为 θ 的认知无线电链路的数目。

一个可行契约需要满足 IR 条件和 IC 条件,其中 IR 条件是指对于任意类型 $\theta\in\Theta$ 的链路,在质量-价格组合 $(q(\theta),\pi(\theta))$ 所获得的个体收益是非负的,否则该链路将选择不购买任何信道,即 $V(\theta,q(\theta))-\pi(\theta)\geqslant 0$。IC 条件则是指任意类型 $\theta\in\Theta$ 的链路,在质量-价格组合 $(q(\theta),\pi(\theta))$ 下所获个体收益最大,即 $V(\theta,q(\theta))-\pi(\theta)\geqslant V(\theta,q(\theta'))-\pi(\theta')$,$\forall\theta'\neq\theta$。对于 PU 来说,如果一个契约是最优的,那么该契约必然是可行的且使自身总收益最大化。因此最优契约可表示为

$$\{(q(\theta),\pi(\theta))\}=\arg\max_{q\in\Omega}\sum_{\theta\in\Theta}N_\theta(\pi(\theta)-C(q(\theta)))$$

$$\text{s.t.}\quad \text{IC 和 IR 约束}$$

16.3.5 契约理论小结

契约理论是近几十年来所兴起的经济学领域的重要分支，用于研究缔约双方个体在追求自身利益最大化的情况下，如何共同达成一致的契约标准。契约理论将代理人划分成不同的类型，并对其分别制定相应的契约策略。在建模过程中，通常从代理人的类型出发，分析代理人和委托人的收益，在满足代理人的IC和IR约束条件下，设计能使委托人收益最大化的契约方案，即最优契约。

作为一种经济学理论，契约理论可以有效地解决无线通信系统中的信息不对称和激励机制设计问题，被广泛应用于认知无线电网络系统中的资源分配问题等网络经济学场景。

16.4 市场理论

市场是描述买方和卖方相互作用并共同决定产品价格和交易数量的一种经济运行机制，其中，买卖双方分别决定了该产品的需求和供给。作为微观经济学中最基本的理论之一，市场理论(Market Theory)主要研究市场机制体内的供求、价格、竞争、风险等要素之间相互联系及作用机理。

市场形态多种多样，根据市场竞争程度的强弱，一般分为4种类型：完全竞争、垄断竞争、寡头、垄断(后3种为不完全竞争)。决定市场竞争程度的具体因素主要包括以下几个方面：买卖双方的数目、厂商提供产品的差异程度、单个厂商对市场价格的控制程度、厂商进入或退出的难易程度等。

本节主要讨论基于供求关系的市场均衡，并对买卖双方的行为特性进行分析。

16.4.1 市场均衡

供给和需求的相互作用使得市场处于均衡状态，市场价格及交易数量趋于不变。在介绍市场均衡之前，首先介绍两个关于市场价格的重要函数，即市场需求函数和市场供给函数。

1. 市场需求函数和市场供给函数

在市场理论中，供给量和需求量均和价格有关。随着价格的提升，市场供给量因厂商获得更多的生产激励而增加，而市场需求量则因顾客购买欲望被抑制而降低。以购买无线蜂窝数据流量为例，不同用户对无线蜂窝数据流量的需求不同。如果将所有用户的需求相加，则可得到总需求量和价格间的关系，即市场需求函数。

定义 16-8(Market Demand Function，市场需求函数) 市场需求函数 $D(\cdot)$ 描述需求量 Q_d 与产品价格 P 之间的关系，记作

$$Q_d = D(P)$$

市场需求函数曲线如图16-21所示。当价格从 P_1 降低到 P_2，需求量则从 Q_1 增加

到 Q_2。需求量的这种反向变化主要有两个原因：一方面，对价格 P_1 有需求的用户随着价格的降低，需求量将增加；另一方面，在价格为 P_1 时未购买的用户可能在较低的价格 P_2 时决定购买。

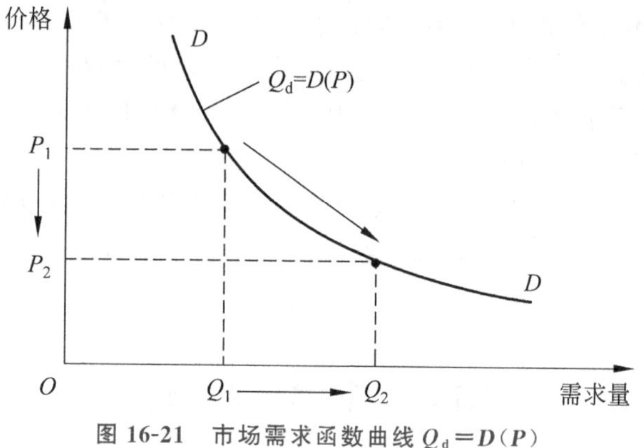

图 16-21 市场需求函数曲线 $Q_d=D(P)$

定义 16-9(Market Supply Function，市场供给函数) 市场供给函数 $S(\cdot)$描述供给量 Q_s 与产品价格 P 之间的关系，记作

$$Q_s=S(P)$$

假设每个厂家的生产能力是无限的，总市场供给量将随着价格的提升而增加，如图 16-22 所示，当价格从 P_1 升高到 P_2，供给量则从 Q_1 增加到 Q_2。

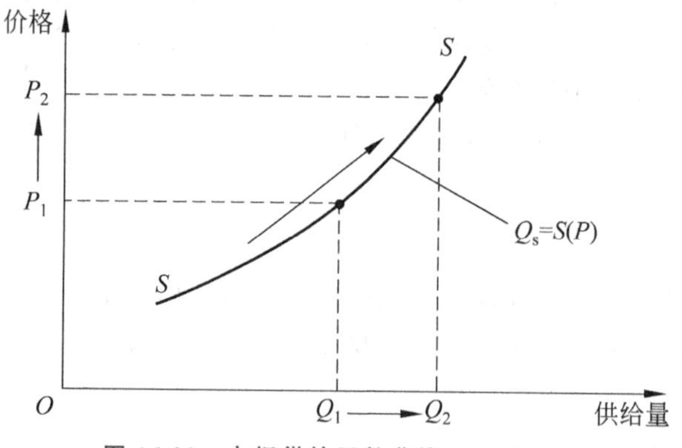

图 16-22 市场供给函数曲线 $Q_s=S(P)$

2. 市场均衡

市场在供给和需求相互作用过程中逐步达到一个稳定的状态。

定义 16-10(Market Equilibrium，市场均衡) 在市场均衡点，总需求量等于总供给量。

显然，价格与市场均衡相关联，如果需求函数和供给函数均是连续函数，且与价格呈单调变化关系(如严格递增或递减)，则存在唯一一个与市场均衡相关的交点。设 P_e 为均衡价格，总需求量和总供给量相等，记作 Q_e，即 $Q_e=D(P_e)=S(P_e)$。

图 16-23 刻画了市场均衡的概念。均衡是对市场真实状况的预测,因为市场一旦达到均衡点状态将保持稳定,无法发生变化。当市场价格低于均衡价格 P_e,总需求量则高于总供给量。此时,顾客往往愿意支付更多去保护有限的供给量,从而激励企业去提高生产量以赚取更大利益。因此,市场价格将持续增长直至到达均衡状态。

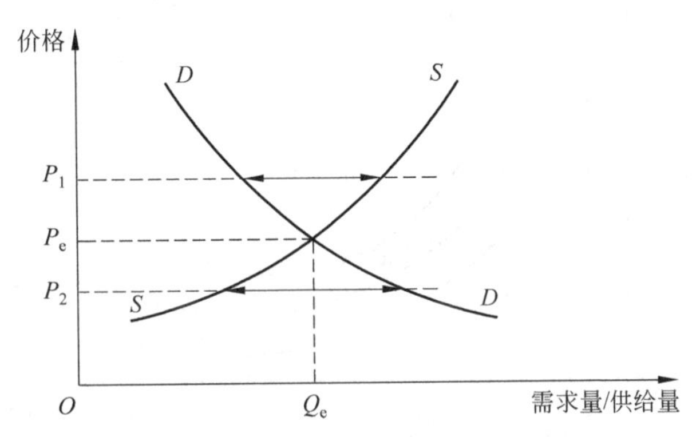

图 16-23 市场均衡价格和需求量(或供给量)关系曲线

16.4.2 用户行为分析

1. 用户消费选择

在研究用户行为特征之前,首先研究用户的效益评估问题。例如,用户如何评估自己在 iPad 上分别观看 60min 的动作片和玩 30min 的电动游戏的满意度水平。

定义 16-11(Market Basket,购物篮) 购物篮指定了一系列不同产品的数量,即(x,y)。

这里用效用函数 U 来表征用户使用购物篮(x,y)所获得的满意度水平,即 $U=U(x,y)$。

定义 16-12(Indifference Curve,无差异曲线) 无差异曲线刻画了一系列用户效用相同的购物篮。

无差异曲线的引入形象地描述了用户如何在两种不同的产品间获得权衡。此外,用户最终的选择往往还受限于预算约束。

定义 16-13(Budget Constraint,预算约束) 预算约束描述了用户所能承担的购物篮。

基于用户的无差异曲线和预算约束,进一步考虑用户的购物篮选择问题。本质上,用户想在满足预算约束的条件下最大化自身收益。几何上,则表现为用户想找到与预算约束线相切的最高的无差异曲线。

图 16-24 表示的是上述看电影、玩游戏的例子中用户的购物篮选择问题,显然购物篮 a、b 均不能最大化用户效用,而购物篮 c 所在的无差异曲线与预算约束线相切,具有最高效用。更确切地说

$$\left.\frac{\Delta y}{\Delta x}\right|_{U(x,y)=U_3,(x,y)=(x_c,y_c)}=-\frac{P_x}{P_y}$$

其中,等号左边为边际替代率(Marginal Rate of Substitution,MRS),表征用户在该产品与其他产品间所做的均衡;而 $U(x,y)=U_3$ 表明无差异曲线 MRS 是基于恒定效用 U_3 得到的。

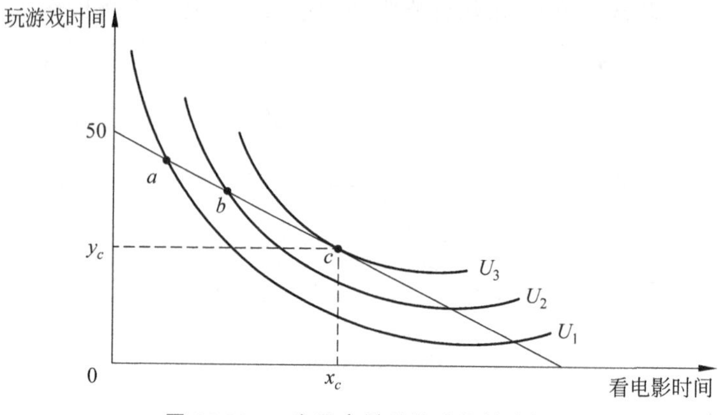

图 16-24 c 为用户最优的购物篮选择

2. 价格弹性

价格降低,用户需求增加。但需求随价格变化的快慢取决于需求的特性。以无线蜂窝业务为例,大学生可能对价格比较敏感,当价格增加时,他们一般会降低自己的每月数据使用量。而公司职员一般对价格不敏感,甚至都不曾注意到价格的变化。这里用价格弹性来描述这种关于价格的需求敏感性。

定义 16-14(Price Elasticity of Demand,需求价格弹性) 将需求百分比变动与价格百分比变动之比称为需求价格弹性,即

$$E_{\mathrm{d}}=\frac{\text{需求百分比变动}}{\text{价格百分比变动}}=\frac{\Delta Q_{\mathrm{d}}/Q_{\mathrm{d}}}{\Delta P/P}$$

根据 E_{d} 值的不同,用户需求主要分为 3 部分。

(1) 弹性需求:需求量随着价格的变化而发生显著变化,即 $E_{\mathrm{d}}<-1$。

(2) 非弹性需求:需求量对价格不灵敏,即 $-1<E_{\mathrm{d}}<0$。

(3) 单位需求特性:$E_{\mathrm{d}}=-1$。

同一需求函数的不同部分可能具有不同的价格弹性。如果一个厂家可以通过调整价格 P 来追求收入 PQ_{d} 的最大化,那么当市场需求是弹性的,厂家降低价格;当市场需求是非弹性的,厂家提升价格;当市场需求是单位需求弹性,则价格保持不变。

16.4.3 厂家行为分析

1. 边际成本

厂家凭借特定的技术生产产品并在市场里销售,其中生产量主要取决于生产成本和销售价格。生产成本主要包括两部分:固定成本(即厂家需要支付的不依赖于产量 q 的

费用)和可变成本(即与产量 q 相关的费用)。

定义 16-15(Total Production Cost,总生产成本) 总生产成本包括固定成本 F 和可变成本 $V(q)$ 两部分,即

$$C(q)=F+V(q)$$

定义 16-16(Marginal Cost,边际成本) 边际成本刻画了总生产成本随产量变化的情况,即

$$\mathrm{MC}(q)=\frac{\text{总生产成本变化百分比}}{\text{总产量变化百分比}}=\frac{\Delta C(q)}{\Delta q}=\frac{\Delta V(q)}{\Delta q}$$

当可变成本 $V(q)$ 可微时,可得:

$$\mathrm{MC}(q)=\frac{\partial C(q)}{\partial q}=\frac{\partial V(q)}{\partial q}$$

2. 竞争性厂商的供给函数

定义 16-17(Competitive Firm,竞争性厂商) 在完全竞争的市场里,竞争性厂商是价格的接受者,价格由市场决定,与产量无关。

竞争性厂商的总收入为市场价格 P 和产量 q 的乘积 $P\cdot q$。如果产品以固定市场价格 P 出售,厂商往往会选择最优产量 q 来最大化自身收益。

定义 16-18 竞争性厂商的利润定义为总收入和总成本之差,即

$$\pi(q)=P\cdot q-V(q)-F$$

如果产量 $q=0$,总利润则为 $-F$。假设固定成本 F 为沉没成本(无法避免的成本),厂商只有在收入不低于可变成本的情况下进行生产,即 $P\cdot q\geqslant V(q)$。对于最优选择 q^*,价格等于边际成本,即

$$P=\frac{\partial V(q)}{\partial q}=\mathrm{MC}(q)$$

在改变市场价格 P 的过程中,竞争性厂商的最优产量 q 也相应地发生变化。

16.5 谈判理论

在经济学中,谈判问题是指存在利益冲突的若干参与者之间可以通过协商的方式解决利益的分配问题,从而达成一个可以彼此获利的协议。其中未经其同意,协议不能强加于任一参与者,即可能出现谈判破裂的情况。在现实生活中,谈判问题屡见不鲜,例如卖家 A 拥有一幅价值 1000 元的画,希望以 1500 元进行出售给买家 B,显然 A、B 均想完成此次交易,但关于该交易价格双方却存在利益冲突。

作为合作博弈的一个重要分支,谈判理论(Bargaining Theory)又称讨价还价理论,是研究谈判过程中是否存在可行的谈判解,以及如何得到该谈判解的理论工具。谈判理论主要强调其状态或结果,讨价还价理论则强调其动作或过程。

16.5.1 谈判理论的发展历史及分类

1950年，经济学家纳什首次在两个理性人之间建立了谈判框架，并通过一个完美的公理化证明提出了关于谈判问题的唯一理性解——纳什谈判解(Nash Bargaining Solution,NBS)。纳什谈判解是基于一系列公理，而不依赖于具体的谈判过程。1982年，经济学家鲁宾斯坦(Rubinstein)提出了序列非合作博弈，并证明出该博弈的子博弈完美纳什均衡，与公理法得到的纳什谈判解相一致，为谈判理论的发展奠定坚实的基础。在此之后，很多学者对谈判理论进行深入研究，并将两人谈判推广到多人谈判。在多人谈判过程中，为了提升收益，参与者可以成立群组共同谈判，即群谈判(Group Bargaining)。

一般情况下，谈判解的求解方法包括公理法和策略法两种：前者通过对谈判过程进行抽象，得到满足某些特性的谈判解；后者则将参与者间的谈判过程建模成序列博弈。典型的谈判解包括纳什谈判解、Shapely值、Harsanyi值等。

本节主要讨论纳什谈判解及其在无线网络中的应用，虽然它仅通过简单的公式表示，但可以适用于很多谈判问题。

16.5.2 纳什谈判理论

1. 谈判问题

假设存在M个具有利益冲突的参与者$u_i(i=1,2,\cdots,M)$，对如何进行利益分配进行讨价还价。可能达成的一致协议记作$X=(x_1,x_2,\cdots,x_M)$，其中x_i为参与者u_i所分配的利益。记事件D为谈判失败，没有达成合作协议。对于每个x_i，参与者u_i所获得的效用函数为U_i，表征其对所有谈判结果$X\cup\{D\}$的偏爱排序。该谈判问题所有可能的效用函数记作集合$U=(U_1(x_1),U_2(x_2),\cdots,U_M(x_M))$。称$d=(d_1,d_2,\cdots,d_M)$为谈判破裂点，其中$d_i=U_i(D)$。

对于M人谈判问题，可以用一对变量$\{U,d\}$来描述，且满足：①U是有界闭凸集R^M的子集；②存在一组效用$(u_1,u_2,\cdots,u_M)\in U$，使得$u_i\geqslant d_i$，即各参与者在合作情况下得到的效用优于不合作情况。

2. 纳什谈判解

纳什谈判解是指基于纳什谈判理论得到的谈判解，对于上述M人谈判问题$\{U,d\}$，其纳什谈判解记作$(u_1^*,u_2^*,\cdots,u_M^*)\in U$。纳什谈判理论主要包含以下4个公理。

(1) 帕累托效率(Pareto Efficiency)：若$u_i'>u_i^*$，$\forall i$，则$u_i'\notin U$，即不存在可以提升所有参与者效用的方案。以两人谈判问题为例，如图16-25所示，灰色部分表示两人讨价还价的效用集合，黑色线条则表征满足帕累托效率要求的效用集合，也称帕累托边界。

(2) 对称性(Symmetry)：若$(\cdots,u_A,\cdots,u_B,\cdots)\in U$时$(\cdots,u_B,\cdots,u_A,\cdots)\in U$也成立，且$d_A=d_B$，则$u_A^*=u_B^*$，即谈判解与参与者身份地位无关。在上述两人谈判例子中，谈判解则需要落在图16-26的对称线上。

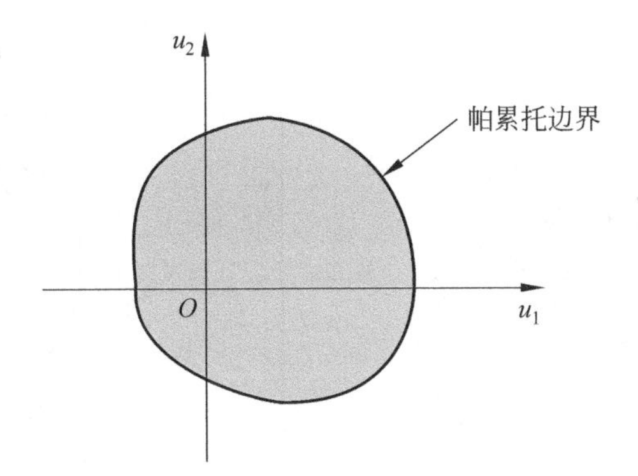

图 16-25 帕累托效率公理图示

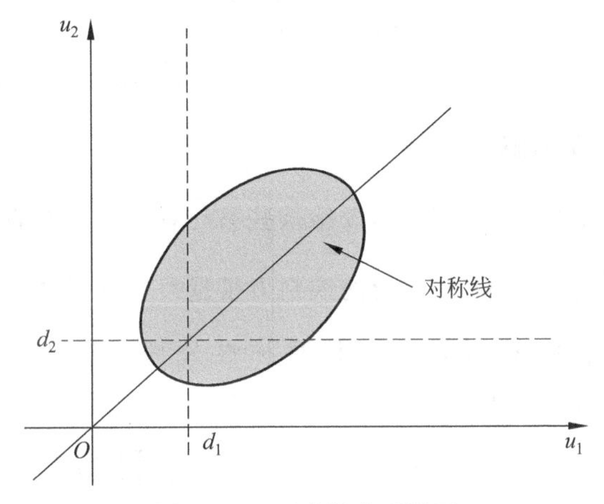

图 16-26 对称性公理图示

(3) 线性变换不变性(Linear Transformation Invariant)：令 $u'_i=\alpha_i u_i+\beta_i$，$d'_i=\alpha_i d_i+\beta_i$，$\forall i$，将谈判问题$\{U,d\}$转换成另一个不同的谈判问题$\{U',d'\}$，则 $u'^*_i=\alpha_i u^*_i+\beta_i$ 是$\{U',d'\}$的纳什谈判解，即对效用函数和谈判破裂点进行线性变换不会改变最终谈判的结果。

(4) 无关选择的独立性(Independence of Irrelevant Alternatives)：给定两个谈判问题$\{U,d\}$和$\{U',d'\}$，其中 $U'\subseteq U$，如果$(u^*_1,u^*_2,\cdots,u^*_M)\in U'$，则$(u^*_1,u^*_2,\cdots,u^*_M)=(u'^*_1,u'^*_2,\cdots,u'^*_M)$，即如果可行效用集合 A 的谈判解是其子集 B 中的元素，则该谈判解属于效用集合 B。

对于非对称讨价还价(见图 16-27)问题，首先将其扩展成对称的讨价还价问题，然后利用线性变换的不变性公理使原问题变换过的效用集合与扩展问题的帕累托边界相切，得到变换过的线性最优效用(u'^*_1,u'^*_2)，最后通过逆线性变换得到原谈判解。

定义 16-19(NBS，纳什谈判解) 纳什谈判解是唯一满足纳什 4000 米的可行解，且是满足下面最大化问题的一个效用组合$(u^*_1,u^*_2,\cdots,u^*_M)$，即

$$\max_{(u_1,u_2,\cdots,u_M)}\prod_{i=1}^{M}(u_i-d_i)$$

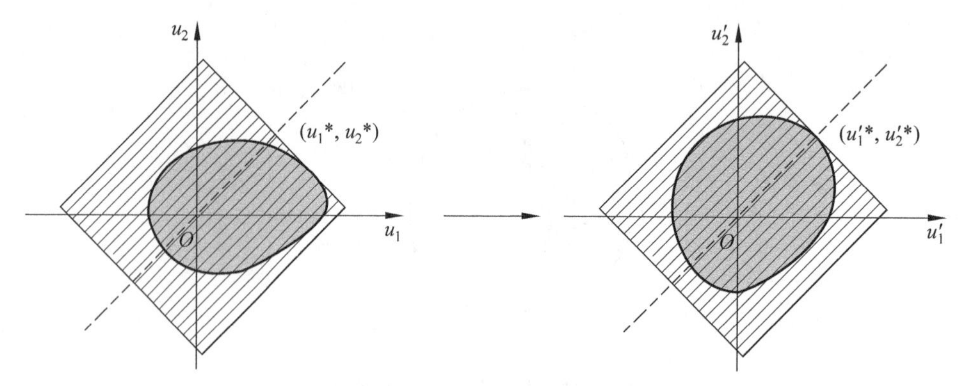

图 16-27　非对称讨价还价问题的谈判解求解

$$\text{s.t.}\qquad (u_1, u_2, \cdots, u_M) \in U,$$
$$(u_1, u_2, \cdots, u_M) \geqslant (d_1, d_2, \cdots, d_M)$$

3. 一般化的纳什谈判解

在 M 人谈判问题 $\{U,d\}$ 中，有时需要给某些参与者赋予额外的权重 $\alpha_i \in [0,1]$，以表征其谈判力量，其中 $\sum_{i=1}^{M} \alpha_i = 1$。参与者的谈判力量越大，在谈判中就越有利，所得的份额也就越大。在该谈判问题中，忽略纳什对称性公理，定义一般化的纳什谈判解(Generalized Nash Bargaining Solution，GNBS)为

$$(u_1^*, u_2^*, \cdots, u_M^*) = \arg\max_{(u_1, u_2, \cdots, u_M)} \prod_{i=1}^{M} (u_i - d_i)^{\alpha_i}$$

其中，$(u_1, u_2, \cdots, u_M) \in U$，$(u_1, u_2, \cdots, u_M) \geqslant (d_1, d_2, \cdots, d_M)$。显然，当参与者的谈判力量一样时，GNBS 就变成了 NBS。

16.5.3　纳什谈判理论在无线网络中的应用

纳什谈判理论在无线网络中具有广泛的应用，尤其在资源分配与管理方面。Lili Cao 等学者考虑移动 Ad hoc 网络中用户的移动性，提出局部谈判的方法，即用户通过组群谈判，自适应地进行频谱分配，有效提升了系统的公平性指数。基于纳什谈判解和联盟博弈，Zhu Han 等学者在多用户 OFDMA 系统中提出一个具有成比例公平性的子载波、速率及功率分配机制。Zhaoyang Zhang 等学者将纳什谈判理论运用到无线协作中继网络中，并提出带宽分配策略。Lin Gao 等学者针对移动数据分流问题，提出基于谈判协议和群组特性的一对多纳什谈判框架，得到具有公平性、帕累托最优的分流方案。除了上述这些基于公理化方法研究谈判问题外，Yan 等学者针对认知网络中频谱共享问题，将一个主用户、多个用户之间的动态谈判过程建模成动态的贝叶斯博弈，并得到策略均衡点。此外，Boche 等学者分别研究了纳什谈判解和成比例公平性解的存在性及唯一性成立的必要条件。

习 题

1. 一家店面的雇主和雇员进行博弈。雇员决定是否花 1000 元参加技能培训;雇主决定雇员的工资形式是固定 10 000 元或是 50%的营业额。店面的营业额由雇员的技能和收入分配方式决定。如果雇员未参加培训且工资固定为 10 000 元,则店面营业额为 20 000 元;如果雇员参加培训或者工资分配方式为雇主雇员五五平分,则店面营业额为 22 000 元;如果雇员参加培训并且工资分配方式为雇主雇员五五平分,则店面营业额为 25 000 元。

(1) 构建支付矩阵。

(2) 是否存在占优策略均衡?

(3) 是否存在纳什均衡?

2. 在下列标准形式的博弈中(见图 16-28 和图 16-29)构建反应函数并找出纳什均衡。

		B 左	B 右
A	上	9, 20	90, 0
A	中	12, 14	40, 13
A	下	14, 0	17, −2

图 16-28 博弈 1

		B 左	B 中	B 右
A	上	2, 8	0, 9	4, 3
A	下	3, 7	−2, 10	2, 15

图 16-29 博弈 2

3. 公司 A 和 B 生产同样的产品,成本为 2 元/单位。两家公司既可以选择高价格(10 元)也可以选择低价格(5 元)出售产品。A 和 B 均选择高价格时,市场需求为 10 000 单位,两家公司均分市场各供给 5000 单位;A 和 B 均选择低价格时,市场需求为 18 000 单位,两家公司均分市场各供给 9000 单位;一家公司选择高价格而另一家公司选择低价格时,选择低价格的公司供给市场 15 000 单位,选择高价格的公司供给市场 2000 单位。

从非合作博弈的角度分析定价决策。

(1) 建立收益矩阵。

(2) 分析均衡策略。

4. 市场中某产品价格 P 和供给 Q 的关系为 $P=40-Q$,A 公司的成本函数为 $c_A(q_A)=20q$,B 公司的成本函数为 $c_B(q_B)=q_B^2$,其中 q_A、q_B 分别是 A、B 公司的产量。

(1) 分析反应函数。

(2) 求解古诺(Cournot)均衡价格及均衡产量。

5. 拍卖的主要要素包括哪几个?并根据要素对拍卖进行分类。

6. 第一价格拍卖和第二价格拍卖的区别在哪?为什么说第二价格拍卖能保证用户竞价的真实性?

7. 怎样解释VCG拍卖中计算用户价格时需要排除该用户,当存在物品 x_1 和 x_2,以及竞拍人 u_1 和 u_2,其中,$v_1(x_1)=1, v_1(x_2)=2, v_1(x_1,x_2)=4$ 以及 $v_2(x_1)=1, v_2(x_2)=1, v_2(x_1,x_2)=3$,按照VCG拍卖应该怎样分配?

8. 契约设计的原理以及分类模型是什么?

9. 怎样理解激励中的个体理性和激励相容两个原则?

10. 考虑双寡头模型:存在两个寡头,生产同一个产品,基本的生产成本为 c,厂商1生产的产品数量为 q_1,厂商2生产的产品数量为 q_2,产品的市场价格由整体的产品数量决定,即为 $P(q_1,q_2)$,这里考虑价格与产品数量满足 $P(q_1,q_2)=\max\{0,\alpha-q_1-q_2\}$,求两家厂商策略均衡点处的产品产出。

参考文献

[1] 张维迎.博弈论与信息经济学[M].上海:上海人民出版社,2004.

[2] Easley D,Kleinberg J.Networks,crowds,and markets: reasoning about a highly connected world [M].Cambridge: Cambridge University Press,2010.

[3] 谭国富.拍卖理论[EB/OL].[2021-06-21]. http://www-bcf.usc.edu/~guofutan/research/Auction%20theory_chinese.pdf.

[4] Huang J, Gao L.Wireless network pricing[M].Morgan & Claypool Publishers,2013.

[5] Vickrey W.Counterspeculation, auctions, and competitive sealed tenders[J].The Journal of Finance,1961(1): 8-37.

[6] Clarke E.Multi part pricing of public goods[J].Public Choice,1971(1): 17-23.

[7] Nash J F.The Bargaining Problem[J].Econometrica,1950(2): 155-162.

[8] Nash J F.Two person cooperative games[J].Econometrica,1953(1): 128-140.

[9] Rubinstein A.Perfect equilibrium in a bargaining model[J].Econometrica,1982(1): 97-109.

[10] Chae S, Heidhues P. A group bargaining solution[J]. Mathematical Social Sciences Journal, 2004(1): 37-53.

[11] Chae S,Moulin H.Bargaining among groups: an axiomatic viewpoint[J].International Journal of Game Theory,2010(1): 71-88.

[12] Cao L,Zheng H.Distributed spectrum allocation via local bargaining[C].IEEE SECON,2005: 475-486.

[13] Han Z,Ji Z,Liu K.Fair multiuser channel allocation for ofdma networks using nash bargaining solutions and coalitions[J].IEEE Transactions on Communications,2005(8): 1366-1376.

[14] Zhang Z,Shi J, Chen H, et al. A cooperation strategy based on nash bargaining solution in cooperative relay networks[J].IEEE Transactions on Vehicular Technology,2008(4): 2570-2577.

[15] Gao L, Iosifidis G, Huang J, et al. Bargaining based mobile data offloading[J]. IEEE Journal on Selected Areas in Communications, 2014(6): 1114-1125.

[16] Yan Y, Huang J, Wang J. Dynamic bargaining for relay based cooperative spectrum sharing[J]. IEEE Journal on Selected Areas in Communications, 2013(8): 1480-1493.

[17] Boche H, Schubert M. Nash bargaining and proportional fairness for wireless systems[J]. IEEE/ACM Transactions on Networking, 2009(5): 1453-1466.

第17章 chapter 17

图　形　码

图形码是一种计算机可识别的数据表现形式。最初的图形码由一组宽度和间距可变的平行线来表示,可称为线性或一维条形码。之后其发展成为矩形、点阵、圆形等其他几何图形组成的码(二维条形码)。最初图形码只可被特殊的光学扫描器——图形码读取器——来读取。现今,扫描与译码过程已可在智能移动通信设备等机器上进行。

然而,二维条形码具有容量小、相貌丑等诸多缺点。因此,在二维条形码的基础上,研发人员又开发出了多种高维码。

本章详细介绍几种现有的或技术已成熟的图形码。

17.1　一维条形码

一维条形码是将宽度不等的多个黑条和空白,按照一定的编码规则排列,用于表达一组信息的图形标识符。常见的一维条形码是由反射率相差很大的黑条和白条排成的平行线图案。图17-1给出了一个最基本的一维条形码示例。

图17-1　一维条形码示例

一维条形码的信息封装和获取类似于通信原理中的编解码技术。在一维条形码的框架下,信息依然是用二进制数字序列表示,对于信息封装部分,一维条形码将数字和字符信息根据相应的编码规则转化成二进制序列,并通过不同的一维条形码标准来生成图形化的一维条形码,一维条形码中包含起始字符、数据字符、校验字符、终止字符以及静区5部分。其中,静区的作用是使扫描设备更好地读取一维条形码信息,起始字符和终止字符分别代表着一维条形码的开始和结束部分,数据字符为人们封装在一维条形码内的主要信息,校验字符用于检验一维条形码读到的数据是否准确。

对于信息获取部分,能够将一维条形码存储的信息恢复的核心原理是,利用黑色和白色对光的反射程度不同,白色能够反射各种波长的光,而黑色则吸收各种波长的可见光,根据这一特点,配以专用的扫描设备和光电转换设备,可以将扫描得到的光信号转化为电信号,黑条、白条不同的长度转化为的电信号长度也相应地随之变化,将电信号转译为0、1信息序列,并根据统一的编解码标准,便能够将编码于一维条形码中的信息解码出来。

目前，一维条形码扫描器主要有光笔、CCD、激光、影像 4 种，由于条形码长度大小的限制，导致其只能封装有限的数据信息，同时，一维条形码存在不同的标准，对于每种标准，封装的信息数量和编码规则都是不同的，此部分在 17.1.1 节会继续介绍。目前，1 平方英寸（1 平方英寸＝6.4516 平方厘米）的一维条形码最多可以封装 100 个字符的信息，并且只能封装字母和数字，不能封装特殊字符或者中文汉字。

17.1.1　一维条形码的分类

一维条形码根据码制不同可以分为很多类型，如 Code-39、Code-128、ISBN、LOGMARS 等，不同的码制对应不同的用途，接下来对一维条形码的几种码制作一下简单的介绍。

1. Code-39

Code-39 是一个很常见的一维条形码类型，用于姓名牌、库存清单和工业应用方面。Code-39 中可包含的信息码包括数字 0～9、大写英文字母 A～Z、空格字符以及少量特殊符号。小写英文字母在最新的标准中也被纳入。Code-39 是最早的将数字和字母应用到信息编码中的一维条形码，主要用于字符信息检测，这样可以避免人工检测的费时费力。Code-39 一维条形码的基本结构如图 17-2 所示。

起始字符	数据码	校验字符	终止字符
*	Code-39	P	*

Code-39

图 17-2　Code-39 一维条形码

2. Code-128

Code-128 是一个厚密度的一维条形码，它包含的信息码有文本、数字、函数，以及完整的 ASCII 字符集。由于其信息码更加全面，因此，比 Code-39 的应用领域更广泛，图 17-3 给出了 Code-128 一维条形码的一个例子，可以看出其基本结构与 Code-39 大致相同。事实上，一维条形码的结构均大同小异，所包含的核心部分均有相似之处。

起始字符	数据码	校验字符	终止字符
Ì	Code-128	O	Î

Code-128

图 17-3　Code-128 一维条形码

3. ISBN

ISBN（International Standard Book Number，国际标准书号）系统主要是为图书出版

商、零售商设计的，旨在方便其对图书进行排序和管理，此类一维条形码还用于出版行业监测销售数据。图 17-4 给出了 ISBN 一维条形码的一个示例，在书籍上会经常见到此类一维条形码。

图 17-4 ISBN 一维条形码

4. LOGMARS

LOGMARS(Logistics applications of automated Marking And Reading Symbols)在 Code-39 的基础上发展而来，主要用于军事和防御系统中，这种一维条形码在设计上必须满足一些军事上的特殊需要，并且只能印在一些军事设备上。

17.1.2 一维条形码的应用

一维条形码能够将复杂难记的字符信息转换为图像信息，并通过技术实现信息的封装和获取，应用起来十分方便，并且适用于数量很大的物品管理，使其广泛应用于图书管理、超市购物等各方面。一维条形码已经渗入人们的日常生活，为人们的生活提供便利。

1. 图书管理

一维条形码在图书管理中的应用如图 17-5 所示。

由 17.1.1 节介绍，ISBN 一维条形码广泛应用于图书馆的图书管理中，通过扫描一维条形码，人们可以获取图书的信息，并借助目前的图书馆图书管理信息系统，方便地查阅此图书的馆藏信息。

2. 超市购物

人们在平时去超市购物消费时，收银员总是用专用的机器扫描对应物品上的标签，其中有一部分就是通过扫描一维条形码来获取物品信息的(见图 17-6)，有时扫描不出结果，则需要手动输入物品编号，十分不方便。此应用大大地加快了超市中结账的速度，具有一定的影响力。

图 17-5 一维条形码在图书管理中的应用

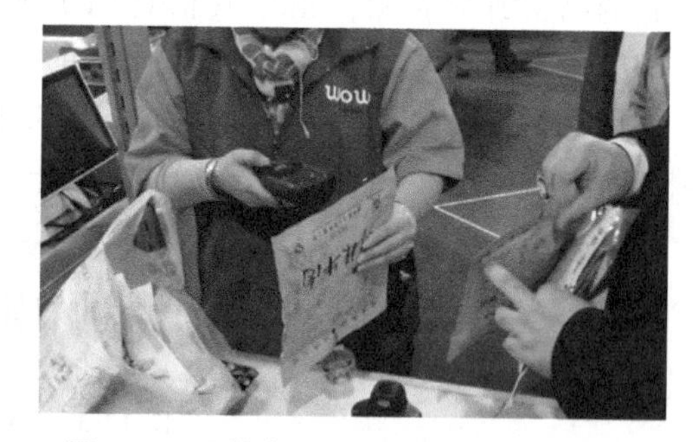

图 17-6 一维条形码在超市购物中的应用

3. 其他生活中的应用

一维条形码其他生活中的应用如图 17-7 所示。

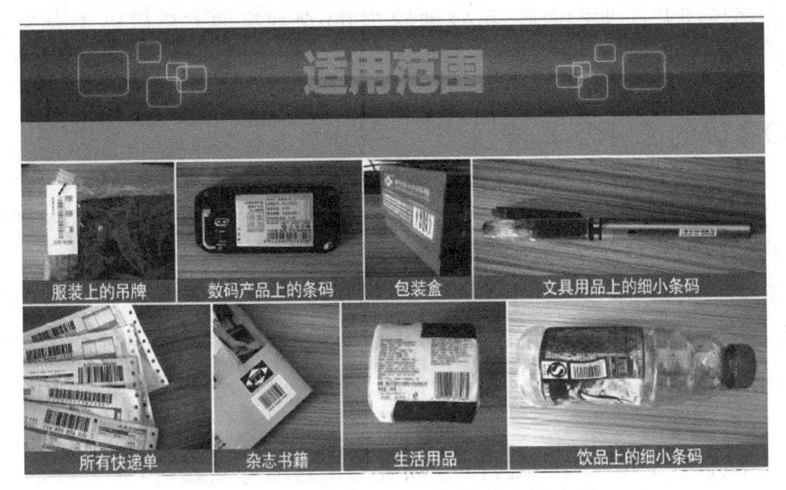

图 17-7　一维条形码其他生活中的应用

一维条形码用于封装小量数据的优势十分明显，给人们的生活带来许多便利。

17.2　QR 码

二维条形码(2-Dimensional Bar Code，也称二维码)是指在一维条形码的基础上扩展出另一维，使用黑白矩形图案表示二进制数据，并以此来记录数据符号信息。一维条形码中仅由条形码的宽度记录数据，而二维码利用图像中的黑白方块记录数据，增加了容量，并且增加了定位点和容错机制。

快速响应矩阵码(Quick Response code，QR 码)是二维码的一种，1994 年由日本的 DENSO WAVE 公司发明。如同其名字一样，发明者希望 QR 码可以让其内容快速被解码。QR 码使用 4 种标准化编码模式(数字、字母数字、字节和汉字)来存储数据。QR 码与普通条码相比可以存储更多数据，也不需要像普通条码在扫描时需要直线对准扫描仪。因此，其应用范围已经扩展到产品跟踪、物品识别、文档管理、营销等方面。

17.2.1　二维码的诞生

进入 20 世纪 60 年代之后，日本的经济迎来高速增长期，经销食品、服装等种类繁多的商品超市开始在城市中出现。在当时的超市中，由于 POS 系统的成功开发，仅通过光感读取一维条形码，价格就会自动显示在出纳机上，同时读取的商品信息还能传送到计算机上。尽管一维条形码得以普及，但新的课题又随之而来。问题在于一维条形码的容量有限，英文数字最多只能容纳 20 个。

为了解决这一问题,当时负责QR码研发的原昌宏把研发的重点同时放在了信息量的纳入和编码读取的便利性两方面。为了实现高速读取,研发小组在编码中附上了四角形的定位图案,这样便可实现其他公司无法模仿的高速读取。研发项目启动后经过一年半的时间,在经历了几次曲折之后,可容纳约7000个数字的QR码终于诞生了。其特点是能进行汉字处理,大容量,而且读取速度比其他编码快10倍以上。

17.2.2 QR码的公开及其普及

1994年,DENSO WAVE INCORPORATED(当时属于现在的DENSO CORPORATION的一个事业部)公开了QR码。为了让更多的人了解并实际使用,原昌宏奔波于各个企业和团体,积极进行推荐。汽车零部件生产行业的"电子看板管理"采用了QR码,为提高生产乃至出货、单据制作的管理效率做出了贡献。出于可追溯性的考虑,同时社会上也出现了生产过程可视化的动向,QR码进而也用在了食品、药品以及隐形眼镜生产业界的商品管理等方面。

DENSO WAVE INCORPORATED拥有QR码的专利权,但针对业已形成规格的QR码,公司明确表示不会行使这项权利。这是开始研发当初就定下来的方针,反映了研发者的想法:"希望能有更多的人使用QR码"。无需成本、可放心使用的QR码现已作为公共的编码在全世界得到广泛应用。

2002年,QR码普及到普通个人。其契机在于,具有QR码读取功能的手机开始上市。这种不可思议的图形吸引着人们,通过读取可以很方便地访问手机网站,或者获得各种优惠券,正是因为这种便利性,QR码迅速在社会上得以普及。如今,QR码的应用范围更加广泛,名片、电子票、机场的出票系统等,几乎无所不包,在商务活动和人们的生活中已经成为不可或缺的重要工具。

17.2.3 QR码标准及其进化

QR码是一种开放型的编码,因此,在日本国内乃至全世界得到广泛使用,而且通过规格和标准的形成,进一步得到普及。1997年被采纳作为自动识别业界规格的AIM规格,1999年被日本工业规格、日本汽车业EDI标准交易账票所采用为标准二维码,2000年又被定为ISO国际规格。现在,世界上的所有国家都在使用QR码。

QR码在全世界得到普及,而另一方面,与更高的需求相适应的新的QR码也相继诞生,即满足小型化需求的超小型编码——微型QR码,编码容量大、印刷面积小,还可以是长方形的iQR码等。如今,QR码已向设计性强、更具亲和力的方向发展,例如,将原来的黑白两色的编码变为彩色的,当中还插入了绘图。而且根据时代的变化,搭载读取限制功能的QR码也已研发出来,以适应保护个人隐私等的种种需求。经过长年研究的积累,QR码也在不断地发展,以各种变化满足不同的用途。

17.2.4 QR 码的优点

1. 存储大容量信息

一维条形码只能处理 20 位左右的信息，与此相比，QR 码可处理的信息量是传统的一维条形码的几十倍到几百倍。

另外，QR 码还可以支持所有类型的数据（如数字、英文字母、日文字母、汉字、符号、二进制、控制码等）。一个 QR 码最多可以处理 7089 字（仅用数字时）的信息量，信息量巨大。

2. 在小空间内打印

QR 码使用纵向和横向两个方向处理数据，如果是相同的信息量，QR 码所占空间为一维条形码的 1/10 左右（还支持 Micro QR 码，可以在更小空间内处理数据）。

3. 可以有效地处理各种文字

QR 码是日本国产的二维码，因此非常适合处理日文字母和汉字。

4. 对变脏和破损的适应能力强

QR 码具备纠错功能，即使部分编码变脏或破损，也可以恢复数据。数据恢复以码字为单位，最多可以纠错约 30%。

5. 可以从 360°任意方向读取

QR 码从 360°任一方向均可快速读取。其奥秘就在于 QR 码中的 3 处定位图案，可以帮助 QR 码不受背景样式的影响，实现快速读取。

6. 支持数据合并功能

QR 码可以将数据分隔为多个编码，最多支持 16 个 QR 码。使用这一功能，还可以在狭长区域内打印 QR 码。另外，也可以把多个分隔编码合并为单个数据。

17.2.5 QR 码的符号结构

每个 QR 码的符号（见图 17-8）由名义上的正方形模块构成，组成一个正方形阵列，它由编码区域和包括寻像图形、分隔符、定位图形和校正图形在内的功能图形组成。功能图形不能用于数据编码。符号的四周由空白区包围。

17.2.6 QR 码的特征

1. 结构连接（可选）

结构连接允许把数据文件用最多 16 个 QR 码符号在逻辑上连续地表示。它们可以以任意的顺序扫描，而原始数据能正确地重新连接起来。

扫码见彩图

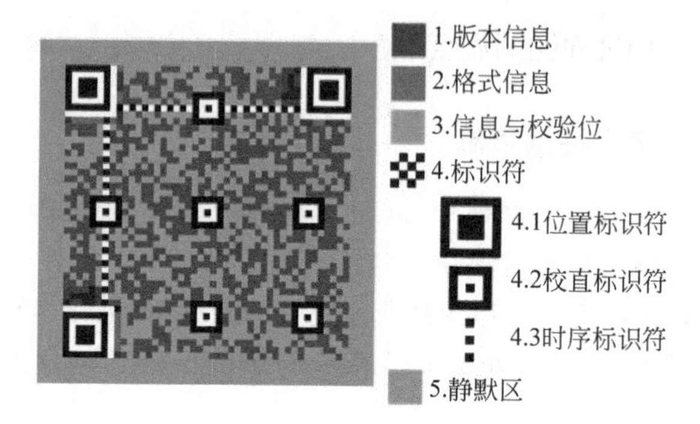

图 17-8　QR 码的符号结构

2. 掩模(固有)

使用掩模可以使符号中深色与浅色模块的比例接近 1∶1,使因相邻模块的排列造成译码困难的可能性降为最小。

3. 扩充解释(可选)

扩充解释方式使符号可以表示默认字符集以外的数据(如阿拉伯字符、希腊字母等),以及其他解释(如用一定的压缩方式表示的数据)或者对行业特点的需要进行编码。

17.2.7　版本和规格

QR 码符号共有 40 种规格,分别为版本 1、版本 2、…、版本 40。版本 1 的规格为21 模块×21 模块,版本 2 的规格为 25 模块×25 模块,以此类推,每一版本符号比前一版本每边增加 4 个模块,直到版本 40,规格为 177 模块×177 模块。

从识读一个 QR 码符号到输出数据字符的译码步骤是编码程序的逆过程,图 17-9 为该过程的流程。

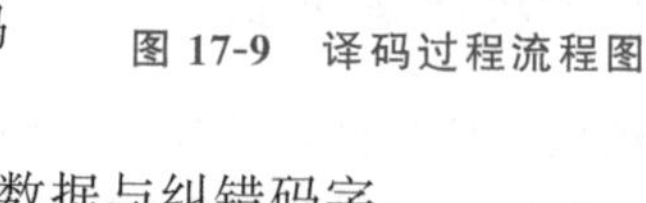

图 17-9　译码过程流程图

(1) 定位并获取符号图像。深色与浅色模块识别为 0 与 1 的阵列。

(2) 识读格式信息(如果需要,去除掩模图形并完成对格式信息模块的纠错,识别纠错等级与掩模图形参考)。

(3) 识读版本信息,确定符号的版本。

(4) 用掩模图形参考已经从格式信息中得出对编码区的位图进行异或处理消除掩模。

(5) 根据模块排列规则,识读符号字符,恢复信息的数据与纠错码字。

(6) 用与纠错级别信息相对应的纠错码字检测错误，如果发现错误，立即纠错。

(7) 根据模式指示符和字符计数指示符将数据码字划分成多部分。

(8) 按照使用的模式译码得出数据字符并输出结果。

17.2.8 QR码的应用

由于QR码存储量大、保密性好、追踪性高、抗损性强、成本低廉等优点被广泛应用在各行各业，就传统行业而言，主要集中在加工制造业、物流业、质量溯源等，其具体应用如下。

1. 加工制造业

QR码在加工制造业的应用广泛而深入，因其载体的数据容量大、体积小的特征而非常适合在电子器件制造上的应用。制造厂商通过标识在电子器件上的二维码标识，实现零件加工过程中时间、质量等采集监控。美国汽车制造业协会(AIAG)专门制定了相关标准，我国部分合资汽车厂商也相继开展QR码应用。日本汽车工业会和日本汽车零部件工业会把QR码应用到标准化进出货单据中，QR码中包含订货商、供货商、部件信息等所有单据信息。零部件制造商通过识别QR码处理订货内容，制造商通过扫描供货单上的QR码确认收到的订货。这样把单据上的内容以QR码的形式传送实现了数据处理的自动化，这也是被各行各业所关注的纸质EDI(使用纸张的电子数据交换)。

2. 物流业

QR码可以做到一物一码，可以在确定的商品、包装上印上这个二维码，和很多传统防伪手段结合，是非常好的物流管理应用。在饮料制造业，产品出厂时贴上的QR码包含产品生产的工厂、生产线、生产时间。物流中心和销售点出货时，通过读取QR码来进行跟踪管理和进出货次序管理。订货商也可以通过QR码确认供货情况，将管理扩大到原材料层面。与传统物流仅被看作是后勤保障系统和销售活动中起桥梁作用的概念相比，现代物流是以满足消费者的需求为目标，把制造、运输、销售等市场情况统一起来考虑的一种战略措施。以QR码为代表的信息通信技术的应用开拓了以时间和空间为基本条件的物流业，为物流新战略提供了基础，使新的物流经营思想如准时化战略、快速反应战略、连续补货战略、自动化补充战略、销售时点技术、实时跟踪技术等成为可能。

3. 质量溯源

QR码溯源是最受生产型企业欢迎的应用，对企业来说，方便产品跟踪，防止产品假冒。对消费者来说，安全食品也是一种购买保障，因为生产加工质量得以全过程跟踪，提高了加工质量，同时由于跟踪了生产过程中的加工设备，可以自由操作工人的状态，而且使得其原生产线变成了柔性生产线，可生产多品种产品。更为重要的是，QR码的成功引入还为产品的防假冒提供了有力手段。食品厂商将食品的生产和物流信息加载在QR码里，可实现对食品追踪溯源，消费者只需用手机一扫，就能查询食品从生产到销售的所有流程。例如,给猪、牛、羊佩戴 QR 码耳标,其饲养、运输、屠宰及加工、储藏、运输、销售各环节的信息都将实现有源可溯。QR 码耳标与传统物理耳标相比,增加了全面的信息存储功能。在可追溯体系中,猪、牛、羊的养殖免疫、产地检疫和屠宰检疫等环节都可以通过 QR 码识读器将各种信息输入新型耳标中。通过解码就能很轻松地追溯到每头猪是哪个养殖场、哪个管理员饲养的,市民餐桌上的猪肉质量安全就有保障了。

4. 电子票务领域

中华人民共和国铁道部于 2009 年 12 月 10 日开始改版铁路车票,新版车票采用 QR 码作为防伪措施,取代以前的一维条形码,如图 17-10 所示。浙江省杭州市、四川省成都市及河北省石家庄市等地区的公交业者,在站台和车上,使用 QR 码提供给市民公交的线路信息。用户通过网站电话等方式,购买电影票、演唱会票、音乐会票、体育比赛入场券等。消费者购票后系统自动向消费者手机发送 QR 码电子票,消费者进场时只需调出手机中收到的 QR 码电子票,验证通过即可完成入场。整个发放领取过程无纸化、高效便捷、安全新颖、省时省力。这样用户不用到现场排队买票,节省时间,极大提升了用户体验。还可防止假票损失,商家也可以及时采集客户信息。

图 17-10 QR 码作为新版车票防伪措施

5. 支付

二维码支付手段在国内兴起并不是偶然,形成的背景主要与我国 IT 技术的快速发展以及电子商务的快速推进有关。IT 技术的日渐成熟,推动了智能手机、平板计算机等移动终端的诞生,这使得人们的移动生活变得更加丰富多彩。与此同时,国内电商也紧紧与"移动"相关,尤其是 O2O 的发展。有了大批移动设备,也有了大量的移动消费,那么,支付成本就变得尤为关键。因此,二维码支付解决方案便应运而生。拿支付宝的 QR 码支付功能来说,消费结账时,用户出示手机,商户可使用红外线条码扫描枪扫描用户手机上显示的二维码发起收银。切换到 QR 码时,对方可使用手机或专用设备扫描并发起交易,如便利店、商铺、餐厅等消费场所。商户收银台用户无须更换手机,通过条码支付即可享受支付宝快捷的手机支付功能,每次交易后,手机上的条码和 QR 码都即时失效,不可复用,保护用户账户安全。QR 码支付流程如图 17-11 所示。

6. 电子商务平台入口 O2O

O2O 模式即 Online To Offline,即将线下商务的机会与互联网结合在一起,让互联网成为线下交易的前台。O2O 模式的核心三要素是用户、衔接的平台、商户,用户的行为最终是去线下商家消费并获得相应的服务。就目前来说,电商和商家更加注重 O2O 模

图 17-11 QR 码支付流程

式在移动互联领域的发展，如大众点评网实现了线下信息线上化，给用户提供有效的消费信息，而且用户通过使用大众点评网能够获得优惠信息和商家活动。商家可以通过短信、微信方式将 QR 码形式的电子优惠券、电子票发送到消费者手机上，消费者进行消费时，只要向商家展示手机上的电子优惠券，并通过专用条码识读终端设备扫码验证回收，就可以得到商家的优惠和高质量的服务。在医疗领域，患者可以通过手机终端预约挂号，凭 QR 码在预约时间前往医院直接取号，减少了排队挂号、候诊时间。这样的模式拓宽了业务领域，提升了创新服务体验，简化了客户操作。

17.3 其他二维码

在实际使用中，QR 码并不是唯一的选择，像 Data Matrix 码、PDF417 码也有较多的应用。本节将介绍部分使用率较高的其他类型的二维码。

17.3.1 Data Matrix 码

Data Matrix 码是由 International Data Matrix 公司于 2005 年左右发明的，是一种由正方形或长方形小格组成的二维码，可以编码文本信息与数字信息。通常的数据大小是 0～1556 位，编码数据的长度取决于小格的数量。

在 Data Matrix 码中，每一小正方形格子代表一个小单元，以其明暗来表示 0 或 1。码的边界包括两条构成 L 形的实线，一般称为定位模式(Finder Pattern)，用来确定二维码的位置以及方向信息。另外两条边由明暗交替变化的正方形小格组成，称为时间模式(Timing Pattern)，用于判断码中的行与列。当更多的信息编码到 Data Matrix 码中，码的行列数量增加。

Data Matrix 码如图 17-12 所示。

图 17-12 Data Matrix 码

由于 Data Matrix 码有把 50 个字符编码到一个只有 2～3mm² 面积的二维码中的能力，其最广泛的应用是标记小物品，仅有的限制是制造的 Data Matrix 码的保真度以及读取系统的读取能力。

17.3.2 PDF417 码

PDF417 码在 1991 年由 Symbol Technologies 公司发明，是一种堆叠形的二维码，用途广泛，在交通工具、身份卡、存货管理等场景都可以见到它的身影。PDF 的含义是便携式数据文件(Portable Data File)，417 是指码中的各个模式由 4 个条状图形与空白组成，每个模式长度为 17 个单位。

PDF417 码和 Data Matrix 码一样被美国邮政管理局用于邮政服务。另外，PDF417 码还被用作登机牌标准、身份识别卡、联邦快递的包裹标签等。

除了有典型二维码的特征以外，PDF417 码还有如下能力。

(1) 连接能力。一个 PDF417 码可以连接到其他码，它们以序列的形式被扫描，这样就允许存储更多的数据。

(2) 用户指定维度。用户可以决定最窄的垂直带多宽、列有多高。

(3) 公用域格式。任何人都可以用这个格式来实现系统，而不需要得到任何许可。

PDF417 码有 3～90 列，每列都类似于一个小的一维条形码，所有列同宽且码字的数量相等。每列包括如下内容。

(1) 静区(Quiet Zone)。这是在 PDF417 码开始前与结束后，空白区存在的最小范围。

(2) 开始模式。用于确认 PDF417 码。

(3) 左侧指示符与右侧指示符。包含列的信息，如列的数量、纠错层级。

(4) 停止模式。

PDF417 码如图 17-13 所示。

图 17-13 PDF417 码

PDF417 码在信息密度上并不比其他类型的二维码有优势，通常 PDF417 码的大小是 Data Matrix 码或 QR 码的 4 倍。不过，由于采取了长条状的设计，PDF417 码最小化了连续列扫描时可能产生的不良影响。

17.3.3 Aztec 码

Aztec 码于 1995 年由 Andrew Longacre 等人发明。Aztec 码的最大特征是定位模式位于码的正中央，不需要环绕码的静区，因此，相比其他二维码有节约空间的潜力。

Aztec 码的数据编码位于牛眼状的定位模式周围。定位模式核心的角上包括方向标记，保证在旋转、反射情况下码的可读性。解码是从有 3 个黑像素的角上开始的，然后沿顺时针方向到两像素角、一像素角、零像素角。中央有可变像素编码大小信息，因而不必使用静区来标记码的边界。

Aztec 码及其核心如图 17-14 所示。

(a) Aztec码

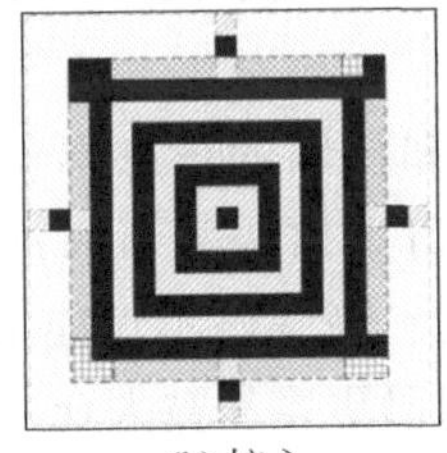

(b) 核心

图 17-14　Aztec 码及其核心

Aztec 码在交通方面的应用比较广，Eurostar、Deutsche Bahn、DSB、Czech Railways、Slovak Railways、Trenitalia、Nederlandse Spoorwegen PKP Intercity、VR Group、Virgin Trains、Via Rail、Swiss Federal Railways、SNCB、SNCF 等诸多交通运输企业都使用 Aztec 码；在波兰，车辆注册文件支持加密摘要被编码到 Aztec 码中；加拿大的许多账单也使用了 Aztec 码。

17.3.4 MaxiCode

MaxiCode 于 1992 年由联合包裹服务（United Parcel Service，UPS）发明并使用。MaxiCode 适合于追踪、管理包裹的装运。与一般二维码的不同点主要在于 MaxiCode 使用六边形的点而不是方格作为最小数据单元，如图 17-15 所示。

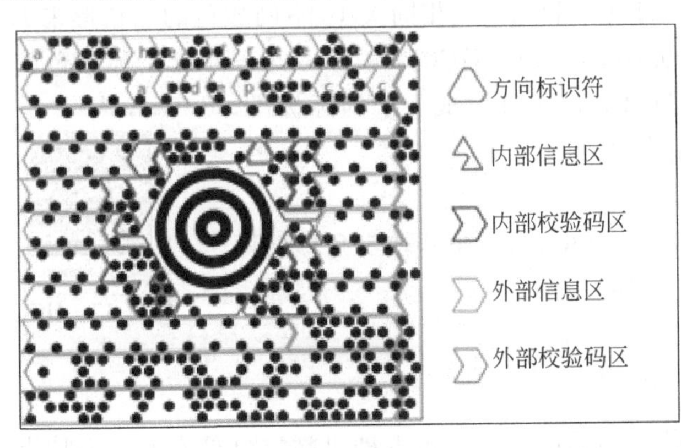

图 17-15　MaxiCode

扫码见彩图

17.3.5 EZcode

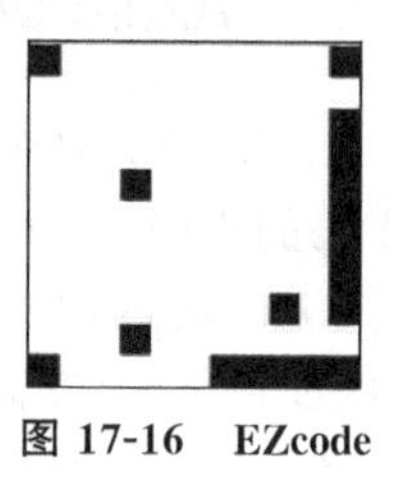
图 17-16 EZcode

EZcode(见图 17-16)由 ETH Zurich 发明,并唯一授权给 Scanbuy。它是为带摄像头设计而设计的,因而相比其他二维码要简单。最初 EZcode 被广泛用于许多国家的第三方活动,包括美国、墨西哥、西班牙等。由于 Scanbuy 对 EZcode 的唯一所有权,EZcode 的使用、发展受到很大限制。

17.4 高维码

由于二维码所携带和传输的信息容量有限(见表 17-1),在传统二维码(如 QR 码、Data Matrix 码)之外又衍生出一类新兴的条码,这里称为高维码。高维码一般采用颜色、灰度等作为第三维度。高维码不仅能增加信息容量,还能有效地提升传统二维码的辨识度和美观程度,使条码更容易被大众所接受。

表 17-1 3 种二维码的信息容量

二维码类型	信息容量
QR 码	最多 7089 个数字或 4296 个字母或 984 个汉字
PDF417 码	1850 个文本字符或 2710 个数字或约 500 个汉字
Data Matrix 码	最多 3116 个数字或 2335 个字母或 1556 个汉字

本节内容将着重介绍几个已被广泛的应用,或者有广泛应用前景的高维码。

17.4.1 HCCB

HCCB(High Capacity Color Barcode)意为高容量彩色条码,是一款由微软公司的工程师 Gavin Jancke 研发的条码。HCCB 利用一类相同大小、不同颜色的三角形来编码数据,而不是传统二维码所提供的正方形阵列。HCCB 使用一组 4 种或 8 种颜色的三角形,从而极大提升了信息密度。HCCB 已被开发成一个国际标准,并被微软公司使用于其手机应用当中。

图 17-17 为一典型 HCCB。

需要注意的是,在大多数 HCCB 当中,右下角八块三角形两两配对,共 4 种颜色,作为解码时的参照。

图 17-17 HCCB

17.4.2 COBRA

近年来,可见光通信作为无线电通信的替代技术发展迅猛。可见光的诸多特点使得其在近场通信中的应用越来越广泛,在局域网建构等领域发挥重要的作用。

COBRA(COlor Barcode stReaming for smArtphones)意为智能机彩色条码流,是可见光通信的一种特殊形式。它是密歇根州立大学研发的一款高维码。COBRA 将信息编码成一种新颖的彩色条码形式,其使用多种新技术来解决动态环境中的图片模糊问题,实现智能机之间的实时条码流传输与解码。COBRA 可在液晶显示(Liquid Crystal Display,LCD)屏幕上呈现更多的信息,并可实现智能机之间名片、图片、视频、文章等方便、快捷、高效与高质量的传输。COBRA 的特点也决定其广泛的适用范围与较高的安全性。

COBRA 颜色条码(见图 17-18)由两大部分组成——定位模块和代码模块。定位模块又分为边缘检测模块(CT 部分)与定位参考模块(TRB 部分)。边缘检测模块用于迅速定位颜色条码的边缘。基于这一步确定的位置,定位参考模块被检测器(通常为摄像头)探测并被用于定位代码模块中的所有像素。代码模块存储此条码编码的信息。

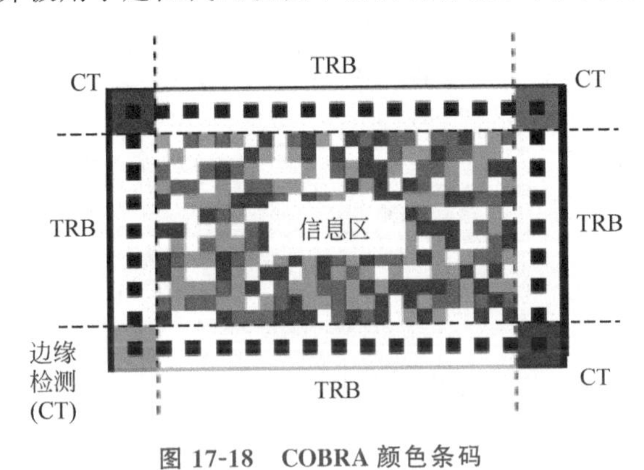

图 17-18 COBRA 颜色条码

扫码见彩图

关于这种条码,一个重要参数是编码信息的颜色数量。尽管使用的颜色越多条码容量越大,但是颜色数量增多会造成译码的误码率增大。权衡以上因素,COBRA 选择 5 种颜色(黑、白、红、绿、蓝)来进行编码。

COBRA 使用以下两种编码方式来减小误码率。

1. 自适应代码产生器

每个颜色单元块的大小显然影响传输速率。单元块越小,其传输速率越高。然而,由于模糊效应的影响,减小单元块不一定能够提升信息吞吐量。为了平衡单元块大小与模糊效应的影响,COBRA 提供自适应代码产生器作为解决方案。

现在的智能机都配备了加速度计。COBRA 利用加速度计传递的智能机运动信息来相应调节单元块大小,从而在传输速率和准确度间做出最佳选择。

2. 颜色重新排列

有分析指出,颜色误差常发生在不同颜色相邻的边界地带。因此,为减小误码率,一种可行的方法是将颜色重新排列(见图 17-19),以减小不同颜色交界的长度。

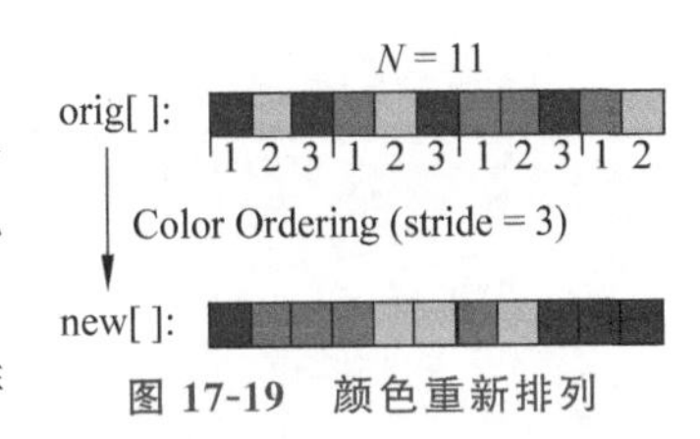

图 17-19 颜色重新排列

COBRA 利用一种称为随机步幅的策略得出重新排

列的幅值。首先,发送端将颜色单元块按随机产生的步幅分类,将具有相同标号的单元块放置在一起。然后计算此种步幅下其边界长度。重复此过程30次,取边界最短时的步幅。

习题

1. 一维条形码由哪5部分组成?
2. 一维条形码根据码制不同可分为哪几种?各自的主要用途有哪些?
3. 简述QR码的优点。
4. QR码的主要用途有哪些?
5. 描述QR码的译码过程。

第18章 chapter 18

移动互联网智能化和算法

移动互联网就是将移动通信和互联网两者结合起来，成为一体，是指互联网的技术、平台、商业模式和应用与移动通信技术结合并实践的活动的总称。通常来讲，移动互联网通过智能移动终端，采用移动无线通信方式获取业务和服务的新兴业务，包含终端、软件和应用3个层面。终端层包括智能手机、平板计算机、电子书、MID等；软件层包括操作系统、中间件、数据库和软件等；应用层包括休闲娱乐类、工具媒体类、商务财经类等不同应用和服务，如图18-1所示。

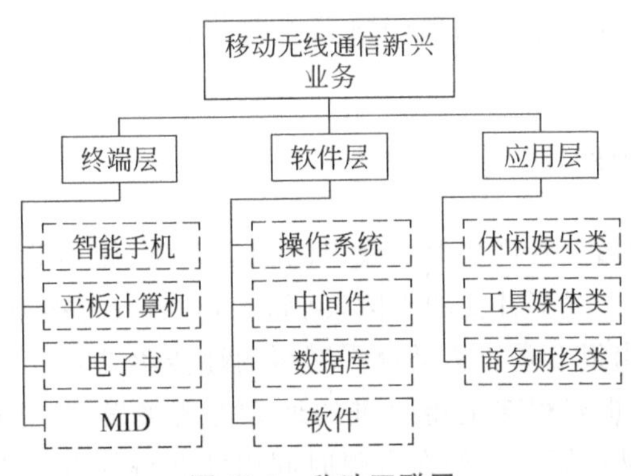

图18-1 移动互联网

移动互联网的接入方式(见图18-2)包括蜂窝移动网络、无线个域网(WPAN)、无线局域网(WLAN)、无线城域网(WMAN)和卫星通信网络。蜂窝移动网络即人们经常谈论的3G、4G、5G等技术。无线个域网包括蓝牙、红外、RFID、超带宽(UWB)等技术。目前的无线局域网主要是以IEEE 802.11系列标准为技术依托的局域网络。无线城域网中的WiMAX是受到关注较多的无线通信技术，它以IEEE 802.16标准为技术依托。顾名思义，卫星通信网络就是通过卫星实现地球上两个通信站点间的通信。目前比较常见的是通过甚小孔径终端来接入移动互联网。

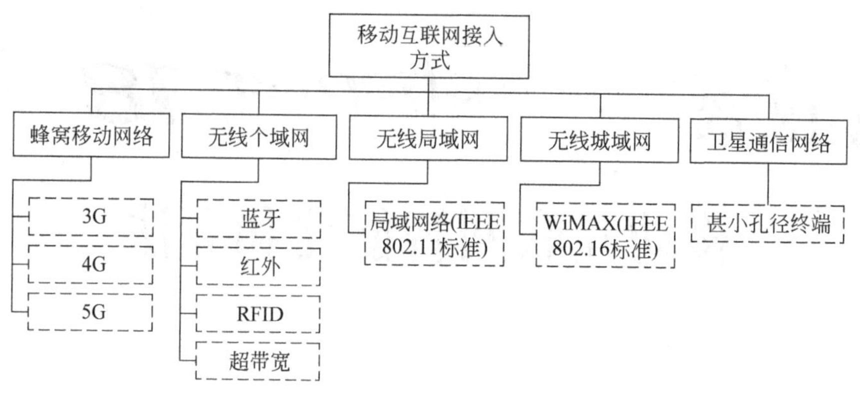

图 18-2 移动互联网的接入方式

18.1 智能移动互联网

移动互联网已经渗透人们生活的方方面面，不可忽视的问题是，如何使移动互联网更智能化，从而更加方便人们的生活。以下列举了智能移动互联网其中的5个关键方面，包括移动社交网络、基于大规模视频流的实时分析与处理、智慧城市、医疗图像分析系统和互联网金融大数据。

18.1.1 移动社交网络

在移动社交网络中蕴含着许多深入浅出的社会现象，如小世界理论、指数分布模型，很多学者致力于比较线上线下社交的不同，例如MIT的人类动力学实验室，就是用计算机和数学作为工具，给出很多基于移动社交网络的社会学成果。

移动社交网络本身也有很多值得改进的地方需要被发现。网络结构和用户策略决定着信息传播的效率，从而影响人们在有限时间内能获得的有效信息。社交关系纷繁复杂，但尽管如此，用户的人脉依然能够被挖掘和学习。通过学习用户的使用细节，算法可以推荐给他们合适的决策。通过一点一滴的信息流，研究者们可以预测很多未来的数据，对移动社交网络中的群体进行聚类分析。很多动态的人工智能算法，使整个网络的过去和未来能够被机器掌握。下面列举了移动社交网络中的两个关键问题。

1. 时间演变过程

在移动社交网络中，网络拓扑结构的演变是一个经典的社会学现象。通过大量的线上用户交互信息的分析结果可发现，在线上社交网络(Online Social Network)具有明显的时间演变规律，并且需要对精确的建模和预测的各类线上关系状态进行分析。生存模型可以用来描述线上社交网络中相互关系的时间演变过程，该模型中的相应参数可以应用滑动平均、马尔可夫过程等方法来估计。通过比较实际线上数据，社交关系生存模型具有很高的精度。这种对社交网络时间演变过程的分析结果可用于用户数量预测、关系演变预测等领域,使得庞大的社交网络拓扑结构能够用理论模型进行支配分析。对于在线社交网络通信服务,该模型的引入将推动产生新颖的在线服务功能。此外,正确理解网络演变模式能启发人们如何利用在线社交网络高效地进行信息传播。对于完成更大规模复杂社交网络的分析,以及考虑各种大规模实时事件内容对网络拓扑结构的影响,将是一个必然的方向。

2. 群体识别

群体(Community)是社交网络的一个重要特征,社会学中的群体行为研究已经有很长的历史。在线社交网络提取群体并进行分析,也是一个热门方向,在面对数量庞大的节点与极端复杂的关系结构时,还要考虑用较低的运算成本提取社交群体,使得该项工作的难度将大大提升。通过群体的识别,还可以对信息在网络中的流动进行分类,讨论不同群体分布下,信息流通的速度与范围。在线社交网络的群体对于信息传播有显著的影响,提取社交网络中的群体,分辨出有重要影响力的群体,在低成本的泛化广告推送以及信息流控制方面都有重要意义。

移动互联网的兴起使得在线社交网络变得日益火热,随之而来的是呈指数增长的数据。此类数据的分析,需要一套准确、快速的社交网络大数据挖掘方法,其中主要涵盖了网络、内容、人文等多方面。网络指社交网络建模、动态网络分析与预测、网络信息传播、网络社区检测等。内容指大事件检测、热点事件分析、流行趋势预测、推荐等。人文指从数据中研究人类行为,包括群体感知、人物个性、社会结构等,将移动互联网大数据的研究上升至人类学高度。

18.1.2 基于大规模视频流的实时分析与处理

移动互联网和 Web 2.0 的普及,使得互联网已经成为一种生活规律和社会资源。在互联网行业的流量中,绝大部分都被视频占有,并且每日新增的视频流量对现有的存储系统有极大的挑战。大规模视频流的实时分析与处理,包括异常事件的检测、视频服务导向的云系统布局优化、数据实时清理与采样、个性化视频推荐等方向。

在互联网行业的流量中,视频的内容占了很大一部分。随着网络流量的指数级增长,网络中的海量数据传输是现今传统互联网及移动互联网所面临的现实问题。大数据背景下的网络容量、覆盖性、连通性需要进行深入研究。在移动互联网环境下,上述提到的各项指标还要考虑节点的移动性,包括移动方式、移动速率、群体移动特点。

18.1.3 智慧城市

智能终端的普及、各类监测网络的广泛布局已经将城市数字化,城市本身每天都有海量的数据产生,包括各类传感器产生的数据。这类数据对城市的智慧化有着重大意义,通过大数据挖掘技术可以实现对城市的智能规划和管理,对绿色城市和便捷生活有巨大推动作用。交通规划、综合交通决策、跨部门协同管理、个性化的公众信息服务等需求均是智慧城市的一部分。其中,智慧交通是智慧城市中很关键的部分。如果整合某个地区道路交通、公共交通、对外交通的大数据资源,汇聚气象、环境、人口、土地等行业数据,可以用来建设并完善交通大数据库,提供道路交通状况判别及预测,辅助交通决策管理,支撑智慧出行服务,促进交通大数据服务模式的创新。

18.1.4 医疗图像分析系统

传统的医疗图像分析技术致力于将图像的质量提升至真实水准,而对图像的分析则交给人工判别操作,如此的流程不仅加大了人力成本,无形中也带来错误判别的弊端。基于大数据医疗图像分析系统的研究,可以通过已有的精准判别信息,将图像与病状结合,实现医疗图像分析自动化。随着医疗图像采集技术的发展,医疗相关图像数据处理是一个重要的大数据挑战。结合机器学习最前沿的算法,将分析系统建立在分布式的计算集群上,通过学习海量图片信息与病理病状信息达到严格的判别标准,人们能够推出智能图像医疗服务,从而造福病人与医生群体。

18.1.5 互联网金融大数据

大数据时代的到来,必将颠覆传统的金融业。从融资模式看,传统的融资依靠银行和资本市场两个渠道,而现今的融资模式越来越多地通过移动互联网平台进行。从支付模式看,传统的是银行支付,而现今的第三方支付,例如,支付宝钱包、微信钱包已经开始颠覆传统模式,未来可能还会有诸如 ApplePay 这样的支付方式,为金融领域带来更大的改变。利用大数据的思路分析金融业在移动互联网背景下的变化特点,遇到的机遇,面临的风险,将是一个极具前途的方向。在其他方面,如何制定理财产品,如何合理调动现金资源,如何锁定客户需求,都是可以借助海量数据得到非常有用的结果。金融业正在面临前所未有的挑战,如今得数据者得天下,如何实现分析洞察,将是行业创新和转型的关键。

利用大数据的思路分析金融业在互联网背景下的变化特点、遇到的机遇和面临的风险。具体来说,变化特点指对金融形势进行有效建模、合理分析,遇到的机遇指对行业形势的预测与分析,面临的风险指如何对威胁进行检测与评估。在其他方面,如何制定理财产品,如何合理调动现金资源,如何锁定客户需求等,都需要合理的数据分析方法。同时,还可以借助正蓬勃发展的社交网络,从数据中抓住舆论导向,制定出合理的金融规划。

18.2 众筹网络

众筹网络作为近几年逐渐兴起的热门话题,是移动互联网中十分重要的部分。移动互联网的快速发展使得网络上的可利用资源迅速增加,同时这些资源分布较为分散。现有的群智网络技术强调分布式感知,即将多个节点不同的感知内容汇聚起来完成一个智能感知任务,本质上来说是一个任务向下分解的过程,但是无法做到将资源合理收集并利用,也就是资源的向上聚合过程。国外已出现的 Uber 就是利用了移动互联网用户的空闲私家车资源提供租车的服务，国内的人人快递也是利用了互联网这一特性提供自由人快递服务。整合互联网可利用剩余资源，人们就可以建立一个这样的众筹网络。围绕网络中目前存在的资源及信息过剩、分布不集中等矛盾，通过筹集、聚合剩余资源和信息的手段，从而规划出合理的资源调度方案、网络节点激励机制，以及众筹网络安全机制。

18.2.1 资源调度方案

网络中的剩余资源过剩以及分布不均，必将导致众筹网络资源调度困难的问题。那么如何将一个大的任务集合分散映射到这些不均匀的服务节点上？首先制定出网络剩余资源的快速定位方案，利用机器学习、数据挖掘等手段，对资源进行有效的评估与分析。然后将网络作为一个大规模图进行深入剖析，找出网络图的特点，最后根据已有资源特点和网络需求，利用博弈论、最优化等手段，制定出一套合理的众筹网络资源调度方案。

18.2.2 网络节点激励机制

众筹网络中节点的个体性要求任务的执行需要每个节点的积极参与，这就涉及如何发挥网络节点的个体作用。可以根据网络结构特点和不同的应用场景，从网络属性以及节点属性的角度，制定出一套通用的激励机制，使得剩余资源被最大化利用。其中包括服务评价准则、奖励准则等。涉及网络经济学、机器学习、最优化等多种先进手段。

18.2.3 众筹网络安全机制

众筹网络的任务执行虽有统一调度，但所执行的大任务是需要每个个体所负责的小任务组合而成，个体之间的差异性使得所提供的网络服务差异性较大，甚至产生安全问题。首先要从网络拓扑结构、任务属性、节点特征等角度，进行众筹网络的安全性分析；其次，以此为基础，建立针对个体节点的安全评价机制和针对众筹网络整体的安全评估方法；最后，根据以上分析结果，制定出一套有效的众筹网络安全机制，实现网络的稳定运行。

18.3 移动互联网的计算

18.3.1 大数据分析——强大的工具

在维克托·迈尔-舍恩伯格(Viktor Mayer-Schonberger)及肯尼斯·库克耶(Kenneth Cukier)编写的《大数据时代》中，大数据指不用随机分析法(抽样调查)这样的捷径，而采用所有数据的方法。大数据的4个特点：大量、高速、多样、精确。

大数据是继云计算、物联网之后IT产业又一次颠覆性的技术变革。云计算主要为数据资产提供了保管、访问的场所和渠道，而数据才是真正有价值的资产。企业内部的经营交易信息，物联网世界中的商品物流信息，互联网世界中的人与人交互信息、位置信息等,其数量远远超越现有企业IT架构和基础设施的承载能力,实时性要求也大大超越现有的计算能力。如何盘活这些数据资产,使其为国家治理、企业决策乃至个人生活服务,是大数据的核心议题,也是云计算必然的升级方向。

有了云计算作为强大数据存储与处理的基础,大数据分析得以扩展到不同的领域。异构车联网当然也在显而易见的应用范围以内。具体到技术层面,目前大数据研究的发展主要基于数据挖掘和机器学习理论。

下面通过3个例子来感受数据挖掘和机器学习的优势和潜力。

(1) 早在2006年,社交网络还未普及时,麻省理工学院就利用手机定位数据和交通数据建立城市规划。

作者通过对手机终端信息的收集,配上GPS定位的辅助,绘制出一幅意大利米兰城市实时地图,其中显示出一个20km×20km范围内的基站分布和手机信号使用强度分布。这个案例当中,数据分析手段比较直接,重点在于数据的收集和地图匹配。但是也已经有很高的时效性和可操作性,对于城市规划和监控带来诸多便利。类似地,若将车联网的每个单元看作一个信息终端,可以获取某地区准确的交通流量信息。配上更多的行驶、环境参数,肯定可以获得更有价值的信息。

(2) 数据挖掘的方法能帮人们从杂乱的数据中有效地提取出有用信息。对于车联网,只要能有稳定的数据流,就可以提取道路车辆运行状况或是帮助选择更优良的路径。

在参考文献[5]中,就是通过数据挖掘的方法判断出一个局部车联网中可能的"恶意"车辆,从而保证行车安全。该文章讨论了局部车联网中一个车辆对其相邻车辆的方向、速度和位置信息进行分析,提取出时域中信息的相关性。

作者设计了数据挖掘系统,将每辆车视为一个节点,将其中车辆A作为中心节点,对周期性获得的相邻的数据包搭建Item树、FP树和Cats树。A对其他节点的数据包都进行置信度计算,又用到了1∶N的技巧,在规定时间内未向A发送数据包的节点将很有可能是"恶意"车辆,而在规定时间内向A发送数据包的节点正常的可能性很大。

对该系统仿真的结果表明,计算复杂度与节点数目是正比关系,在40个节点的条件下可以完成实时监测判断的功能,对周围39个节点分别给出置信概率。

(3) 机器学习算法已经在很多领域展示出其强大功能。

在医学诊断领域,有学者已经用机器学习算法来进行癌症诊断。通过对诊断历史病例数据的分析,研究者可以通过机器学习中的支持向量机(Support Vector Machine, SVM)和贝叶斯分类器对病情和对应参数分类,最后来预测新来病人的癌症发生率。在一个有2400个病例和17 000条数据的模拟测试下,其预测准确率分别达到69%和68%。另外,网页上经常出现的购物推荐,例如亚马逊网上商城的产品推荐,都是基于商品浏览记录对顾客购买兴趣的预测。许多有效的方法都应用在推荐系统上面,使得看似杂乱的购买数据能提供很有用的商品信息。

18.3.2 分布式计算

以上提到的是数据分析的理论方法，而在实际数据处理中，由于人们拥有海量的数据，可能需要一种分布式计算的方式。下面介绍 Spark 系统——Apache Spark。Spark 系统是一个开源的分布式计算框架，致力于提供可扩展且易使用的运算接口工具，提高海量数据的分析与计算效率。

1. 发展历史

Spark 系统的原型最初在 2009 年诞生于加州大学伯克利分校的 AMP 实验室，由 Matei Zaharia 博士带领的团队完成开发，然后在 2010 年实现开源并于 2013 捐赠于 Apache 软件基金会，一年后成为基金会旗下的顶级核心项目。到目前为止，有超过 1000 个组织在生产中使用 Spark 系统，定期参加其聚会的成员超过 36.5 万人，活跃度与日俱增，成为大数据时代开源工具的一个标杆。

2. 系统架构

Spark 系统以其强大的运算效率和轻便的使用方式赢得众多软件开发者和科研人员的拥护，其相关应用正在不断涌现。Spark 系统是一个基于内存计算的分布式集群计算框架，利用了内存的低时延性和易扩展性，有效地提高分布式计算效率。Spark 系统的核心是弹性分布式数据集(Resilient Distributed Datasets，RDD)的抽象。在所有运算前，系统都将数据转换成 RDD 的方式置于内存当中，使得数据集易于分布式处理，同时具有良好的容错性。即使在计算过程中部分机器(或计算单元)出现了故障，Spark 系统也能在很短的时间内重建 RDD，保障运算的流畅。另外，Spark 系统由 Scala 语言开发而成，具有简洁的特点，同时支持 Java 和 Python 的接口，能工作在单一节点或是集群的环境。目前的版本集成了一套完整的资源调度、I/O、任务自动分配的功能组件，并且支持众多主流大型数据库接口，包括 Cassandra、HDFS、Amazon S3 等。

3. 重要模块

Spark SQL：该模块提供了一个基于数据库的抽象，支持对结构化或者半结构化的数据操作。Spark SQL 支持主流的 SQL 语言，提供了许多接口可访问 ODBC/JDBC 服务器，同时能够在命令行下交互地提交操作，拥有良好的用户体验。

Spark Streaming：该模块利用了内存计算的效率优势来处理大规模的流式数据。其可将流数据模块化，转换成弹性分布式数据集然后完成局部优化处理。这样的工作方式能够方便处理互联网海量的实时数据流，可提供线上数据分析的操作。

MLlib：该模块是 Spark 系统的机器学习综合框架，集成了大规模数据集的基本结构和重要算法实现。MLlib 利用内存计算的效率提高机器学习的运算速度，基本测试在同样的规模下将近 10 倍快于 Hadoop 的 Mahout 框架。

GraphX：该模块是 Spark 系统的大规模图计算框架，提供特殊的接口以帮助实现复杂图的特征提取等功能。

18.4 大数据知识图谱

知识图谱是一种用可视化技术表示知识与知识之间相互关系的网络图谱。而大数据知识图谱,顾名思义,就是建立在大规模数据基础之上的知识图谱。

知识图谱这个概念最早由Google公司在2012年提出,其前身是2006年就已提出的语义网。知识图谱提出的初衷主要是为了提高搜索引擎的能力。而近些年,有了大数据的支撑,知识图谱的发展如日中天,图谱规模也越来越庞大。基于大数据的知识图谱已被广泛应用于智能搜索、智能化推荐等领域,现如今,更是在学科研究中大放光彩。

知识图谱的关键技术体现在知识表示和知识抽取等方面。

18.4.1 知识表示

在知识图谱中,知识主要用三元组的形式来表示,即实体(Entity)-关系(Relation)-属性(Attribute)。实体是一条知识的主体,属性说明了与主体相关的一个性质或知识,而关系则解释了实体和属性之间存在什么样的关系。举例说明,有以下3条知识。

(1) 上海交通大学成立于1896年。

(2) 上海交通大学位于中国上海市。

(3) 上海交通大学是一所全国重点大学。

我们用三元组的形式表示上述三条知识。

```
(1) <上海交通大学,start-time,1896>
(2) <上海交通大学,location,中国上海市>
(3) <上海交通大学,is-a,全国重点大学>
```

从上面的例子中不难看出,采用三元组的形式来表示知识足够简单,人类容易理解,计算机也容易识别。

18.4.2 知识抽取

知识抽取是通过自动化的技术,从大量的数据中抽取出可用知识的过程。知识抽取包括实体抽取、关系抽取和属性抽取3部分。

其中,最重要的一部分就是实体抽取。实体抽取通常又称命名实体识别(Named Entity Recognition, NER),是通过自然语言处理(Natural Language Processing,NLP)技术从原始的语料中抽取出有用的实体的过程。这一步的准确性直接影响了知识图谱整体的规模和准确性,因此被视作知识抽取中最重要、最基本的一步。

关系抽取和属性抽取同样使用了自然语言处理技术,通过对语义的分析,勾画出实体的各个属性以及实体和属性之间的关系。

除了知识表示和知识抽取外,知识图谱还用到了知识融合、知识推理等技术,这些技术在对知识的加工和扩充中起到了重要的作用。

18.5 移动搜索系统

移动搜索是指用户以移动设备为终端，对互联网进行搜索以及时获取信息资源的过程。移动搜索系统的核心是将移动终端和搜索引擎相结合，以生成符合移动产品和用户特点的搜索结果，实现信息的及时、快速获取。

目前，常见的移动搜索主要有两类，分别是基于浏览器的移动搜索和基于应用程序的移动搜索。前者使用手机等终端的浏览器进行搜索，而后者使用互联网厂商提供的应用程序进行更有针对性的搜索。

和传统的互联网搜索相比，移动搜索具有更加便利、更加精确的特点。由于用户在生活场景中使用移动搜索更为常见，且搜索的目的性往往更强，因此移动搜索被设计可以满足用户随时、随地、随身搜索的要求，并且能快速、针对性地解决用户的需求。同时，移动搜索可以更方便地获取用户的搜索记录、搜索习惯以及地理位置等信息，为用户提供个性化的服务。

随着技术的进步，移动搜索也出现了很多新的搜索形式，如图片搜索、语音搜索等，这些搜索方式的出现都极大地丰富了用户的搜索体验，可以更快、更准确地获得用户想要的搜索结果。

18.6 两个实例

18.6.1 朋友关系预测

社交网络中，人与人之间可能在某天成为朋友，例如，微博中的互相关注，而有时，两个原本的朋友可能会中断往来，由一方或者是双方取消对方的关注。这种朋友关系的变化在在线社交网络很常见，有很多种因素可以使两个人成为朋友，也可以使两个人的朋友关系中断，与此同时，中断的朋友关系也可能在很长一段时间后重新建立起来。这些因素时常是隐性的，即人们很难去问两个人你们因为什么成为了朋友，或断绝了往来，但我们的工作是从我们能够获得的信息中，来进行两个人朋友关系的预测，例如，微博中的信息往来。朋友关系的变化如图 18-3 所示。

利用移动平均(Moving Average)的方法进行数据处理，需要找到一个合适的光滑长度(Smoothing Length)，然后利用核学习(Kernel Learning)的方法对这些预处理的数据进行学习，最终可以得出朋友关系的变化趋势。基本流程如图 18-4 所示。

18.6.2 车载互联网路由优化

车载互联网是一个正在蓬勃发展的方向，而车与车之间的通信，车与互联网的通信，必然存在一个路由选择或者路由优化的问题，机器学习对于这样的问题，完全可以胜任。

在参考文献[10]中，作者应用了模糊控制的 Q 学习算法，建立了一个灵活、实用的远

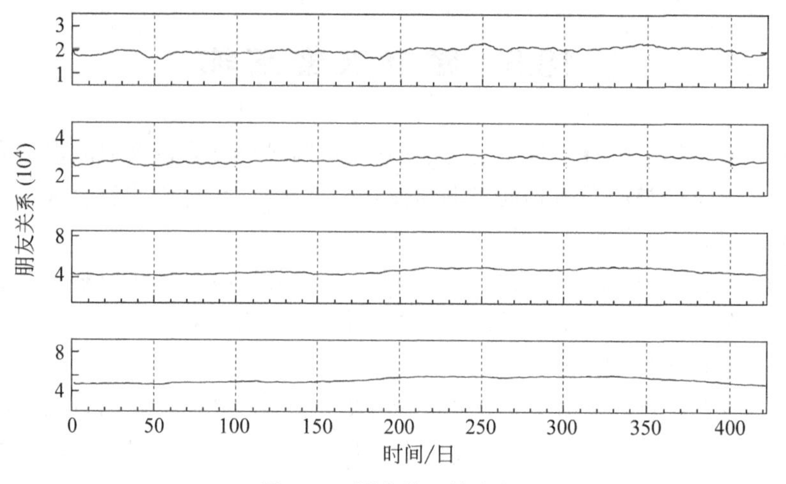

图 18-3 朋友关系的变化

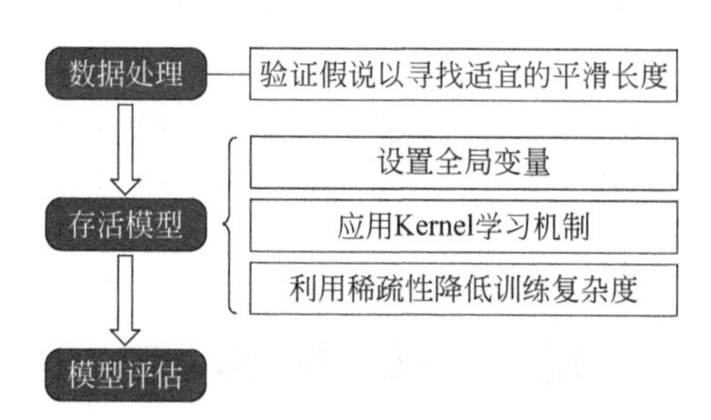

图 18-4 基本流程

程协同路由机制。该机制的原理大致是利用机器学习中的模糊函数,根据带宽、信道质量以及车节点运动速度,来评价一个链路的可靠性。在结束评价之后,该算法能够给出一个可靠性最高的数据链路来完成车与车的通信。特殊情况下,当某节点的定位数据不可知时,通过其相邻节点的数据分析可以达到判断该节点运动趋势的效果。此机制可以不受其他协议层的干扰,独立地完成实时数据通信任务。

参考文献[10]中给出了详细的实验结果。在第一个实验中,作者利用10辆汽车搭建了一个局域车联网,并在单方向、双相反方向以及田字方向等不同行驶场景下进行了测试。在收集了车速从10～60km/h以及联网节点数为5～10的数据传输成功率、点对点延迟率还有平均路径距离后,其模糊函数Q学习算法路由机制的性能最优,相比其他传统的3种路由机制。为了验证其在更大范围网络条件下的机制效率,作者又提供了一个网络仿真,模拟了曼哈顿市中心2.5km×2.5km范围内车联网的信息传输情况,车速从10～60km/h,节点数为100～300,得出的结果是:使用新的机制下,信息传输正确率可达90%以上,平均延迟在1s以内,平均链路距离在8跳。可见Q学习算法对车辆网路由的优化有显著的效果。

习　题

1. 简述移动互联网的概念及其接入方式。

2. 如何使移动互联网更具智能化？请具体分析说明。

3. 为整合互联网中可利用的剩余资源，请分析如何建立一个众筹网络，并介绍主要从哪几方面考虑。

4. 详细说明 Spark 系统的架构和主要模块。

5. 结合具体实例，分析数据挖掘和机器学习的优势和潜力。

参考文献

[1] Wikipedia. Mobile Web [EB/OL]. https://en.wikipedia.org/wiki/Mobile_Web.

[2] 罗军舟，吴文甲，杨明. 移动互联网[J]. 计算机学报，2011(11)：30-51.

[3] 维克托・迈尔. 大数据时代[M]. 杭州：浙江人民出版社，2013.

[4] Ratti C, Pulselli R M, Williams S, et al. Mobile landscapes: using location data from cell phones for urban analysis [J]. Environment and Planning B: Planning and Design, 2006(5): 727-748.

[5] J Rezgui, S Cherkaoui. Detecting faulty and malicious vehicles using rule-based communications data mining [C]. 5th IEEE Workshop on User Mobility and Vehicular Networks, 2011: 827-834.

[6] Joseph A C, David S W. Applications of machine learning in cancer prediction and prognosis [J]. Cancer Inform, 2006(2): 59-77.

[7] Adomavicius G, Kwon Y. New recommendation techniques for multicriteria rating systems [J]. IEEE Intelligent Systems, 2007(3): 48-55.

[8] Liang S, Luo R, Chen G, et al. Are we still friends: kernel multivariate survival analysis [C]. IEEE Globecom, 2014: 405-410.

[9] 徐增林，盛泳潘，贺丽荣，等. 知识图谱技术综述[J]. 电子科技大学学报自然版，2016，45(4)：589-606.

[10] El-Tantawy S, Abdulhai B. Multi-Agent reinforcement learning for integrated network of adaptive traffic signal controllers [C]. International IEEE Conference on Intelligent Transportation Systems, 2012: 319-326.

第19章 chapter 19

移动互联网的工业设计

工业设计(Industrial Design)是以工学、美学、经济学等学科为基础,伴随着社会的发展和人类文明的进步逐渐发展而成的领域。工艺的进步和新材料的开发是工业设计的基础,同时,工业设计受艺术风格和大众的审美影响,体现了现代社会对美学的追求。广义的工业设计(Generalized Industrial Design)可以包含除了艺术设计之外的其他设计,而狭义的工业设计(Narrow Industrial Design)单指产品设计,解决人与产品之间的交互关系。

互联网的核心特征是开放、分享、互动、创新,移动通信的核心特征是随身、互动,而移动互联网同时继承了两者的特征。由于移动互联网的产品更新速度快,注重用户体验,功能操作与信息传达并重等特点,移动互联网的产品设计过程,是基于用户体验的思想,伴随着移动互联网产品周期进行的一系列产品设计活动。现在的互联网产品,不再单纯地以技术或内容为导向,而是强调"用户体验",从用户的感官体验来设计改进产品。

接下来,首先对移动互联网的产品特点进行分析,然后研究移动互联网的设计和研发特征。

19.1 移动互联网的产品

移动互联网是一种通过智能移动终端,采用移动无线通信方式获取业务和服务的新兴业务,包含终端、软件和应用3个层面。移动互联网的产品是指采用移动通信和互联网技术,借助互联网平台,提供给用户的互联网应用服务。相对于传统产品,它是传统产品在可移动通信的网络环境下的继承、发展和创新。

简单来说,移动互联网的产品就是指,在可移动通信的环境下,互联网为满足用户需求而建立的应用服务,是网站功能与服务的集成。例如,腾讯公司的主要产品是QQ和微信、网易和新浪的产品是"新闻、邮件、博客"等。

19.1.1 产品分类

2020年12月和2021年6月各类互联网应用用户规模和网民使用率如表19-1所示。

表 19-1 2020 年 12 月和 2021 年 6 月各类互联网应用用户规模和网民使用率

应 用	2020 年 12 月		2021 年 6 月		增长率(%)
	用户规模/万个	网民使用率(%)	用户规模/万个	网民使用率(%)	
即时通信	98 111	99.2	98 330	97.3	0.2
网络视频(含短视频)	92 677	93.7	94 384	93.4	1.8
短视频	87 335	88.3	88 775	87.8	1.6
网络支付	85 434	86.4	87 221	86.3	2.1
网络购物	78 241	79.1	81 206	80.3	3.8
搜索引擎	76 977	77.8	79 544	78.7	3.3
网络新闻	74 274	75.1	75 987	75.2	2.3
在线音乐	65 825	66.6	68 098	67.4	3.5
网络直播	61 685	62.4	63 769	63.1	3.4
网络游戏	51 793	52.4	50 925	50.4	−1.7
网上外卖	41 883	42.3	46 859	46.4	11.9
网络文学	46 013	46.5	46 127	45.6	0.2
网约车	36 528	36.9	39 651	39.2	8.5
在线办公	34 560	34.9	38 065	37.7	10.1
在线旅行预订	34 244	34.6	36 655	36.3	7.0
在线教育	34 171	34.6	32 493	32.1	−4.9
在线医疗	21 480	21.7	23 933	23.7	11.4
互联网理财	16 988	17.2	16 623	16.4	−2.1

为满足用户的应用需求，按照移动互联网的产品功能，可以分为以下 5 类。

1. 获取信息型

获取信息型产品包括网络新闻、搜索引擎等。用户通过网络获取信息，使用户足不出户尽知天下事，短时间内就能接收很多相关的重要新闻内容。该类型产品以提供信息为主要目的，其主要特点是服务类型多、信息量大、用户群体多、实时性强等。目前提供该类型服务的网站很多，包括各大门户网站，如新浪、搜狐、腾讯等。

搜索引擎能帮助用户在浩瀚的茫茫信息中剔除不想要的无用信息，快速找到有用的信息。搜索引擎主要通过搜集整理互联网上的信息资源，然后提供给使用者进行查询和使用，它包括信息搜集、信息整理和用户查询 3 部分。2021 年 8 月的第 48 次中国互联网络发展状况统计报告显示，得益于搜索引擎内容建设和小程序服务的深入发展，用户使用日趋活跃。同时，随着经济形势好转，围绕搜索产生的收入规模出现回暖趋势。搜索引擎在内容建设、搜索连接服务以及外部合作等方向仍在持续探索细分发展赛道。

2. 交流沟通型

伴随着互联网的发展，从互联网上获取实时信息已经不能满足用户的需求，用户的社会交往需求开始逐步凸显。用户渴望通过互联网进行实际的沟通,包括亲朋好友和一些有共同兴趣爱好的圈子朋友,甚至包括一些陌生人。一些交流沟通类型的互联网产品随之出现。该类型产品包括即时通信软件、邮件、博客等,该类型产品的用户数量巨大。数据显示,目前最主流的两款即时通信产品中,QQ移动端月活跃账户数达6.06亿,而微信的全球月活跃账户数达12.25亿。此外,视频类内容呈现形式也日益受到重视。腾讯公司从2020年开始大力推广"视频号"功能,并在2021年第一季度将视频团队与微视团队合并,在丰富短视频内容的同时寻求其与社交之间的协同效应。

3. 商务交易型

该类型产品主要包括网络购物、团购、网上支付、旅行预订等业务,主要集中在各类B2B(Business To Business)、B2C(Business To Customer)、C2C(Customer To Customer)电子商务网站中。这类产品的代表有中国电子商务的始祖8848、阿里巴巴、京东和拼多多等。2018年6月—2021年6月网络支付用户规模及使用率如图19-1所示。

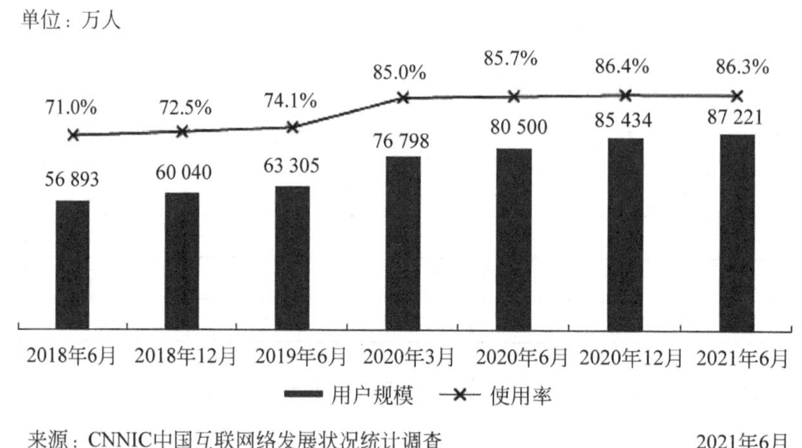

图19-1 2018年6月—2021年6月网络支付用户规模及使用率

4. 网络娱乐型

网络娱乐最近几年一直很火爆,网络带宽的提高,PC性能的提升,为用户多方位的娱乐需求提供了良好的网络环境。其产品主要有网络游戏、在线音乐、网络影视等,其中最具有代表性的是网络游戏,用户必须通过互联网来进行多人游戏。网络游戏在中国的发展非常迅猛,许多网络游戏产品造就了一大批互联网游戏公司。中国网络娱乐产品的代表有网易、腾讯等。

5. 其他产品

支持用户的移动互联网需求需要以技术和网络协议为基础,如Java技术(Sun公司)、.NET技术(微软公司)、各类下载工具等,也可以获取互联网上的数据来支持互联网的应用,满足互联网的需求,故也属于互联网产品的范畴。

19.1.2 产品特点

移动互联网产品具有移动通信和互联网的特征，除了能满足人们的需要外，还有其他传统产品不具备的一些特点。

1. 虚拟性

用户从“虚拟现实”出发，将“虚拟”理解为通过技术手段对自然和人类生活进行人工制造，同时与网络信息处理的实际相联系，用二进制数据来对人类现实社会里的信息转换和计算机符号处理的过程。互联网是使用程序代码来表示虚拟的知识、信息等载体的，而移动互联网产品是基于互联网技术平台开发出来的信息服务，它同样具有非常明显的虚拟性。

2. 交互性

用户可以进行自主操作，控制和改变产品内容输出的行为称为交互。互联网能提供交互式服务，故而依托于互联网平台的互联网产品同样也具有交互性。例如，用户可以挑选自己感兴趣的互联网产品，在阅读资讯时可以评论并与其他用户进行互动。

3. 可替代性

互联网产品中少有独一无二、无法替代的产品。由于大部分的信息都是公开共享的，信息快速传播，因此同类产品可以快速发展。对于成熟的有一定技术能力的互联网企业而言，实现同类产品的研发都相对容易，难点在于，在类似产品激烈竞争的市场环境下，如何抓住用户，赢得市场，获得收益。

4. 体验性

体验决定一切，体验是用户对于产品使用的直观感受，交互方式、获取信息方式、界面布局、操作流畅、视觉美观等，每个应用产品中的元素都直接影响用户的使用体验。只有通过提供良好甚至新鲜的体验，产品才能够获得更多用户，从而收获更大的利益。

5. 其他特性

由于移动互联网的发展速度很快，因而互联网产品还具有更新速度快、设计和开发周期短、用户需求变更频率大等特点。

19.2 移动互联网产品的设计和研发

产品的设计过程就是产品由抽象到具体的过程。不同产品建立抽象概念时其受到的驱动因素是不同的。基于上述移动互联网产品的特点，用户只能通过界面来摸索使用互联网产品的所有功能和服务，即使遇到问题也少有专业服务人员来指导操作，因而移动互联网产品设计在研发过程中应该对用户体验非常重视。

首先，介绍移动互联网产品用户的特点；其次，依次介绍移动互联网产品的设计原则、设计要素；最后，比较移动互联网产品的设计和研发与传统产品研发的不同点。

19.2.1 移动互联网产品用户的特点

1. 全天候

用户上网的时间遍布全天24小时，移动互联网成为大多数用户选择的上网方式，用户在外部干扰的情况下倾向选择手机或者平板计算机上网。

2. 容忍度低

用户使用移动互联网产品时，由于复杂的环境和移动设备的局限性，都会降低用户对产品的容忍度。由于产品的可替代性，在应用过程中出现细微的问题都有可能导致用户放弃该产品而选择同类产品，这也给移动互联网产品的用户体验设计提出极高的要求。

3. 专注度低

移动产品通常体积小，便于携带。用户在使用移动产品的同时也可以做一些其他事情，也有可能中断操作一段时间再接着使用移动产品，注意力不集中和缺乏专注性，容易出现很多误操作的情况。

4. 社交和分享

移动互联网的普及，使用户可以享受社交网络应用带来的便利。通过社交软件，随时随地和朋友进行互动，分享新鲜事，也成为用户的应用需求。其中，最重要的意义在于信息传播，好的用户体验能够快速增加产品的用户数量。

19.2.2 移动互联网产品的设计原则

移动互联网产品的设计原则如下。

(1) 了解和掌握移动产品的系统标准。不同的产品系统，移动端的标准与Web产品是不同的。为了得到更好的用户体验，设计师要掌握不同的平台系统特性和规范标准，基于具体场景和用户需求，确定使用的产品和系统。

(2) 以用户为中心，用户的感官在产品的体验过程中起到桥梁的作用，用户在信息传播过程根据个人习惯和外界环境选择性地接收信息。为保证用户愉悦的感官体验，产品形式需要做成包含各种感官体验并能够便于记忆的。

(3) 功能明确，流程清晰。产品的具体功能必须能明确地呈现给用户，而具体应用的操作流程要尽可能地简捷清晰。从用户的角度出发去考虑用户的需求，把主要功能放在突出位置，简化主要功能的操作复杂度。

(4) 设计简约，界面简洁。复杂的界面布局、繁复的元素会增加用户在学习使用产品过程中花费的时间和精力，用户的认知和习惯也是简约设计所需要考虑的因素。界面简单明快，尽可能使用较少的界面表达清楚的应用。

19.2.3 移动互联网产品的设计要素

1. 环境

移动互联网产品大多是在移动端，与固定客户端不同的是，用户在使用移动产品的过程中，可能位于复杂多变的环境下，例如深山老林、铁路、电梯等特殊环境。产品使用环境的多样性和复杂性是需要产品设计师认真考虑的，应用环境越广阔，用户体验也就越好。

2. 时间

用户在使用固定客户端时，花费的时间多是整块的。用户在使用移动端产品时，多是用零碎时间。用户可能会中断操作一段时间再返回使用产品。因而产品设计师也需要考虑移动端产品的时间适应性。

3. 多任务处理

固定客户端的处理能力通常远高于移动端，在使用移动应用时，用户偶尔也会同时使用几个不同的应用，例如同时使用电话、微信、游戏等应用。需要产品设计师考虑多个应用被一个高级别应用打扰的可能，例如突然接入一个电话等情况。

4. 电源、屏幕等硬件

移动端产品是依靠自带电池维持运转的，屏幕较小，无法在界面上同时显示多个任务。移动端的运行能力很大程度上取决于产品的耗电速度和电池的容量，考虑用户的体验需求，产品设计师需要考虑如何布局规划才能高效传递信息，如何配置电池和屏幕来提供产品的运行时间。

5. 用户体验

用户体验包括心理和实践两方面内容，主要产生于人机交互过程。产品设计不仅要考虑实用性，还要适当地包含情感，产品设计是以产品为中心和情感设计为依托的设计。不仅要追求产品的艺术形态、审美价值，从而体现产品的精神功能。更要注重感受体验的设计，认真对待用户反馈，不断改进产品缺陷。

19.2.4 与传统产品设计的不同点

由于移动互联网产品具有许多与传统产品不同的特点，移动互联网产品的设计和研发与传统设计也存在许多区别，主要体现在下面3方面。

(1) 能够适应快速更新的需求，开发周期短。移动互联网产品的一大特点就是需求变更频繁,更新速度快。移动互联网产品研发要求能够满足时刻变化的用户需求、有能够快速适应需求变更的技术结构,这样才能降低更新和维护的成本。但是,这也对产品的研发技术以及系统的灵活性都提出很高的要求。如今的移动互联网产品,只有能够最快满足用户需求才能在市场中立于不败之地,很多情况下,由市场决定项目最终完成的日期。企业只有拥有足够快的产品更新速度,才能锁定大批用户,一旦产品更新赶不上同类产品的进度,用户流失的速度很快。

(2) 移动互联网技术人员流动性大,需要跟进多个项目。在互联网企业,跳槽司空见惯,技术人员跳槽的比例远高于银行、教育等行业,而技术人员频繁地变动岗位,很容易导致管理混乱,降低研发效率。同时,产品之间可能有需要合作的部分,各自开展对应领域会阻碍产品的一体性,这对于互联网技术人员有很高的要求。

(3) 移动互联网技术人员要有足够的用户体验。互联网产品面向的用户数量十分庞大,用户之间的认知和习惯差异巨大,产品的使用环境也差别巨大。不同的环境下由不同需求习惯的用户操作同一个产品应用,获得的用户体验多种多样。用户是移动互联网产品成败的决定性因素,因此,移动互联网产品极其注重用户体验,这就要求技术人员也要有相应的产品意识,对用户体验足够了解,并将多样的用户体验体现到研发和设计的每个细节中去。

习　题

1. 移动互联网产品主要可以分为哪几类?
2. 移动互联网产品具有哪些特点?
3. 简述移动互联网产品用户的特点。
4. 简述移动互联网产品的设计原则。
5. 简述移动互联网产品的设计要素。

参考文献

[1] 杨会利,李诞新,葛列众. 用户体验及其在通信产品开发中的应用[M]. 北京: 人民邮电出版社,2011.
[2] 魏笑笑. 基于用户体验的互联网产品设计应用研究[J]. 现代计算机,2014(23): 52.
[3] 李慧颖,董笃笃,卢鼎亮. 互联网信息服务产业中相关产品市场的界定[J]. 电子知识产权,2012(4): 42-46.
[4] 黄渊. 基于互联网产品黏性的赢利模式[D]. 武汉: 华中科技大学,2006.
[5] 孟亚楠. 基于用户体验及 SOA 的互联网产品分析设计与系统构建[D]. 北京: 北京邮电大学,2013.
[6] 万军. 互联网产品设计中绿色设计原则可行性分析[D]. 武汉: 华中科技大学,2009.
[7] 吴志坚,章铸. 虚拟现实: 网络时代的技术福音[J]. 自然辩证法研究,2000(4): 15-17.
[8] 孟祥旭,李学庆. 人机交互技术[M]. 北京: 清华大学出版社,2004.

[9]　彭兆元.基于感性认知的移动互联网用户体验设计研究[D].哈尔滨：哈尔滨工程大学,2013.
[10]　胡杰明.移动互联网产品的用户体验设计分析[J].艺术科技,2014(12)：2.
[11]　张敬文.浅谈移动互联网产品设计及用户研究[J].大众文艺,2014(3)：98-99.
[12]　欧阳波,贺赟.用户研究和用户体验设计[J].江苏大学学报,2006(5A)：55-57.
[13]　赵龙龙.浅谈互联网产品体验以及应用[J].数码世界，2020(4)：28.
[14]　夏立强.移动互联网技术创新方向分析[J].通信电源技术，2021，38(4)：197-199.

人物介绍——苹果公司创始人乔布斯

史蒂夫·保罗·乔布斯，作为苹果公司的创始人和前CEO，因iPhone系列的走红重新定义了手机，改变了全球人的生活娱乐方式。他在重回公司之后，疯狂地追求完美的产品质量，追求硬件与软件的极致配合，加上极简主义的美学创造，相继推出的iMac、iPod、iPhone等都获得极大成功。乔布斯最终改变了移动互联网，赢得了业界最高评价。

语录：

(1) We're here to put a dent in the universe. Otherwise why else even be here?

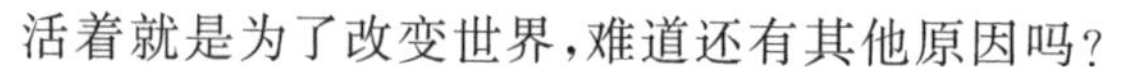

活着就是为了改变世界，难道还有其他原因吗？

(2) Be a yardstick of quality. Some people aren't used to an environment where excellence is expected.

成为卓越的代名词，很多人并不能适合需要杰出素质的环境。

(3) Innovation distinguishes between a leader and a follower.

领袖和跟风者的区别就在于创新。

(4) You know, we don't grow most of the food we eat. We wear clothes other people make. We speak a language that other people developed. We use a mathematics that other people evolved… I mean, we're constantly taking things. It's a wonderful, ecstatic feeling to create something that puts it back in the pool of human experience and knowledge.

并不是每个人都需要种植自己的粮食，也不是每个人都需要做自己穿的衣服，我们说着别人发明的语言，使用别人发明的数学……我们一直在使用别人的成果。使用人类的已有经验和知识来进行发明创造是一件很了不起的事情。

(5) There's a phrase in Buddhism, 'Beginner's mind.' It's wonderful to have a beginner's mind.

佛教中有一句话：初学者的心态。拥有初学者的心态是件了不起的事情。

(6) We think basically you watch television to turn your brain off, and you work on your computer when you want to turn your brain on.

我们认为看电视的时候，人的大脑基本停止工作，打开计算机时，大脑才开始运转。

(7) I'm the only person I know that's lost a quarter of a billion dollars in one year… It's

very character-building.

我是我所知道的唯一一个在一年中失去 2.5 亿美元的人……这对我的成长很有帮助。

(8) I would trade all of my technology for an afternoon with Socrates.

我愿意用我所有的科技去换取和苏格拉底相处一个下午。

第 20 章 chapter 20

移动互联网游戏

20.1 移动互联网游戏产业链

在移动互联网中，网络提供商、应用提供商、设备提供商、用户是其发展的几个关键因素。中国移动、中国联通等网络提供商提供网络平台，包括 GSM 短消息平台、WAP、GPRS 等。这些公司通过用户使用这些网络而获益，所以需要开发出丰富的业务和应用来吸引更多用户用更多时间上网。应用提供商依托网络提供商的网络和应用提供商的用户，开发出符合市场需求的应用，并使这个应用充分实现其市场价值。可以与商业企业合作，如银行、证券商、服务业、博彩机构等，开发出丰富的应用。应用提供商面对的关键问题是什么才是有经济意义的应用，以及应用提供商如何与网络提供商分享收费。一个合理的利益分配机制将促进丰富应用的开发和移动互联网的发展，否则会阻碍市场的发展。设备提供商包括网络设备和终端设备的提供者，其目标是开发出技术先进的产品并为运营商采用，提升运营商的业务能力，通过市场的反馈促使运营商更多采购设备提供商的产品。用户需要评估什么样的应用是自己需要的，并决定在多大程度上使用这种应用。用户需要为使用这种应用（包括网络）而支付费用，从而创造出移动互联网价值链的市场价值。无疑，只有构建一个顺畅的价值链，才能从根本上促进移动互联网的发展。

目前，有两类比较有代表性的移动互联网价值链。第一类是以 Google 公司的 Android 为代表的“雁行”模式，Google 公司制定出整个体系的标准并不断推出新的开源 Android 库，依托网络提供商的服务和设备提供商的手机，应用提供商自行开发新的应用。在这个体系中，Google 公司通过制定标准获利，而放弃了设备提供商和应用提供商的身份；各个设备提供商，如三星、诺基亚和索尼会根据自己对互联网的不同见解开发出各具特色的手机，而系统开源的特性也给予应用开发商极大的开发自由度。Google 公司就如一只头雁，引导着其他设备提供商和应用提供商的脚步。截至 2020 年，Android 手机操作系统作为一个开放型操作系统，由于国内各大厂商面向国人的深度定制，已占领中国近 88.9%的手机市场份额。与此相比，iOS 手机操作系统是由苹果公司开发的封闭型手机操作系统，其系统以手机安全性、外观及软件图标都符合人类审美学等因素，占领了中国手机市场 11.1%的份额。在互联网游戏盈利上，Android 家族主要依靠广告与收费游戏，由于其开源特性使得 Android App 可以方便地在网络中扩散，对正版软件的保护不强，所以 Android 家族的收费游戏竞争力小于 iOS。

第二类就是大家耳熟能详的苹果公司的iOS系统。苹果公司既是设备提供商，也是应用提供商。它制定了iOS标准，也是iPhone和iPad等移动设备的提供商，更是包括Siri和Safari等成功应用的提供商。更重要的是，苹果公司通过App Store限制了应用提供商的程序发布。为了发布软件，开发人员必须加入iPhone开发者计划，其中有一步需要付款以获得苹果公司的批准。加入之后，开发人员将会得到一个牌照，他们可以用这个牌照将他们编写的软件发布到苹果公司的App Store。这种做法使得iOS旗下的应用几乎不可能如Android应用一般可以被随意移动和安装，极大地提高了整个产业链的盈利性。所以，iOS设备在收费游戏上比Android更强，而iOS的免费游戏中也广泛使用收费道具，很多游戏甚至必须使用收费道具来通关。

对用户而言，移动互联网游戏的收费模式主要分为道具收费和客户端收费。

(1) 道具收费。玩家可以免费注册和进行游戏，运营商通过出售游戏中的道具来获取利润。这些道具通常有强化角色、着装及交流方面的作用。经典游戏《植物大战僵尸2》中就加入了许多收费道具，而塔防游戏大多需要使用收费道具才能过关，如著名的*field runner*。

(2) 客户端收费。通过付费客户端或者序列号绑定账号进行销售的游戏，大多常见于个人计算机普及的欧美以及家用机平台网络。iOS系列的付费游戏基本上都是在客户端下载时进行收费。

中国的移动互联网游戏产业链如图20-1所示。

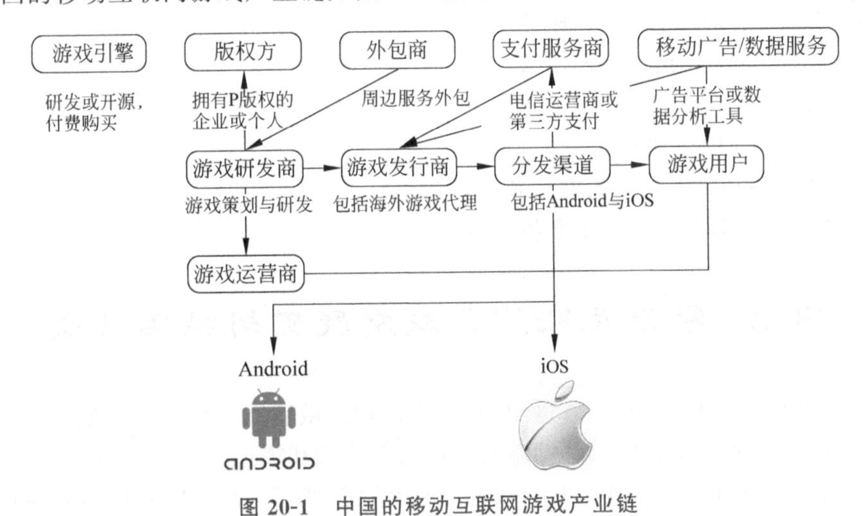

图20-1 中国的移动互联网游戏产业链

20.2 移动互联网游戏类型

从分类而言，移动互联网游戏可以分为休闲网络游戏(如传统棋牌)、网络对战类游戏、角色扮演类大型网上游戏(如《大话西游》)和功能性网游等。从类型上，它们可以细分如下。

(1) ACT(动作游戏)。
(2) AVG(冒险游戏)。
(3) PUZ(益智游戏)。
(4) CAG(卡片游戏)。
(5) FTG(格斗游戏)。
(6) LVG(恋爱游戏)。
(7) TCG(养成类游戏)。
(8) TAB(桌面游戏)。
(9) MSC(音乐游戏)。
(10) SPG(体育游戏)。
(11) SLG(战略游戏)。
(12) STG(射击游戏)。
(13) RPG(角色扮演)。
(14) RCG(赛车游戏)。
(15) RTS(即时战略游戏)。
(16) ETC(其他种类游戏)。
(17) WAG(手机游戏)。
(18) SIM(模拟经营类游戏)。
(19) S.RPG(战略角色扮演游戏)。
(20) A.RPG(动作角色扮演游戏)。
(21) FPS(第一人称射击游戏)。
(22) MUD(泥巴游戏)。
(23) MMORPG(大型多人在线角色扮演类)。
(24) MOBA(多人在线战术竞技游戏)。

20.3 移动互联网游戏发展史与经典游戏

移动游戏的历史可追溯至20世纪90年代,当时《俄罗斯方块》和《贪吃蛇》等游戏初登移动平台,并大放异彩。中国移动游戏行业随着终端和渠道的变迁经历了5个阶段。

第一阶段:1994—1997年,以上古神兽级游戏《俄罗斯方块》和《贪吃蛇》(见图20-2)为代表的内置手机游戏登录手机。这类游戏是纯单机游戏,在今日其吸引力已大大减弱。2000年,《贪食蛇2》发布,增加了游戏内的障碍物和迷宫数量。

第二阶段:以QQ游戏为代表的短信/WAP游戏。其用户的交互性更强,更多地加入了用户间的互动和竞争,提高了游戏的可玩性,并可以通过移动网络进行下载和操作。

第三阶段:智能手机游戏的初级阶段。2002年,第一代使用Java技术的商业手机问世,游戏运行速度得到提升,那一年的代表作有《太空入侵者》和《Jamdat保龄球》。它们的游戏内容更加多元化,操作性更强。2003年,彩屏手机开始流行,同年诺基亚N-Gage

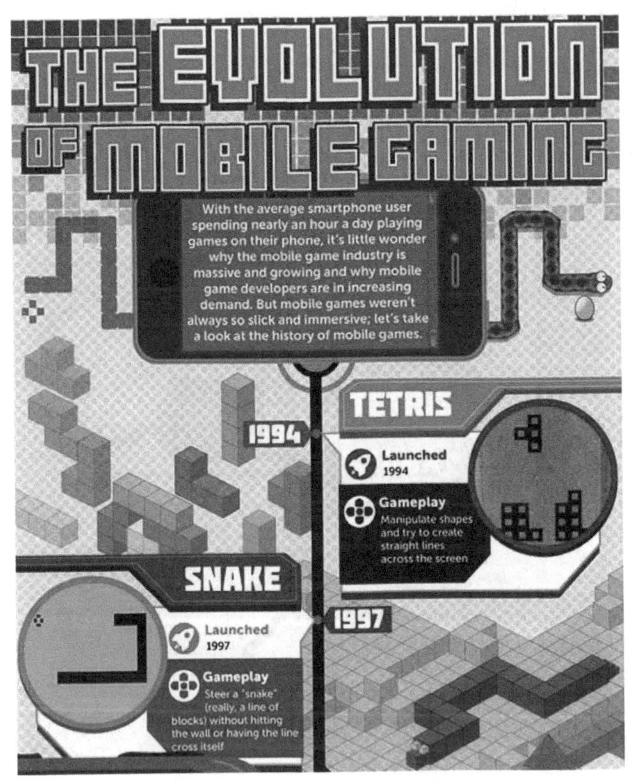

图 20-2　《俄罗斯方块》和《贪吃蛇》

发布。《宝石迷阵》《都市赛车》《极速赛车》等游戏相继问世。

第四阶段：以 iOS 和 Android 游戏为主，游戏逐渐向 PC 端靠拢，可玩性更强。2007 年，苹果公司推出 iPhone 手机；同年晚些时候，苹果公司推出 iPod touch 设备。2008 年，苹果公司推出自己的应用商店，随后短短数天内，苹果 App Store 全球应用总下载量就超过了 1000 万次。2009 年，触屏智能手机逐渐普及，三星公司推出首款基于 Android 操作系统的银河手机，试图挑战 iPhone 的霸主地位。2009 年，《涂鸦跳跃》《愤怒的小鸟》（见图 20-3）相继问世。同年，《植物大战僵尸》（见图 20-4）发售，掀起打僵尸的热潮。

第五阶段：以《王者荣耀》和《原神》为代表。不仅游戏本身具有极强的社交属性，包含协同竞技对抗的内容，开发者还为其增添了许多其他社交功能如战队组建、附近的人，手机游戏此时不仅仅是娱乐手段更成为一种社交手段。2020 年 11 月 1 日，腾讯公司宣布《王者荣耀》日活跃用户数（Daily Active User，DAU）超过 1 亿，成为全球第一个日活跃用户数“亿”量级的游戏产品。

而《原神》的出现则将手游的技术性推向单机游戏层面，接近 3A 的游戏质量，搭配以往手游所不具备的开放世界和极为完善的战斗系统使其接连荣获苹果、Google 公司年度游戏的美誉。打破了大多数游戏厂商依靠贩卖低端内容和牺牲游戏平衡性的氪金收益维持盈利的现状，高质量手游的出现对整个手游界的发展有着重大的里程碑作用。芯片技术的发展和 4G 网络的普及为此类游戏的出现打下了坚实的基础。而在未来的 5G 时

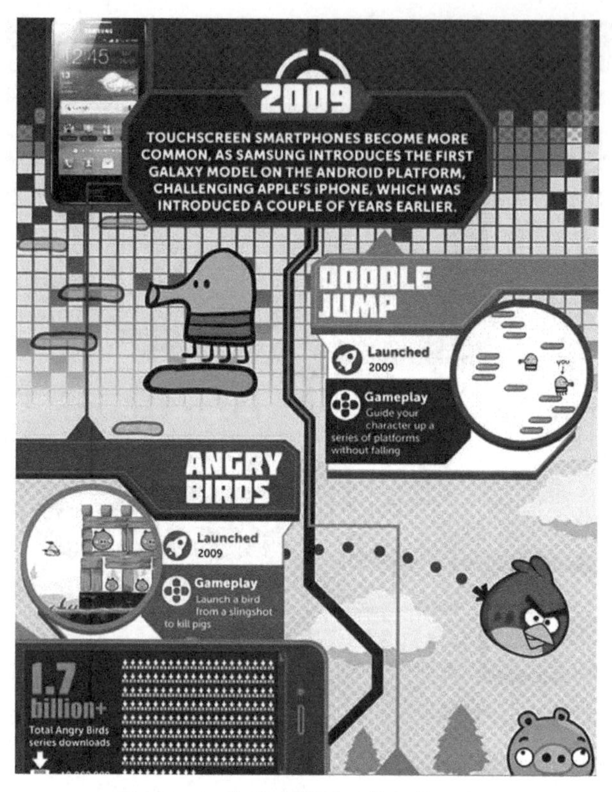

图 20-3 《涂鸦跳跃》和《愤怒的小鸟》

图 20-4 《植物大战僵尸》

代,随着云端设施的普及,现今 IP 为王的局面将被彻底的打破,可以预见的是随着设备技术的发展,一批高质量游戏工作室得以在移动端大展身手,将会对现有的手游产业格局形成极大冲击。

20.4 移动互联网游戏的发展前景

随着Android和iOS移动设备的普及，移动互联网游戏的技术基础趋于成熟，移动应用开发者不用再过多地顾及游戏设计与设备系统的适配等技术问题，可以将精力更多地集中于产品本身，因此其研发成本降低；移动互联网用户终端的智能化程度更高，原先必须在PC上才能操作的游戏如今通过智能终端也可以很好地完成，极大地提高了移动互联网游戏的品质，使得移动互联网游戏的未来更加宽广。产品和用户的积累，使得移动互联网游戏进入井喷期。

根据前瞻产业研究院的报告，2020年我国移动游戏市场规模达到了2096.76亿元，占总游戏市场规模的75.24%，这一比例较2014年时提升了51.23个百分点。然而，在全球范围内，各个地区的移动互联网游戏发展仍然处于不均匀状态。欧美等发达国家由于智能移动端的广泛普及和智能机游戏的快速发展，商业模式逐渐趋于稳定，各个游戏市场份额被瓜分殆尽，尽管有些人气游戏可以在一时称雄，爆发式增长已经再难出现；发展中国家由于智能终端占领市场尚需时日，这些地区的众多人口带来了智能移动设备数量的可观增长，因此未来两年的发展增速惊人，但由于经济原因，这些市场的购买力相对欧美低下，在付费游戏和游戏内购方面的潜力较低，平均盈利比发达国家低；最不发达国家由于功能机依然为主流，甚至缺乏移动终端的消费市场，智能移动游戏的发展滞后，甚至在未来两年也基本没有大规模盈利的可能。

移动互联网游戏的增长主要依托以下助力。

(1) 移动智能终端的快速普及。Android相对亲民的价格，使得大尺寸屏幕、高系统配置、便捷操作方式在全球普及，促进了移动游戏的高速成长；iOS借助其高端机的定位，在心理层面触发市场的购买潮流，同样加快了移动智能终端的普及。

(2) 网络环境的提高。特别是Wi-Fi及4G、5G网络等通信网络的加速发展，使得移动网络游戏的流畅度提升，移动网络游戏的付费意愿比单机游戏更高。未来移动游戏的商业模式中道具等免费增值服务会越来越得到更多游戏运营商及用户的青睐。免费游戏是移动游戏行业大爆发的重要因素，一方面，通过降低下载门槛吸引大量用户；另一方面，通过优化游戏，增加用户停留在游戏中的时间，扩大付费用户的比例，以及带给免费用户更多欢乐。

(3) 现代生活节奏的加快和生活习惯的转变使得传统客户端游戏及网页游戏用户在移动游戏上投入的时间越来越多，因此相应的付费水平也大大提高。中国优质的经济前景和极大的人口基数对促进移动互联网游戏市场起到关键作用。政策方面，国家各级机关推出宽松的政策来规范及盘活市场；经济方面，中国的经济总量处于世界前列，为行业的发展提供了深厚的土壤；社会环境方面，00后等一批年轻用户的消费观念带动了市场；科技方面，国内智能终端开发不断上新台阶。截至2021年6月，我国网络游戏用户规模达5.09亿，占网民整体的50.4%。

业务发展方面，行业竞争进一步加剧，海外业务持续拓展。一是移动游戏市场竞争加剧。随着字节跳动、快手等大型互联网企业的进入，腾讯、网易等移动游戏行业头部企业的市场地位开始受到影响,市场竞争将更加激烈。二是海外业务实现进一步拓展。随着国内游戏厂商资金、研发、运营能力的不断提升,越来越多的厂商将未来增长寄希望于海外市场,甚至出现了大量将海外作为主要市场的游戏公司。数据显示,2020年共有37款国产手机游戏在海外市场收入超过1亿美元,同比增长48%。

20.5 移动互联网游戏公司 miHoYo

miHoYo是一个诞生于上海交通大学计算机科学与工程系的学生团队,成立于2011年,秉持“技术宅拯救世界”的信条,目标是成为让一代人无法忘却的时代记忆,梦想成为中国TOP 1的ACG品牌创造经营者以及娱乐产品提供商。2012年年底的miHoYo公司是由5名ACG狂热爱好者和1名实习生组成的,现在团队员工已经超过3000人,公司秉持Geek团队理念,只有3类员工:Geek、死宅,以及Geek和死宅的合体。

《崩坏学园2》是一款由miHoYo公司开发并运营的萌系横版射击手游(见图20-5)。游戏作为未来学园都市背景的横版动作游戏,有着数百关卡、数百装备、数百服饰与角色搭配,国内外顶级声优(山新、TetraCalyx、阿澄佳奈、钉宫理惠、花泽香菜、斋藤千和、泽城美雪)出演……此外该游戏已经走出中国手游市场进军韩国手游市场。《崩坏学园》系列游戏包括《崩坏学园2》是中国ACG圈最具有影响力的手机游戏作品。《崩坏学园》系列游戏已经在中国获得了超过200万的核心粉丝群,超过1000万全球注册用户。《崩坏学园》拥有插画集、漫画等品牌衍生产品。中国区App Store获付费下载榜第一,免费下载榜、畅销榜双榜前十,游戏月流水超过亿元。

图20-5 《崩坏学园2》

《崩坏学园》为什么能成功?制作人蔡浩宇认为“将二次元市场做大,将二次元手游做好,不是从现有的市场里面去瓜分蛋糕,不是做更多的二次元手游就可以将盘子做大,真正将二次元市场做大应该是培养更多的二次元用户,让更多人喜欢二次元。”他认为把二次元市场做大应该是这样的:“当我下次看动漫电影时,全场的人都要看完字幕才走。其中肯定有一部分忠诚用户,但是还有另外一部分人会被这种信任、信念所感染,他们不好意思走,他们也要留在这里看完字幕。当我们一群人了解‘蓝白胖次’时,他们这些用户不好意思说不知道,他会回去查,然后要加入二次元阵营,这才叫把二次元市场做大,才能把二次元手游做好。”

在立项方面,《崩坏学园》以用户为核心,追求拿起来想玩,玩了放不下的简单感。移动终端上的动作游戏面临手机虚拟摇杆的问题,不可能做到完全还原主机和掌机上的感觉,于是研发人员做了一些取舍,尽量简化但还是要保持一款动作游戏最基本的玩法和爽快感,所以就有了后面《崩坏学园》向核心方向探索的玩法。在用户定位上,《崩坏学园》被定位为宅游戏,面向广大宅男。在宅游戏中女性角色是很重要的元素,所以miHoYo公司认为此游戏只需要有女性角色就可以了,不需要男性角色,所以现在《崩坏学园2》中没有男性角色,后面也不打算加男性角色。这样鲜明的定位使得游戏拥有了一批忠实的用户群,是其成功的主要因素。

在游戏制作过程中,miHoYo公司的目标是做一个核心玩法好玩的游戏,先舍弃收费、数值和系统方面的考量,专注玩法上的精益求精。通过在App Store免费下载一个初期版本,miHoYo公司吸取了经验,游戏玩法也被广泛认可,在游戏社区看到有比较好的反响。之后,miHoYo公司开始把它做成一个商业作品的东西,就开始考虑它的系统怎么样做、数值怎么调。蔡浩宇认为:“在开发上首先要找一个过得去、有意思的核心玩法,然后自己打磨,把这个核心玩法做到好玩,自己愿意玩得下去。国内的成熟数值体系那么多,学会了放进产品里,就成为还说得过去的游戏。”

在美术方面,miHoYo公司坚持游戏的美术风格要纯正,角色的设计要按照动画标准来做,把各种细节表现出来。虽然这些细节最终玩家都看不到,但是它影响了开发团队的每个人,如程序开发人员看到人物设定文字以后,就能理解该怎么样展示这个人物的动作,而同样的细节精细地传达给画师,传达给配音演员,就保证了整个游戏的方向不会偏掉。因此,玩家对这样精心设置的角色产生了感情,最终选择玩这款游戏,而不是其他游戏,不玩这款游戏时还会惦记它。在保证游戏整体框架和发展方向上,miHoYo公司对细节的重视收到了回报。2019年6月,miHoYo公司发布其新款手游《原神》。上线仅一个月后,《原神》移动端吸金2.5亿美元,超越《王者荣耀》,成为同期全球收入最高的手游。凭借这款游戏,miHoYo公司2019年10月收入环比激增567%,跃居全球发行商收入榜第二名,仅次于腾讯公司。正是通过让整个团队的人贯彻理解每个细节,最后做出的游戏才不会走偏。

一款游戏能够成功,除了本身选择了一个独特玩家群体外,更重要的是找到和这个玩家群体相匹配的渠道。miHoYo团队所找到的渠道就是bilibili。蔡浩宇认为“可以这样讲,bilibili占我们Android收入50%还要多,bilibili的核心用户几乎可以覆盖到Android核心用户的60%~70%。”

习 题

1. 目前比较有代表性的两类移动互联网价值链分别是什么?
2. 对用户而言,移动互联网游戏的经营模式主要分为哪两类?
3. 中国移动游戏行业随着终端和渠道的变迁经历了哪些阶段?
4. 移动互联网游戏的增长主要依托哪些条件?

参考文献

[1] 腾讯游戏. 移动游戏 20 年进化史经典回顾：贪食蛇大放异彩[EB/OL]. (2014-06-17)[2021-06-21]. https://games.qq.com/a/20140617/028375.htm.
[2] 李悦. 手机游戏公司盈利分析[J]. 中外企业家，2019(29)：82.
[3] 何婷. 移动互联时代手游社群结构与其仪式转变及影响：以近年来几款热门手机游戏为例[J]. 新闻研究导刊，2021，12(11)：105-106.

第21章 chapter 21

互联网的未来及影响

21.1 互联网带来的行业变革

在工业革命4.0时代,各个行业都面临着移动互联网带来的冲击和变革。

互联网影响传统行业的特点有3个。

(1) 打破信息不对称格局,竭尽所能透明化。

(2) 整合利用产生的大数据,使资源利用最大化。

(3) 群蜂意志拥有自我调节机制。

17个传统行业分别是零售业、批发业、制造业、广告业、新闻业、通信业、物流业、酒店业与旅游业、餐饮业、金融业、保险业、医疗业、教育行业、电视节目行业、电影行业、出版行业、垄断行业。

互联网最有价值之处不在于自己生产很多新东西,而是对已有行业的潜力再次挖掘,用互联网的思维去重新提升传统行业。

把人类群体思维模式称为群蜂意志,你可以想象一个人类群体大脑记忆库的建立:最初时各个神经记忆节点的搜索路径是尚未建立的,当人们需要反复使用时就慢慢形成强的连接。在互联网诞生之前这些连接记忆节点的路径是微弱的,强连接是极少的,但是互联网出现之后这些路径瞬间全部亮起,所有记忆节点都可以在瞬间连接。这样就给人类做整体未来决策有了超越以往的前所未有的体系支撑,基于这样的记忆模式,人类将重新改写各个行业,以及人类的未来。

以下是对各行业的盘点。

1. 零售业

传统零售业对于消费者来说最大的弊端在于信息的不对称性。在《无价》一书中,心理实验表明,外行人员对于某个行业的产品定价是没有底的,只需要抛出锚定价格,消费者就会被乖乖地牵着鼻子走。

而C2C、B2C却完全打破这样的格局,将世界变平坦,将一件商品的真正定价变得透明。大大降低了消费者的信息获取成本。让每个人都知道这件商品的真正价格区间,使得区域性价格垄断不再成为可能,消费者不再蒙在鼓里。不仅如此,电子商务还制造了大量用户生成内容(User-Generated Content,UGC)。这些UGC真正意义上制造了互联网的信任机制。这种良性循环,是传统零售业不可能拥有的优势。

回顾零售业变迁史,我们可以发现如下一些规律,理解这些规律,有助于我们更准确地认识行业的根本特征、预判行业的未来。

(1) 尽管行业形态发生了巨变,但零售的服务本质一脉相承。无论何种形态的零售,都是面向顾客的需求、围绕着商品交易和交付而展开的各种服务的组合,竞争的方向都是以更低成本、更高效率的商品供应,更匹配的购物体验去迎合顾客需求,供应链的规模与效率始终是经营的重心。

(2) 创新的机会都瞄向了低价格与低成本,从依靠规模经济与范围经济,到依靠信息经济与速度经济,将节省下来的利益让渡给消费者。哈佛大学教授麦克尔(McNeil)提出过著名的"零售转轮"假说,他认为新旧零售业态的变革与交替具有循环性,最明显的标志就是企业经营从追求低毛利、低价格、经济服务到追求高毛利、高价格、过度服务的循环,为新业态的创新提供了机会。这样的规律,在互联网时代仍不例外。

(3) 零售业经历过从生产商主导到批发、分销商主导的时代,当产品极大丰富以至过剩、需求进入个性化时代后,消费者主权崛起成为必然,能够低成本聚集消费者和跨地域经营的电商、全渠道零售及会员制零售方式的普及也就顺理成章了。

(4) 零售业的历次创新都有深刻社会和技术变革的背景。百货在城市化的过程中应运而生,邮购的基础则是遍布全国的铁路、邮政网络与人口迁移,超市卖场离不开汽车、冰箱的普及与信息技术应用。互联网将零售经营、供应链协同、"人、货、场"彻底结合在一起,供应商与消费者之间的距离被消弭,信息技术的运用已经成为全行业持续降本增效、创新、改善消费体验的主要落脚点。

2. 批发业

传统批发业有极大的地域限制,一个想在北京开家小礼品店的店主需要大老远跑到浙江去进货,不仅要面对长途跋涉而且还需要面对信任问题。对于进货者来说,每次批发实际上都是一次风险。

当阿里巴巴的B2B出现之后,这种风险被降到最低。一方面,小店主不需要长途跋涉亲自去检查货品,只需要让对方邮递样品即可;另一方面,阿里巴巴建立的信任问责制度,使得信任的建立不需要数次的见面才能对此人有很可靠的把握。

预测未来的批发业。

(1) 在互联网的影响下,未来的B2B应当是彻底的全球化,信任问题会随时间很好地建立。

(2) 在互联网繁荣到一定程度后,中间代理批发商的角色会逐渐消失,更多直接是B2C的取代。

3. 制造业

传统的制造业都是封闭式生产,由生产商决定生产何种商品。生产者与消费者的角色是割裂的。但是在未来,互联网会瓦解这种状态,未来将会由顾客全程参与到生产环节当中,由用户共同决策来制造他们想要的产品。也就是说,未来时代消费者与生产者的界限会模糊起来，而同时传统的经济理论面临崩溃。这也是注定要诞生的C2B全新模式。

小米手机就是一款典型的用互联网思维做出的产品。就像凯文·凯利在《技术元素》中描述的维基百科，底层有无限的力量，只要加入一些自顶向下的游戏规则，两者结合后就会爆发出惊人的力量，于是也就彻底超越《大英百科全书》。当前的制造业和《大英百科全书》有点像，在耗费着各种人力、物力去做一件极其困难的事情，完全没有用到互联网的力量。

预测未来的制造业。

（1）传统的制造业将难以为继，大规模投放广告到大规模生产时代宣告终结。

（2）会进入新部落时代，个性化，定制化，人人都是设计师，人人都是生产者，人人都在决策所在的部落的未来。这就是互联网的游戏规则。

4. 广告业

传统广告业理论已然崩溃，当前已由大规模投放广告时代转变为精准投放时代。

Google公司的AdWords购买关键词竞价方式，可算是互联网广告业领头羊。传统广告是撒大网捕鱼，而Google公司的AdWords是一个个精准击破。

AdWords的精准之处不仅仅在于关键词投放，投放者还可以选择投放时间、投放地点、模糊关键词投放、完全匹配关键词投放等精准选择。

不仅在搜索处如此精准，在网站联盟投放也讲究精准。只要你在百度、Google、淘宝搜索过相应商品关键词后，进入有这些网站联盟的网站，该网站广告处都会出现你所搜索过的产品相关广告。精准之程度，对比传统广告业可谓空前。这种做法的本质其实就是一种大数据思维。

预测未来的广告业。

（1）未来的广告业将重新定义，进入精准投放模式。

（2）未来广告业将依托互联网大数据进行再建立。未来，在你酒后驾车被罚后，也许你老婆的手机里面会出现是否需要为你购买保险的短信广告。

5. 新闻业

传统新闻业被寡头垄断，在这样一种垄断之下，实际上是在垄断真相。自媒体和小微媒体可以说是随着互联网发展进程的必然产物。互联网进化最大的特点就是，透明！透明！再透明！福柯说过话语的本质就是权力意志，如果说新闻业是话语霸权的主导者，那么自媒体就是对话语霸权的解构，使得话语权力回归到每个有话语权的演说者身上。

传统新闻业的报道都是冷酷客观的，而自媒体则更加主观、更加人性化，是以“人”的身份去做这样一份事业。也就是说，未来的自媒体不仅仅是某个行业新闻发布的品牌，还是一个有血有肉的个人人格。

从传统新闻业到自媒体，可以看作是从话语权威机构对人的信息传播变为一个有人格魅力的人对人的信息传播。另外，自媒体从业人员要想盈利，前提必定是需要依靠强大的个人人格魅力，吸引到真正为你疯狂的粉丝。引用《技术元素》的话："目光聚集的地方，金钱必将追随。"

大数据时代的来临，为个性化信息推荐与趋势性报道提供了更多的可能。预测未来的新闻业。

(1) 新闻生产者通过应用终端收集受众信息，根据受众喜好提供个性化信息推荐，驱使受众可以随时获取到自身感兴趣的新闻。

(2) 经大数据分析和思维的结合形成更公开、更客观的信息，嵌入性和规模化广泛应用于新闻生产，新闻报道的透明性进一步提升，媒体新闻报道的影响力、公信力、竞争力进一步提升。

6. 通信业

传统的通信业，开路收费模式，如寄信、通话等都是为你开路然后收钱。互联网的出现却完全无视这些规则，互联网要求人与人更紧密的连接，每秒都可以以最低成本随时联系得到。

预测未来的通信业。

(1) 世界可能不再需要手机号码而是 Wi-Fi，对电话和短信的依赖越来越降低，直到有一天电话的技术被彻底封存起来，就像当年的电报一样。同时手机号码、电话号码等词会出现在历史课本里，这并非耸人听闻。

(2) 未来你的手机不再需要 2G、3G、4G、5G……而是 Wi-Fi，那时的 Wi-Fi 技术也将升级普及，Wi-Fi 技术会进行无缝对接，无处不在。当无线技术突破后有线宽带也将迎来终结。

那时也是人类进入全面的物联网时代。不再是人与人的通信，更多的是人与物、物与物的通信。

7. 物流业

电子商务撬动物流业。可以说物流业沾了电子商务的光才如此红火。曾经的邮政平邮有谁还记得呢？虽然当前的物流业非常繁荣，是互联网的产物，但是这个行业却依然一片乱象，参差不齐。

从互联网的要求来看物流业面对的压力。

(1) 电子商务要求服务更完善的物流。

(2) 电子商务的不断繁荣决定物流将面临更大的承载能力。

(3) 由互联网建立的问责机制会使物流业优胜劣汰。

预测未来的物流业：

(1) 最后会产生几足鼎立的局面，小鱼要么被大鱼收购吃掉，要么自生自灭，而活下来的大鱼一定会建立起非常完备的整套流程。

(2) 活下来的物流企业对用户的服务也将随竞争优化，无论是对寄件人还是收件人，这些活下来的物流公司都会为其建立完美的超越以前的服务。无须阿里巴巴的参与都会建成，只是时间尚未到来。随着时间的沉淀，这些问题自然会不成问题，只不过我们还需要耐心。互联网要求物流业的崛起，同时互联网也在要求更高质量的繁荣。

8. 酒店业与旅游业

传统的酒店业与旅游业由于信息的不透明，经常会发生各种宰客现象。由于很多集团的利益纠葛，使得个人消费者的维权举步维艰。当互联网出现后，这些被隐藏在黑暗角落处的东西会被彻底挖掘出来晒在阳光下。"海南一万元午饭"事件就是一个很好的互联网曝光案例。

预测未来的酒店业与旅游业。

(1) 互联网为两者建立起强大的问责制，未来一定有个大一统平台对这两个行业进行细致的评判考核。消费者受害的可能性会大大降低。与此同时，这两个行业也将得到超越来自政府的更强有力的监督，不敢擅自作恶。

(2) 从消费者的角度再转移到这两个行业本身来说，这两个行业的未来一定会利用互联网大数据，对消费者的喜好进行判定。酒店可以为消费者定制相应的独特的个性房间，甚至可以在墙纸上放上消费者的微博的旅游心情等。旅游业可以根据大数据为消费者提供其可能会喜好的本地特色产品、活动、小而美的小众景点等，还可根据其旅行的时间、地点以及旅行时的行为数据推送消费者可能会喜欢的旅游项目。

预测未来这两个行业不仅会更自律还会做得更好，利用互联网沉淀出的大数据，想象力无穷。

9. 餐饮业

美国很多州政府在与餐饮点评网 ylep 展开合作，监督餐饮业的卫生情况，效果非常好。人们不再像以前那样从窗口去看餐馆里的情况，而是在手机 App 里评论。

在中国的本地化 O2O 点评，如大众点评、番茄快点等，消费者可以对任何商家进行评判，同时商家也可以通过这些评判来提升自己的服务能力。

预测未来的餐饮业：将会由互联网彻底带动起来，会有越来越多的人加入点评中，餐馆也会愈加优胜劣汰。社会化媒体会将一件事彻底放大，一个真正好的餐馆会在互联网上聚集成一个小部落，而一个没有特色的餐馆，连被评论的资格都没有。那么一个坑人的餐馆，无论有多少水军说好，只需要有几个评论就可以将它彻底毁灭。这就是互联网的规则要求，一切透明。在环节上进行更大的效率优化。完善一整套产业服务格局，其中一个标志性的最大的特点就是用户就餐零等待。

10. 金融业

2019 年，互联网金融相关的政策发布与实施，保持了与前几年的一脉相承。监管部门始终坚持"审慎、严谨"的总态度，在当前金融行业供给侧结构性改革的大背景下，互联网金融的监管政策更加规范且具体。

首先，伴随着技术的不断进步发展，对于那些影响范围大、具有创新特性的互联网金融业务,监管部门严守行业底线,诸如在大数据违法和App盗取个人信息安全方面,2019年治理升级并严加防范。

其次,在区块链、P2P借贷、互联网保险等具体领域和业务层面,对监管不断细化,对政策以及制度不断进行调整并征求意见,促进市场健康发展。

最后,金融科技上升为国家重要战略,2019年《金融科技(FinTech)发展规划(2019—2021年)》的颁布,为我国互联网金融乃至有关行业指明方向并统筹未来规划。

预测未来的金融业。

(1) 全面互联网化。以大数据为依托,互联网会要求双方都有极高的透明信息,在最短时间内建立信任。

(2) 投资方与被投资方的信任问题将会直接由互联网的游戏规则进行建立。同时风险的评估也会更加透明客观且准确。

(3) 每个被投资方的全部信息都会完全公开,从微博到家庭住址到人生经历等。未来每个人连住址都将不再是隐私,他无法伪造任何虚假信息,也无法遁逃。这就是我们要回答对于认为人需要政府监管才能进行融资的理由,未来不是政府监管你,而是这个世界共同在监管。

11. 保险业

保险业是金融业的一种。传统保险业最大的不透明性在于代理层级关系的错综复杂,以及上游的伪装信息。一款产品需要通过诸多过分包装的手段来面向投保人。对于投保人来说会低估真正的风险性。对于保险公司来说,受制于区域限制,保险产品无法面向更多的受众,保险公司只能以代理模式为手段来推广产品。中国的保险业是奇特的,这里面掺杂了诸多的人情世故因素,与其说是用户在与保险产品打交道,还不如说是在与人打交道。是的,保险业回归的时间到了。我们需要更简单更直接的面对面接触。

预测未来的保险业。

(1) 将会逐渐摆脱人际关系,以更直接的方式面对投保人,全部风险利弊不再隐藏,而是由互联网的群蜂智慧来将其透明进行更公正的解读。大幅度降低个人判断的精力与误判的可能性。

(2) 基于大数据,未来人类的所有行为都会上传到云端,那么保险业的想象力一定会更加爆发出来。现在更像是一潭死水。未来的投保一定更细分更人性,依托广告业的变革,投保的广告也会更精准。

12. 医疗业

新冠疫情暴发以来,在多部门推动下,互联网医疗更是越加常态化,在线挂号、远程诊疗等技术深入人心。截至2020年年底全国就已建成约600家互联网医院。预测未来的医疗业将全面与互联网接轨。从患者角度来说。

(1) 各个医院以及医师的口碑评价会在互联网上一目了然,当人们看完病就可以马上对该医生进行评价,并让所有人知道。

(2) 用户的生病大数据会跟随电子病历永久保存直至寿终。

(3) 未来物联网世界会将你的一切信息全部联网。你几时吃过什么饭,几时做过什么事,当天的卡路里消耗都上传到云端。医生根据你的作息饮食规律即可更加精准地判断。

(4) 更多时候患者可以选择不去医院就医,基于大数据的可靠性,可以直接远程解决,药物随后物流送达。

从医疗业角度来说。

(1) 病人描述病情的时间会缩短,沟通成本降低后医院效率也会大幅上升。

(2) 医院的不透明性会被迫开放,各种药品价格不再是行业机密。

(3) 当区域性的技术资源问题解决之后,医院也将进入自由市场,变成以服务用户为中心的优胜劣汰。

13. 教育行业

当前世界的教育行业可以说是一种精英主义教育,这种精英主义教育并非为了个性化发展人,而是为了培养出大学教授而设计的。这是全世界教育的通病。价值取向极其枯燥并且单一化。

这种金字塔模式存在的原因就在于知识的封闭性、权威性,而如今互联网时代,这些知识的获取将不再是问题。人们面临的问题是,一个人,如何不在教育中被异化,教育的本质不应当是知识的灌输,而应当是独立思考人格的建立。作者想谈的不是互联网会如何来做一些符合当前教育行业价值观的事情。更多地在未来,互联网会改变全人类的价值取向问题。

将单一、片面的价值观打下神坛,让各种价值重新回归社会,对人的才能进行各种认可。

预测未来的教育行业。

(1) 互联网会改变教育行业的价值取向,将单一的以成绩为主导的教育转变为对人个性的全面认可与挖掘,从单一走向多元,再从竞争走向合作。整个原有的金字塔式教育结构全部废弃,转变为“狼牙棒”形态。

(2) 开挖大数据,建立人格发展的大数据心理模型,对人进行个性化的发展以及长远规划。

14. 电视节目行业

在美国,电视节目行业没有受到巨大冲击的原因在于其节目的原创质量以及美国人的习惯性依赖。但是在中国就没这么幸运,中国绝大多数的电视节目,虽然少有成功的节目,但这并不能阻挡互联网来融合这一趋势。传统电视节目时代,人更像是被迫选择,而互联网使得人的自由选择有了可能,将选择权来了一个大翻转。

预测电视节目行业未来。

(1) 互联网会让电视节目行业更加优胜劣汰,互联网并非要取代电视节目,而是要对电视节目行业优胜劣汰。

(2) 各种有创意的网络节目会横空出世,挤压这块市场(目前自制剧就是对这块市场挤压的例子)。

(3) 电视节目行业也可能会有本地化的 OTT(Over The Top)情况出现。你会看到本地的一个人在录一个本地化的方言节目,无所谓好坏,这是互联网长尾效应必然会诞生的产物,只要时机一到便会涌现。

15. 电影行业

《致青春》的成功说明一个由互联网狂欢主导的全新电影时代正式来临。2019 年以来,院线电影市场趋于饱和,影院观影人次趋向稳定,但线上会员电影内容的正片播放增长迅速,用户线上观影需求及付费意愿持续提升。一方面由于网络视频为用户提供了大量内容,满足用户多样化的观影需求;另一方面线上观影更便捷,场景也愈加丰富。可以看到,任何电影的营销策划都已经无法离开互联网,一部电影的成败已经彻底与互联网捆绑。

互联网的要求。

(1) 互联网要求电影行业也像电视节目行业那样,更加优胜劣汰。豆瓣电影是非常不错的产品,专门针对电影进行评论,使得消费者的选择时间得以控制。这其实也是一个很好的类似维基百科的案例。

(2) 互联网同时要求打破一切话语霸权的格局,不拘一格,将一切有新意的电影推向市场。

(3) 电影行业必将迎来小众化个性需求,百花齐放。

预测未来的电影行业。

(1) 将出现各种井喷状态,各种外行不断介入来搅局。原有的几大霸主地位降低,一个霸主地位会被成百上千的小霸主来取代。

(2) 长尾小众化需求,部落化生存可能实现。未来的电影制作成本将大幅降低,1000 粉丝足以使电影成功。

16. 出版行业

传统的出版行业在外行看来据说是暴利,不过他们自己说却是微利,因为成本相当高,有个出版人曾经透露说他们最后只能赚 10%。但是未来电子书的发行成本几乎是跟他们开了一个巨大玩笑。

传统的出版行业悲催了,因为未来除了营销、策划基本没他们什么事了。但是,只要转型也许还能踏上时代的末班车。

预测未来的出版行业:

(1) 纸质书只会有部分还会继续存在:①经典著作;②个性化定制。

(2) 出版商将由互联网公司介入搅局,纸质书基本消失。

(3) 传统出版商若介入互联网出版行业,将会更多地以营销策划者的姿态出现。

(4) 正版书籍将会受到应有的尊重,盗版逐渐消失。

(5) 由于出版成本几乎为 0,所以价格会普遍走低。

(6) 长尾部落化生存，仅靠出版电子书不足以养活作者，那么一定会有全新的盈利模式出现。

17. 垄断行业

一般认为，垄断的基本原因是进入障碍，也就是说，垄断厂商能在其市场上保持唯一卖者的地位，是因为其他企业不能进入市场并与之竞争。在这种情况下，垄断方往往拥有不对等的信息处置权力，他们可以将经过删选的片面的信息发出去，从而导致听众永远只能知道那些被过滤后的信息。互联网的出现则彻底颠覆这样一种状态，使得任何信息都无法被过滤屏蔽，无论你是哪个国家的人，无论你是哪个民族，无论你信哪个宗教，只要你想知道信息，信息就会毫无阻挡地出现在你面前。互联网改写垄断行业的各类事件我们都有目共睹。并且这种博弈会越来越多，信息会越来越透明，权力与权力的制衡每天都在互联网上无声并且激烈地进行。

预测未来垄断行业。

(1) 基于来自互联网的压力，总部门不断分散瓦解为各个分部门，部分权力回归市场。

(2) 被迫透明各种机密，黑暗无处遁形。只要被拖出冰山一角，最终互联网的意志会将整座冰山全部拖出水面。

凯文·凯利的《失控》用蜂群作为封面来表达了某种禅意。作者在其中感受到了某种启示，所谓"失控"并非在描述一堆无意义的布朗运动，而是说这些无规则的布朗运动全部都具有未来的历史意义。总有蜜蜂会偏离常规路径去寻找新的蜜源，虽然有大量失败，但只要有成功便会跳舞召唤同伴，带给整个族群得以生存的一个全新的蜜源方向，当一个蜜源采集完时，所有蜜蜂就开始转向这些新的蜜源。人类社会同样如此。

互联网就是一个新的蜜源地，这个蜜源会将人类蜂群带向一个全新的地方。这些蜜源改变了整个人类蜂群意志的蜜源结构，同样也将改变未来人类蜂群意志的基因结构。人们要乐观，尽管《乌合之众》一书中把人类描述成一群集体无意识的"蠢货"，互联网可能会放大这种愚蠢，一只乱跳舞的蜜蜂可能会给整个蜂群带来灾难后果。但我们要相信的是，在互联网的驱动下，这种愚蠢一定会被群体智慧所修复。最后再用形而上的态度来谈下我的感受。这个世界没有永远的绝对不变的东西，万物诞生于无，无中生万物，而这从无到有的生意味着永恒的流变。

这种流变是有目的的还是无目的的，既无法证明也无法被证伪，我以为我在看它，实际上是它在看它自己。不是说互联网改变了什么行业，真正改变的是人类在改变自己看自己的方式。有阅历及深刻悟性的人，看自己的行业如同庄子所说的庖丁解牛一般，也像陈苓峰对话里说的"由艺入道"，不用眼睛、口、舌、耳、鼻等去看感知表面，而是用精神一点点地去连接背后的运作机理。悟性尚不够的人，没有完全入道的人，他只能看到行业变化的表面现象，并不知何故。

21.2 互联网金融：数字化时代的金融变革

21.2.1 互联网金融与金融互联网

先给大家区分两个概念：互联网金融和金融互联网。有人可能会问，互联网金融和金融互联网不是一件事吗？它们还真不是一个概念。互联网金融是指借助于互联网技术、移动通信技术实现资金融通、支付和信息中介等业务的新兴金融模式，既不同于商业银行间接融资的融资模式，也不同于资本市场直接融资的融资模式。金融互联网则更多地指传统金融业，如银行、证券公司、保险业利用互联网实行业务电子化，终端移动化，通过互联网技术使传统行业电子化，在保证基本业务不变的情况下，提高业务的效率。所以总结下来，互联网金融是互联网公司开展新型金融模式，金融互联网是金融业的互联网化。两者的主体、开展业务、模式都是不同的。当然，互联网金融和金融互联网都是互联网技术高速发展的产物。广义上也统一合称为互联网金融。

数据产生、数据挖掘、数据安全和搜索引擎技术是互联网金融的有力支撑。社交网络、电子商务、第三方支付、搜索引擎等形成了庞大的数据量。云计算和行为分析理论使大数据挖掘成为可能。数据安全技术使隐私保护和交易支付顺利进行，而搜索引擎使个体更加容易获取信息。这些技术的发展极大地减小了金融交易的成本和风险，扩大了金融服务的边界。其中，技术实现所需的数据几乎成为互联网金融的代名词。

互联网金融与传统金融的区别不仅仅在于金融业务所采用的媒介不同，更重要的在于金融参与者深谙互联网"开放、平等、协作、分享"的精髓，通过互联网、移动互联网等工具，使得传统金融业务具备透明度更强、参与度更高、协作性更好、中间成本更低、操作上更便捷等一系列特征。

通过互联网技术手段，最终可以让金融机构离开资金融通过程中曾经的主导地位，因为互联网的分享、公开、透明等理念让资金在各个主体之间的游走，会非常直接、自由，而且低违约率，金融中介的作用会不断地弱化，从而使金融机构日益沦落为从属的服务性中介。不再是金融资源调配的核心主导。也就是说，互联网金融模式是一种努力尝试摆脱金融中介的行为。

互联网金融包括3种基本的企业组织形式：网络小贷公司、第三方支付公司以及金融中介公司。当前商业银行普遍推广的电子银行、网上银行、手机银行等也属于此类范畴。互联网"开放、平等、协作、分享"的精神往传统金融业态渗透，对人类金融模式产生根本影响，具备互联网精神的金融业态统称为互联网金融。

随着国内软件技术和证券分析技术的不断提升，证券行情交易系统更加趋向于实用化、功能化，人们在动态行情分析、实时新闻资讯、智能选股、委托交易等方面进行了较为深入的研究，使得证券行情交易系统可在基本面分析、技术面分析、个性选股、自动选股、自动委托交易、新闻资讯汇集等多方面满足终端用户的投资需求分析。

在软件开发技术领域，本行业的主要技术特点表现在以下4方面：在接入服务器领域，通过改进通信模型和处理算法最大限度地提高网上交易的处理速度、并发能力和用户体验。在数据存储服务领域，通过软件集群技术，将大批量的数据分别存储于不同地区的数据中心，在个别节点存在故障的情况下，可继续为系统提供高速数据存储服务。在客户端领域，利用网络浏览引擎技术，通过解析脚本来生成客户端界面，并应用到客户端框架中的每个部分，实现与客户端框架的无缝结合，实现行情、交易和服务类数据的无障碍调用，降低网络冗余数据，提高网络访问速度。在安全领域，利用底层驱动、加密套件、动态更新、多线程防护等技术有效隔绝盗号木马的各种攻击。

在金融数据分析领域，通过对市场信息数据的统计，按照一定的分析工具来给出数（报表）、形（指标图形）、文（资讯链接）。分析工具包括利用回归分析、时间序列分析等计量经济学分析工具和方法设计的经济指标模型（如 GDP、PPI、CPI 等）、企业价值成长模型、企业财务预测模型及企业估值模型等。

以互联网为代表的现代信息科技，特别是移动支付、云计算、社交网络和搜索引擎等，将对人类金融模式产生根本影响。20 年后，可能形成一个既不同于商业银行间接融资，也不同于资本市场直接融资的第三种金融运行机制，可称为"互联网直接融资市场"或"互联网金融模式"。

在互联网金融模式下，因为有搜索引擎、大数据、社交网络和云计算，市场信息不对称程度非常低，交易双方在资金期限匹配、风险分担的成本非常低，银行、券商和交易所等中介都不起作用；贷款、股票、债券等的发行和交易以及券款支付直接在网上进行，这个市场充分有效，接近一般均衡定理描述的无金融中介状态。

在这种金融模式下，支付便捷，搜索引擎和社交网络降低信息处理成本，资金供需双方直接交易，可达到与现在资本市场直接融资和银行间接融资一样的资源配置效率，并在促进经济增长的同时，大幅减少交易成本。

21.2.2 互联网金融的新模式

1. 互联网支付

互联网支付是指通过计算机、手机等设备，依托互联网发起支付指令、转移资金的服务，其实质是新兴支付机构作为中介，利用互联网技术在付款人和收款人之间提供的资金划转服务。典型的互联网支付机构是支付宝、微信。

互联网支付主要分为三类：一是客户通过支付机构连接到银行网银，或者在计算机、手机外接的刷卡器上刷卡，划转银行账户资金。资金仍存储在客户自身的银行账户中，第三方支付机构不直接参与资金划转。二是客户在支付机构开立支付账户，将银行账户内的资金划转至支付账户，再向支付机构发出支付指令。支付账户是支付机构为客户开立的内部账务簿记，客户资金实际上存储在支付机构的银行账户中。三是快捷支付模式，支付机构为客户开立支付账户，客户、支付机构与开户银行三方签订协议，将银行账户与支付账户进行绑定，客户登录支付账户后可直接管理银行账户内的资金。该模式中资金存储在客户的银行账户中，但是资金操作指令通过支付机构发出。

目前，互联网支付发展迅速。数据显示，截至 2021 年第一季度末，银行共处理网络支付业务 225.3 亿笔，金额 553.5 万亿元，同比分别增长 27.4%和 13.5%。互联网支付业务的应用范围也从网上购物、缴费等传统领域，逐步渗透到基金理财、航空旅游、教育、保险、社区服务、医疗卫生等。

2. P2P 网络借贷

P2P 网络借贷指的是个体和个体之间通过互联网平台实现的直接借贷。P2P 网络借贷平台为借贷双方提供信息流通交互、撮合、资信评估、投资咨询、法律手续办理等中介服务，有些平台还提供资金移转和结算、债务催收等服务。典型的 P2P 网络借贷平台机构是宜信和人人贷。

传统的 P2P 网贷模式中，借贷双方直接签订借贷合同，平台只提供中介服务，不承诺放贷人的资金保障，不实质参与借贷关系。当前，又衍生出类担保模式，当借款人逾期未还款时，P2P 网贷平台或其合作机构垫付全部或部分本金和利息。垫付资金的来源包括 P2P 平台的收入、担保公司收取的担保费，或是从借款金额扣留一部分资金形成的风险储备金。

此外，还有类证券、类资产管理等其他模式。我国的 P2P 网贷从 2006 年起步，逐步经历了起步发展期、高速扩张期、风险爆发期和行业整治期 4 个阶段。全国实际运营的 P2P 网贷机构，由高峰时期的约 5000 家逐渐压降，到 2020 年 11 月中旬完全归零。始于 2007 年，臻于 2014 年，盛于 2016 年，终结于 2020 年，短短 13 年时间，P2P 网络借贷走完了行业的整个周期，曾经名噪一时的 P2P 网络借贷惨淡谢幕了。

3. 非 P2P 的网络小额贷款

非 P2P 的网络小额贷款(以下简称网络小贷)是指互联网企业通过其控制的小额贷款公司，向旗下电子商务平台客户提供的小额信用贷款。P2P 平台“清零”过程中，也有多家 P2P 网络借贷获批转型非 P2P 的网络小额贷款。

网络小贷凭借电商平台和网络支付平台积累的交易和现金流数据，评估借款人资信状况，在线审核，提供方便快捷的短期网络小额贷款。据 2020 年 11 月发布的《网络小额贷款业务管理暂行办法(征求意见稿)》，经营网络小贷业务的小额贷款公司的注册资本不低于 10 亿元，且为一次性实缴货币资本；跨省级行政区域经营网络小贷业务的小额贷款公司的注册资本不低于 50 亿元，且为一次性实缴货币资本。

4. 众筹融资

众筹融资(Crowd Funding)是指通过网络平台为项目发起人筹集从事某项创业或活动的小额资金，并由项目发起人向投资人提供一定回报的融资模式。相对于传统的融资方式，众筹更为开放，能否获得资金也不再是由项目的商业价值作为唯一标准。只要是网友喜欢的项目，都可以通过众筹方式获得项目启动的第一笔资金，为更多小本经营或创作的人提供了无限的可能。

但与此同时，众筹融资的缺点也很明显。

首先，受相关法律环境的限制，众筹网站上的所有项目不能以股权、债券、分红或是利息等金融形式作为回报，项目发起者更不能向支持者许诺任何资金上的收益，必须是以其相应的实物、服务或者媒体内容等作为回报,否则可能涉及非法集资,情节严重的甚至可能构成犯罪。

另外,众筹模式较多,如奖励制众筹、募捐制众筹、股权制众筹、借贷制众筹,每一类型下又有多种类型的产品。但正是由于这诸多的经营内容,使得众筹领域尚无明确的界定和规范,其产品多属非标产品,故不能像 P2P 经营资金这种标准化产品一样可以实现规模化扩张,定价机制也难以清晰明确,也阻碍了众筹模式的扩张发展。

5. 金融机构创新型互联网平台

金融机构创新型互联网平台可分为以下两类。

(1) 传统金融机构为客户搭建的电子商务和金融服务综合平台,客户可以在平台上进行销售、转账、融资等活动。平台不赚取商品、服务的销售差价,而是通过提供支付结算、企业和个人融资、担保、信用卡分期等金融服务来获取利润。这类平台有建设银行的善融商务、交通银行的买单吧、招商银行的非常 e 购。

(2) 不设立实体分支机构,完全通过互联网开展业务的专业网络金融机构,如众安在线财产保险公司仅从事互联网相关业务,通过自建网站和第三方电商平台销售保险产品。

6. 基于互联网的基金销售

按照网络销售平台的不同,基于互联网的基金销售可以分为两类。

(1) 基于自有网络平台的基金销售,实质是传统基金销售渠道的互联网化,即基金公司等基金销售机构通过互联网平台为投资人提供基金销售服务。

(2) 基于非自有网络平台的基金销售,实质是基金销售机构借助其他互联网机构平台开展的基金销售行为,包括在第三方电子商务平台开设网店销售基金、基于第三方支付平台的基金销售等多种模式。其中,基金公司基于第三方支付平台的基金销售本质是基金公司通过第三方支付平台的直销行为,使客户可以方便地通过网络支付平台购买和赎回基金。

以支付宝余额宝和腾讯的理财通为例,截至 2021 年 6 月 30 日,余额宝规模达 7808 亿元;理财通规模超 9000 亿元。

21.3 互联网对传统教育的挑战

互联网思维对传统教育有怎样的影响?在线教育是否有最好的发展模式?教育专家、学者,有的是企业家对很多问题的看法迥异。有人冷静等待在线教育的发展,有人认为在线教育面对不同人群会有不同效果,有人正在努力尝试各种在线教育模式,也有人对在线教育的未来充满信心。颠覆、互联网思维、线上加线下、师资等成为专家与普通民众关心的热点词汇。

21.3.1 互联网对传统教育的影响

远程教育是最早介入网络的领域之一，网络教育也是网络技术拓展应用的一大空间。从CAI技术到CD-ROM技术、超文本技术、超媒体技术直到网络技术的发展，引发了教育手段、教育方法、教育资源到教育思想、教育体制的变革，促使传统教育方式的诸多方面发生变化。从人(教师、学生、管理者等)到物(教材、工具书、参考资料、教学设备等)，从硬件(教室、图书馆等)到软件(教育思想、教学方法、教学管理等)，都受到一定程度的挑战，这些都是现代远程教育所要研究、回答和解决的问题。

现代远程教育特指基于因特网(地网)和卫星网(天网)而进行的远距离教育，是远程教育的一个新兴模式或者前沿分支。现在我们需要探索因特网这一新手段与学校教育结合的问题，关注这一新技术引发的教育革命动向，研究它将给现代远程教育带来什么前景。多媒体有利于创造教学的真实环境，发挥得好可以在教学方面采用声、图、文、动画、录像多种手段，有效地培养学生的各种基本能力。多媒体技术、超文本技术、超媒体技术、虚拟现实技术如何完美地结合，才能有利于提高学校教学的效率，还需要进行许多研究和探索，但是总的趋势是会大大有利于学校教学，强化学校教学的效果，提供更加人性化的界面，提供全程化的教学内容和终身化的教学手段。现在一个远程教学网站，不只是提供教学内容，还把丰富的课外读物、课外小组、课外活动等提供给不同水平的学生，诸如图书、报纸、杂志、广播、电影、电视、录像等。在这方面，随着因特网技术的进步和利用因特网水平的提高，因特网对现代远程教育的发展将起到更加积极的作用。

21.3.2 因特网对教育观念转变的意义

因特网的出现，对于现代教育的意义不仅仅是提供了先进的教育教学手段和技能，也不仅仅是一个教育教学手段和技能的转换问题，而是对教育教学观念的转变提出更大挑战。或者说，现代教育教学手段和技能必须要有与之相适应的现代教育观念，才能最大限度地发挥因特网的作用。

(1) 终生教育及融合教育的观念。现代教育的不断发展，使人们受教育的时间延长到校门之外，延伸至成年，乃至老年；远程教育的出现使得不分年龄、职业、社会地位的教育成为普遍现象。所谓融合教育，指的是有着诸多区别的受教育者可以同时接受的教育。目前，就教学形式而言，现代远程教育已作为学校教育的补充，面向在校人员和非在校人员。它可以说为教育的大众化和学习的终身化提供了前所未有的机会和条件，并将这方面的观念和意识深深地植入决策者和大众的观念中。

(2) 创新教育的观念。从某种意义上讲，创新观念是网络教育能否成功的基础，因为网络世界纵横交错着无数的连接和关系，总的方面与现代社会求新、求变、多样化和快节奏的特征相吻合，激励人们的思想更延伸，视野更广阔，思维更敏捷。网络创新教育的对象首先是教育者本身，而非受教育者，它要求教育体制和机构认真迎接网络环境的挑战，要求教师的地位从细节的陈述者变成积极学习的支持者，要求教育的领导者和从事者不仅应该研究教育的科学规律，还应该研究科学技术和社会经济的发展，要求教育的内容、方法和层次不仅应该适应当前的社会要求，而且应该顺应未来社会的发展。

（3）重塑文化能力的观念。这一观念直接涉及文化水平、读写能力的界定。在以印刷为基础的社会，文化水平通常指的是人们阅读和写作的能力，而读写能力往往又是根据识字的多少来界定的，后者也是判断文盲与否的标准。在网络社会，个人的文化能力应是多方面的：在一个层次上，他必须能阅读和写作；在另一个层次上，他要有一定的技术能力，能使用计算机和其他远程交流的工具，这也可以说是网络社会的读书与写作；在更多的层次上，他是一个生活在现实社会和网络社会中的文化人，应该同时具备适应两者和创造两者的能力。

（4）学校虚拟化的观念。网络作为普遍现象，意味着生产的传统要素——资金、场地、库存和熟练劳动力等不再是经济力量的主要决定因素，经济的潜力将越来越多地同控制和操纵信息的能力联系在一起。学校硬件设施的界定将超出规模、存量、占地等指标，而增加了创造性、流动性和速度等新的要求。学校的功能、校区建设等方面的观念也将变更。

（5）社会教育化的观念。在网络社会，教育不再是学校的专利，而日益成为社会的共同事业——个人和家庭将教育作为最佳的投资领域；企业把教育看作提高员工素质和企业竞争力的基础；国家和社会视教育为综合国力和社会文明的主要象征。

21.3.3 互联网时代现代教育的几个特点

线上价值将远远超过线下。今天通过互联网技术、现代信息技术，人们获取知识的结构已经发生了革命性的变化，这就是现实。互联网很可能会颠覆传统教育，因为人获取知识的渠道更多了。我们研究未来型教育，就应该研究未来的世界结构是什么样的，新一代的孩子在未来应该具备什么知识和能力，这是教育的价值所在。

互联网对传统行业的冲击主要体现在平台化和专业化，对教育行业来讲也一定是专业分工越来越细，平台越来越大。关于互联网对于未来教育的冲击，有几个关键词不得不提。

1. 互联网思维

互联网思维其实是一种商业模式，它的核心一是产品为主，注重用户体验；二是用户免费；三是开放的平台；四是利用大数据分析，精准地显示可能成为用户的对象。其实互联网思维和互联网教育是两个概念。互联网企业也可能有传统思维，传统企业可能也有互联网思维。互联网思维有很多种，如极致思维、粉丝经济等。这些思维其实是从20世纪80年代，从美国开始一脉相承、一路演变过来的。对于培训行业来讲，我们要关注这个行业的痛点在哪里：首先是老师，老师与办学者之间的关系还没理顺，如何借用互联网思维解决这一问题是人们需要考虑的；二是教学效果没有完全透明；三是房租，全国大概有20万个学习中心，基本浪费一半产能，我们得考虑如何通过互联网把闲置产能利用起来。

2. 免费

新东方创始人俞敏洪说："培训教育有四大任务：学习结果、效率问题、便捷性问题、趣味性问题。围绕这4个新问题，不论是互联网教育还是传统教育，必须要至少解决两三个问题，才有存在的价值。"从互联网思维角度来说，可能免费的模式在中国更可行一些，这就是中国知识产权保护的一个现状。所以，在中国要想做在线教育，收费会比较困难。免费本身不是互联网教育问题的核心，例如没有家长会因为你的教育是免费的，我就来了。因为家长也要考虑时间成本，学得不好我的孩子不可能重新再学一遍。免费当然是好的，如果免费以后能把效率提高，又能把结果增加，也有趣味性，也有便捷性当然再好不过了。但是，这不是家长或者学生思考的最重要的核心。

3. 师资

在讨论互联网尤其是移动互联网给教育带来的影响时，很多人关心的是如何利用新技术更好地传授知识、提高学习效率和学习效果，但我更关注的是如何利用移动互联网的新技术更好地培训老师，提高老师的教学质量、教学水平。例如，开发针对教师的手机移动端产品，及时分享更有效、更受学生喜欢的教学方法，这一方法虽然看着很草根，但却非常有效。

4. 线上＋线下

O2O(线上＋线下)是时下非常火的概念，也带来很多新的商业模式和创业项目。目前已有的线上教育模式，虽然在便捷性、开放性等方面拥有优势，但还是只能解决教书层面的问题。学生的人际交往、团队合作能力，乃至学生的德育培养问题，都还必须依赖线下教育环境才能得到解决。移动教育包含网络教育，这个模式可以迅速改变教育的现状，解决区域教育资源不均衡的问题。但只用网络不行，应该使用卫星。可以互动，可以面对面解答，能解决在线教育的弊端。

大家知道互联网的未来是移动互联网，移动互联网最良性的产品是游戏。我的朋友曾跟我说，互联网纯烧钱，如果能开发教育类的游戏可能还有利润空间。我并不抵触孩子玩游戏，把游戏思维与教育精神结合起来也许是个不错的想法。

21.3.4 因特网进入现代教育需注意的问题

尼尔·波斯曼(Neil Postman)在他的《技术垄断》一书中警告说，每门技术对社会都会有影响，不管这门技术是好还是坏。尼尔·波斯曼要我们理解技术从来就不是中立的。当现代教育利用因特网技术获得各种利益的同时，也要注意它的负面影响。

(1) 在教学中大量应用因特网时，不能不关注一些重要的道德问题。首先，作为教师，必须教学生经常筛选网上获得的信息，弄清是谁发的，其来源于哪里，这些材料有无明显的错误；其次，必须考虑的道德问题是因特网上有一些不适合学生的材料；再次，因特网迷恋症又是一个问题。有学者对2000名大学生做了一项调查，结果显示许多大学生患有严重的因特网迷恋症。他们长期沉醉于网络世界，有的已经懒得和身边的人沟通，有的经常因担心发出的电子邮件是否已送达而睡不着觉，有的日常的不快事通过网络来发泄，有的人一上网就“废寝忘食”，超过一小时不上网就手指发痒，把桌面当键盘敲……在人们的日常生活中，由于迷恋因特网而造成学习成绩下降的人、有心理问题的人等只增不减。对此，学校要通过明确的道德准则和学生行为守则来规范这类问题。

(2) 因特网仅仅是一种工具。因特网允许网民同世界上的任何个体分享信息、思想、消息，这种分享对教育的许多方面都会产生影响。因特网对现代教育产生的潜在影响我们必须有一个基本的认识：因特网仅仅是一种工具，一种教师用来提供给学生打开世界窗口的工具——因特网不会教学生，仍是教师教学生；因特网虽然能增加学生获得教育资源和信息，但若没有教师对学生的指导并教学生对信息进行筛选，这些新资源的作用是有限的；因特网的正确应用会有益于学生的教育，如果应用不当，会使学生身受其害；因特网将永远不会代替教学方法，没有什么可以代替合作学习、小组讨论、好的研究、教师和学生的思想交流和书面课程。因特网对教学的意义在于促进教师和学生提高的教与学的质量。尼古拉·尼葛洛庞帝(Necholas Negroponte)在他的《数字化生存》一书中说：“随着时间的推移，将会有更多的人利用因特网学习知识和技能，因为它将变成一个人学习的辅助网。”

(3) 因特网能否进课程，如果增加了网络课，就改变了学校计划和教师在课堂中的责任。如果把因特网作为课程的一部分，教师教什么和如何教就会改变。更进一步说，如果学校选择了增加因特网课，学校本身就会改变。没有办法列出一所学校选择上网可能面临的所有变化。然而对教师来说，明智的选择是：首先，作为教师，他对学生的期望不能过高。教师必须告诉学生如何处理信息，也必须教会学生如何查找新信息。其次，必须意识到成人们不是在教育孩子进入成人们的世界，而是在教育他们进入一个未来的世界——他们的未来。设置的课程如果不能适应解释学生未来的需要，那就是做了一件非常不道德的事情。最后，变化最大的方面可能是人们不知道将来会发生什么变化，因特网在将来 10 年或 20 年会是什么样子？对学校和课程有更大的影响吗？勒温司·皮尔曼(Lewis Perelman)在他的《学校的出路》一书中，构想了一个未来需要学习的社会——一个相似于又先进于现在因特网的社会。不管未来是什么样，作为教师总是承担着为学生提供最好教育服务的重担。如果不能教学生如何运用可获得的资源，那么尼尔·波斯曼的话将是正确的——运用技术代替人，人们可能发现自己被技术所利用。

21.4 互联网所引起的信息安全问题

随着移动互联网、云计算等技术的飞速发展，无论何时何地，手机等各种网络入口以及无处不在的传感器等，都会对个人数据进行采集、存储、使用、分享，而这一切大都是在人们并不知晓的情况下发生。人的一举一动、地理位置，甚至一天去过哪些地方，都会被记录下来，成为海量无序数据中的一个数列，和其他数据进行整合分析。

大数据散发出不可估量的商业价值。但让人们感到不安的是，信息采集手段越来越高超、便捷和隐蔽，对公民个人信息的保护，无论在技术手段还是法律支撑都依然捉襟见肘。人们面临的不仅是无休止的骚扰,更可能是各种犯罪行为的威胁。

美国的一位父亲,女儿只有16岁,却收到了孕妇用品商场的促销券。愤怒的父亲找到商场讨公道,没想到女儿真的怀孕了。因为这家商场建立了一个数据模型,选了25种典型商品的消费数据,构建了怀孕预测指数,能够在很小的误差范围内,预测到顾客的孕情,从而及早抢占市场。

无论对于Google公司还是苹果公司,它们的用户数据库都足够大,只要它们想分析,就很容易得出相应的结果,对于它们而言,用户就是透明的。企业法人同样掌握着公民的信息,Apple、电信、移动、各大银行……由于这些企业的自身影响力,它们势必会获得更多的移动数据,如果企业对待数据态度不同,那么就会产生不同的后果。

在上海众人科技创始人、信息安全身份认证领域的资深专家谈剑峰看来,大数据给现代社会带来了五大安全威胁。

(1) 对于国民经济的威胁。他认为,堪称智能交通、智慧电网的国民经济运行和智能社会发展高度依赖信息基础,这些重要的信息基础设施网络化和智能化的程度越高,安全也就越脆弱。

(2) 社会安全问题。中国网民数量已经接近6亿,每时每刻都产生大量的数据,也消费着大量的数据,网络的放大效应、传播的速度和动员的能力越来越大,各种社会的矛盾叠加,致使社会群体性事件频发。

(3) 个人隐私。人们可以利用的信息技术工具无处不在,有关个人的各种信息也同样无处不在。在网络空间里,身份越来越虚拟,隐私也越来越重要。根据哈佛大学近期发布的一项研究报告,只要有一个人的年龄、性别和邮编,就能从公开的数据当中搜索到这个人约87%的个人信息。

(4) 国家安全利益。网络空间信息安全、问题严重性、迫切性在很大程度上已经远远超过其他传统安全,当今主权国家所面临的所有非传统安全威胁总是面临着沧海一粟的困境,政府要找的那根针往往沉没在浩瀚的大海中。

(5) 秘密保护。美国国家安全局以及网络巨头的关系正是计算能力和海量数据的结合,因此,全球大部分的数据都掌握在他们手中,他们大量的数据在网上是没有保护的。

这就是大数据的威力。大数据之大,不仅仅是数据容量的"大",更是数据抓取、整合和分析的"大"。在当下,公民个人信息泄露,以及由此衍生的各种电信诈骗、网络诈骗、信用卡诈骗和滋扰型"软暴力"等新兴犯罪呈爆发式增长。对于饱受其苦的百姓来说,大数据时代的到来,很可能将这一切进一步"放大"。

大数据时代,谁来保护公民的个人隐私,既是每个人都应当思考的问题,也是政府部门不可推卸的责任。当然,作为数据的提供者更应该合理保护自己的数据,注重隐私的保护,加上很好的监管与保护机制。相信即便是在大数据时代,也可以尽可能地减少信息安全问题发生。

21.5 移动互联网游戏开发者的攀登珠峰之路

不少移动互联网游戏开发工程师,包括一些移动互联网游戏公司的总裁等,都是从小胸怀构建属于自己的"虚拟世界"的梦想,继而在自己的游戏开发生涯中实践自己的梦想。

想要成为一个合格的移动互联网游戏工程师甚至拥有对移动互联网游戏行业洞见的领军人物需要经历一个漫长的过程。从一个初级游戏开发工程师,到能够掌控一个游戏产品的小团队负责人,再到经历过多个游戏产品从萌芽到最终陨落,成为影响移动互联网游戏行业发展的领军人物,需要从业人员的逐层跃迁。

首先,成为一个移动互联网游戏开发者的前提是成为一个合格的软件开发工程师,而要成为一个合格的软件开发工程师,在掌握了必要的数学和编程语言的基础之后,需要进行大量的开发实战,钻研移动互联网游戏中的各方面,如游戏内相关视频、音频的处理开发,才能有所专长,Milo Yip 所提供的开发者路径图(见图 21-1)就翔实地描述了要成为一个合格的移动互联网开发工程师所要学习的一些内容和经过的步骤。

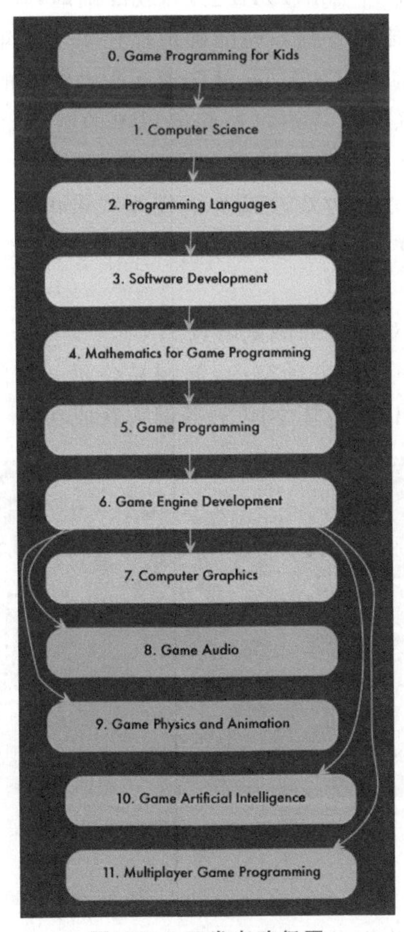

图 21-1 开发者路径图

在上手进行了某一个或几个移动互联网游戏部分功能的开发之后，开发者也就达到了攀登移动互联网游戏"珠峰"的第一站——外化能力站。这一站是从业者在本行业的立身之本，也是继续攀登"珠峰"的前提。

第二阶段，是经历一个移动互联网游戏从萌芽到成熟、爆发到逐渐消亡的全过程，这是从业者能够独立发现某一特定移动互联网游戏市场需求并独立开发移动互联网游戏的必然要求。移动互联网游戏领域内流传着一句话——"一个移动互联网游戏开发者可以不玩游戏，但不可以不懂游戏。"在感知市场需求的同时，开发者进行尝试，在尝试过程中，会面临需求、技术细节、小组领导与沟通等各种各样的问题和挑战，在"摔倒"几次并逐渐解决这些问题和挑战之后，开发者会具备初步将技术与项目融合看待的能力，同时也会拥有初步将市场需求与产品开发对接的能力，继而达到攀登移动互联网游戏开发"珠峰"的第二站——内在洞察力。

第三阶段，在经历长时间的第二阶段洗礼后，移动互联网游戏从业者就可以形成对移动互联网游戏的"第六感"，即可以准确地抓住市场的需求并可以在市场空窗期迅速占领市场，并能对未来的移动互联网游戏趋势做出理性的判断，如开发《崩坏学园》系列的著名移动互联网游戏开发商——miHoYo公司，就准确地判断出了"90后"对二次元文化的喜爱。再如源于日本的《旅行青蛙》，就准确地抓住了当下年轻人迷茫的生活状态。处在这个阶段的移动互联网游戏开发人员，对移动互联网游戏的发展趋势会有着清晰的把握，在他们的眼里，移动互联网游戏不再是简简单单的游戏，而是"第九大艺术"，游戏像电视、音乐一样，可以带给人以享受和情感上的共鸣，围绕游戏可以有各种各样的周边产业，如动漫、小说，甚至可以根据游戏改编为电视剧或者电影，继而形成一个完整的生态链。在这一阶段，移动互联网游戏的从业者将会登顶到该行业的"珠峰"——敏锐前瞻力。

近年来，移动互联网游戏界更加侧重两点。

(1) 各厂商积极发现并占领市场空白，如网易公司开发的二次元游戏《阴阳师》(见图21-2)，miHoYo公司推出的《崩坏学园3》等都大获成功。

图21-2 《阴阳师》

(2) 移动互联网游戏开发商逐渐将计算机端游手游化，腾讯公司是这方面的代表公司，其将端游《英雄联盟》手游化为《王者荣耀》(见图21-3)，将端游《绝地求生：大逃杀》手游化为《绝地求生：刺激战场》(见图 21-4)，相比于计算机端的端游，移动互联网手游地图有所缩小，画质也有所降低，将端游手游化能够极大地拓展用户的体验空间，继而获得成功。

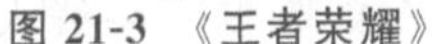
图 21-3 《王者荣耀》

图 21-4 《绝地求生：刺激战场》

未来的发展趋势：在短期之内，迅速占领市场及计算机端游手游化将继续推进。在市场相对饱和且较受欢迎的端游均手游化之后，移动互联网游戏将凸显它"第九大艺术"的特点，与电影、电视、实体娱乐、动漫、周边纪念品有机结合起来，进入人们生活的方方面面，成为普通人不可或缺的娱乐方式。

21.6 疫情对于移动互联网的机遇和挑战展望

随着移动互联网的普及和各种新媒体技术的广泛应用，网络逐渐成为人们发表观点以及意见表达的主要渠道，几乎所有信息都可以在互联网上迅速获取，加快了信息流动的同时，也存在着各种各样的挑战，重大的新闻信息都可以在互联网上形成广泛而重大的影响，2020 年暴发的新型冠状病毒肺炎(COVID-19)也同样适用，网络舆情不仅贯穿疫情暴发、发展和消亡，而且对事件发展产生重大的影响，网络舆情传播速度快，影响广泛，既可能促进疫情等突发事件的解决，也可能增加公众心理压力和造成社会恐慌，影响社会稳定与社会发展。

与 2003 年非典型性肺炎疫情(简称非典疫情)不同，2020 年新型冠状病毒疫情(简称新冠肺炎疫情)是在互联网大规模普及，特别是移动互联网、社会网络普及化及 5G 商用化元年等技术条件下发生的，正因为新冠肺炎疫情的发生，为移动互联网背景下的数字转型按下了快捷键，同时，移动互联网背景下的数字经济的发展尽最大可能减缓了疫情对经济带来的挑战，但是，新冠肺炎疫情也给数字经济安全发展带来了严峻挑战。

21.6.1 新机遇：新冠肺炎疫情促进移动互联网的快速发展

患者诊疗、疫情地图、人群追踪、分类管理等，数字技术帮助精准地做出防护和指导；在线教育、餐饮外卖、协同办公、零售电商等，保障社会正常运转，加快复工复产……近些年，随着移动互联网的快速发展，以及新冠肺炎疫情的暴发，更多移动互联网的新技术可以得以加速落地,展现了移动互联网对社会发展的巨大潜力。

1. 移动互联网改变消费模式

为了阻断新冠肺炎疫情的传播,传统超市、便利店都加速了线上化和无人化进程,非接触式经济愈发重要,电商直播的方式更加受到追捧,基于移动互联网的应用极大促进了经济的发展,据国家统计局发布的2020年一季度国民经济数据,2020年1—3月,全国网上零售额22 169亿元,在新冠肺炎疫情的条件下,同比仅下降0.8%。

2. 移动互联网为疫情期间正常生活提供多样化选择

移动互联网的各种应用在2020年的新冠肺炎疫情下对经济社会发展和民生保障提供了巨大的支撑作用。基于移动互联网的大数据、云计算、人工智能、5G等数字技术进一步重塑了经济模式,基于自动驾驶无人车的无人配送不仅有效降低了一线人员被病毒感染的风险,而且极大提高了人工紧缺时的物资运转效率。

3. 远程办公和在线会议模式迎来"春天"

2018年,还有44%的全球化公司不允许远程办公,在新冠肺炎疫情的冲击下,为了遏制病毒的传播,更多企业将工作转移到线上,以最大减少人员接触,国内微信、腾讯、钉钉等在线办公系统开始普及。从长期看,加快了企业数字化转型。

4. 全民参与格局成为移动互联网转型的坚实基础

基于移动互联网的线上服务产业的迅速发展,牵动着一系列社会运转模式和居民行为模式的改变。新冠肺炎疫情出现之前,不借助互联网生存尚且可能,而新冠肺炎疫情则几乎将所有人都裹挟到网络世界。隔离措施极大地改变了人们之前的娱乐和生活方式,新闻资讯、连线视频、网络游戏、在线直播等线上内容的数字经济消费需求激增。据凯度(Kantar)公司2020年2月发布的市场调研显示,有高达55%的受访消费者通过综合性电商平台(如淘宝、京东等)购买商品,十分接近排名第一的超市(58%)。为应对疫情而采取的各项措施可能会成为我国产业数字化转型的重要推动力。

21.6.2 新挑战:新冠肺炎疫情给移动互联网的安全发展带来的挑战和风险

2020年新冠肺炎疫情暴发正处于全球数字化转型发展之际,面对新冠肺炎疫情"黑天鹅事件",移动互联网的发展在面临机遇的同时,也暴露出一系列短板,面临诸多风险和挑战。

1. 部分互联网企业迎来"至暗时刻"

受新冠肺炎疫情影响,部分互联网企业面临严重的危机。以互联网票务平台为例,受新冠肺炎疫情波及,单纯以在线订座、信息查询为主营业务的企业短期内可能不复存在,大部分业务处于停滞状态。在线旅游业(Online Travel Agency,OTA)更是面临灾难性的重创：一方面，消费者旅行意愿急剧下降；另一方面，企业需履行退改签责任，不断垫付巨额资金，资金流断裂。据报道，携程、飞猪、去哪儿网、马蜂窝等多家OTA平台垫资已达数亿元。几乎所有在线旅游品牌，包括交易平台和短租平台，都无一幸免地遭遇品牌价值下跌的宿命，且行业内已有企业启动了破产清算。

2. 个人隐私和数据保护问题在新冠肺炎疫情影响下进一步被放大

面对抗击新冠肺炎疫情的严峻形势，数字技术在收集监控信息、追踪传播路径、定位疑似病例、分析研判疫情等环节都发挥了积极作用。但是，如此大规模、广范围、多层级、宽领域地应用数字技术，将不可避免地对公民的个人信息造成一定程度的冲击甚至损害。远程医疗、互联网金融等新业态更是涉及大量个人敏感信息，将全面挑战现行的个人信息保护体系和数据安全治理体系。如何在数据保护与数据分享之间实现平衡，是值得关注与深入思考的重要问题。

3. 数据不对称性问题进一步加重

新冠肺炎疫情加速了移动互联网的发展，同时也进一步暴露了国家和社会之间的数字鸿沟。例如，远程教学虽在一定程度上可弥补停学停课带来的损失，但是，由于不同家庭的互联网接入条件不同，可能带来教育机会上的不均等。同时，当前全社会数据协同水平不高，部门或企业的数字化主要以内部数字化为主，跨部门、跨企业信息壁垒问题突出。在新冠肺炎疫情期间，各地区、各部门之间的"数据孤岛"也显示了因为信息藩篱、标准分割等所导致的系统脆弱性。

4. "信息疫情"的不对称性给社会造成危害

2020年2月2日，世界卫生组织公布的第13份新型冠状病毒疫情报告聚焦"信息疫情"(infodemic)，指出在新冠肺炎疫情期间，线上线下大量良莠不齐的信息使人们在有需要时难以找到可信赖的消息源和可靠的指导，有可能阻碍疾病控制和遏制，造成危及生命的后果。人类对新冠肺炎疫情的天然恐慌被别有用心者所利用，谣言、污名、阴谋论等在匿名的网络空间日益弥漫，引发现实生活中的囤货潮和抢购风，扰乱了社会稳定和经济秩序。

总之，在疫情的大背景下，既要抓住机遇不松懈，也要紧盯当前互联网发展的各种挑战。

习　　题

1. 总结互联网对各行业带来的冲击和变革并预测其未来发展前景。
2. 比较互联网金融模式变革前后的差异。
3. 互联网对传统教育的挑战体现在哪几方面？我们又该如何应对？
4. 分析预测互联网金融的未来。
5. 互联网引发的安全问题越来越不容忽视，分析互联网安全问题具体表现在哪几方面？并举例说明。

参考文献

[1] 承哲. 互联网将如何颠覆这17个传统行业[EB/OL]. (2013-07-02)[2021-06-20]. http://www.tmtpost.com/47058.html.

[2] 谢平,邹传伟. 互联网金融模式研究[J]. 金融研究,2012(12): 11-22.

[3] 王逸之. 互联网金融讲座先睹为快: 中国互联网金融的六大业态[EB/OL]. (2014-10-13)[2021-06-20]. http://ipo.qianzhan.com/detail/141013-1fb3ca66.html.

[4] 百度百科. 互联网金融[EB/OL]. [2021-06-21]. http://baike.baidu.com/subview/5299900/12032418.htm.

[5] 刘尧. 简评因特网对现代教育的影响[J]. 开放教育研究,2003(3): 32-34.

[6] 阮俊华. 互联网思维与育人机制创新[J]. 中国青年研究,2015(3): 27-29.

[7] Negroponte N. Being digital [M]. New York: Vintage Books,1995.

[8] Perelman L J. School's out [M]. New York: Avon Books,1992.

[9] 王立峰,韩建力.构建网络综合治理体系: 应对网络舆情治理风险的有效路径[J].理论月刊,2018(8): 182-188.

[10] 陈毅. 移动互联网背景下重大公共卫生事件网络舆情及治理策略: 以新冠肺炎疫情为例[J]. 湖北行政学院学报, 2020(2): 48-53.

[11] 李晓莉. 新冠疫情给数字经济安全发展带来的机遇与挑战[J]. 中国信息安全,2020(5): 78-81.

[12] 李华才. 信息化是打赢疫情防控阻击战的重要手段[J]. 中国数字医学, 2020,15(3): 1.

[13] 人民日报客户端.数字经济,疫后时代的分析与展望[EB/OL]. (2020-04-12)[2021-06-20]. http://www.xinhuanet.com/money/2020-04/12/c_1125844954.htm,2020-04-12.

[14] 经济观察报. 中国零售业的互联网革命: 从前台颠覆走向产业重塑[EB/OL]. (2020-06-07)[2021-06-21]. https://finance.sina.com.cn/roll/2020-06-07/doc-iirczymk5653493.shtml.

人物介绍——Facebook公司创始人扎克伯格

马克·艾略特·扎克伯格(Mark Elliot Zuckerberg),美国社交网站Facebook的创办人,被人们冠以"第二盖茨"的美誉。哈佛大学计算机和心理学专业辍学生。

在哈佛时代,扎克伯格二年级时开发出名为CourseMatch的程序,这是一个依据其他学生选课逻辑而让用户参考选课的程序。一段时间后,他又开发了另一个程序,名为Facemash,让学生可以在一堆照片中选择最佳外貌的人。根据扎克伯格室友Arie Hasit的回忆,他做这个只是因为好玩。Hasit如此解释:"他有几本名为《脸书》(*Face Books*)的书,里面包括学生的名字与照片。起初,他创建一个网站,放上几张照片,两张男生照片和两张女生照片,浏览者可以选择哪张最'辣',并且根据投票结果来排行。"

这个竞赛进行了一个周末之久,但是到周一早晨,被校方关闭,因为哈佛的服务器被灌爆,因此不准学生进入这个网站。此外,很多学生也反映,他们的照片在未经授权下被使用。扎克伯格为此公开道歉,并且在校报上公开表示"这是不适当的举动"。

不过,扎克伯格出自好玩的这个网站,后来一直被学生要求要发展出一个包含照片与交往细节的校内网站。

2004年2月,扎克伯格只用了大概一个星期的时间就建立起了这个名为Facebook的网站。

意想不到的是,网站刚一开通就大为轰动,几个星期内,哈佛大学一半以上的学生都登记加入会员,主动提供他们最私密的个人数据,如姓名、住址、兴趣爱好和照片等。学生们利用这个免费平台掌握朋友的最新动态、和朋友聊天、搜寻新朋友。

很快,该网站就扩展到美国主要的大学校园,包括加拿大在内的整个北美地区的年轻人都对这个网站饶有兴趣,在英国、澳大利亚等国的大学校园也同样风靡。

截至2020年12月31日,Facebook在全球有2.8亿月活跃用户,全年收入高达280.7亿美元,其中大部分来自广告,网站的广告收入达到212.2亿美元。

2021年10月28日,Facebook更名为Meta。

第 22 章 chapter 22

Android 编程与开发

随着移动设备的迅速发展,操作系统也在不断进化。塞班的风靡和没落,iOS 的热潮,Android 的迅速扩张,Windows Phone 和 BlackBerry 的逐渐消退,这些告诉我们,只有最有生命力的系统才能站住脚跟。Android 系统之所以强大,不仅仅是因为其开源的特质、基于 Linux 的血统,而且还因为它为开发者提供了很完善的开发平台,使用 Java 这个风靡全球的语言编写,容易上手。

Android 系统从诞生开始,到现在已经更新到 12.0 版本了,其中增加了旧版本中没有的功能。表 22-1 给出了 Android 系统的发展史。

表 22-1 Android 系统

版　本	开发代号	发布时间	API 等级
1.6	Donut	2009 年 9 月 15 日	4
2.1	Eclair	2010 年 1 月 12 日	7
2.2	Froyo	2010 年 1 月 12 日	8
3.0	Honeycomb	2011 年 2 月 24 日	11
4.0	Ice Cream Sandwich	2011 年 10 月 19 日	14
4.1	Jelly Bean	2012 年 6 月 28 日	16
4.4	KitKat	2013 年 7 月 24 日	19
5.0	Lollipop	2014 年 6 月 25 日	21
6.0	Marshmallow	2015 年 5 月 28 日	23
7.0	Nougat	2016 年 5 月 18 日	24
8.0	Oreo	2017 年 8 月 22 日	26
9.0	Pie	2018 年 8 月 7 日	28
10.0	Andriod Q	2019 年 9 月 3 日	29
11.0	Andriod R	2020 年 9 月 9 日	30
12.0	Snow Cone	2021 年 10 月 6 日	31

Android 系统的每个版本都以一个食物来命名,与开发者相关的是 API 等级,它表示 Android 开发包提供的 API 资源的等级,如果要在高版本的手机上编程,需要下载相应高级别的 API。

22.1 Android 系统的架构

Android 系统架构大致分为四层，如图 22-1 所示。

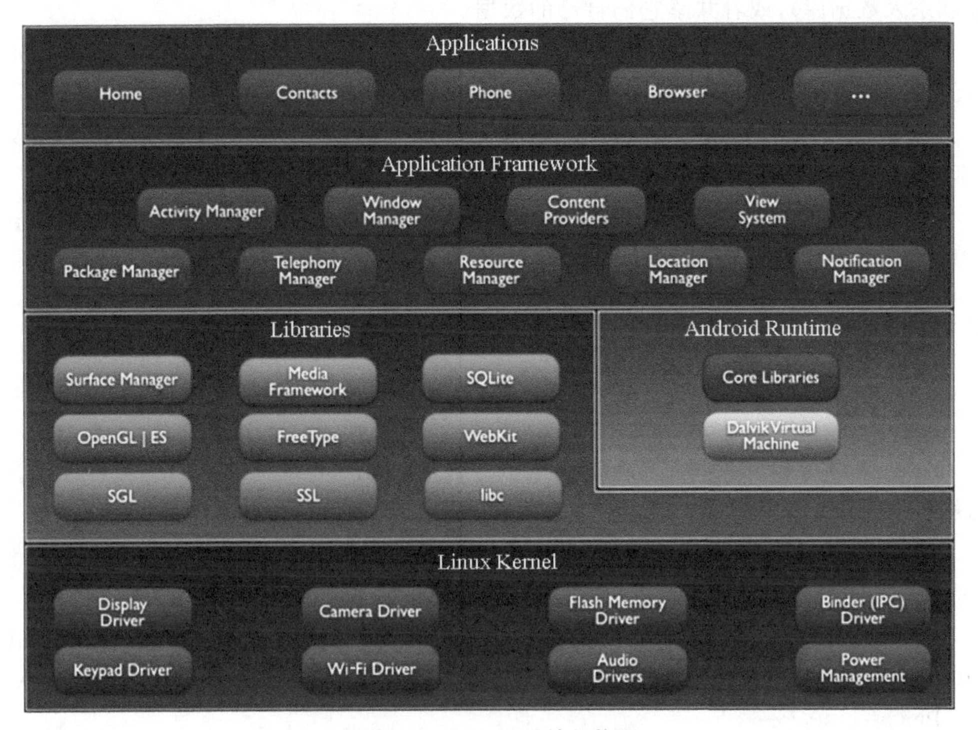

图 22-1 **Android 系统架构图**

Android 系统架构和其操作系统一样，采用了分层的架构。从架构图看，Android 分为 4 层，从高层到低层分别是应用程序层(Applications)、应用程序框架层(Application Framework)、系统运行库层(Libraries+Android Runtime)和 Linux 内核层(Linux Kernel)。

22.1.1 应用程序层

Android 系统会同一系列核心应用程序包一起发布，该应用程序包包括 E-mail 客户端、SMS 短消息程序、日历、地图、浏览器、联系人管理程序等。所有的应用程序都是使用 Java 语言编写的。

22.1.2 应用程序框架层

开发人员也可以完全访问核心应用程序所使用的 API 框架。该应用程序的架构设计简化了组件的重用；任何一个应用程序都可以发布它的功能块并且任何其他的应用程序都可以使用其所发布的功能块(不过须遵循框架的安全性限制)。同样，该应用程序重用机制也使用户可以方便地替换程序组件。

隐藏在每个应用后面的是一系列的服务和系统,其中包括如下内容。

(1) 丰富而又可扩展的视图系统(Views System),可以用来构建应用程序,它包括列表(Lists)、网格(Grids)、文本框(Text Boxes)、按钮(Buttons),甚至可嵌入Web浏览器。

(2) 内容提供器(Content Providers)使得应用程序可以访问另一个应用程序的数据(如联系人数据库),或者共享它们自己的数据。

(3) 资源管理器(Resource Manager)提供非代码资源的访问,如本地字符串、图形和布局文件(Layout Files)。

(4) 通知管理器(Notification Manager)使得应用程序可以在状态栏中显示自定义的提示信息。

(5) 活动管理器(Activity Manager)用来管理应用程序生命周期并提供常用的导航回退功能。

22.1.3 系统运行库层

1. 程序库

Android系统包含一些C/C++库,这些库能被Android系统中不同的组件使用。它们通过Android应用程序框架为开发者提供服务。以下是一些核心库。

(1) 系统C库。一个从BSD继承来的标准C系统函数库(libc),它是专门为基于嵌入式Linux的设备定制的。

(2) 媒体库。基于Packet Video Open Core,该库支持多种常用的音频、视频格式回放和录制,同时支持静态图像文件。编码格式包括MPEG4、H.264、MP3、AAC、AMR、JPG、PNG。

(3) Surface Manager。对显示子系统的管理,并且为多个应用程序提供了2D和3D图层的无缝融合。

(4) Lib Web Core。一个最新的Web浏览器引擎,支持Android浏览器和一个可嵌入的Web视图。

(5) SGL。底层的2D图形引擎。

(6) 3D Libraries。基于OpenGL ES 1.0 APIs实现,该库可以使用硬件3D加速(如果可用)或者使用高度优化的3D软加速。

(7) FreeType。位图(Bitmap)和矢量(Vector)字体显示。

(8) SQLite。一个对于所有应用程序可用,功能强劲的轻量关系数据库引擎。

2. Android运行库

Android包括一个核心库,该核心库提供Java编程语言核心库的大多数功能。每个Android应用程序都在它自己的进程中运行,都拥有一个独立的Dalvik虚拟机实例。Dalvik被设计成一个设备可以同时高效地运行多个虚拟系统。Dalvik虚拟机执行(.dex)Dalvik可执行文件,该格式文件针对小内存使用做了优化。同时虚拟机是基于寄存器的,所有的类都经由Java编译器编译,然后通过SDK中的dx工具转化成.dex格式由虚拟机执行。Dalvik 虚拟机依赖于 Linux 内核的一些功能，如线程机制和底层内存管理机制。

22.1.4 Linux 内核层

Android 的核心系统服务依赖于 Linux 2.6 或者 Linux 3.3 内核，如安全性、内存管理、进程管理、网络协议栈和驱动模型。Linux 内核同时作为硬件和软件栈之间的抽象层。这一层涉及驱动和架构相关的底层代码，不涉及一般程序。

22.2 编程环境的搭建

Android 系统是用 Java 编写的，那么就必须有 JDK 等软件支持。一般来说，初级程序员可以使用 Eclipse + Android SDK 来搭配开发。这里给大家推荐 Android 开发官网，很多信息都可以找到：http://developer.android.com。下面较为详细地介绍搭建过程。

(1) 安装 Java JDK。如图 22-2 所示，下载 JDK 的地址：http://www.oracle.com/technetwork/java/javase/downloads/jdk8-downloads-2133151.html。

Java SE Development Kit 8

You must accept the Oracle Binary Code License Agreement for Java SE to download this software.

Accept License Agreement ◉ Decline License Agreement

Product / File Description	File Size	Download
Linux ARM v6/v7 Hard Float ABI	83.51 MB	jdk-8-linux-arm-vfp-hflt.tar.gz
Linux x86	133.57 MB	jdk-8-linux-i586.rpm
Linux x86	152.47 MB	jdk-8-linux-i586.tar.gz
Linux x64	133.85 MB	jdk-8-linux-x64.rpm
Linux x64	151.61 MB	jdk-8-linux-x64.tar.gz
Mac OS X x64	207.72 MB	jdk-8-macosx-x64.dmg
Solaris SPARC 64-bit (SVR4 package)	135.5 MB	jdk-8-solaris-sparcv9.tar.Z
Solaris SPARC 64-bit	95.53 MB	jdk-8-solaris-sparcv9.tar.gz
Solaris x64 (SVR4 package)	135.78 MB	jdk-8-solaris-x64.tar.Z
Solaris x64	93.15 MB	jdk-8-solaris-x64.tar.gz
Windows x86	151.68 MB	jdk-8-windows-i586.exe
Windows x64	155.14 MB	jdk-8-windows-x64.exe

图 22-2 下载 JDK

(2) 配置环境变量，如图 22-3 所示。需要添加如下环境变量。

```
JAVA_HOME->C: \jdk1.6.0_10
Classpath->.;%JAVA_HOME%\lib;%JAVA_HOME%\lib\tools.jar
Path->%JAVA_HOME%\bin;%JAVA_HOME%\jre\bin
```

(3) 打开命令行，输入 javac，如果返回结果如图 22-4 所示，即安装完成。

(4) 安装 Eclipse 和 Android SDK。从 http://developer.android.com 下载 SDK 开

图 22-3　环境变量

```
C:\Windows\system32\cmd.exe
Microsoft Windows [版本 6.1.7601]
版权所有 (c) 2009 Microsoft Corporation。保留所有权利。

C:\Users\ZYR>javac
用法: javac <options> <source files>
其中, 可能的选项包括:
  -g                         生成所有调试信息
  -g:none                    不生成任何调试信息
  -g:{lines,vars,source}     只生成某些调试信息
  -nowarn                    不生成任何警告
  -verbose                   输出有关编译器正在执行的操作的消息
  -deprecation               输出使用已过时的 API 的源位置
  -classpath <路径>            指定查找用户类文件和注释处理程序的位置
  -cp <路径>                   指定查找用户类文件和注释处理程序的位置
  -sourcepath <路径>           指定查找输入源文件的位置
  -bootclasspath <路径>        覆盖引导类文件的位置
  -extdirs <目录>              覆盖所安装扩展的位置
  -endorseddirs <目录>         覆盖签名的标准路径的位置
  -proc:{none,only}          控制是否执行注释处理和/或编译。
  -processor <class1>[,<class2>,<class3>...] 要运行的注释处理程序的名称; 绕过默
认的搜索进程
  -processorpath <路径>        指定查找注释处理程序的位置
  -d <目录>                    指定放置生成的类文件的位置
  -s <目录>                    指定放置生成的源文件的位置
  -implicit:{none,class}     指定是否为隐式引用文件生成类文件
  -encoding <编码>             指定源文件使用的字符编码
  -source <发行版>              提供与指定发行版的源兼容性
  -target <发行版>              生成特定 VM 版本的类文件
  -version                   版本信息
  -help                      输出标准选项的提要
  -A关键字[=值]                  传递给注释处理程序的选项
  -X                         输出非标准选项的提要
          半:
```

图 22-4　javac 返回结果

发包,然后在 Eclipse 里设置 SDK 路径即可,打开 Eclipse 之后如图 22-5 所示。

在 Eclipse 中,需要更新 Android SDK,以便使用在最新的系统版本上。打开 SDK 管理器,如图 22-6 所示,选择所需的 APIs 即可下载。

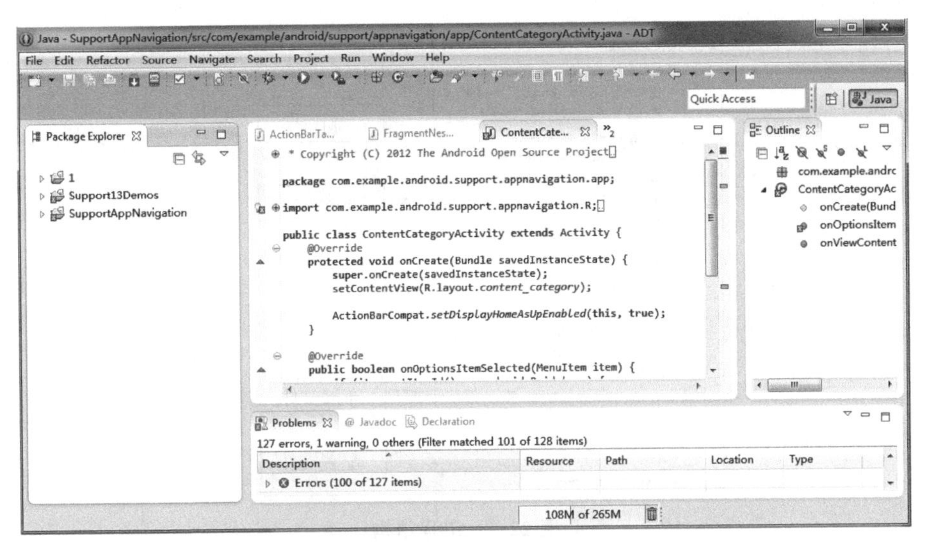

图 22-5 Eclipse 界面

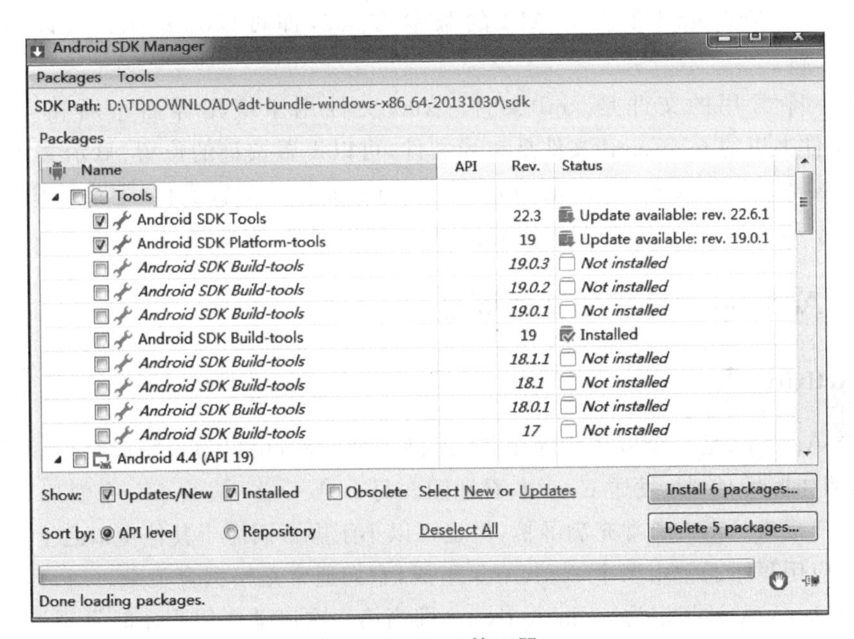

图 22-6 SDK 管理器

22.3 Android 工程

在 Eclipse 中创建一个工程，其结构如图 22-7 所示。其中，最上面是包的名字，学过 Java 的读者都知道 package 这个概念，对程序打包是一个很好的代码重用的方式。后缀为.java 的文件是源代码，每个应用都有一个 main Activity，这个继承了 Activity 类的子类就是整个应用的入口。其他的 Java 文件都可以声明其他类，或者声明函数，与

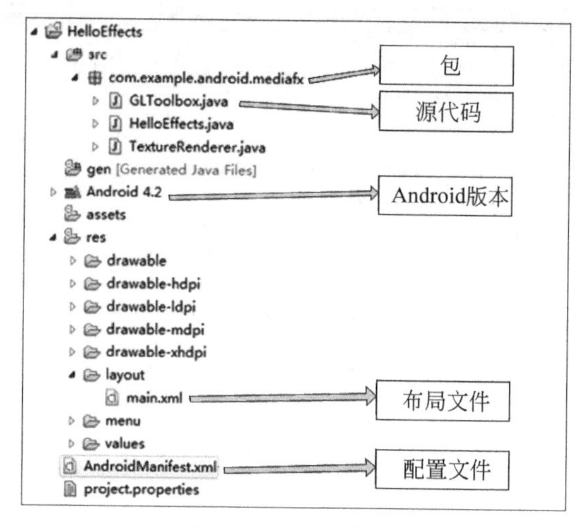

图 22-7 工程结构

C/C++类似。Android 4.2 说明 API 的版本为 4.2,即可以开发 4.2 及以下版本的 Android 手机。

另外一个常用的文件是 xml 文件。xml 文件用于应用界面布局和应用配置。Layout 文件夹里的 main.xml 文件是布局文件,可以设置按键的位置、显示文字的位置、添加滚动屏等。根目录下的 AndroidMainfest.xml 文件是配置文件,要声明应用中用到的 Activity 和 Service,还要声明应用的权限,如使用网络,需要写入 SD 卡等权限。

22.3.1 Android 程序里的基本概念

1. Activity

一个 Activity 是一个应用程序组件,提供一个屏幕,用户为了完成某项任务可以用来交互,例如拨号、拍照、发送 E-mail、看地图。每个 Activity 被给予一个窗口,在上面可以绘制用户接口。窗口通常充满屏幕,但也可以小于屏幕而浮于其他窗口之上。

一个应用程序通常由多个 Activities 组成,它们通常是松耦合关系。通常,一个应用程序中的 Activity 被指定为 main Activity,即当第一次启动应用程序时呈现给用户的那个 Activity。每个 Activity 可以启动另一个 Activity 以完成不同的动作。每次一个 Activity 启动,前一个 Activity 就停止了,但是系统保留 Activity 在一个栈上(back stack)。当一个新 Activity 启动,它被推送到栈顶,取得用户焦点。back stack 符合简单后进先出原则,所以,当用户完成当前 Activity,然后单击 back 按钮,它被弹出栈(并且被摧毁),然后之前的 Activity 恢复。

创建一个 Activity,必须创建一个 Activity 的子类(或者一个 Activity 的子类的子类)。在子类中,需要实现系统回调的回调方法,当 Activity 在它的生命周期的多种状态中转换时,例如,当 Activity 被创建、停止、恢复或摧毁。两个最重要的回调方法如下。

onCreate():必须实现这个方法,当创建 Activity 时系统调用它。在实现中,应该初始化 Activity 的基本组件。更重要的是，这里就是必须调用 setContentView 来定义 Activity 用户接口的地方。

onPause()：当用户离开 Activity(虽然不总是意味着 Activity 被摧毁)时系统调用这个方法。

为了提供一个流畅的用户体验，应该使用若干其他生命周期回调函数，操作异常中断会引起 Activity 被中断甚至被摧毁。

2. Service

Service 是 Android 系统中的四大组件之一，它跟 Activity 的级别差不多，但不能自己运行，只能后台运行，并且可以和其他组件进行交互。Service 可以在很多场合中使用，例如，播放多媒体时用户启动了其他 Activity，这时程序要在后台继续播放；检测 SD 卡上文件的变化，或者在后台记录人们地理信息位置的改变等。总之服务总是藏在后台的。Service 的启动有两种方式：context.startService() 和 context.bindService()。

context.startService()的启动流程：context.startService()→onCreate()→onStart()→Service running→context.stopService()→onDestroy()→Service stop。如果 Service 还没有运行，则 Android 系统先调用 onCreate()，然后调用 onStart()；如果 Service 已经运行，则只调用 onStart()，所以一个 Service 的 onStart()方法可能会重复调用多次。如果是调用者自己直接退出而没有调用 stopService()，Service 会一直在后台运行，该 Service 的调用者再启动起来后可以通过 stopService()关闭 Service。所以调用 startService()的生命周期为 onCreate()→onStart()（可多次调用)→onDestroy()。

context.bindService()的启动流程：context.bindService()→onCreate()→onBind()→Service running→onUnbind()→onDestroy()→Service stop.onBind()，将返回给客户端一个 IBind 接口实例，IBind 允许客户端回调服务的方法，如得到 Service 的实例、运行状态或其他操作。这时调用者(Context，例如 Activity)会和 Service 绑定在一起，Context 退出了，Service 就会调用 onUnbind()→onDestroy()相应退出。所以调用 bindService 的生命周期为 onCreate()→onBind()(只一次，不可多次绑定)→onUnbind()→onDestroy()。在 Service 每次的开启、关闭过程中，只有 onStart()可被多次调用(通过多次 startService()调用)，其他 onCreate()、onBind()、onUnbind()、onDestroy()在一个生命周期中只能被调用一次。

3. ContentProvider

应用场景：在 Android 官方指出的 Android 系统的数据存储方式总共有 5 种，分别是 SharedPreferences、网络存储、文件存储、外部存储、SQLite。我们知道，一般这些存储都只是在单独的一个应用程序之中达到一个数据的共享，有时人们需要操作其他应用程序的一些数据，例如，需要操作系统里的媒体库、通讯录等，这时就可能通过 ContentProvider 来满足我们的需求了。

ContentProvider 向人们提供了在应用程序之间共享数据的一种机制，我们知道，每个应用程序都是运行在不同的应用程序上，数据和文件在不同应用程序之间达到数据共享不是没有可能,而是显得比较复杂,而正好 Android 系统中的 ContentProvider 达到了这一需求,例如有时需要操作手机里的联系人、手机里的多媒体等一些信息,都可以用 ContentProvider 来满足人们的需求。

上面说了一些 ContentProvider 的概述,可能大家还是不太特别理解 ContentProvider 到底是干什么的,下面以一个网站来形象地描述这个 ContentProvider。可以这么理解:ContentProvider 就是一个网站,它使人们去访问网站里的数据达到了可能,它就是一个向外提供数据的接口。既然它是向外提供数据,人们有时也需要去修改数据,这时就可以用到另外一个类来实现这个对数据的修改,即 ContentResolver 类,这个类就可以通过 URI 来操作数据。

4. BroadcastReceiver

广播接收器 BroadcastReceiver 是一个专注于接收广播通知信息,并做出对应处理的组件。很多广播是源自系统代码的,例如,通知时区改变、电池电量低、拍摄了一张照片或者用户改变了语言选项。应用程序也可以进行广播,例如,通知其他应用程序一些数据下载完成并处于可用状态。

应用程序可以拥有任意数量的广播接收器以对所有它感兴趣的通知信息予以响应。所有的接收器均继承自 BroadcastReceiver 基类。

广播接收器没有用户界面。它们可以启动一个 Activity 来响应它们收到的信息,或者用 Notification Manager 来通知用户。通知可以用很多种方式来吸引用户的注意力——闪动背灯、振动、播放声音等。一般来说是在状态栏上放一个持久的图标,用户可以打开它并获取消息。

Android 中的广播事件有两种:一种是系统广播事件,例如,ACTION_BOOT_COMPLETED(系统启动完成后触发)、ACTION_TIME_CHANGED(系统时间改变时触发)、ACTION_BATTERY_LOW(电量低时触发)等;另一种是人们自定义的广播事件。

(1) 注册广播事件。注册方式有两种:一种是静态注册,就是在 AndroidManifest.xml 文件中定义,注册的广播接收器必须继承 BroadcastReceiver;另一种是动态注册,是在程序中使用 Context.registerReceiver 注册,注册的广播接收器相当于一个匿名类。两种方式都需要 IntentFilter。

(2) 发送广播事件。通过 Context.sendBroadcast 来发送,由 Intent 来传递注册时用到的 Action。

(3) 接收广播事件。当发送的广播被接收器监听到后,会调用它的 onReceive()方法,并将包含消息的 Intent 对象传给它。onReceive()中代码的执行时间不要超过 5s,否则 Android 会弹出超时对话框。

5. Intent

Intent 是一种运行时绑定机制,它能在程序运行过程中连接两个不同的组件。通过 Intent,人们的程序可以向 Android 表达某种请求或者意愿,Android 会根据意愿的内容选择适当的组件来完成请求。例如,有一个 Activity 希望打开网页浏览器查看某一网页的内容,那么这个 Activity 只需要发出 WEB_SEARCH_ACTION 给 Android,Android 就会根据 Intent 的请求内容,查询各组件注册时声明的 IntentFilter,找到网页浏览器的 Activity 来浏览网页。

Android 系统的 3 个基本组件(Activity、Service 和 BroadcastReceiver)都是通过 Intent 机制激活的。要激活一个新的 Activity,或者让一个现有的 Activity 做新的操作,可以通过调用 Context.startActivity()或者 Activity.startActivityForResult()方法。

要启动一个新的 Service,或者向一个已有的 Service 传递新的指令,调用 Context.startService()方法或者调用 Context.bindService()方法将调用此方法的上下文对象与 Service 绑定。

Context.sendBroadcast()、Context.sendOrderBroadcast()、Context.sendStickBroadcast()这 3 个方法可以发送 Broadcast Intent。发送之后,所有已注册的并且拥有与之相匹配 IntentFilter 的 BroadcastReceiver 就会被激活。

Intent 一旦发出,Android 都会准确地找到相匹配的一个或多个 Activity、Service 或者 BroadcastReceiver 作为响应。所以,不同类型的 Intent 消息不会出现重叠,即 Broadcast 的 Intent 消息只会发送给 BroadcastReceiver,而绝不会发送给 Activity 或者 Service。由 startActivity()传递的消息也只会发给 Activity,由 startService()传递的 Intent 只会发送给 Service。

22.3.2 Android 应用程序的生命周期

在 Activity 的 API 中有大量的 on×××形式的函数定义,除了前面用到的 onCreate()以外,还有 onStart()、onStop()以及 onPause()等。从字面上看,它们是一些事件回调,那么次序又是如何的呢?这就要讲到 Android Activity 的生命周期了。

下面提供两个关于 Activity 的生命周期模型图示帮助理解,如图 22-8 和图 22-9 所示。

从图 22-9 可以看出两层循环:第一层循环是 onPause()→onResume()→onPause();第二层循环是 onStop()→onRestart()→onStart()→onResume()→onPause()→onStop()。

可以将这两层循环看成是整个 Activity 生命周期中的子生命周期。第一层循环称为焦点生命周期,第二层循环称为可视生命周期。第一层循环在 Activity 焦点的获得与失去的过程中循环,在这一过程中,Activity 始终是可见的。第二层循环是在 Activity 可见与不可见的过程中循环,在这个过程中伴随着 Activity 的焦点的获得与失去。也就是说,Activity 首先会被显示,然后会获得焦点,接着失去焦点,最后由于弹出其他的 Activity,使当前的 Activity 变成不可见。因此,Activity 有如下 3 种生命周期。

整体生命周期:onCreate()→…→onDestroy()。

可视生命周期:onStop()→…→onPause()。

焦点生命周期:onPause()→onResume()。

上面 7 个生命周期方法分别在 4 个阶段按一定的顺序进行调用,这 4 个阶段如下。

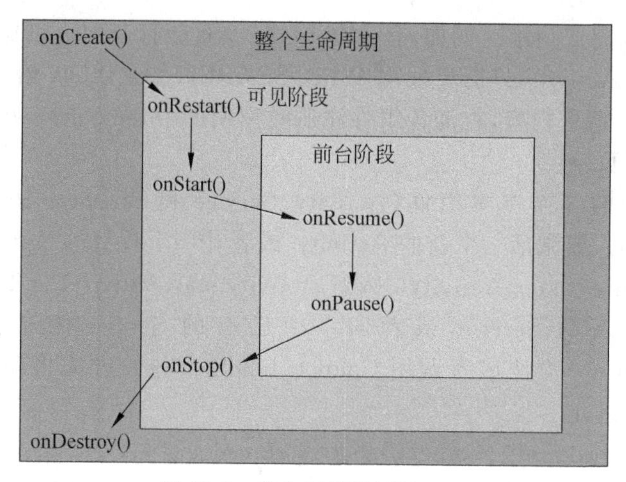

图 22-8 生命周期模型图(一)

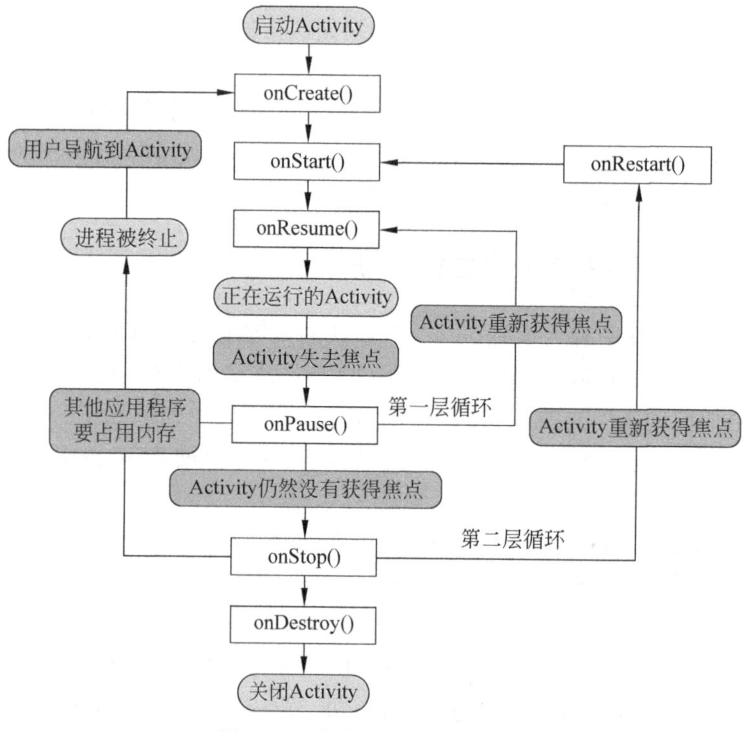

图 22-9 生命周期模型图(二)

启动 Activity：在这个阶段依次执行 3 个生命周期方法，即 onCreate()、onStart()和 onResume()。

Activity 失去焦点：如果在 Activity 获得焦点的情况下进入其他 Activity 或应用程序，这时当前的 Activity 会失去焦点。在这一阶段，会依次执行 onPause()和 onStop()方法。

Activity 重新获得焦点：如果 Activity 重新获得焦点，会依次执行 3 个生命周期方法，即 onRestart()、onStart()和 onResume()。

关闭 Activity：当 Activity 被关闭时系统会依次执行 3 个生命周期方法，即 onPause()、onStop()和 onDestroy()。

如果在这 4 个阶段执行生命周期方法的过程中不发生状态的改变，那么系统会按照上面的描述依次执行这 4 个阶段中的生命周期方法，但如果在执行的过程中改变了状态，系统会按照更复杂的方式调用生命周期方法。

在执行的过程中，可以改变系统的执行轨迹的生命周期方法是 onPause()和 onStop()。如果在执行 onPause()方法的过程中 Activity 重新获得了焦点，然后又失去了焦点，系统将不会再执行 onStop()方法，而是按照如下的顺序执行相应的生命周期方法：onPause()→onResume()→onPause()。如果在执行 onStop()方法的过程中 Activity 重新获得了焦点，然后又失去了焦点，系统将不会执行 onDestroy()方法，而是按照如下的顺序执行相应的生命周期方法：onStop()→onRestart()→onStart()→onResume()→onPause()→onStop()。

在图 22-9 所示的 Activity 生命周期里可以看出，系统在终止应用程序进程时会调用 onPause()、onStop()和 onDestroy()方法。onPause()方法排在了最前面，也就是说，Activity 在失去焦点时就可能被终止进程，而 onStop()和 onDestroy()方法可能没有机会执行。因此，应该在 onPause()方法中保存当前 Activity 的状态，这样才能保证在任何时候终止进程时都可以执行保存 Activity 状态的代码。

下面分别详细说明 on×××这些函数方法。

1. void onCreate(Bundle savedInstanceState)

当 Activity 被首次加载时执行，新启动一个程序时其主窗体的 onCreate 事件就会被执行。如果 Activity 被销毁后(onDestroy()后)，再重新加载进 Task 时，其 onCreate 事件也会被重新执行。注意这里的参数 savedInstanceState(Bundle 类型是一个键-值对集合，大家可以看成是.NET 中的 Dictionary)是一个很有用的设计，由于前面已经说到手机应用的特殊性，一个 Activity 很可能被强制交换到后台(交换到后台就是指该窗体不再对用户可见，但实际上还是存在于某个 Task 中，例如一个新的 Activity 压入了当前的 Task，从而“遮盖”住了当前的 Activity，或者用户按 Home 键回到桌面，又或者其他重要事件发生导致新的 Activity 出现在当前 Activity 之上，如来电界面)，如果此后用户在一段时间内没有重新查看该窗体(Android 通过长按 Home 键可以选择最近运行的 6 个程序，或者用户直接再次单击程序的运行图标，如果窗体所在的 Task 和进程没有被系统销毁，则不用重新加载，直接重新显示 Task 顶部的 Activity，这就称为重新查看某个程序的窗体)，该窗体连同其所在的 Task 和 Process 则可能已经被系统自动销毁了，此时如果再次查看该窗体，则要重新执行 onCreate 事件初始化窗体。这时我们可能希望用户继续上次打开该窗体时的操作状态进行操作，而不是一切从头开始。例如，用户在编辑短信时突然来电话，接完电话后用户又去做了一些其他的事情，如保存来电号码到联系人，而没有立即回到短信编辑界面，导致短信编辑界面被销毁，当用户重新进入短信程序时他可能希望继续上次的编辑。这种情况下就可以覆写 Activity 的 void onSaveInstanceState(Bundle outState)事件,通过向 outState 中写入一些人们需要在窗体销毁之前保存的状态或信息,这样在窗体重新执行 onCreate()时,则会通过 savedInstanceState 将之前保存的信息传递进来,此时就可以有选择地利用这些信息来初始化窗体,而不是一切从头开始。

2. void onStart()

Activity 变为在屏幕上对用户可见时调用 onStart()。onCreate 事件之后执行。或者当前窗体被交换到后台后,在用户重新查看窗体前已经过去了一段时间,窗体已经执行了 onStop 事件,但是窗体和其所在进程并没有被销毁,用户再次查看窗体时会执行 onRestart 事件,之后会跳过 onCreate 事件,直接执行窗体的 onStart 事件。

3. void onResume()

Activity 开始与用户交互时调用 onResume()(无论是启动还是重新启动一个活动,该方法总是被调用的)。onStart 事件之后执行。或者当前窗体被交换到后台后,在用户重新查看窗体时,窗体还没有被销毁,也没有执行过 onStop 事件(窗体还继续存在于 Task 中),则会跳过窗体的 onCreate 和 onStart 事件,直接执行 onResume 事件。

4. void onPause()

Activity 被暂停或收回 CPU 和其他资源时调用 onPause(),该方法用于保存活动状态,也是保护现场,窗体被交换到后台时执行。

5. void onStop()

Activity 被停止并转为不可见阶段及后续的生命周期事件时调用 onStop()。onPause 事件之后执行。如果一段时间内用户还没有重新查看该窗体,则该窗体的 onStop 事件将会被执行;或者用户直接按了 Back 键,将该窗体从当前 Task 中移除,也会执行该窗体的 onStop 事件。

6. void onRestart()

重新启动 Activity 时调用 onRestart()。该活动仍在栈中,而不是启动新的活动。onStop 事件执行后,如果窗体和其所在的进程没有被系统销毁,此时用户又重新查看该窗体,则会执行窗体的 onRestart 事件,onRestart 事件后会跳过窗体的 onCreate 事件直接执行 onStart 事件。

7. void onDestroy()

Activity 被完全从系统内存中移除时调用 onDestroy(),该方法被调用可能是因为有人直接调用 onFinish()方法或者系统决定停止该活动以释放资源。Activity 被销毁时执行,在窗体的 onStop 事件之后,如果没有再次查看该窗体,Activity 则会被销毁。

22.3.3 典型例程

下面以获取周边 Wi-Fi 信号为例,介绍一下源代码的编写。本例程内所涉及的代码均可从清华大学出版社网站下载。

首先是 WifiAdmin 类的创建,里面封装了操作 Wi-Fi 模块的函数,代码参见 WifiAdmin.java。

创建完 WifiAdmin 类之后,就可以在 MainActivity 里面操作了,代码参见 MainActivity.java。

Wi-Fi 模块是 Android 编程最常用的模块之一,大家可以先熟悉。

22.4 Android 手机功能介绍

现在的 Android 手机,功能十分强大,内置了很多传感器和功能模块,可以实现诸多功能。常见传感器及功能模块如下。

(1) 加速度计(Accelerometer)。

(2) 磁力计(Magnetometer)。

(3) 陀螺仪(Gyroscope)。

(4) 全球定位系统(GPS)。

(5) 无线通信模块,例如 Wi-Fi 模块、Bluetooth 模块等。

(6) 摄像头(Camera)。

(7) 光感应器(Light Sensor)。

(8) 距离传感器(Distance Sensor)。

(9) 温度传感器(Temperature Sensor)。

(10) 近场通信(Near Field Communication,NFC)模块。

22.5 Android 手机在研究领域的应用

有了如此多的集成传感器模块,在学术界里可以找到很多关于手机应用的论文,下面介绍其中的 19 个应用。

22.5.1 应用 1

通过手机的 GPS 和加速度传感器建立一个区域的地图。首先通过汽车的加速度向量和 mean shift 算法来判断路口的位置,如图 22-10 所示。

再通过路口之间的 GPS 点来生成路径,使用 B 样条曲线拟合道路,如图 22-11 所示。

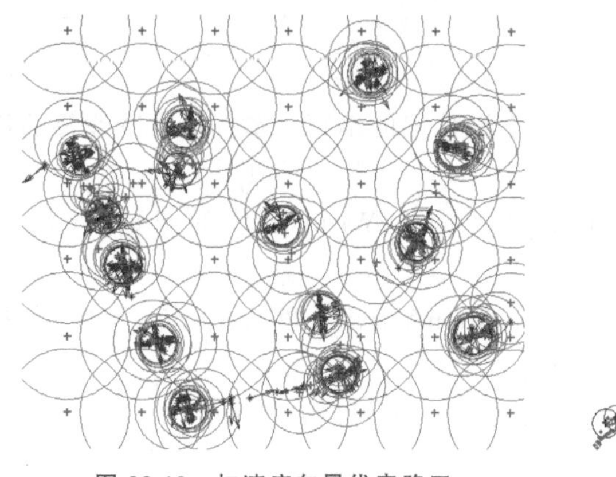

图 22-10　加速度向量代表路口

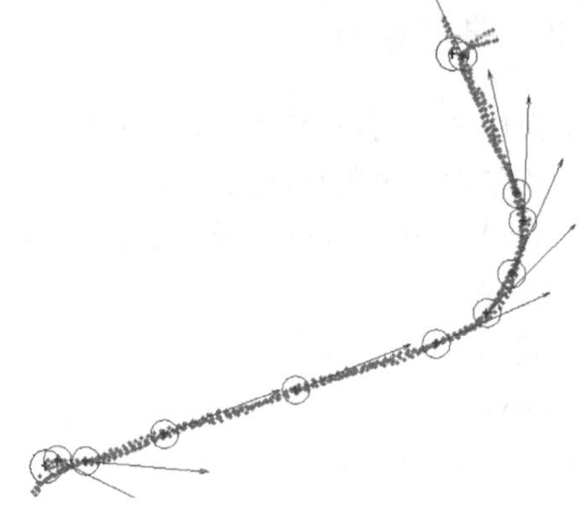

图 22-11　道路

最后的成果和 Google 地图比较，结果如图 22-12 所示。

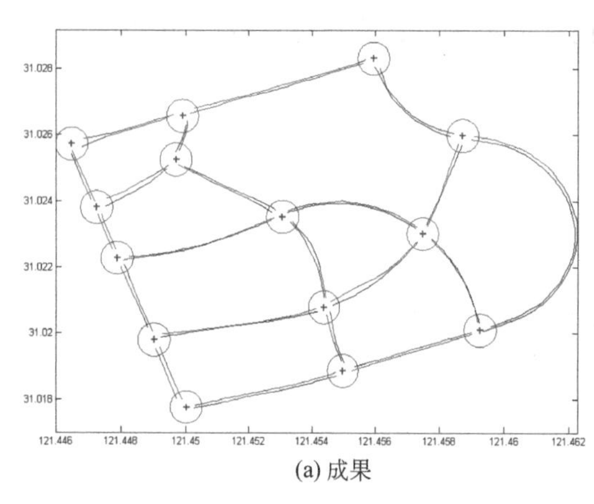

(a) 成果

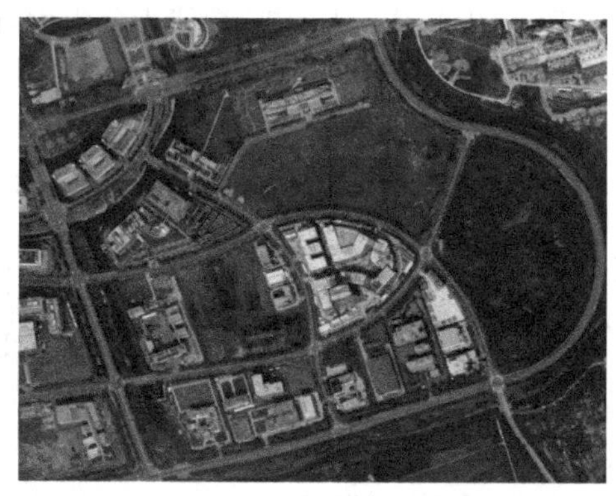

(b) Google地图

图 22-12　结果比较

22.5.2　应用 2

第二个应用是 Wi-Fi 室内定位法。就是通过事先采集室内各个坐标的 Wi-Fi 指纹，给后进入室内的其他人进行匹配定位的方法。

如图 22-13 所示，手机在不同位置，采集到的 AP 信号强度指纹都不同，因此可以用指纹匹配的方法定位。

22.5.3　应用 3

使用超声波信号进行室内定位。如图 22-14 所示，在室内固定坐标点上放置超声波发射器，然后按照固定的形式发送频率逐渐增大的超声波，中间的手机接收之后，可以计算 TDOA，从而解方程得到自己的位置。

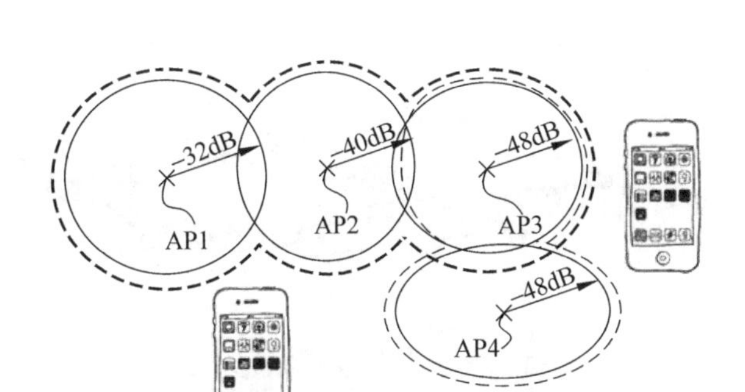

图 22-13 Wi-Fi 室内定位

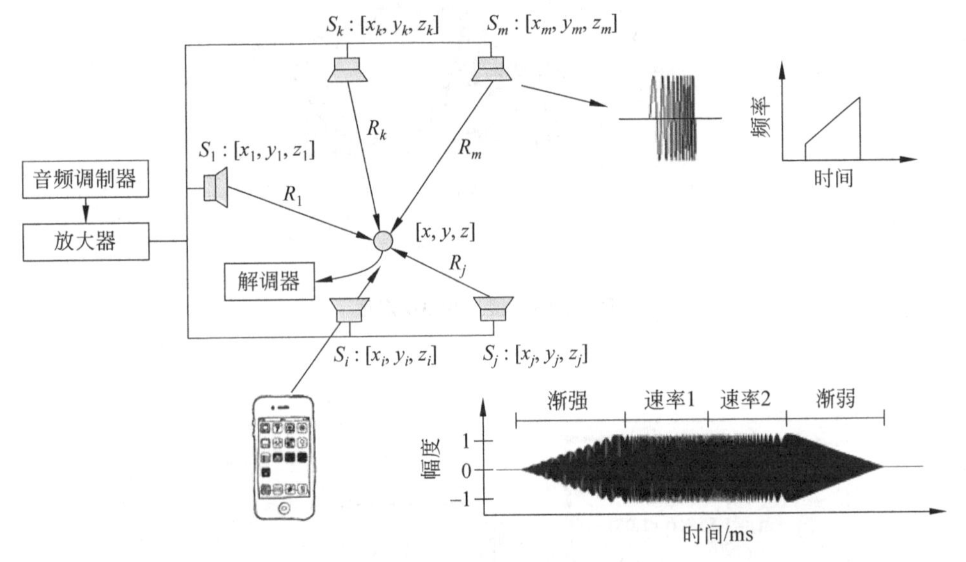

图 22-14 超声波定位

22.5.4 应用 4

使用惯性器件(加速度计、陀螺仪等)定位,俗称 dead reckoning。就是利用加速度计的读数来判断人走动的步数,然后根据指南针或者陀螺仪判断走动方向,对人的一系列活动进行一个推测,计算出所在位置。但是问题就在于有漂移现象,需要一些方法纠正位置。图 22-15 显示的是楼层里 3D 定位,图 22-16 是 2D 平面定位。

22.5.5 应用 5

使用手机上的摄像头,配合 OpenCV 图像处理库,可以实现帮助盲人导航的应用,如图 22-17 所示。

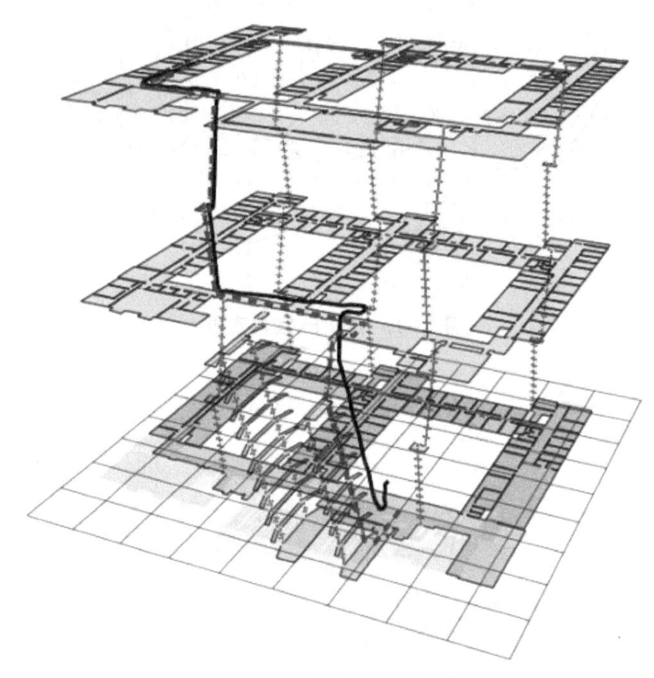

图 22-15　楼层里 3D 定位

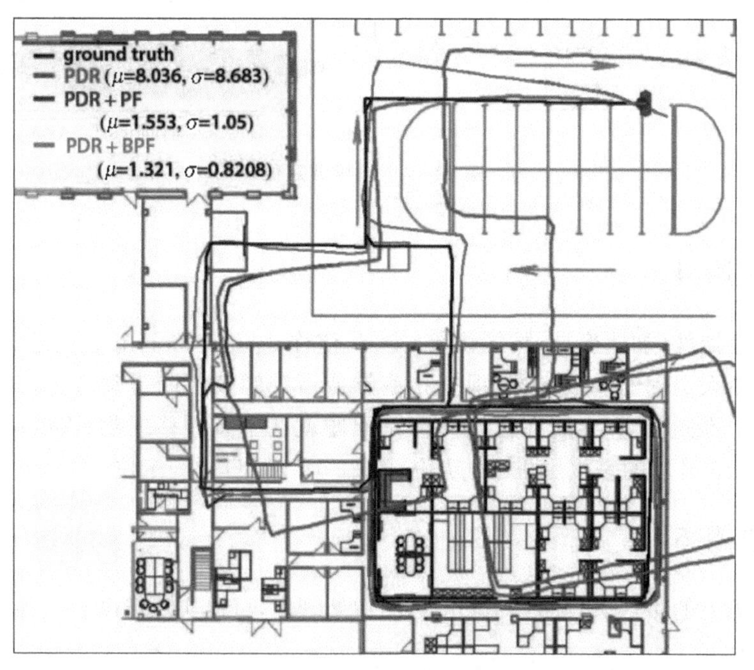

图 22-16　2D 平面定位

图 22-17 手机为盲人导航

通过图像处理,可以判断前方的障碍物,从而给用户音频提示,如图 22-18 所示。

(a) (b)

(c) (d)

图 22-18 图像处理识别障碍

22.5.6 应用 6

同样,使用 OpenCV 还可以制作基于手机的自动导航应用,通过对道路的边缘检测,可以自动判断行车位置与预期路线。图 22-19 显示了处理结果,图 22-20 指示了预定路线计算。

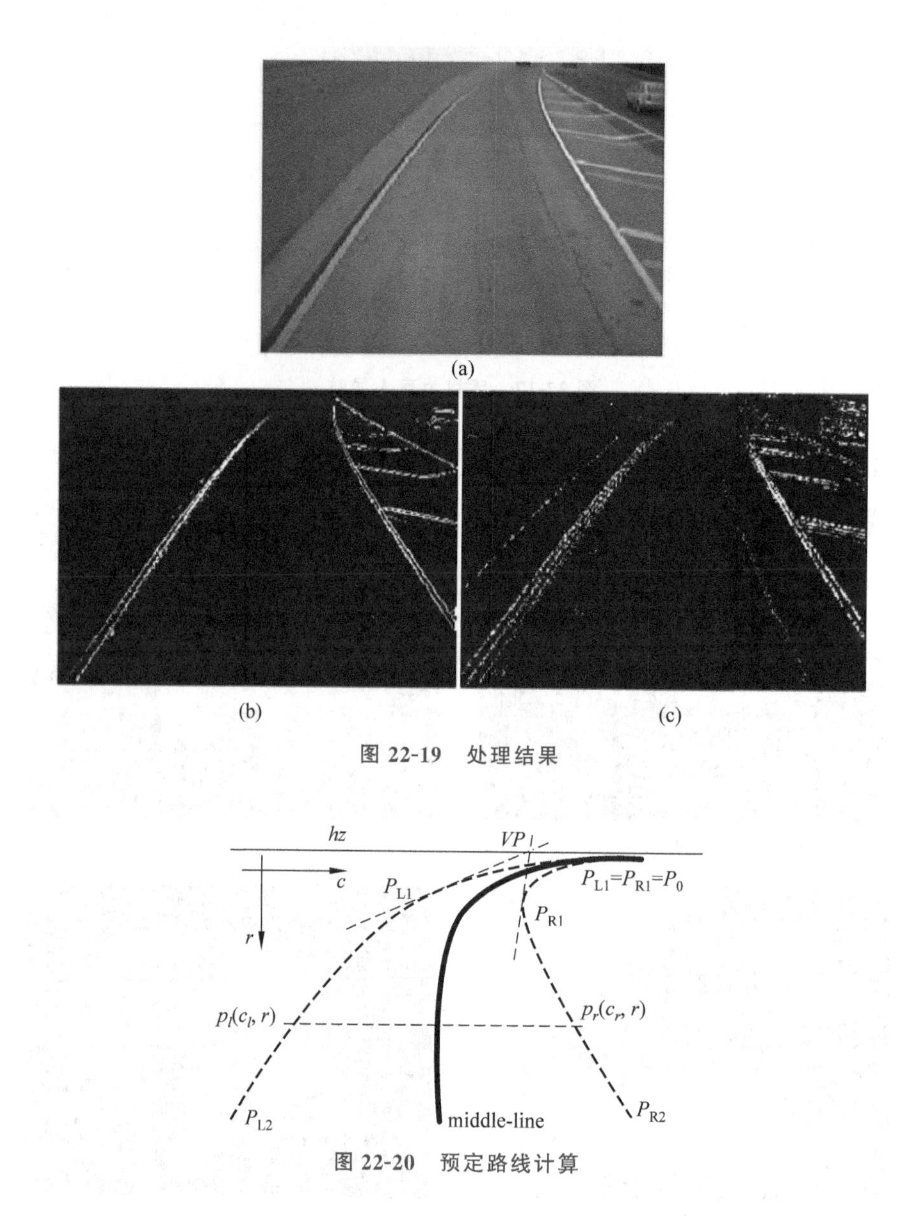

图 22-19 处理结果

图 22-20 预定路线计算

22.5.7 应用 7

在车联网领域,实现车辆内的手机高速上网是很多人追求的。这个项目利用手机之间的自组织网络,实现数据的传递。这就充分利用了移动的车辆还有停止的车辆,实现数据共享。

如图 22-21 所示,车联网中的数据传递大致可以分为 4 种情况,数据以单跳或者多跳,在停止的车辆和移动的车辆之间传递。

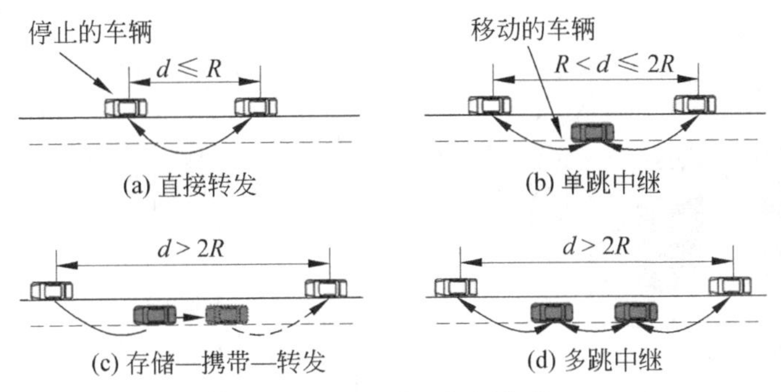

图 22-21 车联网数据传递

22.5.8 应用 8

利用手机来观察驾驶员行为的应用也层出不穷。*CarSafe App：Alerting Drowsy and Distracted Drivers Using Dual Cameras on Smartphones* 这篇论文就利用了前后两个摄像头监视司机行为。如图 22-22 所示，如果前摄像头发现司机眼睛闭上，或者头埋下，或者后摄像头发现跟车距离过近，就会对司机发起警告。

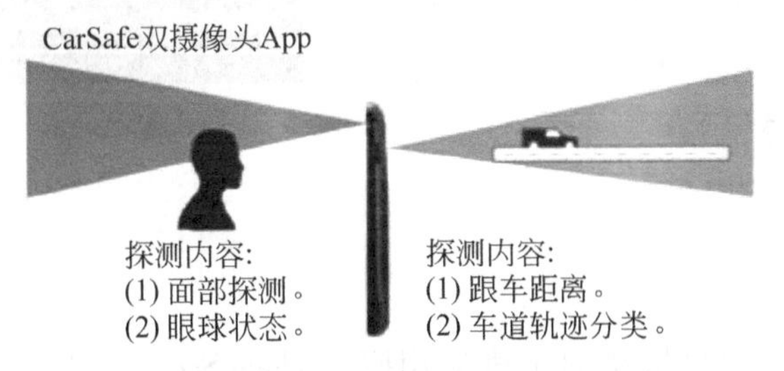

图 22-22 应用 8 的示意图

22.5.9 应用 9

单个手机的 3G 下载速度不够怎么办？文章 *MicroCast：Cooperative Video Streaming on Smartphones* 告诉我们一种合作下载的方法。如图 22-23 所示，在没有 Wi-Fi 的环境下，3 台手机各自连接自己的 3G 网络下载数据，然后在内部组成的 Wi-Fi/蓝牙网络里将数据分享，达到任务均分合作的功能。这里面涉及一些分工的算法，以及 Wi-Fi direct 的一些技术。

22.5.10 应用 10

NFC 虽然是比较新的功能，但是已经有大学的教授发现它不安全。在 *EnGarde：Protecting the Mobile Phone from Malicious NFC Interactions* 一文中指出，一些恶意的应用会利用 NFC 制造一些虚假的交易，以盗取银行信息。如图 22-24 所示，Tag 是利用近场电磁场与手机 NFC 模块交流的，于是作者设计了自己的硬件电路，做了些改进，改善了安全问题。

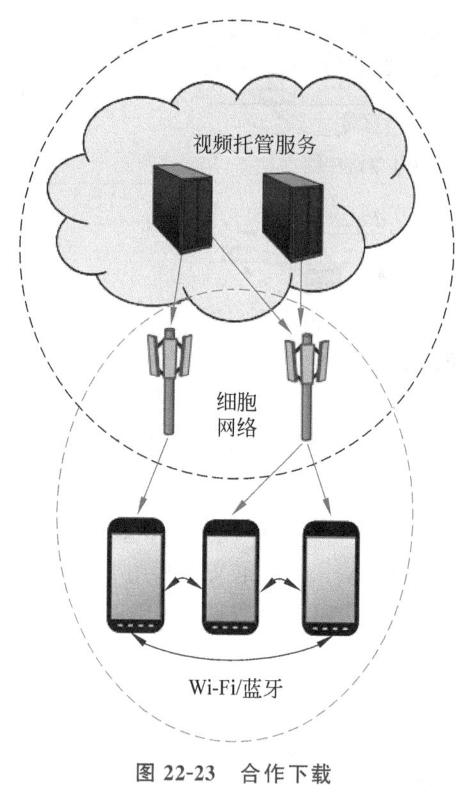

图 22-23 合作下载

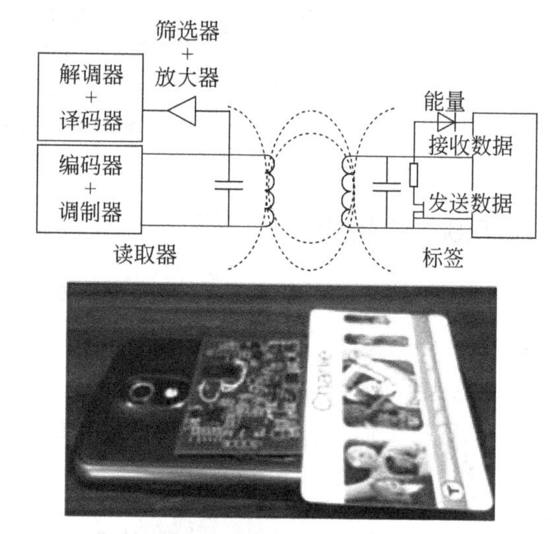

图 22-24 NFC 示意图

22.5.11 应用 11

听说过能够判断用户情绪的手机应用吗？*MoodScope: Building a Mood Sensor from Smartphone Usage Patterns* 一文中就介绍了该功能。如图 22-25 所示，它将人的情绪分解为个人愉悦和主观能动性两个坐标轴，可以惊奇地发现，很多情绪都可以在这个坐标系中找到，例如，激动就是一些个人愉悦加一些主观能动性。这样就巧妙地把无法直接观察的情绪变为可观察的量，个人愉悦可以通过检测笑声、脸部识别判断，主观能动性可以通过手机抖动来判断。

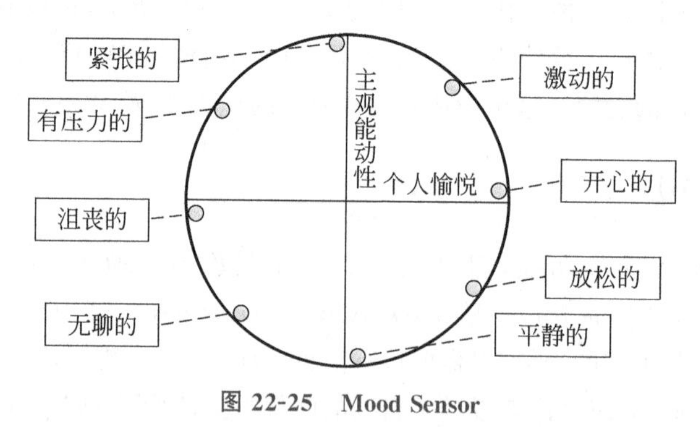

图 22-25 Mood Sensor

22.5.12 应用 12

触屏手机的不安全性在 *TapPrints: Your Finger Taps Have Fingerprints* 这篇文章中暴露了。该文指出,通过监视手机的传感数据,就可以推测出用户输入的密码等信息。如图 22-26 所示,不同的触击位置,对应的陀螺仪和加速度计的测量数据不同,因此,通过训练和匹配算法,就可以以一定概率得到用户输入的数据。

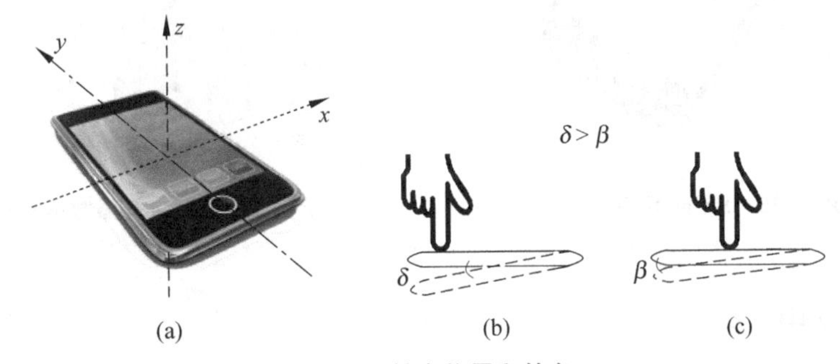

图 22-26 触击位置和转角

对每个字母的推测准确度如图 22-27 所示。

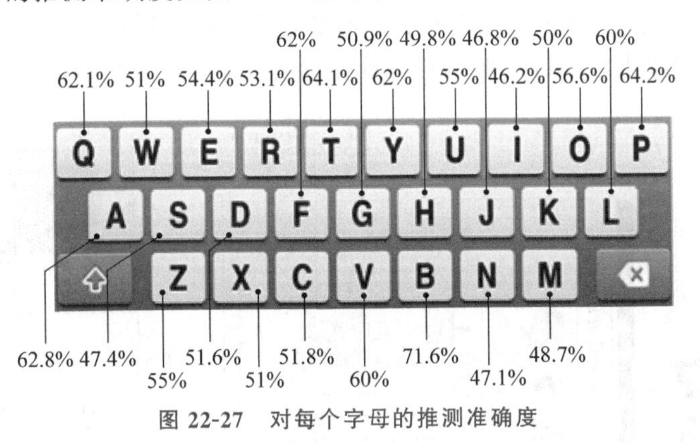

图 22-27 对每个字母的推测准确度

如何增加安全性?这是个值得思考的问题。

22.5.13 应用 13

利用手机的众包软件,可以很容易地为一些事件发生位置进行定位。如文章 *If You See Something, Swipe Towards It: Crowd-sourced Event Localization Using Smartphones* 所说,通过很多用户对事件发生地划屏幕的方式,可以众包地确定事件发生的位置。

如图 22-28 所示,用户只需要向事件发生点划一下,就可以贡献一点位置信息。在服务器端,收到很多用户划的信息后,就可以大致判断事件的发生地点,如图 22-29 所示。

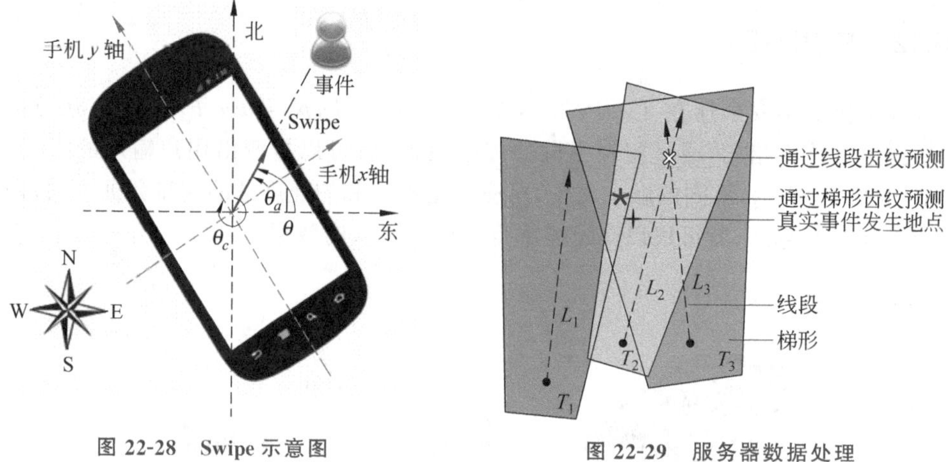

图 22-28 Swipe 示意图

图 22-29 服务器数据处理

22.5.14 应用 14

与 Mood Sensor 类似，*Your Reactions Suggest You Liked the Movie*: *Automatic Content Rating Via Reaction Sensing* 这篇文章利用手机来判断用户对电影的喜爱程度。如图 22-30 所示，通过摄像头读取观看者的面部表情，再利用传感器和麦克风观察用户的抖动和笑声，这款应用可以自动地识别观看者对该影片的喜爱与否。

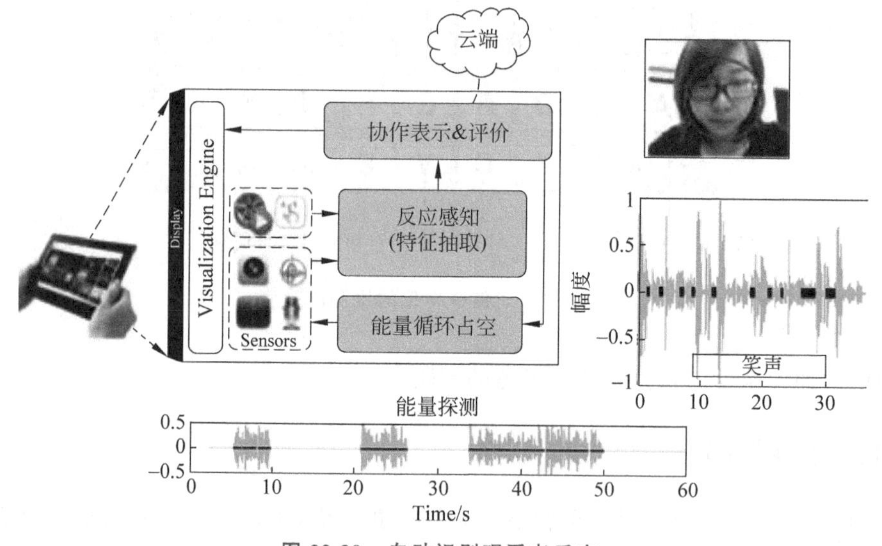

图 22-30 自动识别观看者反应

22.5.15 应用 15

这是一款名叫 *Sword Fight* 的游戏，但是其实现技术却值得人们深入研究。在 *Sword Fight*: *Enabling a New Class of Phone-to-Phone Action Games on Commodity*

Phones 一文中，作者设计了一款能在一般手机上跑的游戏（见图 22-31），它可以利用手机产生超声波测量两个玩家手机（剑）的距离。

图 22-32 显示的是手机之间发送的超声波的波形，手机接收端使用自相关和互相关来进行声波检测。这里面出彩的是测距的频率，可以达到 10Hz 以上，这是很难得的。为此作者还设计了多线程处理，将缓冲、检测、蓝牙交换数据这些耗时工作尽量压缩并进行并行处理。

图 22-31 *Sword Fight* 游戏

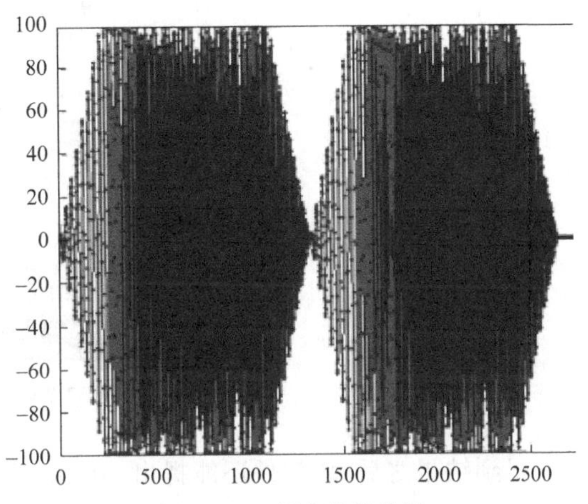

图 22-32 超声波的波形

22.5.16 应用 16

手机除了可以一对一地对用户进行监测，还可以对多人的交互进行监测。*SocioPhone*：*Everyday Face-to-Face Interaction Monitoring Platform Using Multi-Phone Sensor Fusion* 这篇文章就用到了麦克风等模块，对多人交谈的语音进行分析，得到每个参与者的角色、说话的多少、语气等。如图 22-33 所示，该应用从语音信号开始，进行在线交流分割、元语言特征提取、交互背景预测，从而得到每个参与者的特点，形成图 22-34 的结果表。

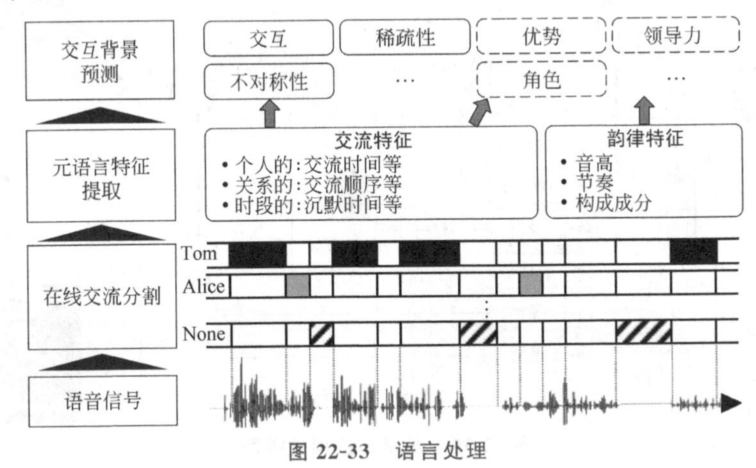

图 22-33 语言处理

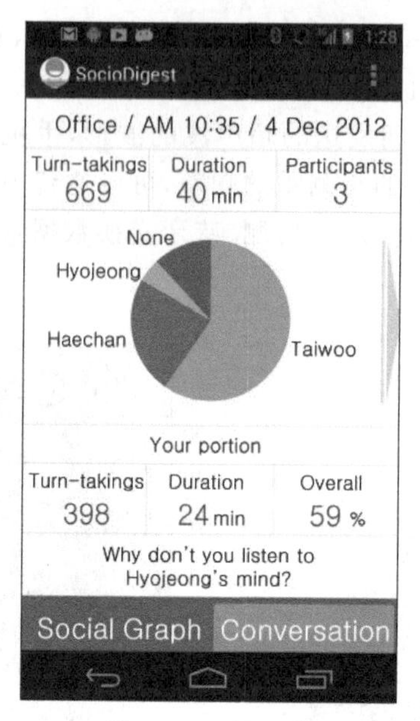

图 22-34 结果表

得到结果之后,该软件还能提出一些建议,例如 Hyojeong 说话较少,可以提示"Why don't you listen to Hyojeongs' mind?"之类的内容。

22.5.17 应用 17

除了精确的室内定位,还有一种是逻辑定位,就是只需要定位出用户在哪个特定的环境里,例如书店、酒吧、商场等。*SurroundSense: Mobile Phone Localization Via Ambience Fingerprinting* 这篇文章就利用了手机多种传感器,如图 22-35 所示,通过特

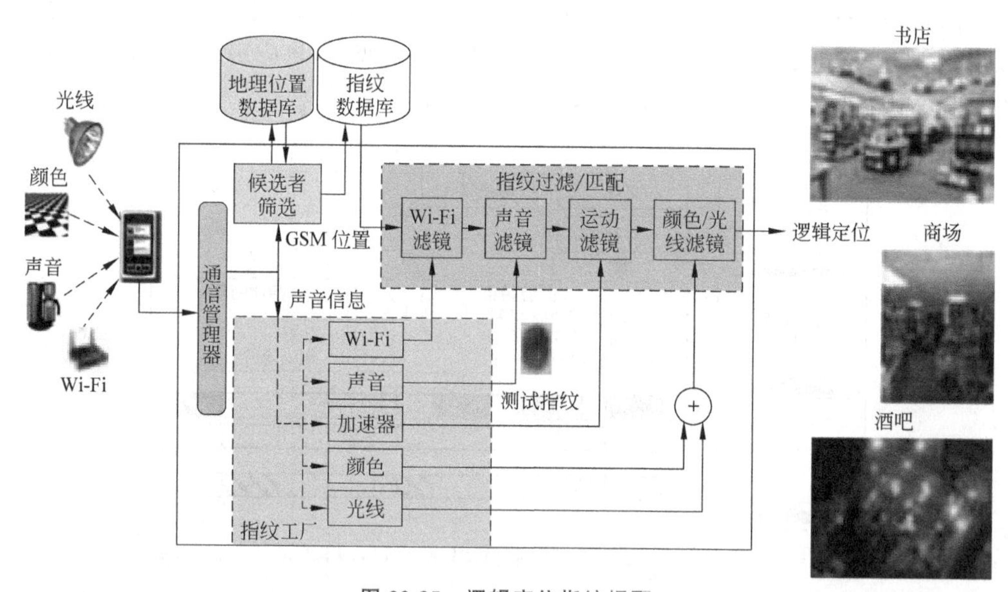

图 22-35 逻辑定位指纹提取

定地点的光线、颜色、声音等信息，为每个地点建立指纹数据库，然后手机就可以知道用户所在的位置了。

22.5.18 应用 18

2010 年左右，网络流量相对昂贵，很多人都觉得每月的流量套餐不够用，特别是用了 Android 系统之后，发现流量用得很快。还有电池电量总是不够的问题，开通 3G 之后，不得不每天充电。*Traffic-Aware Techniques to Reduce 3G/LTE Wireless Energy Consumption* 这篇文章就对这个问题做了研究。该论文对数据流量的模式做了分析，发现通过状态切换和网络访问压缩手段可以有效地减少流量和能量损耗。

当网络访问完后，系统维持活跃状态一段时间之后才进入网络待机状态。作者提出利用预测数据访问结束立即切换状态可以减少能耗，如图 22-36 所示。

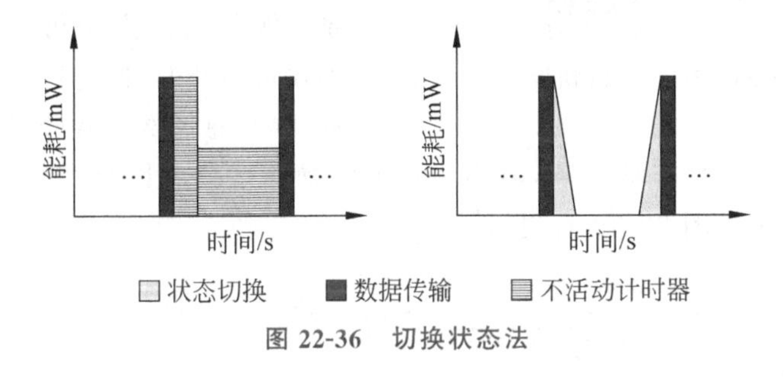

图 22-36 切换状态法

图 22-37 所示的访问压缩法，是将多个网络访问需求压缩为一次性访问，这样就省去了状态切换带来的能耗损失，也就减少了很多不必要的流量。

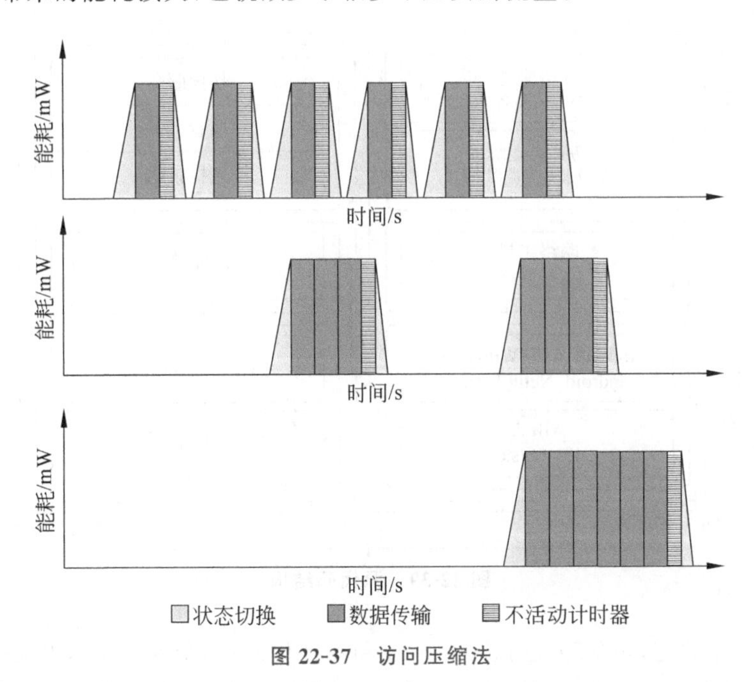

图 22-37 访问压缩法

22.5.19 应用 19

2014 年以前,3G 网络就已经开始盛行,但 Android 手机无法实现 3G、Wi-Fi 异构网的无缝切换(见图 22-38),还需要用户手动进行切换操作,这就无法避免网络中断一定时间。使用 API 提供的方法,或者使用 Linux 命令操作,其实都还无法完全实现无缝切换。但是,*MultiNets: Policy Oriented Real-Time Switching of Wireless Interfaces on Mobile Devices* 这篇文章表明,通过修改 Android 操作系统源代码的方法可以解决这个问题,不仅可以更好地节省流量,还能节省能耗、提高总体网络吞吐量。

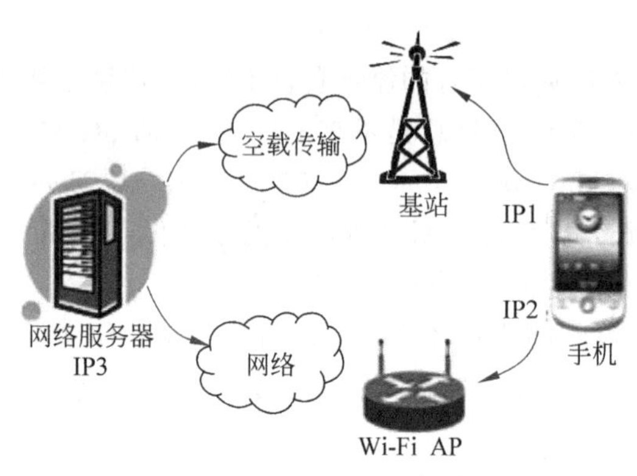

图 22-38 3G、Wi-Fi 切换

修改操作系统虽然非常复杂,但确实是了解操作系统和网络协议的最好方法。作者自己编写的程序如图 22-39 右边所示。

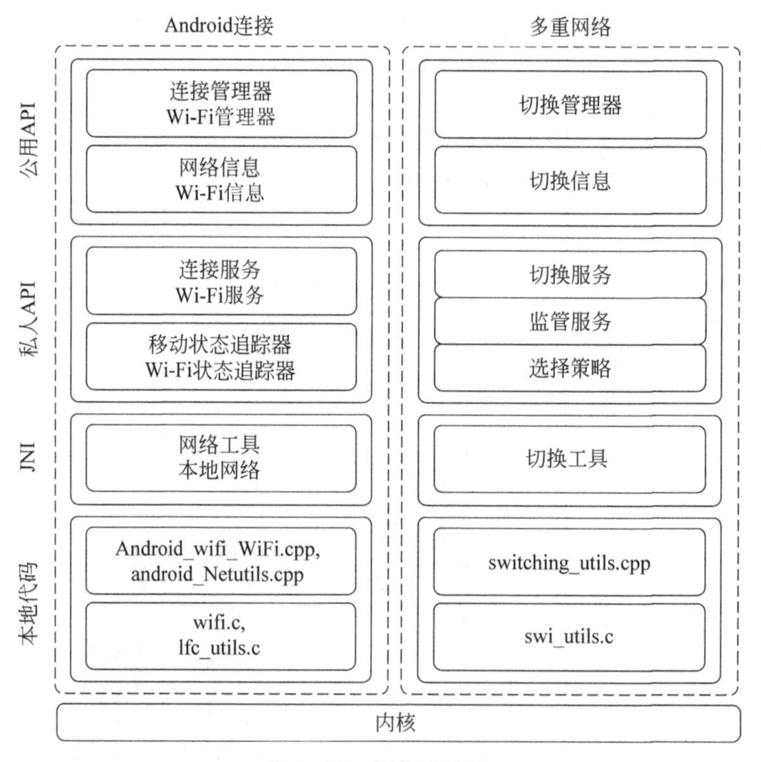

图 22-39 源代码结构

这里要注意的是,虽然改变了 API、JNI 和本地代码层,但是 Linux 内核还是没有改动,即驱动层没有动。初学者可以先不去操作下层的 C 代码,循序渐进,从应用层学起。

习　题

1. Android 系统的架构分为哪几层？

2. 简述 Activity 的运行机制。

3. Service 的两种启动方式分别是什么？简述每种方式的启动流程。

4. Activity 的 3 种生命周期分别是什么？

5. (1) Activity 被暂停或收回 CPU 和其他资源时用于保存活动状态及保护现场，窗体被交换到后台时所执行的是哪种函数的方法？

(2) Activity 变为在屏幕上对用户可见时调用，onCreate 事件之后执行的应该是哪种函数的方法？

(3) Activity 被完全从系统内存中移除时调用的应该是哪种函数的方法？

6. Android 手机中含有哪些传感器及功能模块？

7. 通过手机建立区域地图需要哪些传感器及功能模块配合使用？

8. dead reckoning 的原理是什么？

参考文献

[1] Gupta P, Kumar P R. The capacity of wireless network[J]. IEEE Transactions on Information Theory, 2000, 46(2): 388-404.

[2] Grossglauser M, Tse D. Mobility increases the capacity of ad-hoc wireless networks[C]. IEEE INFOCOM, 2001(3): 1360-1369.

[3] Neely M J , Modiano E. Capacity and delay tradeoffs for ad-hoc mobile networks[J]. IEEE Transactions on Information Theory, 2005, 51(6): 1917-1937.

[4] Garetto M, Giaccone P, Leonardi E. Capacity scaling in delay tolerant networks with heterogeneous mobile nodes[C]. ACM MobiHoc, 2007: 41-50.

[5] Li X. Multicast capacity of large scale wireless ad hoc networks[J]. IEEE/ACM Transactions on Networking, 2008, 17(3): 950-961.

[6] Steele J M. Growth rates of Euclidean minimal spanning trees with power weighted edges[J]. The Annals of Probability.1988, 16(4): 1767-1787.

[7] Penrose M D. A strong law for the longest edge of the minimal spanning tree[J]. The Annals of Probability, 1999, 27(1): 246-260.

[8] Gong H, Fu L, Fu X, et al. Distributed multicast tree construction in wireless sensor networks[J]. IEEE Transactions on Information Theory, 2017, 63(1): 280-296.

[9] Zheng H, Xiao S, Wang X, et al. Energy and latency analysis for in-network computation with compressive sensing in wireless sensor networks[C]. IEEE INFOCOM (mini-conference), 2012.

人物介绍——小米公司创始人雷军

雷军，中国大陆著名天使投资人，小米科技创始人、董事长兼首席执行官，金山软件公司董事长。1991 年毕业于武汉大学计算机系，获得理学学士学位；1992 年 7 月正式加盟金山软件；2007 年，辞任金山软件公司总裁与 CEO 职务，留任副董事长；2011 年，雷军重新回到了金山，担任董事长。

2010 年 4 月，雷军与林斌、周光平、刘德、黎万强、黄江吉、洪峰六人联合创办小米科技公司，并于 2011 年 8 月发布其自有品牌小米手机。目前，小米科技已经发展成为中国大陆本土的一个极具代表性的互联网公司，其相关业务从一开始的手机开发拓展到了平板计算机、电视、路由器、智能家居等多个领域，估值超过 500 亿美元。

找到互联网大屏智能手机这个“台风口”，并且能够抓住机遇、顺势而为，是雷军取得如今成就的一个重要原因。他将互联网思维总结为七个字：专注、极致、口碑、快！

第 23 章 chapter 23

iOS 编程与开发

23.1 iOS 系统介绍

乔布斯在 2007 年发布第一代 iPhone，掀起了一场移动领域的革命，短短几年时间，越来越多的开发者投入 iOS 操作系统的开发中去。iOS 是运行于 iPhone、iPod touch 和 iPad 等苹果公司设备的操作系统，它为本地应用程序的实现提供技术支持。从第一代 iPhone 到 iPhone 13，从 iOS 1.0 到 iOS 15.0，每次苹果公司的发布会都会给人们带来惊喜。图 23-1 是部分 iOS 版本主界面展示。

图 23-1　部分 iOS 版本主界面

与 Android SDK 一样，iPhone SDK 也包含了开发、安装和运行本地应用程序所需要的工具和接口。本地程序使用 iOS 系统框架和 Objective-C 语言进行构建，2014 年

WWDC 苹果开发者大会上,苹果发布了新语言 Swift,可与 Objective-C 共同运行于 iOS 平台。WWDC 2020 大会上,苹果公司对 Swift 和 Swift Only 的框架投入进一步加大。本地应用不同于 Web 应用,它可以直接运行在本机上,即使在没有网络连接的情况下,也能正常工作。不过,越来越多的应用程序依赖网络连接,后面将具体介绍。

接下来,从介绍苹果公司的开发者计划开始,详细介绍 iOS 系统。

23.1.1 开发者计划

在苹果 WWDC 2021 大会上,苹果公司发布了全平台可用的新的开发者计划,新增了 7 个市场区域的开发者加入,并进行了一系列的软件发布与改进。

iOS 开发者计划主要为 iOS 设备进行应用程序开发,例如 iPhone 和 iPad 等,iOS 计划也是目前苹果公司整个开发者计划中参与人数最多的。加入苹果开发者计划(见图 23-2),通过使用 iPhone、iPad、Mac 和 Apple Watch 的应用商店以及 Safari Extension Gallery 向全球客户推出你的应用程序。同时,也可以访问测试版软件、高级应用程序功能、丰富的测试版测试工具,以及 Apple Analytics。

Developer Program

图 23-2 苹果开发者计划

加入苹果开发者计划,首先需要下载最新的测试版 OS,并将其安装在开发者的苹果设备上。同时注册开发者账号,通过开发者账号,可以访问所需要的资源,以配置应用程序服务、管理设备和开发团队,并提交新的应用程序和更新,如果是以组织的身份进行注册,那么可以在 Member Center 中邀请其他开发者加入自己团队。注册费用为每年 99 美元。

个人开发者一般选择个人计划,只需填写个人信息并通过苹果公司的审核即可。加入苹果开发者计划后,能够获取高级应用程序功能,并可以向苹果公司的技术支持工程师申请代码级支持,他们可以帮助开发者对代码进行故障诊断,或者提供相应的解决方案对开发者的开发进行快速跟踪。最后,通过适用于 iPhone、iPad、Mac 和 Apple Watch 的 App Store 发布自己的应用程序,用户可以轻松地发现、购买和下载自己的应用程序。其中开发者可以获得 70%的销售收入,无须托管费用,同时开发者也可以提供批量购买和教育定价。

具体的开发者计划内容可以登录苹果开发者官方网站进行了解。

23.1.2 iOS 框架介绍

提到 iOS 框架,首先要说的就是 Cocoa 框架,它是 iOS 应用程序的基础,Cocoa 是 iOS 操作系统的程序的运行环境,可以说 Cocoa 程序是由一些对象组成,这些对象的类最后都是继承于它们的根类 NSObject,并且是基于 Objective-C 运行环境的。

在 iOS 中,Cocoa 众多框架中最重要也是最基本的两个框架是 Foundation 和 UIKit。Foundation 框架和界面没有关系,所以可以说与界面无关的基本都是 Foundation 框架,与界面有关的是UIKit框架。每个框架都从属于iOS系统的一个层级，每个层级都建立在它下面的层级基础上。

Foundation、UIKit框架在系统中的位置如图23-3所示。

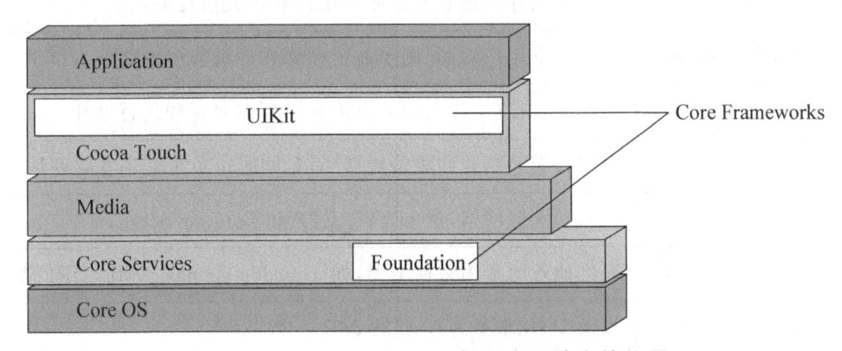

图23-3 Foundation、UIKit框架在系统中的位置

除去应用层(Application)外，iOS的系统架构分为4个层次：核心操作系统层(Core OS)、核心服务层(Core Services)、媒体层(Media)和可触摸层(Cocoa Touch)。

位于iOS系统架构最下面的一层是核心操作系统层，它包括内存管理、文件系统、电源管理以及一些其他的操作系统任务，它可以直接和硬件设备进行交互。核心操作系统包含以下组件：OS X Kernel、Mach 3.0、BSD、Sockets、Power Management、File System等。

第二层是核心服务层，可以通过它来访问iOS的一些服务，它包括以下组件：Collections、Address Book、Networking、File Access、SQLite、Core Location、Net Services等。

第三层是媒体层，通过它人们可以在应用程序中使用各种各样的媒体文件，进行音频与视频的录制，图形的描绘，以及制作基础的动画效果。它包括以下组件：Core Audio、OpenGL、Audio Mixing、Audio Recording、Video Playback等。

最上面一层是可触摸层，这一层为人们的应用程序开发提供了各种有用的框架，并且大部分与用户界面有关，本质上来说它负责用户在iOS设备上的触摸交互操作。它包括以下组件：Multitouch Events、Core Motion、Camera、View Hierarchy、Localization、Alerts等。

Cocoa Touch层中的很多技术都是基于Objective-C语言的。Objective-C语言为iOS提供了集合、文件管理、网络操作等支持，同时也为应用程序提供了各种可视化组件，例如窗口、视图和按钮组件。Cocoa Touch层中的其他框架，对人们的应用程序中的开发也是非常有用的，如访问用户通讯录功能的框架、获取照片信息功能的框架、负责加速度传感器和三维陀螺仪等硬件支持的框架。框架本身就是一个文件夹，里面包含公用库文件，用来访问这些库的头文件以及其他图片等资源文件，公用库定义了应用程序可以调用的函数和方法。人们编写的应用程序项目，都是从Cocoa Touch层开始的，具体来说就是从UIKit Framework开始的。当在编写程序的过程中需要用到一些特殊功能时，应该从框架的最顶端技术开始寻找相应的框架，只有在上层结构无法解决时，才去使用下层的技术。顶层的框架基本已经涵盖了人们在应用程序开发中的大部分需求。表23-1列出了一些常用的iOS SDK框架。

表 23-1 常用的 iOS SDK 框架

框架名称	功　　能
AddressBook.framework	提供访问存储核心数据库中用户联系人信息的功能
AddressBookUI.framework	提供一个用户界面,用于显示存储在地址簿中的联系人信息
AudioUnit.framework	提供一个接口,让人们的应用程序可以对音频进行处理
AVFoundation.framework	提供音频录制和回放的底层 API,同时也负责管理音频硬件
CFNetwork.framework	访问和配置网络,像 HTTP、FTP 和 Bonjour Services
CoreFoundation.framework	提供抽象的常用数据类型,如 Unicode strings、XML、URL 等
CoreGraphics.framework	提供 2D 绘制的基于 C 的 API
CoreLocation.framework	使用 GPS 和 Wi-Fi 获取位置信息
Foundation.framework	提供 Object-C 的基础类(NSObject)、基本数据类型和操作系统服务等
GameKit.framework	为游戏提供网络功能;点对点互连和游戏中的语音交流
MapKit.framework	为应用程序提供内嵌地图的接口
MediaPlayer.framework	提供播放视频和音频的功能
MessageUI.framework	提供视图控制接口用于处理 E-mail 和短信
OpenGLES.framework	提供简洁而高效的绘制 2D 和 3D 图形的 OpenGL API 子集

Foundation 框架为所有应用程序提供基本服务,其中包括创建并管理群体,比如数组和字典,访问应用程序中存储的图片等资源文件,创建并管理字符串,发送并观察通知,创建日期和时间对象,自动发现 IP 网络上的设备,操作 URL 流,异步执行代码。

所有的 iOS 应用程序都基于 UIKit 框架,缺少了 UIKit 框架,应用程序将无法运行。UIKit 提供了绘制画面、处理事件和创建通用用户界面元素的基础架构。UIKit 还会管理要显示在屏幕上的内容从而对复杂的应用进行组织。

除了上面两个基本的框架,还有一些框架对开发者开发应用程序来说也非常重要。Core Data 框架提供了对象图管理,使用 Core Data 可以创建模型对象,也称被管理对象。要管理这些对象间的关系以及变更其中的数据需要用到本框架。Core Data 的优势在于使用内置的 SQLite 技术来存储和管理数据。对 iOS 应用来说,高品质的图形至关重要,在 iOS 中创建图形最简单、有效的方法是使用事先渲染好的 UIKit 框架标准视图与控件资源,并让 iOS 自行绘制,这时就要用到 Core Graphics 框架。若需要创建复杂的图形,Core Graphics 还提供了底层的图形库。UIKit 提供了基于 Core Animation 技术的动画效果。如果需要比 UIKit 自带的效果更好的高级动画,可以直接使用 Core Animation 框架。OpenGL ES 框架可以用来创建 2D 和 3D 图形,还可用于数据可视化、飞行模拟或视频游戏等。

23.1.3 应用程序介绍

iOS应用程序一般都是由开发者自己编写的代码和系统框架组成的，系统框架提供一些基本的Infrastructure给所有的应用程序来运行，而自己编写的代码则负责定制应用程序的外观和行为。

iOS应用程序都遵循Model-View-Controller架构。Model负责存储数据和处理业务逻辑；View负责显示数据和与用户交互；Controller是两者的中介，协调Model和View相互协作。它们的通信规则如下。

(1) Controller能够访问Model和View(见图23-4)，Model和View不能相互访问。

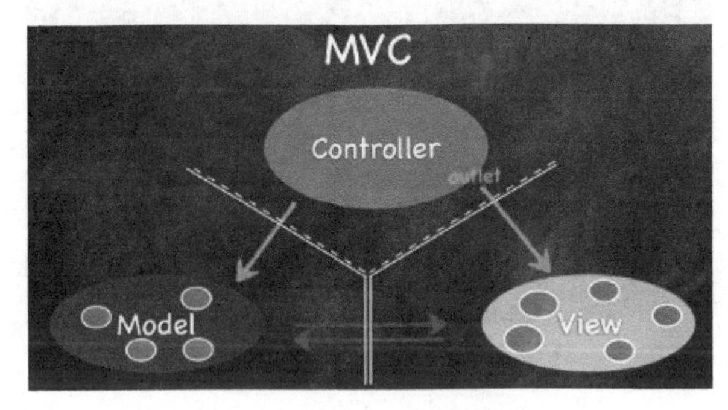

图23-4 Controller控制Model和View

(2) 当View与用户交互产生事件时，使用target-action方式(见图23-5)来处理。

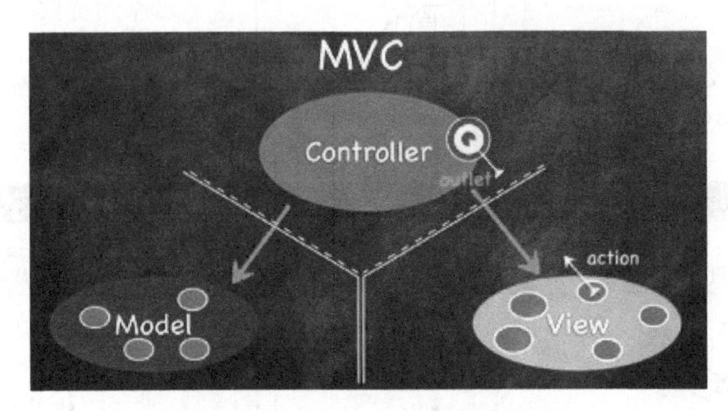

图23-5 target-action处理方式

(3) 当View需要处理一些特殊UI逻辑或获取数据源时，通过delegate或data source方式(见图23-6)交给Controller处理。

(4) Model不能直接与Controller通信，当Model有数据更新时，可以通过Notification或KVO(Key Value Observing)来通知Controller更新View，如图23-7所示。

了解了iOS应用程序的MVC设计模式后，再从图23-7来了解在MVC模式下，iOS应用程序有哪些关键对象(见图23-8)以及它们的职责是什么。

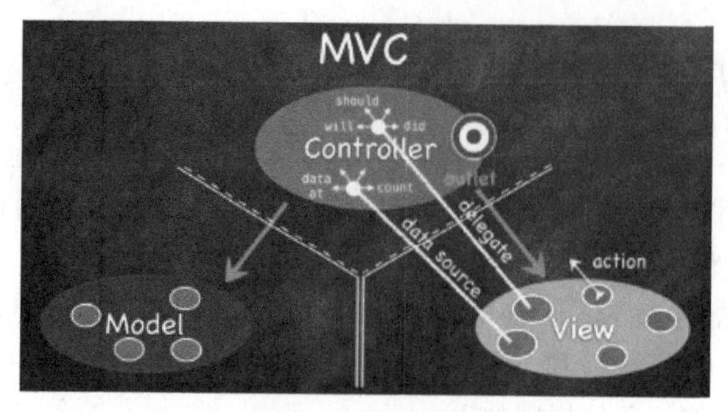

图 23-6 delegate 或 data source 方式

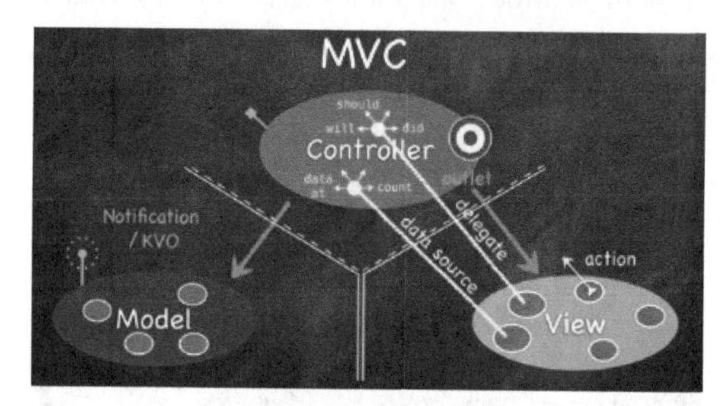

图 23-7 Notification 或 KVO

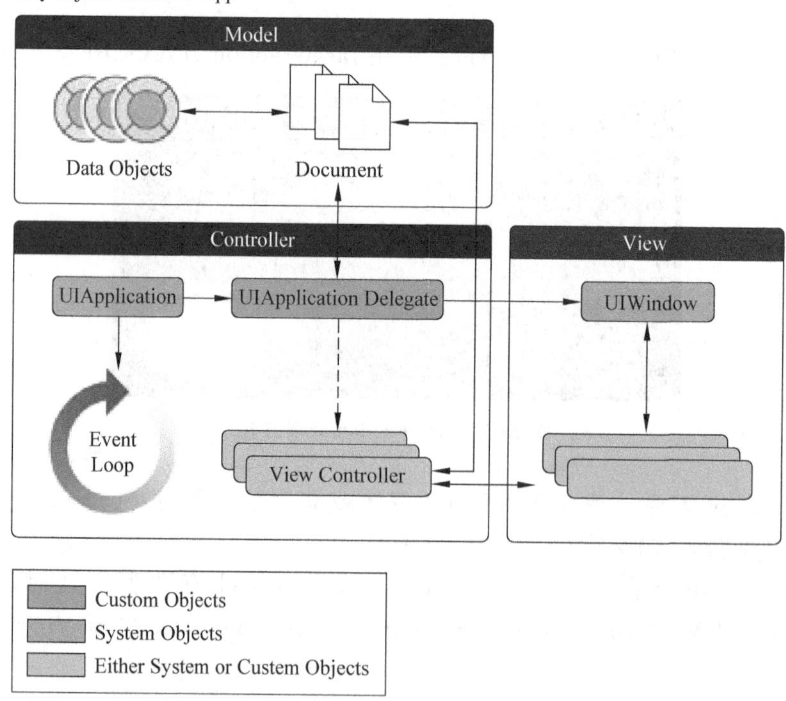

图 23-8 iOS 应用程序中的关键对象

UIApplication 对象：用户与 iOS 设备交互时产生的事件(Multitouch Events, Motion Event, Remote Control Event)交由 UIApplication 对象来分发给 Control Object 对应的 Target Objects 来处理并且管理整个事件循环，而一些关于 App 运行时重要事件委托给 App Delegate 来处理。

App Delegate 对象：App Delegate 对象遵循 UIApplication Delegate 协议，响应 App 运行时的重要事件(App 启动、App 内存不足、App 终止、切换到另一个 App、切回 App)，主要用于 App 在启动时初始化一些重要数据结构，例如，初始化 UIWindow，设置一些属性，为 Window 添加 rootViewController。

View Controller 对象：View Controller 有一个 View 属性是 View 层次结构中的根 View，可以添加子 View 来构建复杂的 View；View Controller 有一些 viewDidLoad、viewWillAppear 等方法来管理 View 的生命周期；由于它继承 UIResponder，所以还会响应和处理用户事件。

Documents 和 Data Model 对象：Data Model 对象主要用来存储数据。例如，饿了么 App 在搜索切换地址后，会在下次启动时根据历史记录读取和显示搜索地址。Document 对象(继承 UIDocument)用来管理一些或所有的 Data Model 对象。Document 对象并不是必需的，但提供一种方便的方式来分组属于单个文件或多个文件的数据。

UIWindow 对象：UIWindow 对象位于 View 层次结构中的最顶层，它充当一个基本容器而不显示内容，如果想显示内容，添加一个 Content View 到 Window。它也是继承 UIResponder，所以它也会响应和处理用户事件。

View、Control、Layer 对象：View 对象可以通过 addSubview 和 removeFromSuperview 等方法管理 View 的层次结构，使用 layoutSubviews、layoutIfNeeded 和 setNeedsLayout 等方法布局 View 的层次结构，当发现系统提供 View 已经满足不了你想要的外观需求时，可以重写 drawRect 方法或通过 Layer 属性来构造复杂的图形外观和动画。还有一点，UIView 也是继承 UIResponder，所以也能够响应和处理用户事件。Control 对象通常就是处理特定类型用户交互的 View，常用的有 button、switch、text field 等。除了使用 View 和 Control 来构建 View 层次结构来影响 App 外观之外，还可以使用 Core Animation 框架的 Layer 对象来渲染 View 外观和构建复杂的动画。

23.2 iOS 开发

在 iOS 开发中，视图是最基础的部分，几乎所有显示在 iPhone 屏幕上的内容都可以被称为视图，例如按钮、开关、图片等。

其中，窗口是存放视图的容器，而视图是显示可见元素的图形用户界面。窗口提供了一个可以显示具体内容的平台，而视图则承担了大部分绘制界面和用户响应的工作。

iPhone 界面设计采用单窗口-多视图模式，如图 23-9 所示。

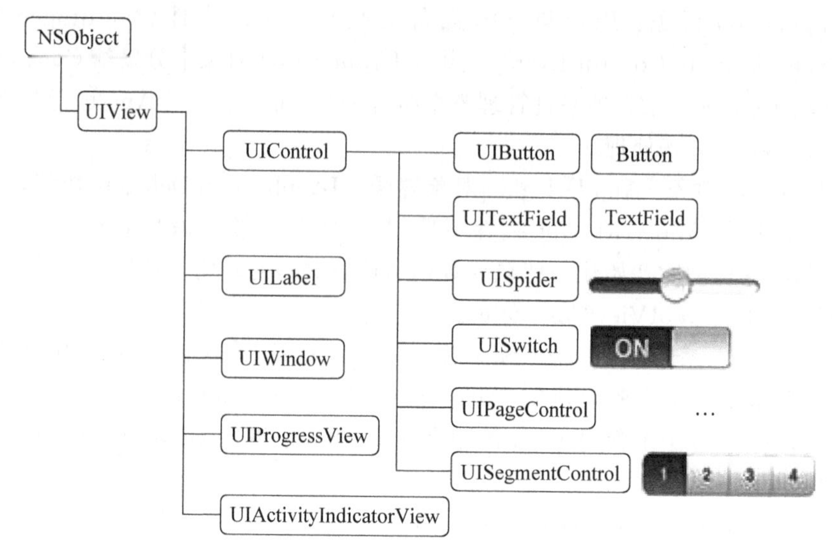

图 23-9 iPhone 界面设计采用单窗口-多视图模式

23.2.1 窗口

窗口是窗口类(UIWindow)的一个实例。

窗口用来定义一个定位和管理应用程序界面的对象。

窗口有层次地保存所有视图,并且位于所有层的根部。

从根本上说,窗口是一个特殊的视图。

23.2.2 视图

视图是视图类 UIView 的一个实例。视图通常用于定义屏幕上的一个矩形区域,可以用来显示各种控件、图像等可视化元素,这些元素是以子视图的形式加载在视图上的。

1. 视图的层次关系

层次关系就是视图在空间上的相互位置关系。一个窗口中的所有视图可以根据视图层次连接在一起。

所有视图都可以有子视图,一个视图可能有一个或多个或没有子视图,如图 23-10 所示。

2. 视图与坐标系

在 iPhone 的屏幕上,Window 的坐标系以左上角为原点,每个 View 的坐标系以它的 superview 的左上角为原点,如图 23-11 所示。

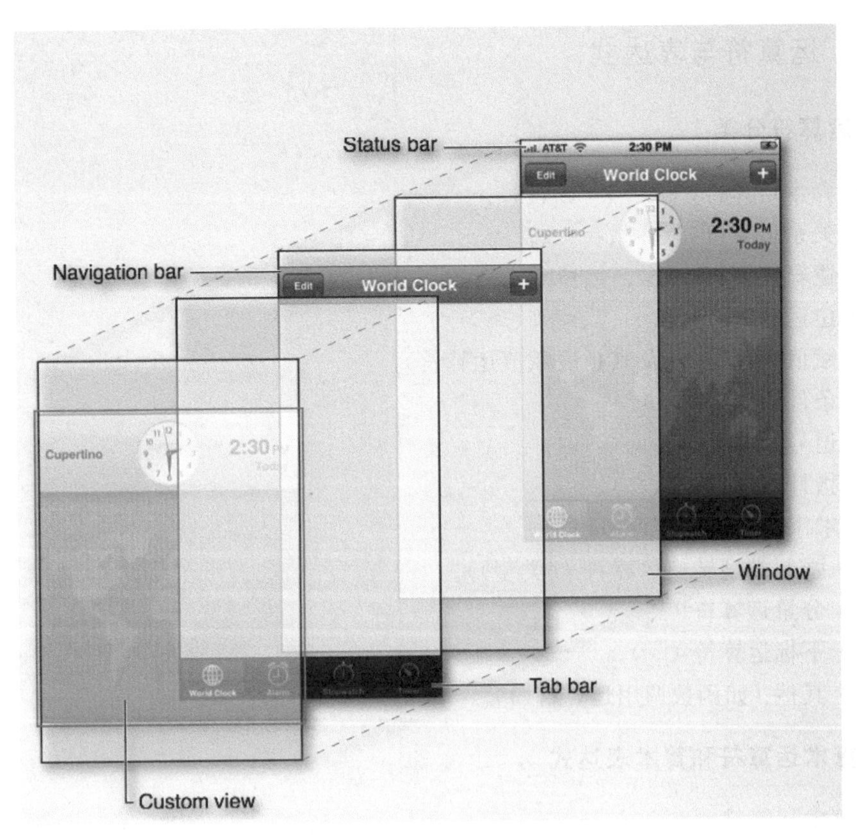

图 23-10 视图的层次结构

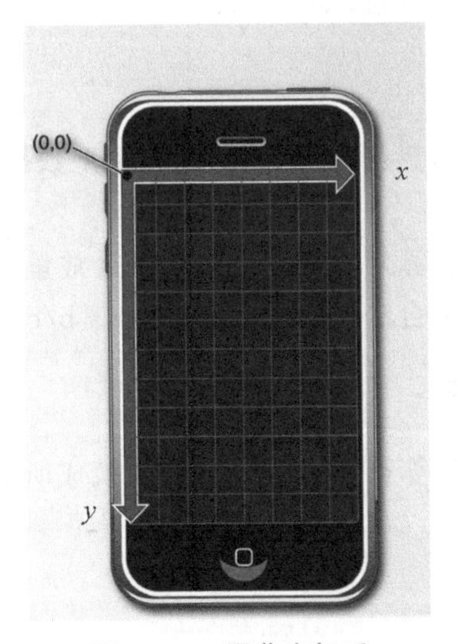

图 23-11 屏幕坐标系

23.2.3 运算符与表达式

1. 运算符分类

(1) 算术运算符(+、-、*、/、%)。
(2) 关系运算符(>、<、==、>=、<=、!=)。
(3) 逻辑运算符(&&、||、!)。
(4) 位运算符(&、|、~、^、<<、>>)。
(5) 赋值运算符(=及其扩展赋值运算符)。
(6) 条件运算符(? :)。
(7) 逗号运算符(,)。
(8) 指针运算符(*、&)。
(9) 求字节数运算符(sizeof)。
(10) 强制类型转换运算符((类型))。
(11) 分量运算符(.、->)。
(12) 下标运算符([])。
(13) 其他(如函数调用运算符())。

2. 算术运算符和算术表达式

1) 算术运算符
+(加法运算符,或正值运算符,如 3+5、+3)
-(减法运算符,或负值运算符,如 5-2、-3)
*(乘法运算符,如 3*5)
/(除法运算符,如 5/3)
%(模运算符,或称求余运算符,%两侧均应为整型数据,如 7%4 的值为 3)
2) 算术表达式
用算术运算符和括号将运算对象(运算对象包括常量、变量、函数等)连接起来的符合语法规则的式子,例如,一个合法的算术表达式:a*b/c-1.5+'a'。

3. 强制类型转换运算符

可以利用强制类型转换运算符将一个表达式转换成所需类型。例如:

```
(double)a
(int)(x+y)
(float)(5%3)
```

其一般形式为

```
(类型名)(表达式/变量)
```

需要说明的是,在强制类型转换时,得到一个所需类型的中间变量,原来变量的类型未发生变化。例如(int)x,如果已定义 x 为 float 型,进行强制类型运算后得到一个 int 型的中间变量,它的值等于 x 的整数部分,而 x 的类型不变。

4. 自增和自减运算符

自增和自减运算符可以使变量的值增 1 或减 1。

例如:

```
++i(相当于 i= i+1)
i++(相当于 i= i+1)
--i (相当于 i= i-1)
i--(相当于 i= i-1)
```

注:

++i 是先执行 i=i+1 后,再使用 i 的值。

i++是先使用 i 的值后,再执行 i=i+1。

自增运算符(++)和自减运算符(--)只能用于变量,而不能用于常量或表达式,如 5++或(a+b)++都是不合法的。

自增和自减运算符常用于循环语句中,使循环变量自动加 1。

5. 赋值运算符和赋值表达式

1) 赋值运算符

赋值符号"="就是赋值运算符,它的作用是将一个数据赋给一个变量,如 a=3 的作用是执行一次赋值操作(或称为赋值运算),把常量 3 赋给变量 a。也可以将一个表达式的值赋给一个变量。

2) 类型转换

如果赋值运算符两侧的类型不一致,但都是数值型或字符型时,在赋值时要进行如下类型转换。

(1) 将浮点型数据(包括单、双精度)赋给整型变量时,舍弃实数的小数部分。

(2) 将整型数据赋给单、双精度变量时,数值不变,但以浮点数形式存储到变量中。

(3) 将一个 double 型数据赋给 float 变量时,截取其前面 7 位有效数字,存放到 float 变量的存储单元(32 位)中。但应注意数值范围不能溢出。将一个 float 型数据赋给 double 变量时,数值不变,有效位数扩展到 16 位,在内存中以 64 位存储。

(4) 字符型数据赋给整型变量时,由于字符只占 1 字节,而整型变量为 4 字节,因此将字符数据(8 位)放到整型变量低 8 位中。

(5) 将一个 int、short、long 型数据赋给一个 char 型变量时,只将其低 8 位原封不动地送到 char 型变量(即截断)。

3) 赋值表达式

用赋值运算符将一个变量和一个表达式连接起来的式子称为赋值表达式。它的一般形式为

<变量><赋值运算符><表达式>

赋值运算符左侧的标识符称为左值。并不是任何对象都可以作为左值,变量可以作为左值,而表达式 a+b 就不能作为左值;常变量也不能作为左值,因为表达式 a+b 不能被赋值。出现在赋值运算符右侧的表达式称为右值。显然,左值也可以出现在赋值运算符右侧,因而凡是左值都可以作为右值。

23.2.4 Foundation 框架简介

框架是由许多类、方法、函数、文档按照一定的逻辑组织起来的集合,以便使研发程序变得更容易。在 OS X 下的 Mac 操作系统中大约有 80 个框架。为所有程序开发奠定基础的框架称为 Foundation 框架。

Foundation 框架允许使用一些基本对象(如数字和字符串),以及一些对象集合(如数组、字典和集合),其他功能包括处理日期和时间、内存管理、处理文件系统、存储(或归档)对象、处理几何数据结构(如点和长方形)。

Cocoa 是 Foundation 和 AppKit。

Cocoa Touch 是 Foundation 和 UIKit。

Foundation 框架中大约有 125 个可用的头文件,作为一个简单的形式,可以简单地使用以下语句导入:

```
#import<Foundation/Foundation.h>
```

因为 Foundation.h 文件实际上导入其他所有 Foundation 框架中的头文件。

23.2.5 面向对象

面向对象的编程思想力图使计算机语言中对事物的描述与现实世界中该事物的本来面目尽可能一致。

类(Class)和对象(Object):

类是对一类事物描述,是抽象的、概念上的;

对象是实际存在的该类事物的每个个体,也称实例;

对象是现实世界中的一个实体。

我们可以把生活的真实世界当作是由许多大小不同的对象所组成的。在真实世界里,有许多同种类的对象,这些同种类的对象可被归类为一个类。例如,我们可将世界上所有的汽车归为汽车类,所有的动物归为动物类。

1. 定义类

定义一个新类分为两部分。

(1) 类的声明(@interface 部分)。

(2) 类的实现(@implementation 部分)。

实现这些方法的实际代码如下:

```
#import<Foundation/Foundation.h>
@interface Fraction : NSObject
{
    //实例变量的声明
        int numerator;
        int denominator;
}
    //方法的声明
-(void) print;
-(void) setNumerator:(int) n;
-(void) setDenominator:(int) d;
@end
```

2. 命名规则

(1) 类名以大写字母开始。
(2) 实例变量、对象以及方法的名称，通常用小写字母开始。
(3) 找出能反映变量或对象使用意图的名称。
(4) 为使程序具有可读性，名称中要用大写字母来表示新单词的开始。
AddressBook：可能是一个类名。
currentEntry：可能是一个对象。
current_entry：一些程序员还使用下画线作为单词的分隔符。
addNewEntry：可能是一个方法名。

3. 方法

作用：描述类的行为。

```
-(void) setNumerator: (int) n;
```

方法类型：
正号(＋)：类方法，对类本身执行某些操作。
负号(－)：实例方法，对特定的对象执行的操作。
位置：放入开始的负号或正号之后的圆括号中。

```
-(int)retrieveNumerator;
```

指定名为 retrieveNumerator 的实例方法将返回一个整型值，如果方法不返回值，可用 void 类型表明，如－(void)print。

注：
(1) 实例方法总是可以直接访问实例变量，而类方法不可以。
(2) 访问实例变量可以通过特殊方法完成，通常该方法名和实例变量名相同。
(3) 设置实例变量的方法通常称为设置(Setter)函数，而用于检索实例变量值的方法称为获取(Getter)函数，部分教材上把设置函数和获取函数称为存取器方法。

23.2.6 内存管理

1. 重要性

第一代 iPhone 和 iPhone 3G 的内存大小均为 128MB,而 iPhone 3GS 的内存大小扩充到 256MB。同样地,iPad 的内存大小也是 256MB。iPhone 4 的内存升级到 512MB。但是其中一半容量用于屏幕缓冲和其他系统进程,所有 iPhone 只有大约 64MB 的内存用来运行应用程序,基本上不容许人们开发的软件存在任何内存泄漏。

2. iPhone 的内存管理

当一个对象不再需要时,要及时释放它所占用的内存。

Objective-C 采用了引用计数处理内存管理,简单讲,每个对象有一个与之关联的整数,可以将它称为引用计数器或保留计数器。

引用计数大于 0 时,代表对象还有引用。

引用计数等于 0 时,代表对象可以释放。

3. 引用计数

retainCount 消息可以获得这个对象的引用计数,返回的是 NSUInteger 整数。每次必须保持该对象时,就发送一条 retain 消息,使其引用次数加 1,如[person retain];不再需要该对象时,可以通过发送 release 消息,使其的引用次数减 1,如[person release];将对象添加到任何类型的容器类中都会使该对象的引用计数增加;从任何容器类中删除对象都能够使其引用计数值减少。

当对象的引用计数不为 0,系统就不会释放对象使用的内存。

当对象的引用计数达到 0 时,系统就知道不再需要这个对象,系统就会释放它的内存,这时系统会自动发送一条 dealloc 消息来实现(人们不能自行调用 dealloc 方法)。

在 Objective-C 中,必须严格使用引用计数机制来控制内存的分配和释放。代码如下:

```
-(void)setSec:(Secretary)s
{
    sec=s;
}
```

4. 存取器

在 Objective-C 2.0 中,@property 用来设置实例变量的各种属性。

(1) 读写属性(readwrite/readonly)。

(2) 赋值语义(assign/retain/copy)。

(3) 对多线程的支持(automicity,nonatomic)。

注:每组的各个选项只可以出现一个或不出现。

5. NSObject 内存管理的方法

1）获得对象当前引用计数的方法

retainCount：返回当前对象的引用计数值。

2）获得对象所有权的方法

alloc：分配内存，将对象的引用计数设置为1。

copy：复制对象，将对象的引用计数设置为1。

retain：使对象的引用计数值加1。

3）释放对象所有权的方法

release：使对象的引用计数值减1。

autorelease：不想取得对象所有权，又不希望对象被释放，使对象交给自动释放池处理。

4）释放对象内存空间的方法

dealloc：释放内存空间。

6. 自动释放池

如果某个对象 obj 在自动释放池创建（NSAutoreleasePool * pool = [[NSAutoreleasePool alloc]init]）与[pool drain]之间使用[obj autorelease]，则该对象将会被放在自动释放池中。在执行[pool drain]后，池中每个对象引用计数值减1(并非清零)。

自动释放池并未包含对象本身，而是关于对象的引用。由 new、copy、alloc 创建的对象不会自动入池，须通过手动发送 autorelease 消息，可以将一个对象添加到其中，以便以后释放。对放入自动释放池中的对象，不要轻易调用 release。自动释放池的效率并不高，所以在 iPhone 开发时，并不建议使用。

7. 垃圾回收

Objective-C 2.0 开始提供了垃圾回收机制，有了垃圾回收机制，就不必考虑有关保持和释放对象、自动释放或引用计数了。系统会自动处理内存问题。

8. 内存管理规则

1）释放对象，可以释放它所占用的内存

发送一条 release 消息不一定销毁对象，当一个对象的引用计数值变为0时，才销毁这个对象，系统通过向该对象发送一条 dealloc 消息来释放它所占的内存。永远不要直接调用 dealloc 来释放对象，只使用引用计数来完成对象的释放。无论对象是否添加到自动释放池，应用程序终止时，都会释放程序中对象占用的所有内存。

2）开发更复杂的应用程序时，可以在程序运行期间创建和销毁自动释放池

如果使用 alloc、copy 及 new 方法创建对象，则由人们负责释放它，每次使用显式或隐式 retain 对象时，应该释放或自动释放它。除规则1）提到的方法之外，不必费心地释放其他方法返回的对象；这些对象应当被自动释放，这就是为什么首先需要在程序中创

建自动释放池的原因。stringWithString 之类的方法自动向新创建的字符串对象发送一条 autorelease 消息,把它们添加到自动释放池。

3) 合理分配和释放内存

各种容器类如 NSArray、NSDictionary、NSSet 等,会将引入元素的引用计数值加 1 来获得所有权,而在元素被移除或者整个容器对象释放时,释放容器内元素的所有权。对象最好在需要时再创建,从而节约内存开销。在需要频繁分配和释放内存的地方(如 for 循环),可以创建自己的 NSAutoreleasePool。

4) 在对象 dealloc 方法中释放所拥有的实例变量并调用父类的 dealloc 方法

释放自动释放池时,池中每个对象的引用计数值减 1(并非清零);iPhone 开发中不支持垃圾回收机制。

23.3 典型 iOS 程序介绍

地图导航应用几乎是每部手机中必备的应用软件。在地图中可以进行很多操作,例如,通过 GPS 获取用户当前位置,指定某一经纬度的位置,添加标注等。本节主要讲解与地图相关的应用实例。

23.3.1 实例 1 地图导航

1. 实例描述

本实例实现的是地图导航功能。当用户在文本框中输入经度和纬度后,按下键盘上的按钮,就会在标签中显示输入的经度和纬度所指定的位置,当用户在分段控件中选择某一方式后,就会出现相应的导航路线,运行界面如图 23-12 所示。

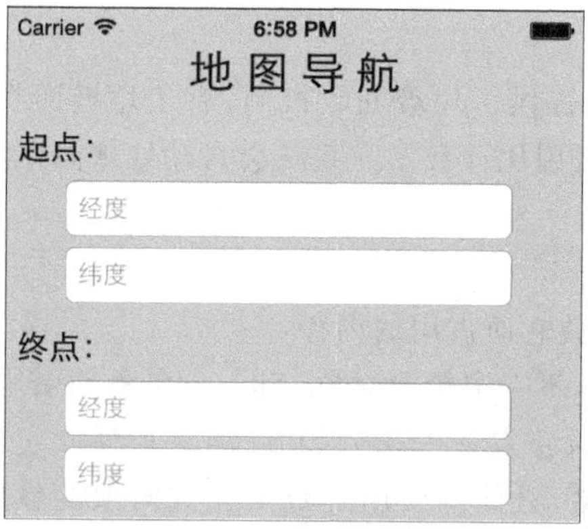

图 23-12 运行界面

2. 实现过程

本实例内所涉及的代码均可从清华大学出版社网站(www.tup.com.cn)下载。创建一个项目，命名为“地图导航”。

打开 ViewController.h 文件，编写代码，实现插座变量、实例变量以及动作的声明。

打开 Main.storyboard，对 View Controller 的设计界面进行设计，效果如图 23-13 所示。

打开 ViewController.m 文件，编写代码，实现导航功能。这里需要讲解 3 个重要的方法。

(1) GetHtmlFromUrl 方法是获取 HTML 数据。

(2) show 方法实现选择分段控件的某一段后实现相应的导航。

(3) hide 方法实现通过输入经度和纬度获取开始位置以及结束位置，并输出。

23.3.2 实例 2 自定义地图的标注

1. 实例描述

本实例实现的功能是自定义地图上的标注。当用户单击“添加标注”按钮，就会在指定的位置上添加标注，此时的标注是自定义的，其中标注中的大头针变为一个旗子，单击此旗子后，标注中显示的注释视图也添加了对应的图像以及按钮，单击此按钮后，就会进行另一个界面。运行效果如图 23-14 所示。

View Controller
地图导航
起点：
经度
纬度
终点：
经度
纬度
UIWebView
公交 自驾 徒步

图 23-13 View Controller 设计界面

图 23-14 运行效果

2. 实现过程

本实例所涉及的代码均可从清华大学出版社网站下载。创建一个项目，命名为“自定义地图的标注”。添加图像 1.png、2.png、3.png 到创建项目的 supporting Files 文件夹中。添加 MapKit.framework 到创建的项目中。创建一个基于 NSObject 类的 Annotation 类。

打开 Annotation.h 文件,编写代码,实现头文件、遵守协议、对象以及属性的声明。

打开 Annotation.m 文件,编写代码,实现标注的坐标以及注释视图的设置。

创建一个基于 UIViewController 类的 CityViewController 类。

打开 CityViewController.m 文件,编写代码,实现标题的设置。

打开 ViewController.h 文件,编写代码,实现头文件、插座变量、对象、方法以及动作的声明。

打开 Main.storyboard 文件,添加 Navigation Controller 导航控制器到画布中,将此控制器的根视图改为 View Controller 视图控制器。对 View Controller 视图控制器的设计界面进行设计。

打开 ViewController.m 文件,编写代码,实现在界面显示自定义的标注。

这里需要讲解 5 个重要的方法。

(1) gotoLocation 方法实现指定坐标的显示范围。

(2) viewDidLoad 方法在试图加载后调用,实现对栏按钮条目的创建以及初始化创建并设置自定义的标注。

(3) biaozhu 方法实现按钮"添加标注",即初始化自定义的标注。

(4) mapView: viewForAnnotation 方法实现对标注设置以及获取功能。

(5) showDetails 方法在单击注释视图中的按钮后,实现切换功能。

23.3.3 实例 3 自定义的地图

1. 实例描述

在与富士康公司合作的一个项目中,很重要的一个环节就是地图显示,室内定位用到的地图是自定义地图,所以不能利用 iOS 自带的 map 来实现,而是要用 imageView。本实例实现的功能是构建一个自定义的地图,这里没有实现 iOS 规定的地图视图。当单击"运行"按钮后,显示在界面上的是一个自定义的地图,并且在地图上还会出现自定义的标注。

2. 实现过程

本实例内所涉及的代码均可从清华大学出版社网站下载。创建一个项目,命名为"自定义的地图"。

添加图像 1.png、2.png、3.png、4.png、5.png、6.png 到创建项目的 Supporting Files 文件夹中。

创建一个基于 NSObject 类的 CustomAnnotation 类。

打开 CustomAnnotation.h 文件,编写代码,实现实例变量、对象、属性以及方法的声明。

打开 CustomAnnotation.m 文件,编写代码,实现自定义标注的获取。

创建一个基于 UIScrollView 类的 CustomMapView 类。

创建一个基于 UIButton 类的 CustomPinAnnotationView 类。

创建一个基于 UIView 类的 CustomView 类。

打开 CustomMapView.h 文件，编写代码，实现头文件、宏定义、对象、实例变量、属性以及方法的声明。

打开 CustomMapView.m 文件，编写代码，实现自定义地图的绘制，实现地图的放大、缩小，以及为地图添加标注。

这里需要讲解几个重要的方法。

(1) 自定义地图的绘制需要使用 awakeFromNib、displayMap 方法实现。其中，awakeFromNib 方法实现对轻拍手势识别器对象的添加以及对其他一些默认设置进行设置。displayMap 方法实现对地图的显示。

(2) 地图的放大和缩小需要使用 handleDoubleTap 和 handleTwoFingerTap 方法实现。其中，handleDoubleTap 方法实现的是第一种缩放方式——双击进行缩放。handleTwoFingerTap 方法实现的是第二种缩放方式——缩放手势功能。

(3) 为地图添加标注，需要使用“addAnnotation:animated:”“showCallOut”“centreOnPoint:”“animated:”“touchesEnded:animated:”方法。其中，“addAnnotation:animated:”方法实现添加标注以及标注的动画效果。showCallOut 方法实现标注中注释视图的显示功能。

除此之外，涉及的代码文件还包括 CustomPinAnnotationView.h。

随后在 ViewController.h 中实现头文件和插座变量的声明。在 Main.storyboard 文件中设计 UI。在 ViewController.m 中实现地图的显示。

23.4 iOS 程序应用

23.4.1 iOS 手机中的传感器

加速度计：3-axis Accelerometer。

地磁仪：3-axis Magnetometer。

陀螺仪：3-axis Gyroscope。

全球定位系统：Latitude、Speed、Bearing Time、Accuracy。

无线通信模块：Wi-Fi、Bluetooth、3G/4G/5G。

摄像头：Camera。

光学传感器：Ambient Light SEnsor。

麦克风：Microphone/Speaker。

指纹传感器：Fingerprint Sensor(iPhone 5s 以上)。

23.4.2 应用 1

通过手机内部的加速度计和陀螺仪，能够捕捉到一个人在睡眠中的人体的动作变化以及呼吸节奏(见图23-15和图23-16),从而得到睡眠质量的检测。这个应用可以用来对一个人的睡眠质量进行评估并给出改善的建议。

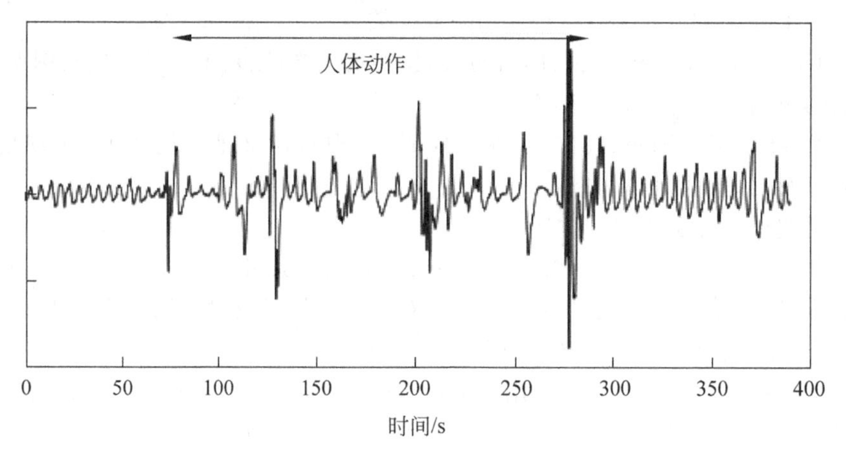

图 23-15　睡眠中人体动作的描述曲线

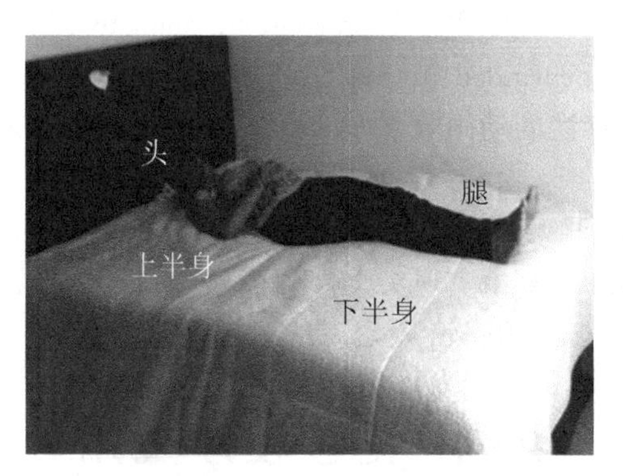

图 23-16　不同的手机位置

23.4.3　应用 2

在智能交通领域也有很多应用。下面是普林斯顿和MIT大学合作的项目:Leveraging Smartphone Cameras for Collaborative Road Advisories。通过众多手机的参与建立自组织网络,利用车载手机对驾驶员进行最佳速度提示,使得等待红灯的概率下降,从而达到省油的目的,如图23-17所示。

23.4.4　应用 3

通过室内的光线亮度来定位室内物品。不同物体会发出不同波长的光线,通过探测光线波长的大小就可以定位到不同物品的位置(见图23-18)。

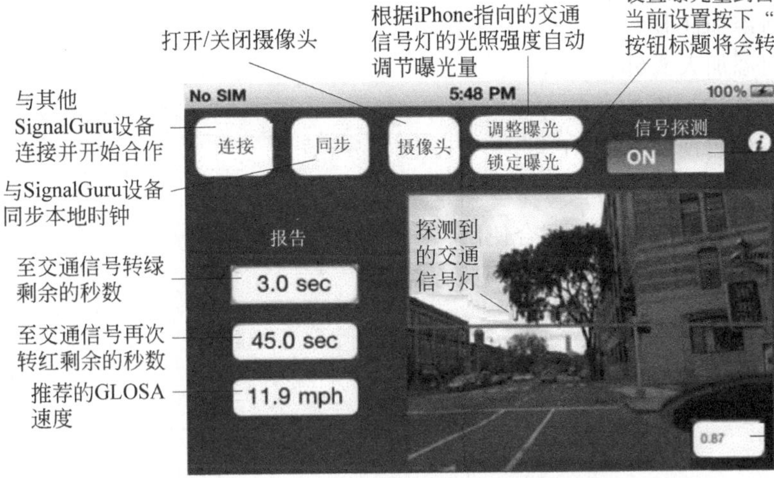

图 23-17　应用 3 界面

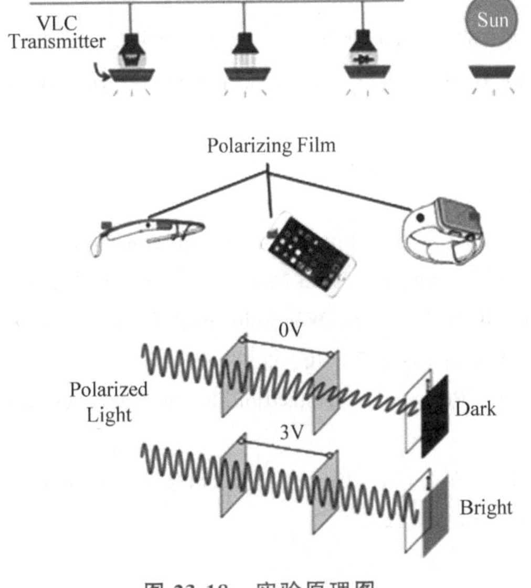

图 23-18　实验原理图

习　　题

1. 考虑一下有关引用计数的问题：

(1) 在 main 函数中释放了 s1，那么 b1 中的实例变量怎么办？

(2) 原来 sec 的值怎么办？

(3) 什么时候释放这些实例变量？

2. iOS 开发中如何实现地图显示?
3. 在地图中如何添加注释?
4. 在地图中如何添加大头针?
5. 在 iOS 中有哪几种地图缩放的方法?
6. 自定义地图如何实现?
7. 苹果手机中含有哪些传感器?
8. 在室内定位中需要哪些传感器配合使用?
9. 科研中 iOS 的传感器的应用体现在哪些方面?

参考文献

[1] 博客园. iOS 整体框架类图值得收藏[M/OL]. [2021-06-21]. http://www.cnblogs.com/ygm900/p/3599081.html.

[2] 博客园. 深度解析 iOS 应用程序的生命周期[M/OL]. [2021-06-21]. http://www.csdn.net/article/2015-06-23/2825023/1.

[3] 杨佩璐. iOS 开发范例实战宝典(进阶篇)[M].北京:清华大学出版社,2015.

[4] Miluzzo E, Varshavsky A, Balakrishnan S, et al. TapPrints: your finger taps have fingerprints[C]. MobiSys, 2012: 332-336.

[5] Nandakumar R, Gollakota S, Watson N. Contactless sleep apnea detection on smartphones[C]. MobiSys, 2015: 45-57.

[6] Koukoumidis E, Martonosi M, Li-Shiuan Peh. Leveraging smartphone cameras for collaborative road advisories[C]. IEEE Transactions on Mobile Computing, 2012: 707-723.

[7] Yang Z C, Wang Z Y, Zhang J S, et al. Wearables can afford: light weight indoor positioning with visible light[C]. MobiSys, 2015: 317-330.

[8] Woodman O, Harle R. Pedestrian localisation for indoor environments[C]. Ubicomp, 2008: 114-123.

[9] Wang W, Nam S, Han Y, et al. Improved heading estimation for smartphone based indoor positioning systems[C]. PIMRC 2012.

下篇 实验

第24章 chapter 24

实验1 Android开发基础

1. 实验目的

熟悉 Android 开发环境和基本操作；编写 Hello World 程序。

2. 实验内容

1）安装软件

（1）安装 Java SE Development Kit。对于 Windows 系统，安装 jdk-7u2-windows-i586；对于 Ubuntu 系统，安装：

```
sudo add-apt-repository"deb http://archive.canonical.com/lucid paterner"
sudo apt-get update
sudo apt-get install sun-java6
```

（2）安装 Android Studio。

2）编写 Hello World 程序

（1）新建项目。选择 Create New Project 选项，出现"选择项目模板"界面，如图 24-1 所示。

这个窗口中含有许多带有标签的图标，代表不同界面样式，选中其中一个图标，再单击 Next 按钮进入下一步，弹出"配置项目"界面，如图 24-2 所示。

默认项目名称，包名称；在 Save location 选择目录 D:\Android_App；在 Language 选择 Java。接下来单击下方的 Finish 按钮，则创建了一个名为 My Application 的项目。

（2）运行。在菜单栏中单击 Run 按钮，选择 Run App，之后会弹出 Android 模拟器，显示运行结果 Hello World（见图 24-3）。

（3）项目结构分析。打开 Project 窗口（依次选择 View→Tool Windows→Project），之后可以看见项目目录结构。介绍 4 个重要的文件或目录：

```
App->libs
```

libs 文件夹下包含整个项目所依赖的包。

```
App->src->main->java->com.example.myapplication->MainActivity
```

这是整个应用的入口，构建和运行项目时，系统会运行此 Activity 的实例并加载其布局。

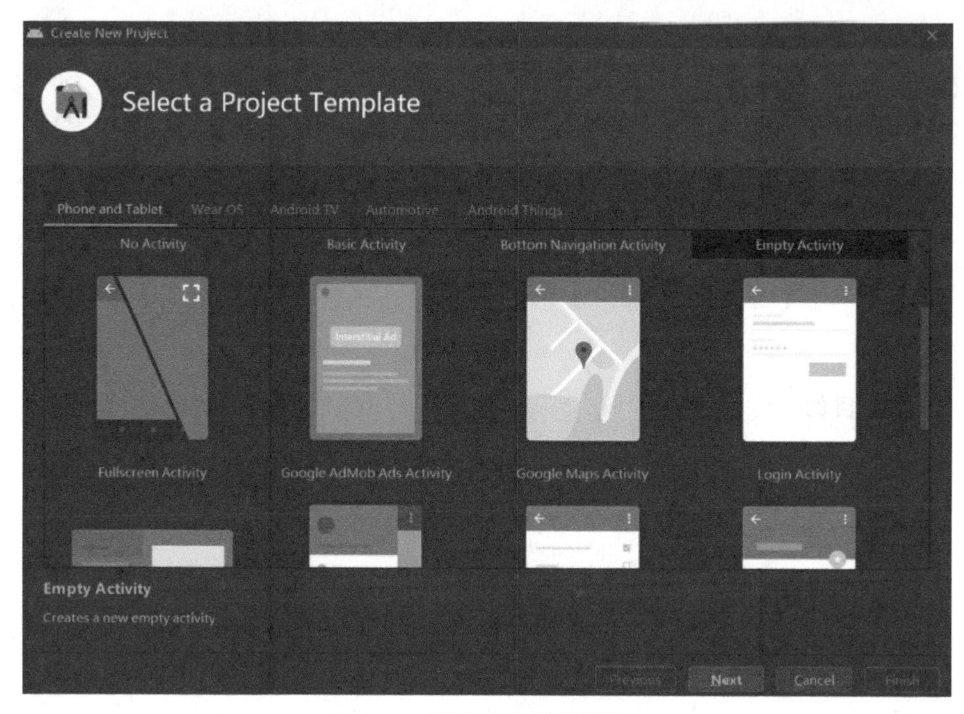

图 24-1 “选择项目模板”界面

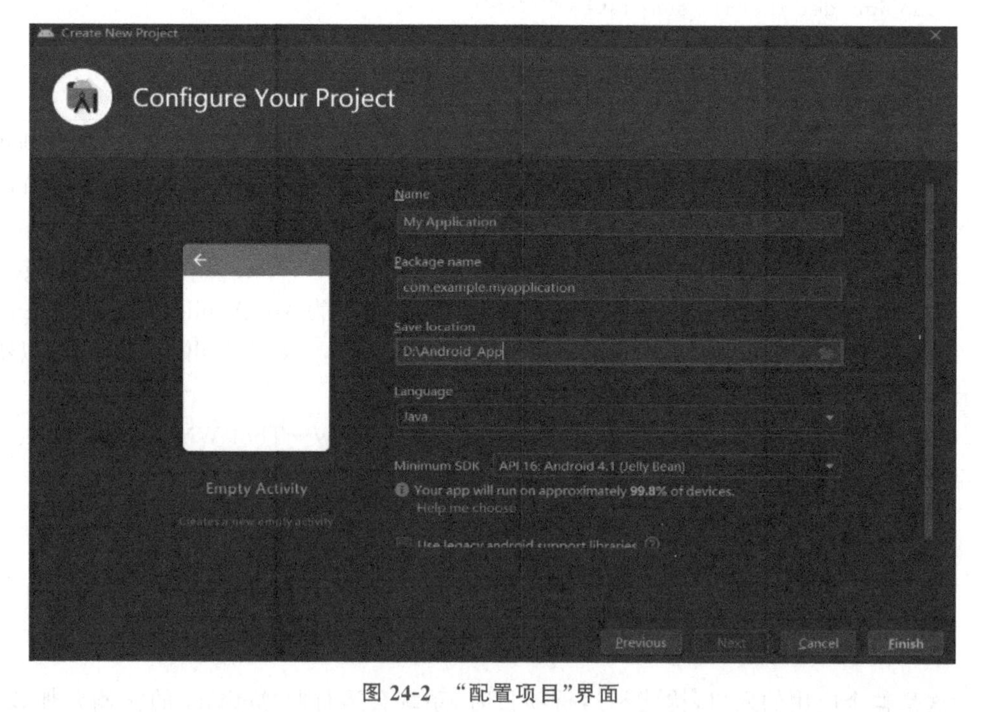

图 24-2 “配置项目”界面

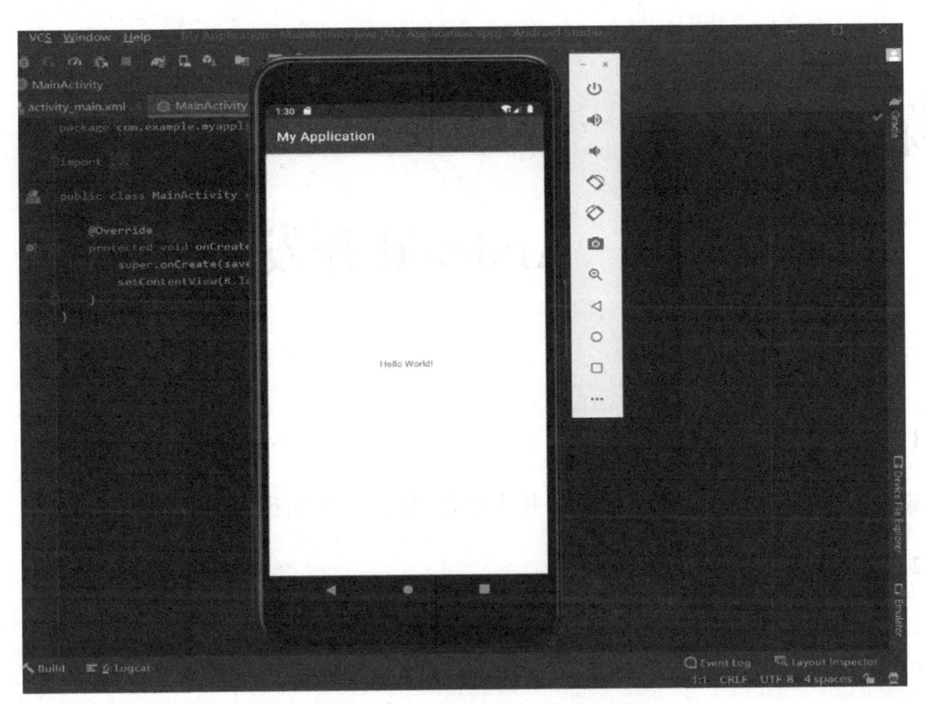

图 24-3 Android模拟器运行结果

App->res

res文件夹下包含项目的资源文件，其中layout->activity_main.xml文件定义了Activity界面的布局。

App->mani->AndroidManifest.xml

清单文件描述了项目的基本特性并定义了每个项目组件。

可以在网站http://develop.android.com/index.html找到更多的帮助文件。

第25章 chapter 25

实验2 Android开发提高

1. 实验目的

进一步熟悉Android开发环境和基本操作;修改并增加程序的功能。

2. 实验内容

1) 导入程序

(1) 在Android Studio中,选择File→Open命令,在对话框中选择程序所在的文件夹。

(2) 选择合适的Android版本并导入程序。

2) 改进程序

这里一共有6个基础样例代码,将它们导入后,发挥想象力和创造力对其中一个进行改进和提高,包括增加程序的功能,改进程序的人机交互性,以及提高程序运行的性能等。

AndroidWeatherForecast: giving a weather forecast

Contact: establishing contact list

DrawLineSample: draw a line

EX03 02: landing

groupMessage: group messaging

TinyDialer: giving a call

3) 拓展

根据给出的样例代码,在手机屏幕上绘制一个圆形小球,根据手机加速度传感器状态控制小球运动。步骤:创建一个Helloworld工程,修改Java文件,参考提供的BouncingBallActivity.java。

本实验需要用到手机上真的传感器,无法使用Android模拟器完成该实验,如果自己没有硬件资源,可以到实验室完成。小球碰撞的时候手机振动,小球碰撞时变换颜色或者发出声音。

第 26 章 chapter 26

实验 3　SDN 实验

1. 实验目的

熟悉 SDN 的基本操作;修改并增加程序的功能。

2. 实验内容

1) 安装虚拟机

根据计算机操作系统的类型来选择安装虚拟机,包括 VirtualBox for Linux、VirtualBox for OS X 以及 VirtualBox for Windows。

2) 将虚拟计算机导入虚拟机

将 sdn101_130808.ova 文件导入虚拟机,导入后的界面如图 26-1 所示。

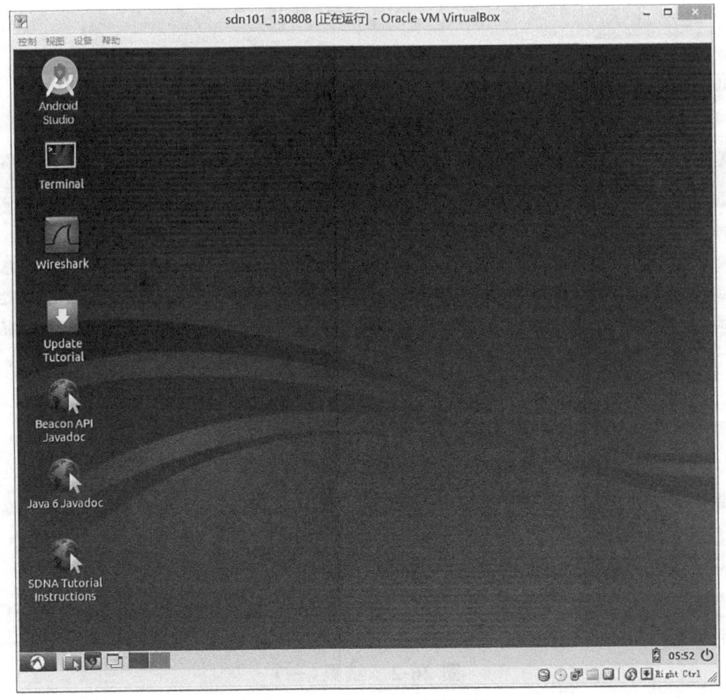

图 26-1　导入后的界面

3）学习 SDN 实验的基础操作

打开本地文件 SDNA Tutorial Instructions，在 Learn Development Tools 中学习 SDN 实验的基础操作。

4）进行实验 1

在 Create Learning Switch 中找到 phase1，开始实验。在 Java 代码中需要做的改动如下：

```
Build an OFMatch object;
Learn the source Ethernet address;
Look up and send to the destination Ethernet address.
```

测试步骤如下：

```
Start Android Studio and run the Tutorial Controller, start Wireshark;
Start Mininet (only if not already started) and wait for Beacon's console to
report the switch has connected;
Send a single ping from h1 to h2 and check;
Wireshark view: first Packet Out's output port should be Flood and Subsequent
Packet Out actions should be directed to a single port;
Test the speed using iperf.
```

得到的结果：Wireshark 中第一个 Packet Out 的 output port 是 flood，第二个则是 to switch port，如图 26-2 和图 26-3 所示。

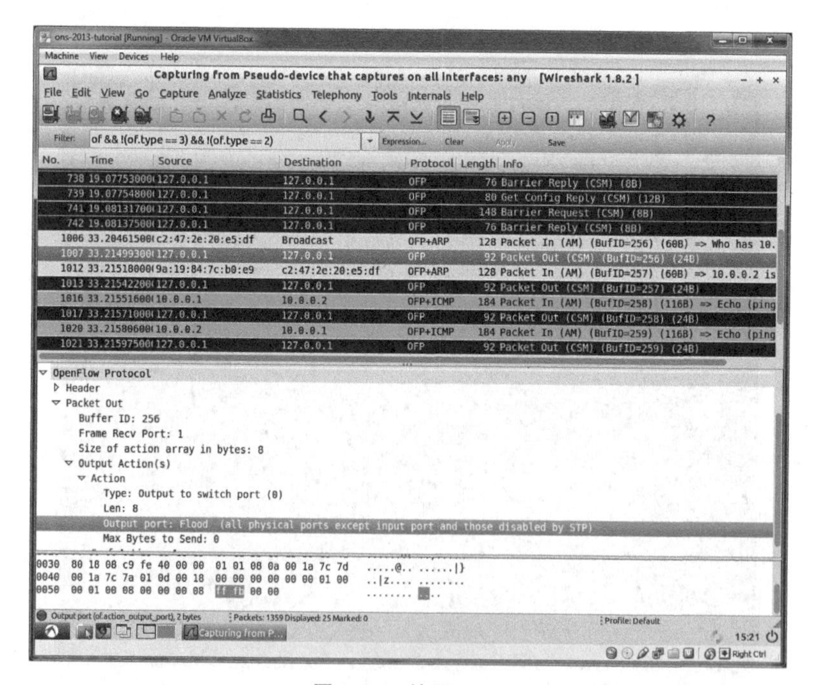

图 26-2 结果(一)

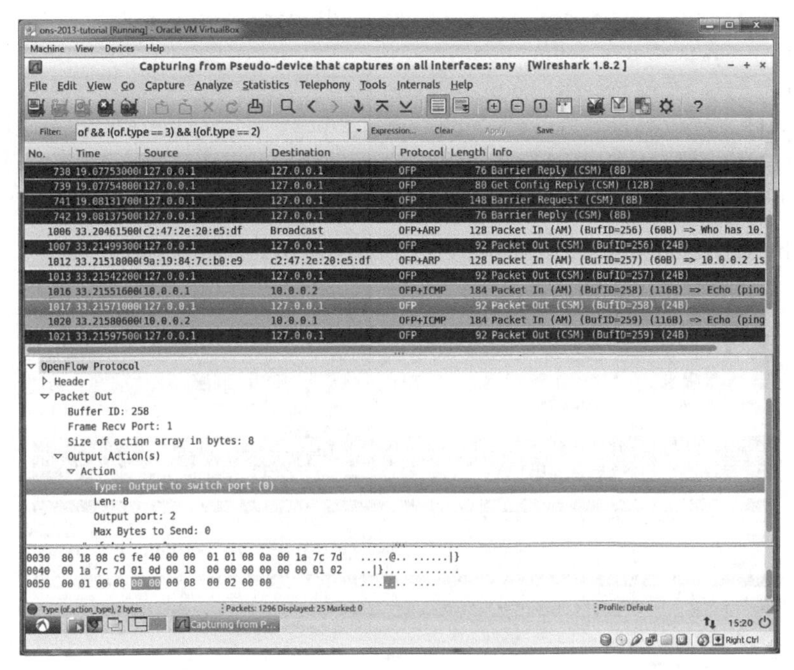

图 26-3　结果(二)

两个 host 之间可以 ping 通：

```
mininet> h1 ping -c1 h2
PING 10.0.0.2 (10.0.0.2) 56(84) bytes of data.
64 bytes from 10.0.0.2: icmp_req=1 ttl=64 time=6.39 ms

--- 10.0.0.2 ping statistics ---
1 packets transmitted, 1 received, 0% packet loss, time 0ms
rtt min/avg/max/mdev = 6.398/6.398/6.398/0.000 ms
```

测速的结果如下：

```
mininet> iperf
*** Iperf: testing TCP bandwidth between h1 and h3
waiting for iperf to start up...*** Results: ['62.6 Mbits/sec', '63.8 Mbits/sec'
]
```

5）进行实验 2

在 Create Learning Switch 中找到 phase2，开始实验。在 Java 代码中需要做的改动如下：

```
Install a flow in the network you will create an OFFlowMod object;
Initialize buffer id,match,command,idle timeout and actions;
Create the action that OFFlowMod outputs to the port learned before and set it on
the OFFlowMod instance;
Send a message to an OpenFlow switch.
```

测试步骤如下：

```
Start Android Studio and run the Tutorial Controller,start Wireshark;
```

```
Start Mininet (only if not already started) and wait for Beacon's console to
report the switch has connected;
Send a single ping from h1 to h2 and check;
Wireshark view: first Packet Out's output port should be Flood and Subsequent
Packet Out actions should be directed to a single port;
Test the speed using iperf.
```

Wireshark 中可以观察到 flowmod，如图 26-4 所示。

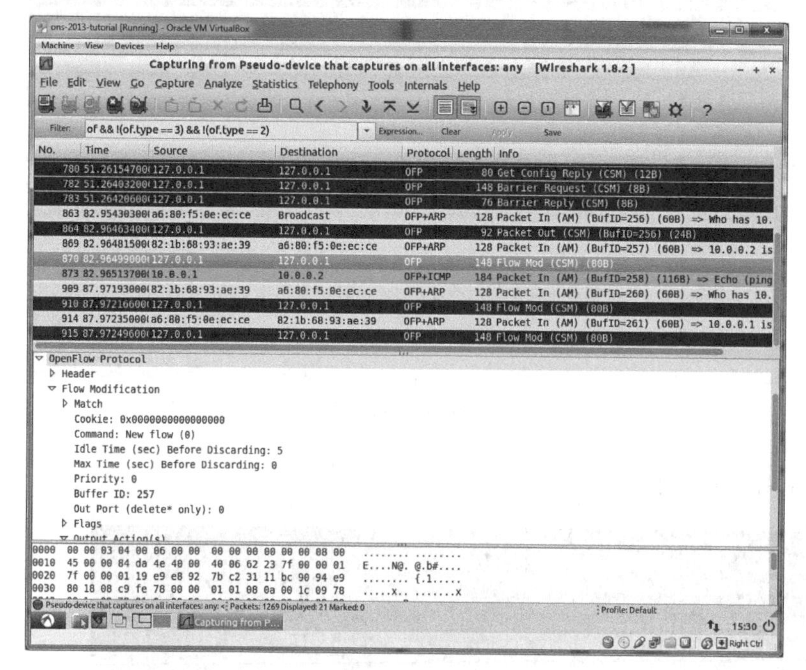

图 26-4　观察到的 flowmod

两个 host 之间可以 ping 通：

```
PING 10.0.0.2 (10.0.0.2) 56(84) bytes of data.
64 bytes from 10.0.0.2: icmp_req=1 ttl=64 time=6.51 ms

--- 10.0.0.2 ping statistics ---
1 packets transmitted, 1 received, 0% packet loss, time 0ms
rtt min/avg/max/mdev = 6.510/6.510/6.510/0.000 ms
```

测速的结果如下：

```
mininet> iperf
*** Iperf: testing TCP bandwidth between h1 and h3
*** Results: ['556 Mbits/sec', '557 Mbits/sec']
```

6）进行实验 3

在 Create Learning Switch 中找到 Extra Credit 1，开始实验。在 Java 代码中需要做的改动如下：

```
Change the existing single Map macTable to a Map of macTables, indexed by the
switch;
```

```
Create a macTable once for each switch, and store it into the macTables Map;
In the forwardAsLearningSwitch method, retrieve the proper macTable to use for
the current OFPacketIn.
```

测试步骤如下：

```
Start Android Studio and run the Tutorial Controller, start Wireshark;
Start Mininet (only if not already started) and wait for Beacon's console to
report the switch has connected;
Send a single ping from h1 to h2 and check;
Wireshark view: first Packet Out's output port should be Flood and Subsequent
Packet Out actions should be directed to a single port;
Test the speed using iperf.
```

两个 host 之间可以 ping 通：

```
mininet> ping all
*** Ping: testing ping reachability
h1 -> h2
h2 -> h1
*** Results: 0% dropped (0/2 lost)
```

7）进行实验 4

在 Create Learning Switch 中找到 Extra Credit 2，开始实验。在 Java 代码中需要做的改动如下：

```
After sending the Flow Mod from phase 2, test if the OFPacketIn's buffer id is
none;
Create an OFPacketOut object like phase 1.
```

测试步骤如下：

```
Start Eclipse and run the Tutorial Controller, start Wireshark;
Start Mininet (only if not already started) and wait for Beacon's console to
report the switch has connected;
Send a single ping from h1 to h2 and check;
Wireshark view: first Packet Out's output port should be Flood and Subsequent
Packet Out actions should be directed to a single port;
Test the speed using iperf.
```

两个 host 之间可以 ping 通：

```
mininet> h1 ping -c1 h2
PING 10.0.0.2 (10.0.0.2) 56(84) bytes of data.
64 bytes from 10.0.0.2: icmp_req=1 ttl=64 time=3.37 ms

--- 10.0.0.2 ping statistics ---
1 packets transmitted, 1 received, 0% packet loss, time 0ms
rtt min/avg/max/mdev = 3.370/3.370/3.370/0.000 ms
```

两个 host 的 buffer id 均为空，如图 26-5 和图 26-6 所示。

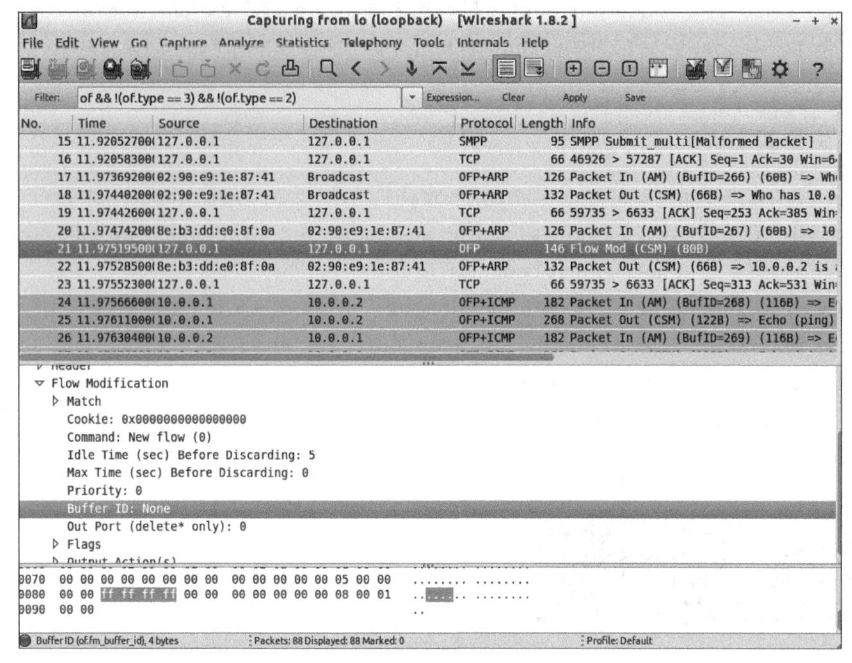

图 26-5　结果图（一）

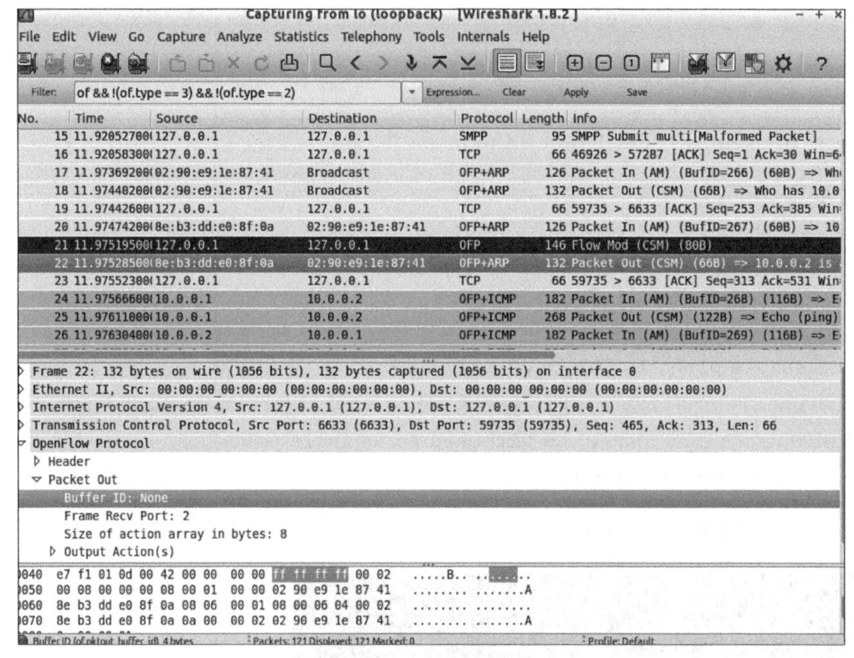

图 26-6　结果图（二）

第27章 chapter 27

实验4 Android测量Wi-Fi信号强度

1. 实验目的

通过在手机平台上编写 Android 程序,熟悉手机平台 Wi-Fi 功能的使用方法,完成 Wi-Fi 信号强度等信息的采集和测量。

2. 实验内容

在室内定位、Wi-Fi 接入点选择等目前流行的研究领域中,一般需要研究者完成移动终端对室内 Wi-Fi 无线路由器的扫描。由于无线信道的动态特性,一般移动终端接收到的无线信号是不稳定的。如图 27-1 所示,在统一测试地点来自于同一无线路由器的信号强度,实际会呈现一定分布。因此,同一地点处 Wi-Fi 信号不应作为一个固定值进行测量,而是需要进行多次测量,将结果作为服从一定分布的随机数进行分析。

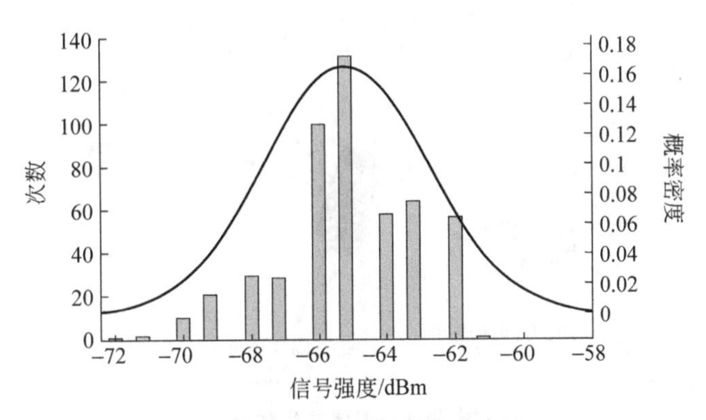

图 27-1 Wi-Fi 信号强度分布图

本实验要求使用 Android Studio 等编译工具,编写 Android 程序,使用 Android 手机的 Wi-Fi 模块功能,连续扫描布置在手机周围的名为 IWCTAP1～IWCTAP10 的无线路由器,记录其信号强度,将结果显示在手机屏幕上并写入手机 SD 卡的文件中。

参考代码从清华大学出版社网站下载。

第 28 章 chapter 28

实验 5 Android 计步器

1. 实验目的

通过在手机平台上编写 Android 计步器程序，熟悉手机平台传感器调用方法，并学会设计和实现简单的手机应用程序。

2. 实验内容

1）加速度传感器调用

使用 Android Studio 等编译工具，编写 Android 程序，调用加速度传感器测量手机在 x、y、z 3 个方向的加速度以及总加速度的标量值，将结果显示在手机屏幕上，并记录在指定文件中。

手机 x、y、z 3 个方向的相对位置（加速度坐标系）如图 28-1 所示。

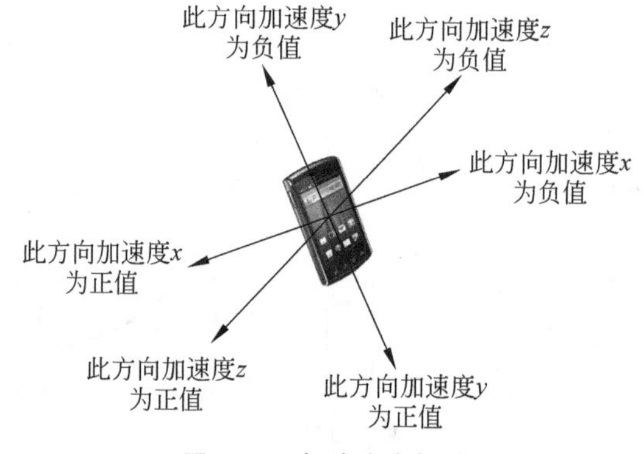

图 28-1 加速度坐标系

参考代码可以从清华大学出版社网站下载。

2）计步方法

目前手机端计步方法有很多种，但最理想的方法仍没有被发现。一个典型的加速度标量图如图 28-2 所示。

本步骤鼓励读者自行设计计步方法，并将计步结果实时显示在手机屏幕上。

提示思路：可以利用阈值滤波的思想，当加速度高于或低于某个阈值时，认为迈步开始或结束。注意，要考虑加速度波形毛刺，并且人体迈步的加速度不是简单的单峰波形。

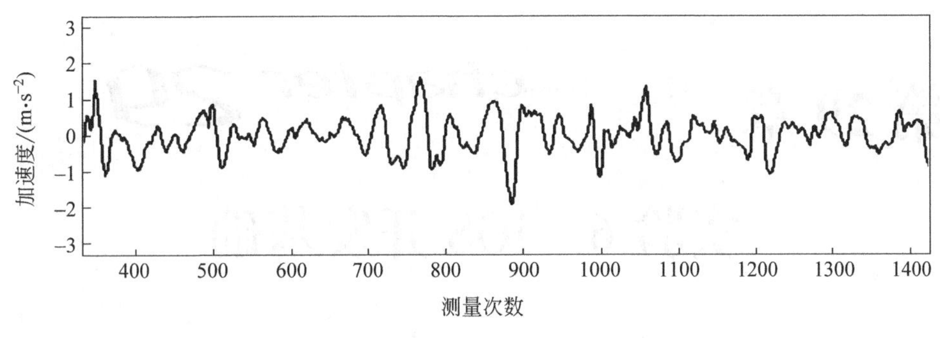

图 28-2 加速度标量图

3）思考题

（1）为什么在测量加速度时进行了低通滤波？滤波前后的效果有何区别？给出对比。

（2）能否进一步根据加速度波形估计每步的步幅？

（3）调用 super.onPause()的意义是什么？

第 29 章 chapter 29

实验 6　iOS 开发基础

1. 实验目的

熟悉 iOS 开发环境和基本操作；编写 Hello World 程序。

2. 实验内容

1）安装软件

（1）下载最新版本的 Xcode。

在 Mac 上打开 Mac App Store 应用程序，搜索 Xcode，然后单击“免费”按钮下载 Xcode。下载的 Xcode 已包含 iOS SDK（Mac OS X v10.7 以及更高版本已经预安装 Mac App Store 应用程序。如果使用的是较早版本的 Mac OS X，则需要升级）。

（2）加入 iOS Developer Program 成为 Apple 开发者。

如果不加入该计划也可编写应用程序并在 iOS Simulator 中测试。如果 iOS 版本高于 9，Xcode 版本高于 7，苹果公司放开了普通用户的开发权限，也可以在设备上测试。但是个人用户需花费 99 美元加入该计划，才能在 App Store 上提交分发应用程序。除此以外，加入该计划后，还可以全权访问 iOS Developer Center 和 iOS Provisioning Portal。

2）Hello World 程序

（1）创建一个新的 iOS Project。

① 打开 Xcode（默认位置在“/应用程序”中）。在 Welcome to Xcode 窗口中，单击 Create a new Xcode project，或选取 File→New→New project。

② 在对话框左边的 iOS 部分，选择 Application，选取模板 Single View Application（后期也可尝试其他模板）。

③ 填写 Product Name、Organization Name 和 Organization Identifier 等栏目。例如，可以分别填写 HelloWorld、sjtu、edu. sjtu。Language 选 Objective-C，Devices 选 iPhone。确定选取 Include Unit Tests 和 Include UI Tests 选项，不选 Use Core Data 选项。单击 Next 按钮。

④ 填写项目存储位置，然后单击 Create。Xcode 即在工作区窗口中打开新项目。

现在 iOS Project 已经准备好了，它应该在 Package Explorer 中是可视的。基于 Xcode

模板开发的项目在运行应用程序时,基本的应用程序环境已经自动建好。例如,Xcode 创建一个应用程序对象来建立运行循环,该工作大部分是由 UIApplicationMain()函数完成的。该函数由 UIKit 框架提供,并且在项目的 main.m 源文件中自动调用。

查看 main.m 文件,位置为"/Supporting Files"。它应该是以下这样:

```
#import<UIKit/UIKit.h>
#import "AppDelegate.h"
int main(int argc,char * argv[]) {
    @autoreleasepool {
return UIApplicationMain (argc, argv, nil, NSStringFromClass ([AppDelegate
class])); }
}
```

(2) 创建一个新的 iOS Project。

选择项目导航器中的 MainStoryboard.storyboard,在画布上显示 View Controller 场景。打开对象库,从 Objects 中选取 Controls。从列表中拖一个标签到视图上。将 label 的 name 改为 Hello。

(3) 运行应用程序。

单击 Run 按钮以测试应用程序。

第30章 chapter 30

实验7 iOS开发提高

1. 实验目的

进一步熟悉iOS开发环境和基本操作;修改并增加程序的功能。

2. 实验内容

1）导入程序

在实验6的程序文件中导入Project。

2）改进程序

(1) 添加用户界面元素并实现其功能。

① 将UI元素添加到视图并适当进行布局。

选择项目导航器中的MainStoryboard.storyboard,在画布上显示View Controller场景。打开对象库,从Objects中选取Controls。从列表中拖一个文本栏、一个圆角矩形按钮和一个标签到视图上,一次一个。在移动文本栏或任何其他UI元素时,会出现蓝色的虚线(称为对齐参考线),它有助于将项目与视图的中心和边缘对齐。

② 配置文本栏。

在Text Field Attributes检查器中,进行以下选择。

- 在Capitalization弹出式菜单中,选取Words。
- 在Keyboard弹出式菜单中设定为Default。
- 在Return Key弹出式菜单中,选取Done。

③ 为按钮添加操作。

在画布上,按住Control键将Hello按钮拖曳到ViewController.m中的类扩展。松开Control键并停止拖曳后,Xcode会显示一个弹出式窗口,在窗口中设置刚进行的操作连接。

- 在Connection弹出式菜单中,选取Action。
- 在Name栏中,输入“changeGreeting:”(请确保包括冒号)。在稍后步骤中将实施“changeGreeting:”方法,让它把用户输入文本栏的文本载入,然后在标签中显示。
- 确定Type栏包含id。

- 确定 Event 弹出式菜单包含 Touch Up Inside。
- 确定 Arguments 弹出式菜单包含 Sender。单击 Connect 按钮。

④ 为文本栏和标签创建 Outlet。

在画布上,按住 Control 键将视图中的文本栏拖曳到实现文件中的类扩展。在松开 Control 键并停止拖曳时出现的弹出式窗口中,配置文本栏的连接。

- 确定 Connection 弹出式菜单包含 Outlet。
- 在 Name 栏中,输入 textField。
- 将 Type 栏设定为 UITextField。
- 确定 Storage 弹出式菜单包含默认值 Weak。单击 Connect 按钮。

⑤ 为标签添加 Outlet。

按住 Control 键将视图中的标签拖曳到 ViewController.m 类扩展。在松开 Control 键并停止拖曳时出现的弹出式窗口中,配置标签连接。

- 确定 Connection 弹出式菜单包含 Outlet。
- 在 Name 栏中,输入 label。
- 确定 Type 栏包含 UILabel。
- 确定 Storage 弹出式菜单包含 Weak。单击 Connect 按钮。

⑥ 设定文本栏的委托。

在视图中,按住 Control 键将文本栏拖曳到场景台中的黄色球体(黄色球体代表视图控制器对象)。在出现的半透明面板的 Outlets 部分选择 delegate。

⑦ 为用户姓名添加属性声明。

在项目导航器中,选择 HelloWorldViewController.h。在@end 语句前,为字符串编写一条@property 语句:

```
@property (copy,nonatomic) NSString * userName;
```

⑧ 实施"changeGreeting:"方法。

在项目导航器中选择 ViewController.m.添加以下代码来完成"changeGreeting:"方法:

```
-(IBAction)changeGreeting:(id)sender {
    self.userName=self.textField.text;
    NSString *nameString=self.userName;
    if ([nameString length]==0) {
        nameString=@"World";
    }
     NSString * greeting = [[NSString alloc] initWithFormat: @" Hello,%@!",
nameString];
    self.label.text=greeting;
}
```

⑨ 将 ViewController 配置为文本栏的委托。

在 HelloWorldViewController.m 文件中实施"textFieldShouldReturn:"方法。

```
-(BOOL)textFieldShouldReturn:(UITextField *)theTextField {
    if (theTextField==self.textField) {
        [theTextField resignFirstResponder];
    }
    return YES;
}
```

在项目导航器中选择 ViewController.h。在@interface 行的末尾,添加<UITextFieldDelegate>。

```
@interface HelloWorldViewController : UIViewController<UITextFieldDelegate>
```

(2) 运行应用程序。

① 单击 Run 按钮以测试应用程序。

② 单击 Hello 按钮时,应该看到它高亮显示。

③ 在文本栏中单击,键盘出现,可以输入文本。

④ 输入您的姓名后,单击 Done 按钮使键盘消失。

⑤ 单击 Hello 按钮将"Hello,您的姓名!"显示在标签中。

3. 扩展

从网上下载 iOS 相关的简单应用,尝试改动其部分功能。

致谢

感谢以下同学在本书编写过程中做出的不懈努力，在此表达诚挚的谢意！

曹安蕲　陈一涛　戴文款　冯陆崴　葛潇一　顾之成
胡一涛　江　浩　蒋婉宁　阚业成　孔　超　李雨晴
李　哲　刘　晗　刘佳琪　刘金山　刘　亮　刘思扬
刘艺娟　刘雨珊　卢　彬　马　川　马松君　马文颢
毛学宇　农汉琦　欧阳铭伟　彭金波　单立钦　沈　志
沈逸飞　盛开恺　王惠宇　王　奇　王天翼　王　雄
王　旭　吴　优　席时传　许佳琪　姚硕超　杨兆星
袁增文　于　拓　张　翀　张　达　张浩男　张　奇
张嘉鹏　张锦程　张　阳　张逸晗　张永奎　赵亦燃
郑可琛　周　力　周鹏展　周子龙　朱思宇　朱晓光